Dr. Erwein Flachsel

Hundertfünfzig Physik-Rätsel

Ernst Klett Verlag

VORWORT

Im Vorwort möchte der Autor dem Leser etwas über das vorliegende Buch mitteilen, und weil es der Verfasser gut meint, fällt das Vorwort meist zu lang aus. Dann wird es aber erfahrungsgemäß kaum gelesen und verfehlt seinen Zweck. Ich will also alle Mühe aufwenden, mich kurz zu fassen.

Physikalische Rätsel unterscheiden sich von mathematischen in einigen Punkten. Diese letzteren kann man tatsächlich oft durch Raten lösen, beispielsweise die Zahlen eines magischen Quadrats oder das Alter eines Sohnes, dessen Vater 4-mal so alt ist, aber vor 30 Jahren so alt war wie sein Sohn jetzt ist. Bei diesen Rätseln läßt sich auch leicht nachprüfen, ob die Lösung stimmt. Bei Physik-Rätseln ist ein Raten meist sinnlos, z.B. welche Schwingungsdauer ein 40m langes Fadenpendel hat oder wieviel die Erdkugel wiegt. Eine rechnerische Überprüfung ist hier nur mit bestimmten Gesetzen und Formeln möglich, in einigen Fällen (wie beim Pendel) auch experimentell.

Rätselhafter geht es jedoch bei Paradoxien zu, die nur scheinbare Widersprüche (des ‚gesunden Menschenverstands') sind, aber mit gewissen logischen Prinzipien bzw. Gesetzen enträtselt werden können (siehe z.B. Aufg. 73). Schließlich gab und gibt es noch heute sozusagen echte Physik-Rätsel. So blieben die Ergebnisse des Michelson-Versuchs (Aufg. 139) und des Photo-Effekts (Aufg. 114) allen damaligen Physikern lange Jahre rätselhaft, bis sie dann durch richtige Theorien erklärt wurden. Auch in der heutigen Physik, vor allem in der Elementarteilchen- und Quanten-Theorie (Aufg. 119) stecken noch einige (oder sogar viele) Rätsel.

In diesem Sinne mag der Leser den Begriff ‚Physik-Rätsel' etwas anders sehen als den der ‚Mathe-Rätsel'.

Zum Lösen der Mathe- und Physik-Rätsel braucht man i.allg. etwas Arithmetik (Gleichungen und Potenzen), ein wenig Geometrie (Dreieckslehre, Kreisfunktionen) und – eo ipso logisches Denken; aber die Physik-Denkaufg. erfordern darüber hinaus noch die Kenntnis der entsprechenden physikalischen Be-

ISBN 3-12-770170-5

1. Auflage 1 5 4 3 2 1 | 1988 87 86 85

Alle Drucke dieser Auflage können im Unterricht nebeneinander benutzt werden. Die letzte Zahl bezeichnet das Jahr dieses Druckes.

Reproduktion: P. Heiming, Stuttgart
Druck: Druckhaus Dörr, Ludwigsburg

griffe, Größen und Gesetze; und da es davon Hunderte bis Tausende gibt, sehe ich an dieser Stelle beim Leser schon den Angstschweiß aus den Poren treten. Doch ich muß ihn sofort beschwichtigen: Alle zum Lösen der Aufg. gebrauchten Begriffe und Größen werden erläutert; die benötigten Gesetze sind entweder angegeben (wenn es sich um Grundgesetze handelt) oder sie werden hergeleitet, und dies ohne höhere Mathematik!

Da man es bei physikalischen Rechnungen fast nur mit ‚benannten' Zahlen (3,5 cm; 6 kg; 50 km/h; ...) zu tun hat, die außerdem noch sehr große bzw. sehr kleine Werte annehmen können, werden dazu in der ‚Einleitung' einige Hilfen gegeben.

Der Begriffe und Gesetze wegen mußte die Reihenfolge der Aufg. aufbauend geschehen – etwa nach den physikalischen Hauptgebieten – denn gewisse fundamentale Gesetze ziehen sich durch die gesamte Physik. Den schwierigen Kapiteln wie der Quanten- und Relativitätstheorie bin ich nicht ausgewichen. Daß aber gewisse Gebiete etwas stiefmütterlich behandelt wurden, liegt an dem Limit von 150 Aufg. Weil jedoch fast jede Aufg. in Teilaufg. zerfällt (die Aufg. 137 sogar in 26), umfaßt das Buch 395 Problemstellungen.

Die mit Sternchen (*) gekennzeichneten Aufg. sind meines Erachtens nach etwas schwieriger zu lösen als die anderen; dort habe ich aber oft Lösungshilfen eingefügt.

Bestimmte Wörter (Namen, Fachausdrücke), die in einer Aufg. häufig vorkommen, sind abgekürzt. Die Abkürzungen sind bei der ersten Verwendung des betreffenden Wortes in Klammer gesetzt. Diese Kürzel gelten dann nur innerhalb der jeweiligen Aufg. und ihrer Lösung. Prinzipiell abgekürzt (also im gesamten Text) sind: Aufgabe (Aufg.), Abbildung (Abb.), Geschwindigkeit (Gs), Nobelpreis für Physik (NPP) und Internationales Einheitensystem (SI).

Ganz knapp kommt in den Aufg. die Geschichte der Physik zu Wort: Bei Gesetzen (Prinzipien, Phänomenen) sind das Jahr der Auffindung und die Lebensdaten des Entdeckers angeführt, manchmal noch ein wenig Biographie. Auch einige (eigene) Zeichnungen berühmter Köpfe sind eingefügt.

Daß an vielen Stellen der Lehrbuchcharakter durchschlägt, liegt vor allem an der Herleitung von Gesetzen und an der Aufg.-Stellung, die fast durchwegs eine rechnerische Lösung erfordert. Ich habe mich deshalb bemüht, die Aufg. möglichst populär und amüsant zu fassen, wobei ab und zu ein eigenes Erlebnis Pate stand.

Wenn Dir, lieber Leser, dieses Buch zur Bereicherung Deines Wissens verhilft, wenn Du nicht gleich rückwärts die Lösungen nachschlägst, wenn Dir also das selbständige Enträtseln Freude und Genugtuung bereitet und Du etwa zu neuen Problemstellungen oder zusätzlicher physikalischer Lektüre angeregt wirst, dann hat dieses Buch den gewünschten Zweck erreicht.

Dem Verlag und dem zuständigen Redakteur danke ich für die wohlgelungene buchtechnische Realisierung von Schrift und Bild.

Bensheim, August 1984.

INHALTSÜBERSICHT

EINLEITUNG

Es sollen hier einige, nur für die Rechnungen dieses Buchs erforderliche mathematische Hinweise angeführt werden, gegebenenfalls zum Nachschlagen. (Wer ein ‚gestandener' Mathematiker oder Physiker ist, möge diese Einleitung überblättern).

1. Potenzen

Eine ‚Potenz' ist die abgekürzte Schreibweise eines bestimmten Produkts; Beispiel: $a \cdot a \cdot a = a^3$; ‚Basis' a = reelle Zahl.

Hauptsächlich braucht man folgende Rechenregeln:

$$a^m \cdot a^n = a^{m+n}; \quad a^m : a^n = a^{m-n} \Rightarrow a^0 = 1;$$
$$(a^m)^n = a^{m \cdot n};$$
$$(a \cdot b)^m = a^m \cdot b^m; \quad \left(\frac{a}{b}\right)^m = \frac{a^m}{b^m}.$$

Diese Regeln können auch von rechts nach links gelesen werden.

Die ‚Hochzahlen' (HZ) $m, n, \ldots$ können ganze oder gebrochene, positive oder negative Zahlen oder die Null sein. Die Bedeutung negativer HZ'n geht aus folgendem Beispiel hervor:

$$\frac{a^3}{a^5} = \frac{1}{a^2} \text{ oder } \frac{a^3}{a^5} = a^{3-5} = a^{-2}, \text{ d.h. } \frac{1}{a^2} = a^{-2}.$$

Allg. gilt:

$$a^{-m} = \frac{1}{a^m} \Leftrightarrow \frac{1}{a^{-m}} = a^m.$$

Bei Einheitensymbolen (s.u.) bedient man sich gern der negativen HZ'n; Beispiele:

$$\text{Kilometer pro Stunde} = \mathrm{km/h} = \frac{\mathrm{km}}{\mathrm{h}} = \mathrm{km \cdot h^{-1}} = \underline{\mathrm{kmh^{-1}}};$$
$$\mathrm{N} = \mathrm{kg \cdot ms^{-2}} \Rightarrow \mathrm{kg} = \frac{\mathrm{N}}{\mathrm{ms^{-2}}} = \underline{\mathrm{Nm^{-1}s^2}}.$$

Gebrochene HZ'n bedeuten Wurzeln; Beispiele:

$$a^{1/2} = \sqrt{a}; \quad a^{1/3} = \sqrt[3]{a}.$$

Begründung: Durch Quadrieren bzw. Kubieren erhält man a.

2. Zehnerpotenzen

Bekanntlich werden sehr große Zahlen ‚astronomische' genannt; sie kommen aber nicht nur in der Astronomie vor, sondern auch in anderen Gebieten der Physik (Anzahl der Moleküle in $1\,\mathrm{cm}^3, \ldots$). Ebenso hat man es oft mit sehr kleinen Zahlen zu tun (Atomradius, ...).

Große und kleine Zahlen schreibt man (der Kürze und Übersicht halber) mit ‚Zehnerpotenzen' (ZP'n):

$$1\,000\,000\,000 = 10^9; \quad 0{,}000\,0001 = 10^{-7}.$$

Bei Zahlen ≥ 1 ist die HZ der ZP die um 1 verminderte Ganzstellenzahl; bei Zahlen < 1 ist die HZ gleich der negativen Dezimalstellenzahl.

Beispiele für die Lesart der ZP:

10^6 = 1 Million; 10^9 = 1 Milliarde; 10^{12} = 1 Billion; 10^{15} = 1 Billiarde; 10^{18} = 1 Trillion; ...

10^{-6} = 1 Millionstel; 10^{-9} = 1 Milliardstel; 10^{-12} = 1 Billionstel; ...

‚Nichtglatte' ZP werden (prinzipiell) in ‚Normdarstellung' geschrieben, d.h. nur mit 1 ganzen Stelle der Vorzahl. Beispiele:

$$241\,000\,000 = 2{,}41 \cdot 10^8 \text{ (nicht } 241 \cdot 10^6\text{)};$$
$$0{,}000\,008013 = 8{,}013 \cdot 10^{-6} \text{ (nicht } 8013 \cdot 10^{-9}\text{)}.$$

3. Physikalische Größen

Die Physik befaßt sich mit konkreten (toten) Objekten (Rolle, Gas, Atom, ...) und mit abstrakten Begriffen (Zeit, Energie, Feld, ...). Die meßbaren Eigenschaften bzw. Zustände von Objekten und Begriffen nennt man ‚physikalische Größen' (PG'n) (Volumen, Gs, Feldstärke, ...) und bezeichnet sie mit einem Formelzeichen (Symbol); d.i. ein Klein- oder Großbuchstabe des lateinischen oder griechischen Alphabets, dem noch Indizes, Striche u.a. kleine Zeichen beigegeben werden können (m_1, P', t^*, ...)

PG'n, die durch eine einzige Zahl festgelegt sind, heißen ‚Skalare' (skalare PG): Länge, Arbeit, Stromstärke, ... Ist außerdem noch die Richtung bestimmend (die sich im allg. durch 2 Winkel in einem Koordinatensystem angeben läßt), so spricht man von einem ‚Vektor' (vektoriellen PG); wir bezeichnen sie – anders als oft im Druck – mit einem (Vektor-)Pfeil: $\vec{s}, \vec{F}, \vec{p}, \ldots$

4. Einheiten

Der (Meß-)Wert einer PG wird als Produkt von Zahlenwert (Maßzahl) und (Maß-)Einheit dargestellt:

PG = Zahlenwert × Einheit;

das Malzeichen wird nur selten (als Punkt) geschrieben; Beispiel: $E_K = 20\,\mathrm{J}$ (Joule).

Bei einem Vektor heißt der Zahlenwert auch ‚Betrag'; er wird wie folgt geschrieben: $|\vec{F}| = F = 3\,\mathrm{N}$ (Newton).

Der Wert einer PG wird manchmal noch als ‚benannte' Zahl bezeichnet (Einheit = Benennung). Nur wenige PG'n sind ‚unbenannt'. Sie sind ‚Verknüpfungen' von 2 oder mehr PG'n, wobei sich die Einheiten kürzen; die Maßeinheit ist dann 1 (nicht null!) und wird nicht geschrieben. Beispiel:

$$\text{Brechungszahl: } n_{12} = \frac{c_1}{c_2} = \frac{\text{Licht-Gs im Medium 1}}{\text{Licht-Gs im Medium 2}}.$$

Auch die Einheiten werden immer mit (meist lateinischen) Buchstaben abgekürzt, wobei aber bis zu 3 Buchstaben verwendet werden. Beispiele: m (Meter), eV (Elektronenvolt), min (Zeitminute).

Mit Einheitensymbolen kann man genauso rechnen wie mit Buchstaben in der Algebra (Potenzieren, Kürzen, ...); Beispiel s. Punkt 5.

Einheiten, die zwischen 2 Zahlen (oder gar Symbolen von PG's) stehen, sind in eckige Klammer gesetzt. Auch im Text oder dort, wo Unklarheiten auftreten könnten, sind (eckige) Klammern angezeigt; so kann z. B. in ein und derselben Gleichung m als Symbol für eine PG (Masse) und für eine Einheit (Meter) stehen; das letztere m ist dann eingeklammert: [m].

5. Das SI (Système International d'Unités)

Trotzdem dieses Einheitensystem bereits 1960 auf einer internationalen Konferenz angenommen wurde, geht seine Verbreitung vor allem in der Öffentlichkeit nur langsam voran. (Für die Wissenschaft und Technik ist es vorgeschrieben).

Das SI gründet sich auf 7 ‚Basiseinheiten' (von 7 ‚Basisgrößen'); 5 von ihnen, die in dem vorliegenden Buch benötigt werden, sind in der Tabelle von Punkt 6 mit einem * gekennzeichnet. Die restlichen 2 sind die Einheit für die ‚Stoffmenge' 1mol (Mol) und die für die ‚Lichtstärke' 1cd (Candela). Alle (!) anderen Einheiten der Physik können aus diesen 7 zusammengesetzt werden.

Zwischen PG'n gibt es bestimmte Zusammenhänge (Beziehungen), die ‚physikalischen Gesetze'; sie werden praktisch immer durch Formeln ~ d.s. mathematische Verknüpfungen zwischen den Symbolen ~ ausgedrückt. Dadurch sind in gleicher Weise die Einheiten miteinander verknüpft. So hängen alle Einheiten innerhalb des SI zusammen (kohärente Einheiten).

Für oft gebrauchte zusammengesetzte Einheiten wird ein kurzes (meist einbuchstabiges) Symbol eingeführt. Beispiel: $1\,N = 1\,kg \cdot ms^{-2}$ (SI-Krafteinheit).

In fast allen Formeln sind nur SI-Einheiten verknüpft:

$$\text{Fliehkraft} = \frac{\text{Masse} \times (\text{Gs})^2}{\text{Bahnradius}} \Rightarrow \text{Formel: } F_F = \frac{mv^2}{r} \Rightarrow$$

$$\text{Einheitenformel: } N = \frac{kg\,(ms^{-1})^2}{m} = kg \cdot ms^{-2}.$$

Sind die Werte der PG der rechten Seite in der Fliehkraftformel nicht in SI-Einheiten gegeben, so ist es vorteilhaft, sie vor dem Einsetzen umzuwandeln. Z.B.: $m = 200\,g$; $v = 5\,dm \cdot s^{-1}$; $r = 5\,cm$:

$$F_F = \frac{0{,}2\,[kg] \cdot (0{,}5\,ms^{-1})^2}{5 \cdot 10^{-2}\,m};$$

nun werden die Zahlenwerte und die Einheiten getrennt zusammengefaßt:

$$F_F = \frac{0{,}2 \cdot 0{,}5^2}{5 \cdot 10^{-2}} \, \frac{kg \cdot m^2 s^{-2}}{m} = \frac{0{,}2 \cdot 0{,}25}{5} 10^2\,kg\,ms^{-2} = \underline{\underline{1\,N}}.$$

6. Übersicht

In den Aufg. dieses Buchs werden folgende PG'n verwendet:

Name	Symb.	SI-Einheit	Definition
Länge	ℓ		
Breite	b		
Höhe	h		
Weg	$\vec{s}$	m (Meter)*	
Distanz, Dicke	d		
Radius	r (R)		
Wellenlänge	λ		
Fläche	A		m^2
Volumen	V		m^3
Zeit (-Dauer)	t (Δt)	s (Sekunde)*	
Schwingungsdauer	T		
Frequenz	f (ν)	Hz (Hertz) =	
Kreisfrequenz	ω		s^{-1}
Winkel-Gs	ω		
Gs	$\vec{v}$ ($\vec{u}$)		ms^{-1}
Beschleunigung	$\vec{a}$		ms^{-2}
Fallbeschleunigung	$\vec{g}$		
Masse	m (M)	kg (Kilogramm)*	
Dichte	ϱ		$kg \cdot m^{-3}$
Kraft (Gewicht)	$\vec{F}$ (G)	N (Newton) =	$kg \cdot ms^{-2}$
spezif. Gewicht	γ		$N \cdot m^{-3}$
Federkonstante	D		$N \cdot m^{-1}$
Reibungszahl	μ	1	
Drehmoment	M		$N \cdot m$
Arbeit	W	J (Joule) =	Nm = Ws
Energie	E		
Temperatur	ϑ, T	K (Kelvin)*	

Leistung	P	W (Watt) =	$J s^{-1}$
Impuls	$\vec{p}$		$kg \cdot m s^{-1}$
Druck	p	Pa (Pascal) =	$N \cdot m^{-2}$
Brechungszahl	n	1	
Stromstärke	I	A (Ampere)*	
Ladung	Q	C (Coulomb) =	$A \cdot s$
Spannung	U	V (Volt) =	$J \cdot C^{-1}$
Widerstand	R	Ω (Ohm) =	$V \cdot A^{-1}$

Noch andere gebräuchliche Einheiten, die nicht SI-Einheiten sind, werden bei den jeweiligen Aufg. angeführt.

7. Vielfachen und Teile der Einheiten

Einheiten können durch ‚Vorsätze' (vor das Symbol) dezimal vergrößert oder verkleinert werden. (Mindestens 4 sind allg. bekannt: Kilo, Dezi, Zenti, Milli). Auch diese Vorsätze werden abgekürzt:

Vielfache			Teile		
Faktor	Vorsatz	Abk.	Faktor	Vorsatz	Abk.
10^1	Deka	da	10^{-1}	Deci	d
10^2	Hekto	h	10^{-2}	Zenti	c
10^3	Kilo	k	10^{-3}	Milli	m
10^6	Mega	M	10^{-6}	Mikro	µ
10^9	Giga	G	10^{-9}	Nano	n
10^{12}	Tera	T	10^{-12}	Piko	p
10^{15}	Peta	P	10^{-15}	Femto	f
10^{18}	Exa	E	10^{-18}	Atto	a

2 oder mehr Vorsätze hintereinander gibt es nicht! (kMW ist falsch, es muß GW = Giga-Watt heißen).

Die Vorsätze werden nicht vor Temperatureinheiten (K, C) und nicht vor Winkeleinheiten (Grad) gesetzt. Vorsätze für die Vielfachen dürfen nicht vor Zeiteinheiten s, min, h, d, a geschrieben werden, wohl aber sind alle Vorsätze für Teile vor [s] möglich: ms, µs, ps, …

Einheiten mit Vorsatz können ohne Klammer potenziert werden: cm^3, mm^{-2}, μs^{-1}, …

Gegebene benannte Zahlen und Ergebniswerte werden meist in Normdarstellung ~ mit Vorsätzen ~ geschrieben. Beispiele:

1,2 GW (nicht $1{,}2 \cdot 10^9$ W oder 1200 MW);
280 Mms^{-1} (nicht $2{,}8 \cdot 10^8 ms^{-1}$ oder 280 000 kms^{-1});
75 µA (nicht 0,000075 A oder $7{,}5 \cdot 10^{-5}$ A).

Reichen aber die Vorsätze nicht aus, so geschieht die Normdarstellung wie bei unbenannten Zahlen (s.o. Punkt 2). Beispiele:

$6{,}7 \cdot 10^{18}$ kg (nicht 6700 Eg oder 6,7 Ekg);
$1{,}6 \cdot 10^{-19}$ C (nicht 0,16 aC).

8. Physikalische Konstanten

Sie sind PG'n mit konstantem Wert. Man unterscheidet: Materialkonstanten (Dichte, Brechungszahl, …), Gerätekonstanten (innerer Widerstand eines Voltmeters, Wärmekapazität eines Kalorimeters, …) und Fundamental-Konstanten (auch universelle genannt). Von den letzteren führen wir hier nur diejenigen an, mit denen wir in diesem Buch in Berührung kommen werden. Die Zahlenwerte sind die Mittelwerte, die darunter stehenden Zahlen bedeuten die Schwankung (Ungenauigkeit) der entsprechenden Dezimalstellen. Stand: 1978.

Vakuumlicht-Gs	$c = 2{,}997924580 \cdot 10^8 ms^{-1}$ ±12
Gravitationskonstante	$G = 6{,}6720 \cdot 10^{-11} Nm^2 kg^{-2}$ ±41
Elementarladung	$\pm e = 1{,}6021892 \cdot 10^{-19}$ C ±46
Ruhmasse des Elektrons	$m_e = 9{,}109534 \cdot 10^{-31}$ kg ±47
Ruhmasse des Protons	$m_p = 1{,}6726485 \cdot 10^{-27}$ kg ±86
Ruhmasse des Neutrons	$m_n = 1{,}6749543 \cdot 10^{-27}$ kg ±86
Planck-Konstante	$h = 6{,}626176 \cdot 10^{-34}$ Js ±36

Insgesamt kennt man heute über 50 Fundamentalkonstanten.

9. Griechische Buchstaben

Es sind hier diejenigen Buchstaben samt Aussprache angeführt, die im Buch Verwendung finden:

α	alpha	ε	epsilon	ν	ny	φ	phi
β	beta	η	eta	π	pi	Ψ	Psi
γ	gamma	ϑ	theta	ϱ	rho	ω	omega
Δ	Delta	λ	lambda	Σ	Sigma	Ω	Omega
δ	delta	µ	my	τ	tau		

GESCHWINDIGKEIT

1. Die erste Radtour

Am Muttertag herrscht das schönste Frühlingswetter, fast zu heiß für die Jahreszeit. Michael (M) fährt mit seinen Eltern aus der Kleinstadt K zur Tante nach A-Dorf, wo diese einen stattlichen Bauernhof betreibt.

M hatte sich schon eine ganze Woche lang wie ein Schneekönig auf diese Fahrradtour gefreut: Erstens ist sie seine 1. größere Radreise ohne die schon lästig empfundenen Stützräder, die endlich zum alten Eisen geworfen wurden; zweitens wird es bestimmt wieder lustig werden, mit den 3 etwa gleichaltrigen Kindern seiner Tante (und vielleicht noch mit den Nachbarskindern) auf dem Bauernhof Verstecken zu spielen, ist er doch ein Eldorado mit zahlreichen, schwer auffindbaren Schlupfwinkeln.

Punkt 9^h morgens fahren sie los. Die Straße nach A hat keine Steigungen, es weht auch nicht das leiseste Lüfterl, so daß sie die ganze Strecke mit gleichbleibendem Tempo fahren können. Da die Sonne schon warm vom Himmel strahlt, fragt M bereits nach 15 min Fahrt, wie weit es noch nach B-Dorf ist, das zwischen K und A liegt; der Vater hatte nämlich versprochen, dort eine viertelstündige Rast einzulegen, damit M zu seiner heißgeliebten Orangenlimo gelangt – und der Vater selbst zu seinem Pils.

„Nun", sagt dieser mit einem Blick auf den Kilometerzähler, „wir haben gerade die Hälfte bis B geschafft."

Als sie nach der Rast 5 km weitergefahren waren, fragte M erneut: „Wie weit ist es noch bis zur Tante?"

Diesmal antwortete die Mutter, da sie auf dem Weg zu ihrer Schwester sozusagen jeden Stein kannte: „Wir haben bis zur Tante nur noch die Hälfte desjenigen Stücks, das wir eben von B aus gefahren sind."

Um 10^{15} Uhr trafen sie bei der Tante ein und wurden freudig begrüßt.

Es ist wirklich nicht schwer, folgende Fragen zu beantworten:

Wo liegt B? Wie groß ist die Strecke $\overline{KA}$? Mit welcher Gs fuhr die Familie?

(Eine kleine Skizze hilft Dir bestimmt).

2. Eine Fahrradpanne

Jeden Schultag fahren Reinhard (R) und Manfred (M) von ihrem Wohnort P-hausen (P) in die Realschule nach Q-heim (Q). R fährt mit dem Fahrrad um 7^{15} Uhr, M mit dem Moped um 7^{30} Uhr von P ab, und beide treffen gleichzeitig an der Schule ein; sie haben dann noch 5 min bis zum Unterrichtsbeginn ‚Pufferzeit'. M fährt die ganze Wegstrecke mit der doppelten Gs wie R.

Eines Tages hatte R genau in der Mitte des Weges PQ einen ‚Platten'. Er sah sofort auf die Uhr und stellte fest, daß M gerade in diesem Moment in P wegfuhr. Er fluchte in sich hinein und ging zu Fuß weiter. Nachdem er genau 1 km auf Schusters Rappen zurückgelegt hatte, u. zw. mit der halben Fahr-Gs, holte ihn M ein und wollte ihn auf dem Moped mitnehmen. Da jedoch kein Versteck fürs Fahrrad in der Nähe war, lehnte R ab und schritt rüstig weiter. Er rief noch M nach, sein Zuspätkommen zu entschuldigen.

Es hat zunächst den Anschein, alsob hier noch irgendwelche Angaben fehlten. Dem ist nicht so, Du kannst alle folgenden Fragen – praktisch mit Kopfrechnen – beantworten.

Wie lang ist der Schulweg $\overline{PQ}$?

Wann trafen R und M normalerweise an der Schule ein, und wann begann der Unterricht?

Mit welcher Gs fuhren R und M, mit welcher Gs ging R nach der Panne weiter?

Wann wurde R von M überholt? Wieviele min kam R zu spät?

3. Das Kerzenrätsel

Die Vorliebe für Kerzenlicht hatte Heidi (H) mit ihrer Mutter gemeinsam. Nicht nur in der Advent- und Weihnachtszeit sowie bei Geburtstagen strahlte Kerzenschimmer durch die Räume, auch beim abendlichen Fernsehen, auf dem Frühstücks- und Abendbrottisch brannte – vor allem, wenn es draußen dämmrig oder dunkel war – eine Kerze, und es schien, als ob ihr Licht so recht das Gemüt der Mutter und Tochter erhellte.

„Ich habe von meiner Freundin gehört, daß es eine ganz besondere Schere zum Abschnupfen der Kerze gibt", sagte einmal H, während sie mit der immer bereitliegenden alten Papierschere den Docht kürzte.

„Das darfst du aber nicht in einem Deutschaufsatz schreiben, das heißt nämlich Schneuzen der Kerze", erwiderte die Mutter lächelnd und buchstabierte das Wort. „Und das mit der besonderen Schere stimmt schon, aber sie ist mir zu teuer, vorläufig tut es noch unsere alte." (Als alleinstehende Frau frettete sich die Mutter mit ihrem einzigen Wunschkind so schlecht und recht durchs Leben).

Da sparte H eisern ihr Taschengeld, und zu Muttis Geburtstag lagen eine Schneuze (Lichtputze) und auch noch 2 Kerzen auf dem Gabentisch; die Kerzen waren zwar gleichlang, aber von unterschiedlicher Dicke. Als H die dicke zum Fernsehen anzündete (während die dünne auf den Eßtisch kam), bemerkte sie: „Im Geschäft wurde mir gesagt, daß diese 12 h lang brennt, die dünne nur 6 h."

a) „Ich habe mir gedacht", fuhr H fort, „daß wir die dicke täglich 1,5 h brennen lassen. Nun rate mal, liebe Mutti, wie lang täglich die dünne brennen darf, so daß beide zur gleichen Zeit niedergebrannt sind. Wieviele Tage reichen sie aus"?

b) „Nun, das ist nicht schwer," erwiderte die Mutter; „aber ich hätte gern von dir gewußt, nach welcher Zeitdauer die dicke Kerze noch doppelt so hoch ist wie die dünne, falls beide gleichzeitig angezündet werden. Streng mal dein Köpfchen an, du hast doch eine Eins in Mathematik!"

Rate auch Du, lieber Leser, oder rechne mit einfachen Gleichungen.

4. Geschwindigkeit ist keine Hexerei

Die vorhergehenden Aufg. sind Bewegungs-Aufg. Bei der Bewegung (eines Körpers) ist der zentrale Begriff die Gs, die ein Maß dafür ist, wie schnell die Änderung einer Größe (meist einer Länge) im Laufe der Zeit erfolgt. Es ist anzunehmen, daß schon die Steinzeitjäger diesen Begriff kannten. Heute wird er als Folge des motorisierten Verkehrs bereits im Kindesalter ‚spielend' erfaßt, insbes. von Jungen. Man braucht sie nur beim Umgang mit Spielzeugautos oder bei Telespielen beobachten und ist erstaunt, wie sie nur so mit ‚Gängen' und ‚Stundenkilometern' umsichwerfen. Deshalb gibt es heute bereits in Rechenbüchern der Grundschule viele Gs-Aufg. Die Gs ist also sozusagen keine Hexerei mehr.

Landläufig versteht man unter der Gs v (lateinisch velocitas) eines sich bewegenden Körpers den Quotienten:

$$v = \frac{s}{t} = \frac{\text{Weg}}{\text{Zeitdauer, in der s zurückgelegt wurde}} \qquad (1)$$

hierbei wird s auf der ‚Bahn' des Körpers (bzw. seines Schwerpunkts) gemessen.

In praxi bezieht sich der Zahlenwert einer Gs meist auf die ‚Durchschnitts-Gs'. Aber auch der Begriff der ‚Momentan-Gs' ist dem Laien vom ‚Tachometer' her geläufig. Wir kommen in Aufg. 23 darauf zurück.

Die Gs von Verkehrsmitteln wird meistens nicht in der SI-Einheit ms^{-1} angegeben, sondern in kmh^{-1}; (man vermeide tunlichst den falschen Ausdruck Stundenkilometer, der ja h·km bedeuten würde). Man überzeugt sich leicht von den Umrechnungen:

$$1\,ms^{-1} = 3{,}6\,kmh^{-1}; \quad 1\,kmh^{-1} = \frac{5}{18}\,ms^{-1} = 0{,}2\overline{7}\,ms^{-1}.$$

In der Schiffahrt erfolgt die Gs-Angabe oft noch in ‚Knoten' (kn); es ist:

$$1\,kn = \frac{1\ \text{Seemeile}}{1h} = 1\,sm \cdot h^{-1} = 1{,}852\,kmh^{-1}.$$

(In früheren Zeiten zogen Schiffe ein mit Knoten versehenes Seil nach sich; soviele Knoten man oberhalb der Wasseroberfläche zählte, so groß war v).

In unserer Welt gibt es einen ganzen Fächer von Gs'n, von den kleinsten angefangen (Fließ-Gs eines Gletschers, Schneckentempo, ...) bis zu den größten (Bahn-Gs der Sterne, Flug-Gs von Elektronen in einer Fernsehröhre, ...). Gibt es auch eine größte Gs? Ja, es ist die Licht-Gs c (lateinisch celeritas): $300\,000\,kms^{-1} = 300\,Mms^{-1}$ (im Vakuum bzw. in Luft). Von Körpern (kleinen Massen) kann sie nur annähernd erreicht werden. Im letzten Kapitel kommen wir ausführlich auf c zu sprechen.

Außer einer Länge (eines Wegs) gibt es natürlich noch andere, zeitlich veränderliche physikalische Größen. So spricht man bei Wellen (Aufg. 97) von der ‚Fortpflanzungs-Gs', bei Rotationen (Aufg. 7) von der ‚Winkel-Gs', bei radioaktiven Stoffen von der ‚Zerfalls-Gs', bei chemischen Prozessen (z.B. bei der Verbrennung) von der ‚Reaktions-Gs' usw.

In den Aufg. dieses Kapitels haben wir es hauptsächlich mit der ‚gleichförmigen Bewegung' zu tun, bei der

v konstant bleibt (zumindest als Durchschnitts-Gs).
Aus (1) folgt ihr ‚Weg-Zeit-Gesetz':

$s = v \cdot t \quad (v = \text{konst.})$

Und nun zur Einübung 2 leichte Gs-Aufg.

a) In einem Stadion finden Wettläufe statt. Direkt neben dem Starter steht ein Rundfunkreporter mit seinem Mikrofon; es ist eine Direktübertragung.
Der Starter schießt nun seine Pistole ab. Wer hört den Schuß früher, ein Zuschauer im Stadion in 60m Abstand oder ein Radiohörer in 600km Entfernung? (Für eine quantitative Rechnung nimm: Gs des Schalls $340\,ms^{-1}$; Signal-Gs im Draht und der Radiowellen c = Licht-Gs).
Und wie steht es mit dem Pulverwölkchen beim Schuß? Sieht es (bei einer Fernseh-Direktsendung) der Zuschauer am Bildschirm später als derjenige in 60m Entfernung? (Die Pistole wurde noch mit alter Schießpulvermunition geladen!)

b) „So, jetzt lassen wir die Farbe erst mal trocknen", sagte Herr K zu seiner Frau und wusch das Himmelblau aus dem Pinsel aus, „morgen zeitig früh können wir dann das Schwimmbecken füllen."
„Und wie lange wird das dauern?" fragte sie.
„Das werden wir gleich haben", erwiderte er, schraubte die Spritzdüse vom Gartenschlauch ab und holte einen 10-Liter-Eimer.
„Dreh mal bitte den Wasserhahn ganz auf", rief er seiner Frau zu. Dann stoppte er mit seiner Armbanduhr die Zeitdauer des Vollaufens des Eimers und rechnete. Schließlich sagte er: „Die Steig-Gs des Wassers im Becken ist genau $v = 3\,mm \cdot min^{-1}$. Wenn wir es bis zur Höhe $h = 1{,}5\,m$ füllen, dauert es..."
Nun, in wievielen [h] ist das Schwimmbecken gefüllt? (Die Innenmaße des rechteckigen Beckens sind $10\,m \times 4\,m$; der Boden ist waagrecht). Wieviele Liter (ℓ) pro [s] strömen ein?
Wenn die Austrittsöffnung des Schlauchs den Innendurchmesser 2cm hat, wie groß ist die Ausström-Gs v_s des Wassers?

5. Zugvögel

Immer wieder bewundern wir die Zugvögel, die alljährlich in ihre artspezifischen Winter- bzw. Brutgebiete fliegen und dabei bis zu einigen Tausend (!) km mit einer ans Wunder grenzenden Orientierung zurücklegen (die den Biologen noch manches Rätsel aufgibt). ‚Tageszieher', die über Land fliegen und praktisch beliebig oft zwischenlanden können, ringen uns nicht soviel Bewunderung ab wie ‚Nachtzieher', denen Land-Orientierungsmarken fehlen und die sich höchstens in klaren Nächten nach den Sternen richten können.

Meisterleistungen aber vollbringen jene Zugvögel, die über See ziehen, ohne Orientierungsmarken und ohne Zwischenwasserungen. Zu ihnen gehört der alaskische Goldregenpfeifer. Er fliegt von der Westküste Alaskas ≈ 2100 sm (s. Aufg. 4) über offenes Meer bis auf die Hawai-Inseln (den USA gehörend). Da er nicht vom Wasser auffliegen kann (wie beispielsweise eine Möwe), muß er diese Strecke ohne Unterbrechung zurücklegen. Trotzdem er sich vor Antritt der Reise mästet, kommt er doch ziemlich erschöpft nach 35-stündigem Nonstop-Flug an. Welche Gs (in kn, kmh^{-1} bzw. ms^{-1}) entwickelt er?

Einige dieser Vögel fliegen – nachdem sie sich wieder aufgepäppelt haben – weiter zu den ≈ 1900 sm von Hawai entfernten Marquesasinseln (französisch). Wie lange brauchen sie zu dieser neuen Reise, gleiche Flug-Gs wie vorher vorausgesetzt?

6. Sie flog ins Weltall

Am 3.3.1972 startete von Cape Kennedy (USA) die Raumsonde ‚Pioneer 10' (P) und flog am 3.12.1973 am Jupiter vorbei. Vom Start selbst abgesehen entwickelte sie eine Durchnitts-Gs von $18\,kms^{-1}$. Welchen Weg s hatte P bis zum Jupiter zurückgelegt? (Auf ganze $10^9\,m$ = Gm runden).

Die Fotos, die P vom Jupiter im Vorbeiflug machte, kamen über Mikrowellen (Fortpflanzungs-Gs = c) erst nach 55 min auf der Erde an. Welche Strecke s' hatten die Impulse durchlaufen? Warum ist wohl $s' < s$?

Der ≈ 260 kg schwere Flugkörper hat am 13.6.1983 (um ≈ 14^h mitteleuropäischer Zeit) die Neptunbahn gekreuzt und insges. (vom Start an) ≈ $5{,}7 \cdot 10^9$ km zurückgelegt. Berechne daraus die Durchschnitts-Gs auf dem Weg vom Jupiter zur Neptunbahn.

Obwohl noch jenseits des Neptuns der kleine Planet Pluto seine Bahn um die Sonne zieht, feierte dennoch die Schöpferin von P, die NASA (National Aeronautics and Space Administration) bereits den 13.6.1983

(14^h) als den Zeitpunkt, in dem die Sonde unser Sonnensystem auf Nimmerwiedersehen verließ. Sie ist das erste, von Menschenhand geschaffene Raumschiff, dem diese Pionierleistung (s. Name) gelang.

Noch etwa bis Mitte der 90-er Jahre hofft man, von dem Sender der Sonde, der die lächerlich anmutende Leistung von nur 8 Watt hat, noch Signale empfangen zu können, also über eine Entfernung von ≈10 Tm (= 10^{10} km); dann wird P auch auf Nimmerwiederhören im All verschwunden sein. Erst nach mehr als 30 000 Jahren soll P in die Nähe eines Sterns ~ und damit vielleicht auch zu einem Planetensystem ~ gelangen.

P trägt an Bord eine vergoldete Aluminiumtafel mit Gravierungen: Ein Menschenpaar (Adam und Eva?) sowie physikalische Bilderrätsel. Die Hoffnung allerdings, die Tafel könnte je in die Hände (?) intelligenter Lebewesen gelangen, scheint praktisch null zu sein. Doch wer weiß das schon?

7. Rotierende Körper

Ein an einem Faden befestigter ‚Massenpunkt' m (kleine, kugelförmige Masse) drehe sich um einen festen Punkt M (Abb.1), so daß der Faden immer gespannt bleibt. Die Bahn ist also ein Kreis, der u.U. viele Male durchlaufen werden kann. Ist die auf der Kreislinie gemessene ‚Bahn-Gs' konstant, d.h. werden in gleichen Zeitspannen gleiche Bogen zurückgelegt, so spricht man von einer ‚gleichförmigen Bewegung'.

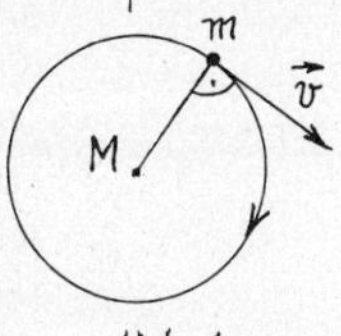

Abb.1

Wir wissen bereits, daß die Gs ein Vektor ist (s. Einleitung). Man zeichnet Vektoren als Pfeilstrecken. Der Gs-Vektor bei der Kreisbewegung ist immer tangential zum Kreis gerichtet (Abb.1). Beachte daher: Bei der gleichförmigen Kreisbewegung ist zwar der Gs-Betrag $v = |\vec{v}|$ konstant, nicht aber der Vektor $\vec{v}$.

Abb.2 zeigt eine Scheibe, die sich gleichförmig um eine Achse A drehen soll; A steht senkrecht zur Zeichenebene. (Beachte den ‚Drehpfeil' und den ‚Drehwinkel' α). Es gibt ~ je nach der Entfernung der einzelnen Scheibenpunkte von A ~ unterschiedliche Bahn-Gs'n, obwohl es sich um eine ‚einheitliche' Bewegung handelt. Um diese durch eine einzige Größe zu kennzeichnen, definiert man die ‚Winkel-Gs' ω:

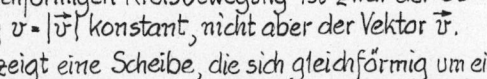

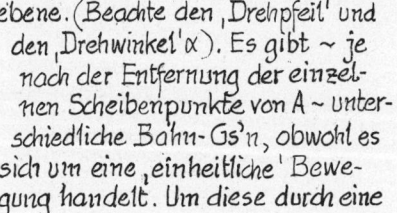

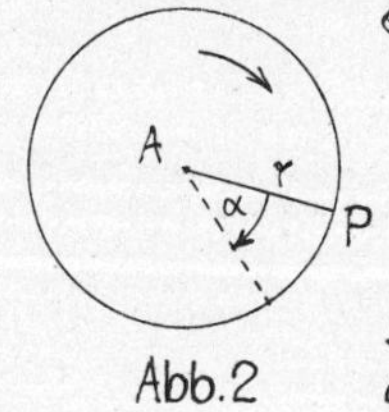

Abb.2

$$\omega = \frac{\alpha}{t} = \frac{\text{vom Drehradius überstrichener Winkel}}{\text{Zeitdauer des Überstreichens von } \alpha}.$$

Hierbei wird α in ‚Grad' oder ‚Radiant' (als Quotient aus Bogenlänge durch Radius) angegeben. Da sowohl Grad als auch Radiant keine echten Einheiten sondern reine Zahlenwerte sind, hat ω im SI die Benennung $[s^{-1}]$.

Hat ein Punkt P (Abb.2) des sich mit konstantem ω drehenden Körpers den Drehradius r, so legt er pro Zeiteinheit einen r-mal so großen Bogen zurück wie ein Punkt mit Radius 1; es gilt also die Formel:

$v = \omega r$ (Bahn-Gs = Winkel-Gs mal Radius).

In der Technik und im Alltag spricht man bei einem rotierenden Körper meistens von der Dreh- oder Tourenzahl pro min (pro s). Es heißt beispielsweise: 300 Umdrehungen pro min, abgekürzt 300 U/min; (beachte, daß U keine Benennung ist); hier ist ω:

$$\omega = 2\pi \cdot 300\ \text{min}^{-1} = 2\pi \cdot 5\ s^{-1} \approx 31{,}4\ s^{-1}.$$

Macht ein Körper allg. f Umdrehungen (oder Umläufe) pro s, so ist die ‚Umlaufsdauer' $T = 1/f$; es gilt also die Formel:

$$\omega = 2\pi f = \frac{2\pi}{T};$$

man nennt f die ‚Drehfrequenz' (Drehzahl pro s), ω die ‚Kreisfrequenz'; bei beiden wird manchmal $1\ s^{-1} = 1\ \text{Hz}$ geschrieben (weil bei Hz Vorsätze möglich sind).

Das ist das knappe Rüstzeug, mit dem sich die folgenden Aufg. lösen lassen.

a) Die vergoldeten Turmuhrzeiger am Regensburger Rathaus haben die Längen 3,30 m und 2,91 m. Wie groß sind die Winkel-Gs'n ω_g und ω_k (pro min)? Welche Bahn-Gs'n (pro s) haben die Spitzen der Zeiger?

b) Ein Radfahrer fährt mit der Gs 16 kmh^{-1}. Wie groß ist die Drehfrequenz (pro s) eines Rads, wenn sein Durchmesser 28 inch (Zoll) ist? (1 inch = 2,54 cm).

c) Die Trommel einer Waschmaschine dreht sich (im 2. Schleudergang) mit 1000 Umdrehungen pro min. Ihr Durchmesser ist 50 cm. Mit welcher Gs spritzen die Wasserteilchen vom Trommelmantel ab?

8. Sonnen- und Sterntag *

Der Laie sagt, die Erde drehe sich in 24 h einmal um ihre Achse und meint damit um 360°. Das stimmt jedoch nur ungefähr, weil 24 h = 1 d = 1 ‚Sonnentag' eben nach dem (scheinbaren) Sonnenumlauf festgesetzt wurde.

Will man die ‚wahre' Winkel-Gs der Erde, die Bahn-Gs eines Punkts, die Fliehkraft einer Masse u.a. berechnen, so muß man als (ruhendes) Bezugsystem das Fixsternsystem zugrundelegen. Zu einer vollen Umdrehung (360°) braucht dann die Erde einen ‚Sterntag' ($1 d_S$), auch ‚siderischer' Tag genannt.

a) 1 d und $1 d_S$ unterscheiden sich um ≈ 4 min; welcher Tag ist der längere? Löse dieses Rätsel quantitativ (mit Hilfe einer Zeichnung).

b) Wie groß ist ω der Erde (in s^{-1})?

c) Welche Bahn-Gs v_0 hat ein Punkt am Äquator, welche (v_1) auf dem 50. Breitenkreis (z.B. Frankfurt/Main)? (Erdradius $r_E = 6370$ km).

9. Schaubild einer Bewegung

Im Weg-Zeit-Gesetz $s = v \cdot t$ der gleichförmigen Bewegung ist der Weg s eine Funktion der Zeit t (oder s ist eine zeitliche Funktion). Man schreibt allg.:

$s = s(t)$ (lies: s ist gleich s von t).

Aus der Mathematik ist bekannt, daß man oft eine Funktion (einer Variablen) in einem rechtwinkligen Koordinatensystem durch einen ‚Graphen' darstellt, weil man dann aus diesem Schaubild (Diagramm) die Art der funktionellen Abhängigkeit praktisch mit einem Blick übersieht.

Auch in der Physik ist es gang und gäbe, zeitliche (aber auch andere Funktionen) graphisch darzustellen. Das kann für eine Problemstellung, einen Rechenansatz oder die Überprüfung von Ergebnissen oft von Nutzen sein. Das Ablesen von Werten aus dem Diagramm kann sogar – wenn man sich mit der Zeichengenauigkeit begnügt – u.U. eine Rechnung völlig ersetzen.

Bei einer zeitlichen Funktion ist praktisch immer t die ‚unabhängige' Variable; ihre Werte werden auf der waagrechten Achse aufgetragen, die der ‚abhängigen' Veränderlichen auf der lotrechten Achse, u.zw. schreibt man nur die Maßzahlen an, die Einheiten sind aus den Achsenbezeichnungen ersichtlich (Abb.) Diese werden oft so geschrieben: t/s und s/m. An der t-Achse können auch Uhrzeiten stehen (Aufg. 10). Die Nullmarken brauchen nicht mit dem Ursprung zusammenfallen.

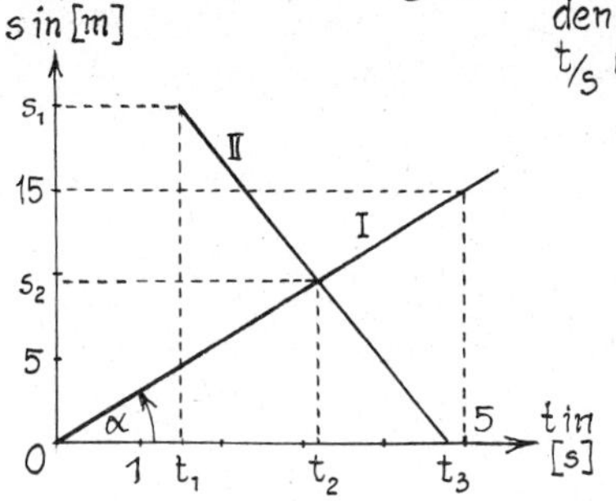

Der Graph einer gleichförmigen Bewegung ist eine Halbgerade (Strecke). In der Abb. ist I der Graph der Bewegungsgleichung: $s_I = v \cdot t$ eines Körpers. Die konstante Steigung ($\tan\alpha$) ist die Gs:

$$v = \frac{15\,m}{5\,s} = 3\,ms^{-1};$$

(beachte, daß die Einheiten auf beiden Achsen nicht gleich sind).

Von großem Vorteil ist die graphische Darstellung bei 2 oder mehr Bewegungen auf derselben Bahn (die aber so breit sein soll, daß die Körper nicht zusammenstoßen). In der obigen Abb. stellt der Graph II die Bewegung eines Körpers dar, der im Zeitpunkt $t_1 = 1{,}5\,s$ die Wegmarke $s_1 = 20\,m$ mit konstanter negativer(!) Gs $u = -6\,ms^{-1}$ durchläuft und sich auf die Nullmarke zu bewegt, die er im Moment t_3 passiert. Im Zeitpunkt t_2 begegnen sich beide Körper bei s_2.

Beachte: Arabische Ziffern als Indizes bezeichnen einzelne Werte, wobei ‚zusammengehörige' denselben Index haben müssen, z.B. $s_2 = s(t_2)$. 2 oder mehr verschiedene s-Funktionen indiziert man mit römischen Ziffern oder mit Buchstaben.

Man verdamme von Anfang an die Vorstellung, der Graph sei die Bahn des Körpers!

Und nun zu den Fragestellungen:

a) Stelle die Bewegungsgleichung $s_{II} = s(t)$ für den 2. Körper auf, u.zw. mit den Buchstaben s_1, t_1 und u. Berechne daraus die (Buchstaben-)Formel für t_2 und setze die Werte ein.
Stelle schließlich die Formel für s_2 auf (es gibt 2) und errechne den Wert. (Vergleich mit der Zeichnung).

b) Wie lautet die Formel für t_3? Berechne t_3 (und vergleiche mit der Abb.)

10. Nur kein Zusammenstoß! *

Weg-Zeit-Diagramme gab und gibt es noch en masse in Verwaltungszentren und Bahnhöfen der Eisenbahnen aller Staaten, denn beim Zugverkehr (auf ein- oder zweigeleisigen Strecken) handelt es sich täglich um sehr viele praktisch gleichförmige Bewegungen in beiden Richtungen. Diese Schaubilder, auf großen Papieren und durchsichtigen Folien gezeichnet, heißen 'graphische Fahrpläne' (GF'e).

Es soll nicht verschwiegen werden, daß ihnen heute ~ insbes. in den Industriestaaten ~ langsam und stetig vom Computer der Garaus gemacht wird. Das gleiche Schicksal, nur viel schneller, erleiden GF'e in (Polizei-) Verkehrszentralen der Großstädte, wo die Computer zudem noch die Ampelschaltungen auf die jeweiligen Verkehrsdichten optimieren.

Jeder, der mit einem Computer umgeht oder erst den Umgang lernt, müßte aber ~ meiner Meinung nach ~ das anstehende Problem zunächst einmal selbst logisch und gesetzmäßig verstehen ~ und evtl. im Prinzip lösen können. Deshalb hier die folgenden Aufg.:

a) Auf einer eingeleisigen Eisenbahnstrecke gibt es die Stationen A (0 km), B (10 km), C (25 km) und E (40 km); (die km-Angaben sind die Entfernungen von A).

Zwischen 8^{00} Uhr und 9^{30} Uhr (wir lassen 'Uhr' fortan weg) verkehren auf der Strecke AE 3 Züge: Ein Güterzug (GZ) in Richtung A → E mit der Durchschnitts-Gs $v_G = 30\,\mathrm{km h^{-1}}$; ein D-Zug (DZ) in Richtung A → E mit $v_D = 120\,\mathrm{km h^{-1}}$; (dieser Zug hält nur in A und E); ein Personenzug (PZ) in Richtung E → A mit $v_P = 60\,\mathrm{km h^{-1}}$. Die Aufenthalte des PZ in C und B sind jeweils nur sehr kurz und sind in v_P eingerechnet; sie brauchen deshalb auch nicht zeichnerisch berücksichtigt werden.

Der GZ verläßt A um 8^{00}; in B muß er 5 min (auf einem Nebengleise) warten, um den DZ vorbeizulassen; das geschieht um 8^{25}. Der GZ fährt sofort danach bis E weiter. Wenn der DZ in E ankommt, verläßt der PZ diese Station.

Zeichne den GF; (t-Achse von 8^{00} bis 9^{30}, 10 min ≙ 1 cm; s-Achse bis 40 km, 10 km ≙ 1 cm).

Lies für jeden Zug die folgenden Uhrzeiten ab: Abfahrt bzw. Ankunft in A und E; für den GZ außerdem den Aufenthalt in B und die Durchfahrt in C; für den PZ auch noch die Passagen (die praktisch zusammenfallenden Ankunfts- und Abfahrtszeiten) in C und B.

Berechne die abgelesenen Uhrzeiten entweder im Kopf oder mit den Weg-Zeit-Gesetzen: $s_G = s(t)$; $s_D = s(t)$; $s_P = s(t)$.

b) Eines Tages wird für den DZ in A 25 min Verspätung gemeldet; GZ und PZ fahren aber zur normalen Zeit ab. Auch die Gs'n der 3 Züge ändern sich nicht. Der GZ kann nun bis C durchfahren, wo er 10 min warten muß. Auch der PZ wartet hier und verläßt gleichzeitig mit dem GZ diese Station.

Zeichne den neuen GF. (Riskiere keinen Zusammenstoß!) Lies die geänderten Zeiten für die Züge ab. Welche anderen Verspätungen ergeben sich? Rechne dieselben Uhrzeiten möglichst einfach aus.

11. Verzwicktes Rangieren *

Das kleine Dorf lag zwar gottverlassen inmitten dunkler Wälder, dort eben, wo sich die Füchse gute Nacht sagen, doch hatte es einen regelrechten Bahnhof mit einem ebenerdigen Stationsgebäude, aus dessen einzigem Dienstzimmer der Bahnhofsvorsteher (BV) direkt in die 'gute Stube' seiner Dienstwohnung treten konnte. Er war Fahrkartenverkäufer, Schrankenwärter, Zugabfertiger, Stückgut- und Postverlader, Weichensteller und Rangierer in einer Person (da der Staat ihm keinen Gehilfen zahlen konnte), und trotzdem blieb ihm zwischen den wenigen Zügen noch genügend Zeit, in der schönen Jahreszeit sein Gemüse- und Blumengärtchen zu bestellen sowie sein Geflügel und die Ziege zu betreuen, im Winter aber die vielen Zeitungen und Zeitschriften zu lesen, die sich übers Jahr angesammelt hatten.

Einem Fremden, der sich hierher verirrt, fällt auf, daß an das einzige durchgehende Geleise über die Weichen W_1 und W_2 ein Gleisdreieck (GD) angeschlossen ist (Abb.) Auf seine Frage hin erklärt ihm der BV, daß sich in der Nähe eine (holzverarbeitende) Fabrik befindet,

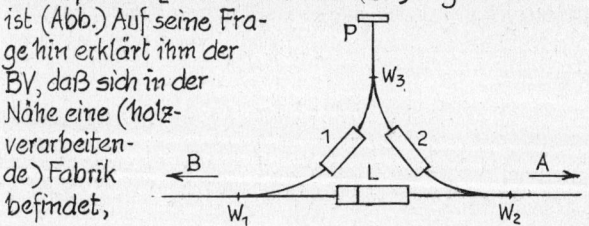

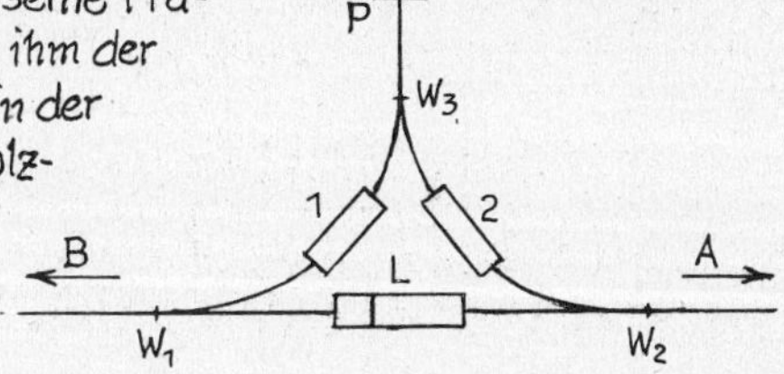

die ab und zu Rohstoffe per Bahn geliefert bekommt, die aber auch ihre Fertigprodukte hier verlädt, so daß immer mindestens 1 Güterwagen auf dem GD steht.

Der gute, alte BV war nur selten krank. Wenn dies aber dennoch der Fall war, oder wenn er seinen kurzen Urlaub nahm, mußte ihn ein Kollege aus der benachbarten Station vertreten. Dies geschah auch eines schönen Tages, als das böse Zipperlein den Alten aufs Krankenbett geworfen hatte. Und ausgerechnet jetzt standen die Waggons 1 und 2 auf dem GD (Abb.) 1 war vollgeladen und sollte an den nächsten in Richtung A fahrenden Personenzug (als letzter Wagen) angehängt werden. Dies bereitete aber dem Lokführer, der die Lok L (mit Kohletender) bereits vom Zug abgekoppelt hatte, und dem Aushilfsbeamten der Station wirkliches Kopfzerbrechen. (Der Zug stand weit außerhalb des Bahnhofs in Richtung B).

Ja, wenn sie Waggon 2 anzukoppeln gehabt hätten, wäre es ein Kinderspiel gewesen, desgleichen wenn L (mit Tender) auf dem Stück zwischen der Weichenzunge von W_3 und dem Prellbock P Platz gefunden hätte; auf dieses Stück paßte aber nur 1 Wagen! Die Männer schimpften, auch darauf, daß noch keine müde Mark der Entwicklungshilfe den Weg zu diesem Bahnhof gefunden hatte, um ein 2. Gleis bauen oder wenigstens das Gleisende an P verlängern zu können.

Schon dachte der Lokführer daran (weil die Reisenden schon aufmutzten), den Wagen 1 vor der L bis zur nächsten Station herzuschieben, da holte sich der Aushilfsbeamte beim BV Rat. Dieser sagte ihm, wo ein für diesen Fall ausgearbeiteter Rangierplan im Dienstzimmer liegt und rief ihm ~ mit süffisantem Lächeln ~ nach: „Beim 1. Mal hatte ich auch Schwierigkeiten. Gut Dampf!"

Nun versuche Du, lieber Leser, zu rangieren. Ganz einfach ist es nicht, denn es sind an die 9 Schritte nötig (wobei 1 Schritt von einem Kopplungsvorgang bis zum nächsten zählt). Am Ende des Rangiermanövers soll Wagen 2 zwischen W_1 und W_3 stehen (zum Beladen), während der Personenzug mit Wagen 1 (als letztem) in Richtung A abdampft.

12. Die Pendlerin

Das Ehepaar Fuchs (F) bewohnt auf dem Lande ein eigenes Häuschen mit Garten. Frau F ist in einem 8 km weit entfernten Büro in der benachbarten Stadt tätig und hat um 16^{30} Uhr Dienstschluß; ('Uhr' lassen wir im folgenden bei Zeitangaben weg). Fast immer fährt sie mit ihrem Fahrrad (einem Klapprad) ins Büro und zurück; sie trifft dann um 17^{00} zu Hause ein.

Herr F hat als Firmenvertreter (im Außendienst) keine so geregelte Arbeitszeit wie seine Frau. Aber es kommt dennoch oft vor, daß er um 16^{30} mit seinem Wagen vor dem Büro steht. Das Fahrrad kommt dann in den Kofferraum, und ab geht die Post! Sie sind nun schon um 16^{40} daheim.

Es gab aber auch noch andere Situationen:

a) Einmal fing es gegen 16^{30} an zu nieseln. Frau F rief ihren Mann zu Hause an, und er versprach, sofort zu kommen. Frau F wartete jedoch nicht, sondern startete zur gleichen Zeit wie ihr Mann (16^{30}). Beide fuhren das gewohnte Tempo.
Wo (vom Büro aus gerechnet) und wann begegneten sie sich? Wann waren sie (mit dem verladenen Rad) zu Hause? (Die zum Wenden des Autos und zum Verladen gebrauchte Zeit holte Herr F wieder auf).

b) Ein anderes Mal hatte sich Herr F verspätet und war erst 16^{40} am Büro; seine Frau war aber punkt 16^{30} weggefahren (wie ihm gesagt wurde). Wo und wann holte er sie ein? Wann waren sie diesmal (nach Verladen des Rades) daheim?

c) Pech war es, als Frau F losfahren wollte, das Hinterrad aber einen Platten hatte. Sie rief zu Hause an, ihr Mann war jedoch noch nicht da. Kurzentschlossen ging sie zu Fuß los und schob das Rad. Nach 20 min erreichte sie eine Gaststätte, 2 km vom Büro entfernt. Am Telefon erfuhr sie, daß ihr Mann gerade den Fuß über die Schwelle gesetzt hatte; er versprach, sofort abzufahren.
„Ich warte aber hier auf dich, denn ich habe mir gerade einen Kaffee bestellt. Tschüs!"
Wann traf ihr Mann ein? Sie fuhren ohne Aufenthalt ab; wann trafen sie zu Hause ein?

(Alle Fragen lassen sich anhand der Graphen in einem Weg-Zeit-System leicht beantworten. Maßstäbe: 10 min ≙ 1 cm; 2 km ≙ 1 cm. Für c) empfiehlt sich ein gesondertes Diagramm).

13. Der ewige Schulweg *

Brigitte geht in der Großstadt zur Schule. Sie kommt täglich um 14^{00} Uhr in einem Vorortbahnhof (B) an; ('Uhr' bleibt fortan weg). Hier holt sie die Mutter mit dem Auto ab, denn bis nach Hause ~ einem einsam gelegenen Forsthaus ~ sind es noch mehr als 1 Dutzend km!

a) Eines Tages kommt Brigitte schon einen Zug früher, um 12^{50} in B an. Sie hatte keine Möglichkeit, ihre Mutter telefonisch zu verständigen. Da schönes Wetter herrscht, macht sie sich zu Fuß auf den bekannten Weg und begegnet ihrer Mutter, die zur selben Zeit wie sonst von zu Hause weggefahren war. Die Mutter wendet, Brigitte steigt ein, und sie kommen 20 min früher als gewöhnlich daheim an.

Wie lange (t_G=...) war Brigitte zu Fuß unterwegs? Es wird angenommen, daß die Mutter ~ wie auch sonst ~ mit (konstanter) Durchschnitts-Gs fährt, in der die Zeit des Wendens bzw. des Wartens am B einkalkuliert ist.

(Es scheint auf den 1. Blick unglaubhaft, daß man mit diesen spärlichen Angaben bereits t_G berechnen könnte. Aber es geht! und ein Versierter schafft es sogar ohne Gleichungen im Kopf. Ein Ungeübter braucht jedoch für die logische Schlußkette ein gerüttelt Maß an geistigem Kraftaufwand. Ihm wird geraten, mit einem graphischen Fahrplan an die Fragestellung heranzugehen; dabei sollte er noch die Angabe von b) benutzen. Anhand der Zeichnung bzw. der Rechnung kann dann die Kopfrechnung nachvollzogen werden).

Für die Zeichnung: Länge der t-Achse: $1\frac{2}{3}$ h; 1h ≙ 6cm. Länge der s-Achse: 18 km; 4 km ≙ 1cm.

b) Brigitte war rüstig ausgeschritten und hatte schon 6 km zurückgelegt, als sie mit der Mutter zusammentraf. Welche (Durchschnitts-) Gs hatte Brigitte, welche Gs fuhr die Mutter? Wann waren sie zu Hause?

Wie weit liegt das Forsthaus vom B entfernt? Wann wäre die Tochter zu Hause gewesen, wenn sie ~ ohne Rast ~ den ganzen Weg zu Fuß gegangen wäre?

Und schließlich: Wann kamen Mutter und Tochter daheim an, wenn sie um 14^{00} am B abfuhren?

14. Der Güterzug *

Ein Güterzug fährt von der Station A (aus dem Stand) die 120 km lange Strecke bis zur Station E, wo er stehen bleibt, in genau 3 h. Er fährt allerdings nie länger als ≈ 10 min mit der konstanten Gs 40 kmh^{-1}, sondern zeitweise langsamer (z.B. auf Steigungen und durch Bahnhöfe), zeitweise schneller (beispielsweise bei Talfahrten). Es kann aber auch vorkommen, daß der Zug kurzzeitig anhält, aber nicht länger als ≈ 5 min (z.B. auf einem Nebengleise, um einen schnelleren Zug vorzulassen oder vor einem auf Rot stehenden Signal).

Es ist zu zeigen, daß ein mindestens ein 40 km langes Teilstück der Strecke AE gibt, welches der Güterzug in genau 1h (mit wechselnder Gs) durchfährt.

Löse die Aufg. mit der graphischen Darstellung. Wähle hierzu günstigerweise die Strecke für 1h und die für 40 km gleichlang (= 2cm). Dann wäre der Graph für konstante Gs die Diagonale $\overline{AE}$ (Steigung +1).

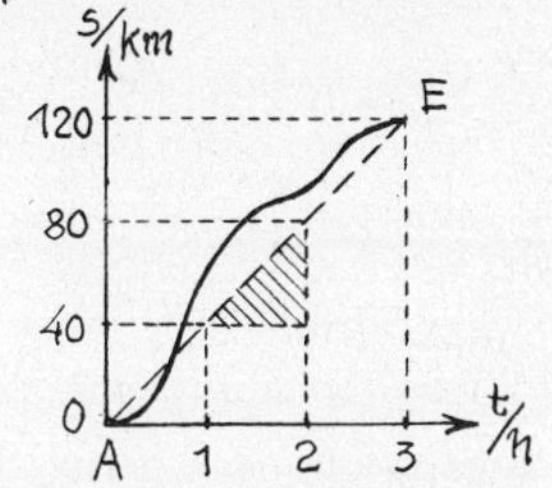

Der Beweis hat etwas mit der Verschiebung des 'Steigungsdreiecks' (schraffiert) zu tun. Es ist dafür vorteilhaft, $\overline{AE}$ waagrecht anzunehmen. Überlege Dir auch Anfangs- und Endsteigung sowie die Grenzen der Steigung.

15. Die Kombi-Fortbewegung

Berta (B) und Herta (H) sind Freundinnen und wohnen auf dem Lande. Die Woche über genießen sie die noch ziemlich reine Landluft. Wenn aber der Samstagnachmittag naht, kribbelt es sie in allen Gliedern, und es drängt sie dann ungestüm nach Luftveränderung: Sie fahren ~ fast bei jedem Wetter ~ mit den Fahrrädern in die nahe gelegene Stadt, manchmal nur zu einem harmlosen Schaufensterbummel, oft aber, wenn sie nette Freunde treffen, zu einem Besuch der Eisdiele, des Kinos oder gar der Disko.

Es ist wieder einmal Sonnabend. Aber als sie losfahren wollten, stellt B mit Bedauern fest, daß das Hinterrad ihres Fahrzeugs keine Luft hält. Am Ventil liegt es nicht. Als sie nach ihrem jüngeren Bruder ruft, der sich gern mit dem Flicken ein paar Groschen verdient, ist er unauffindbar.

Das Mitnehmen auf H's Damenfahrrad ist nicht ideal. So entschließen sie sich zur ‚Kombi-Fortbewegung': B geht zu Fuß los, H startet zur gleichen Zeit mit dem Rad, fährt genau die halbe Strecke bis zur Stadt und läßt das abgeschlossene Fahrrad stehen, um per pedes weiterzuwandern. B schließt nach Erreichen des Rades das Schnappschloß auf (H hatte ihr den Schlüssel gegeben) und fährt bis zur Stadt.

a) Es seien: d = Entfernung Wohnort-Stadt; v_F = Fußgänger-Gs; v_R = Fahrrad-Gs.
   Versuche zunächst, nur mit Buchstabenrechnung die folgenden Fragen zu beantworten:
   Welche Zeiten haben B und H bis zur Stadt gebraucht. Wer kam früher an?
   Welche Durchschnitts-Gs $\bar{v}$ entwickelten sie auf der Strecke d? (Die Buchstabenformel für $1/\bar{v}$ hat eine einfache Form; deute sie).
   Wenn die allg. Rechnung nicht gelingt, setze: $d = 6$ km; $v_F = 4\,\text{km}\,\text{h}^{-1}$; $v_R = 12\,\text{km}\,\text{h}^{-1}$.

b) Wäre es zeitlich günstiger gewesen, wenn die Freundinnen d in 4 oder 6 (oder eine andere gerade Zahl) gleiche Abschnitte zerlegt hätten?
   Was ist über die Zeitdauern zu sagen, wenn d in eine ungerade Zahl gleicher Strecken unterteilt wird?

16. Moderne Wüstenschiffe *

Eine Karawanserei in Schwarz-Afrika hatte den Sprung in die moderne Zeit geschafft und die altgedienten, duldsamen, gehöckerten ‚Wüstenschiffe' durch Lastkraftwagen (LKW) mit Allradantrieb ersetzt. Das Unternehmen befördert Verbrauchsgüter vom Hafen H quer durch eine große Wüste zu der 1035 km weit entfernten Stadt S, in der die Firma eine Filiale hat. Auf dem Rückweg werden vor allem Naturprodukte transportiert.

Das Unternehmen hält jederzeit sowohl in H als auch in S mindestens 6 LKW gleicher Bauart fahrbereit. Jeder LKW kann mit einer Tankfüllung (V Liter) vollbeladen 300 km weit fahren. Da sich aber zwischen H und S keine Tankstellen für den verwendeten Treibstoff befinden, müssen die Transport-LKW streckenweise von Tankfahrzeugen begleitet werden; diese Tanker (T) sind die gleichen LKW, nur haben sie anstelle der Ware Ersatzteile und Treibstoff geladen, u.zw. jeder T (außer der eigenen Tankfüllung V) noch 2V in Kanistern. (Es hatte sich nämlich als unwirtschaftlich erwiesen, neben den LKW einen eigenen Fahrzeugpark an T und für diese ein 2. Ersatzteillager zu unterhalten; ein 2. Vorteil war, daß die Ware eines liegengebliebenen LKW auf einen T umgeladen werden konnte).

a) Wieder einmal stehen in H 2 vollbeladene (und vollgetankte) LKW abfahrbereit. Bisher war es so, daß sie von 2T (mit je 3V Treibstoff) begleitet wurden; während diese ~ nach dem Betanken der LKW ~ nach H zurückfuhren, gelangten die LKW insgesamt 600 km weit, bis ihre Tanks praktisch leer waren. Von S aus fuhren ihnen bis zu diesem Rastpunkt R 2T entgegen, doch mit 2·3V an Treibstoff hätten alle 4 Fahrzeuge nicht den 435 km langen Weg von R nach S geschafft. Deshalb fuhr mit den 2T von S aus noch ein dritter T mit einer Überladung von 3,6V 135 km bis zum Punkt P mit, tankte die 2T voll und wartete in P auf die Rückkehr aller 4 Fahrzeuge.
   Wie vollzog sich auf dem Stück von H aus die Betankung, wie auf dem Restweg von R nach S? (Je 1 schematische Zeichnung, etwa wie in b)).
   (Der Verbrauch je 100 km soll unabhängig von der Ladung sein. Alle Fahrzeuge sollen in H bzw. S praktisch mit leeren Tanks ankommen).

b) Als ein neuer Fahrdienstleiter eingestellt wurde, mißfiel ihm der hohe Spritverbrauch, und er ließ durch einen Computer einen neuen Betankungsplan erstellen. Wie in a) fuhren von H aus 2 LKW und 2 Tanker T_1 und T_2 ab, doch erfolgte das Volltanken in A und B wie in Abb.1; beide LKW kamen bis R' (660 km von H entfernt). Berechne die Strecken HA und AB.

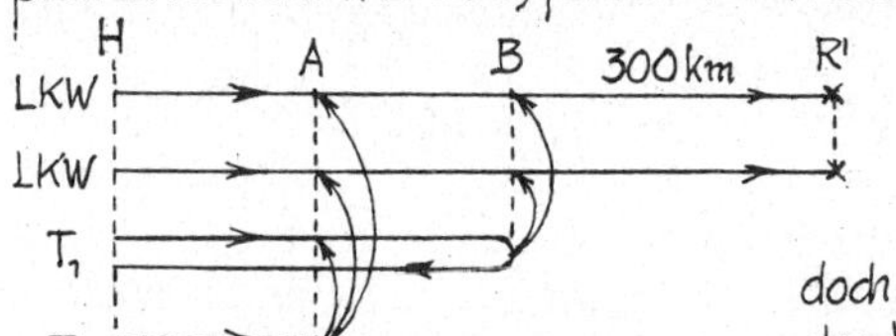

Abb.1

Ähnlich erfolgte die Betankung für die Reststrekke R'S (Abb. 2). Hier brauchten nur 2T (mit je 3V Sprit) entgegenzufahren; der eine (T_4) mußte in C warten, um dann die anderen für die Strecke CS mit Treibstoff zu versorgen. (Alle 4 Fahrzeuge kamen in S mit leeren Tanks an). Berechne den Weg CS.

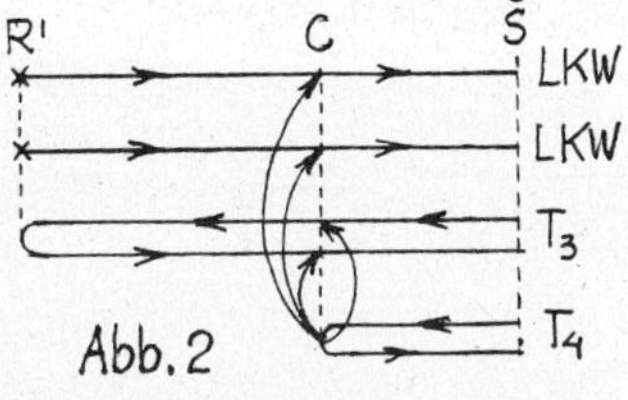

Abb. 2

c) Obwohl der Treibstoff in diesem Land billig war, schlug die Ersparnis durch den neuen Betankungsplan bei den vielen Transporten dennoch zu Buche. Wieviel % ~ bezogen auf den alten Plan ~ konnten eingespart werden?

17. Die dressierte Fliege

Nachdem er Gerda He... und Bruno Hö... physikalisch gründlich auf den Zahn gefühlt hatte, steckte Prof. La... (diesen Titel trugen zu meiner Schulzeit alle Gymnasiallehrer) den dünnen, schwarzen Bleistift, der ~ für uns deutlich sichtbar ~ die Noten 3 und 1⁻ geschrieben hatte, in die Schlaufe seines Notenbüchleins, ging zur Tafel des Physiksaals und schrieb (mit der insbes. von mir bewunderten Druckschrift) an diese: ‚Zusammensetzung von Bewegungen', und wir schrieben mit.

Dann nahm der ‚Herr Prof.' (das war unsere übliche Anrede) das hölzerne Tafeldreieck in die linke Hand (damals gab es noch keine Kunststoffdreiecke), legte es mit der Hypotenuse waagrecht an die Tafel, zeigte mit der Kreide in der rechten Hand auf den Eckpunkt B (Abb. 1) und sprach, halb zur Klasse gewandt:

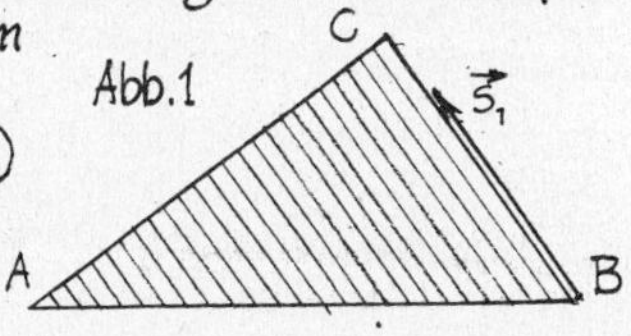

Abb. 1

„Denkt euch hier eine dressierte Fliege (F); sie soll gleichförmig längs der Seite $\overline{BC}$ kriechen. ~ Bimbo! (Spitzname eines Mitschülers) lach nicht so blöd! ~ Ich hatte heute früh tatsächlich eine abgerichtete F in einer Streichholzschachtel, aber mein kleiner Sohn war neugierig auf den Brummer ~ und weg war er! Bimbo, du darfst aber jetzt laut bis 10 [s] zählen, ich werde nämlich mit der Kreide die F spielen."

Während Bimbo bis 10 zählte, machte der Prof. längs $\overline{BC}$ einen 25 cm langen Strich.

„Das muß aber eine richtige Rennfliege sein", raunte ich meinem Sitznachbarn Bruno zu, der daraufhin fast laut losprustete.

Sofort der Prof. (dem eigentlich nichts in der Klasse entging): „Und was habe ich jetzt gezeichnet, Bruno?"

Bruno (dem im Moment nichts besseres einfiel): „Einen Kreidestrich, Herr Prof."

„Du willst mich wohl veräppeln! ~ Ich meine das natürlich physikalisch."

Ich (da ich mich schnell gemeldet hatte): „Den Wegvektor $\vec{s}_1$, den die Rennfliege in 10 s zurückgelegt hat." (Bruno hatte einige [s] zu früh geantwortet; er hatte nämlich nicht mitbekommen, wie der Prof. den Pfeil und den Buchstaben anschrieb).

Prof.: „Richtig! ~ Und nun nehme ich die F zurück in den Punkt B und ermahne sie, sich mit geschlossenen Augen auf dem Dreieck sitzend auszuruhen. (Was sie auch nötig hat, murmelte ich diesmal in meinen Bart). Bimbo, zähl wieder 10 s!"

Während dieser 10 s verschob der Prof. das Dreieck aus der Ausgangslage 40 cm waagrecht nach links und zeichnete den Wegvektor $\vec{s}_2$ (Abb. 2);

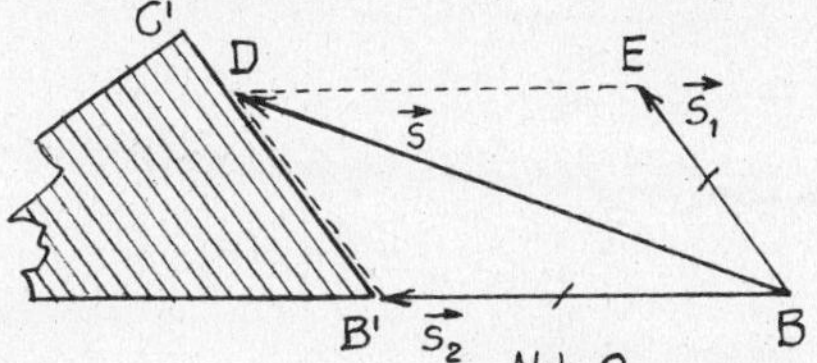

Abb. 2

die Kreide blieb dabei immer in B, dem Ort der F.

Prof. (das Dreieck wegnehmend): „Jetzt haben wir die ‚Einzelwege' der F als Wegvektoren dargestellt, nämlich $\vec{s}_1$ bei ruhendem Dreieck, $\vec{s}_2$ bei ruhender F; diesen letzten Weg hat sie verschlafen, die Bewegung des Dreiecks erfolgte ‚unabhängig' von F. Beide Wege sind in je 10 s zurückgelegt worden, aber zeitlich nacheinander. Es entsteht nun die Frage: Wo ist F, wenn beide Bewegungen gleichzeitig ablaufen?"

Unser Lehrer brachte das Dreieck in die Ausgangslage, und während Bimbo zählte, ließ er die Kreide wieder 25 cm am Schenkel $\overline{BC}$ entlanggleiten, bewegte aber das Dreieck gleichzeitig 40 cm nach links. Nach 10 s war die Kreide in D (Abb. 2), dem Endpunkt des Wegvektors $\vec{s}$.

Der Prof. fuhr fort: „$\vec{s}$ ist der ‚resultierende' (tatsächliche) Weg der F. Die Einzelwege streichen wir durch, weil sie ja nun nicht mehr vorhanden sind. Man ergänzt gewöhnlich zum Parallelogramm B'BED. Geometrisch läßt sich leicht zeigen, daß $\vec{s}$ auch mit konstanter Gs zurückgelegt wurde. Wenn ihr euch als Zeiteinheit 10s denkt, dann spielen die Einzelwege die Rolle der ‚Einzel-Gs'n', die sich ebenso zur ‚resultierenden Gs' zusammensetzen."

Nach einigen Rückfragen und Erläuterungen schrieb der Prof. an die Tafel, und wir notierten möglichst sauber ins Heft (da die ‚Heftführung' mitbewertet wurde):

Unabhängigkeitsprinzip: Führt ein Körper 2 geradlinige Bewegungen gleichzeitig aus, dann befindet er sich nach Ablauf der Zeitdauer t dort, wo er gewesen wäre, wenn er beide Einzel- (oder Teil-) Bewegungen (je der Dauer t) nacheinander ausgeführt hätte.

Die ‚Synthese' der Einzelbewegungen geschieht (geometrisch) mit einem Vektorparallelogramm; es kann ein Wegparallelogramm sein (wie in Abb. 2) oder aber ein Gs-Parallelogramm.

Das Unabhängigkeitsprinzip (UP) kann auch umgekehrt ~ zur ‚Analyse' (Zerlegung) einer Bewegung in 2 Teilbewegungen angewandt werden.

Das UP gilt nicht, wenn die eine Bewegung nicht(!) unabhängig von der anderen erfolgt; das ist z.B. in der Relativitätstheorie der Fall (Aufg. 140).

Fallen die Richtungen der Einzel-Wege oder -Gs'n zusammen, so addieren sich die Beträge der Vektoren; sind die Richtungen entgegengesetzt, so gibt man dem einen Betrag ein positives, dem anderen ein negatives Vorzeichen (und addiert). Wir nennen das die ‚halbvektorielle' Darstellung (Addition).

Der Prof. ergänzte noch: „Merkt euch! Man darf nur ‚gleichartige' Vektoren zusammensetzen (addieren)! Und nun schreibt euch die Hausaufg. auf":

a) Ein Motorboot (MB) verläßt in A das Ufer eines träge dahinfließenden Stromes unter rechtem Winkel (Abb. 3), steuert also den Punkt B an. Das MB hat die konstante ‚Eigen-Gs' (d.h. die Gs auf ruhendem Wasser) $v = 2\,ms^{-1}$. Es benötigt $t_1 = 40\,s$ zur Überquerung, wobei es durch die Strömung bis C abgetrieben wird; die Abtrift ist $\overline{BC} = 20\,m$.

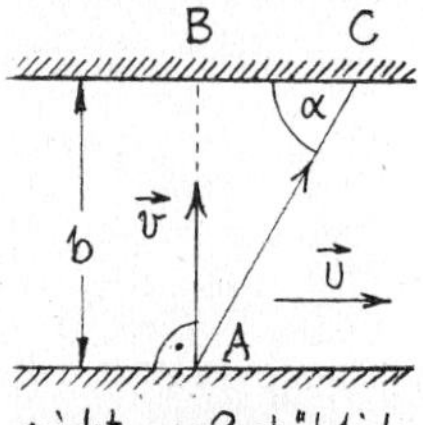

nicht maßstäblich
Abb. 3

Welche Breite b hat der Fluß, und wie groß ist seine Strömungs-Gs u?

Wie lang ist der wahre Weg $\overline{AC}$, wie groß ist die tatsächliche Gs w_1 des MB?

Unter welchem Winkel α trifft das MB auf das Ufer auf?

b) Das MB will nun auf demselben Weg $\overline{CA}$ nach A zurückkehren. Zeichne das neue Gs-Parallelogramm. In dem halben Parallelogramm sind v, u sowie der Winkel 180°-α aus a) bekannt. Mit dem Kosinussatz kann dann die tatsächliche Gs w_2 ausgerechnet werden. Warum ist sie $< w_1$?

Wie groß ist die neue Überquerungszeit t_2? Unter welchem (spitzen) Winkel β (zu $\overline{CB}$ gemessen) muß das MB steuern?

(So lernten wir das UP vor mehr als einem halben Jahrhundert, und so lehrte ich es als Junglehrer und noch in meinem 41. Dienstjahr fast 2 Generationen von Gymnasiasten. Mein seliger Prof. braucht sich also nicht im Grabe umzudrehen, im Gegenteil, hätte er durch ein Fenster aus dem Himmel geblickt, hätte ich wahrscheinlich auch als Lehrer eine ‚Eins mit bes. Anerkennung' erhalten für die Schrift und die Perfektion, mit der ich den Zeichentrick mit der dressierten Ferlernt hatte).

18. Rauchfahnen-Rätsel

Karlchen (K) kommt mit seiner Mutter von einem Ausflug heim, bei dem er zum 1. Mal mit seinem neuen Fotoapparat knipsen durfte. Er erzählt dem Vater freudestrahlend, was er alles auf den Film gebannt hat; u.a. fotografierte er auch 2 Dampfer auf der Unterelbe, die hintereinander stromabwärts fuhren.

„Und rate mal, Papi, wie die beiden Rauchfahnen wehten?" fragte er.

„Nun selbstverständlich beide nach rückwärts", meinte der Vater.

K: „I wo! Die eine wehte nach vorne (in Fahrtrichtung), die andere nach hinten, also beide aufeinander zu. Du kannst ja Mami fragen."

Aber die Mutter wollte keine rechte Zeugenschaft abgeben. Deshalb schlug K seinem Vater eine Wette vor: Er sollte einen neuen Film vom Vater erhalten, wenn er seine Behauptung anhand der in wenigen Tagen zu erwartenden Abzüge ~ ‚schwarz auf weiß' ~ beweisen kann.

a) Gewann K die Wette? Wenn ja, erkläre die Erscheinung mit einer Zeichnung und selbstgewählten Gs-Werten.

b) Ist es möglich, daß bei gleicher Fahrtrichtung der Dampfer beide Rauchfahnen ‚auseinander' wehen? (Wenn ja, gib ein Zahlenbeispiel an).

c) Können die Rauchfahnen ‚aufeinander zu' oder ‚voneinander weg' zeigen, wenn beide Dampfer entgegengesetzte Fahrtrichtung haben?

d) Als K's Mutter die Abzüge vom Fotogeschäft heimbrachte, war gerade ihr Bruder aus dem Odenwald zu Besuch. K renommierte mit seiner Rauchfahnenaufnahme, und sein Onkel fand sie wirklich sehr beeindruckend.

„Aber ich kann dir eine vielleicht noch interessantere zeigen", sagte der Onkel und holte ein Foto aus seiner Brieftasche hervor (nebenstehendes Bildchen); „es ist der Ausblick von unserem Balkon genau nach Süden auf die Weststadt.

Der linke Schlot gehört zu einer Papierfabrik, der rechte zu einer Brauerei."

Konnte K seinem Onkel die auseinanderstrebenden Rauchfahnen erklären? Versuche Du es.

19. Der Schwimmer

Ein junges Pärchen, noch ohne Trauschein, liegt lang ausgestreckt in einem Ruderboot und läßt sich von der sengenden Sonne fast nahtlos bräunen. Das Boot treibt auf einem träge strömenden Fluß mit der konstanten Strömungs-Gs u abwärts. Er ~ ein guter Schwimmer ~ springt plötzlich auf. „Ich brauche unbedingt Abkühlung!" sagt es und hechtet ins Wasser.

Er schwimmt erst mit kräftigen Schlägen eine Zeitlang gegen die Strömung, kehrt um und schwimmt ebenso kräftig mit dem Strom. Nach 2 min, vom Absprung an gezählt, erreicht er wieder das Boot. Er hievt sich hoch, bespritzt seine Freundin, die sich nun ins kühle Naß stürzt.

a) Du kannst, lieber Leser, trotz dieser spärlichen Angaben dennoch ausrechnen, welche Zeitspanne t_1 der Schwimmer (S) gegen den Strom und welche Dauer t_2 er mit dem Strom geschwommen ist. Bezeichne die Eigen-Gs des S (d.h. die Gs auf ruhendem Wasser) mit v und setze $v>u$ voraus.

b) Die Entfernung der Absprungstelle bis zu der Stelle, an welcher S das Boot einholte, sei 60 m. Berechne u.

c) Da jetzt t_1, t_2, s und u bekannt sind, sollte es wohl gelingen, v und die beiden von S durchschwommenen Strecken zu berechnen. Oder fehlt noch eine Angabe? Diskutiere auch die Fälle $v=u$, $v<u$ und $v=0$.

20. Gegen- und Rückenwind

In meiner Jugend fuhr ich fast täglich mit dem Fahrrad von L-schitz ins Gymnasium S-berg, im Sommer bei kontinentaler Hitze, in den Übergangsjahreszeiten oft bei Wind und Regen; im Winter mußte ich durch den hohen Schnee stapfen. Der Wind war ärgerlich, wenn er ins Gesicht blies, was eigenartigerweise meist am Hinweg zur Schule der Fall war. (Ich konnte mir nicht ausdenken, warum ausgerechnet mir Gott Äolus schlecht gesinnt war). Es blieb nur der tröstende Gedanke ~ den auch immer meine Mutter beim Wegfahren aussprach ~ nämlich der Gedanke an den Rückenwind bei der Heimfahrt; da konnte ich dann, auch vom Hunger ‚getrieben', Rekordzeiten herausholen, falls die Straße trocken und staubfrei war.

a) Als Junggymnasiast dachte ich lange Zeit, daß sich die bremsende Wirkung des Gegenwinds und die beschleunigende Wirkung des Rückenwinds auf der praktisch waagrechten Straße zwischen Wohnung und Schule aufheben müssen, so daß die Fahrdauern (für Hin- und Rückweg) bei Windstille und die bei konstanter Wind-Gs (des Gegen- und Rückenwinds) gleich sind.

Später, als wir im Unterricht Gs-Rechnungen machten, kamen mir Zweifel.

Frage an den Leser: Waren diese Zweifel berechtigt, und wie kam ich durch bloße Überlegung zum richtigen (qualitativen) Ergebnis bez. der Gesamtdauer t_s bei Windstille und t_w bei Gegen- und Rückenwind?

b) Als wir dann in Physik mit Gs-Parallelogrammen umgehen lernten (Aufg. 17), fiel es mir nicht schwer, die Formeln für t_s, t_w und $\Delta t = |t_s - t_w|$ aufzustellen, u.zw. in Abhängigkeit von c (= mittlere Fahr-Gs bei Windstille), von v (= Wind-Gs von Gegen- und Rückenwind) und von ℓ (= einfache Wegstrecke); es soll $v < c$ sein.

Stelle diese Formeln auf; berechne auch das Verhältnis $p = \Delta t / t_s$, das nur von c/v abhängt. (Rechne mit der vereinfachten Voraussetzung, daß $\vec{v}$ gleiche bzw. entgegengesetzte Richtung von $\vec{s}$ hat).

Setze schließlich die Werte ein: $\ell = 5\,km$; $c = 15\,kmh^{-1}$; $v = 5\,kmh^{-1}$; (p auch in %).

c) Auf Grund der klimatischen Verhältnisse waren die Tage, an denen ich sowohl am Hin- als auch am Nachhauseweg Rückenwind hatte, an den Fingern einer Hand abzählbar. Es kam aber manchmal vor, daß mir beim Hinweg zur Schule zwar der Wind (mit v) entgegen kam, beim Rückweg jedoch auffrischte ($v_1 > v$), so daß ich für beide Wege die Fahrzeit t_s erzielen konnte (was ich mit Freude auf meiner ‚Doppelmantel-Taschenuhr' registrierte).

Drücke für diesen Fall v_1 durch c und v aus. Unter welcher Voraussetung ergibt sich nur ein sinnvolles Resultat? Was ist zu sagen, wenn diese Einschränkung nicht beachtet wird?

Berechne v_1 mit den obigen Werten.

Erst an der Universität kam ich mit diesen Formeln wieder in Berührung, u.zw. beim Michelson-Versuch (Aufg. 139), bei dem c die Licht-Gs, v die Gs des sogen. Ätherwinds bedeuten; (deswegen wurden hier die Buchstaben c und ℓ verwendet).

21. Die Truppenparade *

Bei vielen Armeen war und ist es heute noch Brauch, daß eine (Infanterie-)Marschkolonne bei Paraden ~ aber auch bei Übungsmärschen u.a. Gelegenheiten ~ von einem Offizier A* zu Pferd angeführt wird. A* reitet dann im Abstand d vor der Mitte seiner ‚Einheit', des Marschtrupps MT (Abb.)

Und so sieht die Dienstvorschrift für das Defilee vor einem Kommandeur (samt Stab und hohen Politikern) anläßlich irgendeiner Staatsfeier aus:

Die Kommandeurstribüne ist in der Abb. rechts zu denken, etwa in der Höhe von F. A* befiehlt in einem geeigneten Augenblick seiner Einheit Paradeschritt und ‚Augen rechts!' dann schert er (im Zeitpunkt $t = 0$) mit der Gs $\vec{u}$ unter dem Winkel 45° nach rechts aus, wobei er den Abstand d (in Marschrichtung) vor der Vorderfront $\overline{CD}$ des MT ständig beibehält.

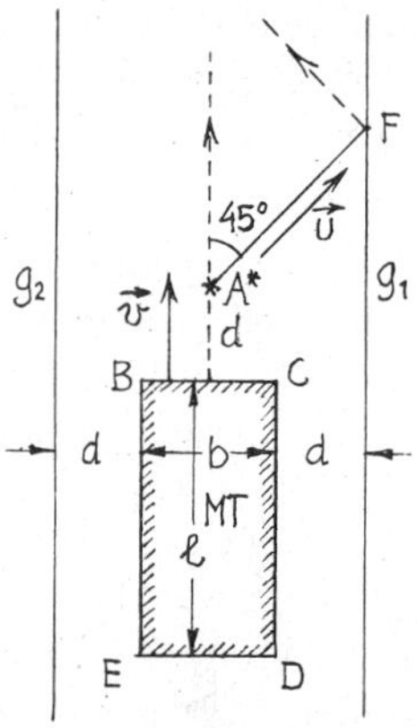

In F verharrt A*, grüßt den Kommandeur, gegebenfalls mit Säbel, und meldet seine Einheit. Der MT (Länge ℓ, Breite b) marschiert mit $\vec{v}$ vorbei. Im geeigneten Moment grüßt A* ab, macht eine Kehrtwendung und reitet schräg nach links (in der Abb. strichliert) wieder mit u, so daß er nun ständig den Abstand d hinter der Rückfront $\overline{DE}$ des MT bewahrt. Wenn A* an der Geraden g_2 angelangt ist, reitet er nach einer kleinen Schwenkung auf g_2 (mit u), bis er so weit vor dem MT ist, daß er ~ nach einer Ausscherung um 45° nach rechts ~ schließlich auf seinem alten Platz vor der Einheit angekommen ist; (auch auf diesem Stück reitet A* mit u und im Abstand d vor dem MT). Hier befiehlt er ‚Augen geradeaus' und Normalschritt.

Nach welcher Zeit T ist A* wieder in der Mitte vor dem MT angelangt? (Buchstabenformel in Abhängigkeit von d, ℓ, b und v; dann Einsetzen der unteren Werte).

Welche Zeitdauer blieb dem Offizier in F für den Gruß, die Meldung, den Abgruß und für das Wenden?

Um welche Strecke s ist der MT in der Zeit T vorangekommen?

Wie groß ist schließlich der von A* zu Pferd (während T) zurückgelegte Weg s_R?

Wenn die Aufstellung der Buchstabenformel für T nicht gelingt, rechne von vornherein mit den Werten: $d = 5\,m$; $b = 6\,m$; $\ell = 22\,m$; $v = 1{,}6\,ms^{-1}$.

(Ich habe in den 30-er Jahren Gott sei Dank nur wenige Male die zweifelhafte Ehre gehabt, hoch zu Roß eine solche Parade in einer nichtdeutschen Armee durchstehen zu müssen. Sie erforderte ein regelrechtes Training, denn eine Blamage konnte man sich aus mehreren Gründen nicht leisten. Der schwierigste Teil war das Grüßen und Meldungmachen vor dem

Kommandeur, denn die Zeit hierzu war äußerst knapp. Auch hätte beim Ziehen und Wegstecken des Säbels ein Streifen des Kopfs das Pferd u. U. scheu gemacht. Aber zur Ehre der Paradegäule muß gesagt werden, daß sie sich kaum aus der Ruhe bringen ließen. Dennoch – wehe dem, welchem der Stallknecht einen störrischen Hengst unterschob!)

BESCHLEUNIGUNG

22. Galilei wider Aristoteles

Der italienische Mathematiker, Philosoph und Physiker Galileo Galilei (1564-1642) war ein hervorragender Wissenschaftler der frühen Neuzeit. Schon als Student baute er, nach einer Schrift des Archimedes (Aufg. 74) eine hydrostatische Waage. Als 25-Jähriger erhielt er eine Mathematik-Professur in seiner Geburtsstadt Pisa, 3 Jahre später in Padua. In dieser Zeit leitete er die Pendelgesetze ab, erfand in seiner feinmechanischen Werkstatt einen Proportionalzirkel und befaßte sich viele Jahre mit den Fallgesetzen.

Galilei

Seit dem Altertum zählte man die ‚einfachen Maschinen' (Hebel, Rolle, schiefe Ebene, ...) und mit ihnen die Mechanik nicht(!) zur Physik, d.h. zur Lehre von der Natur (griechisch Physis), sondern sah in den Maschinen eine List, gegen die Natur zu handeln, sie geradezu zu übertölpeln, z.B. wenn man mittels eines Hebels mit einer kleinen Kraft eine große Last hebt. Galilei (G) wendet sich dagegen: Man kann die Natur nicht überlisten oder übertreffen, man handelt bei den Maschinen immer mit(!) der Natur. So schuf er 1593 das Gesetz, das wir oft noch in der Schule als ‚goldene Regel der Mechanik' bezeichnen: Was bei einer Maschine an Kraft erspart wird, geht an Weg verloren (Aufg. 57).

1609 baute G das in Holland erfundene Fernrohr nach (das daher öfter ‚Galileisches' als ‚holländisches' Fernrohr genannt wird) und entdeckte mit ihm die Mondberge, die Phasen der Venus, 4 Jupitermonde (von ihm ‚Mediceische Gestirne' genannt) sowie die Saturnringe; er erkannte ferner, daß gewisse Sternhaufen und die Milchstraße aus Einzelsternen bestehen.

Die Zuwendung zur Astronomie begeisterte G für das Weltbild des Kopernikus (Aufg. 120), für dessen heliozentrisches System er einen vollgültigen Beweis liefern wollte, der aber seinem Zeitgenossen Kepler gelang (Aufg. 70). Damit jedoch, daß sich der Planet Erde so wie die anderen Planeten um die Sonne bewegt, stieß der strengkatholische G auf den Widerstand der Kirche, die ihn zunächst (1616) nur ‚ermahnte'. Erst 1632 wurde er vor die Inquisition (katholisches Ketzergericht) zitiert, und er mußte 1633 ‚seinem Irrtum' als treuer Katholik abschwören. Er wurde mit lebenslänglichem Hausarrest bestraft: In seiner Villa bei Arcetri verbrachte er (seit 1637 erblindet) den Rest seines Lebens. Hier schrieb er auch (1634) sein für den Fortgang der Physik wichtigstes Werk: ‚Unterredungen und mathematische Demonstrationen über zwei neue Wissenszweige, die Mechanik und die Fallgesetze betreffend.'

Erst 350 Jahre nach dem Inquisitionsurteil, im Jahre 1983, wurde dieses korrigiert, indem der Papst selbst erklärte, daß sich eine Institution der Kirche geirrt hätte.

Ein Bild aus dem Jahre 1847 stellt G vor dem Inquisitionsgericht dar, kurz nach seinem Abschwur; von den Richtern abgewendet und mit dem Fuß aufstampfend murmelt er die Worte: „Eppur si muove!" (Und sie – die Erde – bewegt sich doch!) Das ist aber eine Legende, zu der sich (wie wir noch hören werden) andere gesellen. Das ganze 19. Jahrhundert hat G falsch verstanden. So hat er sich als tiefgläubiger Katholik nie ernsthaft gegen die Kirche gestellt. Auch daß er durch Folter zum Abschwören gezwungen wurde, ist legendär.

Am hartnäckigsten – bis in die heutige Zeit – hielt sich die Legende, daß G seine Fallversuche am schiefen Turm von Pisa durchgeführt hat. Sie ist nicht nur in vielen Physikbüchern und populärwissenschaftlichen Werken zu lesen, sondern auch in Vorträgen zu hören. Insbes. durch die Schule ist diese Meinung von Generation zu Generation kolportiert worden. In einer bekannten Quizsendung des ZDF (Zweites Deutsches Fernsehen) im Frühjahr 1983 wurde ‚G und sein schiefer Turm' Millionen Zuschauern präsentiert.

Das ‚Fallgesetz' übernahm G zunächst von dem griechischen Philosophen Aristoteles aus Stagira (384 - 322 v. Chr.): Ein Körper fällt umso schneller, je schwerer er ist, und umso langsamer, je größeren Widerstand das Medium (meist Luft) leistet. Daß sich daraus für das Vakuum kein vernünftiger Schluß ziehen läßt, erkannte wohl Aristoteles, jedoch war ihm dies ein wünschenswerter Beweis dafür, daß eben ein Vakuum nicht existieren kann! Als 1589 G das Studium des freien Falls begonnen hatte, war er keiner anderen Meinung: „Wenn man eine Kugel von Blei und eine von Holz von einem hohen Turm fallen läßt, bewegt sich das Blei weit voraus. Das habe ich oft nachgeprüft." Das sind also G's angebliche Fallversuche von 1590. (Zitat aus: A. Hermann, Weltreich der Physik). Mein Universitätslehrer Reinhold Fürth (Prag, später Dublin) pflegte in seiner Einführungsvorlesung in die Experimentalphysik zu sagen: „Wahrscheinlich hat G als Junge Steinchen vom schiefen Turm geworfen, nicht aber als Professor!"

Aristoteles

Und nun zur Aufg.-Stellung:

G's erste und wichtige Erkenntnis war: Im Vakuum fallen alle Körper gleich schnell.

In seiner Schrift ‚Unterredungen...' (s.o.) unterhalten sich 2 Männer über das Aristotelische Fallgesetz, und der eine beweist ~ mittels eines Gedankenexperiments ~ dem anderen logisch, daß Aristoteles nicht recht haben kann.

Vollziehe diesen ‚indirekten' Beweis mit 2 Massen $M > m$ (ohne Luftwiderstand) nach.

Du kannst auch den Beweis mit 2 (bzw. mehreren) gleichen Massen ‚direkt' führen.

(Wahrscheinlich ist es auch Legende, daß Napoleon I auf seinem Pferd in der Galerie, die sich wendelförmig an der Außenfassade des Turms hochzieht, emporgeritten ist; jedenfalls habe ich seit meiner Schulzeit nichts mehr darüber gehört).

23. Die Fallgesetze *

20 Jahre, von 1589 - 1609, brauchte Galilei (G), um seine Fallgesetze aufzustellen. Daß er sie nicht durch Fallversuche gewann (also durch eine ‚Befragung der Natur', wie es in manchem Physikbuch steht), wurde bereits in Aufg. 22 dargelegt. Er machte vielmehr gewisse theoretische Ansätze über Strecken, Zeiten sowie Gs'n und verarbeitete sie mathematisch zu den Gesetzen. Er ging also durchaus so vor wie ein (heutiger) theoretischer Physiker, der zwar die Natur beobachtet, aber ihre Gesetze durch Überlegung (ja manchmal durch ‚Spekulation') sowie durch ‚Modelle' und ‚Gedankenexperimente' zu finden sucht und eine mathematische Theorie entwickelt, deren Aussagen aber durch (gezielte) Experimente überprüfbar sein müssen. Diese können dann die Theorie stützen, sie modifizieren oder aber sie verwerfen.

Bevor wir auf die G'schen Ansätze eingehen, müssen wir uns noch mit 2 wichtigen Begriffen befassen.

Bisher hatten wir es praktisch nur mit gleichförmigen Bewegungen zu tun, bei denen also die Gs konstant blieb. Bei einer ungleichförmigen Bewegung aber, z. B. beim freien Fall, ändert sich die Gs dauernd. Hier ist also v eine zeitlich veränderliche Größe $v = v(t)$, deren Wert in einem bestimmten Zeitpunkt ‚Momentan-Gs' heißt. Mathematisch gelangt man zu ihr folgendermaßen: In Abb.1 soll sich ein Massenpunkt m auf der positiven Wegachse ungleichförmig bewegen. Die Zeitpunkte, in denen er die Wegmarken s_1 und s_2 passiert, seien t_1 und t_2. Die Gs über der herausgegriffenen Strecke ist

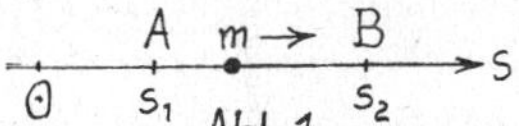

Abb.1

$$\bar{v} = \frac{s_2 - s_1}{t_2 - t_1} = \frac{\Delta s}{\Delta t} \quad (1)$$ (lies: Delta s durch Delta t).

Hier wurde ~ wie in der Mathematik üblich ~ die Differenz zweier Werte derselben Variablen mit dem ‚Differenzensymbol' Δ bezeichnet. Die rechte Seite von (1) ist dann ein ‚Differenzenquotient'.

$\bar{v}$ ist immer noch eine Durchschnitts-Gs. Auf die Momentan-Gs, beispielsweise beim Passieren des Punktes A, kommt man durch einen ‚Grenzübergang', einen ‚Limes' (lateinisch limes = Grenze): Man schnürt Δs sozusagen auf den Punkt A (also auf die Länge 0) zusammen. Anders ausgedrückt: Man läßt $\Delta s \to 0$ gehen (lies: Δs gegen null); damit strebt auch zwangsweise $\Delta t \to 0$. Die Momentan-Gs schreibt man dann mathematisch:

$$v = \lim_{\Delta t \to 0} \frac{\Delta s}{\Delta t} = \frac{ds}{dt};$$

lies: Limes Δs durch Δt für $\Delta t \to 0$ ist gleich ds nach(!)

dt; ds und dt sind ‚Differentiale' (Weg- und Zeitdifferential); $\frac{ds}{dt}$ heißt deshalb ‚Differentialquotient'.

Er kann bei gegebener Funktion $s = s(t)$ mit Hilfe der ‚Differentialrechnung' genau berechnet werden.
Es ist nützlich, sich Differentiale als sehr kleine (∞ kleine!) Differenzen vorzustellen, z.B. $dt = 1\,\mu s$ oder weniger; $\frac{ds}{dt}$ ist die symbolische Abkürzung für den (schon durchgeführten) Limes; dennoch darf $\frac{0}{0}$ nicht geschrieben werden!
In der Experimentalphysik und Technik können Momentan-Gs'n heute sehr genau gemessen werden (Gs-Messer bei Verkehrsmitteln).
Mit jeder ungleichförmigen Bewegung ist der Begriff der ‚Beschleunigung' (Bs) verbunden. Wie im Alltag versteht man darunter den Zuwachs der (Momentan-)Gs pro Zeitdauer. Hat also m (in Abb.1) in A die Gs v_1, in B v_2, so ist die Bs a (lateinisch acceleratio) definiert durch

$$a = \frac{v_2 - v_1}{t_2 - t_1} = \frac{\Delta v}{\Delta t} \qquad (2) \qquad \text{SI-Einheit: } 1\,\mathrm{ms}^{-2}.$$

Es handelt sich hier selbstverständlich nur um eine Durchschnitts-Bs (da Δt beliebig groß sein kann). Da jedoch in der Folge nur Bewegungen mit konstanter Bs behandelt werden, belassen wir es bei der Definition (2).
Da v ein Vektor ist, muß auch Δv eine vektorielle Größe, und die Bs ebenfalls: $\vec{a}$. Bei einer geradlinigen Bewegung können wir uns aber mit der halbvektoriellen Darstellung (Aufg.17) begnügen. Ist in obigem Beispiel $v_2 > v_1$, so ist a positiv, d.h. $\vec{a}$ liegt in Bewegungsrichtung; ist a negativ (bei $\Delta v < 0$), so spricht man (wie im täglichen Leben) von einer ‚Verzögerung'; $\vec{a}$ hat die entgegengesetzte Bewegungsrichtung.
Ist $\vec{a}$ = konst (d.h. als Vektor konstant), so sprechen wir von einer ‚gleichmäßig beschleunigten', geradlinigen Bewegung.
Kehren wir nun zu G und seinen Fallgesetzen zurück. Wie alle großen Physiker glaubte auch er an die Einfachheit der Natur bzw. ihrer Gesetze. So unterstellte er bei der Untersuchung des freien Falls im Vakuum (also bei Abstraktion des Luftwiderstands), daß der fallende Körper wohl in gleichen Zeitdauern auch gleiche Gs-Zuwächse erhält; anders ausgedrückt: Die Konstanz der ‚Fall-Bs' ($\vec{g}$) war seine große Erkenntnis. Damit gelangte er nun zwingend zu seinen Fallgesetzen:

1. Die Gs eines fallenden Körpers nimmt proportional mit der Zeit zu: $v \sim t$.
2. Die zurückgelegte Wegstrecke nimmt proportional mit dem Quadrat der Zeit zu: $s \sim t^2$.

Beginnt der Fall im Zeitpunkt $t = 0$, so lauten die Formeln:

1. Gs-Zeit-Gesetz: $v = gt$ (3)
2. Weg-Zeit-Gesetz: $s = \frac{1}{2} g t^2$ (4)

Versuche zur Bestätigung seiner Gesetze hat G dennoch gemacht, allerdings mit einer ‚Fallrinne' (schiefen Ebene); auf ihr wirkt sich nur ein Teil von $\vec{g}$ (eine ‚Komponente') aus (Aufg. 57), so daß der freie Fall ‚verlangsamt' wird. Dies war insofern notwendig als G zur Zeitmessung nur eine primitive ‚Wasseruhr' benutzte.
Die ersten Messungen am freien Fall führten G's Landsleute Francesco Maria Grimaldi (1618-1663) und Giovanni Battista Riccioli (1598-1671) im Jahre 1642 durch.
Und nun kommen wir endlich zur Fragestellung:
Die Gesetze (3) und (4) sind nicht unabhängig voneinander: (3) läßt sich aus (4) mit Hilfe der Differentialrechnung herleiten, (4) aus (3) mit der ‚Integralrechnung'. Beide faßt man oft unter dem Namen ‚Infinitesimalrechnung' zusammen. Diese wurde von Newton (Aufg. 31) und dem deutschen Gelehrten Gottfried Wilhelm Leibniz (1646-1716) ~ gleichzeitig und unabhängig voneinander ~ entwickelt.
Da demnach G die Infinitesimalrechnung nicht kannte, wollen auch wir die Herleitungen mit einfachen mathematischen Mitteln vornehmen, wobei wir der Sache wegen um Grenzübergänge nicht herumkommen.

a) Leite (3) aus (4) her; gehe dabei von (1) aus, setze für s_2 und s_1 aus (4) ein, kürze durch lasse $t_2 \to t_1$ gehen.
b) Bei der Herleitung von (4) aus (3) benütze ein v-t-Diagramm. Abb. 2 stellt ein solches für eine gleichförmige Bewegung dar; der (schraffierte) Flächeninhalt kann als Weg gedeutet werden: $s_1 = v_1 t_1$.

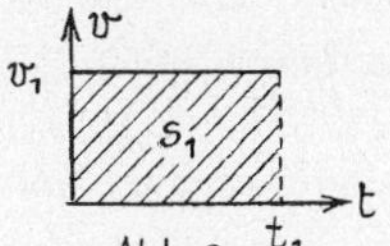

Abb.2

Bei dem v-t-Diagramm der Fallbewegung lasse v zunächst sprungweise ~ etwa nach je Δt um Δt ~ ansteigen. Während Δt soll v konstant sein. Du erhältst so einen Stufengraphen. Bilde s (als Summe) und lasse schließlich die Stufenbreite $\Delta t \to 0$ gehen.

24. **Freier Fall am Hochhaus** *

Die Zwillinge Max (M) und Kurt (K) wohnen im gleichen Hochhaus, etwa in halber Höhe. Genau über ihnen, im obersten Stockwerk desselben Hauses haben die Großeltern ihre Wohnung. Sie schenkten den Enkeln zu Weihnachten die langersehnten Minifunkgeräte (vielleicht nicht ganz frei vom Gedanken an Eigennutz, gelegentlich auch mit ihren Kindern drahtlos sprechen zu können).

Und nun funken die Zwillinge von Balkon zu Balkon, vom Balkon zur Erde, oder sie probieren im Freien die Reichweite mit und ohne Hindernis aus.

Als sie in der Schule die Fallgesetze durchnahmen, lag es nahe, ihre Geräte bei Fallversuchen am Hochhaus einzusetzen. Eine Stoppuhr besaßen sie schon und sie fanden auch ein Dutzend Stahlkugeln (mit ≈ 1 cm Durchmesser). Aber der Großvater, der ihnen oft bei Hausaufg. half und dem sie ihr Vorhaben unterbreiteten, machte das Einverständnis, auch seinen Balkon als Abwurfstelle zu benutzen, zunächst von einer Besprechung mit dem Vater der Zwillinge abhängig.

Den Vater freute das physikalische Interesse seiner Söhne. (‚Sie treten in die Fußstapfen Galileis', dachte er, ‚Gott sei Dank steht aber das Hochhaus nicht so schief wie der Turm von Pisa'). Er erlaubte ihnen die Versuche, aber nur in seiner Gegenwart. Da er als Bau-Ingenieur einen Schutzhelm besaß, stellte er sich mit diesem bewaffnet selbst unten auf dem Boden auf, den eine 10 cm hohe Schneeschicht bedeckte. Es war völlig windstill; der 1. Versuch galt nur dem Feststellen der Einschlagstellen der Kugel von M, der in der elterlichen Wohnung geblieben war, und der 2. Kugel, die K vom Balkon der Großeltern fallen ließ. Der Vater stand in sicherer Entfernung, so daß er aber noch gut das Aufschlagen der Kugeln sehen (und hören) konnte. Die Brüder ließen die Kugeln ~ mit waagrecht über die Balkonbrüstung ausgestreckten Armen ~ so fallen, daß die Aufschlagstellen ca. 20 cm voneinander entfernt waren.

Die Zwillinge hatten je ein Funkgerät, K (im obersten Stockwerk) betätigte außerdem noch die Stoppuhr. Er sollte seine Kugel um eine gewisse Zeitspanne Δt später als M fallen lassen, und der Vater sollte darauf achten, daß beide genau gleichzeitig auf dem Boden aufschlagen. Das Gerät von M war auf Sendung, das von K auf Empfang gestellt. M zählte: „Achtung, fertig, los!" und ließ auf ‚l' seine Kugel fallen, während K im selben Zeitpunkt die Uhr startete. Nach Δt ließ K seine Kugel fallen und stoppte im gleichen Moment die Uhr. Der Vater gab durch vereinbarte Handzeichen kund, welche Kugel zu früh (bzw. zu spät) auftraf.

a) Nach einigen Versuchen war es so weit: Beide Kugeln schlugen gleichzeitig auf dem Boden auf; K hatte ein ganz bestimmtes Δt gemessen. Die beiden Fallhöhen h und H ($h < H$) waren ihnen aus den Stockwerkhöhen d (s. Abb.) bekannt. Da ohnehin alle Kugeln im Schnee gelandet waren, gingen die Zwillinge in die elterliche Wohnung und errechneten die Fallbeschleunigung g.

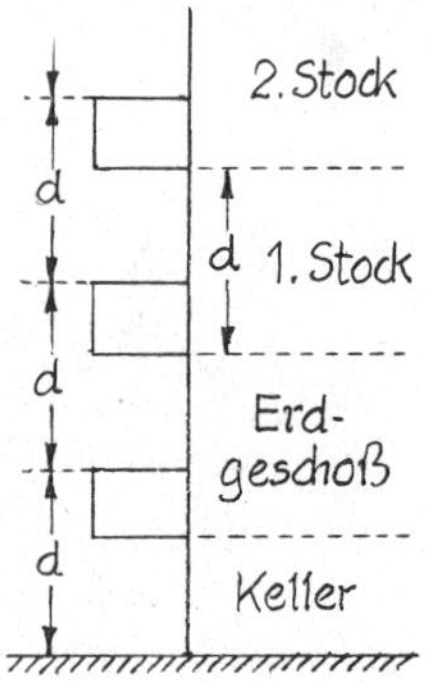

Stelle Du, lieber Leser, die Buchstabenformel für g auf: $g = g(h, H, \Delta t)$.

b) Du sollst aber noch etwas anderes herausfinden. Die Zwillinge maßen die Höhe d eines Stockwerks zwischen den Oberkanten der Balkonbrüstungen mit einem Lot zu $d = 2{,}7\,\text{m}$ (s. Abb.) Auch die Höhe der Brüstungsoberkante des Erdgeschosses über dem Boden war d. Man kann also $H = md$ und $h = nd$ setzen ($m > n$), wobei m und n natürliche Zahlen sind; $g = 9{,}8\,\text{ms}^{-2}$ und $\Delta t = 1\,\text{s}$ sind von a) bekannt.

In welchem Stockwerk wohnen die Zwillinge, in welchem ihre Großeltern?

(Du erhältst eine einzige Bestimmungsgleichung für m und n, die ganzzahlig zu lösen ist, eine sogen. ‚diophantische' Gleichung. Wenn Du m als Funktion von n darstellst und mit $n = 1$ beginnst, kommst Du durch Probieren rasch zum Ziel. Mit mehr als 17 Stockwerken brauchst Du nicht zu rechnen).

Welche Höhe hat das gesamte Hochhaus (vom Erdboden bis zum Dach), wenn von der Oberkante der höchsten Balkonbrüstung bis zum Flachdach noch 2 m fehlen?

c) Für den nächsten Tag hatten die Zwillinge 2 Versuchsreihen geplant. Der Vater (am Boden) bekam die Stoppuhr und sollte die Differenzzeit zwischen

den Aufprallen beider Kugeln messen.
M, der wieder in der elterlichen Wohnung geblieben war, startete seine Kugel im gleichen Moment, in welchem K's Kugel an seiner vorbeiflog; (hierzu hatten sie sich eine einfache, automatisch arbeitende Vorrichtung ausgedacht). Welche Kugel schlug zuerst auf?
M behauptete, daß sein Vater $\Delta t_1 = 1\,s$ messen wird. Im Gegensatz dazu versteift sich K darauf, daß $\Delta t_2 = 1\,s$ dann gemessen wird, wenn beide Kugeln (in den Höhen h und H) gleichzeitig starten. Wer hat recht? (Führe den Beweis möglich mit Buchstabenrechnung).
Berechne dasjenige Δt, das nicht gleich 1 s ist.
Wie groß sind beim letzten Versuch die Auftreff-Gs'n v_M und v_K der Kugeln auf dem Boden?

In allen Aufg. ist ohne Luftwiderstand zu rechnen.

25. Der leidliche Bremsweg

Für die geradlinige, gleichmäßig beschleunigte Bewegung (mit konstanter Beschleunigung a) lauten die grundlegenden Gesetze:

$$v = at \quad (1) \quad \text{und} \quad s = \frac{1}{2}at^2 \quad (2);$$

man erhält sie, wenn man in (3) und (4) (Aufg. 23) die Fallbeschleunigung g durch die allg. Beschleunigung a ersetzt. Mit (1) und (2) lassen sich sehr viele Verkehrsaufg. lösen.

a) Die Polizei ist wieder einmal beim Vermessen der Bremsspur eines Autos bei einem Unfall innerhalb eines Ortsbereichs. Der Bremsweg (bei blockierten Rädern auf trockener Straße) betrug $s_B = 22{,}5\,m$. Es wird eine konstante Bremsverzögerung $a_B = -5\,ms^{-2}$ angenommen.
War die Gs v_0 des Autos bei Beginn des Bremsens größer oder kleiner als $50\,kmh^{-1}$?
Wie groß war die Bremsdauer t_B?
(Setze die gleichförmige Bewegung mit v_0 und die gleichmäßig verzögerte mit $-a_B$ halbvektoriell zusammen, u. zw. je die Gs'n und Wege; eliminiere zunächst t_B).

b) In Fahrschulen wird als Faustformel für den Bremsweg angegeben:

$$s_B = \left(\frac{v_0}{10}\right)^2; \quad v_0 \text{ in } kmh^{-1}; \; s_B \text{ ergibt sich in } [m].$$

Für welche Bremsverzögerung a_B gilt diese Formel streng?
(Wähle am einfachsten irgendein Zahlenbeispiel).

26. Die Verbrecherjagd *

Bei einer Sparkasse in F gab es Alarm: 2 maskierte Bankräuber hatten sie überfallen, abkassiert und waren mit einem (wahrscheinlich gestohlenen) blauen Kombiwagen (Kennzeichen F...) geflohen. Die Polizeizentrale gab die Fahndung sofort an alle im Stadtgebiet befindlichen Streifenwagen (SW) und die benachbarten Polizeidienststellen durch. Aus den einlaufenden Sichtmeldungen konnte der Weg des Fluchtwagens zunächst gut verfolgt werden, doch dann ging er verloren. Man mutmaßte, daß die Gangster ‚umgestiegen' waren, aber plötzlich traf die Meldung ein, der blaue Kombi nähere sich einer Ausfallstraße. Sofort wurde der nächste SW dorthin beordert. Er postierte sich stadtauswärts (Standort 0), und die Beamten richteten ihre Augen auf den aus der Stadt flutenden Verkehr. Deshalb wäre ihnen fast entgangen, daß das Fluchtauto bereits $s_0 = 100\,m$ von ihnen entfernt aus der Stadt fuhr; (es war nämlich aus einer Seitenstraße eingebogen).

a) Von jetzt an ($t = 0$) begann die Jagd. Der SW beschleunigte zunächst aus dem Stand mit konstantem $a_1 = 2{,}5\,ms^{-2}$, bis er $v_1 = 108\,kmh^{-1}$ erreichte; diese Gs behielt er bei. Das Fluchtauto (vor dem SW) fuhr dauernd mit $v_0 = 90\,kmh^{-1}$; (wahrscheinlich wollten die Räuber nicht unnötig auffallen, da nur $70\,kmh^{-1}$ auf dieser Straße zugelassen waren).
Stelle die Formel für die Zeitdauer t^* auf, nach welcher der SW den Fluchtwagen überholte. (Setze hierzu die Wege des SW und des Fluchtautos ~ von 0 aus ~ gleich). Setze dann erst obige Werte ein.
Wo ($s^* = \ldots$) fand die Überholung statt?

b) Nun fuhr der SW (ein Zivilwagen mit Zivilbeamten) zunächst noch immer mit v_1 $t_3 = 25\,s$ lang weiter (um genügend Vorsprung zu bekommen), bremste dann $t_4 = 10\,s$ lang bis zum Stillstand und stellte sich quer zur Fahrbahn, worauf die Beamten sofort heraussprangen.
Wie weit ($s_1 = \ldots$) war das Fluchtauto (das weiterhin

mit v_0 fuhr) in diesem Moment vom SW entfernt? Ein Ausweichmanöver war kaum mehr durchführbar, wo – von 0 aus – war die Jagd zu Ende?

27. Der waagrechte Wurf *

Als ‚Wurfbewegung' (Wurf) bezeichnet man die Zusammensetzung einer geradlinig gleichförmigen Bewegung (mit der Gs $\vec{v}_0$) und des freien Falls; $\vec{v}_0$ kann dem geworfenen Körper durch die Hand, ein Wurfgerät, eine Feuerwaffe usw. erteilt werden. Meist rechnet man ohne Luftwiderstand; wird dieser berücksichtigt, dann gilt im allg. das Unabhängigkeitsprinzip (Aufg. 17) nicht mehr streng.

Je nach der Richtung von $\vec{v}$ unterscheidet man:
Lotrechter (vertikaler) Wurf aufwärts ($\vec{v}_0$ zeigt lotrecht nach oben);
lotrechter Wurf abwärts ($\vec{v}_0$ ist vertikal nach unten gerichtet);
waagrechter (horizontaler) Wurf ($\vec{v}_0$ ist waagrecht);
schiefer (schräger) Wurf auf- bzw. abwärts ($\vec{v}_0$ schließt mit der Waagrechten einen spitzen Winkel nach oben bzw. nach unten ein).

Zur Demonstration des waagrechten Wurfs im Unterricht verwendete ich meist ein Gerät, das ich schon als Junglehrer gebastelt hatte. Es bestand aus einem L-förmigen Metallwinkel (Abb.), dessen waagrechter Teil ein Loch und eine Rille aufwies. Über das Loch legte ich eine (etwas kleinere) Stahlkugel 1, die durch die Blattfeder F (nur in der Seitenansicht gezeichnet) an den Metallwinkel angedrückt wurde. Vor F (auf der Rille) lag die gleichgroße Kugel 2. Der Apparat war an der Platte des Experimentiertisches so befestigt, daß die Kugeln auf den Fußboden fallen konnten.

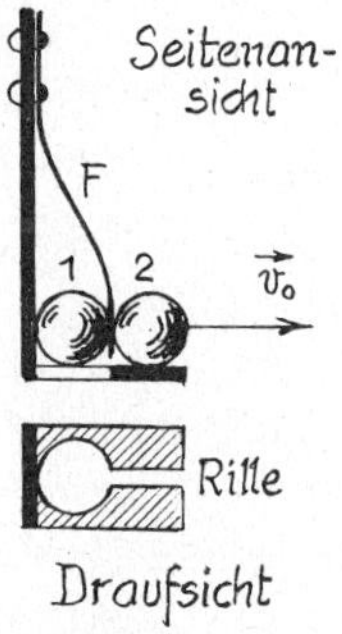

a) Wenn ich nun im Unterricht F plötzlich nach rechts drückte, fiel die Kugel 1 durch das Loch, während gleichzeitig die Kugel 2 auf einer kurzen Strecke beschleunigt wurde und die waagrechte Gs v_0 erhielt. Ich hatte vorher um Ruhe gebeten. Die Schüler in den hinteren Reihen, die aufgestanden waren, ließ ich wieder setzen. Alle sollten die Augen schließen und sich nur auf den Schall des Aufpralls beider Kugeln konzentrieren. Was hörte man? (Begründung).

b) Bei einem 2. Versuch wurden die Auftreffpunkte beider Kugeln markiert. Ihr Abstand, die ‚Wurfweite' der Kugel 2, war $w = 1{,}4\,m$. Die Höhe des tiefsten Punkts der festgeklemmten Kugel 1 über dem Boden wurde zu $h = 78{,}4\,cm$ gemessen.
Als Hausübung sollten die Schüler die Fallzeit t_1 und die Gs v_0 der Kugel 2 ausrechnen, ferner den spitzen Winkel α, unter welchem sie aufprallte. (Ohne Luftwiderstand; $g = 9{,}8\,ms^{-2}$).
(Ich gab noch den Hinweis: „Berechnet α aus dem Gs-Parallelogramm im Auftreffpunkt!")

c) In der nächsten Physikstunde zeigte ich den Schülern die Bahnkurve des horizontalen Wurfs am Wasserstrahl einer Mariotteschen Flasche (Aufg. 82). Man nennt die Bahnkurve eine (Wurf-) Parabel; beim waagrechten Wurf ist sie aber nur eine Halbparabel mit dem ‚Scheitel' im Abwurfpunkt.
Dann stellte ich den Schülern als neue Hausübung die Aufg., die Gleichung der Parabel $y = f(x)$ in einem x-y-System (s. Abb.) aufzustellen. (Die Koordinaten sind die Einzelwege in den entsprechenden Richtungen). $y = f(x)$ sollte erst in Buchstaben, dann numerisch – mit den Werten von b) – hingeschrieben werden.

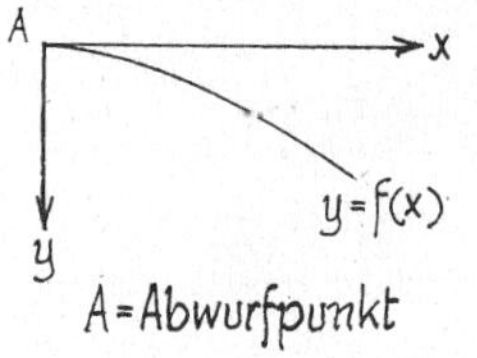

Es war außerdem noch die Halbparabel zu zeichnen ($1\,m \mathrel{\hat=} 5\,cm$; $0 \leq x \leq 1{,}4\,m$).

28. Eine Kugelbegegnung

„Da hast du wieder mal Schwein gehabt, daß es gerade im richtigen Moment klingelte", sagte Paul (P) zu seinem Freund Rudolf (R), der kurz vorher noch mit schlotternden Knien an der Physiktafel gestanden hatte und eine Aufg. über den freien Fall sowie den lotrechten Wurf aufwärts lösen sollte. (Dasselbe, daß nämlich R Glück hatte, dachte auch der Lehrer, der den Eindruck hatte, daß dem Schüler die Aufg. recht rätselhaft erschien).
R antwortete seinem Freund: „Daß mir wegen der versäumten Klassenarbeit der Lehrer noch münd-

lich auf den Zahn fühlen wird, war mir ja klar, aber für heute war ich absolut nicht vorbereitet, denn der gestrige Krimi im Fernsehen dauerte bis nach Mitternacht. Ich glaube zwar nicht, daß ich gleich morgen wieder an die Tafel marschieren muß, aber der Teufel schläft bekanntlich nicht. Wenn du heute nachmittag Zeit hast, könntest du mir dieses komische Kugelspiel erklären?"

P hatte zwar auch nicht das Schießpulver erfunden, immerhin hatte er aber, was die Physik und Mathematik anging, bedeutend mehr auf dem Kasten als R, und er war vor allem technisch begabt und wußte zu improvisieren. Er sagte für nachmittag zu.

Der Lehrer hatte seinem Prüfling folgende Aufg. gestellt:

Eine Kugel A fällt von der Höhe H frei herab und trifft mit der Gs v_0 auf dem Boden auf. Eine 2. Kugel B wird vom Boden mit der Anfangs-Gs v_0 lotrecht nach oben geworfen. Beide Kugeln starten gleichzeitig, im Zeitpunkt $t = 0$. Nach welcher Zeit t^* und wo (h^* vom Boden aus gemessen) begegnen sie sich? (Ohne Luftwiderstand).

Der Lehrer hatte noch hinzugefügt: „Wenn du die Graphen der Kugelbewegungen in einem s-t-System skizzierst, kannst Du t^* sofort angeben."

a) Als nachmittag in R's Bude die Köpfe rauchten, wußte auch P zunächst mit den Graphen nichts anzufangen. Also leitete er R an: „Wenn sich A und B nach t^* begegnen, muß die Summe ihrer Wege gleich H sein."
   Nachdem R ~ mit einiger Hilfe ~ die Ansatzgleichung endlich gefunden hatte, ergab sich nach kurzer Rechnung für t^* ein einfacher Wert; h^* ließ sich dann praktisch im Kopf finden.
   Sie bestätigten schließlich die Ergebnisse mit einfachen Werten: $H = 20\,m$; $g = 10\,ms^{-2}$.

b) Durch den einfachen Wert von t^* inspiriert wußte dann auch P, wie das der Lehrer mit der graphischen Lösung gemeint hatte, und er erklärte es seinem Freund. Wie?

c) Den Wert von t^* hätte R nach seiner Aussage wohl erraten, aber der von h^* wollte nicht so recht in seinen Kopf gehen. Deshalb improvisierte P einen Versuch mit 2 hochelastischen Kunststoffkugeln. Wie sah dieser etwa aus? (Das Experiment konnte infolge des unvermeidlichen Luftwiderstands keine 100%-ige Übereinstimmung mit den theoretischen Ergebnissen bringen).

29. Die samstägige Klausurarbeit *

Der Vater hatte schon Freitag nachmittag dienstfrei und konnte so seiner Tochter, die den Leistungskurs Physik einer gymnasialen Oberstufe belegt hatte, für die samstägige Klausurarbeit üben, u.zw. Aufg. zum freien Fall und zur Wurfbewegung. Sie rechneten aus mehreren Büchern Musterbeispiele, und der Vater war eigentlich mit den Leistungen der Tochter zufrieden. Er baute auch auf ihren gesunden Ehrgeiz, als er abschließend sagte: „Es wird schon klappen!"

Als nun die Tochter mit einem tiefen Seufzer Samstag am Mittagstisch erschien, vermeinte der Vater einen Stich in der Herzgegend zu verspüren und fragte sie: „Du wirst doch nicht andeuten wollen, daß es dir bei der Klausur schlecht ergangen ist, wo Mama und ich 4 Daumen gedrückt haben!"

Die Tochter: „Nun ganz zufrieden bin ich nicht, aber ich habe eben nur meinen wöchentlichen Dampf abgelassen, um meine Lieblingsspeise (gefüllte Paprika) und das Wochenende genießen zu können. Bei der Aufg. 3 gab es eine so blöde Fragestellung, mit der ich nicht ganz zu Rande gekommen bin", und sie wollte dem Vater das (hektographierte) Aufg.-Blatt holen.

„Aber nicht jetzt", schaltete sich die Mutter ein, „jetzt wird gegessen!"

Während des Essens sagte die Tochter: „Mutti, das schmeckt wieder mal fabelhaft, und weil du alle Hände voll mit dem Kochen zu tun hattest, konntest du mir wohl während dieser Zeit kaum beide Daumen drücken!"

Nach dem Essen gingen Vater und Tochter den Aufg.-Text kurz durch. Die 3. Aufg. hatte folgenden Wortlaut:

3a) Ein Körper fällt von einem $h = 20\,m$ hohen Turm frei herab. Wie groß sind Falldauer T und Auftreff-Gs v_A? ($g = 10\,ms^{-2}$). 2P (= 2 Punkte).

b) Nun wird von derselben Höhe ein gleicher Körper mit der Anfangs-Gs $v_0 = 15\,ms^{-1}$ lotrecht nach unten geworfen. Er prallt mit der Gs v_A^* auf dem Boden auf. Warum ist $v_A^* \neq v_0 + v_A$, obwohl doch für den Wurf das Unabhängigkeitsprinzip gilt. (Berechne die Wurfdauer T^*). 4P

(Alle Rechnungen ohne Luftwiderstand).

„Wenn ich sonst alles richtig habe, und mir der Doc 2P auf 3b) anrechnet (denn etwa die Hälfte habe ich ja hingekritzelt), dann bekomme gerade noch eine 1; ich bin aber sehr gespannt, ob du die Sache hinkriegst. Ich selbst bin verabredet, tschüs!" sagte die Tochter und weg war sie wie ein Wirbelwind.
Was hat der Vater zu Papier gebracht und abends (?) seiner Tochter erklärt?

30. Linearbeschleuniger

Wir haben bisher geradlinige Bewegungen zusammengesetzt, u.zw. entweder 2 gleichförmige oder 1 gleichförmige und 1 gleichmäßig beschleunigte. Was geschieht nun, wenn sich 2 geradlinige, gleichmäßig beschleunigte Bewegungen überlagern? Als praktisches Beispiel diene folgende Anordnung:
In dem elektrischen Feld zwischen 2 entgegengesetzt geladenen, lotrechten Metallplatten (Kondensatorfeld) erfährt das positiv geladene Kügelchen K eine horizontale Beschleunigung (Bs) $a = 8 ms^{-2}$. Die Fall-Bs sei $g = 10 ms^{-2}$.

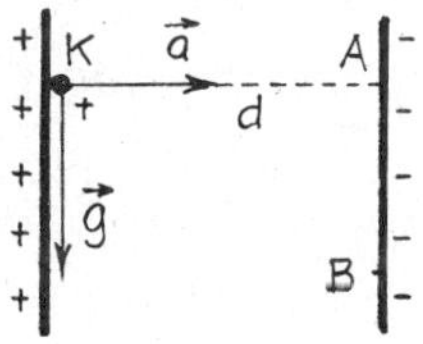

a) Zeichne die Einzelwege von K mit Wegmarken nach je 0,1s im Maßstab 1:10 (1cm der Wirklichkeit ≙ 1mm der Zeichnung); $0s \leq t \leq 0{,}4s$; vom Luftwiderstand ist abzusehen.
   Zeichne den tatsächlichen Weg mit Wegmarken und Parallelogrammen. Was für eine Bewegung ist die resultierende? Was läßt sich also über die Zusammensetzung von Bs'n sagen?
b) Der Abstand der Platten sei d = 49cm. In welchem Punkt B (s.o. Abb.) ~ von A aus gemessen ~ trifft K auf? Wie lange fliegt K?

Die besprochene Anordnung ist das Modell eines ‚Linearbeschleunigers'. In ihm werden elektrisch geladene Atome (Ionen) oder Elementarteilchen (Protonen, Elektronen, ...) durch ein waagrechtes elektrisches Feld in einem evakuierten Rohr bis zu einigen km Länge (!) beschleunigt. Die Bs'n in diesen Teilchenbeschleunigern sind so groß, daß die vertikale Abweichung durch den freien Fall praktisch vernachlässigbar ist. Dies zeigt das folgende Beispiel:
c) In einem Vakuumrohr werden Protonen (positiv geladene Wasserstoff-Atomkerne) durch eine Spannung von 20kV auf der Strecke von s = 5m auf die (waagrechte) End-Gs $v_1 = 2 Mms^{-1}$ gebracht (Aufg. 110). Berechne die Bs a_1 eines Teilchens und die vertikale Abweichung h (durch die Schwerkraft).
Vergleiche h mit dem Durchmesser eines Wasserstoffatoms (≈ 100pm).

KRAFT

31. Newton und die Kraft

Der Kraftbegriff zählt zu den ältesten der Menschheit überhaupt. Vom Kampf ums Dasein her war er den Steinzeitmenschen längst bekannt, und falls sie sich schon sprachlich verständigen konnten, dann war das Wort für Kraft älter als das für das eigene Ich.
Jemand hat Kraft, vollführt einen Kraftakt, weiß nicht wohin mit seiner Kraft, mißt seine Kräfte im Ringkampf, sinkt kraftlos zu Boden. Die Wasserkraft treibt Turbinen, die Windkraft Windräder, die Schwerkraft bindet uns an die Erde, aber die Schubkraft der Rakete war schon stärker. Einige wettern gegen die Atomkraft, und die Ungezogensten wandern Kraft Gesetzes in den Knast. Das Genie überragt durch Geisteskraft, der Zornige gebraucht Kraftausdrücke, und... und... und. Das waren nur einige wenige Kraft-Kostproben aus dem Alltag.
Wenn aber ein Meinungsforscher Passanten interviewt, so wird er auf die Frage: „Können Sie mir sagen, was Kraft ist?" von 20 Leuten 20 verschiedene (wahrscheinlich nichtssagende) Antworten bekommen; vielleicht zucken auch einige nur mit den Schultern, und andere zeigen auf ihren Bizeps. Hat jedoch der Frager Glück und stößt auf einen Abiturienten, dann wird er vielleicht hören: „Ja, warten Sie mal, die neue Krafteinheit ist doch nach Newton benannt, aber die Kraft selbst ..." (Der Frager müßte schon auf einen Fachmann gestoßen sein, um die wissenschaftliche Antwort zu hören).
Tatsächlich war es Isaac Newton (1643-1727), der die Kraft genau definierte. Aber nicht nur das! Er revolutionierte das gesamte physikalische Denken, vor allem durch die mathematische Untermauerung der Gesetze; (er war Inhaber des Lehrstuhls für Mathematik an der Universität Cambridge). Hier erfand er

die ‚Fluxionenrechnung' (= Differentialrechnung). So gilt er als Begründer der ‚klassischen theoretischen Physik', insbes. der Mechanik (einschl. der Himmelsmechanik).

Newton (N) war aber auch ein glänzender Experimentator. Er erfand das Spiegelteleskop (1666), zerlegte das weiße Licht in seine Spektralfarben, untersuchte die Lichtinterferenz (Farben dünner Blättchen, N'sche Ringe), entschied sich jedoch nach anfänglichem Zögern für die ‚Korpuskulartheorie' des Lichts. Er begründete die Lehre vom Schall und leitete die Formel für die Schall-Gs her (die für Gase aber nicht stimmen wollte!)

Wenig bekannt ist, daß sich das Leben N's nach dem Erscheinen seines Gesamtwerks (s.u.) grundlegend änderte: Er betrieb intensive chemische, chronologische und theologische Studien. Er stieg sogar in die Politik ein (als Parlamentsabgeordneter in London) und wurde 1699 Direktor der ‚Staatlichen Münze'. Die Professur in Cambridge gab er auf. Er zog nach London, wo eine Nichte seinen Junggesellenhaushalt führte, und genoß hier höchste soziale Anerkennung.

N hat auf vielen Feldern der Physik einen starken Impuls gegeben. Daß es nur ein Anfang war und daß es für seine Nachfolger noch unendlich viel zu erforschen gab, ahnte er intuitiv, als er vor seinem Tode die bescheidenen Worte sprach:

‚Ich weiß nicht, als was ich der Welt dereinst erscheinen werde, doch mir scheine ich nur ein Knabe gewesen zu sein, der am Strand spielt und hin und wieder einen glatteren Kiesel oder eine schönere Muschel als die gewöhnlichen findet, während der große Ozean der Wahrheit gänzlich unerforscht vor mir liegt.'

N wurde in der Westminsterabtei beigesetzt. Seinen Sarg begleiteten der Lordkanzler, 2 Herzöge und 2 Grafen. Unter den Trauergästen befand sich auch der französische Schriftsteller und Philosoph François Marie Voltaire (1694-1778), der wesentlich zur Verbreitung der N'schen Physik in Frankreich beigetragen hat.

N wollte seine wissenschaftlichen Entdeckungen nicht in Einzelaufsätzen veröffentlichen, sondern als geschlossenes Ganzes. Das war erst möglich, als sein Landsmann, der Astronom Halley (Aufg. 131) die Geldmittel vorstreckte. 1687 erschienen die berühmten ‚Philosophiae naturalis principia mathematica' (Mathematische Prinzipien der Naturlehre) in 300 Exemplaren. An der Spitze stehen 2 fundamentale Gesetze der Mechanik:

1. Axiom: Jeder Körper beharrt in seinem Zustand der Ruhe oder der gleichförmig geradlinigen Bewegung, wenn er nicht durch einwirkende Kräfte gezwungen wird, seinen Zustand zu ändern.

Man nennt heute dieses Axiom allg. das ‚Trägheitsgesetz' (gelegentlich noch ‚Beharrungsvermögen'). Es war schon Galilei bekannt, der es jedoch nur auf sehr kurze Strecken eingeschränkt hatte.

2. Axiom: Die (zeitliche) Änderung der Bewegungsgröße ist der Einwirkung der bewegenden Kraft proportional und geschieht in der Richtung, nach welcher die Kraft wirkt.

Unter ‚Bewegungsgröße' versteht N das Produkt $m\vec{v}$ (Masse x Gs), zu dem wir heute ‚Impuls' $\vec{p}$ sagen. Aus der prägnanten Formulierung des 2. Axioms erkennt man den Vektorcharakter des Gesetzes, das sich mit dem Leibnizschen Differentialsymbol d (Aufg. 23) bzw. mit den N'schen ‚Punktsymbol' für den zeitlichen Differentialquotienten so schreibt:

$$\vec{F} = k\,\frac{d(m\vec{v})}{dt} = k\,\frac{d\vec{p}}{dt} = k\,\dot{(m\vec{v})} = k\,\dot{\vec{p}}\,.$$

der Proportionalitätsfaktor k kann = 1 gesetzt werden, wenn man über die Einheit der Kraft F noch nicht verfügt hat.

In der klassischen Physik bleibt m bei der Bewegung des Körpers konstant, also von einer Änderung ausgeschlossen. N nannte m den ‚Trägheitswiderstand'; wir sprechen heute von der ‚trägen Masse'. Das 2. Axiom schreiben wir also:

$$\vec{F} = m\,\frac{d\vec{v}}{dt} = m\dot{\vec{v}} = m\vec{a} \qquad \text{(Kraft = Masse x Beschleunigung)}$$

und nennen es ‚Grundgesetz der Dynamik' (dynamische Grundgleichung).

Die zeitliche Änderung des Vektors $\vec{v}$ (also die Beschleunigung $\vec{a}$) kann auf dreierlei Weise geschehen:

1) Bei einer geradlinigen Bewegung kann sich nur der Betrag $v = |\vec{v}|$ ändern; man bevorzugt dann die halb-

vektorielle Darstellung (Aufg. 17). Beispiel: Freier Fall (durch die Schwerkraft erzeugt).

2) v bleibt konstant, $\vec{v}$ ändert aber ständig die Richtung. Beispiel: Gleichförmige Kreisbewegung; (die verursachende Kraft ist hier die Zentripetalkraft ~ Aufg. 68).

3) Es ändern sich v und die Richtung von $\vec{v}$. Beispiel: Planetenbewegung auf elliptischer Bahn (Aufg. 70).

Die N'sche Formulierung $\vec{F} = \dot{(m\vec{v})}$ muß als prophetisch bezeichnet werden, denn tatsächlich ist auch m bei sehr großen Gs'n (in der Relativitätstheorie) veränderlich (Aufg. 143).

Und nun zu einigen leichten Fragestellungen:

a) Zeige, daß das 1. N'sche Axiom nur ein Sonderfall des 2. Axioms (der dynamischen Grundgleichung) ist, d.h. daß das erste überflüssig wäre.
(N wollte aber mit dem Trägheitsgesetz am Beginn der Mechanik nur seine allg. Gültigkeit ~ gegenüber der eingeschränkten von Galilei ~ betonen).

b) Mit dem Trägheitsgesetz lassen sich viele Vorgänge im täglichen Leben erklären; z.B.:
Wie macht man mit einer Füllfeder Tintenkleckse?
Wie ‚schlägt' man ein Fieberthermometer auf 37°C zurück?
Warum schnallt man sich in einem Auto, insbes. auf den Vordersitzen, an?

Gib jeweils nur die qualitative Begründung.

32. Masse und Gewicht

Bis weit in unser Jahrhundert hinein hatte man ~ nicht nur im Alltag, sondern auch in der Physik ~ verschiedene Maßeinheiten für die Kraft. Heute soll in den Naturwissenschaften nur noch die SI-Einheit gelten, die auf der Masseneinheit 1 kg (s. Einleitung) aufgebaut ist. Nach der dynamischen Grundgleichung ist:

$$1\,N = 1\,kg \cdot 1\,ms^{-2} \qquad (N = kgms^{-2}).$$

1 N ist also jene Kraft, die der Masse 1 kg die Beschleunigung (Bs) $1\,ms^{-2}$ erteilt (dynamische Kraftmessung).

Die verbreitetste Kraft auf der Erde (weil allgegenwärtig) ist die ‚Schwerkraft' (Gravitations- oder Anziehungskraft der Erde). Die auf die Masse m eines Körpers wirkende Schwerkraft heißt ‚Gewicht' $\vec{G}$ des Körpers. Da $\vec{G}$ der (eigenen) Masse m die Fall-Bs $\vec{g}$ erteilt, gilt:

$$\vec{G} = m \cdot \vec{g}.$$

Der Angriffspunkt von $\vec{G}$ ist der ‚Schwerpunkt' S des Körpers; in ihm kann man sich die Gesamtmasse des Körpers konzentriert vorstellen. Man spricht dann von einem ‚Massenpunkt'. Bei symmetrischen, massiven und ‚homogenen' (gleichdichten) Körpern (Würfel, Quader, Oktaeder, Zylinder, Kugel, ...) liegt S im geometrischen Mittelpunkt.

Im täglichen Leben werden die Begriffe Masse und Gewicht meist nicht unterschieden. Da wird das Gewicht eines Briefs in [g], einer Person in kg, eines LKW in t (Tonnen) angegeben usw. Man wird dies wohl nicht ausmerzen können. Meint man jedoch in der Physik die Schwerkraft, sollte man besser von der ‚Gewichtskraft' des Körpers sprechen.

Da g auf der Erde ortsabhängig ist, hat man den ‚Normwert' der Fall-Bs eingeführt:

$$g_n = 9{,}80665\,ms^{-2};$$

g_n herrscht etwa am 45. Breitenkreis auf NN (Normal-Null ≙ Meereshöhe). Gegen den Äquator hin nimmt g ab, gegen die Pole hin zu, ferner wird g mit steigender Meereshöhe kleiner (Aufg. 34).

Die Massenmessung geschieht meist mit ‚Hebelwaagen', deren einfachste die jedem bekannte gleicharmige Balkenwaage ist. Man legt den zu wiegenden Körper auf die eine Waagschale, auf die andere soviele ‚Massenstücke' eines geeichten Massensatzes (Aufg. 39), bis Gleichgewicht herrscht (Waagebalken horizontal, Zeiger auf null).

Die gebräuchlichsten Geräte zur Messung von Gewichts- (und anderen) Kräften sind die Federwaagen (Aufg. 33), die wir uns in [N] geeicht denken.

a) Kann man mit einer Hebelwaage auch Gewichtskräfte messen und umgekehrt mit einer Federwaage Massen? Wenn ja, wie muß man vorgehen?

b) Lassen sich eine Hebel- bzw. eine Federwaage zur Massen- bzw. Gewichtsmessung auf dem Mond benützen? (Begründung).

c) In einem Raumschiff, das die Erde in einer ‚stationären Umlaufbahn' umkreist, ist die Erdanziehungskraft durch die Fliehkraft aufgehoben (Aufg. 72). Wie können dann dort ~ in einem ‚schwerelosen' Raum ~ Massen von einem Experimentator (im Prinzip) gemessen werden?

33. Federspielereien

Federn gibt es in unserer technisierten Umwelt wie Sand am Meer, doch erfüllen die meisten dieser abermillionen ihren Zweck verborgen in allerlei Geräten, als Antriebsfedern von Spielzeugen und Uhren, als Ventilfedern in Motoren, bei Federungen von Fahrzeugen, in Federwaagen, in Türschlössern und in vielen anderen Vorrichtungen und Maschinen. Sie haben verschiedene Formen wie z.B. Torsions-, Blatt-, Spiral-, Schrauben-, Kegel-, Ring- und Tellerfedern, und sie werden unterschiedlich beansprucht als Biege-, Zug-, Druck- und Torsions- (Verdreh-) Federn.

Eine der gebräuchlichsten Arten ist die ‚Wendel- (oder Schrauben-) Feder', die z.B. in fast jedem Kugelschreiber zu finden ist.

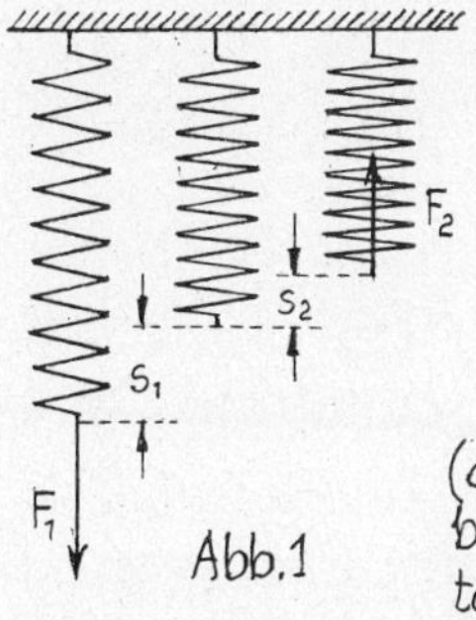

Abb.1

Für sie gilt das ‚Hookesche Gesetz': Die Dehnung s_1 bzw. die Stauchung s_2 (Abb.1) ist der in Achsenrichtung wirkenden Kraft proportional:

$$F_1 = D \cdot s_1 \; ; \quad F_2 = D \cdot s_2 \; ;$$

(die Achsenrichtung kann beliebig sein). D ist die ‚Federkonstante' (SI-Benennung Nm^{-1}). Das Gesetz gilt nur innerhalb des Elastizitätsbereichs (bzw. solange sich die Windungen nicht berühren). Der englische Physiker Robert Hooke (1635-1703) formulierte das Gesetz 1768.

Als einziges Anwendungsbeispiel für die Schraubenfeder wollen wir hier den in der Experimentalphysik sehr gebräuchlichen Federkraftmesser kurz besprechen: Am unteren Ende einer Wendelfeder ist eine leichte Hülse H (Abb.2) befestigt, die außen eine lineare Skala trägt (beispielsweise in dN geeicht). Abgelesen wird am unteren Rand R einer (Blech-) Hülse. Mit diesem Gerät können Gewichts- und andere Kräfte gemessen werden. Für jede neue Lage (Richtung) muß zunächst der Skalen-Nullpunkt ~ durch Verschiebung der äußeren Hülse ~ eingestellt werden (Arretierung mit Schraube S).

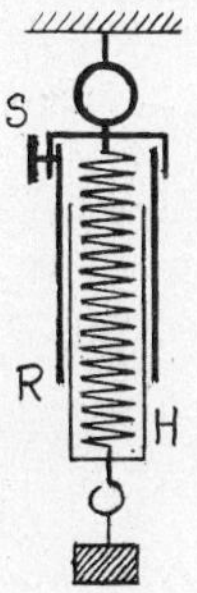

Abb.2

Auch viele Personen-, Küchen- und Briefwaagen sind als Federwaagen konstruiert. ~

In den Schülerübungen der Sekundarstufe I gibt der Lehrer einer Arbeitsgruppe verschiedene Wendelfedern und läßt (mit Maßstäben und Gewichten) die einzelnen Federkonstanten D_n bestimmen. Dann sammelt er die Federn ein und stellt der Gruppe die Aufg., bei den folgenden ‚Federschaltungen' die Federkonstante D der Kombination (bzw. einer Ersatzfeder) zu berechnen. Die Eigengewichte der Federn sollen dabei unberücksichtigt bleiben (was z.B. bei waagrechter Anordnung von selbst der Fall ist).

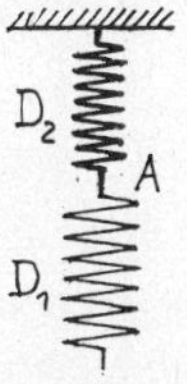

Abb.3

a) 2 Federn sind hintereinander (oder in Serie) geschaltet (Abb.3). Ist für D die Reihenfolge der Federn maßgeblich? Ist D größer oder kleiner als D_1 bzw. D_2?
Wie läßt sich das Gesetz auf n seriengeschaltete Federn (n>2) erweitern und kurz formulieren? Wie groß ist D für n gleichstarke Federn?

b) Abb.4 zeigt 2 parallel (oder nebeneinander) geschaltete Federn. Da bei der linken Zeichnung die Kraft F (bei ungleichen Federn) nicht in der Mitte des Bügels B angreifen darf, damit B waagrecht bleibt, ist die rechts gezeichnete Anordnung günstiger: Eine Feder ist innerhalb der anderen.

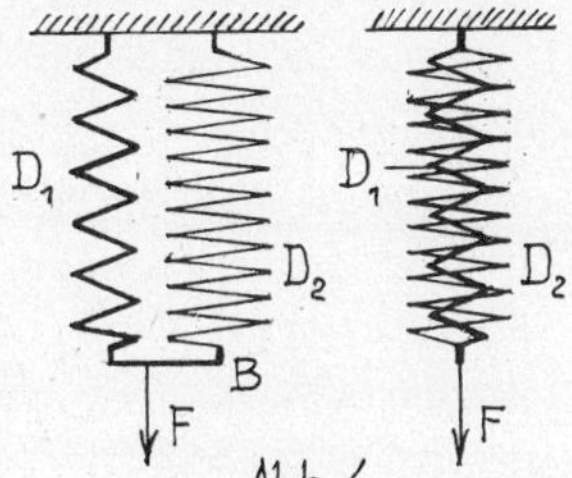

Abb.4

Gibt diese Schaltung eine stärkere oder eine schwächere (Ersatz-) Feder?
Formuliere das Gesetz für n verschiede und n gleiche Federn.
Es gibt ein sportliches Trainingsgerät mit parallel geschalteten Federn (oder Gummizügen). Kennst Du es?

c) Am Ende A (Abb.5) der Stange kann eine Zug- oder Schubkraft angreifen.

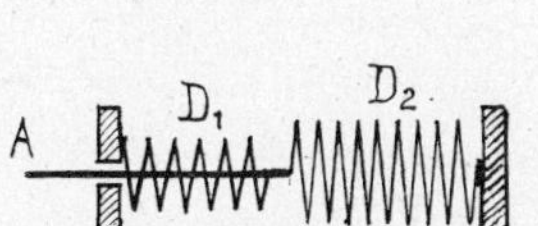

Abb.5

Der Lehrer ließ die theoretischen Ergebnisse experimentell überprüfen. Da noch etliche Minuten bis zum Läuten fehlten, konnte er es sich nicht verkneifen, den Schülern noch 3 allerletzte Denkaufg. zu stellen.

d) Eine unbelastete Wendelfeder (Konstante D) wird

in der Mitte ihrer Länge durchgezwickt. Wie groß ist die Federkonstante D' jeder Hälfte?

e) Wie macht man aus einer langen Feder (Konstante D) am günstigsten eine Federkombination mit der Federkonstanten 25D?

f) Könnt ihr eine Feder beschreiben oder zeichnen, die sich bei wachsender Belastung über die Länge ‚null' hinaus sozusagen auf ‚negative' Längen stauchen läßt?

34. Die Abmagerungskur

Das Ehepaar Hanson (H) wohnte schon längere Zeit in Hammerfest (nördlichste Stadt der Erde; Norwegen; 7000 Einwohner). Als aber Herr H in den diplomatischen Dienst eintrat, wurde er an die norwegische Botschaft in Nairobi (Hauptstadt von Kenia, Afrika; 640000 Einwohner) versetzt. Die H's übersiedelten per Flugzeug praktisch nur mit Handgepäck, in dem sich u.a. eine Briefwaage (ungleicharmige Hebelwaage) und eine Personenwaage (Federbrückenwaage) befanden.

a) In seinem neuen Büro wog Herr H weiterhin Briefe auf der mitgebrachten Briefwaage. Zeigte sie auch hier die richtige Masse (in g) an?

Frau H hatte – schon wenige Tage nach der Übersiedlung – die Personenwaage strapaziert und freudestrahlend ihrem Mann berichtet: „Stell dir vor, ich habe seit Hammerfest genau 1 kg abgenommen! Der Klima- und Ernährungswechsel scheinen eine reine Abmagerungskur zu sein".

Auch Herr H war erfreut, da er sich an Rubensscher Körperfülle nicht gerade begeistern konnte, und sprach die Hoffnung aus, daß diese Tendenz anhalten möge. Doch er war kein Physiker bzw. Waagenspezialist und glaubte seiner Frau aufs Wort.

b) Kannst Du aber, lieber Leser, nachprüfen, ob Frau H wirklich 1 kg abgenommen hatte? Wenn nicht, wieviel war es dann?

Nimm einfach an, daß Frau H vor der Übersiedlung 70 kg wog, und daß die Personenwaage in Hammerfest in kg geeicht war.

Für die Berechnung wird die (empirische) Formel der Ortsabhängigkeit von g benötigt:

$$g = \left(9{,}8063 - 0{,}0264 \cdot \cos 2\varphi - 3 \cdot 10^{-6} \frac{h}{[m]}\right) ms^{-2};$$

(φ = geographische Breite; h = Höhe über NN). Für Hammerfest gilt: $\varphi_1 = 71°$ und $h_1 = 0\,[m]$; für Nairobi: $\varphi_2 = 0°$ und $h_2 = 1670\,m$.

35. Dichte und Wichte

Von der Masse leitet sich der (auch im Alltag bekannte) Begriff der ‚Dichte' ϱ eines Körpers der Masse m und des Volumens V ab:

$$\varrho = \frac{m}{V} \qquad \text{SI-Einheit: } 1\,kg \cdot m^{-3}.$$

In der Praxis bevorzugt man jedoch die Einheiten $1\,mg \cdot mm^{-3} = 1\,g \cdot cm^{-3} = 1\,kg \cdot dm^{-3} = 1\,Mg \cdot m^{-3}$, weil bei diesen der Zahlenwert aller Stoffe zwischen 0 und ≈ 23 liegt. Für Gase ist $1\,g \cdot \ell^{-1} = 1\,g \cdot dm^{-3}$ am geeignetsten.

Wegen der Wärmeausdehnung der Körper muß bei ϱ auch die Temperatur angegeben sein, bei Gasen zusätzlich noch der Druck.

Ähnlich wie ϱ ist das ‚spezifische Gewicht' γ (auch Wichte genannt) eines homogenen Körpers (Gewicht G, Volumen V) definiert:

$$\gamma = \frac{G}{V} \qquad \text{SI-Einheit: } 1\,N \cdot m^{-3}.$$

Da $\gamma = \varrho \cdot g$ ist, variiert γ eines Körpers auf der Erde geringfügig. Weil die Maßzahl von g nahe 10 liegt, unterscheiden sich die Zahlenwerte von γ und ϱ nur wenig, wenn man γ in $cN \cdot cm^{-3}$ angibt, z.B: Zinn (bei 20°C): $\varrho = 7{,}30\,g \cdot cm^{-3}$; $\gamma_n \approx 7{,}16\,cN \cdot cm^{-3}$.

a) Ein Wohnzimmer hat die Grundfläche $4\,m \times 6{,}5\,m$ und ist 2,5 m hoch. Hat die darin enthaltene Luft ein größeres Gewicht als eine Person mit 700 N? Schätze zuerst! (Spezifisches Gewicht der Luft bei 20°C und Normaldruck ist $\gamma_L = 1{,}2\,cN \cdot dm^{-3}$).

b) Ein Goldschmied erhält von einem Kunden einen Goldring der Masse 2,5 g mit dem Feingehalt (FG) 585. Er soll – durch Zulegieren von reinem Gold (Au) einen Anhänger vom FG 750 gießen.

Wieviel g reines Au muß der Goldschmied zulegieren?

Welches Volumen V und welche Dichte ϱ hat der fertige Anhänger? ($\varrho_{Au} = 19{,}3\,g\,cm^{-3}$; $\varrho_{Cu} = 8{,}96\,g\,cm^{-3}$).

Erklärung des FG's: 1000 Massenteile Au vom FG enthalten 585 Massenteile reines Au und (bei

Rotgold) 415 Massenteile Kupfer (Cu).

Hinweis: Bei Berechnung von V addiere die Einzelvolumina der Bestandteile.

c) Der FG einer Au-Legierung wird sehr oft in ‚Karat' angegeben. Reines Au hat 24 Karat (= 24-karätiges Au). Die Karat-Skala ist linear.
Rechne die beiden FG'e von b) in Karat um.
Es sind ferner folgende Legierungen gebräuchlich: 21,6; 12 und 8 Karat. Welche FG'e entsprechen ihnen?

Karat ist auch eine (international zugelassene) Masseneinheit: 1 Karat = 1 Kt = 200 mg. In Kt wird jedoch nur die Masse von Edelsteinen angegeben. Der größte bisher aufgefundene Diamant (Cullinan-Diamant) wog 3106 Kt! Die Welterzeugung an Diamanten beträgt 40 bis 50 Millionen Kt jährlich.

36. Die gütige Fee

Es war einmal ein kleines Mädchen, dessen Eltern so arm waren, daß sich manchen Tages keine kleinste Krume Brot in der baufälligen Hütte fand, die den 3 Bewohnern und einigen Hühnern nur ein durchlöchertes Dach über dem Kopf bot. Um die Not zu lindern, schickte die Mutter an einem schönen Morgen das Mädchen mit einem mageren Leghuhn, das etwa 1,5 kg wog, in die entfernte Stadt, um es dort auf dem Markt zu Geld zu machen. „Und kaufe gleich etwas Salz und Zucker", rief die Mutter dem Mädchen nach.

Auf halbem Weg ruhte das Mädchen aus und sprach zum Huhn, das in einem Henkelkorb saß: „Du tust mir wirklich leid, denn vielleicht schmorst du schon heute Mittag im Kochtopf eines Geldverleihers, derweil du uns zu Hause bestimmt noch viele Eier gelegt hättest. So ist eben der Lauf der Welt!"

Das Huhn, das wohl etwas lateinamerikanisch verstand, gackerte und legte prompt ein Ei in den Korb. „Das ist wenigstens etwas", sagte das Mädchen und steckte das Ei in die Rocktasche, „viel lieber würde ich es aber sehen, wenn du und das Ei aus purem Gold wäret".

Das hörte jene gütige Fee, die immer schon über dem schönen, klugen, artigen, folgsamen und bescheidenen Mädchen ihre hilfreichen Arme ausgebreitet hatte, und verwandelte Huhn und Ei auf der Stelle in massives Gold. Das Mädchen jubelte, bedankte sich bei der Fee, nahm den Henkelkorb auf und flog nur so zur Stadt hin, ging schnurstracks zum Goldschmied und bekam viele goldene Taler. Es kaufte Salz und Zucker, außerdem für die Mutter ein seidendurchwirktes Kopftuch, für den Vater eine Meerschaumpfeife mit Silberknauf und -Deckel, für sich selbst jedoch nichts, dafür aber für alle eine gute Milchziege. Mit diesen Schätzen und fast allen Talern machte sich das Mädchen auf den Heimweg.

Die Eltern kamen aus dem Staunen nicht heraus, wurden aber nicht vom Goldfieber befallen. Sie bauten nur ein kleines Häuschen mit Hühnerhof und Ziegenstall, pachteten zudem eine Wiese und einen Acker. Sie lebten noch viele Jahre zufrieden und glücklich. Und wenn sie nicht gestorben sind, leben sie als Ausgedinger noch heute. ~

Ich habe dieses Märchen als blutiger physikalischer Laie (wie mancher Dichter) geschrieben. Es liegt nun an Dir, lieber Leser, die Geschichte von dem Zeitpunkt an, als Huhn und Ei zu Gold wurden, physikalisch glaubwürdig abzuändern. Sie darf dabei ruhig ein Märchen in einem nicht streßgeplagten Erdenzipfel bleiben. Bestimmt gibt es mehr als ein Dutzend Versionen.

37. Der kleine Eiffelturm

Der französische Ingenieur Gustave Eiffel (1832-1923) errichtete auf dem Marsfeld in Paris zur Weltausstellung 1889 den nach ihm benannten 300 m hohen Turm. Seine Stahlkonstruktion wiegt 7 Gg (= $7 \cdot 10^6$ kg = 7000 Tonnen).

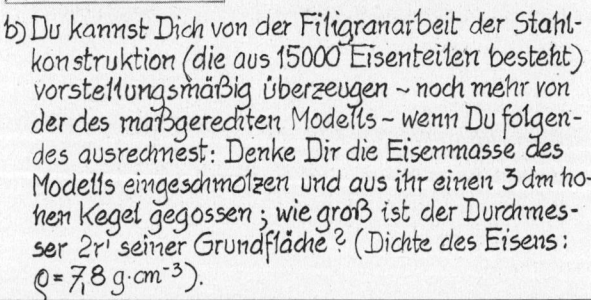

a) Wieviel wiegt ein 3 dm hohes Modell dieses Turms, das in allen Maßen gleichmäßig verkleinert ist und aus demselben Material wie der Originalturm besteht? Schätze zuerst.

b) Du kannst Dich von der Filigranarbeit der Stahlkonstruktion (die aus 15000 Eisenteilen besteht) vorstellungsmäßig überzeugen ~ noch mehr von der des maßgerechten Modells ~ wenn Du folgendes ausrechnest: Denke Dir die Eisenmasse des Modells eingeschmolzen und aus ihr einen 3 dm hohen Kegel gegossen; wie groß ist der Durchmesser $2r$ seiner Grundfläche? (Dichte des Eisens: $\varrho = 7{,}8\ \text{g} \cdot \text{cm}^{-3}$).

Wenn dasselbe mit dem Originalturm geschähe, welchen Durchmesser hätte der Grundkreis des 300 m hohen Eisenkegels?
(Das Volumen eines Kegels ist 1/3 des Volumens eines Zylinders gleicher Höhe und gleicher Grundfläche).

38. Neun Kugeln

Ratsapotheker G besitzt 9 gleichgroße, gleichfarbene Kugeln; 8 von diesen sind gleichschwer, die neunte wiegt etwas mehr als je eine andere. Dieser Gewichtsunterschied ist aber so gering, daß er nicht durch ‚Wägen mit beiden Händen' feststellbar ist.
Neu eintretenden Lehrlingen, aber auch alten und neuen Bekannten stellt G gern die folgende Aufg.:
Er bringt die 9 Kugeln und eine Apothekerwaage (gleicharmige Hebelwaage mit 2 Waagschalen), jedoch er stellt keinen Gewichtssatz zur Verfügung. Es soll nun mit möglichst wenig Wägungen die schwere Kugel S herausgefunden werden.
Wieviele Wägungen ~ und welche ~ sind erforderlich? Kann man evt. auch mit weniger Wägungen zum Ziel kommen, und wie?
(Diese Aufg. wurde im allg. gut bewältigt. Die ‚alten' Lehrlinge flüsterten nämlich unter vorgehaltener Hand die Lösung den neuen zu, und auch in G's Bekanntenkreis hatte sich seine ‚Knacknuß' vielfach herumgesprochen. Es gab auch alte Bekannte, die G im Glauben ließen, sie wären noch nie mit den Kugeln konfrontiert worden; und so mühten sie sich dann ~ zur Gaudi von G ~ eben unredlich ab).

39. Das Bachetsche Gewichtsproblem *

Den älteren Lesern ist die gleicharmige Balkenwaage (mit 2 identischen Waagschalen), z.B. als Apothekerwaage oder als Analysenwaage aus der Schulzeit noch gut bekannt. Die jüngeren Leser haben diese Waagenart, die im Aussterben begriffen ist, vielleicht in Museen, auf Abb.'n oder in der Hand der ‚Justitia' (auf Gerichtsgebäuden) gesehen, möglicherweise im Puppenkaufmannsladen selbst mit ihr gespielt.
Zum Abwiegen eines Körpers K, u.zw. zur Massenbestimmung, braucht man noch einen Wägesatz, hier einen Massensatz (MS). Der gebräuchlichste ist der ‚dekadische':
1; 1; 2; 5; 10; 10; 20; 50; 100; 100; 200 (alle Stükke in [g]).
Zum Abwiegen wird K auf eine WS gelegt. Nun kann man auf zweierlei Weise vorgehen:
Zuwiegen: Auf die andere WS legt man soviele Massenstücke (St'e), bis die Waage ins Gleichgewicht kommt (Aufg. 32).
Zurückwiegen: Bei gewissen Massenwerten soll es auch gestattet sein, St'e auf die WS zum K zu legen. Diese müssen nach Eintritt des Gleichgewichts von den St'n auf der anderen WS subtrahiert werden.
Das ‚Bachetsche Gewichtsproblem' besteht nun darin, für jede der beiden Arten des Abwiegens den Mindest-MS anzugeben. Es findet sich in einer Sammlung von Unterhaltungs-Aufg., durch die der französische Mathematiker Claude Gaspard Bachet de Méziriac (1581-1638) bekannt geworden ist. Sie trägt den Titel: ‚Problèmes plaisans et délectables, qui se font par les nombres' (Vergnügliche und ergötzliche Probleme, die sich durch Zahlen machen lassen). Das Buch wurde durch 3½ Jahrhunderte häufig aufgelegt: 1. Auflage Paris 1612, Neuauflage Paris 1959.
Obwohl das Bachetsche Problem keineswegs zu den schwierigen gehört, so hat sich doch kein Geringerer als der berühmte schweizerische Mathematiker Leonhard Euler (1707-1783) mit der Lösung befaßt. Wenn man sich jedoch nicht auf den strengen Beweis (siehe d)) kapriziert und mit etwas Mut verallgemeinert, bedarf man keineswegs eines Eulerschen Genius.

L. Euler

a) Mit dem o.a. MS, der aus 11 St'n besteht, gelangt man durch Zuwiegen bis 499 g. Es reichen jedoch weniger St'e, ja man kommt mit ihnen noch über 499 g hinaus. Wieviele St'e sind es und welche? Welche Höchstmasse kann man mit ihnen noch abwiegen?
b) Beim Zurückwiegen braucht man noch weniger St'e als beim Zuwiegen. Beantworte dieselben Fragen wie in a). (Die ersten beiden St'e sind 1 g und 3 g).
c) Ein K hat die Masse 200 g. Welche St'e braucht man aus dem MS von a), welche aus dem von b)?

(An diesem Beispiel wird deutlich, warum in der Praxis die ‚nichtdekadischen' MS'e keine Verwendung finden, obwohl sie Materialersparnis brächten).

d) Versuche bei a) und b) einen strengen Beweis mit ‚vollständiger Induktion'. (Du brauchst hierzu die sogen. Summenformel einer ‚geometrischen Reihe').

40. Lex quarta *

Aus der dynamischen Grundgleichung (Aufg. 31) folgt der Vektorcharakter einer Kraft (K): K'e lassen sich also zu einer ‚Resultierenden' (resultierenden K) zusammensetzen (vektoriell addieren) bzw. läßt sich eine K in ‚Komponenten' zerlegen.

Die Zusammensetzung zweier K'e $\vec{F}_1$ und $\vec{F}_2$ zu einer Resultierenden $\vec{R}$ geschieht mit dem K'e-Parallelogramm (Abb. 1); (die Komponenten sind in diesem Fall durchgestrichen).

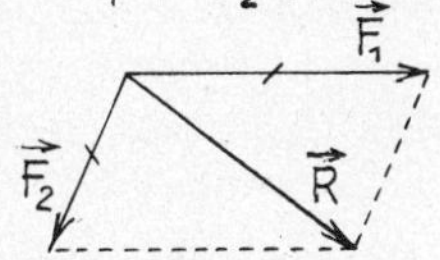

Abb. 1

Das K'e-Parallelogramm fand bereits 1586 der holländische Mathematiker und Ingenieur Simon Stevin (1548–1620) experimentell. Newton formulierte die K'e-Zusammensetzung in seinem Werk ‚Principia...' (Aufg. 31) als Unabhängigkeitsprinzip (Überlagerungs- oder Superpositionsprinzip) für K'e und nannte es ‚Lex quarta' (4. Gesetz): Die Wirkungen mehrerer an einem Körper angreifender K'e überlagern sich ungestört, d.h. sie beeinflussen sich gegenseitig nicht.

Das Gesetz gilt in der ‚klassischen' Physik streng, in der Relativitätstheorie wird es durch das Additionstheorem der Gs'n (Aufg. 140) modifiziert.

Wir haben bereits früher das Unabhängigkeitsprinzip für Wege, Gs'n und Beschleunigungen formuliert und auch angewandt. Wegen des direkten gegenseitigen Zusammenhangs spricht man aber meist nur von einem einzigen Prinzip.

Die einfachsten Fälle der K'e-Zusammensetzung sind praktisch jedem Menschen von Kindheit an durch Erfahrung bekannt. Bei ihnen ‚artet' das K'e-Parallelogramm zu einer Strecke ‚aus'. Man kann dann mit der halbvektoriellen Darstellung arbeiten (also mit Betragsgleichungen):

1) Die Resultierende mehrerer gleichgerichteter K'e behält die Richtung bei, ihr Betrag ist gleich der Betragssumme der Komponenten:

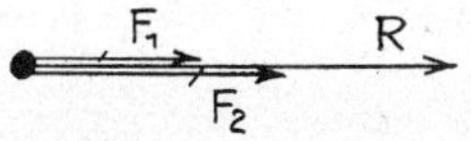

$R = F_1 + F_2$.

Kurzform: Bei gleichgerichteten K'n addieren sich die Beträge.

2) Bei entgegengesetzt gerichteten K'n subtrahieren sich die Beträge:

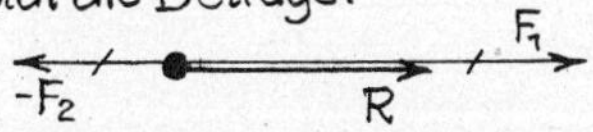

$R = F_1 + (-F_2) = F_1 - F_2$.

Sonderfall: ‚Gegenkräfte' haben entgegengesetzte Richtungen und gleiche Beträge; sie heben sich (in ihren Wirkungen) auf:

$R = F - F = 0$.

Bisher wurde stillschweigend vorausgesetzt, daß die K'e im selben Punkt angreifen. Das ist aber in der Praxis kaum der Fall (höchstens bei Elementarteilchen). Deshalb ist es erstaunlich, daß kaum ein Schulbuch eine fundamentale Eigenschaft der K erwähnt, nämlich ihre ‚Geradenflüchtigkeit':

2 Gegenkräfte heben sich erfahrungsgemäß auch dann auf, wenn sie an einem starren (= undeformierbaren) Körper in verschiedenen Punkten A_1 und A_2 angreifen (Abb. 2), allerdings müssen diese Punkte auf der ‚Wirkungsgeraden' g liegen,

Abb. 2

d.i. die beiderseitige Verlängerung der K'-Pfeile. (Der oft gebrauchte Ausdruck ‚Wirkungslinie' ist geometrisch ungenau). Daher kann man z.B. -F auf g nach A_1 zurückverschieben; (an dem ursprünglichen Angriffspunkt A_2 muß allerdings -F dann durchgestrichen werden). Es kann jedoch auch F nach A_2 (oder in irgendeinen anderen Punkt von g, der dem starren Körper angehört) verschoben werden.

An diesem Sachverhalt ändert sich nichts, wenn F mittels einer Wendelfeder (oder Schnur) am Körper angreift (Abb. 3).

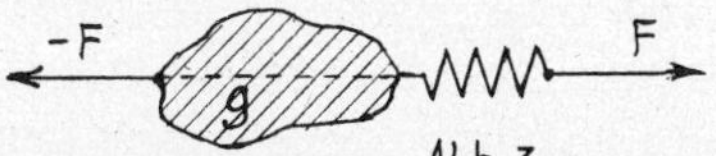

Abb. 3

Hier darf die Verschiebung der K aber erst dann (!) vollzogen werden, wenn sich die Feder nicht mehr dehnt; dann spricht man den deformierbaren Körper als ‚quasistarr' an. Wir fassen kurz zusammen:

Geradenflüchtigkeit: Eine K kann mit ihrem Angriffspunkt auf der Wirkungsgeraden vor- oder rückverschoben werden, jedoch nur innerhalb eines starren oder quasistarren Körpers, ohne daß sich ihre Wirkung ändert.

Mit diesen Gesetz können nun K'e addiert werden, die an einem (starren) Körper beliebige Angriffspunkte haben.

a) An einem Körper greifen die K'e F_1 (in A_1) und F_2 (in A_2) an (Abb. 4). Konstruiere die Resultierende R. (Beide K'e werden in einen gemeinsamen Angriffspunkt S verschoben, dann zusammengesetzt. Da S außerhalb des Körpers liegt, muß R in den Körper zurückverschoben werden. Lasse R auf $\overline{A_1A_2}$ angreifen. Zeichne nicht zu klein).

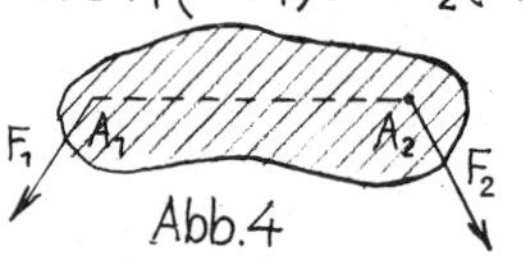

Abb. 4

b) Die zu addierenden K'e F_1 und F_2 sollen parallel sein und auf $\overline{A_1A_2}$ senkrecht stehen (Abb. 5). Das ist keine Einschränkung der Allgemeinheit, denn man kann dies durch Verschiebung der Angriffspunkte immer erreichen. Da sich in diesem Fall die Wirkungsgeraden nicht schneiden, bringt man die Hilfskräfte H und -H als Gegenkräfte an, vereinigt sie zu R_1 und R_2 und verfährt mit diesen K'n (die nicht mehr parallel sind) wie in a). R sollte schließlich wieder in A_3 angreifen.

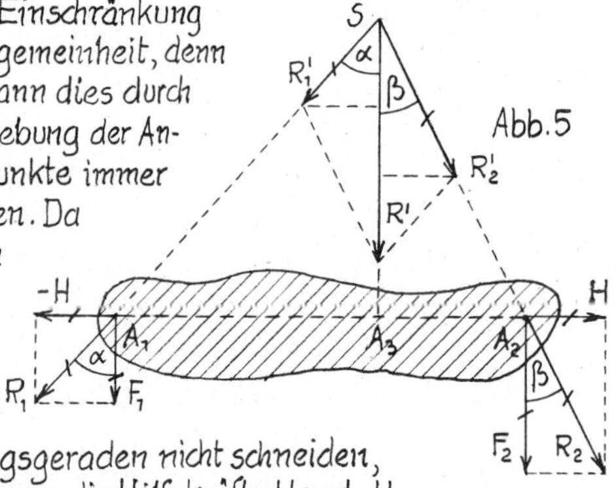

Abb. 5

Nun kann es Dir, lieber Leser, aufgrund gewisser verschobener Dreiecke nicht schwerfallen, Richtung und Größe von R herauszufinden. Wie verhält sich ferner $\overline{A_1A_3} : \overline{A_3A_2}$?

c) An einem Körper greift ein ‚Kräftepaar' an, das aus 2 antiparallelen K'n gleichen Betrags besteht (Abb. 6). Zeige, daß das Paar keine Resultierende hat, aber dennoch eine Wirkung; welche?

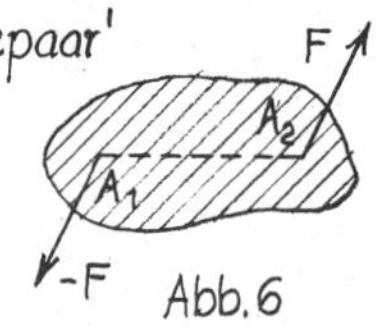

Abb. 6

41. Segeln am Wind *

Von seinen zeitraubenden Sitzungen als MdL (Mitglied des Landtags) und den aufreibenden Tourneen des Wahlkampfs erholte er sich beim Segelsport auf einem der schönen bayrischen Seen, wo er günstig eine Villa mit Ufergrundstück eines pleitegegangenen Unternehmers gekauft hatte. Sein Sohn zeigte zwar keine politischen Ambitionen, er hegte – zum Leidwesen seines Vaters – als angehender Obersekundaner eines Nobel-Internats auch noch nicht den leisesten Berufswunsch, aber er brachte doch immerhin ein wenig Begeisterung fürs Segeln auf. So begleitete er, wann immer beide Zeit hatten, seinen Vater im Boot, während die Mutter mehr der Mode und dem illustren Großstadtleben der Hautevolee zugetan war.

„Wenn sich der Wind bis morgen nicht dreht, und laut Wetterbericht hat es nicht den Anschein, dann bekommen wir ihn morgen früh fast von vorne", sagte der Vater an einem Freitagabend.

Der Sohn: „Dann müssen wir wohl gegen den Wind segeln, und das ist mir immer noch ein Rätsel, theoretisch mehr als praktisch."

Der Vater: „Es heißt erstens ‚am Wind segeln', zweitens habt ihr – wie ich weiß – die Kraftzerlegung (K-Zerlegung) in Physik längst durchgenommen."

Der Sohn: „Ja, wenn der Wind irgendwie von hinten kommt, glaube ich die K-Verhältnisse zu verstehen, denn ich habe sie mir unlängst von unserem Physiklehrer nochmals erklären lassen." (Ein As in Mathe und Physik war der Sohn auf keinen Fall!)

Der Vater: „Wenn du die K-Verhältnisse bei ‚halbem' bzw. ‚raumem' Wind kapiert hast (und das meinst du offensichtlich), so mußt du auch die K-Verhältnisse beim Segeln am Wind verstehen, obwohl da eine K-Zerlegung mehr stattfindet."

a) Der Vater nahm ein Stück Papier und erklärte dem Sohn an einer Zeichnung (s. Abb.): „Die Windrichtung soll mit der Fahrtrichtung den spitzen Winkel α bilden, das Segel S steht mit β zur Fahrtrichtung, wobei immer $\beta < \alpha$ sein muß. Die im Schwerpunkt der S-Fläche angreifende Windkraft sei $\vec{F}$; zerlege sie nun in eine Tangential- und eine Normalkomponente (zu S), letztere abermals in eine Teil-K in Fahrtrichtung, den ‚Vortrieb' V; und in eine Teil-K senkrecht dazu, die ‚Querkomponente' Q. Letztere wird teilweise durch den ‚Lateral'-Widerstand (seitlichen Widerstand) des Boots

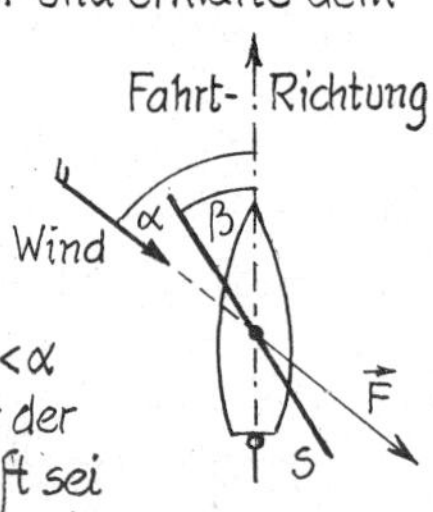

aufgehoben; trotzdem kommt es zur ‚Abdrift', die du durch ‚Gegensteuern' abfangen mußt.
Berechne nun aus den K-Zerlegungen die Buchstabenformel für V als Funktion von F, α und β:

$$V = V(F, \sin(\alpha-\beta), \sin\beta).$$ "

b) Nachdem der Sohn – nicht ohne Hilfe des Vaters – die Formel für V gefunden hatte, bekam er als nächste Aufg.:
„Bring mit den trigonometrischen Summenformeln V auf die Form:

$$V = \frac{1}{2}F[\cos(\alpha-2\beta) - \cos\alpha].$$

Fasse (was ja immer der Fall ist) F und α als gegebene Größen auf und berechne dann die günstigste S-Stellung, d.h. jenen Winkel β_1, für den V ein Maximum wird. Das geht nämlich mit obiger Formel ohne Differentialrechnung!"

c) „Wenn $\alpha_1 = 45°$ ist, segelt man schon ‚ziemlich hart am Wind', ‚dichter' (höher) als mit $\alpha_2 = 40°$ am Wind zu segeln ist meist nicht möglich", sagte der Vater. „Rechne für beide Winkel aus, wieviel % von F bestenfalls der Vortrieb V beträgt.
Du weißt auch, was man machen muß, wenn $\alpha <$ 40° oder gar 0° ist."

(Schließlich fügte der Vater noch hinzu, daß es sich bei den obigen Ausführungen nur um die einfachste Theorie handelt, die aber im wesentlichen stimmt. Bei einer anspruchsvolleren müssen die dynamischen Verhältnisse am ‚aufgeblähten' S betrachtet und mit dem ‚scheinbaren' Wind gerechnet werden; letzterer resultiert als Summenvektor aus wahrem Wind und Fahrtwind).

42. Zwei Boote

a) Auf dem ruhenden Wasser eines Teichs liegen in der Entfernung d 2 Boote gleicher Masse. In jedem Boot steht ein Mann; auch sie sind gleichschwer. Sie halten je ein Ende eines dünnen Seils in den Händen. Auf Kommando zieht jeder das Seil mit der gleichen Kraft zu sich hin (indem er evt. weitergreift), und wieder auf Kommando hören sie auf zu ziehen.
Wo prallen die Boote, deren Achsen in Seilrichtung liegen und deren Ruder geradeaus gerichtet sind, mit den Bugen zusammen?

b) Beide Boote liegen wieder in der Ausgangsposition (Abstand d). Nun zieht aber nur der eine Mann eine gewisse Zeitspanne lang am Seil; der andere hat das Seil um den Leib gebunden und bleibt (wie ein Betonklotz) stehen.
Wo prallen die Boote jetzt aufeinander?
Bei einem 3. Versuch sind beide Boote wieder in der Ausgangslage. Anstelle des einen Manns steht auf dem Boot eine Kiste gleicher Masse, an der das Seil so hoch angebunden ist, daß es beim Spannen waagrecht liegt.
Auch hier ist nach dem Treffpunkt der Boote gefragt, wenn der Mann eine Zeitlang zieht.

43. Actio et reactio

In Aufg. 31 wurden das 1. und 2. Newtonsche Axiom behandelt, in Aufg. 40 das 4. Gesetz; sie sind veröffentlicht in Newtons ‚Principia...' (Aufg. 31). Der Leser wird also richtig vermuten, daß dieses Werk noch ein weiteres grundlegendes Gesetz beinhaltet. Es ist das 3. Axiom, das wie die anderen ein Erfahrungsgesetz ist. Ein Beispiel hierfür stellt Aufg. 42 dar. Wenn wir mit unserer Muskelkraft eine an einem Ende befestigte Wendelfeder dehnen, so ‚spüren' wir ihre Reaktion: Sie zieht zurück. Weitere Beispiele s.u. Hier zunächst die Formulierung:

3. Newtonsches Axiom: Übt ein Körper 1 auf einen Körper 2 die Kraft $\vec{F}_{12}$ aus, so wirkt gleichzeitig der Körper 2 auf den Körper 1 mit der Kraft $\vec{F}_{21}$ zurück, wobei immer gilt:

$$\vec{F}_{21} = -\vec{F}_{12} \qquad (\text{halbvektoriell } F_{21} = -F_{12}).$$

Da Newton in seinem lateinischen Text für die Kräfte die Worte actio und reactio gebraucht, nennt man dieses Axiom auch ‚Prinzip von Aktion und Reaktion' (kürzer Reaktionsprinzip), heute aber meist ‚Wechselwirkungsgesetz' (WW-Gesetz).
Ich weiß aus meiner pädagogischen Erfahrung, daß Schüler oft bei diesem Gesetz in zweierlei Hinsicht gewisse Verständnisschwierigkeiten haben. Deshalb sei hier folgendes betont:

1) Reaktions- oder WW-Kräfte haben zunächst immer verschiedene Angriffspunkte (AP'e): $\vec{F}_{12}$ muß nämlich am Körper 2 angreifen, $\vec{F}_{21}$ am Körper 1! (In obigem Beispiel: Die Muskelkraft hat ihren AP

an der Feder, die Federkraft am Finger).

2) Aus 1) folgt, daß $\vec{F}_{12}$ und $\vec{F}_{21}$ nicht unbedingt Gegenkräfte sein müssen, die sich aufheben. (So kompensieren sie sich in Teilaufg. c) nicht).

(Beachte, daß in manchen Physikbüchern alle Newtonschen Reaktionskräfte Gegenkräfte genannt werden, auch wenn sie sich nicht aufheben).

Außer elastischen Kräften zählen auch Reibungskräfte zu den WW-Kräften, ferner Adhäsions- sowie Druckkräfte u.a. Bei diesen Kräften spricht man von ‚Nahkräften', weil sich die wechselwirkenden Körper berühren. In vielen Fällen tritt dann ‚Kräftegleichgewicht' ein, da sich ein gemeinsamer AP finden läßt.

a) Als Physikstudenten im 2. Semester an der Karls-Universität in Prag (1. Universität im Heiligen Römischen Reich, gegründet 1348 durch Karl IV.) verpaßten wir kaum eine Gelegenheit, bei Physikprüfungen von Medizinstudenten, die 2 Semester Experimentalphysik hören mußten, zuzuhören bzw. zuzusehen; (das Prüfungszimmer war nämlich von unserem Praktikumraum nur durch einen Vorhang getrennt).

Eine Standardfrage von Prof. Reinhold Fürth (Aufg. 22) lautete: „Was geschieht, wenn sich eine Fliege auf einen Amboß setzt?" Er wollte natürlich nicht die (medizinische) Antwort hören: „Sie erkältet sich und bekommt Schnupfen" (über die wir hinter dem Vorhang nicht laut lachen durften), sondern nur eine grobe Erklärung der Kräfte. Welche?

Von uns Physikstudenten verlangte er eine präzisere Antwort, in der die Fliegenbeine und die AP'e der Kräfte eine Rolle spielten.

b) Ein Läufer startet beim Tiefstart mit einem Bein aus einem Startloch. Nenne die Kräfte, ihre AP'e und ihre Wirkungen.

Wie sind die Kräfteverhältnisse beim Gehen und Laufen?

Außer den Nahkräften kennt die Physik auch ‚Fernkräfte', zu denen u.a. elektrische, magnetische und Gravitationskräfte zählen. Erstere können eine Reichweite bis zu mehreren km haben, die Gravitationskräfte bis zu vielen Lichtjahren (1 Lichtjahr = 1 Lj ≈ ≈ $9{,}5 \cdot 10^{12}$ km = 9,5 Pm).

Von Newton selbst stammt der folgende Versuch: Auf 2 Korken werden je 1 Magnet und 1 Eisenplättchen befestigt, dann setzt man sie in einiger Entfernung auf eine ruhende Wasseroberfläche. Sie ziehen sich gegenseitig an, nähern sich und bleiben nach Berührung in Ruhe. Erst jetzt sind nämlich aus den WW-Kräften Gegenkräfte (mit gemeinsamem AP) geworden, vorher können sie sich nicht kompensieren. Zwar liegen sie auf derselben Wirkungsgeraden, man darf jedoch die Kräfte nicht verschieben, da beide Korken mit dem Wasser bzw. der Luft keinen starren Körper bilden. Wollte man aber eine der beiden Reaktionskräfte schon vorher kompensieren, so müßte dies mit einer ‚äußeren' Kraft geschehen; (man könnte also z.B. den Korken mit der Muskelkraft festhalten).

Erde und Mond wechselwirken über eine Entfernung von ≈ 380 Mm mit WW-Kräften je ≈ $2 \cdot 10^{20}$ N = 200 EN. Sie können sich nach dem o. Gesagten nicht aufheben; dennoch nähern sich Erde und Mond nicht (wie etwa die Korken im Newtonschen Versuch). Jede der beiden Anziehungskräfte wird nämlich an Ort und Stelle kompensiert, u.zw. durch je eine Fliehkraft (Aufg. 70-72).

c) Die Kügelchen 1 und 2 (Masse je m) sind positiv elektrisch geladen und stoßen sich daher ab, bis sie im Gleichgewicht verharren (Abb.)

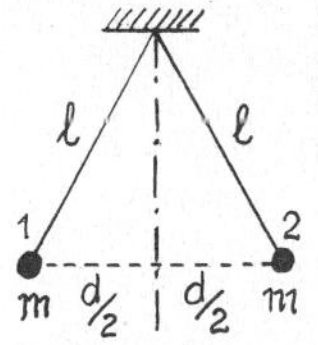

Die WW-Kräfte können ~ als Fernkräfte ~ nur an Ort und Stelle aufgehoben werden. Das muß irgendwie durch das Gewicht der Kügelchen, das in 2 geeignete Komponenten zerlegt wird, geschehen.

Zeichne die vollständigen Kräfteverhältnisse, aus Symmetriegründen nur bei einem Kügelchen.

Stelle die Buchstabenformel für F_{12} auf. Setze dann die gegebenen Größen ein: $m = 2$ g; $g = 10\,\text{ms}^{-2}$; $\ell = 5$ cm; $d = 6$ cm.

Außer den elektrischen WW-Kräften treten hier noch 2 Paare von Reaktionskräften auf; welcher Art und wie groß sind sie?

Ändert sich etwas an der Symmetrie des Gleichgewichts, wenn die Ladungen der Kügelchen verschieden groß gemacht werden?

Seit etwa 1½ Jahrhunderten ist die Fernwirkungstheorie (der Kräfte) ~ langsam, aber stetig ~ durch die ‚Feldtheorie' mehr oder weniger verdrängt worden. Ein Feld (Gravitations-, elektrisches Feld usw.) vermittelt die Kraftwirkung eines Körpers auf einen entfernten anderen durch Feldkräfte, die Nahkräfte sind. Das WW-Gesetz bleibt davon unberührt, aber auch die Rechnungen mit Fernkräften.

44. Rätsel bei der Reibung *

Die Reibung zählt zu den verbreitetsten Erscheinungen in Natur und Technik, tritt sie doch überall da auf, wo sich 2 Körper berühren, aber auch innerhalb von Flüssigkeiten und Gasen (als ,innere' Reibung). Für den Laien wartet die Reibung mit einigen Rätseln auf (er sehe nur einem Meister am Billardtisch zu!), doch auch für den Fachmann scheint nicht alles restlos geklärt zu sein.

Grundsätzlich unterscheidet man bei Festkörpern verschiedene Arten: Haft-, Gleit-, Roll- und Bohrreibung. Nur von der ersten drei soll in diesem Buch die Rede sein.

Daß bei der Reibung Kräfte auftreten, die eine Bewegung (oder ihr Zustandekommen) hemmen, ist allg. bekannt.

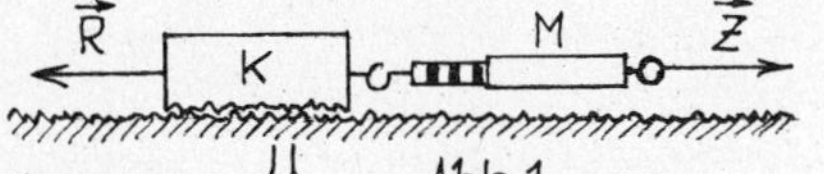

Abb.1

Als einführender Versuch gilt der in Abb.1 dargestellte. Die Zeichnung findet sich in vielen Physikbüchern, das Experiment wird Jahr für Jahr ungezählten Schulklassen vorgeführt:

Wenn die durch den Federkraftmesser M angezeigte Zugkraft $\vec{Z}$ noch klein ist, bewegt sich der quaderförmige Klotz K noch nicht: $\vec{Z}$ wird durch eine Gegenkraft $\vec{R}$ aufgehoben, die man ,Haftreibungskraft' nennt. Wächst Z, so muß auch R größer werden. Bei einem bestimmten Wert Z_m gerät dann K (ruckweise) in Bewegung; das gleichgroße R ist der Maximalwert der Haftreibung, er wird kurz die Haftreibungskraft R_H genannt. Hierzu gleich die 1. Frage:

a) Auf einer waagrechten Unterlage (U) liegt ein schwerer Körper K. Kann man sagen, auf ihn wirkt die Gewichtskraft G, und kann man ihre Richtung angeben?
   Kann man auch sagen, auf K wirkt eine Haftreibungskraft R_H (weil er ja nicht gleitet), und läßt sich ihre Richtung angeben? (Begründung).

Wir kehren zu obigem Versuch zurück. Wird $Z > R_H$, so gerät K in Bewegung. Ist diese geradlinig und gleichförmig, so wird $\vec{Z}$ durch eine Gegenkraft aufgehoben, die nun ,Gleitreibungskraft' R_G heißt. Es ist stets $R_G < R_H$, was an M abzulesen ist.

Verursacht wird die Reibung durch (oft mikroskopisch kleine) Unebenheiten der sich berührenden Flächen, die sich teilweise verzahnen (in Abb.1 übertrieben dargestellt). Heute neigt man aber mehr dazu, besonders bei glatten Flächen den ,Adhäsionskräften' (d.s. Kräfte zwischen den Molekülen der sich sehr eng berührenden Stellen) eine größere Rolle bei der Reibung zuzugestehen. Selbstverständlich wird R_* wachsen, je stärker K durch das Gewicht (allg. durch eine Normalkraft) gegen U gedrückt wird. (Das * als Index bei R steht für H oder G).

Der französische Offizier und Physiker Charles Augustin de Coulomb (1736-1806) stellte 1785 das nach ihm benannte Reibungsgesetz auf:

$$R_* = \mu_* N;$$

N = ,Normalkraft' (die senkrecht auf der Berührungsfläche steht); μ_* = (Haft- bzw. Gleit-) ,Reibungszahl', eine Materialkonstante (s. Einleitung), in der Stoffart und Rauhigkeit der Berührungflächen stecken. Im übrigen gehört das Reibungsgesetz zu den ,Näherungsgesetzen'.

Ch.A.de Coulomb

Und nun 3 Rätselfragen:

b) Warum ist $R_G < R_H$ (bei demselben Materialpaar)?

c) Bei kleinen und mittleren Gs'n ist R_G unabhängig von v. Nur bei größeren Gs'n (ohne daß jedoch der Luftwiderstand mit ins Spiel kommt) ändert sich R_G; wie?
   Begründe beide Verhaltungsweisen.

d) Das Reibungsgesetz läßt erkennen, daß R_* unabhängig von der Größe der Berührungsfläche ist. (Den Fall, daß K mit einer so schmalen Fläche aufliegt, daß U sichtbar eingedrückt wird, schalten wir aus). Versuche diese (wenig glaubhafte) Unabhängigkeit zu erklären.

Nun noch dasjenige Paradoxon, das dem Laien als Rätsel bei der Reibung erscheinen müßte, wenn er kritisch die Abb.1 betrachtet. Ihm werden aber durch die Zeichnung selbst und evt. durch begleitende Worte regelrecht Scheuklappen aufgesetzt. Wahrscheinlich habe auch ich es mit dem bisherigen Text getan.

Daß R_* nie primär (!) auftreten kann (wie beispielsweise die Muskelkraft), sondern eine Reaktionskraft ist, wird wohl bei der Behandlung der Reibung immer gesagt; man zeichnet also $\vec{R}_*$ sofort als Gegenkraft auf der Wirkungsgeraden von $\vec{Z}$ ein; (das aber ist gerade die Irreführung!) Fast in einem Atemzug wird dann – auch in den meisten Büchern – gesagt, daß R_* in der Berührungsfläche (von K und U) entsteht; also müßte hier auch der Angriffspunkt liegen! Eben das meine ich mit dem obigen Rätsel.

In mehr als einem Dutzend Bücher fand ich keinen Hinweis auf dieses Paradoxon. Nur in einem Hochschulbuch und einem (enzyklopädischen!) Lexikon sah ich die richtigen Zeichnungen der Kräfte.

Es kristallisiert sich hier also folgende Fragestellung heraus:

e) Wie kommt die Reibungskraft $\vec{R}_*$, die ihren Angriffspunkt primär in der Berührungsfläche von K und U haben muß, nach oben in die Wirkungsgerade von $\vec{Z}$ (Abb.1)? Man kann aber auch umgekehrt fragen: Wie kommt $\vec{Z}$ in die Berührungsfläche, um da die Reaktionskraft $\vec{R}_*$ hervorzurufen?

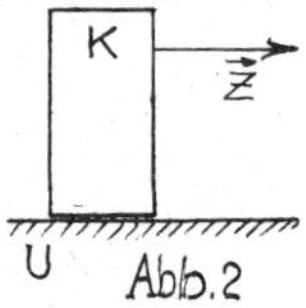

Abb.2

(Denke daran, daß die Normalkraft N maßgeblich am Zustandekommen von R_* beteiligt ist. Überlege Dir vielleicht zunächst, was bei der Versuchsanordnung der Abb.2 passiert).

45. Der folgsame Stab

Der Vater sagt zu seinem Töchterchen, das noch den Kindergarten besucht: „Sieh mal, was für einen folgsamen Stab ich dir mitgebracht habe. Du brauchst dich nicht zu ängstigen, er tut dir überhaupt nichts. Streck mal deine Zeigefingerchen aus und halte sie waagrecht."

Der Vater legte dann einen etwa 1m langen Holzstab (das Material ist aber völlig belanglos) wie in der Abb. auf die Finger F_1 und F_2.

„Wenn du nun," fährt er fort, „die Finger langsam gegeneinander bewegst (und er führt sie ein wenig), so wird der Stock nie herabfallen und er bleibt dann liegen, wenn die Finger beisammen sind. Du brauchst auch nur einen Finger zu bewegen und den anderen krampfhaft still zu halten. Probier es einige Male allein und zeig das Kunststück dann deinem älteren Brüderchen."

(Übrigens gelingt der Versuch ebensogut beispielsweise mit einem Besen, bei dem der Schwerpunkt nicht in der Mitte des Stiels liegt).

Zwar geht das ältere Brüderchen schon in die Grundschule, aber sein Wissen reicht noch nicht zur Erklärung dieses Versuchs aus. Kannst Du, lieber Leser, hier aushelfen? Nach Lektüre der Aufg. 40 und 44 dürfte es Dir nicht schwerfallen.

Wie muß insbesondere die Ausgangslage sein? Wo kommen die Finger zusammen (beim homogen Stab und beim Besen)?

46. Die träge Münze

Dies ist ein altbekannter Zaubertrick: Auf einem Wasserglas liegt ein starkes quadratisches Papier P der Seitenlänge b, darauf eine Münze M. Die Achse A des Glases geht durch die Mittelpunkte von P und M. Das Glas hat am Rand den (inneren) Radius R, der Radius von M ist r.

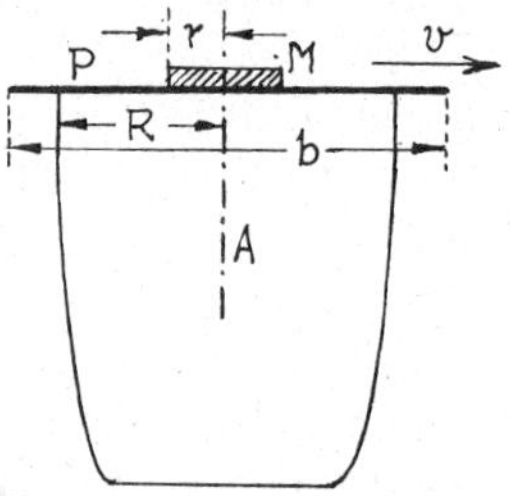

Zieht man P kräftig horizontal weg, so fällt M ins Glas. Die Erklärung mit dem Trägheitsgesetz (Aufg. 31), M verharrt eben in Ruhe und fällt nach dem Wegziehen von P ins Glas, mag einem Grundschüler und Laien genügen, ist hier jedoch zu billig; (es müßte ja auch noch begründet werden, warum bei langsamer Bewegung M auf P liegen bleibt).

a) Du sollst, lieber Leser, mit Reibungsgesetz und dynamischer Grundgleichung die Mindest-Gs v berechnen, mit welcher P weggezogen werden muß, damit M gerade noch (!) ins Glas fällt. Hierzu muß noch die Reibungszahl μ_G zwischen M und P bekannt sein. Stelle die Formel für v auf. Von welcher Größe ist v unabhängig?

b) Setze die Werte ein: $b = 11\,cm$; $R = 3{,}5\,cm$; $r = 5\,mm$; $\mu_G = 0{,}24$; $g = 10\,ms^{-2}$.

47. Wer schmiert... fährt gut

Da bei jeder Reibung ungenutzte Wärme entsteht, was Energievergeudung bedeutet, ist man in den allermeisten Fällen daran interessiert, die äußere Reibung (s. u.) herabzusetzen, z.B. in ungezählten Lagern und an gleitenden Teilen aller Maschinen, aber auch an Schubladen und Schiebetüren, bei Gummihandschuhen,

beim Stapellauf von Schiffen, beim Schifahren usw.
Die Tatsache, daß man durch Verringerung der Reibung durch ‚Schmiermittel' physikalische und menschliche Arbeit erleichtern kann, ist seit Jahrtausenden so bekannt, daß das ‚Schmieren' auch im übertragenen Sinn zur Überwindung von Reibereien, zur Gewinnung von Vorteilen und Erleichterungen immer wieder im täglichen Leben angewandt wird. Bei so manchen Behörden und bei Einzelpersonen lief – und läuft auch heute – anscheinend nichts, ohne zu schmieren. Sagt nicht ein altes, russisches Sprichwort (im doppelten Sinne): ‚Väterchen schmiere, und du fährst gut!' Technische Schmierstoffe gibt es viele (s.u.), fast einziges ‚zwischenmenschliches' Schmiermittel ist aber das Geld. Ein ‚Schmierer' (z.B. auf großen Schiffen) war ein zwar etwas schmutziger, sonst aber höchstehrenhafter Beruf (der heute wahrscheinlich ausgestorben ist, weil seine Arbeit durch computergesteuerte Zentralschmieranlagen verrichtet wird); ein Schmierer des täglichen Lebens wird jedoch allg. nur als schmutzig (!) angesehen.

Kehren wir nun allen Ernstes zu den technischen Schmiermitteln zurück. Man verwendet sie in 4 Konsistenzen: Feste, meist pulverförmige (Graphit, Talkum, ...); halbfeste (Schmierfette, Schmierseife, ...); flüssige (Öle, Wasser, ...); gasförmige (Luft, Wasserstoff, ...). Welches Mittel eingesetzt wird, bestimmt der Einzelfall (Material der reibenden Teile, Wärmeentwicklung u.a.) Hier einige Beispiele:

Graphit in sehr heiß laufenden Lagern; Talkum (gemahlener Speckstein, als Schneiderkreide bekannt) bei Holzschiebetüren, Gummi, Leder, Stoff, Papier; Schmierseife (tonnenweise!) beim Stapellauf eines Schiffs (Holz auf Holz); Öl in den meisten Lagern; Luft in Lagern mit schnellrotierenden Achsen (z.B. bei Ultrazentrifugen, Preßluftbohrern der Zahnärzte); Wasserstoff (als elektrischer Isolator und wegen seiner hohen Wärmekapazität) bei Dynamomaschinen.

Weil Reibung z.T. durch die Unebenheiten der Berührungsflächen entsteht, reimt sich der Laie die Wirkung eines Schmiermittels so zusammen: Es füllt die Dellen aus und glättet also die Berührungsflächen. Das ist aber nur der eine (wahrscheinlich kleinere) Effekt des Schmiermittels, der andere beruht auf einer Ersetzung der ‚äußeren' Reibung durch die ‚innere des Schmiermittels.

Zur äußeren Reibung zählen Haft-, Gleit-, Roll- und Bohrreibung sowie der ‚Widerstand des Mittels' (Reibung eines Festkörpers in einer Flüssigkeit oder in einem Gas). Die innere Reibung hingegen vollzieht sich in ein und demselben Körper, meist in Flüssigkeiten und Gasen (selten in Festkörpern), wenn sich einzelne Teile gegeneinanderbewegen.

Strömt eine Flüssigkeit oder ein Gas an einem Festkörper entlang, so gibt es eine ‚Haftschicht' (Dicke eine oder nur wenige Moleküllagen), die am Festkörper durch Adhäsion haftet. Die angrenzenden Schichten bewegen sich parallel und mit umso größerer Gs, je weiter sie von der Haftschicht entfernt sind. Zwischen diesen Schichten kommt es zur inneren Reibung, die von der Art der Flüssigkeit (des Gases) abhängt. Zur Kennzeichnung dient die ‚innere Reibungszahl' η (dynamische Viskosität oder Zähigkeit), die mit μ_G bei Festkörpern vergleichbar ist.

Glyzerin hat ein sehr großes η, das von Wasser ist wesentlich kleiner, noch kleiner ist z.B. η von Azeton. Das η der Gase liegt im Mittel um $\approx$ 100 niedriger als das der Flüssigkeiten.

Von Graphit, Speckstein u.a. Festkörpern lassen sich – bedingt durch die innere Struktur, ein ‚Schichtgitter' – relativ leicht dünne Schichten abschaben; diese Körper fühlen sich daher fettig an. Auf dieser Eigenschaft beruht auch das Schreiben mit Graphit oder mit Schneiderkreide (auf Stoff). Und wer das mal mit einem ‚Bleidraht' auf Papier versucht hat, wird sich über das Wort Bleistift nicht mehr wundern.

Mit ganz wenigen Ausnahmen (bei Trockenschmiermitteln) ist die innere Reibung kleiner als die äußere.

Nun dürften genügend Tatsachen zusammengetragen sein, daß Du, lieber Leser, den Schmiereffekt physikalisch erklären kannst. Tue dies zunächst mit einer vergrößerten Querschnittszeichnung eines Körpers K, der auf einem ‚Ölfilm' (vergrößerte Dicke $\approx$ 1cm) auf einer waagrechten Unterlage U mit der Gs v gleitet.

Wie sieht dies bei einem geschmierten Gleitlager aus? (Eine Achse dreht sich in einem Hohlzylinder, der ‚Lagerschale').

Was ist (kurz) über feste und gasförmige Schmiermittel zu sagen?

48. Gut Glas und gut Eis!

Zu Beginn der 30-er Jahre schwangen wir zum 1. Mal unsere Beine auf einer Glastanzdiele in Prag. Sie war gar nicht so glatt und gefährlich, wie mein Freund

und ich uns das vorgestellt hatten, es sei denn, man hätte nasse und glitschige Schuhsohlen gehabt. Das war aber praktisch nie der Fall, denn bei Regen trug man damals Galoschen (Gummi-Überschuhe), die an der Garderobe des Tanzcafés abgegeben wurden. (Und auch ohne Überschuhe hätte der dicke Läufer bis zur Tanzfläche die Sohlen ziemlich getrocknet).

Die Tanzdiele war dennoch glatt und eben, so daß sich das Orchester und die am Rande stehenden Fächerpalmen im Glas spiegelten, falls dieses nicht gerade von unten beleuchtet war.

Wie kommt es aber, daß man auf so einer Glasdiele (oder heute auf den ebenfalls spiegelglatten Plexiglasflächen einiger Diskotheken) nicht einmal 1m weit Schlittschuhlaufen kann, während dies fast einwandfrei auf einer ziemlich rubbeligen Eisfläche (beispielsweise eines Dorfteichs) geht. Der Grund war uns eigentlich schon am Gymnasium klar, als wir selbst diesen Sport trieben, und uns der Physiklehrer (Aufg. 17) einen eindrucksvollen Versuch mit einer Stange Eis, einer Drahtschlinge und einem Gewicht zeigte; (die Stange mußten wir aus einer Gastwirtschaft holen, die das Eis zum Kühlen von Getränken brauchte).

Du weißt, lieber Leser, bestimmt schon die Erklärung für das Eislaufen, weil Du wahrscheinlich bereits öfter beobachtet hast, was unter der Schlittschuhkufe passiert. Kannst Du auch ~ wenigstens qualitativ ~ erklären, warum sich das Eis so verhält? (Dies hat etwas mit der Volumenänderung zu tun).

Welchen Versuch zeigte uns wohl der Physiklehrer?

Bei -21°C und bei tieferen Temperaturen klagen die Schlittschuhläufer (vor allem die Rennläufer), daß das Eis ‚stumpf' ist, d.h. es läßt sich nicht mehr so leicht laufen wie bei höheren Temperaturen. Warum geht es trotzdem noch?

Ginge das Eislaufen etwa noch an den ‚Kältepolen' (Ostantarktis und Ostsibirien) bei Temperaturen um -90°C?

Bei welchem gewaltigen Naturprozeß findet derselbe physikalische Vorgang statt wie beim Eislaufen?

49. Quietschtöne

Ist große Reibung zwischen Festkörpern erwünscht, so macht man die entsprechenden Flächen von vornherein rauh. Das ist beispielsweise der Fall bei den selbshaftenden Taschenverschlüssen (Bürsten- oder Klettverschlüssen), den Schuhsohlen und sämtlichen Radreifen, bei den Gitterunterlagen ‚wandernder' Teppiche, den Bodenbelägen (Läufern) in Korridoren und auf Treppen.

Es gibt aber viele Fälle, wo gleitende Flächen glatt sind, die Haft-, Gleit- oder Rollreibung jedoch vergrößert werden soll. Dies geschieht dann mit ‚Haftmitteln'. Sie erhöhen entweder die Rauhigkeit (vereiste Gehsteige und Straßen werden mit Asche bzw. Sand bestreut) oder sie wirken durch ihre Klebrigkeit, sprich Adhäsion (Riemenwachs bei Treibriemen, Haftwachs bei Schiern).

a) Jeder, der selbst ein Streichinstrument spielt, benutzt ein ganz bestimmtes festes Haftmittel. Aber auch die anderen Menschen haben wohl bei Bekannten, bei Orchesterproben, im Film oder Fernsehen, zuweilen auch im Physikunterricht gesehen, wie die (Roß-) Haare des Streichbogens mit diesem Haftmittel eingerieben werden. Es ist Kolophonium (benannt nach der antiken, heute türkischen Stadt Kolophon), ein natürliches Harz, das bei der Terpentinherstellung gewonnen wird.
   Was bewirkt dieses Harz, und wie kommt überhaupt der Ton einer Saite zustande? Warum ‚kratzen' oft Anfänger beim Geigenspiel?

b) Es gab einmal ein Damen-Streichorchester, bei dem einige Damen nur wegen ihrer Attraktivität mitfiedeln durften; aber sie konnten gar nicht spielen, und ihre Geigen blieben stumm, obwohl die Bogen die Saiten berührten. Wie war das möglich?
   (Bei ‚Playback-Virtuosen' im Film und Fernsehen verfährt man genauso).

c) Bei der Demonstration ‚stehender' Schallwellen in der Kundtschen Röhre, die nach dem deutschen Physiker August Kundt (1839-1894) benannt ist, wird ein ≈ 1m langer Metallrundstab in ‚Längsschwingungen' versetzt, d.h. der Stab verkürzt und verlängert sich periodisch minimal, wobei seine Mitte fest bleibt. Dabei entsteht ein hoher Quietschton (Frequenz ≈ 2,5 kHz = 2500 Schwingungen pro [s]). Die Erregung (zum Schwingen) geschieht, indem man den Stab nahe der Mitte mit einem kolophoniumbestäubten Lappen (oder Rehleder) umfaßt und diesen mit einem bestimmten Andruck rasch zum Stabende zieht. Wie erklärt sich das Zustandekommen des hohen Tons?

Einem geübten Physiker gelingt es, den Stab auch mit einem wasserbefeuchteten Lappen zum Quietschen zu bringen. Wie ist dies zu erklären, wo doch Wasser eigentlich ein Schmiermittel ist?

d) Wohl jeder Schüler hat schon (aus Übermut oder Langeweile?) Quietschtöne auf der glatten Lackfläche seiner Schulbank erzeugt, sofern diese nicht weitgehend – wie ich es noch gut in Erinnerung habe – dem Schnitzwerk aus Spitznamen, deftigen Worten und allerlei Herzen zum Opfer gefallen war. (Schließlich blieben uns aber immer noch das intakte Lehrerpult, die Fensterscheiben und die Kacheln der Öfen!)
Wie geschah die Erregung der Töne?
Bei welcher handwerklicher Tätigkeit entstehen ebenfalls Quietschtöne, bei denen sich vor allem das weibliche Geschlecht die Ohren zuhält?
Wann erzeugt die Hausfrau selbst Quietschtöne, wobei sie sich aber nicht die Ohren zuhalten kann?

e) Reckturner reiben sich vor einer Übung beide Handflächen mit Magnesia (Magnesiumoxid) ein, einem weißen, porösen, leichten Stein. Ist dies nun ein Haft- oder Gleitmittel? Könnte es der Reckturmer nicht einfach so machen wie ein Arbeiter, der kräftig in die Hände spuckt (nicht bildlich gesprochen), bevor er den Stiel der Spitzhacke oder der Schaufel ergreift? Oder tut er das nur zunft- und traditionsgemäß?

DREHMOMENT

50. Der längere Hebelarm

,Er saß natürlich am längeren Hebelarm', sonst hätte er diesen Traumposten nie erhalten. Wenn man glaubt, daß alle Benutzer dieser Redewendung auch nur ungefähr das physikalische Gesetz, von dem sie sich herleitet, kennen, irrt man. Ich selbst überzeugte mich bei vielen Oberschülern von dem Nichtwissen, daß aber ein Dr. phil. (Leiter eines Gymnasiums) bei dieser Redewendung an 2 Ringer dachte, von denen der eine mit seinen längeren Armen eben mehr erreicht als der andere, berührte mich doch etwas seltsam, zumal dieser Herr als Schüler Griechisch hatte und den Archimedischen Ausspruch (s.u.) noch im Originaltext zitieren konnte; (aber auch damit wußte er nicht das richtige anzufangen).

a) Ein Körper K (Abb.1) ist um eine waagrechte, durch seinen Schwerpunkt S gehende Achse möglichst reibungslos gelagert. An K greifen die lotrechten Kräfte F_1 und F_2 mit den senkrechten Abständen a_1 und a_2 von S an; a_1 und a_2 heißen ,Kraftarme'.

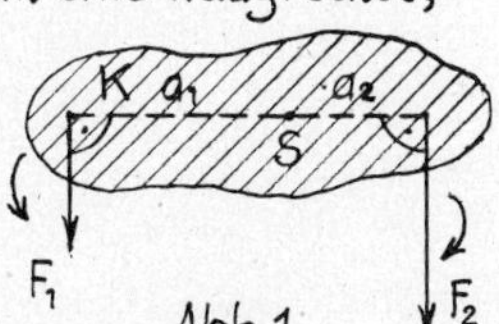

Abb.1

Zeige mit dem Ergebnis der Aufg. 40b), daß an K Gleichgewicht herrscht, wenn das linksdrehende (Dreh-)Moment von F_1 gleich dem rechtsdrehenden von F_2 ist:

$$F_1 \cdot a_1 = F_2 \cdot a_2 \quad (1)$$

Merke: ,Drehmoment' = Kraft mal Arm. Dieser steht immer senkrecht zur Kraftrichtung.

Ist K eine Stange, so spricht man sie als geraden ,Hebel' an; (1) nennt man das ,Hebelgesetz' (auch die Momentengleichung). Aus ihm ersieht man, daß man mit einer kleinen Kraft F einer sehr großen das Gleichgewicht halten oder sie sogar überwinden kann, wenn man F einen genügend langen Hebelarm gibt.
Das Hebelgesetz kannte bereits Archimedes (Aufg. 74). Er soll den Ausspruch getan haben: „Gib mir einen Punkt (außerhalb der Erde), wo ich stehen kann, und ich werde die Erde in Bewegung setzen". (Das war revolutionär, denn die Erde galt damals als unverrückbar im Weltzentrum ruhend).

b) Die Kraft $\vec{F}$ (Abb.2) schließt mit $\overline{AO} = d$ den Winkel $\alpha \gtreqless 90°$ ein. Zeichne den Kraftarm a bezüglich der Drehachse O ein und drücke das Moment M von F durch F, d und α aus.

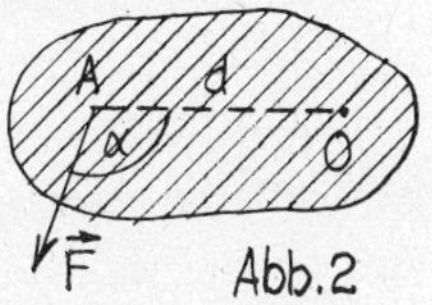

Abb.2

(Es geht auf zweifache Weise: Durch Verschieben oder Zerlegen von F).

c) Zeige, daß 2 gleichsinnige Momente additiv sind, d.h. die Summe der Momente von F_1 und F_2 (Abb.3) läßt sich durch ein einziges ersetzen:

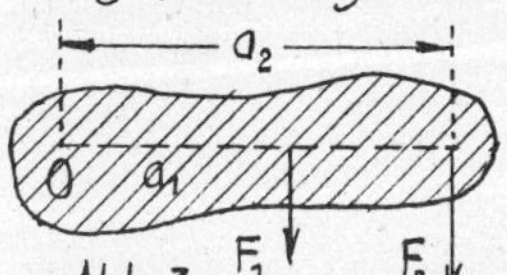

Abb.3

$$F_1 a_1 + F_2 a_2 = Ra.$$

Drücke R und a durch die gegebenen Größen aus.

Hebel gibt es wie Sand am Meer: Viele Werkzeuge (Scheren, Zangen, ...) bestehen aus Hebeln, andere werden als Hebel gehandhabt (Brecheisen, Stechbeitel, ...) Bei Kranen und Baggern sieht man sehr große Hebel, bei Schreibmaschinen viele kleine. Alle Rollen, Pedale, Kurbeln und Getriebe (Zahnrad-, Riemen-, Gelenk- u.a. Kraftübertragungen) beruhen auf dem Hebelprinzip. Als Hebel fungieren auch unsere Gliedmaßen und die der Tiere. Hebel also auf Schritt und Tritt. Kein Wunder also, daß man versucht ist, ‚alle Hebel in Bewegung zu setzen' (um ein gestecktes Ziel zu erreichen) oder ~ als kleiner Archimedes ~ ‚die Welt aus den Angeln zu heben' (um seine Stärke zu demonstrieren).

51. Die feste Rolle *

Der Hebel (Aufg. 50) zählt zu den ‚einfachen Maschinen'. Sie sind Geräte, mit denen man eine Kraft an eine andere Stelle ‚transportieren' kann (wo ihre Wirkung gebraucht wird); dabei werden meistens Richtung und (oder) Größe geändert.
Eine einfache Maschine, die sich auf den (gleicharmigen Hebel zurückführen läßt ist die ‚Rolle mit Seil' (Faden, Schnur). Sie ist eine kreisrunde Scheibe (mit einer Nut am Umfang), die um ihre geometrische Achse möglichst reibungslos drehbar ist. Wird die Achse irgendwo starr befestigt, oft mittels einer ‚Schere' S (Abb.1), so spricht man von einer festen (oder fixen) Rolle, sonst von einer beweglichen (oder losen) Rolle (Aufg. 53).
In Abb.1 ist eine Schnur in A_4 an einen Körper K angebunden und über eine feste Rolle bis A_1 geführt, wo die Kraft $\vec{F}$ angreift und die Schnur in ihrer Richtung spannt. F kann auf der Wirkungsgeraden nach A_2 verschoben werden. Hier erzeugt F das Drehmoment Fr (r = Rollenradius). Dasselbe Moment erfährt aber die Rolle, wenn F in A_3 lotrecht nach oben angreift. Schließlich kann F von A_3 nach A_4 verschoben werden. Ist $F \leq G$ (G = Gewicht von K), so ist die Anordnung im Gleichgewicht. Bei $F > G$ wird K gehoben.

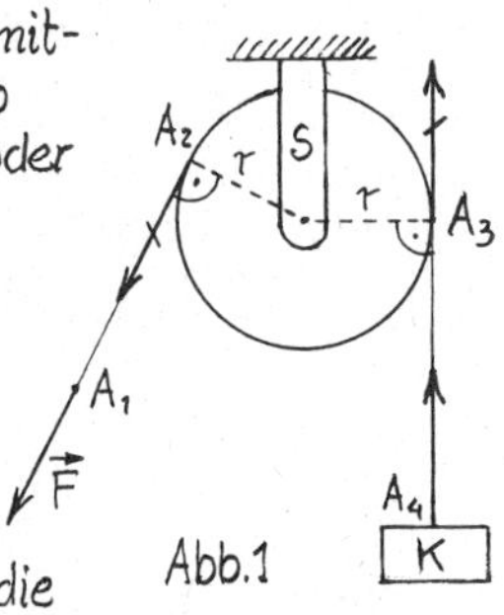

Abb.1

Da offenbar beide Seilteile beliebig gerichtet sein können, läßt sich also die Richtung einer Kraft mit Rolle und Seil beliebig in der Ebene der Rolle ändern, mit 2 festen Rollen beliebig im Raum. Die Stärke der Kraft bleibt dabei unangetastet.

a) Um die Gesetze der gleichmäßig beschleunigten Bewegung genauer studieren zu können, verlangsamte Galilei den freien Fall durch eine schiefe Ebene. Heute verwendet man zum selben Zweck im Physikunterricht meist eine waagrechte Fahrbahn (Abb.2). Wenn die Masse M auf einem ‚Luftkissen' gleitet, ist die Reibung praktisch ausgeschaltet. (Ansonsten kann sie durch ein Zusatzgewicht kompensiert werden). Als Zugkraft fungiert die Gewichtskraft der Masse m, die über eine feste Rolle R umgeleitet wird.

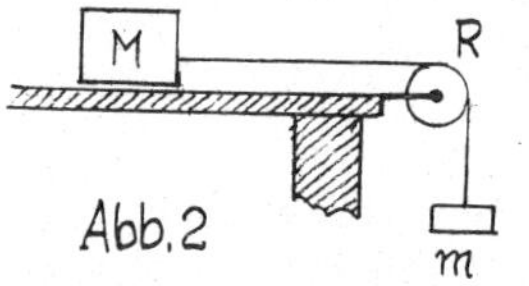

Abb.2

Wie groß muß m gewählt werden, damit M die Beschleunigung $a = 1\,dm\,s^{-2}$ erhält? Setze in die Buchstabenformel $M = 485g$ und $g = 9{,}8\,ms^{-2}$ ein. (Reibung und Masse der Rolle bleiben unberücksichtigt).

b) Bei einem 2. Versuch (Abb.2) werden 2 Massen M und 2 Federkraftmesser K_1 und K_2 (Masse je m_1) durch das Gewicht der Masse m_1 beschleunigt. Wie groß ist die Beschleunigung a_1? M und g wie in a); $m_1 = 10g$.

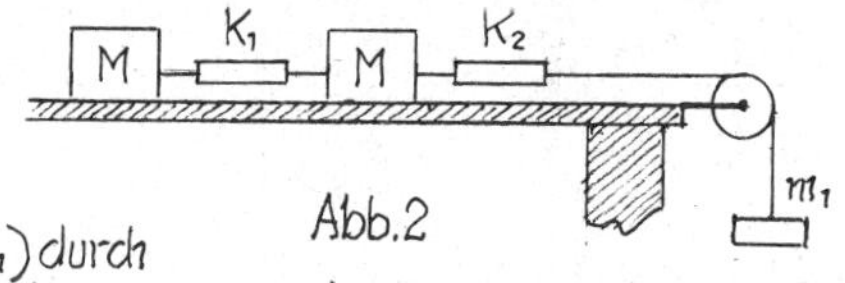

Abb.2

Wer glaubt, daß der Faden überall gleich stark vom Gewicht G der Masse m_1 gespannt wird, begeht einen Denkfehler. Berechne also die Zugkräfte F_1 und F_2, die von K_1 und K_2 angezeigt werden. Um wieviel ist F_2 kleiner als G?

52. Der mittelalterliche Aussteiger *

Der Pleitegeier ist ein alter und gefräßiger Vogel, der nicht nur heutzutage reiche Beute findet, sondern der auch in längst vergangenen Zeiten sein volles Auskommen hatte. So ereilte er im 16. Jahrhundert den portugiesischen Reeder und Kaufherrn Castros (C), der mit seiner eher als klein zu bezeichnenden Flotte dennoch einen florierenden Handel mit Gewürzen und tropischen Früchten trieb. (Portugal hatte im 16. Jahrhundert das Monopol für den Gewürzhandel). Doch plötzlich kehrte sich die Glücks- in eine Pechsträhne um. (Gläubige Zungen sprachen von der gerechten Strafe Gottes, denn C hielt sich von der Kirche und der Nächstenliebe fern). Einige seiner Dreimaster zerschellten mit kostbarer Ladung am Kap der Guten Hoffnung ~ das C dann nur Kap der Schlechten Hoffnung nannte ~ andere wurden allzuleicht Beute von Piraten, zu denen C's Mannschaften nach verschiedenen Meutereien wegen ihres Hungerlohn mit vollen Segeln übergelaufen waren.

Aber C hatte in den reichen Jahren schon sein Schäfchen in Form vieler Golddukaten ins trockene gebracht. Er hätte ja, wie man heute sagt, investieren können, aber er war vom Spielteufel besessen und verpraßte auch noch viel Geld bei Zechgelagen. Als dann aber die königlichen Steuereintreiber sein Kontor sowie sein Lagerhaus bevölkerten und dieses sogar versiegelten, beschloß C, 'auszusteigen'. Das fiel dem früher stark begehrten Junggesellen um so leichter, zumal er sich auf eine eiserne Goldreserve stützen konnte, von der nicht einmal der ihm sklavisch ergebene Diener Dschin (D), der auch Koch und Steuermann war, etwas ahnte. C hatte ihn ~ ein spindeldürres chinesisches Mischblut ~ einmal von den Gewürzinseln (heute Molukken) mitgebracht. Er wohnte in der Kombüse eines anderthalbmastigen Kutters, des einzigen Schiffs, das C noch geblieben war. Zwar wußte er, daß ihn dieser Küstensegler nie um das Kap der Schlechten Hoffnung bringen würde, aber bis zu einem portugiesischen, westafrikanischen Hafen würde er schon durchhalten. Und dort konnte er als Passagier auf ein großes Handelsschiff umsteigen, das ihn zu seinem Traumziel, den Gewürzinseln, bringen könnte. D war leicht für C's Vorhaben zu gewinnen, denn auch er sehnte sich nach seiner Heimat. Doch dem Fluchtplan standen noch einige Schwierigkeiten im Wege.

Sein Kutter lag längsseits genau unterhalb des 'Krantors' vertäut, das an das Lagerhaus angebaut war.

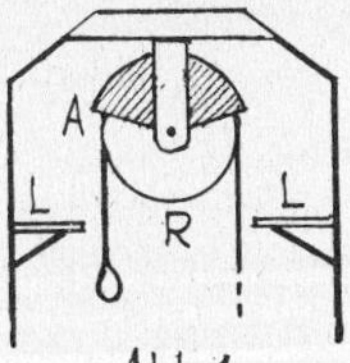

Abb.1

Mit der Rolle R (Abb.1) im weit vorspringenden Giebel konnten so Lasten aus dem Speicher direkt auf das Schiff (oder umgekehrt) verladen werden. Das Seil hing zwar noch über R, aber seine, mit Schlaufen versehenen Enden waren durch das Ladetor in den Speicher hineingezogen. Das Seil hatte eine solche Länge, daß bei Anschlag der einen Schlaufe an die Rollenkappe bei A das andere Ende gerade aufs Schiffsdeck reichte. Abb.1 zeigt auch die Laderampe L, die durch das Ladetor vom Speicher aus zugänglich war.

C hatte einen raffinierten Plan ausgeheckt. Um ihn nachvollziehen zu können, müssen wir uns mit einigen Gewichten vertraut machen: C wog 150 Pfund (Pf), D hingegen brachte nur 90 Pf auf die Waage. Jeder Getreidesack (im Speicher) ~ auch jeder der 4 'Goldsäcke' ~ hatte das Gewicht von 30 Pfund. Alle Säcke waren leicht in die Schlaufen des Seils einzuhängen, es konnte aber auch eine Person in die Schlaufe treten und sich am Seil festhalten. Die Reibung der altersschwachen Rolle betrug etwas weniger als 30 Pf; d.h. also wenn die Differenz der Belastungen beider Seilenden 30 Pf ausmachte, geriet das Seil von selbst oder durch einen geringen Anstoß in Bewegung.

C's Goldschatz lag in 4 Getreidesäcken versteckt. In jedem Sack waren 1000 Dukaten (7 Pf) in einem Wollstrumpf eingenäht, und nur C wußte, wo sich die 4 Säcke unter völlig gleichartigen im Speicher befanden. Er mußte also zunächst irgendwie in den (versiegelten) Speicher gelangen.

Dazu begaben sich C und D in einer nebligen Nacht, in der der Wind günstig stand, auf das Deck des Kutters, den sie mit Proviant und Trinkwasser vollgestopft hatten. D kletterte auf der Strickleiter bis zur oberen Rahe (Querstange) und auf dieser bis zur Laderampe L. Nun konnte er das Seil hervorziehen und das eine Ende bis auf das Deck herunterlassen, wo C in die Schlaufe trat. D hatte 3 Säcke (ooo) aus dem Speicher geholt, sie an die Schlaufe gehängt und fuhr mit ihnen abwärts bis aufs Deck, während C (durch das Übergewicht von 30 Pf) gleichzeitig hochgezogen wurde (Abb.2).

1. Schritt

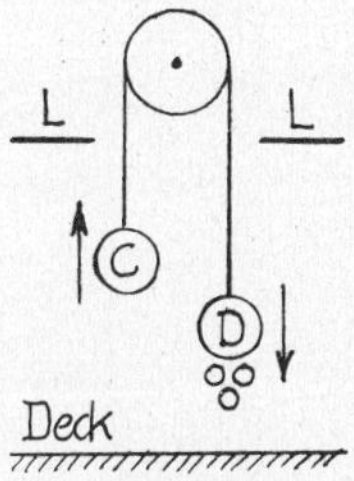

Abb.2

Oben angekommen konnte C die 4 Goldsäcke (●●●●) aus dem Versteck holen.

Das war der 1. Schritt des Plans, die weiteren 6 Schritte zu finden, bleibt Dir, lieber Leser, überlassen. Du sparst viele Worte, wenn Du ähnliche Zeichnungen wie Abb. 2 anfertigst. Nach dem letzten, dem 7. Schritt müssen C, D und die 4 Goldsäcke auf dem Deck sein, aber auch das Seil, dessen linke Schlaufe vorher gekappt wurde. Die Rahe zum Zurückklettern wurde nicht benützt. Die beim 1. Schritt gebrauchten 3 Säcke waren

wieder im Lagerraum, die Ladeluke bei L war geschlossen.
Nun setzten C und D die Segel, und eine günstige Brise blies sie bei Nacht und Nebel aus dem heimatlichen, jedoch zu heiß gewordenen Hafen. Niemand weiß, ob sie die Gewürzinseln erreichten oder ob sie irgendwo ein nasses Grab fanden!

53. Fischerboote an Land

Wandert man von Kap Arkona (Nordostspitze Rügens) auf der Höhe der Kliffküste (felsige Steilküste) südwärts, so stößt man nach kaum 2 km auf ein mitten auf einem Wiesenhügel erbautes, achteckiges Kirchlein, von dem ein Hohlweg in das alte Fischerdörfchen Vitt führt. Es liegt zwischen hohen Bäumen versteckt in einer ‚Liete' ~ so nennt man dortzulande die mehr muldenartigen Schluchten im Kliff.
Ich habe in den Nachkriegsjahren als Arbeitsloser mit der Farbkamera Rügen, die größte und wohl schönste deutsche Insel, kreuz und quer auf dem Fahrrad durchstreift, und immer wieder führte mich die Motivjagd in dieses idyllisch gelegene, stille Dörfchen, das aus ganzen 13 Fischerkaten mit windschiefen Strohdächern besteht, von denen eines der Häuschen als ‚Dorfkrug' dem Fischer wie auch dem Besucher Rast bietet.
Die Dorfstraße verläuft sich am kleinen Flachstrand, der mit feinem und grobem Kies und vielen Findlingen bedeckt ist. Obwohl eine kurze Mole die wenigen Fischerboote vor der Brandung schützen soll, hatten doch einige Fischer, die nicht auf Fang waren, ihre Boote an Land gezogen. Sie kannten mich alle und sie lächelten in die Kamera, wenn ich sie beim ‚Pichen' der Boote, beim Ausbessern der Netze, aber auch mal beim Einbringen des Fangs in der Abendsonne knipste.

a) Das An-Land-Ziehen der Fischerkähne geschah mit einer losen Rolle (Abb.1), an deren Schere der Bug festgemacht war.

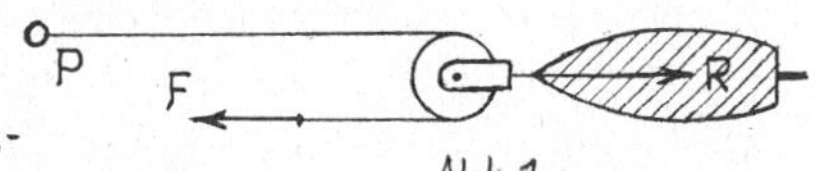

Abb.1

Das eine Ende des um die Rolle geschlungenen Seils war an einem Pfahl P befestigt, am anderen Ende wurde mit der Kraft F (parallel zum festgebundenen Seilteil) gezogen, um die Gleitreibung R des Boots auf dem Sand zu überwinden.
Wie groß mußte F mindestens sein, wenn R = 800N betrug?
Ändert sich F, wenn nicht parallel gezogen wird? (Begründung qualitativ durch Zeichnung).

b) Gelegentlich verwendeten die Fischer noch zusätzlich eine einfache Maschine, das ‚Wellrad' (auch Winde genannt. (Bereits viele Kleinkinder kennen sie von Märchenbildern mit Ziehbrunnen). Das freie Ende des Seils, das von der losen Rolle kommt, ist an der Welle W befestigt (Abb.2).

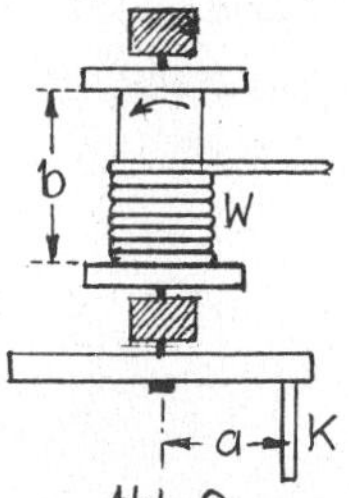

Abb.2

Wird an der Kurbel K gedreht, so wickelt sich das Seil auf W (in einer oder in mehreren Lagen) auf.
W soll den Radius 5cm haben, der Kurbelarm a sei 40cm; konnte dann ein Kind mit der Kraft F_1 das Boot an Land ziehen? (R wie in a); Seilteile parallel).
Wie sollte F_1 während des Kurbelns an K angreifen, damit optimale Wirkung erzielt wird?
Das Boot soll 10m weit gezogen werden. Welche Seillänge ℓ wickelt sich auf W auf? Wenn diese Wicklung 2-lagig ist, welche Breite b muß W etwa haben? (Seilstärke 1,5cm).

54. Die Rollreibung *

Die ‚Rollreibung' ist etwas schwieriger zu verstehen als die Haft- bzw. Gleitreibung. Viele Bücher verzichten daher auf eine genaue Erklärung, berufen sich auf das Experiment und geben ohne viele Umschweife das Rollreibungsgesetz (1) (s.u.) an.
Prinzipiell läßt sich folgendes sagen: Um einen Rollkörper (Walze, Rolle, Rad, Kugel) auf einer ebenen Unterlage ins Rollen zu bringen (oder ihn im gleichförmigen Rollen zu erhalten), muß der Körper irgendwie durch eine Kraft ein Drehmoment erhalten, während die Rollreibungskraft auf ihn ein entgegengesetztes Moment ausübt.
Für einen Versuch ~ analog dem bei Haft- und Gleitreibung ~ eignet sich eine schwere Rolle bzw. Walze W (Abb.1); die Zugkraft $\vec{Z}$ läßt man an einem Drahtbügel B (eine Schere) an der Achse A angreifen.

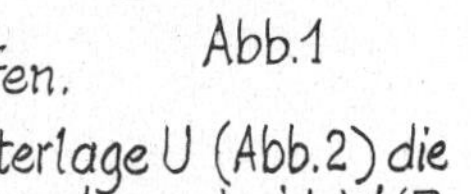

Abb.1

Hält man auf waagrechter Unterlage U (Abb.2) die (waagrechte) Kraft $\vec{Z}$ konstant, so bewegt sich W (Radius r, Gewicht G) gleichförmig. Selbst bei harten

Körpern (Stahlrädern auf Schienen) kommt es an der Berührungsfläche zu einer kleinen Deformation von W und U. Sie ist in Abb. 2 übertrieben dargestellt, wobei U weicher als W angenommen wurde; (bei gummibereiften Rädern ist es gerade umgekehrt). W schiebt dauernd einen kleinen Wulst vor sich her. Das Abrollen besteht daher in einer permanenten Kippbewegung um eine senkrecht zur Zeichenebene stehende Achse d (den ‚Wulstkamm'). Nun ist auch die Sache mit den Drehmomenten klar: Z erzeugt das rechtsdrehende Moment Za (bezüglich d), G das entgegengesetzt drehende Moment Gf; der Kraftarm a kann jedoch praktisch immer durch r ersetzt werden. Wegen der gleichförmigen Bewegung ist Z gleich der Rollreibungskraft R_R; ferner müssen die Momente gleich sein:

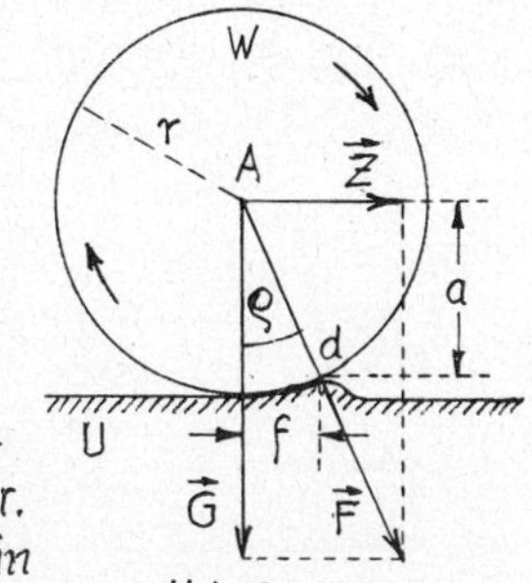

Abb. 2

$$R_R \cdot r = G \cdot f \Rightarrow R_R = \frac{f}{r} G \, ;$$

f heißt ‚Rollreibungsarm'; er hat die Benennung einer Länge. Z.B. gilt für ein Rad eines Eisenbahnwagens $f \approx 0{,}5$ mm; der Radradius muß dann auch in mm eingesetzt werden.

Die obige Gleichung läßt sich noch vereinfachen: Man setzt $f/r = \mu_R$ und führt anstelle von G – bei nicht waagrechter U – die Normalkraft N ein. Aus Abb. 2 ist ferner ersichtlich, daß $f/r = \tan\varrho$ ist; also wird:

$$R_R = \mu_R \cdot N \, ; \quad \mu_R = \tan\varrho \quad (1).$$

μ_R (benennungslos) heißt die ‚Rollreibungszahl', ϱ ist der ‚Rollreibungswinkel'. Damit hat (1) dieselbe formale Gestalt wie die anderen Coulombschen Reibungsgesetze (Aufg. 44).

μ_R ist im allg. viel kleiner als μ_G. Es muß aber beachtet werden, daß in $\mu_R = f/r$ die Größe des Rades eingeht, so daß also – bei sonst gleichen Verhältnissen – ein großes Rad reibungsmäßig günstiger ist als ein kleines. Das große Rad ‚spürt' die Bodenunebenheiten eben kaum.

Die Resultierende $\vec{F}$ von $\vec{Z}$ und $\vec{G}$ (Abb. 2) muß auf jeden Fall durch d gehen (sonst könnte ja keine Kippbewegung stattfinden). Für das Kräftegleichgewicht $Z = R_R$ folgt aus dem halben Parallelogramm $\tan\varrho = R_R/G$ und daraus ebenfalls (1).

a) Eine Walze W (Radius r, Gewicht G) liegt auf einer rechteckigen waagrechten Ebene U, die um eine zur W-Achse parallelen Kante gedreht werden kann. Der Neigungswinkel α dieser ‚schiefen Ebene' sei sehr fein einstellbar und meßbar. Vergrößert man α langsam von 0° an, so wird bei einem bestimmten $\alpha_1 = \varrho$ die Haftreibung überwunden, und W beginnt zu rollen. Zeige an Hand einer Zeichnung, daß die (maximale) Haftreibungszahl $\mu_H = \tan\varrho$ ist und bestätige so die Formel (1).

Das Ergebnis dieser Teilaufg. kann so gedeutet werden, das W in jedem Moment an U haftet, daß also die Rollreibung sozusagen eine ‚dauernde Haftreibung um eine ständig wechselnde Berührungsstrecke (bzw. -Fläche) ist. Das zu wissen wäre eigentlich für jeden Kraftfahrer wichtig (s. auch Aufg. 55 und 56).

b) Ein Autofahrer fährt auf einer gleichmäßig abfallenden Asphaltstraße bei abgeschaltetem Motor mit konstanter Gs. Um wieviele m fällt die Straße pro 100 m Länge? (μ_R für Gummiräder auf Asphalt ist $\approx 0{,}025$).

Überall wo es in der Technik auf kleine Lagerreibung ankommt, ersetzt man die Gleitlager (Aufg. 47) durch ‚Wälzlager', d.s. Kugel- und Rollenlager. Bei ihnen befindet sich zwischen Achse und Lagerschale ein Kranz aus Stahlkugeln bzw. -Rollen, wodurch der Reibungswiderstand (gegenüber Gleitlagern) auf mindestens den 10. Teil sinkt.

Was jedoch die Antriebsräder von Fahrzeugen anbelangt, so darf hier μ_R einen gewissen Wert nicht unterschreiten, denn wie beim Gehen und Laufen muß sich beim Rollen das Rad sozusagen ständig vom Boden ‚abstoßen'.

55. Das Stotterbremsen

Die optimale Bremswirkung (kürzester Bremsweg) bei Kraftfahrzeugen, aber auch beim Fahrrad, wird erreicht, wenn die Bremse nur so weit ‚angezogen' wird, daß die Räder auf der Straße noch rollen, und nicht – durch Blokkieren – ins Rutschen geraten. Da der Fahrer das Blokkieren aber erst am beginnenden Gleiten merkt, muß er dann die Bremse sofort etwas nachlassen, wodurch die Räder wieder zu rollen beginnen. Dieser Vorgang – Anziehen der Bremse bis zum Blockieren und Nachlassen – muß je nach den vorliegenden Reibungsverhältnissen öfter wiederholt werden. Deshalb wird diese Bremsart gerne ‚Stotterbremsen' genannt.

Wie ist physikalisch die Wirksamkeit der Stotterbremsung zu erklären?
Bei welchen 'Straßenverhältnissen' (Beschaffenheit der Straßendecke) muß man besonders konzentriert bremsen (d.h., 'stottern')? Welche sind die gefürchtetsten Straßenzustände? (Begründung).
Was ist über die Lenkfähigkeit des Fahrzeugs und die Schleudergefahr beim Bremsen zu sagen?
Wie werden Roll- und Gleitreibung im Straßenverkehr vergrößert?
Weitaus besser als dem geschickten Autofahrer gelingt das Stotterbremsen der Technik mit dem ABS (Anti-Blockier-System). Das hat hauptsächlich 2 Gründe: Erstens erfolgt für jedes Rad eine separate, automatische Bremsregelung; zweitens wiederholen sich die Zyklen (nämlich Anziehen und Nachlassen der Bremse) etwa 3- bis 5-mal pro [s], also viel schneller als ein Mensch reagieren kann. Leider ist das ABS z.Zt. noch sehr teuer ~ relativ zum Preis eines Mittelklassewagens! (Da muß das Gros der Autofahrer denn doch noch das Stottern erlernen).

56. Kavalier- und Schneestart

a) „Das ist schon wieder der Sohn unseres Hausherrn mit seinem Kavalierstart", sagte die alte Dame im 1. Stock zu ihrer Freundin beim nachmittäglichen Kaffeeplausch, als sie die Reifen quietschen hörte. „Ich glaube, er will damit seiner neuen Freundin imponieren", fuhr sie fort und ging zum Fenster, sah aber nur noch kurz den Hinterteil des Autos verschwinden.
Kommt man wirklich aus dem Stand schneller weg, wenn man so rasant startet, daß ~ beispielsweise auf Sandboden ~ der Sand unter den Rädern wegspritzt?
Weshalb spritzt der Sand weg, wohin und bei welchen Rädern?
Wann und wie entsteht ein Quietschton?
Gibt es Unterschiede beim Kavalierstart, wenn der Wagen Vorder- oder Hinter-Radantrieb hat?

b) „Verflixt und zugenäht!" schimpfte Herr Z, als er an einem Montag in der Frühe mit seinem Wagen ins Büro fahren wollte. Er hatte mehrere Gründe zu fluchen: Erstens hatte er einen 'Kater' und deshalb verschlafen, zweitens wollte der Motor nicht anspringen, und drittens stand sein Auto auf einer total vereisten Stelle eines Parkplatzes, so daß er Kummer mit dem Anfahren hatte.
Praktisch jeder Anfänger macht beim Anfahren von einer glatten Stelle (schlammiger oder glitschiger Boden, festgefahrene Schneedecke, Glatteis) den Kardinalfehler, das Gaspedal zu stark durchzutreten, so daß die (Antriebs-) Räder auf der Stelle 'durchdrehen' und nicht 'greifen' wollen. Aber auch ein Fahrer, der schon über einige Fahrkünste verfügt, dreht ~ oft aus Verzweiflung oder Nervosität (wie unser Herr Z) ~ mit den Rädern durch; dadurch wird aber die Gleit- bzw. Haftreibung noch kleiner, weil sich bei Schnee und Eis mehr Schmelzwasser bildet, bei Schnee und Schlamm die Räder eine immer tiefer werdende Mulde auswühlen; und nun müssen sie obendrein noch bergauf fahren!
Was probiert der versierte Fahrer, um aus dieser Misere herauszukommen? Wenn ihm das nicht gelingt, welche (äußere) Hilfsmittel wendet er an?
Wie können ihm andere Personen helfen?

ENERGIE, GRAVITATION

57. Arbeit und Leistung

Die 'Arbeit' ist seit Jahrtausenden ein zentraler Begriff des täglichen Lebens. Denke z.B. an die Sklavenarbeit, die Nutzarbeit vieler Haustiere, die Arbeitserleichterung durch Maschinen, die teilweise Ersetzung der geistigen Arbeit durch elektronische Geräte, usw. Vergiß nicht die Arbeitsleistung aller Tiere, die ihre Behausungen bauen (vom Wurmloch angefangen über Höhle und Nest bis zum steinharten Termitenhügel) und tagaus, tagein ihr ganzes Leben lang auf Nahrungssuche sind, die viel Arbeit verschlingt. Und richte schließlich Deine Augen auf die gewaltigen Naturkräfte, die in Urzeiten Berge und Gebirge aufgerichtet und Cañons eingeschnitten haben und die auch heute insbesondere bei Naturkatastrophen schier unvorstellbare, leider dem Menschen Schaden verursachende Arbeiten vollbringen.
Bei der körperlichen Arbeit (Heben eines Koffers, Umgraben, Ziehen eines Schlittens, Gehen, aber auch bei jeglicher Sportart, ...) sind fast immer eine Kraft und ein Weg ~ eine Be-Weg-ung ~ im Spiel. (Ausnahme: Ein schwerer Körper wird mit waagrecht ausgestrecktem

Arm gehalten). Die Physik setzt ihren Arbeitsbegriff ebenfalls nur aus Kraft und Weg zusammen, u. zw. so einfach wie möglich. (Dies ist eigentlich die Tendenz jeder Wissenschaft). Vernünftig ist nur die Produktbildung aus F und s für die physikalische Arbeit W (englisch work):

$$W = F \cdot s \;; \quad \text{SI-Einheit: } 1\,\text{Nm} = 1\,\text{J}.$$

Diese Arbeitseinheit ist benannt nach dem britischen Physiker James Presott Joule (1818 - 1889), der auch Brauereibesitzer war.

J.P. Joule

Die einfache Formel gilt aber nur, wenn $\vec{F}$ und $\vec{s}$ dieselbe oder entgegengesetzte Richtung haben, und wenn F auf dem ganzen Weg s konstant ist.

In der Mechanik unterscheidet man folgende Arten von W: Hubarbeit W_h, Beschleunigungs-, Spannung- und Deformationsarbeit. Da aber praktisch jeder mechanische Vorgang mit Reibung verbunden ist, rechnen wir die Reibungsarbeit auch noch zur mechanischen W.

a) Ein Körper K (Gewicht G) liegt auf einer waagrechten Unterlage. Er soll auf die Höhe h lotrecht gehoben werden; h wird beispielsweise zwischen den beiden Lagen des Schwerpunkts gemessen. Es herrsche kein Luftwiderstand.

Zeige, daß W_h genau gleich $Gh = mgh$ ist, obwohl doch zum Abheben ein kleines Übergewicht ü erforderlich ist, um K aus der Ruhe auf eine gewisse Gs v zu bringen. In der Höhe h soll K wieder ruhen.

b) K soll jetzt längs einer ‚schiefen Ebene' (Neigungswinkel α, Länge ℓ) reibungslos auf die Höhe h längs ℓ gezogen werden (Abb. 1). Beweise, daß die geleistete Arbeit W' gleich der in a) ist, obwohl jetzt $F < G$ ist. (Zerlege $\vec{G}$ in 2 geeignete Komponenten).

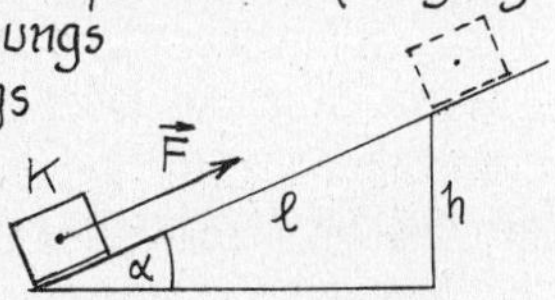

Abb. 1

Die schiefe Ebene gehört zu den einfachen Maschinen. Sie dienen nicht(!) dazu, Arbeit zu ersparen, sondern bringen meist eine Kraftersparnis, seltener eine Wegersparnis. Ist z. B. in Abb. 1 $\ell = 3h$, so kann man K mit $F = G/3$ längs ℓ heben, allerdings ist der Weg eben 3h. Das ist nichts anderes als die in Aufg. 22 zitierte Goldene Regel Galileis. Wir sprechen heute etwas unpoetischer von der Erhaltung der Arbeit bzw. Energie.

Ist die Länge der schiefen Ebene (im Querschnitt) keine Strecke, sondern eine krumme Linie k (Abb. 2), so läßt sie sich aus lauter kurzen Strecken (verschiedener Neigungswinkel) zusammengesetzt denken.

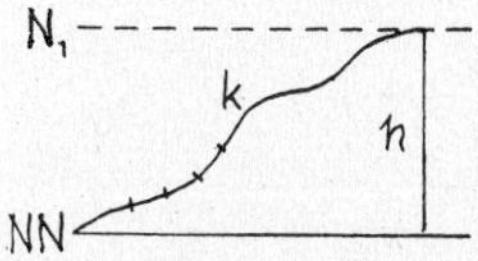

Abb. 2

Nach dem Resultat von b) ist die Transportarbeit längs k gleich der Hubarbeit längs h; W_h ist also von der Art des Weges unabhängig; in die Formel geht nur der (lotrechte) Abstand der beiden ‚Niveaus' (Nullniveau NN und N_1) ein, also die Projektion des Weges auf eine Vertikale.

In der Praxis wird die schiefe Ebene als Laderampe und als ‚Schrotleiter' (zum Hinaufrollen von Fässern) verwendet; sie ist aber auch das maschinelle Element beim Keil, bei allen Schneidwerkzeugen und bei den Schrauben.

Auch bei der physikalischen ‚Leistung' P (englisch power) stand der Begriff des Alltags Pate: 2 Männer A und B sollen dieselbe Arbeit verrichten, z. B. ein gleichlanges Stück Graben ausheben. A schafft es in 1h, B braucht aber 2h (da er zwischendurch immer wieder in die Bierflasche geguckt und sie bis zur Nagelprobe geleert hatte). A hat natürlich die doppelte Leistung vollbracht, denn er hätte ja in 2h 2 Grabenstücke ausschaufeln können.

Man setzt daher in der Physik die Leistung P der Arbeit W direkt, der Zeit t indirekt proportional. Dem Proportionalitätsfaktor gibt man den Wert 1, wodurch die Einheit von P festgelegt wird:

$$P = \frac{W}{t} = \frac{Fs}{t} \quad \text{SI-Einheit: } 1\,\text{Nms}^{-1} = 1\,\text{Js}^{-1} = 1\,\text{W}.$$

Diese Einheit ist nach dem britischen Ingenieur James Watt (1736 - 1819), dem Erfinder der Dampfmaschine, benannt.

J. Watt

Als elektrische Leistungseinheit ist 1W auch dem Laien schon seit vielen Jahrzehnten geläufig; (denke beispielshalber an eine 40 Watt-Glühbirne). 1W gilt aber heute für alle P-Arten: Mechanische, Wärme-, Lichtleistung usw. So wird die Motorleistung (von Fahrzeugen) in kW angegeben;

die Umrechnung von der alten Einheit PS (Pferdestärke) ist: 1P = 735,5W.

Setzt man in der obigen Formel $s/t = v$, so wird:

$P = F \cdot v$;

diese Formel ist aber nur dann sinnvoll, wenn während der Zeitdauer t (oder über der Strecke s) F und v konstant sind. Ist dies aber nur während eines Zeitdifferentials dt der Fall, so spricht man von der ‚Momentanleistung'.

c) Ein D-Zug rast mit der Gs 126 $km h^{-1}$ dahin. Der Leistungsmesser im Führerstand der E-Lok (elektrischen Lokomotive) zeigt 4,2 MW an.
Welche Zugkraft F wirkt am ‚Haken'? (Gemeint ist der Haken, mit dem die Lok den Zug zieht).

58. Mond- und Marssprünge *

Daß man auf dem Mond viel größere (Freuden-) Sprünge als auf unserer Erde machen kann, haben die Mondfahrer seinerzeit bewiesen. Das weiß auch heute bereits der kleine Franzl, der noch zur Grundschule geht. Gerade debattiert er darüber mit seinem älteren Freund (einem Gymnasiasten), der ihm ein Buch über die ‚Eroberung des Mondes' geliehen hat. Franzl hat darin gelesen, daß ein Körper auf dem Mond nur 1/6 seines irdischen Gewichts besitzt und meint deshalb, daß ein Hochspringer auf dem Mond die 12m-Latte überspringen müßte, selbstverständlich mit der modernen Sprungtechnik. Sein Freund ist da ein bißchen skeptisch ~ er denkt da zunächst an den schweren Raumanzug ~ verspricht aber, seinen Physiklehrer darüber zu befragen.

Bei dem heutigen Hochsprungstil, dem ‚Fosbury-Flop', benannt nach dem amerikanischen Leichtathleten R. Fosbury (*1947), erfolgt der Absprung etwa in lotrechter Haltung; nach einer 2-fachen kurzen Drehung schiebt sich der Körper waagrecht über die Latte, mit Kopf und Rücken voraus.

Damit ein Fosbury-Sprung auf dem Mond mit einem irdischen vergleichbar wird, müssen 2 Voraussetzungen erfüllt sein: 1) Der Sportler hat dieselbe Kleidung wie auf der Erde; (er müßte also auf dem Mond in einer lufterfüllten, normal temperierten, abgeschlossenen Halle springen); 2) Seine Muskeln sollen beim Absprung dieselbe physikalische Arbeit leisten wie auf der Erde.

a) Was hat unser junger Freund bei seinem Physiklehrer über die Sprunghöhe auf dem Mond erfahren, wenn auf der Erde die 2m-Latte übersprungen wird? (Die Vorstellung des kleinen Franzl ist fast zu 100% falsch!)

b) Wie hoch würde derselbe Sportler auf dem Mars springen? (Die Schwerebeschleunigung auf diesem Planeten ist nur der 2,6-te Teil der irdischen).

c) Welche 3 körperliche Eigenschaften begünstigen vor allem einen Hochspringer?

59. Münchhausen im Sumpf *

Da erzählte Baron Münchhausen (M) wieder einmal vor einer piekfeinen Gesellschaft seine schier unglaublichen Jagdabenteuer, daß sich sogar die Deckenbalken bögen. Er setzte zu Pferd hinter einem sehr schnellen Hasen her, der seine riesengroße Gs seinen 8 Läufen verdankte ~ wie sich erst nach 2 Tagen Jagd herausstellte. 2 Paare hatte der Hase unter dem Leib, die anderen auf dem Rücken. So konnten sich 4 Füße immer ausruhen.

M: „Bei der Verfolgung dieses Hasen wollte ich über einen Morast springen. Mitten im Sprung mußte ich erkennen, daß der Morast viel breiter war als ich ihn anfänglich eingeschätzt hatte. Schwebend in der Luft wendete ich daher wieder um, wo ich hergekommen war, um einen größeren Anlauf zu nehmen. Gleichwohl sprang ich auch zum 2. Male noch zu kurz und fiel nicht weit vom anderen Ufer bis an den Hals in den Morast. Hier hätte ich unfehlbar umkommen müssen, wenn nicht die Stärke meines eigenen Armes mich an meinem eigenen Haarzopfe samt dem Pferd, welches ich fest zwischen meine Knie schloß, wieder herausgezogen hätte". (Aus der Originalfassung von Gottfried August Bürger, 1747-1794).

a) Wäre ein Physiker unter den Zuhörern gewesen, was hätte er gegen das Herausziehen am eigenen Zopf einzuwenden gehabt? Gemeint ist nicht der Einwand, daß M nicht die Kraft haben konnte, sein eigenes Gewicht und das des Pferdes zu heben sowie zusätzlich noch die Reibung im Morast zu überwinden. Lassen wir also ~ bedauerlicherweise ~ das Pferd im Sumpf versinken und unterstellen wir, daß der Eigenretter über eine Kraft größer als 800N verfügt (Eigengewicht 750N, Reibungskraft 50N).

b) Am Ufer des Sumpfes soll ein Galgen gestanden sein, an dem ein Seil (ohne Gehenkten) festgebunden war, dessen Ende gerade über M's Zopf hing. Konnte er sich nun durch Hochhangeln am Seil aus dem Sumpf befreien? Wenn ja, warum?

Wenn er insgesamt $h = 2{,}5\,m$ emporgekrochen wäre, welche Arbeit hätte er dabei mindestens geleistet?

c) Wie hätte es M angestellt, wenn ein mitleidiger Gönner am Galgen eine feste Rolle mit aufliegendem Seil befestigt hätte, dessen beide Enden bis in den Morast neben M frei herunterhingen? Wäre ihm die Arbeit ~ verglichen mit der von b) ~ durch die Rolle erleichtert worden, wenn er sich wieder um h emporgezogen hätte? (Begründung).

Insbesondere Kinder glauben, daß M nur eine erfundene Abenteuerfigur ist. Doch die ‚von Münchhausen' sind ein niedersächsisches Adelsgeschlecht, 1149 erstmals urkundlich erwähnt. Der oft ‚Lügenbaron' genannte leidenschaftliche Jäger und Offizier war Karl Friedrich Hieronymus Freiherr von Münchhausen (1720-1797).

60. Königin Energie

Das Wort Energie stammt von Aristoteles (Aufg. 22), der unter ‚Energeia' soviel wie ‚Tätigkeit' verstand. Wie bei Arbeit und Leistung hat sich auch der physikalische Begriff ‚Energie' (E) am täglichen Leben orientiert: Wir sagen beispielsweise von einem Menschen, er ist energiegeladen (er hat viel Energie, usf.), wenn er die Fähigkeit besitzt, eine große körperliche (aber auch geistige) Arbeit zu leisten. In der Physik ist E ebenfalls die Fähigkeit (das Vermögen) eines Körpers oder Feldes ~ zu gegebener Zeit ~ Arbeit zu leisten. Es hat unverständlicherweise lange gedauert, bis die E in dieser Formulierung in die Physik aufgenommen wurde. Dies geschah erst Mitte des 19. Jahrhunderts durch die britischen Physiker William Thomson, seit 1892 Lord Kelvin (1824-1907) und William John Macquorn Rankine (1820-1872). Vorher hatte man die potentielle E (E_p) als ‚Spannkraft' und die kinetische E (E_k) als ‚lebendige Kraft' angesprochen, was zu ewigen Verwechslungen mit der Newtonschen Kraft führte.

Aus der Definition folgt, daß alle E-Arten (oder -Formen) in Nm = J gemessen werden, auch die nichtmechanischen.

Eine E_p kennen wir bereits von Aufg. 57 her, nämlich die ‚Lage-E' (E_{la}). Sie ‚schlummert' als vorher geleistete Hubarbeit in einer Masse m so lange, bis die Arretierung von m in der erhöhten Lage aufgehoben wird. Es ist also:

$$E_{la} = Gh = mgh$$ (bezogen auf ein frei gewähltes Nullniveau NN).

Zu jeder in Aufg. 57 aufgeführten Art mechanischer Arbeit gehört auch die entsprechende E-Form.

a) Wenn eine Masse m durch eine konstante Kraft $\vec{F}$ auf dem Weg $\vec{s}$ (gleicher Richtung) beschleunigt wird, so wird eine bestimmte Beschleunigungsarbeit verrichtet, die in m als E_k steckt. Beweise die Formel:

$$E_k = \frac{m}{2} v^2$$ (v = End-Gs auf s).

b) Ein Geschoß (Masse 32 g) fliegt mit der Gs 750 ms^{-1}; berechne ${}_1E_k$. (Das Geschoß soll keinen Drall haben).

Ein Mopedfahrer (Gesamtmasse 80 kg) fährt mit 54 kmh^{-1}; wie groß ist seine ${}_2E_k$? Vergleiche mit ${}_1E_k$.

Ein Stück eines geschwindigkeitshomogenen Elektronen-Strahls (e^--Strahls) beinhaltet $8 \cdot 10^{18}\, e^-$. Die Masse eines e^- ist $9 \cdot 10^{-31}$ kg. Mit welcher Gs v fliegen (im Vakuum) die e^-, wenn ihre $E_k = {}_2E_k$ ist?

Wenn, wie bisher, alle Teile des sich bewegenden Körpers K dasselbe $\vec{v}$ haben, d.h. daß K nicht gleichzeitig rotiert, dann hat K nur ‚translatorische' E_k. Dreht sich K jedoch um eine Achse A (Abb.) mit der Winkel-Gs ω, so besitzt K nur ‚rotatorische' E_k ($E_{k,rot}$). Sie berechnet sich durch Summierung der (translatorischen) E_k aller n Teilmassen Δm_i:

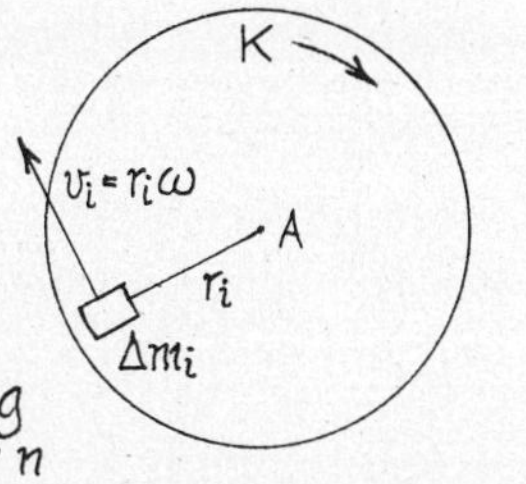

$$E_{k,rot} = \sum_{i=1}^{n} \frac{\Delta m_i}{2}(r_i\omega)^2 = \frac{1}{2}\Big(\sum_{i=1}^{n} \Delta m_i \cdot r_i^2\Big)\omega^2 = \frac{1}{2}J\omega^2;$$

die Summe Σ... läßt sich in vielen Fällen mit Integral berechnen und heißt ‚Trägheitsmoment' J (von K in Bezug auf A).

Vergleiche den Bau der Formeln: $\frac{1}{2}mv^2$ und $\frac{1}{2}J\omega^2$!

c) Für eine Wendelfeder soll das Hookesche Gesetz $F = Ds$ (Aufg. 33) gelten. Spannt oder staucht man sie um s_e (innerhalb des Elastizitätsbereichs), so leistet man eine bestimmte Spannarbeit, die als ‚Spannungs-' (oder ‚elastische') E (E_{sp}) in der Feder steckt. Zeige, daß die Formel gilt:

$$E_{sp} = \frac{1}{2} F_e s_e \quad (1) \quad (F_e = \text{Endkraft}).$$

(Da F hier auf dem Weg s_e nicht konstant ist, summiere über die Wegstücke Δs in einem F-s-Diagramm; vgl. Aufg. 23b).

Schreibe mit Hilfe des Hookeschen Gesetzes (1) noch in 2 anderen Formen (mit D und s_e sowie mit D und F_e) hin.

d) Ein Sportler trainiert mit einem Expander, der aus 3 parallel geschalteten Wendelfedern besteht (Aufg. 33); jede Feder hat die Konstante $D = 6{,}25\ N \cdot dm^{-1}$. Bei jedem Spannen wird der Expander um $s_e = 8\,dm$ gespannt. Berechne die maximale Spannkraft F_e.

Nach $n = 30$ Dehnungen sind die Arme ermüdet. Welche Arbeit W hat der Sportler verrichtet? Wie groß war seine Leistung P, wenn er insgesamt $t = 1{,}5\,min$ brauchte?

Welche Masse m an Fett mußte der Körper des Sportlers ‚innerlich verbrennen', um die Arbeit W aufzubringen? (Bei der Verbrennung von 1 kg Fett werden 36 MJ frei).

Wird beim Verformen einer Feder oder eines anderen elastischen Körpers der Elastizitätsbereich überschritten, d.h. bleibt nach Aufhören der Kraftwirkung der Körper mehr oder weniger verformt, so ist nicht mehr die gesamte geleistete Spannarbeit als E_{sp} rückgewinnbar; ein gewisser Teil hat sich in ‚Deformationsarbeit' W_{def} umgewandelt. (Bei der Verformung eines Lehm- oder Bleistücks wird nur W_{def} geleistet). Meistens geht der größte Teil der W_{def} in ‚Wärme-E' ($E_{wä}$) über, ein Teil kann aber auch die ‚innere' E (Gitter-E) des Körpers bleibend erhöhen.

Kommt ein auf einer waagrechten Ebene gleitender Körper zum Stillstand, so wird er durch die (Gleit-) Reibungskraft F_{rei} auf dem (Brems-) Weg s_b abgebremst. Anders als bei der Hub-, Beschleunigungs- und Spannarbeit haben hier $\vec{F}_{rei}$ und $\vec{s}_b$ entgegengesetzte Richtungen. Bei halbvektorieller Darstellung muß also die ‚Reibungsarbeit' W_{rei} negativ sein:

$$W_{rei} = (-F_{rei})\, s_b = -(F_{rei}\, s_b).$$

Dem trägt man oft durch die Ausdrucksweise Rechnung: Bei positiver Arbeit ‚leistet' die Kraft Arbeit, bei negativer Arbeit ‚verbraucht' die Kraft Arbeit. Die ganze W_{rei} geht in $E_{wä}$ über (s.u.) Weil dieser Sachverhalt klar ist, kann W_{rei} auch positiv angegeben werden.

e) Es liegt dieselbe Versuchsanordnung mit der schiefen Ebene wie in Aufg. 57b) vor, doch gleitet jetzt der Körper K mit der Reibungszahl μ auf der Länge l der schiefen Ebene. Berechne die Hubarbeit W_h und die in ihr enthaltene (!) W_{rei}.

Setze dann die Werte ein: $m = 5\,kg$ (von K); $g = 9{,}8\,ms^{-2}$; $\alpha = 35°$; $h = 5\,dm$; $\mu = 0{,}14$.

Zur ‚Natur' der Wärme sei hier folgendes angemerkt: Die kleinsten Teilchen (kT) jedes Körpers (Atome bzw. Moleküle) befinden sich infolge seiner Temperatur in ständiger Bewegung, der ‚Wärme-' oder ‚Brownschen Bewegung' (s.u.). Die Summe der E_k sämtlicher kT eines Körpers bildet seinen Wärmeinhalt (‚innere E') bei der betreffenden Temperatur. Durch Zufuhr geeigneter E von außen, z.B. $E_{wä}$ oder W_{rei}, wird die E_k der kT vermehrt, und die Temperatur steigt.

Bei Festkörpern schwingen die kT mit Frequenzen > 10 GHz um ihre (fiktiven) Ruhelagen, die sie bei Abkühlung auf den ‚absoluten Nullpunkt' 0 K (Kelvin) = −273,16 °C (Celsius) einnehmen würden (von einer gewissen sehr kleinen ‚Nullpunkts-E' abgesehen).

Bei Flüssigkeiten bewegen sich die kT ungeordnet durcheinander, etwa wie Bienen auf einer Wabe, jedoch mit ungleich höheren Gs'n, wobei sie ständig miteinander elastisch zusammenstoßen.

Ähnlich es es bei Gasen, doch sind hier die ‚mittleren freien Weglängen' (d.s. die zwischen 2 Zusammenstößen geradlinig zurückgelegten Strecken) größer als bei Flüssigkeiten. Bei Normaldruck (1013 mbar) sind diese Weglängen Bruchteile eines mm, bei niedrigen Gasdrucken können sie durchaus cm bis m betragen. Die Gs'n, die die kT zwischen 2 Stößen entwickeln, sind immerhin bei Zimmertemperatur einige $100\,ms^{-1}$. Durch den dauernden elastischen Aufprall der kT auf eine Wand (es kann auch die Oberfläche einer Flüssigkeit sein) entsteht der Gasdruck.

Die Wärmebewegung wurde von dem englischen Botaniker Robert Brown (1773–1858) im Jahre 1827 unter dem Mikroskop entdeckt, u.zw. an in Pflanzensaft schwimmenden Teilchen, die eine zittrige Bewegung ausführten. Das war zunächst ein Rätsel, und Brown dachte erst an eine Lebensäußerung der Pflanze; als er jedoch auch bei mikroskopisch kleinen, in Wasser schwebenden Lehmteilchen dieselbe ungeordnete Bewegung fand, war erwiesen, daß es sich um eine physikalische Erscheinung handelt: Die zittrige Bewegung kommt durch die unsymmetrischen Stöße der kT auf die (viel größeren) Schwebteilchen zustande.

Wir zählen hier noch die wichtigsten anderen E-Arten auf:

Elektrostatische E (E_{el});
magnetostatische E (E_{mag});
elektromagnetische E (= Strahlungs-E): Bewegte E_{el} und E_{mag};
chemische E: Bindungs-E der kT;
Kern-E: E der Atomkerne;
Äquivalenz-E: In Masse verdichtete E von Elementarteilchen.

Bei der ersten 3 E-Arten stellt man sich eigentlich das betreffende Feld als E-Träger vor; deshalb zählt man sie zu den Feld-E'n. Auch die E_{la} wird auf höherer Stufe als Gravitations-E (E des Gravitationsfeldes) angesprochen.

61. Kein Perpetuum mobile *

Für einen heutigen Heranwachsenden ist es etwas schwer verständlich, daß im Altertum und Mittelalter der Begriff Energie (E) überhaupt keine Rolle spielte. Überall dort, wo mechanische Arbeit verrichtet werden mußte, in der Landwirtschaft, bei profanen und sakralen Bauten, im Bergbau und Handwerk geschah dies durch menschliche und tierische Arbeitskraft, in sehr geringem Maße durch die E des Wassers und Windes. Und zur Erzeugung der ebenfalls allenthalben gebrauchten Wärme war eigentlich immer genügend Brennholz vorhanden. (Der Aristotelische Begriff ‚Energeia' hatte ja nur philosophische Bedeutung).

So gesehen ist es nicht verwunderlich, daß die Geschichte des ‚Perpetuum mobile' (PM) erst im 12. Jahrhundert in Indien begann, und sich seine Idee erst im 13. Jahrhundert im Abendland breitmachte. Bekanntlich wäre (!) ein PM eine Maschine, die ohne E-Zufuhr (also aus dem Nichts) ständig Arbeit leistet. Daß das PM aber eine Utopie ist, wurde sehr spät, erst um die Mitte des vorigen Jahrhunderts, durch die Aufstellung des E-Erhaltungssatzes deutlich. Zu dieser bedeutenden Erkenntnis gelangten fast gleichzeitig der deutsche Arzt Julius Robert von Mayer (1814-1878) im Jahre 1842, Joule (Aufg. 57) im Jahre 1843 und der deutsche Physiker und Physiologe Hermann von Helmholtz (1821-1894) im Jahre 1847. Man

J.R.v.Mayer

H.v.Helmholtz

ist heute erstaunt, daß vor allem Mayer, aber auch Helmholtz, um die Anerkennung dieses vielleicht wichtigsten Naturgesetzes ringen mußten, ersterer wohl deshalb, weil er nur einen Gedankenversuch vorweisen konnte und nie hauptberuflich Physiker wurde.

Wir wollen den E-Erhaltungssatz gleich in seiner allg. Form aussprechen:

In einem abgeschlossenen System, in dem beliebige physikalische Vorgänge (mechanische, thermische, elektrische, ...) ablaufen, ist die Summe aller E'n zeitlich konstant. ‚Abgeschlossen' ist das System dann, wenn seine Begrenzungsflächen (die oft nur gedanklich gezogen werden) für jeden E-Austausch, auch den von Materie, beiderseits undurchlässig sind.

Ergänzend kann man noch sagen: E kann weder aus dem Nichts erzeugt werden (kein PM!) noch aus dem Weltall verschwinden. Bei allen (physikalischen und chemischen) Vorgängen finden nur E-Umwandlungen aus einer Form in eine (oder mehrere) andere statt.

Der E-Erhaltungssatz trägt auch noch andere Bezeichnungen: E-Erhaltungsgesetz, E-Gesetz, Erhaltung der E u.a. Bleiben wir beim kürzesten Namen: E-Satz.

E und E-Satz haben in den modernen Forschungsgebieten der Hoch-E-Physik (der Elementarteilchen) und der Plasmaphysik ihre dominante Rolle behalten. Derweil ist aber die E-Versorgung der rapide anwachsenden Erdbevölkerung zu einem wirtschaftlich-politischen und ökologischen Problem geworden, und es zeigen sich Felder, wo Segen zum Fluch wird.

Viele Augen richten sich nun auf die ‚kontrollierte Kernfusion' (Kernverschmelzung) als ‚saubere' E-Quelle der Zukunft, doch sind da noch große physikalische, technische (und finanzielle) Schwierigkeiten zu überwinden.

Keine Schwierigkeiten sollten die folgenden Fragestellungen bereiten:

a) Die Feder einer Federpistole (Federkonstante $D = 1\,\mathrm{Ncm^{-1}}$) wird um $s_e = 4\,\mathrm{cm}$ gespannt. Die Mündung befindet sich $h = 1\,\mathrm{m}$ über waagrechtem Boden. Das Geschoß ($m = 10\,\mathrm{g}$) wird schräg nach oben geschossen. Wie groß ist die Auftreff-Gs v_A auf dem Boden? ($g = 10\,\mathrm{ms^{-2}}$; jegliche Reibung ist zu abstrahieren).
(Das abgeschlossene System ist hier ein Volumen, das die Pistole und die gesamte Bahn von m umfaßt, nicht aber den Boden an der Auftreffstelle, da hier eine nicht gefragte E-Umwandlung stattfindet).
Beachte, daß sich hier E_{la} und E_{sp} in E_k umsetzen.

b) Der Xaverl ist ein guter Eisschütze. Er setzt beim Eisschießen den Eisstock (Masse m) mit der Anfangs-Gs $v_0 = 4{,}1\,\mathrm{ms^{-1}}$ so sauber aufs Eis, daß der Stock 2 dm vor der ‚Daube' (einem Holzwürfel) stehen bleibt. Die Daube (= Ziel) ist 42 m von der Startlinie entfernt.
Xaverls Sohn (ein Studierter) kann nun die Gleitreibungszahl μ des Eisstocks ausrechnen, ferner seine Verzögerung a und die Zeitdauer t_1 des Wurfs. ($g = 9{,}8\,\mathrm{ms^{-2}}$).
(Rechne zunächst μ mit dem E-Satz aus. F_{rei} kann als konstant angenommen werden. Die Eisbahn ist selbstverständlich waagrecht).

c) Eine Wolke der Fläche $1\,\mathrm{km^2}$ schwebt in $h = 500\,\mathrm{m}$ Höhe über dem Erdboden; sie gibt 4 mm Regen. Berechne die E_{la} der Wolke vor dem Niederschlag. ($g = 9{,}8\,\mathrm{ms^{-2}}$; ϱ von Wasser $1\,\mathrm{kg \cdot dm^{-3}}$).
Die Auftreff-Gs der (lotrecht herabfallenden) Tropfen auf dem Boden ist $v_A = 1\,\mathrm{ms^{-1}}$; d.i. viel weniger als sie ohne Luftwiderstand erreicht hätten. Welche $E_{wä}$ entstand also?
Um wieviel Grad Celsius ($\Delta\vartheta = \ldots$) wurde das Regenwasser erwärmt, wenn dazu 85% der $E_{wä}$ aufgewendet wurden? Um 1 kg Wasser um 1°C zu erwärmen, sind 4,19 kJ (= 1 kcal) erforderlich.
Rate zunächst; beträgt $\Delta\vartheta$ wohl einige Grade?

d) Auf einer Tischplatte ist eine lotrechte Wendelfeder (Federkonstante $D = 40\,\mathrm{Ncm^{-1}}$) befestigt. Lotrecht über ihr hängt eine Kugel ($m = 400\,\mathrm{g}$) in der Höhe $h = 1{,}2\,\mathrm{m}$; h ist vom oberen Federende bis zum tiefsten Kugelpunkt gemessen. Nun fällt die Kugel auf die Feder und staucht sie; (die Feder besitzt eine Führung, die ein seitliches Verbiegen verhindert). Berechne die maximale Stauchung s_e. ($g = 9{,}8\,\mathrm{ms^{-2}}$; ohne Reibung).
(Da sich s_e aus einer quadratischen Gleichung berechnet, setze von vornherein die SI-Werte ein).

62. Zwei gleiche Kugeln?

Eine Schülergruppe hatte ihren Praktikumversuch beendet; nun blieben noch etwa 15 min bis zum Läuten. Um sie zu beschäftigen, legte ihnen der Lehrer 2 gleichgroße, gleichschwere, schwarzlackierte Kugeln auf den Tisch und sagte: „Jede Kugel besteht aus einem reinen Metall, die eine ist massiv, die andere jedoch hohl. Ihr sollt die beiden Metalle finden, ferner den Radius r des Hohlraums der Hohlkugel. Ihr könnt die Kugeln rollen, messen, wägen usw., ihr dürft sie aber nicht erwärmen, deformieren, geschweige denn ankratzen. Durch Klopfen könnt ihr sowieso nicht (am Klang) die Hohlkugel herausfinden".

a) Durch welches (verblüffend) einfache Experiment unterschieden die Schüler die Kugeln? (Begründung).

b) Sie maßen mit einer Schublehre den Kugeldurchmesser $2R = 2\,\mathrm{cm}$ und fanden mit einer Waage die Masse einer Kugel $m = 11{,}3\,\mathrm{g}$. Aus welchem Metall bestand die massive Kugel?

Mittlerweile war der Lehrer zu der Gruppe gekommen, denn er wußte, daß sie an einem bestimmten Punkt ins Stocken geraten würde. Er hatte, hinter seinem Rücken, einen Hufeisenmagneten mitgebracht und ihn unbeobachtet auf den Tisch gelegt. Die Schüler zeigten ihm ihr bisheriges Ergebnis, das richtig war. Ein Junge sagte: „Mit der Hohlkugel kommen wir aber nicht weiter. Wir bräuchten da noch eine Stoppuhr für ein bestimmtes Bewegungsexperiment und die Formel für das Trägheitsmoment einer Hohlkugel".
Der Lehrer: „Das ist richtig, aber soviel Zeit bleibt uns nicht mehr. Es geht einfacher, seht euch mal auf dem Tisch um".

c) Die Schüler entdeckten den Magneten und stellten

fest, daß die Hohlkugel stark angezogen wurde. Aus welchem Metall ist sie gegossen, und wie groß ist r?

63. Der Impulssatz *

In Aufg. 31 haben wir die Bewegungsgröße $m\vec{v}$ einer Masse m kennengelernt, die man heute allg. ‚Impuls' $\vec{p}$ nennt. Auch für $\vec{p}$ gibt es einen Erhaltungssatz, der für alle Vorgänge gilt, bei denen 2 oder mehr Massen in Wechselwirkung treten. Dazu gehört vor allem der Stoß.

Wir greifen einen einfachen Fall heraus: 2 Kugeln der Massen m und M sollen ‚zentral' aufeinander stoßen. Zentral heißt, daß ihre geradlinigen Schwerpunktbahnen auf der ‚Zentrale' z, der Verbindungsgeraden der Kugelmittelpunkte liegen Abb.1).

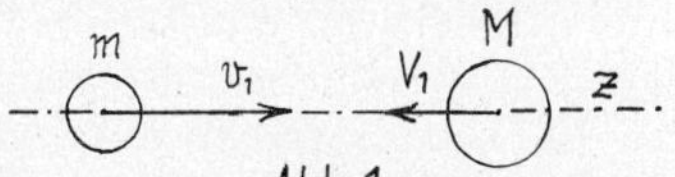

Abb.1

Dann fallen aber auch die Gs'n ‚knapp vor dem Stoß' $\vec{v}_1$ und $\vec{V}_1$, die Gs-Änderungen beim Stoß und die Gs'n ‚knapp nach dem Stoß' $\vec{v}_2$ und $\vec{V}_2$ in die Zentrale z, so daß wir halbvektoriell rechnen. (Übrigens können – anders als in der Abb.1 – v_1 und V_1 dieselbe Richtung haben, wobei es aber zum Stoß kommen soll).

Der p-Erhaltungssatz (kurz p-Satz) ist zwar kein neues Grundgesetz, wird aber gern bei Stoßproblemen als Ausgangs- (Ansatz-) Gleichung genommen. Der p-Satz läßt sich aus der dynamischen Grundgleichung und aus dem Wechselwirkungsgesetz herleiten: Während der Stoßdauer Δt (die meist sehr kurz ist) wirkt m mit der ‚mittleren Stoßkraft' F_{12} auf M und umgekehrt M mit F_{21} auf m; die jeweiligen (mittleren) Beschleunigungen seien a_M und a_m; dann wird mit den o.a. Axiomen:

$$F_{12} = -F_{21} \Rightarrow Ma_M = -ma_m \Rightarrow M\frac{\Delta V}{\Delta t} = -m\frac{\Delta v}{\Delta t} \Rightarrow$$

$$M \cdot \Delta V = -m \cdot \Delta v \Rightarrow M(V_2 - V_1) = -m(v_2 - v_1) \Rightarrow$$

$$MV_2 - MV_1 = -mv_2 + mv_1 \Rightarrow m_1 v_1 + MV_1 = mv_2 + MV_2$$

oder mit Impulsen geschrieben:

$$p_1 + P_1 = p_2 + P_2 \qquad (1) \qquad \text{p-Satz.}$$

In Worten: Die Impulssumme vor dem Stoß ist gleich der Impulssumme nach dem Stoß. Kurzform: Bei der Reaktion zweier Massen bleibt der Gesamtimpuls erhalten.

Der p-Satz gilt streng, obwohl wir zur Herleitung die Vereinfachung einer konstanten Stoßkraft getroffen haben. Man zeigt jedoch mit Infinitesimalrechnung, daß man diese Annahme in jedem Fall machen kann, obwohl während Δt die Stoßkraft von 0 auf einen Maximalwert ansteigt, um dann wieder auf 0 abzufallen.

Ferner kann der Satz in 2-facher Hinsicht auf den allg. p-Satz erweitert werden: Dieser gilt auch für den nichtzentralen Stoß und für mehr als 2 Massen. Im Wortlaut erscheint dann die Vektorsumme der Impulse aller Massen. Ein einfaches Beispiel für den nichtzentralen Stoß ist Teilaufg. a), ein anderes lernen wir in Aufg. 115 kennen.

Kehren wir zum zentralen Stoß zweier Massen zurück. Je nach der Elastizität der Massen unterscheidet man:

1) Vollkommen elastischer Stoß: Die E_k'n vor dem Stoß formen sich während Δt (ganz oder teilweise) in E_{sp} um, die sich am Ende von Δt wieder völlig in E_k zurückverwandelt hat. Außer (1) gilt hier noch der E-Satz:

$$\varepsilon_1 + E_1 = \varepsilon_2 + E_2 \qquad (2);$$

(die Summe der E_k'n vor dem Stoß ist gleich der Summe der E_k'n nach dem Stoß). Bei gegebenem m, M, v_1 und V_1 lassen sich aus (1) und (2) v_2 un V_2 eindeutig ausrechnen.

Diesen Stoß in Idealform gibt es eigentlich nur zwischen Molekülen, Atomen, subatomaren Teilchen und (Licht-)Quanten.

2) Unvollkommen elastischer Stoß: Hier bleibt nach dem Stoß ein Teil der E_{sp} als sogen. Verlust-E (als $E_{wä}$ bzw. W_{def}) in den Massen stecken. Diese E_v muß zur rechten Seite von (2) addiert werden. Da E_v kaum berechenbar ist, mißt man z.B. v_2, so daß dann aus (1) und (2) V_2 und E_v bestimmt werden können.

3. Unelastischer Stoß: Da hier keine W_{def} als E_k zurückgewinnbar ist, hört die kräftemäßige Wechselwirkung im Moment der größten Deformation beider Massen auf; das ist also auch das Ende von Δt. Ab diesem Zeitpunkt bewegen sich beide Massen mit gemeinsamer Gs $v_2 = V_2$. Zur Berechnung dieser Gs genügt also der p-Satz allein.

Beim zentralen Stoß bleibt die Zentrale z (Abb.1) immer senkrecht zu den Kugeloberflächen, auch wenn ein Radius (z.B. der von M) $\to \infty$ geht. Dann prallt m senkrecht auf eine ebene Wand, die unbeweglich sein soll. Beim vollkommen elastischen Stoß brauchen wir dann nur den E-Satz:

$$\frac{m}{2}v_1^2 + 0 = \frac{m}{2}v_2^2 + 0 \Rightarrow \underline{\underline{v_2 = -v_1}};$$

($v_2 = v_1$ ist physikalisch unmöglich). Die Gs von m kehrt sich also um und damit auch der Impuls. Beachte jedoch, daß nach dem p-Satz der Impuls $2p_1 = 2mv_1$ auf die Wand ‚übertragen' wird:

$$p_1 + 0 = -p_1 + P_2 \Rightarrow \underline{P_2 = 2p_1}.$$

Mit dieser p-Übertragung findet auch ein Kraftstoß auf die Wand statt; beim Aufprall von vielen Molekülen eines Gases entsteht so der Gasdruck.

a) Eine Kugel der Masse m soll vollkommen elastisch gegen eine unbewegliche Wand unter dem Einfallswinkel α (Abb. 2) mit der Gs v_1 stoßen. Berechne die Gs v_2 nach dem Stoß und den Reflexionswinkel β; (α und β werden immer zum Einfallslot ℓ gemessen). An der Wand soll m keine Reibung erfahren.

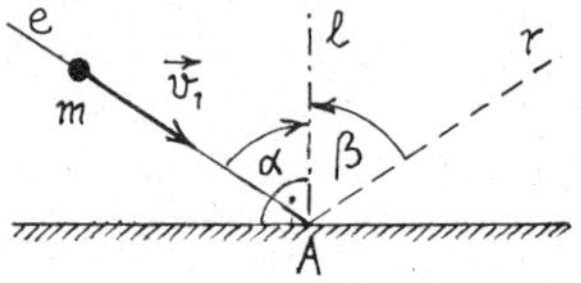

Abb. 2

Formuliere beide Teile des ‚Reflexionsgesetzes'; (der 2. Teil bezieht sich auf die Strahlen e, ℓ und r).
Für welche Vorgänge gilt das Reflexionsgesetz noch?
(Hinweis: Zerlege $\vec{v}_1$ im Auftreffpunkt A in 2 Komponenten).

b) Vater und (erwachsener) Sohn haben sich einen lang gehegten Wunsch erfüllt und ein Kleinkalibergewehr erworben. Der Sohn hat gerade im Physikunterricht (der Oberstufe eines Gymnasiums) das ‚ballistische Pendel' kennen gelernt, mit dem sich leicht Gs'n von Geschossen messen lassen.
Beide hängen einen prall gefüllten Sandsack ($M = 200$ g) an einen $\ell = 1{,}5$ m langen Faden (Abb. 3). Das Geschoß ($m = 2$ g) trifft mit der waagrechten Gs v_0 zentral auf m und bleibt stecken. M schwingt mit $d = 38$ cm aus.

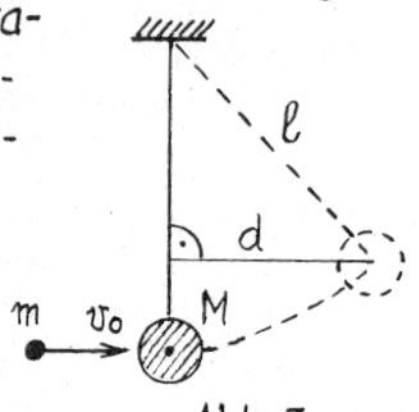

Abb. 3

Wie groß war v_0? ($g = 9{,}81\ ms^{-2}$; ohne Luftwiderstand).
Wie groß ist die Verlust-E E_V? Wieviel % ($x = \ldots$) gingen also an E_K verloren? Rate zunächst. (Es ist aber wahrscheinlich kein Rechenfehler, wenn Du danebenrätst).

64. Minigolf rund *

Die Geschwister Claudia (C) und Julius (J) besuchen dasselbe Gymnasium. J vollendet gerade die 10. Klasse und zeigt viel Liebe zur Physik und etwas weniger zur Mathematik. C ist mehr sprachbegabt, hat aber dennoch im 12. Schuljahr den Grundkurs Mathematik belegt.

Beide Geschwister sind begeisterte Minigolfspieler. In ihrer Stadt und in der näheren Umgebung kennen sie jeden Golfplatz und wissen auch genau, welchen Punkt der Bande sie bei den einzelnen Feldern anspielen müssen, wenn der Ball nicht direkt ins Ziel (Loch) geschlagen werden kann.

Als die beiden an einem Wochenende mit ihren Eltern zu einem entfernten Erholungspark fuhren, entdeckten sie dort auf einem Minigolfplatz ein ungewöhnliches Spielfeld, das ihnen einige Rätsel aufgab. Der Ball B (Abb.) rollte durch den Eingang E in ein waagrecht liegendes, von einer kreisförmigen Bande (Radius R) begrenztes Feld, in welchem sich vom Mittelpunkt M eine feste Wand W (ein Blechstreifen) bis zur Bande erstreckte, wo das Loch L war. Blieb B auf dem Radius $\overline{MA}$ (in Verlängerung von W) liegen ~ oder in unmittelbarer Nähe ~ so war L selbstverständlich nicht auf direktem Weg anspielbar. Lag B näher an A als an M, z.B. in S, so konnte er mit einer einzigen Reflexion an der Bande ins L geschossen werden. Dies erwies sich jedoch als unmöglich, wenn der Startpunkt von B in der Nähe von M lag, beispielsweise in S_1.

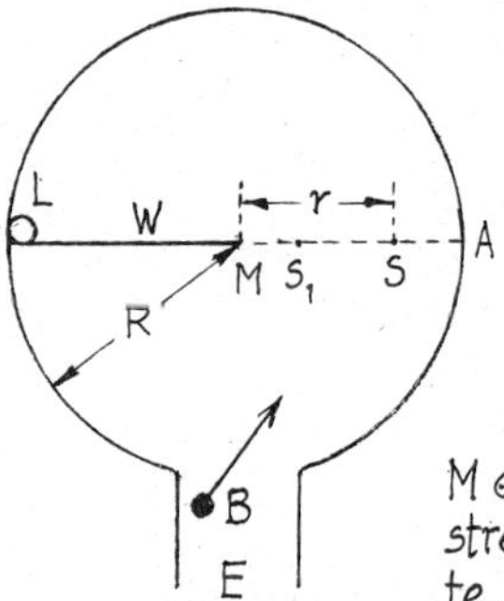

a) Dieses Problem ließ nun J nicht mehr los, und es gelang ihm, auch seine Schwester dafür zu interessieren. Da ihnen jedoch am Abend im Hotel keine Zeichenutensilien zur Verfügung standen, überlegten sie sich die Rechnung nur prinzipiell an Handskizzen. Bei J haperte es noch am Umgang mit der Trigonometrie, und C wußte eine bestimmte Formel nicht auswendig. Doch da war auch schon Krimistunde im Fernsehen.
Aber zu Hause gelang ihnen jedoch recht schnell, den Einfallswinkel α (an der Bande) zu berechnen,

wenn B von S aus mit ‚1-mal Bande' ins L geschlagen werden soll.

Wie lautet die Formel für $\sin\alpha$, in der nur R und $r = \overline{MS}$ vorkommen?

(Selbstverständlich ist nur das ideale Reflexionsgesetz zugrunde zu legen. Die von C nicht gewußte Formel war die für $\sin 3\alpha$, die sich aber leicht aus einer Summenformel herleiten läßt).

b) Aus der Formel für $\sin\alpha$ ist leicht zu ersehen, welches maximale r_m gerade noch (theoretisch) zugelassen ist. Warum ist aber in der Praxis ein gewisses $r > r_m$ die Grenze?

Was ist über den Fall zu sagen, daß der B in A liegt?

c) Obwohl sich der Term für $\sin\alpha$ konstruieren läßt, ist die Konstruktion (mit Zirkel und Lineal!) von $\cos 2\alpha$ einfacher; außerdem läßt sich 2α gleich an der ‚richtigen Stelle' zeichnen, so daß man unmittelbar denjenigen Radius R findet, der das Einfallslot darstellt. Für die Konstruktion: $R = 4\,cm$; $r = 1{,}6\,cm$.

d) C und J hatten versucht, mit mehr als einer Bandenreflexion den B ins L zu schlagen, wenn er etwa in S_1 lag. Warum gaben sie es aber dann auf? (Mache 2 oder 3 Zeichnungen).

Wie mußten sie also in diesem Fall weiterspielen, um B dennoch ins Ziel zu schießen?

65. Ein fast unbekannter Stoßsatz *

Am einfachsten läßt sich der vollkommen elastische Stoß experimentell mit 2 Stahlkugeln verifizieren, die – sich berührend – an 2 nicht zu kurzen Fäden hängen, so daß die Zentrale z waagrecht liegt (Abb. a)). Damit nach Auslenkung einer oder beider Massen m und M der zentrale Stoß immer gewährleistet ist, muß jede Masse ‚bifilar' (d.h. an 2 Fäden) aufgehängt sein.

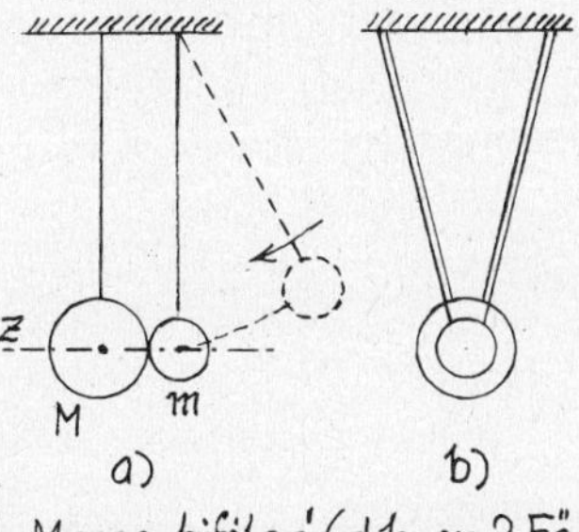

a) Die Gs'n vor dem Stoß seien v_1 (von m) und V_1 (von M), die nach dem Stoß v_2 und V_2. Berechne letztere allg. für die folgenden einfachen Fälle:

Beide Massen sind gleich (M = m) und prallen mit entgegengesetzt gleichen Gs'n aufeinander.

Eine der gleichen Massen (je m) ruht, die andere stößt mit v_1 auf sie.

Fasse die Ergebnisse beider Fälle in Worten zusammen.

Da der Energiesatz (E-Satz) in v quadratisch ist, müssen sich mathematisch 2 Lösungspaare ergeben. Begründe das Ausscheiden des einen Paars.

b) Schreibe mit den Größen M, m, V_1, v_1, V_2 und v_2 den Impulssatz als Gleichung (1) und den E-Satz als Gleichung (2) hin. Sollen V_2 und v_2 durch die anderen Größen ausgedrückt werden, so bedient man sich oft eines ‚Linearisierungs-Verfahrens', indem man aus (1) und (2) eine lineare Gleichung (in den Gs'n) herstellt. Das geschieht so:

Fasse in (1) und (2) die Glieder mit M links, die mit m rechts der Gleichheitszeichen zusammen; dividiere nun (2) durch (1); Du erhältst eine sehr einfache Gleichung (3), in der die Massen nicht vorkommen. Sie läßt sich physikalisch als das (wenig bekannte) ‚Gesetz der Gs-Summe' beim elastischen Stoß formulieren. Tue dies.

Da man durch Kombination von (1) und (3) nur ein Lösungspaar (V_2, v_2) erhält (u. zw. das richtige), muß beim Linearisieren 1 Paar unter den Tisch gefallen sein. Welches ist es? Warum ist es (physikalisch) falsch?

c) Die Massen M und m sollen mit v_1 und $-v_1$ elastisch zusammenprallen; M soll nach dem Stoß ruhen. Wie groß muß dann M (als Vielfaches von m) sein? Versuche mit den Gleichungen (3) und (2) von b) zunächst eine Kopfrechnung. Wenn dies nicht gelingt, rechne mit (1) und (3) formal.

(Dieser besondere Stoß wird manchmal S. Carnot ~ s. nächste Aufg. ~ zugeschrieben).

66. Der Carnotsche Energieverlust *

Die beiden Kugelmassen M und m (M > m) sollen zentral und unelastisch mit den Gs'n V_1 und v_1 zusammenstoßen. Man könnte vermuten, daß es nun auf das Material der Kugeln ankommt, welche gemeinsame Gs $V_2 = v_2$ sich nach dem Stoß einstellt, anders ausgedrückt wie groß die ‚Verlust-E' E_v an E_k ist. Gefühlsmäßig würde man glauben, daß E_v umso größer ist, je weicher die Massen sind. Daß dies aber nicht so sein kann, erhellt die Tatsache, daß zur Berechnung von v_2 allein der Impulssatz genügt; und mit v_2 steht auch E_V fest.

Der französische Ingenieur und Physiker Sadi Carnot (1796-1832) stellte folgendes Gesetz auf:

S. Carnot

Beim zentralen, vollkommen unelastischen Stoß zweier Massen kann die Verlust-E E_V als E_k der ‚reduzierten Masse' μ, die sich mit v_r bewegt, gedeutet werden:

$$E_V = \frac{1}{2}\mu v_r^2$$ (Carnotscher E-Verlust)

a) Berechne E_V und damit μ und v_r. Stelle μ als Funktion von M und m dar; einprägsamer ist aber die Formel für $1/\mu$.
Wie drückt sich v_r durch V_1 und v_1 aus? Was ist daher v_r?
Zeige, daß stets $\mu < m$ ist.

b) Wann wird – bei gleichen Massen $M = m$ – E_V gleich der halben E_k vor dem Stoß?

c) Wie groß muß das Verhältnis $|V_1 : v_1|$ bei ungleichen Massen sein, damit E_V ein Maximum wird?

(Carnot ist besonders bekannt geworden durch die Berechnung des optimalen Wirkungsgrades einer Wärmeenergiemaschine: Carnotscher Kreisprozeß).

67. Die unermüdliche Lichtmühle *

Als Paul (P), der Klassensprecher einer 10. Klasse, ins Direktionszimmer gerufen wurde, imponierte ihm sofort die ‚Lichtmühle', die auf dem Schreibtisch des Direktors stand und sich so rasch und unermüdlich im Sonnenlicht drehte, daß man nicht die Form des Rädchens erkennen konnte.

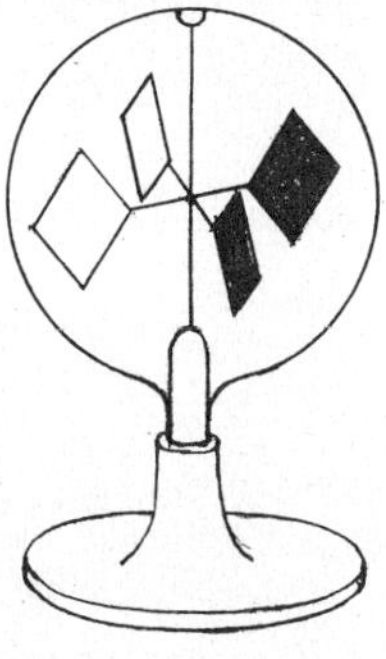

Nach der Besprechung fragte P den Direktor, ob man die Mühle nicht zum Stillstand bringen könnte?

„Doch, das geht", antwortete der Direktor und schirmte mit einem Aktendeckel die Sonnenstrahlen ab. Nun sah P, daß das Rädchen 4 lotrechte Flügel hatte (Abb.) und sich um eine vertikale Achse (offensichtlich fast reibungslos) drehen konnte. Jeder Flügel war auf der einen Seite spiegelnd, auf der anderen tiefschwarz.

„Und wie funktioniert das?" fragte der Schüler.

„Ich nehme an, durch den sogen. Lichtdruck, aber das wird dir dein Physiklehrer viel besser erklären können", meinte der Direktor (ein Philologe).

P: „Und wo gibt es so eine Lichtmühle zu kaufen?"

Der Direktor: „Ich habe sie von meinem Sohn geschenkt bekommen; er studiert in H und hat sie aus einem großen Kaufhaus".

Es war Donnerstag; P rief seinen Onkel in H an und bat ihn, am Wochenende eine Lichtmühle mitzubringen.

Am Freitag ließ sich P von seinem Physiklehrer die Lichtmühle aus der Sammlung zeigen und wollte auch gleich die Funktionsweise erläutert haben. Aber der Lehrer winkte ab und sagte: „Du kommst selbst darauf, wenn du dich erinnerst, was wir im Unterricht in der Wärmelehre und Gasmechanik durchgenommen haben. Die Erklärung des Herrn Direktor ist nicht richtig. Wesentlich ist, daß in dem Glasgefäß ein geringer Gasdruck herrscht (≈ 0,01 bis 0,1 mbar). Auf das Füllgas kommt es nicht an. Beobachte, wenn du deine Lichtmühle erhältst, die Drehrichtung; fast alle Nichtkenner raten nämlich falsch. Und noch etwas: Ursache der Drehung ist mehr die Wärme- als die Lichtstrahlung".

Mit seinem Onkel (einem Chemiker) fand dann P übers Wochenende die Erklärung für die Drehung.
Wie – zur Einfallsrichtung der Strahlen – rotiert das Flügelrädchen und warum?
(Vielleicht ist es nützlich, in Aufg. 60 nachzulesen, was dort über die Brownsche Bewegung in Gasen steht).

Die 1. Lichtmühle konstruierte 1874 der britische Chemiker und Physiker Sir William Crookes (1832-1919). In manchen Büchern wird sie auch Radiometer genannt, was nicht ganz richtig ist. Dieses ist nämlich ein Strahlungsmeßgerät – ohne Flügelrad.

68. War die Fliehkraft schuld?

Alljährlich, kurz nach Schuljahrsbeginn im September, kam für 3 bis 4 Tage Leben in mein Heimatstädtchen, das sonst, am Abfall des Nordmährischen Hügellandes zur Marchebene gelegen, still dahinträumte.

Es gab vor allem viel Motorenlärm, der vom Training der Motorräder und Rennwägen zum (internationalen) ‚Ecce-Homo-Bergrennen' herrührte. Die Rennstrecke war eine ins Bergland führende Serpentinenstraße, die mit 18 ‚Haarnadelkurven' auf der Länge von 8 km einen Höhenunterschied von 300 m überwand. Dort, wo die Straße die Höhe erklommen hatte, stand das Ecce-Homo-Kreuz.

Wir Gymnasiasten waren ausnahmslos begeisterte Renn-Fans und verbrachten jede freie Minute an den Böschungen der Rennbahn, wenn sie zum Training freigegeben war. Das Heulen jedes herannahenden Fahrzeugs war damals Musik in unseren Ohren, aber es war oft viel Lärm um wenig Gs. Freilich hatten seinerzeit ~ es war die 2. Hälfte der 20-er Jahre ~ die Puch- und Jawa-Motorräder, aber auch die Bugatti-, Steyr- und Mercedes-Rennautos nicht annähernd soviele Pferdestärken wie die heutigen Rennmaschinen, und die Strecke war ja als 2-spurige, geschotterte Sandstraße alles andere als eine Rennbahn. Das Geld im tschechischen Staatssäckel reichte nur aus, vor jedem Rennen die gröbsten Schlaglöcher zuzuwalzen, so daß von Jahr zu Jahr immer weniger berühmte Namen wie Rudolf Caracciala (1901-1959), von Brauchitsch, Stuck sen., Graf Kinský auf der Teilnehmerliste glänzten. Selbst das Überhöhen und Pflastern der schärfsten Kurven Anfang der 30-er Jahre holte den Ruhm der Bergstrecke nicht zurück, so daß das Rennen schließlich ganz eingestellt wurde.

R. Caracciola

Von der Mäßigkeit der damaligen Gs'n zeugt, daß ich bei einem Besuch ~ nach fast 40-jähriger Abwesenheit ~ mit einem Mittelklassewagen auf der Ecce-Homo-Strecke etwa die Zeit fuhr, mit der Stuck lange Jahre den Streckenrekord hielt. Trotzdem landete beim Training wie beim Rennen selbst so mancher Fahrer im Graben oder auf einer Böschung, und es hieß dann lapidar wie heute: ‚Infolge überhöhter Gs wurde er von der Fliehkraft aus der Kurve geschleudert'.

Was hat es nun mit dieser bösen Fliehkraft F_F, von der man so oft in Reportagen hört und liest, auf sich? Sie wirkt doch, wie jeder Fahrer zu wissen glaubt, radial nach außen (Abb. 1), das Fahrzeug wird aber durch seine Trägheit tangential (!) aus der Kurve herausgetragen. Also folgt das Fahrzeug nicht der Kraft F_F; wie sollte sie dann schuld sein?

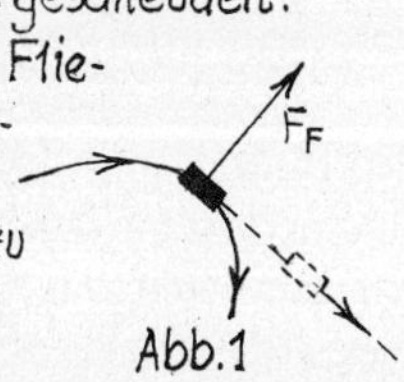

Abb. 1

Wir wollen etwas Licht in diese Sache bringen. Dazu stellen wir uns ein Spielzeugauto (Masse m) mit eigenem Antrieb, jedoch ohne Lenkung vor. Um es auf einer waagrechten Scheibe auf eine Kreisbahn zu zwingen, müssen wir es mit einem Faden (Länge r) an eine lotrechte Achse A anbinden (Abb. 2). Die Fadenspannung F_z ist immer auf den Mittelpunkt der Kreisbahn gerichtet; sie heißt daher ‚Zentripetal-' (oder Mittelpunkts-) Kraft. Sie erteilt m eine Richtungsbeschleunigung (Aufg. 31), die ‚Zentripetalbeschleunigung' a_z.

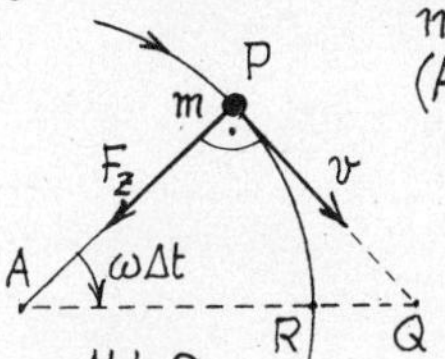

Abb. 2

Wie hängt nun a_z mit der Winkel-Gs ω bzw. der Bahn-Gs $v = \omega r$ zusammen? Denken wir uns für eine kurze Zeitspanne Δt F_z weg, so würde m mit v von P nach Q gelangen; also wäre $\overline{PQ} = \omega r\cdot\Delta t$. Da jedoch m nach Δt de facto im Punkt R ist, wurde $\overline{QR}$ mit a_z in Δt gleichmäßig beschleunigt zurückgelegt; demnach gilt $\overline{QR} = \frac{1}{2}a_z\Delta t^2$. Aus dem rechtwinkligen ΔQPA folgt:

$$\overline{AQ} = \sqrt{\overline{AP}^2+\overline{PQ}^2} \Rightarrow r + \frac{1}{2}a_z\Delta t^2 = \sqrt{r^2+\omega^2r^2\cdot\Delta t^2} \Rightarrow$$

$$\frac{1}{2}a_z\Delta t^2 = r\sqrt{1+\omega^2\Delta t^2} - r;$$

da sowieso $\Delta t \to 0$ geht, begehen wir keinen Fehler, wenn wir den Radikanden zum vollständigen Quadrat ergänzen:

$$\frac{1}{2}a_z\Delta t^2 = r\sqrt{1+\omega^2\Delta t^2+\frac{1}{4}\omega^4\Delta t^4} - r =$$

$$= r\left(1+\frac{1}{2}\omega^2\Delta t^2\right) - r \Rightarrow \frac{1}{2}a_z\Delta t^2 = \frac{1}{2}r\omega^2\Delta t^2;$$

daraus folgt für jedes noch so kleine Δt:

$$\underline{a_z = r\omega^2} \Rightarrow F_z = ma_z = \underline{\underline{mr\omega^2}} = \underline{\underline{\frac{mv^2}{r}}}$$

Nun denken wir uns als winzige Insassen des Spielzeugautos; es bleibt weiterhin an A angebunden, sein Antrieb ist aber abgeschaltet. Dafür soll es aber von der Scheibe, die unser großer Bruder mit konstantem ω dreht, durch Haftreibung mitgenommen werden. Wir bleiben also immer im gleichen Punkt der x-Achse eines x-y-Systems, das auf der Scheibe aufgemalt ist (Abb. 3). Da F_z weiterhin wirkt (der Faden bleibt gespannt), muß F_z im ‚mitrotierenden System' durch eine Gegenkraft aufgehoben werden; das eben ist die berüchtigte Fliehkraft F_F, auch ‚Zentrifugalkraft' genannt. Sie ist eine ‚reale' Kraft, denn wir Winzlinge werden von ihr im Auto an die Außenwand gedrückt. Und wenn unserem großen Bruder einfällt, bei hohem ω den Faden durchzuschneiden, wird er vielleicht schadenfreudig sein, uns tangential wegfliegen zu sehen; wir selbst bewegen uns aber (im mitrotierenden System) in Richtung der positiven x-Achse!

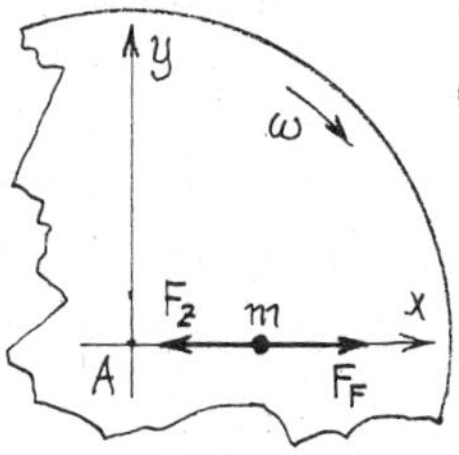

Abb. 3

Merke also: Beschreibt m im ‚Laborsystem' (außenstehendes System) eine Kreisbahn, so wirkt auf m F_z als einzige reale Kraft. Ist m im mitrotierenden System in Ruhe, so wird die F_F (als reale Kraft) durch eine Gegenkraft aufgehoben.

Für F_F gilt dieselbe Formel wie für F_z. Bei einem Drehvorgang lassen sich die Kräfteverhältnisse entweder im Labor- oder im mitrotierenden System darstellen, man hüte sich jedoch, beide Systeme zu vermischen.

Zur Einprägung unserer neuen Kenntnisse hier 2 Aufg. (Auf die Ecce-Homo-Rennstrecke kommen wir in der nächsten Aufg. zurück).

a) Wir bleiben bei der waagrechten Scheibe (Abb. 3). Ein zylindrischer Körper (Masse m) liegt mit der Grundfläche auf der Scheibe; sein Schwerpunkt hat den Abstand r von der Achse A. Die (maximale) Haftreibungszahl von m sei μ_H. ω der Scheibe wird langsam erhöht. Bei welchem ω_1 fliegt m weg und mit welcher Gs v_1 (Richtung)?
Werte: $m = 100\,g$; $r = 25\,cm$; $g = 9{,}8\,ms^{-2}$; $\mu_H = 0{,}2$.

b) Auf Volksfesten und Vergnügungsparks findet man gelegentlich waagrechte Scheiben von einigen [m] Durchmesser, sogen. Teufelsräder, die mit stetig wachsendem ω rotieren. Vater und Sohn wagen es und stellen sich nebeneinander mit gleichem r auf die Scheibe. Beide tragen Lederschuhe. Mutter und Tochter wetten, wer zuerst herausfliegt. Die Tochter tippt auf den Vater, der es bereits zu einem nicht mehr einziehbaren Schmalzwänstlein gebracht hat; aber eben deswegen traut ihm die Mutter eine größere Standfestigkeit zu. Was geschieht dann wirklich?
Bei der nächsten Runde stellt sich der Sohn des Budenbesitzer, ein sportlicher Typ von etwa 20 Jahren, mit aufs Rad. Er bringt es zustande, noch lange wie angewurzelt auf der Scheibe stehen zu bleiben, nachdem bereits alle anderen Personen abgeworfen sind. Wie machte er das? (Erklärung).

69. Eine Kurve wird überhöht

Kehren wir nochmals zu der Bergrennstrecke der vorhergehenden Aufg. zurück. Es wurde dort gesagt, daß man die scharfen Kurven pflasterte und überhöhte. Beides diente dazu, die Schleudergefahr zu vermindern; mit anderen Worten, man sollte die Kurve mit größerer Gs durchfahren können als vorher.

Zuvor bestimmte man den Kurvenradius. Im ebenen Gelände wäre dies einfach gewesen. Doch die Kurven der Serpentinenstraße waren entweder Talkurven (d.h. im Inneren der Kurve fiel das Terrain zu einem kleinen Tal ab) oder Hangkurven (hier schlang sich die Kurve um einen kleinen Rücken); letztere hatten zwar an der Außenseite ein hölzernes Geländer, bei Rennwägen war es aber ‚für die Katz'.

a) Zur Bestimmung des Radius r einer Talkurve dient das (etwa waagrecht liegende) gleichschenklige $\triangle ABC$ (Abb. 1); seine Eckpunkte liegen auf der Straßenmittellinie (punktiert). M der kreisförmigen Kurve ist unzugänglich (bzw. liegt tief unterhalb der Dreiecksebene).
Gemessen wurden: $\overline{AB} = \overline{BC} = 12\,m$; $\sphericalangle ABC = \varphi = 157°$. Berechne r (auf ganze m).

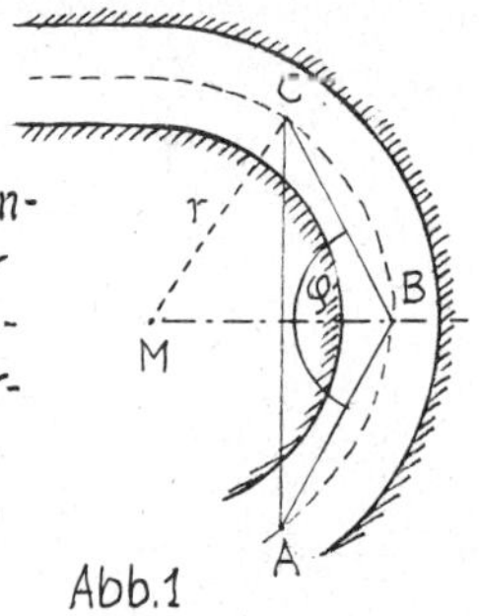

Abb. 1

b) Abb. 2 zeigt einen Vertikalschnitt der Kurve durch B und M. Der ‚Überhöhungswinkel' α soll so berechnet werden, daß ein Fahrzeug, das die Kurve mit v durchfährt, nicht herausgeschleudert wird, aber auch nicht nach innen abrutscht, es muß also senkrecht auf die Straße gedrückt werden.

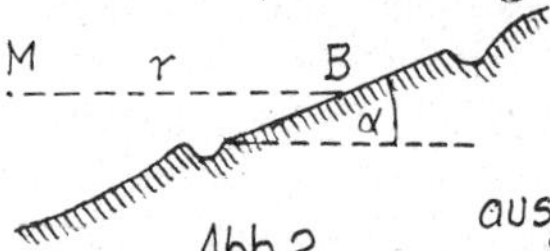

Abb. 2

Stelle zunächst die Buchstabenformel für $\tan\alpha$ auf, u.zw. 1) im außenstehenden, 2) im mitrotierenden System (jeweils als Ruhsystem).
Setze dann ein: $v = 45\,kmh^{-1}$; $g = 9{,}8\,ms^{-2}$ und r aus a); berechne α (auf ganze Grade).

c) Nach b) gibt es zu einem v_0 des Fahrzeugs einen optimalen Erhöhungswinkel α. Was geschieht, insbesondere bei glatter Fahrbahn, wenn $v \gtrless v_0$ ist? Wie baut man daher Kurven aus, damit sie mit verschieden Gs'n v sicher durchfahren werden können? Fertige eine Querschnittskizze an. (Denke hier auch an Bobbahnen).

d) Viele Kraftfahrer ,schneiden' übersichtliche Kurven, wenn kein Fahrzeug entgegenkommt. (Viele tun dies übrigens auch bei Gegenverkehr; selbst wenn sie dabei nur wenige cm über den weißen Strich kommen, fühlen sie sich glücklich und wahrscheinlich sportlich-draufgängerisch).

Überlege Dir, ob das Schneiden 1) bei einer Linkskurve, 2) bei einer Rechtskurve den Vorteil bringt, daß man einen größeren Bahnradius erreicht als denjenigen der rechten Fahrspur, die man einhalten müßte; bei größerem Radius könnte man ja die Kurve schneller durchfahren.

Mache 2 Zeichnungen im Maßstab 1:1000. Die Straße soll 10m breit sein und 2-spurig sein; der Radius der Innenkante sei 15m. Die Kurve sei ein Halbkreis, so daß die beiden anschließenden geraden Straßenstücke parallel sind.

70. Newton unterm Apfelbaum

Ob Newton (N) die Aufforderung, sich mit der allg. Massenanziehung zu beschäftigen, schmerzlich spürbar wirklich dadurch erhielt, daß ihm ein Apfel ausgerechnet auf die Nase fiel, als er unter einem Apfelbaum eingedöst war, mag Legende sein. Tatsache ist, daß er als 22-Jähriger von der Universität Cambridge nach Hause geschickt wurde, da 1665 in großen Teilen Englands die Pest wütete. So widmete er sich in der dörflichen Abgeschiedenheit von Woolsthorpe (seines Geburtsortes) auf dem Gut seiner Mutter intensiven mathematisch-physikalischen Studien. Im Herbst 1666 beobachtete er den Fall von Äpfeln und fragte sich, wie weit wohl die Erdanziehung reichen mag. Wenn sie auch Früchte auf sehr hohen Bäumen erreicht, so müßte sie wohl auch bis zum Mond wirken, denn es schien ihm undenkbar, daß die Gravitationskraft in einer ganz bestimmten Entfernung abrupt verschwinden sollte.

Warum aber der Mond nicht wie ein Apfel auf die Erde fällt, das war N vollkommen klar, besitzt doch der Mond zur Bahn tangentiale Gs, die ihn nach dem Trägheitsgesetz zu einer geradlinigen Bewegung veranlassen würde; so zwingt ihn aber die Erdanziehung als Zentripetalkraft F_z auf eine (fast) kreisförmige Bahn um den Erdmittelpunkt.

a) N verglich die Zentripetalbeschleunigung a_z des Mondes mit der Beschleunigung eines Körpers auf der Erdoberfläche, also mit g. Du sollst nun, lieber Leser, N's sogen. ,Mondrechnung' nachvollziehen. Berechne zunächst a_z mit folgenden Angaben: Siderische Umlaufszeit des Mondes T = 27d 7h 43min; mittlere Entfernung der Mittelpunkte von Erde und Mond $60 r_E$; Erdradius r_E = 6370 km.

Bilde dann das Verhältnis g/a_z (wobei für g der Wert am Äquator $9{,}78\,ms^{-2}$ einzusetzen ist) und runde es auf das Quadrat einer ganzen, 2-stelligen Zahl ab. Welchen Schluß zog N daraus über die Abhängigkeit der ,Gravitations-Beschleunigung' von r (= Entfernung vom Erdmittelpunkt)?

Selbstverständlich gilt nach N's 2. Axiom dieselbe r-Abhängigkeit für eine Kraft, welche die Erdmasse auf irgendeine andere Masse ausübt. N verallgemeinerte dann das Gesetz auf Sonne und Erde sowie auf die anderen Planeten und prüfte es an den 3 ,Keplerschen Gesetzen'. Die ersten beiden veröffentlichte der

J. Kepler

deutsche Astronom Johannes Kepler (1571-1630) im Jahre 1609 in der ,Astronomia nova' (Neue Astronomie), das 3. Gesetz stellte er in dem 1619 erschienenen Werk ,Harmonice mundi...' (Weltharmonik...) auf. Übrigens hatten schon Hooke (Aufg. 33) und Halley (Aufg. 124) die richtige r-Abhängigkeit für die Gravitation angenommen, während Kepler die (falsche) lineare Abhängigkeit postulierte.

Zusammen mit seinem 3. Axiom formulierte N das (allg.) Gravitationsgesetz; m_1 und m_2 seien die sich mit der Kraft F anziehenden Massen, r die Entfernung ihrer Schwerpunkte. Es gilt dann:

$$\left.\begin{array}{l} F \sim m_1 \\ F \sim m_2 \\ F \sim \dfrac{1}{r^2} \end{array}\right\} \Rightarrow F \sim \frac{m_1 \cdot m_2}{r^2} \Rightarrow F = G\,\frac{m_1 m_2}{r^2} \qquad (1)$$

$\vec{F}$ fällt in die Richtung von $\vec{r}$. G heißt die (allg.) Gravitationskonstante (s. Einleitung).

b) Leite mit (1) das 3. Keplersche Gesetz unter etwas vereinfachten Annahmen her: Die Planeten sollen um die feststehend gedachte Sonne kreisförmige Bahnen mit den Radien r_n ($n = 1, 2, \ldots$) beschreiben; ihre Massen seien m_n, ihre Umlaufszeiten T_n; $m_\odot$ sei die Sonnenmasse. Berechne (mit der Gleichgewichtsbedingung im mitrotierenden System) die Verhältnisse:

$$T_1^2 : T_2^2 : \ldots = \ldots \qquad (2).$$

Die wirklichen Planetenbahnen sind Ellipsen, in deren einem Brennpunkt die Sonne steht (1. Keplersches Gesetz). Wie die genaue Rechnung dann zeigt, bleibt (2) richtig, wenn die r_n durch die ‚großen Halbachsen' der Bahnellipsen ersetzt werden. Formuliere damit das Gesetz in Worten.

c) Wie lang ist 1 Marsjahr T_M, in Erdjahren [a] ausgedrückt? Die große Halbachse der Marsbahn ist 1,52 AE. (1 AE = 1 astronomische Einheit ~ s. Aufg. 71).

Kehren wir zu N und seinem Garten zurück. Wie eine reife Apfelfrucht fiel ihm schon 1666 das Gravitationsgesetz in den Schoß (oder auf die Nase?) Aber dann geschah etwas Rätselhaftes: Es verschwand gute 2 Jahrzehnte lang in der Schreibtischschublade und wurde erst 1687 in seinen ‚Prinzipien...' veröffentlicht. Man führt einige Gründe für diese ungewöhnlich lange Verzögerung an; der hauptsächliche soll folgender sein: N war sich wohl selbst sicher, daß man sich die Masse der Erde (oder einer anderen homogenen, kugelförmigen Masse) im Mittelpunkt (Schwerpunkt S) konzentriert denken kann; das r ~ im Gravitationsgesetz ~ wird dann von S aus gemessen. Aber 1666 hatte N dafür noch keinen mathematischen Beweis. Er mußte sozusagen erst die Infinitesimalrechnung (Aufg. 23 und 31), von ihm Fluxionenrechnung genannt, erfinden. Für den Beweis mußte er ein 3-faches Integral ausrechnen. Auf diese Lösung war er wahrscheinlich sehr stolz; sie befindet sich auf Seite 204 seines Hauptwerks, und nicht aus purem Zufall hält N auf einem zeitgenössischen Stich seine Hand auf dieser Seite.

Das erwähnte Integral läßt sich zwar mit dem räumlichen Strahlensatz und einer Grenzwertbetrachtung umgehen, doch würde das hier zu weit führen.

d) g_n sei die (Norm-)Beschleunigung auf der Erdoberfläche. Zeige, daß sie sich auch wie folgt darstellen läßt:

$$g_n = k \cdot r_E \qquad (3) \qquad (r_E = \text{Erdradius}).$$

Berechne k, indem Du die Erdmasse m_E durch die (konstant angenommene) Dichte ϱ ausdrückst.

Die Formel (3) gilt, wie sich beweisen läßt, auch für $r < r_E$. Begibt man sich also mit einer Masse m in einem vertikalen Schacht ins Erdinnere, so nimmt g (bzw. mg) linear mit r ab. Ist m im Punkt A (Abb.), so heißt das, daß man sich alle Massen der schraffierten Kugelschale wegdenken muß; oder anders ausgedrückt: Alle Anziehungskräfte auf m der Massen dieser Schale heben sich auf; m befindet sich auf der Oberfläche der ‚reduzierten' Erdmasse. Mit dieser Überlegung, infinitesimal ausgeführt, gelangt man ebenfalls zu N's Schwerpunktsaussage.

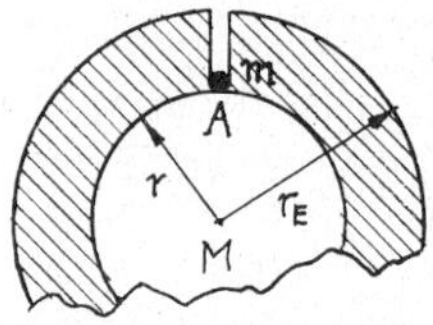

71. Wir wiegen Erde und Sonne *

Die Gravitationskonstante G zählt zu den wichtigsten ‚universellen Konstanten' der Physik (s. Einleitung). Newton (N) kannte ihren Wert noch nicht, da sich G in himmelsmechanischen Rechnungen heraushebt. Er war sich bewußt, daß G nur aus der Messung der Kraft zwischen 2 irdischen Massen berechenbar ist. Alle damaligen Waagen konnten dies aber nicht leisten, so daß N einen so kleinen Wert für N annahm, daß er bis zu seinem Tode glaubte, G würde nicht bestimmbar sein. Aber sein Landsmann, der Naturforscher Henry Cavendish (1731 - 1810) strafte 1798 (71 Jahre nach N's Tod) diese seine Meinung Lügen: Er maß mit einer von ihm erfundenen Drehwaage die Gravitationskraft zwischen 2 Massen.

Bis in unser Jahrhundert hinein bemühte man sich um einen präzisen Wert von G. Recht genaue Messungen führte der deutsche Physiker Philipp von Jolly (1809-1884) in München durch, wobei er eine empfindliche Balkenwaage benutzte. Mit einer ähnlichen Anordnung maßen Richarz und Krigar-Menzel (1896) in der alten Festung von Berlin-Spandau G mit 2 Bleimassen je 10000 kg (!). Zu den besten Ergebnissen gelangten der deutsche Physiker Friedrich Paschen (1865-1947) und der ungarische Physiker Roland Baron von Eötvös (1848-1919) mit einer von letzterem verbesserten Drehwaage. (Den z. Zt. genauesten Wert von G siehe Einleitung).

Mit Kenntnis von G lassen sich nun die Massen der Erde, Sonne und Planeten sowie ihrer Monde berechnen (was in der Überschrift dieser Aufg. mit ‚wiegen' bezeichnet wurde).

a) Berechne die Masse m_E der Erde, indem Du das Gewicht mg_n einer Masse m auf ihrer Oberfläche der Erdgravitation gleichsetzt. ($g_n = 9{,}81\,ms^{-2}$; $r_E = 6370\,km$; $G = 6{,}67 \cdot 10^{-11}\,Nm^2kg^{-2}$).

b) Berechne mit dem Ergebnis von a) die mittlere Dichte $\bar{\varrho}$ der Erde.
Aus Messungen an Erdbebenwellen weiß man, daß die Erde – etwas vereinfacht dargestellt – aus dem Erdkern ($r_K = 3470\,km$) und der um ihn liegenden Schale, dem Erdmantel, besteht. Die mittlere Dichte des letzteren ist $\varrho_M = 4{,}3\,g\,cm^{-3}$. An der Grenze zum Kern macht ϱ einen gewaltigen Sprung. Berechne die mittlere Dichte ϱ_K des Kerns aus $\bar{\varrho}$ und ϱ_M (anteilig) mit V_K (Kernvolumen), V_M (Mantelvolumen) und V_E (Erdvolumen).

c) Aus der Gleichgewichtsbedingung der Erde auf ihrer (kreisförmig angenommenen) Bahn um die Sonnenmasse $m_\odot$ mit folgenden Daten berechnen: Mittlere Entfernung Erde-Sonne 1 AE ≈ $149{,}6 \cdot 10^6$ km; Umlaufsdauer der Erde $T_E = 365{,}25\,d$; G wie in a). Drücke auch $m_\odot$ durch m_E aus.

Für die Berechnung der Mondmasse und der Planetenmassen muß das sogen. Zweikörperproblem angewendet werden.

72. Sie umschwirren die Erde ... *

... wie die Motten das Licht. Gemeint sind jene (künstlichen) Satelliten, deren Zeitalter mit dem denkwürdigen 4.11.1957 begann, als Sputnik 1 (= Genosse 1) von den Russen in eine Erdumlaufbahn (oft Orbit genannt) geschossen wurde. Er war ein Mini-Genosse, denn er hatte nur 58 cm Durchmesser und wog ganze 83,6 kg. Bloß 92 Tage lang ‚piepste' er mit 2 Antennen ins All.

Heute mögen es einige Tausend Flugkörper sein, die in elliptischen Bahnen außerhalb der eigentlichen Atmosphäre als Wetter-, Nachrichten- und Beobachtungs-Satelliten sowie als zeitweise bemannte Raumstationen die Erde umrunden bzw. über einem Punkt des Äquators ‚stehen'.

Bei den folgenden Fragestellungen soll nur mit kreisförmigen Satellitenbahnen (deren Mittelpunkte in den Erdmittelpunkt fallen) gerechnet werden. Ferner läßt sich im Gravitationsgesetz das Produkt Gm_E durch g_n ausdrücken. Für eine Masse m auf der Erde gilt:

$$mg_n = G\frac{m_E \cdot m}{r_E^2} \Rightarrow Gm_E = g_n \cdot r_E^2\,;$$

daher ist das ‚Gewicht' der Masse m in der Entfernung $r\,(>r_E)$ vom Erdmittelpunkt:

$$mg = Gm_E\frac{m}{r^2} = g_n\frac{r_E^2}{r^2}m \Rightarrow g = g_n\left(\frac{r_E}{r}\right)^2 \quad (1).$$

a) Warum herrscht für alle Massen in einem Raumschiff Schwerelosigkeit, wenn es die Erde in einer ‚stationären' (d.h. zeitlich konstanten) Bahn umkreist? Wie können die Astronauten dann (im Schiff) trinken oder Suppe löffeln?

b) Ein bemanntes Raumschiff umkreist in 24 h 12-mal die Erde. In welcher Höhe h_1 (über dem Erdboden) liegt sein Orbit? Welche Bahn-Gs v_1 hat es? ($g_n = 9{,}81\,ms^{-2}$; $r_E = 6370\,km$).

c) Dasselbe Raumschiff soll nun 15 Erdumkreisungen pro Tag machen. Welches Manöver muß der Kommandant durchführen? Berechne zunächst die neue Höhe h_2 (am besten mit dem 3. Keplerschen Gesetz). Wie groß ist die neue Bahn-Gs v_2? Wenn Du $v_2 > v_1$ findest, so scheint ein Widerspruch zu dem durchgeführten Manöver vorzuliegen (Satellitenparadoxon). Kläre dies auf.

Eine besondere Gruppe bilden die ‚geostationären' Satelliten, die über bestimmten Punkten des Äquators stillstehen. Sie liegen also in der (verlängerten) Äquatorebene und haben dieselbe siderische Umlaufsdauer T_S (Aufg. 8) wie ein Punkt der Erdoberfläche. Diese Stationen haben als Nachrichten- und Wettersatelliten deshalb große Bedeutung, weil die Antennen für Sendung und Empfang der Funksignale fest eingestellt bleiben können.

Am 23.11.1977 wurde der der ESA (European Space Agency) gehörende Wettersatellit METEOSAT 1 (M1) über den Golf von Guinea (genau über den Schnittpunkt des Nullmeridians mit dem Äquator) gebracht. Er sammelt Daten von über 1000 automatischen Meßstationen und sendet sie zunächst zur Bodenstation bei Michelstadt (Odenwald). Später wurde knapp neben ihm M2 stationiert, der die Bilddaten für das täglich auf dem Fernsehschirm gezeigte Wolkenbild über Europa liefert.

d) Welche Höhe H über dem Äquator hat M2? Benutze die Buchstabenformel von b). ($T_S = 23\,h\,56\,min$).

Und nun noch eine kleine geometrisch-geographische Übung:
Bis zu welchen extremalen Punkten auf dem Nullmeridian bzw. auf dem Äquator ‚sieht' M2 (theoretisch)?

FLÜSSIGKEITEN UND GASE

73. Paradoxes zum Druck

Das Wort Druck wird im täglichen Sprachgebrauch stark strapaziert, u. zw. im übertragenen Sinn vielleicht öfter als im eigentlichen: Jemand setzt einen anderen unter Druck; jemand gerät in Druck; jemand brach unter dem gewaltigen Druck zusammen; usw. Die sachliche Bedeutung liegt dann vor, wenn auf einen Körper mittels einer Fläche eine Kraft ausgeübt wird; das ist besonders bei Flüssigkeiten und Gasen der Fall, wo die Kraftausübung kaum anders geht. Wie man nun zur physikalischen Definition des Drucks p aus Kraft F und Fläche A kommt, soll an einem Beispiel gezeigt werden.

a) Auf einer waagrechten Schneedecke liegen 3 gleichgroße Bretter (Fläche je A). Auf diese stellen sich je ein Mann (Gewicht G_M), eine Frau (G_F) und ein Kind (G_K); $G_M > G_F > G_K$. Es wird also in allen 3 Fällen ein Druck auf den Schnee ausgeübt. Wo ist die größte, wo die kleinste Wirkung (Einsinktiefe) vorhanden?
Bei einem 2. Versuch liegen 3 Bretter mit den Flächen $A_1 > A_2 > A_3$ auf dem Schnee. Auf sie stellt sich nacheinander nur eine der drei Personen. Wie sind die Wirkungen nun?

Nach den Ergebnissen von a) wird man also p proportional dem Gewicht (allg. der Kraft F) und umgekehrt proportional A setzen:

$$\left.\begin{matrix} p \sim F \\ p \sim \frac{1}{A} \end{matrix}\right\} \Rightarrow p \sim \frac{F}{A} \Rightarrow p = k\frac{F}{A};$$

da die Einheit von p noch nicht feststeht, gibt man k den einfachsten Wert, nämlich 1:

$$p = \frac{F}{A} \quad \text{mit } \vec{F} \text{ senkrecht zu } A. \qquad (1).$$

Die SI-Einheit 1 Pa = 1 Pascal = 1 Nm^{-2} ist benannt nach dem vielseitigen französischen Philosophen, Mathematiker und Physiker Blaise Pascal (1623-1662).

B. Pascal

Da 1 Pa eine sehr kleine Einheit ist, verwendet man in der Technik noch:

$$1\,\text{bar} = 10^5\,\text{Pa} = 100\,\text{kPa}.$$

In der Meteorologie wurde für den Luftdruck bislang als Einheit 1 mbar verwendet; nun soll bloß der Name gewechselt werden:

$$1\,\text{mbar} = 100\,\text{Pa} = 1\,\text{hPa} \ (\text{Hekto-Pascal}).$$

(Es war höchste Zeit, daß dem Einheitenwirrwarr bei p ein Ende gesetzt wurde; ich mußte mich als Schüler und Lehrer mit 6 p-Einheiten herumschlagen).

b) Berechne die Drucke p_M, p_F und p_K beim 1. Versuch von a) in Pa und bar. (G_M = 800 N; G_F = 480 N; G_K = 240 N; A = 4 dm^2).
Bei der 2. Versuchsreihe von a) gibt es insgesamt 9 Drucke. Berechne den maximalen p_{max}, den minimalen p_{min} und die beiden gleichen p. (A_1 = 8 dm^2; A_2 = 5 dm^2; A_3 = 4 dm^2).

Abb. 1 zeigt den waagrechten Schnitt durch ein mit einer Flüssigkeit (Fl) gefülltes Gefäß beliebiger Form. Es soll keine Luftblase im Innern sein. In den Ansatzrohren sind die dicht schließenden Kolben K_1 (Fläche A_1) und K_2 (Fläche A_2) verschiebbar.

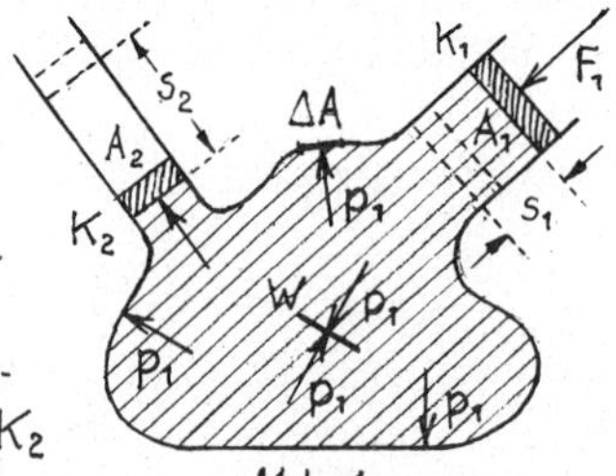

Abb. 1

K_2 wird zunächst festgehalten, auf K_1 wird die Kraft F_1 ausgeübt. Da jede Fl praktisch unzusammendrückbar (inkompressibel) ist, wird K_1 nicht verschoben; (bei Einschluß von Luft wäre dies der Fall). F_1 übt den Druck $p_1 = F_1/A_1$ auf die Fl aus. Infolge der leichten Verschiebbarkeit der kleinsten Teilchen (Moleküle, Atome), die infolge der Wärmebewegung ständig zusammenstoßen, bleibt p_1 nicht auf die Umgebung von K_1 beschränkt, sondern verbreitet sich gleichmäßig in der gesamten Fl, wobei p_1 allseitig wirkt. Die ganze Fl befindet sich also in einem konstanten ‚Druckzustand' (steht unter konstantem Druck). Man zählt deshalb p zu den Skalaren (s. Einleitung). Wenn man jedoch den Druck auf ein bestimmtes Flächenelement

ΔA betrachtet, dann hat p die Richtung senkrecht zu ΔA; (wenn dies nicht so wäre, bliebe die Fl nicht in Ruhe). p wird als ‚Aufsitzpfeil' gezeichnet.
Bereits 1585 formulierte Stevin (Aufg. 40) das ‚Druckausbreitungsgesetz': p breitet sich in einer Fl allseitig gleichmäßig aus, d.h. er ist auf jedes ΔA der benetzten Wand oder einer Fläche in der Fl (W in Abb. 1) der gleiche. (Auch Pascal wird als Entdecker dieses Gesetzes genannt).
Das Gesetz folgt aus dem Energiesatz und der Inkompressibilität einer Fl: Während K_1 (Abb. 1) durch F_1 um s_1 ins Rohr gedrückt wird, verschiebt sich K_2 mit der Kraft F_2 um s_2. Die beiden Arbeiten sind gleich; (von innerer Reibung und von Reibung der Fl an den Wänden wird abgesehen). Ferner muß das von K_1 verdrängte Volumen gleich dem im anderen Rohr hinzugekommenen sein. Es gelten also die Gleichungen:

$$\left.\begin{aligned} F_1 s_1 &= F_2 s_2 \\ A_1 s_1 &= A_2 s_2 \end{aligned}\right\} \Rightarrow \frac{F_1}{A_1} = \frac{F_2}{A_2} \Rightarrow \underline{\underline{p_2 = p_1}}.$$

Eine ruhende Fl in einem Gefäß ‚setzt sich durch ihr eigenes Gewicht selbst unter Druck', indem jede horizontale Schicht auf die unter ihr liegende drückt, so daß der Druck mit der Tiefe zunimmt. Dieser Druck heißt ‚hydrostatischer' (auch Gewichts- oder Schweredruck).
In einem Gefäß mit lotrechten Wänden (Abb. 2) stehe eine Fl (Dichte ϱ) zur Höhe h. Auf der Bodenfläche A lastet somit das Gesamtgewicht $Ah \cdot \varrho g$. Dividiert man durch A, so erhält man den ‚Bodendruck:

$$p = h \varrho g \quad (2).$$

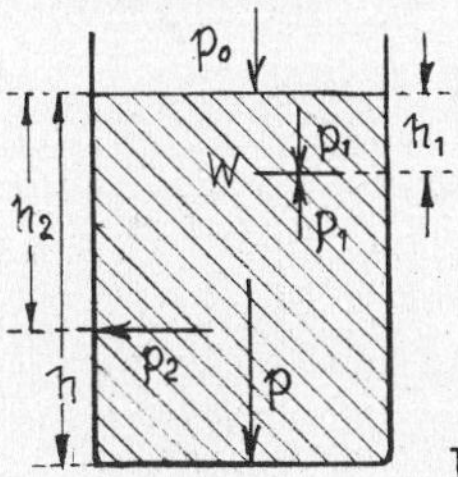

Abb. 2

Denkt man sich eine gewichtslose, dünne Wand W in der Höhe h_1 unter der Fl-Oberfläche eingeschoben, so wird das Fl-Gleichgewicht nicht gestört; d.h. $p_1 = h_1 \varrho g$ von oben und von unten auf W heben sich auf. Man spricht p_1 oft als ‚Innendruck' an. Der auf eine Seitenwand wirkende Schweredruck, z.B. $p_2 = h_2 \varrho g$, wird ‚Seitendruck' genannt. (Beachte in der Abb. 2 die Längen der Druckpfeile).
Auf jede ‚freie' Fl-Oberfläche wirkt der (äußere) Luftdruck p_0 (Abb. 2). Er breitet sich nach (1) in der Fl aus und addiert sich überall zum hydrostatischen Druck.

Da aber p_0 von allen Seiten auch auf die äußere Gefäßwand wirkt, hebt er sich an jeder Fläche weg und braucht ~ in den allermeisten Fällen ~ nicht berücksichtigt zu werden.

c) Berechne den Bodendruck für eine Wasserhöhe $h = 1\,m$; ($\varrho = 1\,g\,cm^{-3}$; $g = 9{,}81\,ms^{-2}$).
Welchen Druckwert kann man sich (aufgerundet) für 1 dm Wasserhöhe merken?

In einer physikalischen Rätselsammung sollte das ‚hydrostatische Paradoxon' (HP) auf keinen Fall fehlen. Dieses wurde ebenfalls von Stevin entdeckt und sagt aus, daß der Bodendruck p einer ruhenden Fl völlig unabhängig von der Gefäßform

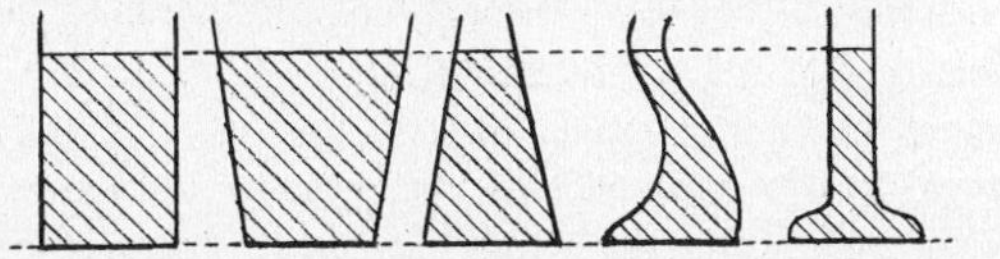
Abb. 3

ist (siehe Formel (2)). Haben die in Abb. 3 dargestellten Gefäße gleiche Bodenfläche, dann wird auf sie die gleiche Bodenkraft F ausgeübt, obwohl die doch die Gewichte der einzelnen Fl-Mengen durchaus verschieden sind! Mancher Lehrer und Autor, der das HP nicht mehr erwähnt, mag nichts Paradoxes darin sehen, fast allen Schülern ist es aber ein Rätsel.
Im Gefäß 1 ist $F = G_1$ (G_1 = Gewicht der enthaltenen Fl). Verwunderlich aber ist, daß in 2 $F < G_2$ ist; das könnte man sich noch so erklären, daß ein Teil von G_2 durch die schrägen Seitenwände abgefangen wird. In 3 ist aber $F > G_3$, und in 5 kann F ein großes Vielfaches von G_5 sein. Das ist doch wohl etwas paradox, denn warum sollte auf den Boden eine viel größere Kraft ausgeübt werden als das Gewicht der enthaltenen Fl beträgt?
Den scheinbaren Widerspruch löst man mit einem Gedankenexperiment, dem sogen. ‚Schnittprinzip' (das auch noch an anderen Stellen der Hydrostatik angewendet werden kann.

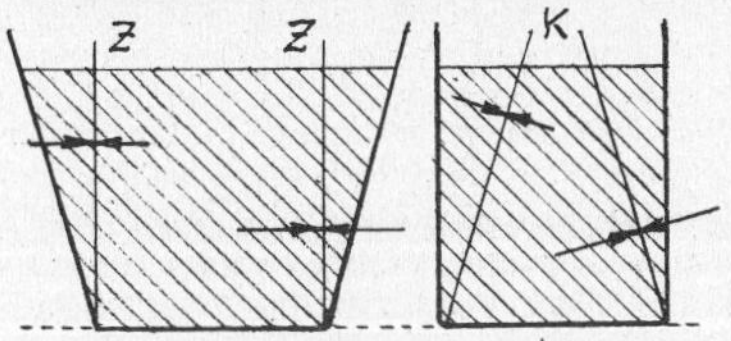

Abb. 4

In die ruhende Fl des Gefäßes der Abb 4a) denkt man sich einen unendlich dünnen, festen und elastischen Zylindermantel Z ganz langsam eingeschoben, bis er dicht auf dem Boden aufsitzt. Der Druckzustand der Fl ändert sich dadurch nicht; die Innen- und Außendrucke an Z heben sich auf. Man saugt nun die Fl außerhalb Z ab; jetzt werden die Innendrucke durch die elastischen Kräfte von Z kompensiert. Für den Bodendruck ist diese Manipulation (das ‚Herausschneiden' eines Teils der Fl) belanglos, und damit auch auf die Bodenkraft.

Analog verfährt man bei Abb. 4b), nur müßte hier das ungestörte Einführen des Kegelstumpfmantels K wohl von Geisterhand geschehen. Auch hier ändert sich an der Bodenkraft durch Entfernen der Fl außerhalb von K nichts.

d) Das HP soll nun noch rechnerisch an dem in Abb. 5 dargestellten Gefäß bestätigt werden. Es besteht aus einem lotrechten Rohr R (innerer Querschnitt A_1, Fl-Höhe h_1), da auf einem niedrigen Gefäß (Fläche A) sitzt. Berechne die Bodenkraft in 2 Schritten, indem Du Dir am unteren Ende von R den (gewichtslosen) Kolben K eingeschoben denkst.

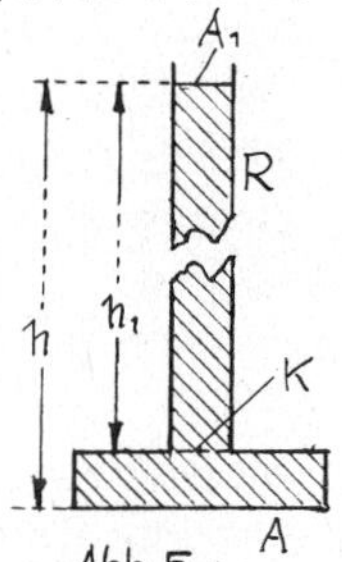

Abb. 5

Führe die Werte ein: $h = 1m$; $h_1 = 99cm$; $A = 1dm^2$; $A_1 = 1cm^2$; $\varrho = 1gcm^{-3}$; $g = 10ms^{-2}$.

Das Wievielfache ist die Bodenkraft F vom Fl-Gewicht?

74. Heureka!

Archimedes (A) (um 285 - 212 v. Chr.) war der bedeutendste griechische Mathematiker und Physiker seiner Zeit. Vor allem war er seinen Zeitgenossen als Techniker und Erfinder einfacher Maschinen bekannt. Zu diesen zählen: Hebel (Aufg. 50), Schraube, (Wasser-) Schnecke, Flaschenzug u.a., ferner einige Kriegsmaschinen. Er lebte nämlich in Syrakus unter dem König Hieron II, der dauernd in Kriege verwickelt war.

In den Punischen Kriegen war Hieron noch Verbündeter Roms, 215 v. Chr. fiel er aber vom römischen Reich ab. Gleich im nächsten Jahr wurde Syrakus von den Römern belagert; A soll durch Fokussierung der Sonnenstrahlen (Bündelung zu einem Brennpunkt) römische Schiffe im Hafen in Brand gesetzt haben, u. zw. durch metallüberzogene Schutzschilder von Soldaten, die – entsprechend aufgestellt – die Facetten eines riesigen Hohlspiegels bildeten; (bei einigen Sonnenkraftwerken verwendet man heute ebensolche zusammengesetzte Spiegel). Man will experimentell festgestellt haben, daß 70 solcher Spiegel genügten, um in der Entfernung von 60m ein hölzernes Boot in Brand zu stecken.

Als 212 Syrakus dennoch erobert wurde, fand A ein unrühmliches Ende: Während er Kreise einer geometrischen Figur in den Sand zeichnete, wurde er von einem römischen Soldaten erschlagen. Seine letzten Worte sind zu geflügelten geworden: ‚Störe meine Kreise nicht!'

Untrennbar mit seinem Namen verbunden ist das ‚Archimedische Gesetz' (AG), auf das er durch Zufall gestoßen sein soll (s.u.) Es besagt:

Ein in eine Flüssigkeit (Fl) ein- oder untergetauchter Körper K erfährt einen Auftrieb $\vec{F}$; das ist eine lotrecht nach oben gerichtete Kraft, deren Betrag gleich dem Gewicht der verdrängten Fl ist und deren Angriffspunkt im Schwerpunkt des verdrängten Volumens liegt.

Es ist Voraussetzung, daß sich K nicht in der Fl löst oder mit ihr chemisch reagiert. Ansonsten kann K auch flüssig sein (Tropfen einer nichtmischbaren Fl) oder gasförmig (Gasblase).

a) Das AG ergibt sich aus der Verteilung der hydrostatischen Drucke, die auf die ‚benetzte' Oberfläche von K wirken (Abb. 1); (bei einem bloß eingetauchten K ist nur ein Teil seiner Oberfläche von der Fl benetzt).
Leite das AG rechnerisch her.

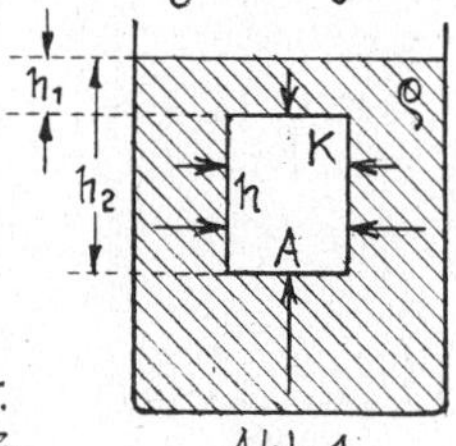

Abb. 1

K (mit der Höhe h) soll ein Zylinder oder Quader mit der waagrechten Grundfläche A sein; ϱ_K ist die Dichte von K, ϱ die der Fl.
(Betrachte zunächst die Druckkräfte auf die Seitenflächen von K gesondert; stelle dann die Resultierende der Kräfte auf Boden- und Deckfläche auf).
Was ändert sich an der Herleitung, wenn K nur eingetaucht ist?
K soll massiv, und ϱ_K konstant sein. Was ist dann über die Angriffspunkte von F_A und G zu sagen? (G = Gewicht von K).

Es ist schwierig, diese Herleitung auf eine andere (bizarre) Gestalt von K zu erweitern. Da leistet wieder das Schnittprinzip (Aufg. 73) nützliche Dienste, insbesonders wenn man es mit dem ‚Erstarrungsprinzip' kombiniert. Beide gehen übrigens auf den (uns schon wohlbekannten) Holländer Stevin (Aufg. 40 und 73) zurück.

Wir denken uns in einer ruhenden Fl ein Volumen beliebiger Form (in Abb. 2 doppelt schraffiert), plötzlich erstarrt, wobei sich Form und Volumen (also auch die Dichte) nicht ändern sollen. Der erstarrte Körper K' bleibt also weiterhin in der Fl im Gleichgewicht. Das Gewicht G' von K' greift in seinem Schwerpunkt S an. Die auf die Oberfläche von K' wirkenden hydrostatischen Druckkräfte müssen eine Resultierende F_A haben, die – wegen des Gleichgewichts – ebenfalls in S angreift und G aufhebt: $F_A = -G$.

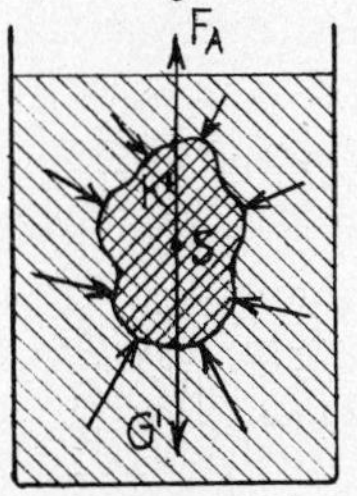

Abb. 2

Nun denkt man sich das gefrorene Volumen entfernt und durch einen Körper K aus beliebigem Material, jedoch gleichen Volumens und gleicher Gestalt wie K', ersetzt, ohne daß die übrige Fl gestört wird; (daß hier dienstbare Geister im Spiel sein müssen, soll uns nicht tangieren). Dadurch ändert sich aber an den 3 Bestimmungsstücken von F_A nichts!

b) Der kugelförmige Körper K sei massiv; seine Dichte ist ϱ_K, die der Fl ϱ. K wird untergetaucht und losgelassen. Es sind 3 Fälle möglich – je nach der relativen Größe von ϱ_K und ϱ – daß K ins Gleichgewicht kommt; welche?

Und nun zurück zur Entdeckung des AG. Die Legende berichtet, daß König Hieron A den Auftrag gab, seine Krone daraufhin zu untersuchen, ob sie aus reinem Gold besteht oder ob der Goldschmied unedle Metalle (z.B. Kupfer) mit kleinerer Dichte zulegiert hat. Das war für A zunächst ein unlösbares Problem, denn die Krone durfte nicht beschädigt werden. In den Thermen (also im ‚städtischen Bad') soll ihm dann die Erleuchtung gekommen sein, so daß er schnurstracks nach Hause lief mit dem bekannt gewordenen Ausruf ‚heureka' (ich hab's), um daheim den entscheidenden Versuch mit der Krone anzustellen.

Es gibt 2 Versionen über den Geistesblitz: A soll festgestellt haben, daß sein Körper im Wasser leichter war als außerhalb. Ich selbst halte die 2. Darstellung für glaubhafter, nach welcher A die kostbare Krone immer mit sich umhertrug und also auch mit ins Bad nahm, wo er dann an ihr selbst den Gewichtsverlust (mit viel Gefühl!) festgestellt haben mochte.

c) Welchen Versuch stellte A zu Hause an? Es muß angenommen werden, daß ihm folgendes zur Verfügung stand: Eine ziemlich genaue gleicharmige Balkenwaage mit gleichen Waagschalen, ein Bottich mit Wasser und reines Gold mindestens vom Gewicht der Krone.

Diskutiere beide Möglichkten: 1) Die Krone bestand aus purem Gold; 2) sie war mit Kupfer legiert.

Der Legende nach teilte A dem König mit, daß das letztere der Fall war. Wäre aber noch eine andere Erklärung möglich gewesen, die dem Goldschmied nicht den Kopf gekostet hätte, weil er tatsächlich nur reines Gold verwendet hatte?

(Diese Erklärung hätte A nicht finden können, ohne die Krone zu beschädigen. Was hätte ein heutiger Physiker oder Techniker als Gutachter tun müssen?)

Abschließend sei vermerkt, daß das AG unverändert auch für ruhende Gase (in einem abgeschlossenen Gefäß) oder für die ruhende Atmosphäre gilt: F_A ist also lotrecht nach oben gerichtet, greift im Schwerpunkt des verdrängten Gasvolumens V an und ist dem Gewicht von V gleich.

Für den atmosphärischen Luftdruck (aerostatischen Druck) gilt aber – wenn es sich um Höhen von vielen m und km handelt – ein anderes Gesetz als für den hydrostatischen Druck: Der Luftdruck nimmt nichtlinear (!) mit der Höhe (die hier über dem Boden nach oben gemessen wird) ab. Dies beruht auf der Zusammendrückbarkeit der Gase; ϱ ist nicht mehr konstant, sondern am Boden am größten.

75. Der verschwundene Ball

Auf einem Kinderspielplatz werden fleißig Sandkuchen gebacken. Das geht dieses Mal vorzüglich, weil eine Wasserzapfstelle ausnahmsweise einmal nicht abgesperrt ist, und deshalb das zum Teigrühren so wichtige Naß unbegrenzt zur Verfügung steht. Aber 2 kleine griechische Mädchen spielen lieber auf dem Rasen Ball, der plötzlich wie vom Erdboden verschluckt ist. Erst dachten sie, daß ihn ein Junge abgefangen hat, aber es war keiner in der Nähe. Endlich entdecken sie den Ball in einer lotrecht in den Boden eingelassenen Betonröhre, deren Deckel abgebrochen war. (Die Röhre dient zur Aufstellung einer Fahnenstange).

Der Ball, dessen Durchmesser etwas kleiner als die innere Lichte des Rohrs ist, liegt auf dem Boden der Röhre. Beide Mädchen versuchen nun abwechseln, den Ball herauszufischen; sie kommen auch mit ihren Ärmchen bis zur Achsel in die Röhre, aber ach, die Ärmchen sind zu kurz! Ein Draht oder eine Leiste ist nicht zu finden. Sie probieres es mit einem Sandschaufelchen; sie erreichen zwar den Ball, aber er läßt sich nicht mit dem Ende unterfassen. Und ihre kleine Harke ist zu breit.

Als sie sich nach anderen Geräten umsehen, fällt ihr Blick auf ein bestimmtes Objekt, und fast gleichzeitig kommt ihnen der rettende Gedanke. Welcher?

Die beiden Mädchen, die einen Kindergarten besuchten, sprachen zwar gut deutsch, aber bei spontanen Äußerungen lag ihnen die Muttersprache näher. Was riefen sie wohl aus, als ihr Blick auf dieses Objekt fiel?

76. Ein Körper schwimmt *

Martin kommt zu seinem Mitschüler Bernd; sie wollen Latein für die morgige Klassenarbeit üben. Bernds Mutter, eine Oberstudienrätin für Mathematik und (Schmalspur-) Physik, hört aber durch den offenen Türspalt aus Bernds Zimmer kein Latein, sondern ein Streitgespräch, in dem es offenbar ums Schwimmen eines Körpers auf Wasser geht. Sie tritt ins Zimmer und erhält auf ihre Frage: „Ich denke, ihr wolltet Latein üben", von Bernd die Antwort: „Ja schon, aber wir haben heute im Physikunterricht das Archimedische Gesetz durchgenommen, und da leuchtet uns partout etwas nicht ein; das wollten wir zunächst mal klären. Vielleicht kannst du uns schnell helfen?"

Die Mutter überlegt kurz und glaubt, daß die Jungen wohl für Latein aufnahmefähiger sein werden, wenn erst ihr physikalisches Problemchen aus der Welt geschafft ist. „Nun gut", sagt sie, „dann schießt mal los!"

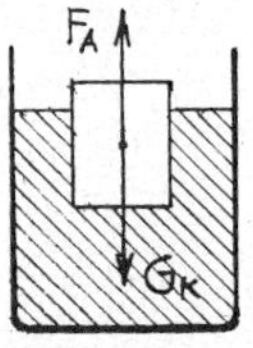

a) Bernd zeigt der Mutter die Zeichnung in seinem Physikheft (Abb.) und liest vor: „Die Gewichtskraft G_K des schwimmenden Körpers wird durch die Auftriebskraft F_A aufgehoben." Er fährt (aus freien Stücken) fort: „Angenommen, das Becherglas mit dem Wasser steht auf einer Waage, die das Gewicht G anzeigt. Lege ich nun den (schwimmenden) Körper vom Gewicht G_K aufs Wasser, so darf doch die Waage demnach nicht aus dem Gleichgewicht geraten?"

Und Martin fügte hinzu: „Wenn man jetzt aber einen Stein (Gewicht G_s) auf den Boden des Gefäßes sinken läßt, dann wird wohl die Waage etwas ausschlagen, vielleicht um $G_s/2$, weil ja nun der Auftieb nicht mehr das ganze Gewicht kompensiert."

Die Mutter schmunzelt und sagt: „Kommt mal mit in die Küche". Dort stellt sie ein Litermaß auf die Küchenwaage und gießt Wasser ein, bis die Waage G = 7N (≙ 700g Masse) anzeigt. Als schwimmenden Körper nimmt sie eine angebrochene Milchdose (G_K = 2N) und als untersinkenden Körper eine geschlossene Milchdose (G_K' = 4N). Wie erklärt nun die Oberstudienrätin die Versuchsergebnisse?

b) Bevor sie mit ihrem Lateinstudium anfangen, bittet Martin, in diesem Zusammenhang noch eine Frage stellen zu dürfen:
„Wie ist das bei einem Schiffshebewerk, bei dem das Schiff vom unteren Kanal in einen wassergefüllten Behälter fährt und dieser dann bis zum oberen Kanal hochgehoben wird? Ich glaube, daß mir mein Vater einmal sagte, das Gewicht des Schiffs brauchte nicht mitgehoben werden, das dieses ja schwimmt. Nach dem eben gezeigten Versuch müßte doch mein Vater unrecht haben?"
Auch diese Frage, welche die Oberstudienrätin ausführlichst (mit Hinweis auf ein ‚Gegengewichtshebewerk') beantwortete, geht an den Leser weiter.

77. Die Schiffskanalbrücke

„Papa, du bist doch Brückenbauer", sagt Käthe zu ihrem Vater, den sie schon einmal in der Baufirma an der Zeichenmaschine besucht hat. „Ich habe da im Erdkundebuch eine schöne Luftaufnahme", fährt sie fort und zeigt dem Vater die Abb.; „es ist die Brücke, mit welcher der Dortmund-Ems-Kanal über die Lippe (nördlich von Datteln) geführt wird. So eine Brükke muß doch viel stärker gebaut sein als eine Straßenbrücke und selbst ein riesiges Gewicht haben, da dauernd Wasser in der Fahrrinne steht. Dabei steht sie bloß auf 2 Pfeilern. Welches Gewicht müssen diese wohl tragen?"

„Selbstverständlich muß eine Kanalbrücke stärker gebaut sein als eine Straßenbrücke mit gleichen Ausmaßen", antwortete der Vater, „aber so schlimm mit dem Gewicht ist es nun wieder auch nicht, da gibt es noch viel schwerere Brücken. Ich schätze, daß diese Brücke hier so an die 10 000 t wiegt, einschl. des Wassers". (1 t = 1 Tonne = 1000 kg).

„Hm!" machte Käthe und fragte weiter: „Ich lese hier gerade, daß der Kanal für ‚Europaschiffe' (bis 1350 Tonnen) befahrbar ist. Wenn also ein derartiges Schiff gerade über die Brücke fährt, dann addiert sich das Schiffsgewicht noch zu dem des Wassers auf der Brücke. Wir machten nämlich gerade vor einigen Tagen im Physikunterricht einen Versuch, bei dem ein Glasgefäß mit Wasser auf einer Zeigerwaage stand; diese zeigte nun ein größeres Gewicht an, als die Lehrerin einen Körper auf dem Wasser schwimmen ließ".

Wie erklärte der Brückenbauingenieur seiner wißbegierigen Tochter den wahren Sachverhalt beim Befahren der Kanalbrücke?

Er zeigte ihr auch in ihrem Physik-Lehrbuch den Versuch (mit einem ‚Überlaufgefäß'), der die Verhältnisse bei der Kanalbrücke genau widerspiegelt. Wie sieht dieser Versuch aus? (Zeichnung).

Zuletzt fragte er höchst väterlich: „Hast du das auch verstanden?"

„Ja", sagte Käthe, „besten Dank! Ich werde aber trotzdem nicht Bauingenieur, sondern Modeschöpferin".

78. Die Eislimonade

Es war ein heißer Sommertag. Zwei Teenager saßen auf einer schattigen Kaffeehausterrasse und hatten eisgekühlte Limonaden vor sich stehen. Die Gläser waren randvoll, und auf dem Getränk schwammen große Eisstücke.

„Trink schnell ab, deine Limo läuft sonst über, wenn das Eis schmilzt", sagte das blonde Mädchen zu seiner dunkelhaarigen Freundin.

„Laß es ruhig schmelzen, das Glas wird schon nicht überlaufen", erwiderte diese, die wohl die ältere war.

Wer hatte recht und warum?

79. Ein Loch ist im Boden

Knapp hinter dem kleinen Bauerndorf, in dem ich meine goldenen Jugendjahre verbrachte, floß ein Bach, der etwa 15 km weit entfernt am Abhang eines Hügellands entsprang. Nur z. Zt. der Schneeschmelze entwickelte er sich ~ in den verwunderten Kinderaugen ~ zu einem reißenden Fluß, der Wiesen und auch Äcker an seinen Ufern überschwemmte. Im Sommer jedoch trocknete der Bach bis auf einige Tümpel aus, was allerdings nicht geschehen wäre, wenn nicht schon weit oberhalb des Dorfs (in der 5 km entfernten Stadt) alles fließende Wasser durch 2 Mühlbäche abgegraben worden wäre. Leider machten diese einen so großen Bogen um mein Dorf und mündeten so weit unterhalb (in einem anderssprachigen Dorf) in das alte Bachbett, daß sie für unsere sommerlichen Wasserspiele ausschieden.

Unserer Clique gleichaltriger Jungen galt in der Badesaison die größte Sorge der Erhaltung jener Bachtümpel. Bereits im Frühsommer, wenn noch ein kleines Rinnsal das Bachbett durchzog, baggerten wir die auf natürliche Weise entstandenen Teiche aus und stauten das kostbare Naß durch halbkreisförmige Steinwälle auf. Was den Bauern während der Getreideernte (die damals in den 20-er Jahren nur mit der Hand eingebracht wurde) höchst unliebsam war, nämlich tüchtige Regenschauer, ließ aber unsere Kinderherzen höher schlagen, denn dann füllten sich unsere ‚Schwimmbecken' wieder bis zur Überlaufrinne, in der sich das selbstgebastelte Wasserrädchen nun wieder lustig drehte.

Manchmal brachten wir zum ‚Kahnfahren' einen Wäschezuber (Waschbottich) mit; das war ein aus Holzbrettern zusammengefügter länglicher Trog, in dem mit einer ‚Wäscherumpel' (Wellblech in Holzrahmen, auch ‚Waschbrett' genannt) von Hand Wäsche gewaschen wurde. Am Boden des Zubers befand sich ein mit einem Holzstöpsel verschließbares Loch.

Über die folgenden Fragen, die bei unseren Spielen auftauchten, stritten wir uns oft heftig. Sie wurden von uns nie richtig geklärt. Erst als ich in die Höhere Schule ging, nahmen sie in Form von Physikaufgaben konkrete Gestalt an.

a) Der leere Holzbottich schwimmt auf dem ruhenden

Wasser eines Tümpels; der Wasserstand kann am Steinwall genau abgelesen werden. Nun wird der Stöpsel herausgezogen und auf den Trogboden gelegt. Was ist mit dem Wasserspiegel geschehen, nachdem der Bottich ‚abgesoffen' ist? Ist er gestiegen, gleichhoch geblieben oder gefallen? (Begründung).

b) Einmal brachten wir eine Badewanne aus verzinktem Eisenblech auf einem Wägelchen zum Bach. Sie sah wie ein Zinksarg aus, hatte aber im Boden eine verschließbare Ausflußöffnung. Wir ließen sie erst schwimmen und dann ~ durch Ziehen des Stöpsels ~ bis auf den Grund absaufen. Begründe das nunmehrige Verhalten des Wasserspiegels.

80. Ein Kahn wird entladen *

Gleich als er aus dem Gymnasium heimkam, fragte Detlef seinen jüngeren Bruder: „Wolfi, kannst du mir ein Spielzeugboot leihen, das man mit einigen Murmeln beladen kann?"

„Aber erst will ich zu Mittag essen", erwiderte Wolfgang, „wir haben ja nur auf dich gewartet, und ich hab' einen Mordshunger. Wozu brauchst du das Boot überhaupt?"

Detlef: „Ach weißt du, wir haben da in Physik 2 Hausübungsbeispiele mit einem Kahn bekommen, und da sind schon in der Schule die Meinungen selbst der ‚Matadore' auseinandergegangen. Nun möchte ich eben durch Versuche herausfinden, was richtig ist. Du kannst mir ja helfen."

Die Aufg. lauten:

a) Ein Lastkahn (LK) ist mit einer Ladung Betonpflastersteine in eine Schleuse eingefahren. Beide Schleusentore sind geschlossen, der LK schwimmt also in einem geschlossenen Wasservolumen. Die Steine werden mit einem am Ufer stehenden Kran an Land abgeladen.

   An der Schleusenwand befindet sich ein Pegel; der Wasserstand wurde vor dem Entladen abgelesen. Steht der Wasserspiegel nach dem Entladen gleichhoch, ist er gefallen oder gestiegen? (Begründung).

b) Derselbe LK kommt mit der gleichen Ladung nochmals in die Schleuse gefahren. Nun werden aber die Steine in die Schleusenkammer selbst abgeladen, da ihr Boden ~ nach Trockenlegung ~ gepflastert werden soll. Welche Wasserstandsänderung ist nun am Pegel abzulesen?

Nach dem Essen machen die Brüder die entsprechenden Versuche in einer randvoll mit Wasser gefüllten Schüssel, in der das Modellboot gerade Platz hat. Der Ausgang beider Versuche ist ziemlich eindeutig, aber Detlef muß ja noch die theoretischen Begründungen niederschreiben.

Der Leser wird sich vielleicht über das Sternchen (*) bei dieser Aufg. wundern. Ich hatte es ursprünglich auch gar nicht vorgesehen, las dann aber in einem Buch von J. Walker, daß bedeutende Physiker bei diesen Fragestellungen ‚danebengeraten' hatten, so die Amerikaner Gamow (Aufg. 118), Robert Oppenheimer (1904-1967) und Felix Bloch (1905-1983, NPP 1952).

81. Das Perpetuum mobile

Herr P war dem Pförtner des Patentamts durchaus keine unbekannte Person; deshalb ließ er ihn ohne große Formalitäten passieren, zumal er wußte, daß sich Herr P kaum abweisen ließ, bevor er nicht wenigstens bis zur Anmeldeabteilung vorgedrungen war.

„Herr ‚Permob' beehrt uns wieder einmal mit seinem Besuch", sagte die Sekretärin zu ihrem Chef Dr. J; „heute kann ich Sie schlecht verleugnen, da Sie ja gestern offiziell von der ‚vorgeschobenen' Dienstreise zurückgekehrt sind."

(Herr P wurde ~ wie der Leser vielleicht schon vermutet ~ im Patentamt allg. nur Permob genannt, eine Abkürzung gebildet aus ‚Perpetuum mobile'. Dieser etwas angegraute Herr erschien nämlich in ziemlich regelmäßigen Abständen mit Patentanmeldungen eigener Erfindungen, von denen die meisten Perpetua mobilia sein sollten. Aber trotz ständiger Abweisungen erschien er doch immer wieder frohen Mutes).

„Dann lassen Sie ihn in Gottes Namen in etwa 10 Minuten eintreten", seufzte Dr. J, „bringen Sie mir aber vorher einen starken Kaffee, damit ich seine physikalischen Ergüsse besser vertrage. Und Sie wissen, wenn ich läute, Trick 1!" ~

„Diesmal klappt's", rief Herr P gleich beim Eintreten und streckte mit siegesgewissem Lächeln Herrn Dr. J seine Hand entgegen. „Ich kann Ihnen das Prinzip auch ganz kurz erläutern", schlägt rasch einen Schnell-

hefter auf und weist auf eine Zeichnung hin.
„Aber Sie wissen doch genau, daß ich Jurist bin, ich werde ..."
Doch Herr P fiel Herrn Dr. J ins Wort: „Das versteht sogar ein Schüler, so einfach ist das, wirklich das Ei des Kolumbus. Mich wundert nur eines, daß niemand vor mir diese Idee hatte! Sehen Sie selbst", und er zeigt auf die Abb. „Die Seitenwand eines mit Wasser gefüllten Gefäßes hat eine rechteckige Aussparung, in die genau ein (voller oder hohler) Zylinder hineinpaßt. Er hat eine waagrechte Achse, die in 2 an der Seitenwand angebrachten Lagern läuft (Abb. b); ihre Verlängerung dient als Antriebsachse für irgendwelche Maschinen. Das zylindrische Rad soll die Aussparung wasserdicht abschließen, sich aber dennoch praktisch ohne Reibung drehen."

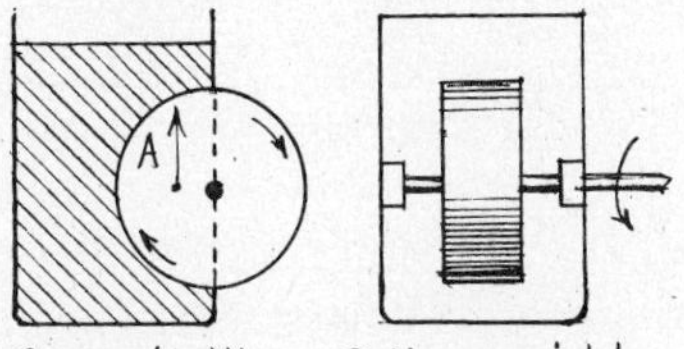

Querschnitt a) Seitenansicht b)

„Schon gut, ich werde ...", wollte Dr. J seinen Redeschwall unterbrechen, aber Herr P fuhr unentwegt fort: „Da der halbe Zylinder im Wasser untergetaucht ist, läßt sich auf ihn das Archimedische Gesetz anwenden, er erfährt also den Auftrieb A (Abb. a)). Ich habe den Wortlaut dieses Gesetzes durch nicht weniger als 10 Literaturangaben renommierter Physiker belegt. Jedenfalls ..."
Aber Dr. J hatte mittlerweile auf einen verdeckten Knopf an seinem Schreibtisch gedrückt, und gleich darauf ertönte die Stimme seiner Sekretärin aus dem Lautsprecher: „Herr Dr. J, Sie möchten bitte möglichst gleich mit den Besprechungsunterlagen bei der Firma ... zum Herrn Präsidenten kommen".
„Danke, ich komme", und zu Herrn P gewandt: „Sie haben ja gehört ..."
„Nur noch die Quintessenz!" sagte P schon zwischen Tür und Angel, „dieser Auftrieb A erzeugt nun ein ständiges Drehmoment am Rad ..."
„Lassen Sie die Unterlagen da", unterbrach ihn Dr. J fast zornig, „ich werde sie an die Sachverständigen weiterleiten. Sie erhalten ~ wie immer ~ eine schriftliche Benachrichtigung!" ~
Nach einiger Zeit erhielt Herr P eine schriftliche Absage seiner Patentanmeldung, in der klipp und klar begründet wurde, warum das Perpetuum mobile nicht funktionieren kann.
Wie lautete etwa die Begründung?
Den Herrn Permob gab es (in Prag) wirklich. Er war Diplom-Ingenieur, verfiel aber im Alter von etwa 40 Jahren in eine schizophrene Geisteserkrankung, die ihm einen längeren Klinikaufenthalt einbrachte. P kannte zwar viele physikalische Formeln und Gesetze, er beherrschte auch noch erstaunlich gut die höhere Mathematik, konnte aber keinen auch nur kurzen Gedankengang logisch durchhalten. Es schnackelte da etwas in seinem Hinterstübchen aus, der logische Faden riß ab oder verknäuelte sich so, daß schließlich alles in seinem Kopf wie Kraut und Rüben durcheinanderging. Es war ~ wie man sagt ~ bei ihm nicht nur eine Schraube locker, sondern gleich dutzende. Ab und zu kam er ins physikalische Institut (wenn es ihm gelang, am Pförtner vorbeizuschleichen) und nervte da Professoren und Studenten. Einmal ließen wir Hochsemestrigen ihn eine ‚Kleine Vorlesung' halten, aber nach einer halben Stunde drehte sich auch bei uns alles im Kopf. In seinem Buch ‚Moderne Physik' (das er wohl im Selbstverlag herausgebracht hat) kam man beim Lesen nicht über die 1. Seite hinaus. ~ Er war schon ein bedauernswerter Mensch!

82. Torricelli und Mariotte *

Der italienische Physiker und Mathematiker Evangelista Torricelli (1608-1647), nach dem die über Jahrhunderte gebrauchte, heute aber abgeschaffte Druckeinheit 1 Torr benannt ist, beschäftigte sich vor allem ~ außer mit mathematischen Problemen ~ mit dem Luftdruck. Das nach ihm benannte ‚Ausflußtheorem' fand er erst 1646. Es ist die Formel der Ausfluß-Gs einer Flüssigkeit (Fl) aus einem Gefäß.

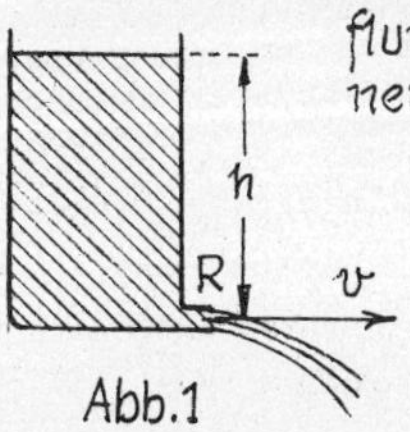

Abb.1

a) In einem Gefäß, das am Boden einen engen (waagrechten) Rohrstutzen R hat (Abb.1), befindet sich eine Fl zur Höhe h. Berechne die Ausfluß-Gs v in

Abhängigkeit von h und g (= Schwerebeschleunigung) unter Idealbedingungen: Jegliche Reibung (innere, Wand- und Luftreibung) soll wegfallen; ferner sei der innere Durchmesser von R klein gegen h, es soll aber in R noch keine Kapillarwirkung (Aufg. 86) auftreten.

Es gibt (mindestens) 2 unterschiedliche Herleitungen für v: 1) Mit dem Energiesatz der Mechanik, 2) mit dem hydrostatischen Druck und der Beschleunigungsarbeit. (Betrachte bei beiden Rechnungen ein gerade ausströmendes Fl-Teilchen der kleinen Masse Δm).

Wie läßt sich v als Fall-Gs deuten?

Von welchen 3 (oder 4) Faktoren, die dem Betrachter der Abb. 1 aufgezwungen werden, hängt v nicht ab?

b) Wie groß ist v für $h = 4\,dm$ und $g = 9{,}8\,ms^{-2}$?

Beim Ausfließen aus dem Gefäß in Abb. 1 nimmt die (ursprüngliche) Höhe h ständig ab; damit sinkt auch v, wenn nicht h ~ etwa durch dauerndes Nachfüllen ~ konstant gehalten wird. Vielleicht hat dies den französischen Physiker Edme Mariotte (um 1620–1648) verdrossen und auf den Einfall gebracht, v dadurch konstant zu halten, indem er ein beiderseits offenes Röhrchen R' (Abb. 2) mittels eines luftdicht schließenden Stopfens in die Fl eintauchen ließ. Man nennt ein derart ausgestattetes Gefäß eine ‚Mariottesche Flasche'.

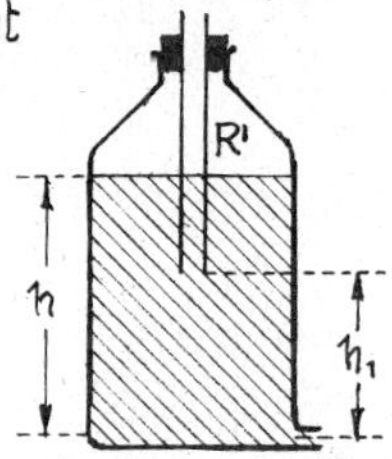

Abb. 2

c) Nach einem gewissen Einpendelungsvorgang strömt die Fl mit konstanter Gs v_1 aus. Welche (Torricellische) Formel gilt nun für v_1, und wie lange bleibt v_1 konstant? Begründe vor allem diese (erratbare) Formel.

Was ist bei der Durchführung des Experiments an R' deutlich zu sehen?

(Reibungslosigkeit ist wieder vorausgesetzt).

83. Wasserspiele *

Obwohl das Torricellische Ausflußtheorem (Aufg. 82) im Physikstoff des Gymnasium, das ich als Schüler besuchte, vorgeschrieben war, stieß ich auf das hier folgende Problem erst als Student im physikalischen Kolloquium (= Diskussionsstunde).

Wenn ich als Lehrer im Physikunterricht einer Oberstufenklasse beim waagrechten Wurf angelangt war, den ich u.a. mit dem Wasserstrahl einer Mariotteschen Flasche (Aufg. 82) demonstrierte, warf ich oft am Ende der Stunde mit dem Schreibprojektor die 3 Zeichnungen der Abb. 1 an die Wand und erläuterte:

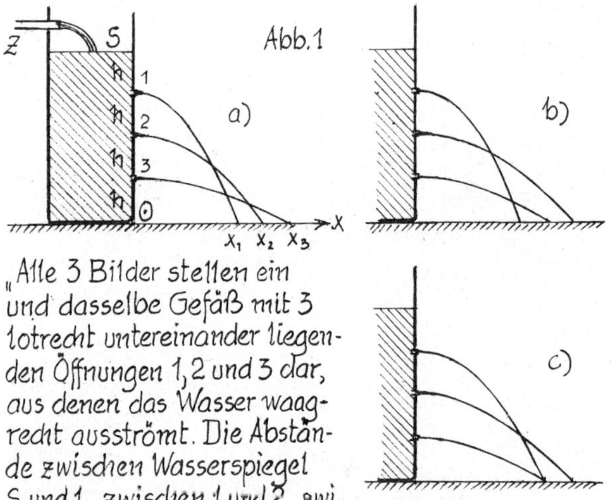

„Alle 3 Bilder stellen ein und dasselbe Gefäß mit 3 lotrecht untereinander liegenden Öffnungen 1, 2 und 3 dar, aus denen das Wasser waagrecht ausströmt. Die Abstände zwischen Wasserspiegel S und 1, zwischen 1 und 2, zwischen 2 und 3 sowie zwischen 3 und 0 (Ursprung der x-Achse) seien je h. Ein Zulauf Z sorgt dafür, daß S immer gleichhoch bleibt. Die waagrechten Wurfweiten der Wasserstrahlen sind x_1, x_2 und x_3. Jegliche Reibung sei vernachlässigt. Nur eine der 3 Zeichnungen ist ~ qualitativ ~ richtig."

Ich sammelte dann von jedem Schüler einen Zettel ein mit seinem Namen und demjenigen Buchstaben der Zeichnung, die seiner Meinung nach die richtige war.

„Rechnet als Hausübung nach", sagte ich zum Schluß.

a) Für welche Zeichnung entscheidest Du Dich, lieber Leser?

Stelle die Gleichung eines beliebigen Wasserstrahls in einen x-y-System dar; (Ursprung in der Austrittsöffnung, x-Achse nach rechts, y-Achse nach unten).

Überprüfe durch Rechnung, ob Du richtig geschätzt hast.

b) Bei einem ähnlichen Gefäß (Abb. 2) sei der Abstand zwischen 3 und 0 gleich

$d = k \cdot h \quad (k \geq 1)$;

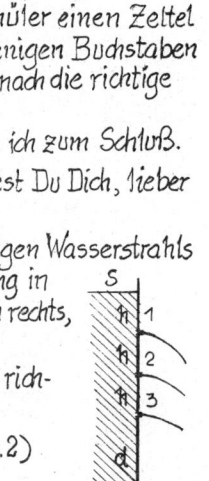

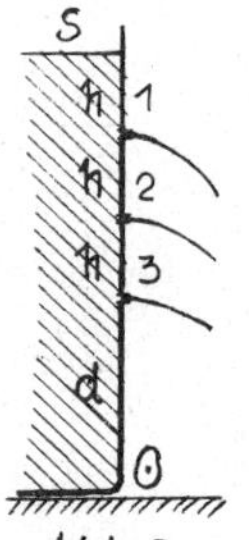

Abb. 2

die anderen Abstände bleiben je h.
Stelle die Verhältnisgleichung $x_1^*:x_2^*:x_3^*$ auf für $k\to\infty$, d.h. für den Fall, daß $d\gg h$ ist. (Es kommt etwas Schönes heraus).

84. Felix und Harun Ar Raschid

Im Geschichtsunterricht der Unterstufe hörte Felix (F) meist nur mit halbem Ohr zu, denn ihm gingen da viel zu sehr seine Basteleien durch den Kopf. Als er jedoch vernahm, daß der mächtige Kalif Harun Ar Raschid (766-809) durch seinen Gesandten dem bedeutenden Zeitgenossen Karl dem Großen (747-814) eine kunstvolle Wasseruhr als Geschenk überreichen ließ, da wußte er schlagartig, was er seiner Mutter zum Geburtstag basteln würde, um die in der Küche passierenden Fälle harter Eier, übergelaufener Milch, zerkochter Kartoffeln usw. zu reduzieren. (F ist heute schon Großvater, und seine Frau benutzt eine elektronische Kochuhr, aber er zeigt noch immer mit Stolz ein vergilbtes Foto seiner 'historischen' Wasseruhr).

F hatte ein Glasrohr (innerer Durchmesser 12cm, Länge 20cm) ergattert, an das er einen Kunststoffboden kleben wollte. Wie groß sollte er nun das Loch in den Boden bohren, damit die Ausflußzeit des Wassers aus dem gefüllten Gefäß (das lotrecht über dem Küchenspülbecken an die Wand montiert werden sollte) etwa 10 bis 12 min beträgt? Er könnte dann diese Dauer durch Strichmarken (am Gefäß) unterteilen, ja er dachte sogar daran, später durch elektrische Kontakte... Doch da zerriß die donnernde Stimme des Lehrers seine Träume: „Felix, du träumst ja wieder! – Wann wurde also Karl gekrönt, wo und durch wen?" F wußte natürlich nichts, begann aber stotternd: „Karl der Große wurde..." – und da bewährte sich zum x-ten Male der Wissenstauschhandel mit seinem Nachbarn (Geschichte - Geographie gegen Mathematik - Physik), denn dieser hatte blitzschnell 'Weihnacht 800 – Rom – Papst' groß auf einen Zettel geschrieben. Damit protzte Felix (= der Glückliche) nun und konnte auch der beabsichtigten weiteren Ausfragerei ein breites Lächeln entgegensetzen, denn gerade ertönte die Klingel zum Stundenende.

Die nächste Stunde war Physik. Diese interessierte ihn zwar sehr, aber er sehnte das Ende der Stunde dennoch herbei, denn der Lehrer konnte sein Problem, an dem er weitergesponnen hatte, bestimmt theoretisch lösen. Als ihn dann F um die Formel für die Ausflußdauer bat, antwortete ihm dieser, daß er diese Formel erst aus der Ausfluß-Gs herleiten müsse, u. zw. mit Integral. Er könne ihm aber erst morgen Bescheid geben, da er jetzt noch mit Versuchsaufbauten zu tun hat.

Am nächsten Tag hatte F die Formel in der Hand:

$$T=\frac{A}{q}\sqrt{\frac{2h}{g}} \qquad (1) \qquad \text{(ohne Reibung);}$$

hierin bedeuten: T = Ausflußdauer; A = innere Querschnittsfläche des Gefäßes; q = Querschnittsfläche der Ausflußöffnung; h = (innere) Höhe der Flüssigkeit (Fl); g = Schwerebeschleunigung.

a) Bestätige (1) mit dem Schnitt- und Erstarrungsprinzip (Aufg. 73 und 74). Denke Dir das Gefäß quadratisch und die Fl durch unendlich-dünne Wände in lauter quadratische, lotrechte Säulen der Höhe h zerschnitten. Die in der Abb. schraffierte Säule steht über der ebenfalls quadratischen (noch verschlossenen) Ausflußöffnung. Nun läßt eine Gottheit sämtliche Säulen gefrieren, ohne daß sich aber ihr Volumen ändert, und zieht dann die Wände heraus; (die Säulen hängen also nicht zusammen). Wird nun der lotrechte Ausfluß geöffnet, so fällt die 1. Säule (ohne Reibung) frei hindurch. In dem Moment, in welchem die Deckfläche der 1. Säule den oberen Rand der Öffnung passiert, rückt – ohne jegliche Verzögerung! – die 2. Säule über die Öffnung und fällt frei hindurch, usw. Du erhältst T durch Addition der Falldauern aller Säulen.

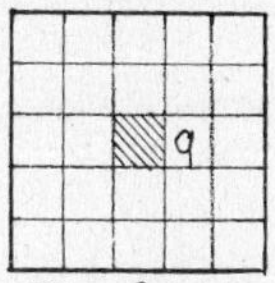

Draufsicht

(Dieses Gedankenexperiment ist ohne weiteres auf reguläre Sechskantsäulen übertragbar; bei rundem Loch müßten die Rundsäulen von der Gottheit in unendlich kurzer Zeit erst formiert werden).

b) F bohrt in den Gefäßboden ein Loch mit einem 2mm-Bohrer. In welchen Höhen $h_2, h_4, \ldots$ muß er (innen über dem Boden gemessen) die Strichmarken für die Ausflußzeiten 2min, 4min, ... anbringen? (Auf mm gerundet; $g = 9{,}8\,\mathrm{ms}^{-2}$).
(F tut gut daran, wegen der Reibung die errechneten Höhen durch einen Versuch zu korrigieren).

85. Seemannsgarn

Erst gestern war der schon etwas betagte, durch alle Meere gereiste 'Seebär' Knut mit Vollbart von seiner letzten Heuer heimgekehrt, und heute schon sitzt er seit dem Nachmittag in der Seemannskneipe seines Heimathafens am Stammtisch inmitten einer neugierigen, zechfreudigen Runde und spinnt Seemannsgarn: „Ja, da lagen wir also im Golf von Saint-Malo (Frankreich) vor Anker, den wir gar nicht benötigt hätten, denn bei niedrigster Ebbe saßen wir fast auf dem Trockenen. Dies und das schöne Wetter nutzte der Kapitän und befahl uns, die Außenbordwand zu streichen. Wir ließen also von der Reling Strickleitern mit Brettern herab und begannen unter der Wasserkante mit schnelltrocknendem Lack zu streichen. Das war keine leichte Arbeit, da die Farbe fast unter dem Pinsel trocknete, und wir mußten uns beeilen, denn in 3 Stunden war Hochflut von 12m angesagt! Aber wir schafften das Streichen bis zur normalen Eintauchtiefe."

Einige Stammgäste (es gab auch 'Landratten' unter ihnen) glaubten dem erfahrenen Seemann, andere schmunzelten nur und schauten tiefer ins Bierglas.

Was war eigentlich gesponnen?

86. Ein Gärtner-Sprichwort

„Gut'n Morgen, Herr Kohlbauer!" grüßte der neue Schrebergärtner über den Zaun seinen bereits alteingesessenen Nachbarn; „Sie haben trotz der Trokkenheit immer so schönes Gemüse, obwohl Sie weniger gießen als ich. Gibt's da einen besonderen Trick?"

Kohlbauer: „Oh ja! Einmal hacken ist besser als dreimal gießen". Und er zeigte dem Möchtegern-Gemüsegärtner seine Hacke und auch die Art des Hakkens, wie also mit der schräg gestellten Schneide der Boden zwischen den Gemüsezeilen oder um einzelne Pflanzen herum 'flach' zerhackt wird.

Kannst Du, lieber Leser, dieses Gärtner-Sprichwort physikalisch deuten?

(Die Erklärung gründet sich auf eine Eigenschaft von Wasser – überhaupt der meisten Flüssigkeiten – die z. B. auch das Aufsteigen von Tinte in einem hochkant stehenden Löschblatt bewirkt).

87. Ein Versuch von Pascal

In der Physik beschäftigte sich Pascal (Aufg. 73) vor allem mit Untersuchungen des Vakuums (Verwendung des Barometers zur Höhenmessung), des Gleichgewichts von Flüssigkeiten (Gesetz der kommunizierenden Röhren) und der Schwere der Luft.

a) Unter vielen anderen machte Pascal folgenden, in Abb. 1 dargestellten Versuch: Der zylindrische, glattpolierte Holzkörper K ist in einem Rohr R praktisch ohne Reibung verschiebbar. Die Abb. 1 zeigt die Ausgangslage, in der K – ohne R – im Wasser stabil schwimmen würde.

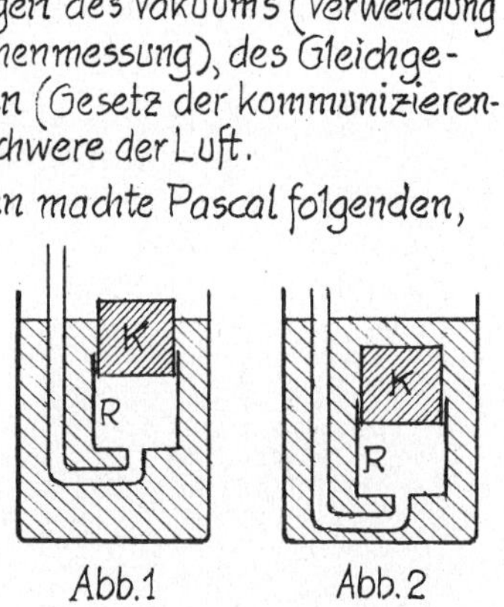

Abb. 1 Abb. 2

Verharrt K in dieser Lage? Wenn nicht, wohin bewegt er sich und weshalb? In welcher Endlage bleibt K im (stabilen) Gleichgewicht?

b) In einem 2. Versuch ist K in der Ausgangslage untergetaucht (Abb. 2).
Beantworte dieselben Fragen wie in a).

Ich stellte eine dieser Teilaufg. ab und zu in den vergangenen Jahrzehnten bei schriftlichen Physikarbeiten (in der Sekundarstufe I) etwa in der Zeit, als im Unterricht der Luftdruck behandelt wurde. Die Schüler taten sich bei der Lösung ziemlich schwer, wie ich beim Durchgehen zwischen den Bänken feststellen konnte. Einige schüttelten leicht den Kopf, anderen sah ich das fieberhafte Nachdenken an den Stirnfalten oberhalb der Nasenwurzel direkt an. Einer entließ mit deutlichem Geräusch die Luft aus seinen Lungen und vergaß förmlich, neuen Atem zu schöpfen. Ein anderer murmelte etwas in seinen Milchbart, das sich anhörte wie: „Ich geb's auf!" Eine Schülerin sah mich mit ihren (wirklich schönen) Augen an und fragte direkt: „Gilt für K das Archimedische Gesetz?" (Ich hatte dieses Gesetz kurz vor der Klassenarbeit wiederholt, da im allg. für Klassenarbeiten nur Unterrichtsstoff der letzten 14 Tage verwendet werden sollte). Es war schwierig, auf diese Frage eine Antwort zu geben. Meistens sagte ich dann, an die ganze Klasse gewandt: „Betrachtet alle Kräfte, die auf K wirken!"

88. Eisen und Federn

Wer kennt nicht die alte Frage: Was ist schwerer, 1kg Eisen oder 1kg Federn?

Der Laie fällt kaum mehr auf sie herein und antwortet: „Beide Körper sind gleichschwer, 1kg ist eben 1kg." Der Fachmann ist aber mißtrauisch und fragt, wie denn beide Massen gemessen wurden? Das wollen auch wir tun und folgenden (Gedanken-) Versuch anstellen:

a) Wir haben eine gleicharmige Balkenwaage mit symmetrischem Waagebalken und identischen Waagschalen (WS) (gleiche Masse, gleiches Volumen) zur Verfügung, ferner einen ‚absolut geeichten' Massensatz; d.h. das kg-Stück soll absolut die gleiche Masse haben wie die Kopie des Urkilogramms der PTB (Physikalisch-Technische Bundesanstalt) in Braunschweig. Auch die Teilmassenstücke sollen präzise stimmen.
Um keine überdimensionale Waage nehmen zu müssen, vergleichen wir je 10g beider Stoffe. Wir wiegen zunächst 10g Nägel mit einem 10g-Massenstück ab; (wir warten also, bis der Zeiger auf null eingespielt ist). Dann nehmen wir die 10g herunter und legen so lange (Vogel-) Federn auf die leere WS, bis sich wieder Gleichgewicht einstellt.
Und das Wort Gleichgewicht sagt direkt aus, daß beide Körper gleiches Gewicht und damit gleiche Masse haben. Haben sie das wirklich oder sind ihre Massen verschieden? Hat wenigstens ein der beiden Körper die genaue Masse 10g? Welcher? (Untersuche das Problem unter dem Aspekt des Auftriebs beider Körper).
Liefert eine andere Waage (mit nur einer WS), deren Konstruktion verdeckt ist, dasselbe Ergebnis beim Wiegen von 10g Eisen und 10g Federn? (Die Waage soll genau geeicht sein).

b) Um das Gewicht einem bestimmten Luftvolumens zu bestimmen, tariert man auf einer gleicharmigen Balkenwaage einen evakuierten (Glas-)Ballon aus; dann läßt man Luft einströmen; die WS mit dem Gefäß senkt sich. Um Gleichgewicht herzustellen, muß man auf die andere WS 1g-Stück legen.
Ist die Masse der Luft m_L im Ballon genau 1g?

89. Eine Tänzerin entschwebt

In dem Film ‚Menschen vom Varieté' (1939) stellt sich die deutsche Tänzerin La Jana (1905-1940) (bürgerlicher Name Henriette Hiebl) auf der Bühne eines Revue-Theaters auf eine Scheibe mit Bügel (eine Art großer Waagschale); an diesen werden einige ‚Trauben' wasserstoffgefüllter kleiner Ballone angebunden, und die Tänzerin schwebt nun langsam in die Höhe. Als nun einige Ballone mit einer Pistole zerschossen werden, kehrt sich der Höhenflug um, und die Tänzerin setzt sanft auf die Bühne auf.

Reicht der Auftrieb der Ballone ~ es mögen einige hundert gewesen sein ~ aus, um die Tänzerin entschweben zu lassen oder war ein Trick notwendig?

Für eine Überschlagsrechnung nimm die Ballone kugelförmig mit dem Radius je $r = 1\,dm$ an. Die Dichten von Wasserstoff (H) und Luft (L) sind: $\varrho_H = 0{,}084\,g \cdot l^{-1}$; $\varrho_L = 1{,}206\,g \cdot l^{-1}$. Jede Ballonhülle hat die Masse $m = 1{,}7g$; die sonst insgesamt zu hebende Masse (Tänzerin, Gestell, Schnüre) veranschlage mit nur 60kg.

90. Baumelnde Dinge *

Die Eltern und ihre beiden kleinen Kinder befanden sich am Heimweg vom städtisch Jahrmarkt auf einer kurvenreichen Straße zu ihrem Wohnhaus auf dem Lande. Die Kinder sitzen hinten im Auto eingepfercht zwischen Spielsachen. Das Mädchen hat einen Stofftiger gewonnen; er hängt an einem Faden von der Decke herab bis etwa in Augenhöhe. Vor dem jüngeren Brüderchen, das schon eingeschlafen ist, kann an einem Faden ein wasserstoffgefüllter Ballon frei schwingen, etwa in halber Höhe zur Decke; (das Fadenende ist am Autoboden festgemacht). Draußen ist es schon herbstlich kühl, so daß alle Fenster geschlossen sind.

„Mutti", ruft das kleine Mädchen, „immer wenn wir durch eine Kurve fahren, fangen Tiger und Ballon an zu baumeln, aber das eine Ding so und das andere so"; (es deutet die Bewegung mit der Hand an). „Kannst du mir das erklären?"

Die Mutter beobachtet selbst und antwortet: „Das rührt wahrscheinlich daher, daß der Tiger oben, der Ballon aber unten angebunden ist. Vielleicht kann dir das

Vati zu Hause besser klarmachen, wir sind ja gleich da".

Diese Aufg. hat ein *, d.h. sie ist nicht ganz leicht zu beantworten. Mache Dich daher, lieber Leser, vorher etwas mit dem Zentrifugen-Effekt vertraut. Dieser Effekt gilt – wie das Archimedische Prinzip u.a. Gesetze – für Flüssigkeiten und Gase. Daher verwendet man für sie heute oft den Oberbegriff ‚Fluid'.

a) In einem geschlossenen Behälter B befindet sich ein Fluid (Abb.) B ist mit den Streben S_1 und S_2 an der vertikalen Achse A befestigt und rotiert mit der konstanten Winkel-Gs ω. Bei ruhendem B herrscht im Fluid das uns schon bekannte Schweredruck-Gefälle, bei dem die Flächen gleichen Drucks waagrechte Ebenen sind. Dieser Druckzustand bleibt auch bei Rotation bestehen, aber es entsteht durch die Drehung ein zusätzliches Gefälle, das ‚Zentrifugaldruck-Gefälle' (p_z-Gefälle).

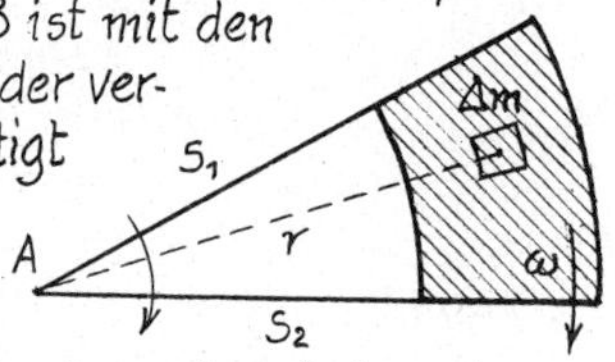

Stelle Dich auf den Standpunkt des mitrotierenden Systems; vom Schweredruck sehe ab. Wie entsteht p_z und in welcher Richtung nimmt p_z zu? Was sind die Flächen gleichen Drucks p_z? Wo ist die ‚Nullfläche' ($p_z = 0$)?

Greife ein kleines Fluidvolumen in Form eines ‚Fastquaders' heraus; (Grund- und Deckfläche sollen senkrecht auf dem Drehradius stehen). Die Masse sei Δm. Man ersetzt sie durch eine größere Δm_1 (dann durch eine kleinere Δm_2). Was geschieht – bei Rotation – mit Δm_1 bzw. Δm_2? (Wende das Schnitt- oder Gefrierprinzip an).

Nenne kurz den Zweck einer Zentrifuge und führe ein Beispiel an.

b) Du kannst nun leicht erklären, wohin Tiger und Ballon ausschlagen, wenn das Auto eine Kurve durchfährt.

SCHWINGUNGEN UND WELLEN

91. Die Schwingung

Ein wichtiger Bewegungstyp ist die ‚Schwingung' (Sch), genauer die ‚harmonische' Sch, weil sie die Grundlage jeder Wellenbewegung ist. Am einfachsten leiten wir ihre Gesetze aus der gleichförmigen Kreisbewegung (Aufg. 7) her. Der Körper K (Abb.) rotiert mit konstanter Bahn-Gs v_K auf einem waagrechten Kreis mit dem Radius s_0. Z. Zt. $t = 0$ durchlaufe K den Punkt A. Durch ein horizontales Lichtbündel wird K auf eine lotrechte Wand W projiziert. Die Projektion der Kreisbahn fällt auf eine (waagrechte) s-Achse, auf welcher der Schattenpunkt S zwischen den Umkehrpunkten U_1 und U_2 hin- und herpendelt. Sein Weg-Zeit-Gesetz $s = s(t)$ erhalten wir durch Projektion des ‚Radiusvektors' $\vec{s_0}$:

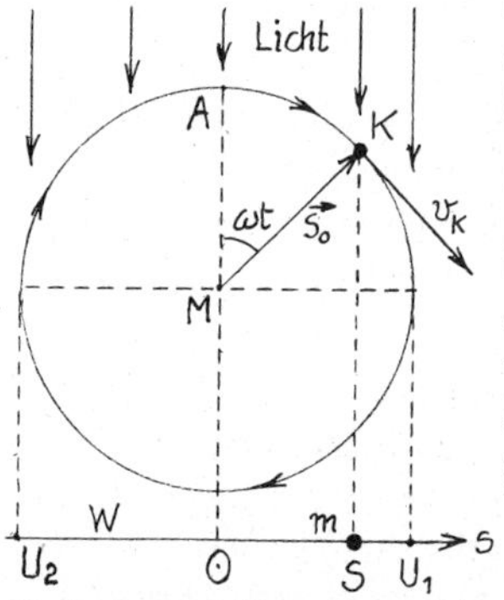

$$s = s_0 \cdot \sin\omega t = s_0 \cdot \sin 2\pi f \cdot t = s_0 \cdot \sin\frac{2\pi}{T}t \quad (1);$$

ω ist die Kreisfrequenz (in s^{-1}) (oder die Winkel-Gs von K), f die Sch-Frequenz (in $s^{-1} = Hz$); T heißt hier Sch-Dauer (Zeit für einen Hin- und Rückgang). Irgendeine Auslenkung s aus der Mittellage O nennt man die ‚Elongation' von S; die größte Elongation $s_0 = \overline{OU_1} = |\overline{OU_2}|$ ist die ‚Amplitude'. (1) ist die halbvektorielle Darstellung (positives und negatives s).

Den Schattenpunkt S ersetzen wir nun durch den Massenpunkt m.

a) Bestimme (durch Projektion von v_K) die Gs-Zeit-Funktion $v = v(t)$, ferner die Beschleunigung als zeitliche Funktion $a = a(t)$, indem Du die Zentripetalbeschleunigung a_z projizierst.

Bestätige das Kraftgesetz der harmonischen Sch:

$$F = -C \cdot s \quad (2);$$

welchen Wert hat hierin die ‚Richtgröße' C, durch m und ω ausgedrückt?

Errechne aus C die Formel für T:

$$T = 2\pi\sqrt{\frac{m}{C}} \quad (3).$$

An einer lotrechten Wendelfeder hängt ein Gewicht. Elongiert man es lotrecht aus der Gleichgewichtslage (Nullage) und läßt es los, so schwingt es harmonisch, da das Kraftgesetz (2) mit dem Hookeschen Gesetz (Aufg. 32) identisch ist.

b) Man hängt 100g an eine Wendelfeder und stellt eine Dehnung um 6,2cm fest. Nun möchte man gern ein ‚Federpendel' von T = 1s haben. Welche Masse m ist erforderlich? ($g = 9{,}8\,ms^{-2}$).

Die errechnete Masse hängt an der Feder. Man elongiert sie um 15,9 cm und läßt sie los. Wie groß ist der Gs-Betrag v_0 beim Durchgang durch die Nullage?

Wie groß ist die kinetische Energie E_K von m beim Durchgang durch die Nullage? Welche Energie hat das schwingende System dort noch?

Man stoppt für (volle) 40 Sch'n die Zeit 41s. Es ist kaum der Luftwiderstand schuld an dieser Unstimmigkeit; durch ihn nimmt zwar die Amplitude s_0 ab, jedoch geht s_0 nicht in die Formel für T ein. Welche Größe muß also korrigiert werden und warum? Wie groß ist die Korrektur (absolut und relativ)?

92. Das Foucault-Pendel

Daß sich nicht, wie es den Anschein hat, die Sonne um die Erde, sondern diese um eine durch die Pole gehende Achse dreht, wissen heute wohl alle zivilisierten Menschen, auch schon in sehr jugendlichem Alter. Dennoch – fragt man jemanden nach einem direkten Beweis, so wird er wohl keinen nennen können und wahrscheinlich antworten, daß er dies schon von der Schule her wüßte. Und doch gibt es einen einfachen Versuch mit einem Fadenpendel, den man sogar zu Hause machen kann, und der einem in wenigen Minuten die Erddrehung ‚vor Augen führt'.

a) Zuvor wollen wir uns kurz mit dem Faden-(oder mathematischen) Pendel beschäftigen. Es besteht aus einem dünnen Faden (Länge l), an dem eine möglichst kleine, aber schwere Masse m (am besten eine Bleikugel) hängt (Abb.1). Wenn m um den kleinen Amplitudenwinkel α ausgelenkt und losgelassen wird, so schwingt m praktisch harmonisch. Das Gewicht $m\vec{g}$ läßt nämlich in eine ‚rücktreibende' Komponente $\vec{R}$ und in eine fadenspannende zerlegen. Zeige durch Rechnung, daß R das Kraftgesetz (2) der Aufg. 91 erfüllt, wenn man allerdings für kleine Winkel den tatsächlich zurückgelegten Bogen $\widehat{U_1U_2}$ durch die Sehne $\overline{U_1U_2}$ ersetzt. Berechne dann noch nach der Formel in Aufg. 92 die Schwingungsdauer T. (Für $\alpha \leq 5°$ weicht T nur ≈ 1‰ vom experimentellen Wert ab).

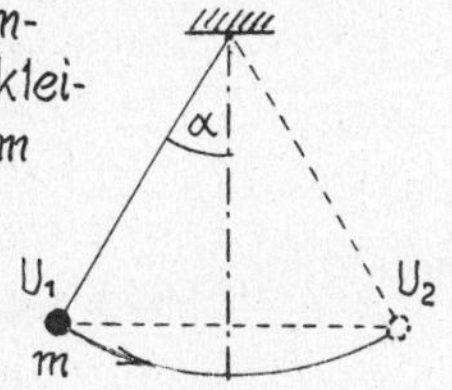

Abb.1

Warum ist T des Fadenpendels nicht von m abhängig, wohl aber T des Federpendels (Aufg. 91)?

Abb. 2 stellt eine um eine lotrechte Achse drehbare Scheibe mit einem Galgen dar, an dem ein Fadenpendel aufgehängt ist. Der Faden soll jedoch nicht einfach angeknüpft, sondern drehbar (an einem Kugel- oder Spitzenlager) befestigt sein, damit bei Drehung der Galgen keine Kraft auf Faden- und Pendelmasse ausübt; (man spricht von einer kräftemäßigen Entkoppelung). Dreht man die Scheibe langsam, so behält die Schwingungsebene SE ihre räumliche Lage bei.

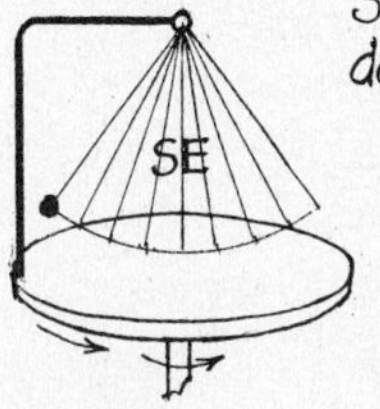

Abb.2

Stellen wir uns nun die Scheibe genau am Nordpol horizontal festgefroren vor, so wird sie sich – für einen außenstehenden Beobachter – in 24 h um 360° unter der SE wegdrehen; (natürlich müßte man bei mehrstündiger Beobachtung dem Pendel – wie einer Schaukel – Energie zuführen. Ein Beobachter jedoch, der neben der Scheibe auf dem Eis steht, sieht den Vorgang anders: Für ihn ruht die Erde, und die SE rotiert mit der Winkel-Gs $\omega_E = \frac{2\pi}{24} h^{-1} \triangleq 15° h^{-1}$. Befestigt man die Scheibe aber starr am Äquator, so dreht sie sich (bzw. SE) überhaupt nicht. An einem Ort mit der geographischen Breite φ liegt das ω (um eine lotrechte Achse) zwischen 0 und ω_E. Es ist nicht sehr leicht, den an sich einfachen mathematischen Ausdruck für ω herzuleiten, daher sei er nur angeführt: $\omega = \omega_E \cdot \sin\varphi$.

Je länger das Pendel und je schwerer seine Masse, desto länger und genauer kann die Drehung der SE beobachtet werden. Das erste diesbezügliche Experiment machte 1661 der italienische Mathematiker Vincenzo Viviani (1622–1703), doch scheint dieser Versuch in Vergessenheit geraten zu sein, denn allg. wird er nur nach dem französischen Physiker Léon Foucault (1819–1868) benannt, der den Versuch 1850 in der Pariser Sternwarte und 1 Jahr später im (Pariser) Panthéon durchführte.

L. Foucault

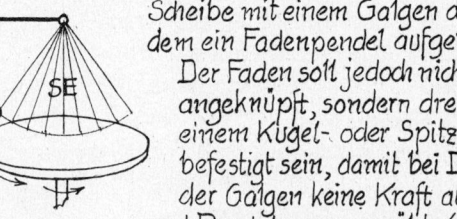

b) Wie groß ist die Winkel-Gs ω (in Grad pro [h]) der Erde (um eine lotrechte Achse) in Paris? (Geographische Breite $\varphi = 49°$).

Welche Zeit T_1 braucht also hier die SE eines Pendels für eine volle Umdrehung (360°)?

Das Foucaultsche Pendel im Panthéon hatte die Länge $\ell = 67$ m (Pendelmasse 28 kg!) Berechne die Schwingungsdauer T. ($g = 9{,}8\,ms^{-2}$).

Um welchen Winkel α (in Grad) hatte sich die SE nach 25 Schwingungen gedreht? Wenn die Umkehrpunkte die Distanz $2r = 8$ m hatten, um welchen Bogen b war dann jeder Umkehrpunkt weitergewandert?

c) Zumindest qualitativ kannst Du den Foucaultschen Versuch auch zu Hause durchführen, wenn Du eine schwere Pendelmasse (1 bis 2 kg) nimmst und sie an einem möglichst langen Faden an der Zimmerdecke aufhängst. Als Entkopplung genügt, den Faden an einen Ring anzuknüpfen und diesen an einen Ringhaken einzuhängen (Abb. 3).

Abb. 3

Lasse den Faden erst entdrillen. Bei der Auslenkung kann der Amplitudenwinkel von 5° überschritten werden. Abb. 4 zeigt das Pendel in der Draufsicht (A = Aufhängepunkt). Die SE projiziert sich als Strecke $\overline{U_1U_2}$.

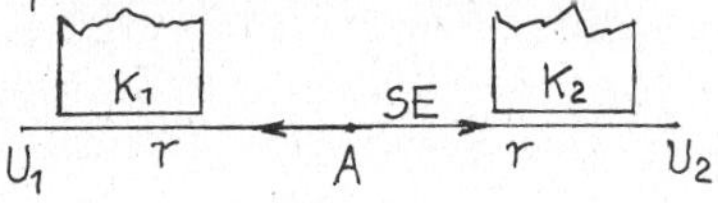

Abb. 4

Lasse den Faden im Abstand von wenigen mm an den Kanten K_1 und K_2 (z. B. Pappendeckel in Bücherstapel eingeklemmt) vorbeischwingen.

Schon nach wenigen Schwingungen wird sich die SE einer Kante nähern; welcher? (Der Versuch soll natürlich auf der nördlichen Halbkugel durchgeführt werden).

Rechne grob die Anzahl n der Schwingungen aus, nach welcher eine Kante vom Faden berührt wird, u. zw. mit folgenden Daten: $\varphi = 49°$ (wie in b)); $g = 9{,}8\,ms^{-2}$; Pendellänge $\ell = 2{,}5$ m; $2r = \overline{U_1U_2} = 1{,}8$ m; Abstand der SE von einer Kante zu Beginn 5 mm.

Bei der Aufhängung am Ast eines Baums, am Balkon oder im Treppenhaus eines mehrgeschossigen Hauses (Hochhauses) kannst Du viel größere Pendellängen verwenden und genauer beobachten.

Im verdunkelten Zimmer kannst Du auch versuchen, mit einer feststellbaren Taschenlampe ein waagrechtes, etwa paralleles Lichtbündel zu erzeugen und mit diesem die SE als Schattenstrich (möglichst tief unten) an die Wand zu werfen; er wird dann bald nach beiden Seiten zu ‚wackeln' beginnen.

(Ich erinnere mich noch deutlich, daß ich als Junge sehr stolz darauf war, meinem Verwandtenkreis zu Hause zeigen zu können, ‚wie sich die Erde dreht').

Abschließend sei bemerkt, daß auf die Pendelmasse (neben dem Gewicht) noch eine minimale Kraft, die ‚Coriolis-Kraft', wirkt; sie ist eine ‚Trägheitskraft' und entsteht, weil die rotierende Erde ein beschleunigtes Bezugsystem darstellt. Für unsere obigen Betrachtungen (und Berechnungen) ist sie nicht relavant. Benannt ist diese Kraft nach dem französischen Physiker und Ingenieur Gaspard Gustave de Coriolis (1792–1843).

93. Eine merkwürdige Zimmerausmessung

Das Ehepaar Bogner (B) befindet sich auf der Heimreise aus dem Urlaub. Es ist Sonntagabend, und es ist nur noch eine halbe Stunde Autofahrt bis nach Hause. Da sagt Frau B (am Beifahrersitz) plötzlich: „Könnten wir nicht bei der nächsten Autobahnabfahrt abbiegen und zu unserer neuen Wohnung fahren, um die 2 Zimmer auszumessen, die noch zu tapezieren sind? Wir kaufen dann morgen die Tapeten, und da wir noch 3 Tage Urlaub haben, könner wir bis zum Umzug alle Zimmer hergerichtet haben."

So geschah es auch. Als sie aber bei der einsam am Waldrand gelegenen Villa ankamen, die sie von einem Auslandsreporter für einige Jahre gemietet haben, mußten sie feststellen, daß sie weder ein Metermaß noch sonst irgendein Meßgerät zum Ausmessen bei sich hatten. Da sich die Dämmerung schon zur Nacht neigte, wollten die beiden auch keinen Einwohner des etwa 3 km entfernten Dorfs stören.

„Da bleibt nichts anderes übrig, als morgen früh noch einmal hierherzufahren", meinte Frau B.

„Das werden wir nicht tun", meinte Herr B, ein Ingenieur, und ein Lächeln umspielte seinen Mund. „Ich habe eine Armbanduhr mit Sekundenzeiger und Stopptaste sowie einen Taschenrechner; du hast im Nähzeug eine Zwirnspule, und ein kleiner, rundlicher Stein wird sich auch noch finden."

„Da bin ich aber gespannt, wie du das anstellen wirst", meinte Frau B, von Beruf Sekretärin.

Wie maßen die Eheleute B die Zimmer aus?

94. Ein Brett auf zwei Walzen *

Zwei Zylinder gleicher Abmessungen drehen sich um die parallelen waagrechten Achsen A_1 und A_2 in entgegengesetztem Drehsinn (Abb. 1), jeder mit der gleichen konstanten Winkel-Gs. Auf die Walzen wird waagrecht ein homogenes Brett (eine Leiste oder Schiene) vom Gewicht G so gelegt, daß sein Schwerpunkt S etwas gegen die Mitte des Abstands $\overline{A_1A_2} = 2\ell$ verschoben ist. Die Reibungszahl μ (zwischen Walzen und Brett soll geschwindigkeitsunabhängig sein.

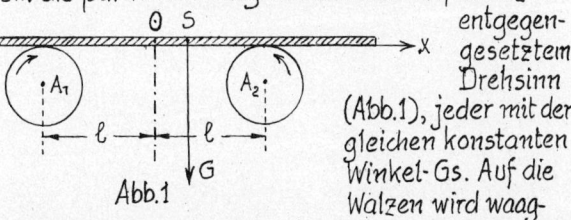

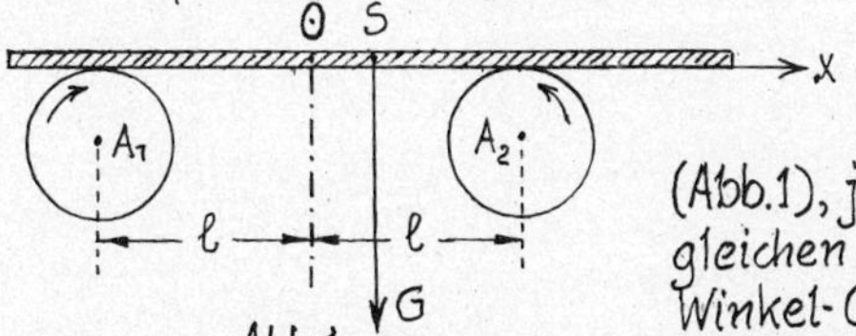

Abb. 1

a) Was für eine Bewegung vollführt das Brett? Berechne eine charakteristische Größe dieser Bewegung. (Benütze zur Berechnung die in Abb. 1 eingezeichnete x-Achse mit dem Ursprung O).
   Für ein Zahlenbeispiel nimm: $\ell = 9{,}8\,\text{cm}$; $\mu = 0{,}25$; $g = 9{,}8\,\text{ms}^{-2}$.

Wenn Dir das Rechenergebnis nicht geheuer vorkommt, kannst Du Dir vielleicht selbst eine einfache Versuchsapparatur bauen. Sie ist in Abb. 2 in Draufsicht dargestellt. Als Walzen eignen sich Holzspulen. Die eine wird mit einer Kurbel K gedreht, die andere wird von dieser mittels eines gekreuzten (!) Gummibands G angetrieben.

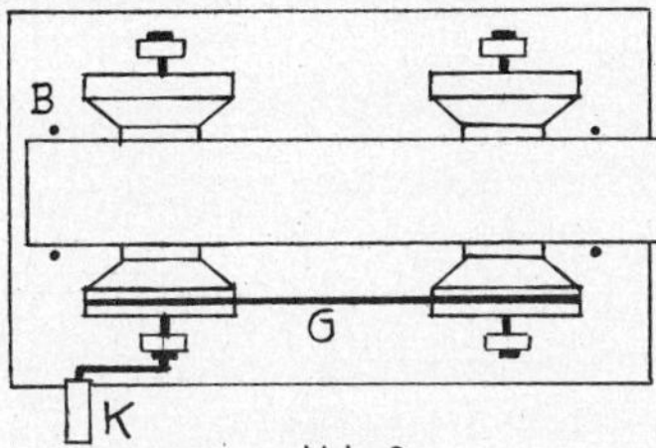

Abb. 2

(Falls anstelle der Spulen Holz- oder Kunststoffzylinder verwendet werden, verhindert man ein seitliches Abrutschen des Bretts durch 4 lotrechte Begrenzungsstifte B).

b) Wie kann μ_1 aus einem Versuchsergebnis berechnet werden? (Buchstabenformel).
   Die charakteristische Größe wird (mit einer Stoppuhr) zu 2s gemessen; ℓ und g haben dieselben Werte wie in a). Berechne μ_1.

95. Das Science-fiction-Experiment *

Endlich gab Captain Future (CF) dem Drängen seiner kleinen Mannschaft nach, dem Mini-Planeten ℵ (Aleph = 1. Buchstabe im hebräischen Alphabet) einen Besuch abzustatten. Um ehrlich zu sein, war auch er selbst neugierig, denn er hatte schon zweimal im Vorbeiflug durch das Teleskop ein kleines, rundes, schwarzes Loch auf ℵ gesehen, das kein Krater sein konnte.

Im Anflug maß CP mit seinen Leuten den Durchmesser des Planeten zu genau 120 km, und nach einer Umrundung machten sie die erstaunliche Entdeckung, daß es genau diametral zum Loch ein ebensolches gab. Sollte der ganze Planet durchbohrt sein? Wenn ja, dann lag die Bohrung genau in der Drehachse von ℵ, wie sich aus seiner Eigenrotation leicht feststellen ließ.

Sie landeten direkt neben dem Loch. Da die Atmosphäre sehr dünn war, mußten CP und der Androide Otto ihre Raumanzüge anbehalten. Die Bohrung (innere Lichte ≈ 3m) war künstlich angelegt worden, von Bewohnern war aber sonst weit und breit keine Spur. Der Boden des Planeten bestand aus silbergrauem, kristallinem Gestein, das ~ nach Schätzung ~ eine sehr hohe Dichte haben mußte. In das Loch konnten sie vielleicht 10m hineinsehen, dann wurde es rabenschwarz.

„Wir lassen am besten eine Fernsehkamera mit Reflektoren hinunter", meldete sich Otto zu Wort.

CF: „Die ist mir zu schade; wir nehmen einfach zunächst einen Felsbrocken und montieren einige gekapselte Registriergeräte darauf."

Otto: „Dann muß ich aber mit einem Dingi (kleines, mitgeführtes Raumfahrzeug) um den Planeten herum zum Gegenloch fliegen".

Prof. Simon (das ‚lebende Gehirn'): „Nicht nötig, wenn die Bohrung hindurch geht ~ was anzunehmen ist ~ kommt der Brocken wieder zurück".

CF: „Na gut, aber mich interessiert brennend die Dichte des Gesteins, die könnten Otto und Grag (der Roboter) mittlerweile bestimmen."

Prof. Simon: „Auch das erübrigt sich. Messen Sie nur die Flugdauer des Steins (vom Start bis zur Rückkehr), aus ihr folgt die Dichte, vorausgesetzt ℵ ist homogen (was bei seiner Kleinheit fast sicher ist). Geben

Sie aber dem Brocken bei Start einen starken Stoß (zur Überwindung eventueller Reibung)".

a) So geschah es auch. – Es war schon interessant, daß nach genau $T = 42$ min der Felsbrocken dem Loch entschwebte.
Welche Bewegung vollführte er, und wie groß ist die (mittlere) Dichte ϱ des Planeten? (Die benötigten Gravitationsformeln entnimm den Aufg. 70 und 71).

b) Die Mannschaft (eigentlich der Prof.) konnte dann, mit Kenntnis des Planetenradius R, die Schwerebeschleunigung g' auf seiner Oberfläche bestimmen; ihr Wert stimmte mit dem schon vorher experimentell gemessenen gut überein. Wie groß ist g' absolut und relativ (in %) zu g auf der Erde?

c) Bezüglich ϱ stellte CF fest: „Das ist ja doch fast die Dichte von ... oder ... "; welche Metalle meinte er?

d) CF fuhr fort: „Otto, schnallen Sie sich einen Düsenantrieb um und lassen Sie sich in den Schacht fallen. Es besteht nach unseren Aufzeichnungen keine Hitze- oder Strahlengefahr. Vielleicht stoßen Sie auf Besiedelungreste. Filmen Sie alles Interessante. Wir selbst umrunden mit unserem Schiff ein halbes Mal den Planeten und treffen Sie am Ausgang des Schachtes."
Zeige, daß CF zu einer halben Umrundung genau $T/2 = 21$ min brauchte, wenn er mit konstanter Bahn-Gs v flog, so daß im Raumschiff Schwerelosigkeit herrschte; (die Flughöhe über Boden kann vernachlässigt werden).
Du brauchst für diesen Beweis bloß mit Buchstaben zu rechnen.

96. Physik bei der Wahrsagerin *

Sie saß bei einer Wahrsagerin und wollte wissen, wann sie endlich unter die Haube käme. Dabei schaute sie gebannt auf das ‚siderische Pendel', das die Wahrsagerin über dem Foto des ‚Auserwählten' schwingen ließ. Das Pendel bestand aus einem goldenen Herz an einem dünnen, etwa 10 cm langen Kettchen, dessen Ende die Wahrsagerin zwischen Daumen- und Zeigefingerspitze unbeweglich hielt. Trotzdem schwang es aus, zuerst kreisförmig, dann – wie auf ein Kommando – hin und her.

Eine an einem Faden der Länge ℓ befestigte Masse m schwingt als Fadenpendel, wenn alle Lagen von ℓ in einer Ebene liegen. Man kann aber m auch (wie die Wahrsagerin es tut) als ‚Kreispendel' schwingen lassen. Hierzu elongiert man m um einen beliebigen Winkel $\alpha < 90°$ und stößt die Masse so an, daß sie sich auf einem horizontalen Kreis (in der Abb. perspektivisch gezeichnet) bewegt; ℓ beschreibt dann den Mantel eines Kegels (daher auch die Namen Kegel- oder konisches Pendel).

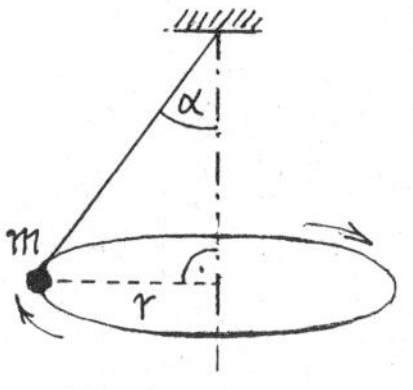

a) Zeichne die Kraftzerlegung des Gewichts mg und leite die Formel für die Umlaufsdauer T_K von m her; T_K heißt auch ‚Schwingsdauer des Kreispendels'.
(T_K hat – bis auf einen α enthaltenden Faktor – dieselbe Form wie T eines Fadenpendels. Die Formel für die Zentripetalkraft entnimm der Aufg. 68).
Berechne T_K für das Pendel der Wahrsagerin: $\ell = 1$ dm; $\alpha = 60°$; $g = 9{,}8\,ms^{-2}$.

b) Wenn $\alpha \to 0$ geht, gibt uns das Kreispendel ein kleines Rätsel auf: Es müßten doch dann – weil ja das Pendel für $r = 0$ ruht – alle Größen (nämlich T_K, f, ω, v) auch null werden? Untersuche dies.
Was ist insbesondere über T_K für kleine α zu sagen? Wieso kann die Wahrsagerin so plötzlich das Kreis- als Fadenpendel schwingen lassen?
Berechne den Wert von T_K für sehr kleine α.
Letzte Frage: Kann $\alpha = 90°$ werden?

97. Wellen

Das Wort ‚Wellen' läßt bei fast jedem Menschen, u. zw. von Kindesbeinen an, vor seinem geistigen Auge das Bild von Wasserwellen entstehen, wie sie auf einem stehenden Gewässer etwa durch eine Brise oder durch einen hineingeworfenen Stein erzeugt werden. Wasserwellen sind auch Wellen im physikalischen Sinn. Da sie aber zu den ‚Flächen-' (oder 2-dimensionalen) Wellen zählen, wollen wir unsere einleitenden Betrachtungen an ‚linearen' (oder 1-dimensionalen) Wellen beginnen, zu denen z.B. die ‚Seilwellen' gehören.
Wir legen ein langes, nicht allzu steifes Seil geradlinig auf eine möglichst glatte waagrechte Unterlage

(Parkettfußboden, gebohnerter Kunststoffbelag eines Flurs, lange Tischplatte). Anstelle des Seils eignet sich auch ein dünner, weicher Gummischlauch, noch besser ein ‚Federwurm' (d.i. eine sehr lange biegsame Wendelfeder mit kleiner Federkonstante). Versetzen wir ~ am einfachsten mit der Hand ~ das eine Seilende in eine harmonische Schwingung senkrecht zur Seilrichtung, so ‚laufen' Wellen in das Seil hinaus. Wenn wir diesen Vorgang genauer beobachten, so ist es die Formveränderung, die sich vom ‚Erregungszentrum' Z weiterbewegt (nicht das Seil selbst!) Die Abb.1 zeigt

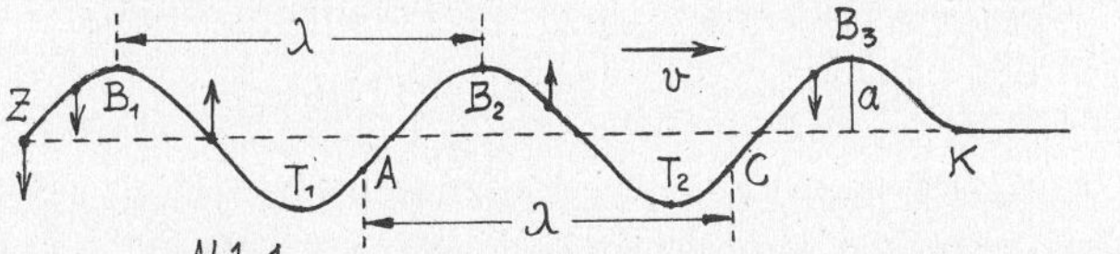

Abb.1

ein Momentbild des Seils, das eine ‚Sinuslinie' ist. Jedes einzelne Seilteilchen schwingt senkrecht (= quer) zum ruhend gedachten Seil. Man nennt solche Wellen also ‚Quer-' oder ‚Transversalwellen'. Die Momentan-Gs ist bei Z und 4 weiterer Teilchen als Pfeil eingezeichnet. Die zur vollen Amplitude nach einer Seite ausgeschwungenen Teilchen B_1, B_2, B_3 heißen ‚Wellenberge', die auf der anderen Seite ‚Wellentäler' (T_1, T_2). Der Abstand zweier benachbarten Wellenberge (oder Wellentäler) ist die Wellenlänge λ. Auch benachbarte Punkte gleicher ‚Phase' (z.B. A und C) sind um λ entfernt. K ist der ‚Wellenkopf' (das Teilchen, bis zu dem die ‚Erregung' gerade fortgeschritten ist). Die dargestellte Welle ist idealisiert: Die Reibung wurde nicht berücksichtigt, daher bleibt die Amplitude a konstant.

Nun zur ‚Grundformel der Wellenbewegung'. Wie die allermeisten Grundformeln der Physik ist sie einfach gebaut. Das Seil sei wieder in der gestreckten Ruhelage; führen wir mit Z eine volle Schwingung aus (einen Hin- und Hergang), so ist gerade eine einzige Welle (ein Sinusbogen) der Länge λ ins Seil hinausgewandert. Schwingt Z mit der Frequenz f, so laufen in 1s f Wellenlängen ins Seil, d.h. die Formveränderung ist in 1s um fλ fortgeschritten; dies bezeichnet man als die ‚Fortpflanzungs-Gs' v der Welle. Wir erhalten also die Grundformel:

$$v = \lambda f \quad (1).$$

v hat hier einen anderen Charakter als die uns gewohnte Gs eines materiellen Teilchens; v ist ~ auch bei anderen Wellenarten ~ auch die ‚Transport-Gs' der Energie der Welle (hier der kinetischen Energie E_k). Für v gilt aber weiterhin die Formel: $s = v \cdot t$.

Die oben angesprochenen Wasserwellen sind ebenfalls Querwellen. Sie breiten sich vom Erregungszentrum Z, beispielsweise der Auftreffstelle eines Steins, als ‚Kreiswellen' radial aus: Die Wellenberge und -Täler bilden konzentrische Kreise um Z. Daß hierbei die Wasserteilchen auf- und abschwingen, läßt sich etwa an einem schwimmenden Blatt gut beobachten. Auch mit einem auf den Wasserspiegel (z.B. in einer Badewanne) tupfenden Finger lassen sich leicht Kreiswellen erzeugen. Da sich hier die E_k auf immer mehr Teilchen verteilt, nimmt die Ampitude a mit der Entfernung von Z ab.

In einer langen, rechteckigen, mit Wasser gefüllten Wanne können wir ~ mit einer über die Breite reichenden Kante (einer Leiste) als Tupfer ~ ‚ebene Wellen' erregen (Aufg. 104).

Eine dritte wichtige Art ‚mechanischer' Wellen behandeln wir in Aufg. 99.

Die größte Gruppe der Querwellen bilden die ‚elektromagnetischen' Wellen (EMW'n). Zu ihnen gehören alle Radiowellen, infrarotes Licht (IR), sichtbares Licht, ultraviolettes Licht (UV), Röntgen- und γ-Strahlen. So verschieden ihre Wirkungen auch sein mögen, eines ist ihnen gemeinsam, nämlich die Fortpflanzungs-Gs: Im luftleeren Raum ist sie die Vakuumlicht-Gs (s. Einleitung), ihr Wert in Luft liegt nur um Bruchteile eines Promilles darunter. Wir verwenden daher für unsere Aufg. schlechthin den nur wenig aufgerundeten Wert $c = 300\ \mathrm{Mms^{-1}}$.

Was nun die einzelnen Arten der EMW'n unterscheidet, das ist ihre Frequenz f bzw. ~ weil es oft leichter vorstellbar ist ~ ihre Wellenlänge λ_v im Vakuum (bzw. in Luft).

In Abb. 2 sind die λ_v für die Hauptbereiche angegeben. Die Grenzen sind fließend

Name	λ_v
Radiowellen	km bis 1dm
Mikrowellen	1dm bis 50μm
IR (Wärmestrahlen)	1mm bis 760nm
sichtbares Licht	760nm bis 380nm
UV	400nm bis 1nm
Röntgenstrahlen	10nm bis 1pm
γ-Strahlen	< 50pm

Abb.2

oder die Bereiche überlappen sich; in der Praxis unterteilt man die Bereiche weiter (s. Teilaufg. b)). Daß das sichtbare Licht Wellencharakter hat, wußte man seit dem Ende des 17. Jahrhunderts, die Transversalität wurde erst mehr als 100 Jahre später gefunden (Aufg. 104). Die anderen Bereiche der EMW'n entdeckte man erst später; (die letzte Gruppe waren die ‚Reststrahlen', langwelliges IR). Daß alle zu einer großen Familie gehören, weiß man erst seit Beginn unseres Jahrhunderts.

Praktisch breiten sich alle EMW'n räumlich aus (‚räumliche' oder 3-dimensionale Wellen): Licht- und andere Strahlen von der Sonne, Radiowellen von den Sendeantennen usw. Ein dünnes Parallelbündel (Querschnitt q) kann aber als lineare Welle angesehen werden. Mit $q \to 0$ gelangt man zum Idealbegriff des ‚Wellenstrahls' (Radar-, Licht-, Röntgenstrahl usf.) Was nun quer zur Strahlrichtung schwingt ist zwar einfach gesagt, aber umso schwerer vorstellbar: Die ‚Feldstärke' des elektromagnetischen Feldes. Übrigens ist aber bei vielen Anwendungen und Rechnungen das Zurückgreifen auf das schwingende ‚Agens' gar nicht notwendig.

Es ist schon recht erstaunlich, welche Vielzahl von EMW'n aller Bereiche das ganze Weltall kreuz und quer durchfliegt und bis auf die Erde dringt. Hier gesellt sich noch der Wirrwarr der künstlich erzeugten Radiowellen hinzu. Rätselhaft ist, daß sich die einzelnen Wellen gegenseitig praktisch überhaupt nicht stören. Und fast alle durchdringen die Atmosphäre, Gegenstände und Lebewesen (einschl. uns Menschen) ganz oder teilweise. Es ist auch erstaunlich, daß sich das Leben in seiner Jahrmillionen währenden Entwicklung dem dauernden Beschuß durch die oft intensive elektromagnetische Strahlung so angepaßt hat, daß es kaum zu einer Schädigung kommt. Es ist auch verwunderlich, daß der dauernde, unseren Körper seit den 20-er Jahren durchflutende Radiowellensalat ihm absolut nicht schadet. Allein von den ‚Atmospherics' (EMW'n mit viele km langem λ, die bei Gewittern entstehen) nimmt man an, daß sie unsere ‚Wetterfühligkeit' bedingen.

Nach dieser langen Theorie nun einige (leichte) Rechen-Aufg.:

a) Marga (M) sitzt neben dem kreisrunden Plastik-Schwimmbecken (Durchmesser 1,8 m) und sieht den Wasserwellen zu, die von den herabfallenden Tropfen einer Brause herrühren. Da jede (kreisförmige) ‚Wellenfront' mit allen Teilen gleichzeitig an den Beckenrand schlägt, muß die Auftropfstelle im Zentrum des Bassins liegen. M zählt mit ihrer (wasserdichten) Armbanduhr 30 auftreffende Tropfen in 20 s; ferner stellt sie fest, daß ein Wellenberg vom Zentrum bis zum Rand 6 s braucht. Sie kann dann im Kopf λ der Wellen berechnen. Zu welchem Wert kommt sie?

b) Der große Bereich der Radiowellen wird (nach f bzw. λ) in viele Teilbereiche unterteilt, von denen wieder kleinere Bereiche dem Rundfunk, dem Fernsehen u.a. Aufg. zugewiesen sind. Ein solcher kleiner Bereich ist ‚Band III' (für das Fernsehen), dessen Grenzfrequenzen 175,25 MHz und 229,75 MHz sind. Berechne die Grenzwellenlängen λ_1 und λ_2. ($c = 300\ \mathrm{Mm\,s^{-1}}$).
Band III umfaßt wiederum die ‚Kanäle' 5 bis 12. Ein Sender des Kanals 11 strahlt die Frequenzen $f_B =$ $= 217{,}25$ MHz (für die Bildübertragung) und $f_T =$ $= 222{,}75$ MHz (für die Übertragung des zugehörigen Tons) aus. Berechne die entsprechenden Wellenlängen λ_B und λ_T.
Für einen optimalen Empfang dieses Kanals bräuchte man eine Antenne der Länge $\lambda/2$ (Lambda-halbe-Dipol genannt). Wie lang (auf ganze cm) muß sie sein? λ = Mittel aus λ_B und λ_T. (Die Praxis erfordert allerdings noch die sogen. Endenkorrektur).

c) Das sichtbare Licht umfaßt ungeheuer viele ‚einfarbige' (= monochromatische) Lichtsorten, die ~ in einem bestimmten Mischungsverhältnis ~ vom Auge als weißes Licht gesehen werden. Die Hauptfarben sind: Rot ($\lambda_r = 760$ nm), Orange, Gelb, Grün, Blau, Indigo, Violett ($\lambda_v = 380$ nm).
Wie bei Tönen spricht man auch bei EMW'n von ‚Oktaven'; 1 Oktavbereich umfaßt alle Frequenzen von f_0 bis $2f_0$. Zeige, daß das sichtbare Licht nur einen Oktavbereich umfaßt.
Wieviele Oktavbereiche ($n = \ldots$) hat etwa das ganze ‚elektromagnetische Spektrum' von $\lambda_0 = 10$ km bis $\lambda_n = 1$ pm?

d) In einem durchsichtigen Körper (Medium) hat das Licht die Gs c/n; hier ist n die Brechungszahl des Mediums (Aufg. 105). In diesem Medium gilt weiterhin die Grundformel.
Rotes Licht ($\lambda_r = 680$ nm) dringt aus Luft in Wasser ein. Welche Wellenlänge λ_W hat dieses Licht im Wasser? (Brechungszahl von Wasser: $n_W = 4/3$).

Sieht das (menschliche) Auge unter Wasser dieses Licht grün, da ja das berechnete λ_W die Wellenlänge eines bestimmten Grüns ist? (Begründung).

98. Die Liebesbriefe des Herrn Doppler *

Herr Doppler hatte sich erst vor kurzem vermählt. Die schönen Tage der Flitterwochen sind nun vorbei (wie jene von Aranjuez), und der rauhe Alltag fordert nun seinen Dienst als Vertreter eines Schulbuchverlags wieder. Am 1.6., zeitig morgens, tritt er eine etwa einmonatige Dienstreise an. Seiner jungen Frau verspricht er, jeden 3. Tag (also am 3., 6., 9.6. usf.) einen Brief zu schreiben, weil es in der neu bezogenen Wohnung noch kein Telefon gibt.

Herr Doppler entfernt sich jeden Tag etwa um die gleiche Strecke von seinem Wohnort Wo und besucht unterwegs möglichst viele Schulen. Ziel ist die Tochterfirma in der Stadt Ha, bei der er einige Tage zu tun hat. Für den Rückweg nach Wo braucht er dieselbe Zeit wie für den Hinweg, weil er etwa dieselbe Strecke zurückfährt, jedoch bei anderen Schulen vorspricht.

Frau Doppler konnte an den Briefdaten feststellen, daß ihr Mann Wort hielt. Den 1. Brief bekam sie pünktlich am 4., den zweiten am 8.6. usw. Die einzelnen Empfangstage sind in der folgenden Tabelle angeführt:

Brief-Nr.	1.	2.	3.	4.	5.	6.	7.	8.	9.
Empfangstag	4.	8.	12.	16.	19.	22.	24.	26.	28.6.

Selbstverständlich konnte Frau Doppler anhand der Briefdaten die Reise des Gatten auf der Landkarte genau verfolgen und vor allem diejenigen Übernachtungsorte A, B, ... feststellen, in denen ihr Mann einen Brief geschrieben und ihn noch am gleichen Abend zum Postamt getragen hatte. Nach seiner Abreise aus Ha konnte sie auch schon auf dem Kalender den Ankunftstag rot ankreuzen.

Dies alles kannst Du, lieber Leser, auch, Du mußt hiezu nur eine Tabelle (s.u.) unter folgenden Voraussetzungen anlegen und interpretieren: 1) Herr Doppler legt ~ auf dem Hin- und Rückweg ~ täglich dieselbe Strecke zurück; 2) Die Übernachtungsorte A, B, ... (von denen ein Brief abgeht) sind am Hin- und Rückweg die gleichen und liegen ziemlich genau auf der Luftlinie Wo-Ha; 3) Die Beförderungsdauern der Briefe (in [d]) sollen proportional den Entfernungen von Wo sein. Die Entfernung Wo-Ha ist 600 km.

Und hier die einzelnen Fragen:

Wann übernachtete Herr Doppler in A, B, ... auf der Hin-, wann auf der Rückreise?

Wie weit sind A, B, ... von Wo entfernt?

Wie lange dauerte der Aufenthalt in Ha?

Wann traf Herr Doppler zu Hause ein?

Er hatte auch noch einen 10. Brief geschrieben. Warum? Wann kam dieser an?

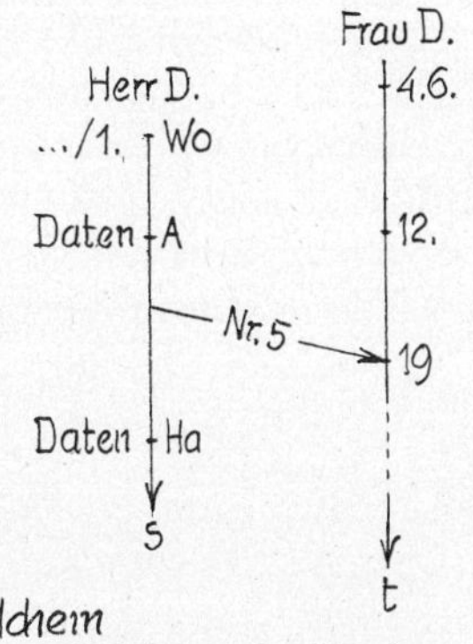

Der Leser könnte einwenden, daß gewisse Briefsempfangstage fiktiv sind, weil an Sonntagen ja keine gewöhnlichen Briefe ausgetragen werden. Zeige, daß dieser Einwand entfällt. Welche Tage sind also Sonntage? (Es gibt nur eine einzige Möglichkeit).

Und eine letzte Frage: In welchem Jahr (zu Beginn der 80-er Jahre) haben die Eheleute Doppler geheiratet?

(Es ist vorteilhaft, sich ein Schema ~ wie etwa obiges ~ anzulegen).

Die Aufg. scheint ein Fremdkörper in diesem Kapitel zu sein; sie ist aber ein Modell für die nachfolgende Aufg. Ob allerdings der Verlagsvertreter Doppler ein Nachkomme des Physikers Doppler ist, entzieht sich meiner Kenntnis.

99. Das pfeifende Dampfroß *

Neben Wasser- und Radiowellen sind wohl die ‚Schallwellen' die bekanntesten. Jedermann weiß, daß man Töne erzeugt, indem man eine Saite, das Fell einer Trommel, die Luftsäule in einer Flöte, unsere Stimmbänder usw. in Schwingungen versetzt, und jedermann kann auch einen hohen von einem tiefen Ton unterscheiden. Im Fach Musik erfährt heute wohl jeder Schüler, daß die ‚Tonhöhe' einzig und allein durch die Frequenz des ‚Schwingers' bestimmt wird: Je höher der Ton, desto größer ist seine Frequenz f. So hat der ‚Normton' der Musik, das eingestrichene a', die Frequenz $f_0 = 440$ Hz, seine Oktav (a'') $2f_0 = 880$ Hz.

a) Das Ohr Jugendlicher kann Töne von 20 Hz bis 20 kHz hören (Hörbereich). Wieviele Oktaven ($n = \ldots$) sind dies etwa?

Im Alter sinkt die obere Hörgrenze auf ≈ 5 kHz. Wieviele Oktavbereiche gehen verloren?

Das Gemisch mehrerer Töne (mit etwa ganzzahligen f-Verhältnissen) heißt ‚Klang'. Ein ‚Geräusch' setzt sich aus sehr vielen verschiedenen Schwingungen zusammen, wobei ihre Frequenzen und Amplituden zeitlich gar nicht konstant bleiben. Beispiele: Rauschen, Rascheln, Säuseln, Knistern, Kratzen, ‚Ächzen usw. Als ‚Schall' bezeichnet man alles, was unser Ohr überhaupt hören kann.

Zur Einführung in die ‚Akustik' (= Lehre vom Schall) beschäftigen wir uns in dieser Aufg. mit dem einfachsten Schall, eben dem Ton. Wie gelangt er vom Erzeuger, der Tonquelle (allg. Schallquelle) zum Ohr? Praktisch geschieht dies fast immer durch Schalleitung in der Luft. Obwohl sich der Schall in ihr nur ‚räumlich' ausbreitet, greifen wir für den Anfang eine mehr oder weniger lineare Schallwelle heraus. Als Tonquelle dient eine Lautsprechermembran M (Abb. 1), die elektromagnetisch zu harmonischen Schwingungen angeregt wird.

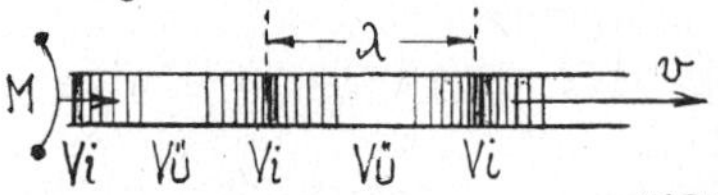

Abb. 1

Schwingt M nach rechts aus, so erzeugt sie eine Luftverdichtung (Vi), beim Zurückschwingen entsteht rechts von M eine Luftverdünnung (Vü). Dieses Spiel wiederholt sich. Die Vi'n und Vü'n verharren jedoch nicht am Entstehungsort, sondern pflanzen sich aufgrund der ‚Volumenelastizität' (durch elastische Stöße der Luftmoleküle) mit der Gs v fort. Es ist also nicht, wie bei Wasserwellen, eine Formveränderung, die ins Medium hinausläuft, sondern eine periodische Dichteänderung, wobei die einzelnen Luftteilchen in (!) Richtung von $\vec{v}$ schwingen. Die Schallwellen sind also mechanische ‚Längs-' (oder Longitudinal-) Wellen. Die Wellenlänge λ ist hier der Abstand (der Mitten) zweier benachbarter Vi'n (oder Vü'n).

Bekanntlich pflanzt sich Schall auch in anderen Medien (Gasen, Wasser, Holz, Beton, Eisen, ...) fort, in Festkörpern auch als Querwelle (weil diese auch ‚formelastisch' sind). v ist in den meisten Körpern größer als $v_{Luft} \approx 340\,ms^{-1}$.

Ist die Schallquelle Z allseitig von Luft umgeben, so bilden die Vi'n und Vü'n konzentrische Kugelflächen um Z, die sich radial ausbreiten. Es ist klar, daß irgendwo postierte Beobachter dieselbe Tonhöhe (Frequenz f_0) hören (die entfernteren natürlich mit kleinerer ‚Lautstärke' als die näheren).

Anders wird das Bild, wenn sich Z mit der Gs u geradlinig gleichförmig bewegt. Die Vi'n hängen zwar auch in Kugelflächen zusammen, aber sie sind nicht mehr konzentrisch. Abb. 2 zeigt einen Schnitt im Zeitpunkt $t = 3T_0$ ($T_0 = 1/f_0$).

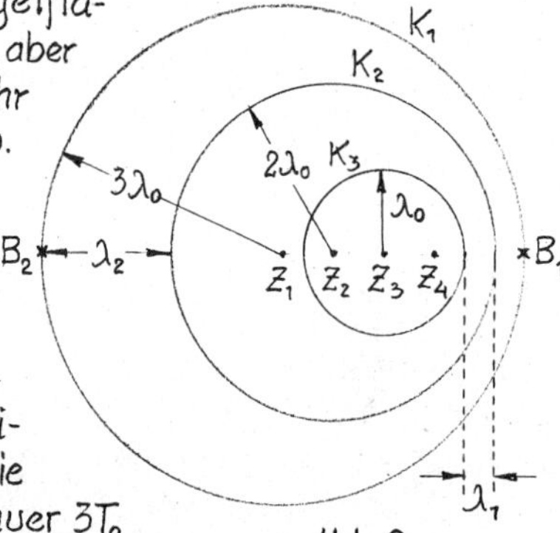

Abb. 2

Bei $t = 0$ löst sich von Z am Ort Z_1 eine Vi; während sie sich in der Zeitdauer $3T_0$ in der ruhenden Luft zum Kreis (zur Kugelfläche) K_1 mit Radius 3λ ausgebreitet hat, hat sie mit dem bewegten Z nichts mehr zu tun. Nach T_0 beginnt sich am Ort Z_2 die nächste Vi loszulösen und weitet sich in $2T_0$ zum Kreis K_2 aus; usf. Der Beobachter B_1 wird einen höheren Ton der Frequenz f_1 ($> f_0$) hören, weil auf der linearen Welle zu seinem Ohr die Vi'n auf den Abstand λ_2 ($< \lambda_0$) zusammengerückt sind. Umgekehrt hört B_2 einen tieferen Ton: $f_2 < f_0$.

Diese Erscheinung heißt ‚akustischer Doppler-Effekt (DE) bei bewegter Schallquelle'. Er ist benannt nach dem österreichischen Physiker und Mathematiker Christian Doppler (1803–1853), der ihn 1852 formulierte; (der Nachweis erfolgte 3 Jahre später).

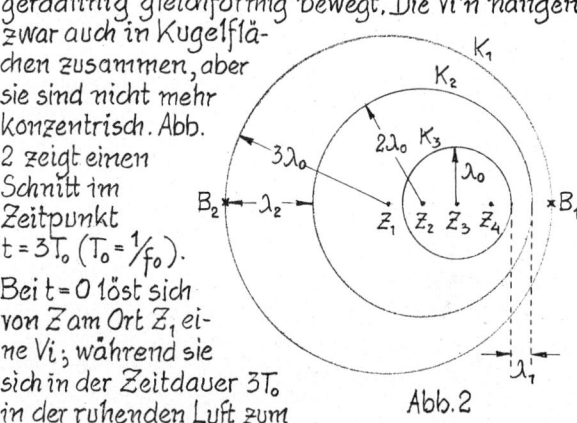

b) Bestätige die folgenden Formeln des DE, indem Du zunächst λ_1 und λ_2 ausrechnest:

$$f_1 = f_0 \frac{1}{1 - u/v} \quad (1) \quad \text{und} \quad f_2 = f_0 \frac{1}{1 + u/v} \quad (2).$$

Wie muß das Größenverhältnis von u und v sein? Was geschieht bei $u \to v$?

Ziehe Parallelen zwischen DE und Aufg. 98.

Es gibt noch den ‚DE bei bewegtem Beobachter': Der sich der ruhenden Schallquelle nähernde Beobachter hört eine höhere Frequenz als f_0, der sich entfernende einen tieferen Ton. Man könnte nun glauben (aus

Gründen der Relativität), daß auch für diesen DE die Formeln (1) und (2) gelten. Das ist jedoch **nicht** der Fall. Löse dieses kleine Rätsel, nur qualitativ.

c) In der guten, alten Zeit, als noch die Dampflokomotive das Schienenbild beherrschte, machte ein Musiklehrer mit seiner Klasse einen Ausflug. Sie standen gerade auf einem Feldweg an einem unbeschrankten Bahnübergang einer Schnellzugstrecke, als sich ein Zug mit schrillpfeifendem Dampfroß näherte.

„Paßt auf, um welches Intervall sich die Tonhöhe beim Vorbeifahren ändert", rief der Prof. seinen Schülern zu.

Viele tippten auf eine Terz, was auch die Zustimmung des Lehrers fand, der noch ergänzte: „Für meine Ohren war es eine kleine Terz. Nun könnt ihr euch zu Hause die Zug-Gs ausrechnen, falls ihr in Physik schon den DE durchgenommen habt".

Welche Zug-Gs u (in $\mathrm{km\,h^{-1}}$) ergibt sich bei folgenden Werten: $v = 341\,\mathrm{m\,s^{-1}}$ (bei 17°C); eine kleine Terz bedeutet ein Frequenzverhältnis 6 : 5.

Den DE gibt es bei jeder Wellenbewegung. Eine große Rolle spielt er beim Licht und bei anderen elektromagnetischen Wellen. Wir kommen in Aufg. 148 auf ihn zurück.

OPTIK

100. Der schattenlose Zaun *

Die beiden Rentner Fischer (F) und Weber (W) saßen wie immer, wenn es das Wetter zuließ, in der Abendsonne auf der Bank vor dem gemeinsamen Zaun, der die Vorgärten ihrer aneinanderstoßenden Reihenhäuschen begrenzte (Abb.) Die Blicke der beiden verloren sich über die grünen Wiesen und gelben Felder der ebenen Landschaft bis zum weiten westlichen Horizont.

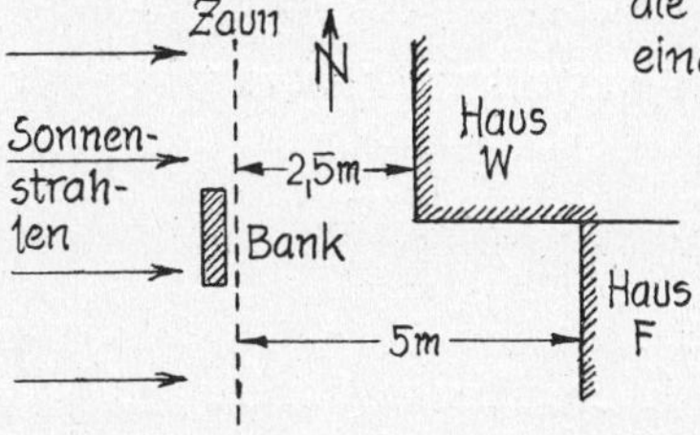

Als sich einige violette streifige Wolken vor die schon recht tiefstehende Sonne geschoben hatten, sagte F zu W: „Dreh dich bitte mal um, dann wirst du eine rätselhafte Erscheinung auf meiner (westlichen) Hauswand sehen: Während nämlich die Zaunriegel (waagrechte Querbalken des Lattenzauns) einen verhältnismäßig scharfen Schatten auf die Wand werfen, ist der Schatten der lotrechten Latten nicht zu sehen. Auf deiner Hauswand aber zeichnen sich die Schatten der Riegel und der Latten scharf ab. Kannst du mir das erklären?"

W (nach einer Pause): „Wirklich eigenartig, mir ist das noch gar nicht aufgefallen. Das hat wahrscheinlich etwas damit zu tun, daß mein Haus etwas vorspringt. Aber mehr weiß ich nicht".

F: „Es muß aber noch irgendwie mit der Sonne zusammenhängen, denn oftmals tritt noch etwas Unerklärliches ein, da verschwindet an meiner Wand auch noch der Schatten der Riegel. – Ich werde mal meine Enkelin fragen; sie studiert zwar Medizin, aber aus ihrer Gymnasialzeit müßte noch etwas aus der Naturlehre hängengeblieben sein. Übrigens wollte sie mich heute besuchen."

(Wenn man den Esel nennt, kommt er gerennt!) Die Enkeltochter kam gerade noch zurecht, daß ihr der Großvater das Phänomen (mit den Riegelschatten) in den letzten Strahlen der untergehenden Sonne, die noch durch einen Schlitz in der Wolkenwand hindurchblinzelte, zeigen konnte.

„Ich glaube, ich kann euch das erklären, wenn ich einige Maße kenne", sagte die Studentin; „Opa, du hast doch, soviel ich weiß, einen Weltatlas und ein Lexikon?"

„Ja, aber gehen wir doch ins Haus, es wird ohnehin schon kühl".

Zuvor ließ sich aber die Enkelin ein Metermaß geben und maß die Lattenbreite (3,5 cm), die Breite der Eisenriegel (4 cm) sowie die Breiten der Vorgärten (s. Abb.) In den Büchern fand sie dann noch die Entfernung Erde–Sonne (150 Millionen km) und den Sonnenradius (700 000 km).

Wie explizierte sie nun an Hand von Zeichnungen das Verschwinden des Schattens der Latten an der einen Hauswand? Sie bestätigte ihre Erklärung durch eine Rechnung und konnte auch noch die Breite des Schattens einer Latte an W's Hauswand ausrechnen ($b = \ldots$).

Wann verschwand der Riegelschatten an F's Hauswand, und warum?

Die Studentin tat noch ein übriges: Sie konnte den

alten Herren mit einem einfachen Versuch die Schattenphänomene im (bereits dunklen) Zimmer simulieren.
Es liegt nun an Dir, lieber Leser, die Studentin zu kontrollieren.

101. Der Garderobenspiegel *

Ein frischgebackenes Ehepaar – er ist Lehrer, sie studiert noch – ist mit dem Einrichten einer Neubauwohnung beschäftigt. Das hübsche (und deshalb wohl eitle) Frauchen steht gerade in der Diele vor einem Wandstreifen zwischen 2 Türnischen.

„Hier paßt genau ein Wandspiegel her", meint die Gattin, „aber ein richtiger Schneiderspiegel, der bis zum Boden reicht, damit ich mich auch von Kopf bis Fuß sehen kann, wenn ich hier bis zur Wand zurücktrete". (Und sie hat schon ein Metermaß in der Hand und mißt die Breite der Diele e = 1,3m).

„Das wäre aber Material- und Geldverschwendung", läßt sich ihr Mann hören; „was meinst du, was so ein hoher Spiegel kostet? Aber ich werde dir einen kleineren rechteckigen Spiegel anbringen, der nicht bis an den Boden reicht, in dem ich mich aber in meiner vollen Länge bewundern kann, obwohl ich doch um etliche cm größer bin als du!"

Sie: „Das mußt du mir erst beweisen, denn bei dem Spiegel im Kleiderschrank, der nicht bis zur Unterkante der Tür reicht, werden meine Füße prompt abgeschnitten, auch wenn ich weit zurücktrete".

Er: „Das glaube ich dir, die Höhe des Spiegels ist eben nicht berechnet worden. Komm, wir wollen sofort Maß nehmen. Ich brauche die Augenhöhe; meine ist a = 1,6m; wenn du hohe Absätze trägst, wird dieser Wert auch für dich stimmen".

Sie: „Ich will mich aber auch – aufrecht stehend – mit Hut betrachten können, ohne mich dauernd bücken zu müssen".

Er: „Wird gemacht! Setz bitte deinen höchsten Hut auf, den mit der Feder... So, jetzt messe ich von den Augen bis zur Federspitze 25cm, sagen wir der Sicherheit halber s = 30cm. Und damit auch deine zierlichen Füße nicht abgeschnitten werden, nehmen wir – als Sicherheitsabstand – noch 10cm zur Augenhöhe dazu (sozusagen unterhalb des Fußbodens). Und nun können wir ans Rechnen gehen!"

Sie: „Ich bin aber noch skeptisch".

Er (während er eine Zeichnung entwirft): „Mißtraust du so meinen mathematischen bzw. physikalischen Kenntnissen?"

Sie: „Das nicht, aber warum sind in den Bekleidungshäusern die Spiegel bis zum Boden, obwohl man doch dort weit genug zurücktreten kann?"

Er: „Das mag z.T. Verschwendung oder Angeberei sein. – Aber sieh mal hier auf die Skizze".

a) Wie erklärt er nun seiner jungen Frau anhand der Zeichnung, daß der Spiegel eine gewisse (minimale (lotrechte) Länge l haben muß, und daß seine Unterkante in einer gewissen Höhe h über dem Fußboden sein muß, um sich von der Hut- bis zur Fußspitze betrachten zu können?
Stelle dann die Buchstabenformeln – in Abhängigkeit von den gegebenen Größen – auf. Setze dann erst die Werte ein.

b) Welche eigenartige (wenn nicht rätselhafte) Tatsache ergibt sich bezüglich e? (Begründung).

c) Der Preis des Spiegels ist proportional seiner Fläche. Wieviel % hat das junge Ehepaar gespart, wenn es einen bis zum Boden reichenden Spiegel der Länge (l+h) gekauft hätte? (Der Preis dieses Spiegels ist der Grundwert).

(Die junge Frau war übrigens von den Berechnungen ihres Gatten so angetan, daß sie nun ihrerseits zur Berechnung schritt: Sie gab ihm 2 Küsse; der erste war sozusagen der allg. Dank für seine geniale Lösung. Der zweite – der länger währte – war der ‚Weichmacher' für die Bitte, mit der sie diese günstige Gelegenheit beim Schopf packte, ihr doch für die ersparten fast 50% ein neues Kleid, wenn es aber nicht reichen sollte, doch wenigstens einen neuen Hut zu kaufen).

102. Stehende Räder *

Fährt auf einer Kinoleinwand oder auf dem Bildschirm ein Wagen mit Speichenrädern (Auto, Kutsche), so sieht man oft in der Seitenansicht die Räder (oder nur ein Rad) stillstehen oder sich sogar rückwärts drehen, obwohl doch der Wagen de facto, gegen die Straße oder den Hintergrund, nach vorne fährt.

a) Baron und Baronin von T waren stolze Besitzer

eines Oldtimer-Autos, Baujahr 1902. Beim letzten Rennen dieser Veteranen waren sie selbstverständlich wieder dabei und gewannen einen Kategorie-Preis. Die junge Baroneß filmte mit einer Schmalfilmkamera das durchs Ziel fahrende elterliche Auto (mit 18 Bildern pro s).

Bei der Wiedergabe mit dem Projektor (zunächst auch mit 18 Bildern pro s) kamen die in der Tracht der Jahrhundertwende gekleideten Eltern (und der auf Hochglanz gebrachte Oldtimer) gut ins Bild: Der Baron mit stolzgeschwellter Brust unter weißer Weste und mit Siegermiene unter der ‚Melone'; die Baronin mit schneeweißer berüschter Bluse und breitkrempig behutetem Lockenköpfchen, nach allen Seiten Kußhändchen werfend, wobei die Seidenbänder des Huts nur so flatterten, denn der Baron fuhr tatsächlich mit etwas mehr als 50 kmh^{-1} durchs Ziel.

Welche Gs hatte das Auto genau, wenn auf der Leinwand die Speichen der Räder stillstanden? Man konnte genau 12 Speichen zählen; der Durchmesser jedes Rades betrug 80 cm.

Was geschah, insbesondere mit den Speichen, als die Baroneß den Film noch einmal laufen ließ, jedoch mit 24 Bildern pro s?

Die Kamera hatte das Auto hinter dem Ziel bis zum Stillstand verfolgt. Welches merkwürdige Spiel vollführten die Räder bei der Wiedergabe?

b) Wieder einmal sitzt die ganze Familie im ‚Pantoffelkino' vereint, denn es läuft ein spannender Western. Klischeegemäß gibt es eine Verfolgungsjagd einer Postkutsche durch Indianer. Offensichtlich holt der Kutscher auf dem holprigen Sandweg das äußerste aus dem Sechsergespann heraus, allein die kleinen Reitpferde der Indianer kommen bedrohlich näher.

Da ertönt die Stimme des kleinen Heini, der sich zu Füßen seines Vaters im Schneidersitz auf den Teppich gehockt hat: „Sieh mal Papi, das Vorderrad der Kutsche dreht sich ja gar nicht. Und was macht denn das Hinterrad? Der Kutscher fährt doch bestimmt mit 50 km! (Er meint 50 kmh^{-1}). „Kannst du das als Ingenieur ausrechnen?"

„Später", erwidert der Vater, „jetzt halt aber dein Mündchen, denn nun wird's spannend".

Welche Gs errechnete später der Vater, wenn er von folgenden Voraussetzungen ausging: Der Film wurde mit der (internationalen) Gs 24 Bilder pro s gedreht. Das Vorderrad hatte einen Durchmesser von 1,05 m und besaß 14 Speichen. (Heini hatte die Postkutschen-Gs um ≈ 20% zu hoch geschätzt).

Was machte, während der Film lief, das Hinterrad? Es hatte einen Durchmesser von 1,35 m und hatte 16 Speichen.

(Übrigens hatte der Ingenieur den Western auf Band aufgezeichnet. Die Postkutsche war im Film umgekippt. So konnten Vater und Sohn am ‚Standbild' dann die Speichen abzählen und die Raddurchmesser genau schätzen).

103. Leuchtende Augen

Wahrscheinlich hat es jeder von uns schon in natura beobachtet, vielleicht aber auch auf der Kinoleinwand oder am Bildschirm gesehen, nämlich das meist gelblichgrüne Augenleuchten der Hauskatzen im Dunkeln. Auch andere Tiere, z.B. einige Raubkatzen, zeigen dieses Phänomen. Ausgesprochen gespenstig-schön wirkt es beim schwarzen Puma: Seine Augen leuchten bernsteingelb ~ etwa bei einer Raubtiernummer im gedämpften Licht unter der Zirkuskuppel; (hier wirkt allerdings der Kontrast zum schwarzen Fell verstärkend).

Was für ein physikalisches Bauelement kann nur dieses Augenleuchten hervorbringen? Die Antwort, daß es sich um fluoreszierende oder phosphoreszierende Substanzen im Auge handelt, ist auszuschließen. (Fluoreszierende Stoffe emittieren eigenes Licht, so lange sie mit anderem Licht bestrahlt werden. Bei phosphoreszierenden Substanzen hält die Lichtemission noch einige Zeit nach Aufhören der Bestrahlung an). Die Katzenaugen enthalten auch keine Zellen, die durch einen Chemismus ‚kaltes Licht' erzeugen (Chemoluminiszenz), wie dies beispielsweise beim Glühwürmchen oder bei Leuchtbakterien der Fall ist.

Es muß vielmehr schon etwas Licht (wenn auch nur schwaches) auf ein solches Auge fallen, um es zum Leuchten zu bringen. Wenn hier noch vermerkt wird, daß Katzen im (dämmrigen) Dunkeln besser sehen als andere Tiere, deren Augen gleichviele Sehzellen haben, dann wirst Du, lieber Leser, sogar herausfinden können, wo im Auge das betreffende physikalische Element eingebaut ist.

Zu diesen ‚nachtaktiven' Tieren gehören außer den bereits genannten Katzen auch gewisse Nachtinsekten, vor allem Nachtschmetterlinge, und einige Tiefseefische.

Denke bei der Lösung auch daran, daß in der Technik das Wort Katzenaugen im übertragenen Sinn verwendet wird. Wofür? Wo sind diese Augen zu finden?

Eine letzte Frage: Haben ‚leuchtende' (oder ‚strahlende') Kinderaugen ~ etwa beim Anblick der Geschenke im Kerzenlicht des Weihnachtsbaums ~ etwas mit unseren leuchtenden Tieraugen zu tun?

104. Zebrastreifen bei Licht *

Es wird erzählt, daß der junge Lockenkopf Huygens (s.u.) an einem der zahlreichen Wasserkanäle seines Heimatlandes saß, dort wo ein Schleusentor die Mündung des Kanals K in das Becken B absperrte (Abb.1). Ein Brise in Richtung von K erzeugte ebene Wellen; ihre ‚Wellenfronten' bildeten parallele Strecken senkrecht zur Fortpflanzungs-Gs $\vec{v}$. Sie sind in der Abb. als Verbindungsstrecken aller Wellenberge (WB) ausgezogen, als die aller Wellentäler (WT) strichliert gezeichnet. (Beachte auch die Einzeichnung der Wellenlänge λ und von $\lambda/2$).

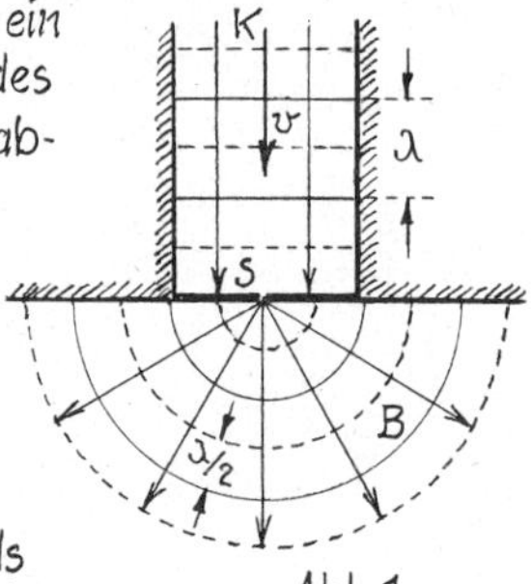

Abb.1

Die Wasserspiegel in K und B waren gleich hoch, das Schleusentor hatte einen schmalen Spalt S. Die in S auf- und abwippenden Wasserteilchen gaben ihre Erregung nicht nur in der ursprünglichen Richtung weiter, sondern auch in allen (möglichen) seitlichen Richtungen. Huygens sah also, daß S sozusagen als neues Erregungszentrum fungierte, und daß sich von ihm eine Kreiswelle (Aufg. 97) in B ausbreitete. Diese Erscheinung der Richtungsänderung einer Wellenbewegung heißt ‚Beugung', hier Beugung am (Einzel-) Spalt. In der Abb. sind 1 ungebeugter und 4 gebeugte Wellenstrahlen (von theoretisch unendlich vielen) gezeichnet. Beachte, daß sie normal zu den Wellenfronten (die hier konzentrische Kreise um S sind) verlaufen. (Siehe auch die 2 Wellenstrahlen bei den Wasserwellen in K).

Der holländische Physiker, Mathematiker und Astronom Christian Huygens (1629-1695) nannte die an S entstehende Kreiswelle eine ‚Elementarwelle'. Sind mehrere (schmale) Spalte vorhanden, so gibt es entsprechend viele Elementarwellen. 1690 stellte Huygens ein sehr fruchtbares Prinzip auf, das ‚Huygenssche Prinzip', das es gestattet, bei jeder auf ein Hindernis stoßenden Wellenbewegung ~ nach der Analyse in Elementarwellen ~ die ‚neuen' Wellenfronten zu konstruieren bzw. zu berechnen. Schon vorher (1676) konnte er mit seiner Wellentheorie des Lichts die geradlinige Ausbreitung, die Reflexion und Brechung erklären, 1677 die Doppelbrechung am Kalkspat. Übrigens erfand Huygens 1657 die Pendeluhr, 1675 die Federuhr mit Unruhe.

Ch. Huygens

Was beobachtet man nun, wenn sich im Schleusentor 2 schmale Spalte befinden? Dann gehen von ihnen gleichzeitig 2 Elementarwellen aus, die miteinander ‚interferieren' (sich überlagern). Von der ‚Interferenz' (IF) zweier Wellen interessieren uns hier nur die 2 häufig auftretenden Sonderfälle: Beide Wellen sollen gleichartige sein, z.B. Querwellen mit demselben λ sowie mit gleichem $\vec{v}$. Kommt ein WB auf einen WB zu liegen (bzw. ein WT auf ein WT), dann ist das IF-Ergebnis eine ‚verstärkte' Welle. Überlagern sich aber WB und WT, so schwächen die Wellen einander oder sie ‚löschen sich aus' (wenn die Amplituden beider Wellen gleich waren).

Abb.2 zeigt sozusagen eine ‚Momentfotografie' der beiden von den Spalten S_1 und S_2 gleichzeitig ausgegangenen Elementarwellen. In allen Punkten, in denen sich 2 ausgezogene Kreise (WB) oder 2 gestrichelte (WT) schneiden, findet Verstärkung statt. In den Schnittpunkten der ausgezogenen mit den ge-

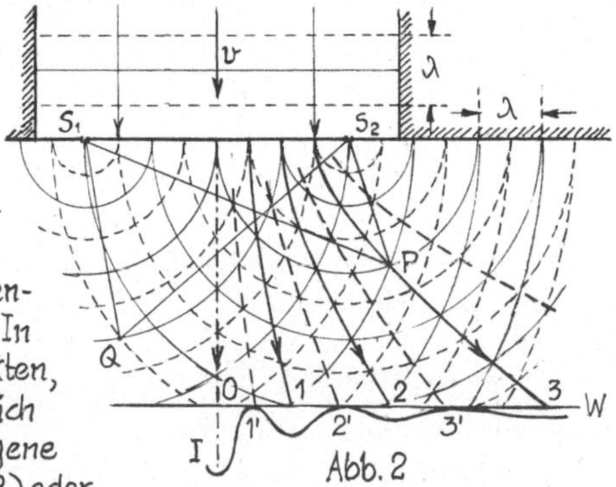

Abb. 2

strichelten Kreisen gibt es praktisch Auslöschung. Auf den starken bepfeilten Linien liegen also alle ‚Schwingungsbäuche' (dort haben die Wasserteilchen ihre größten Amplituden), die dazwischen liegenden strichlierten Linien verbinden alle ‚Knoten' (die Wasserteilchen sind dort ständig in Ruhe).

Dieses Interferenzmuster ist links der 0-Linie (strichpunktiert) symmetrisch ergänzt zu denken. Auf einer Wand W wird die Wasserhöhe in dem betreffenden Moment etwa den Verlauf der Kurve I zeigen (die man sich um 90° nach oben geklappt denken muß). Sie hat an der Stelle 0 das ‚nullte' Intensitäts-Maximum; dann folgen an den Stellen 1, 2, … die (rechtsseitigen) Maxima 1., 2., … Ordnung, an den Stellen 1', 2', … die (rechtsseitigen) Minima 1., 2., … Ordnung. (Die linksseitigen Maxima und Minima liegen symmetrisch).

Das IF-Ergebnis läßt sich an einzelnen Stellen ohne Zeichnen aller Kreise durch den ‚weglichen Gangunterschied' (wGU) leichter erkennen. So unterscheiden sich im Punkt P (Abb. 2) die Wege der beiden Elementarwellen um die beiden Radien: $\overline{S_1P} - \overline{S_2P} = 5\lambda - 2\lambda = 3\lambda$; es findet Verstärkung statt. In Q ist der wGU $= 4{,}5\lambda - 3\lambda = 1{,}5\lambda$ (hier gibt es Auslöschung). Allg. gilt:

Verstärkung: $\text{wGU} = k \cdot \lambda \quad (k = 0, 1, 2, \ldots)$;

Auslöschung: $\text{wGU} = k \cdot \frac{\lambda}{2} \quad (k = 1, 2, 3, \ldots)$.

Anstelle des wGU läßt sich auch der ‚zeitliche Gangunterschied' (ausgedrückt in T) bzw. die ‚Phasendifferenz' angeben. Es entsprechen sich: $\lambda \mathrel{\hat{=}} T \mathrel{\hat{=}} 2\pi$; usw.

Im Gegensatz zu seinem Zeitgenossen Newton war Huygens davon überzeugt, daß das Licht eine Wellenbewegung ist. Er dachte allerdings – in Analogie zum Schall – an Längswellen; auch wußte er noch nicht, was beim Licht schwingt, und er konnte auch noch kein λ messen! Das lag wohl an 2 Dingen: 1) an der Kleinheit von λ (Aufg. 97), 2) aber daran, daß natürliches und künstliches Licht (außer Laserlicht) ‚inkohärent' (unzusammenhängend) ist, d.h. aus vielen und kurzen einzelnen ‚Wellenschwänzen' besteht.

Erst 1802 berechnete der britische Arzt und Naturwissenschaftler Thomas Young (1773–1829) λ des Lichts mit der ‚Beugung am Doppelspalt'. Young war ein Wunderkind: Mit 14 Jahren sprach er 8 Fremdsprachen. Während er als Arzt praktizierte, hielt er auch Vorlesungen über Physik. Er beschäftigte sich aber auch mit den anderen Naturwissenschaften und griechischer Philosophie; vom 17. Lebensjahr an interessierte ihn die Lichtwellentheorie.

Th. Young

Die Inkohärenz des Lichts umging Young, indem er nur ein sehr schmales Lichtbündel auf den Doppelspalt auffallen ließ.

Es ist heute kein Kunststück, mit einem ‚Laser' als Lichtquelle den Youngschen Doppelspaltversuch in Minutenschnelle aufzubauen. Laser ist ein Kunstwort, aus folgenden fetten Buchstaben bestehend: **L**ight **a**mplification by **s**timulated **e**mission of **r**adiation (= Lichtverstärkung durch angeregte Strahlungsemission). Diese Verstärkung wurde bereits 1917 durch Einstein vorausgesagt.

Die Abb. 3 zeigt unsere Versuchsanordnung von oben. Der Doppelspalt S_1S_2 wird senkrecht auf die Spaltebene mit (parallelem) Laserlicht bestrahlt, das streng kohärent und monochromatisch ist, d.h. es besteht aus einem sehr langen, zusammenhängenden Wellenzug mit nur einem λ. Wir setzen optimale Bedingungen voraus: Die Spaltbreite soll klein gegen λ sein, der Spaltabstand g wiederum klein gegen ℓ (= Entfernung des Schirms S vom Doppelspalt).

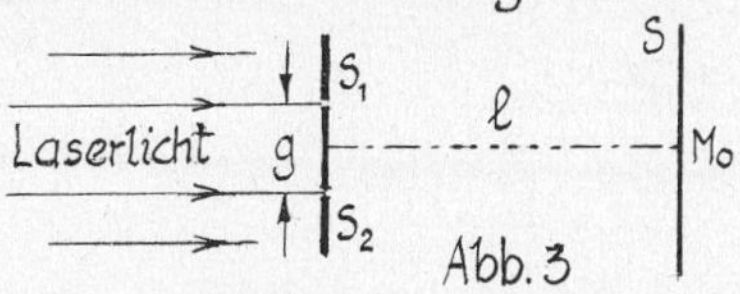

Abb. 3

Nun 2 Aufg.-Stellungen zum Doppelspaltversuch:

a) Wie bei Wasserwellen geht auch bei Lichtwellen von S_1 und S_2 je eine Elementarwelle aus. Auf S werden dann durch IF rechts und links von M_0 dunkle und helle Streifen erscheinen. Anstelle einer Zeichnung der Kreiswellen ist es viel einfacher, mit den Lichtstrahlen der Elementarwellen zu arbeiten: a und b (Abb. 4) seien 2 derartige Strahlen, die sich auf S im Intensitätsmaximum k-ter Ordnung M_k treffen; der zugehörige Beugungswinkel sei α_k; er kommt auch im ΔAS_1S_2 vor. Aus diesem ist auch sofort der wGU der Strahlen a und b ersichtlich; diese können (wegen $\ell \gg g$) als parallel angesehen werden.

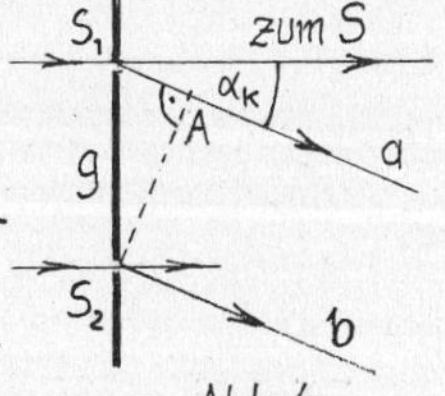

Abb. 4

Stelle in einer allg. Formel die Abhängigkeit des $\sin\alpha_k$ von λ, g, und k dar.
β_k sei der Beugungswinkel zweier (Parallel-) Strahlen zum Minimum k-ter Ordnung N_k auf S. Wie lautet die Formel für $\sin\beta_k$?

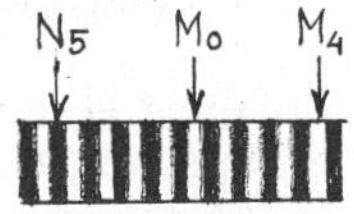

Abb. 5

Die ‚IF-Streifen' (Abb. 5) haben zwar nicht scharfe Ränder, da es ja noch andere wGU'e als λ bzw. $\lambda/2$ gibt, immerhin erinnert eine Schwarz-weiß-Fotografie an die Zebrastreifen der Fußgängerüberwege.

b) Berechne λ des in a) verwendeten Helium-Neon-Lasers mit folgenden Meßwerten: $g = 0{,}5\,mm$; $\ell = 2\,m$; der Abstand der beiden N_8 (rechts und links von M_0) ist $d = 3{,}8\,cm$.
Wegen der Kleinheit der Beugungswinkel (auch bis zur 8. Ordnung) kann $\sin \approx \tan$ gesetzt werden.

Übrigens war es wieder Young, der 1817 die Transversalität der Lichtwellen verkündete, nachdem bereits 1808 die ‚Polarisation' durch den französischen Physiker Étienne Louis Malus (1775-1812) entdeckt wurde.

105. Infanterie und Brechungsgesetz

Lieber Leser, wußtest Du schon, daß man des Brechungsgesetz (des Lichts) ‚exerzieren' kann? Wenn nicht, dann möchte ich hier aus eigener Erfahrung ein wenig aus der Schule plaudern.
Man muß schon sagen, der Tafelberg am Rande der Garnisonstadt O... war das ideale Gelände für einen Infanterie-Übungsplatz; deshalb mußte sein flacher Rücken schon die Tritte vieler Myriaden von Militärschuhen und -Stiefeln der k.u.k. (österreichischen) Armee und ~ nach dem 1. Weltkrieg ~ des tschechoslowakischen Heeres ertragen. Das Gelände war teils eben, teils wellig, es gab sandigen, den (allg. gehaßten) lehmigen Boden und solchen mit kümmerlicher Grasnarbe, aber auch (geliebte) Wiesen mit saftigem Grün, Buschland und sogar ein kleines Waldstück mit angrenzendem, aufgelassenen Friedhof, auf dem das rasche Einbuddeln geübt wurde (dessen Anreiz eigentlich darin bestand, als Trophäe einen richtigen Totenkopf heimzubringen).
Das Herzstück des ‚Tswitschäks' (Übungsplatzes) jedoch war ein immer wasserführender Graben, der in einen dreieckigen Sumpf mündete. Hier wurden wir Offiziersanwärter ~ wir alle hatten Abitur, einige, wie ich, waren bereits fertige Akademiker ~ von den ‚längerdienenden' Unteroffizieren (Uff) nach allen (geschriebenen und ungeschriebenen) Dienstregeln ‚geschliffen', so daß oft bei regnerischem Wetter oder aber bei Übungen im Sumpf kein Fleckchen unserer Haut und Montur nicht mit Schlamm beklekkert war. (Am schlimmsten war es ja da mit den ‚Wikkelgamaschen', deren einziges Übungspaar höchstens über Sonntag trocken wurde!)
Als dann nach Abschluß der Offiziersschule einige von uns als Ausbilder des nächstens Jahrgangs dablieben, hätten wir unseren Ressentiments freien Lauf lassen können, aber ich glaube, daß unser Ausbildungsstil weniger schikanös war als jener, jetzt gleichrangigen ‚Schleifer', von denen uns immer eine unsichtbare Wand trennte.
Jedoch nach dem allmächtigen Dienstplan durfte auch das ‚unwegsame' Gelände nicht ausgespart werden. Mein damaliger Freund P... (ein Dr. jur.) und ich kamen eines Tages auf die Idee, unsere beiden ‚Züge' zusammenzulegen und mit ihnen das ‚Brechungsgesetz zu üben'. Wir ließen in Vierer- (oder auch in Sechser-) Reihen antreten, wobei wir einen größeren Abstand d (Abb. 1) zum Vordermann befahlen als normal (Armlänge) vorgeschrieben war. Dann ließen wir den Trupp mit normaler Marsch-Gs c_1 schräg auf die gerade Uferlinie g des Sumpfes marschieren.

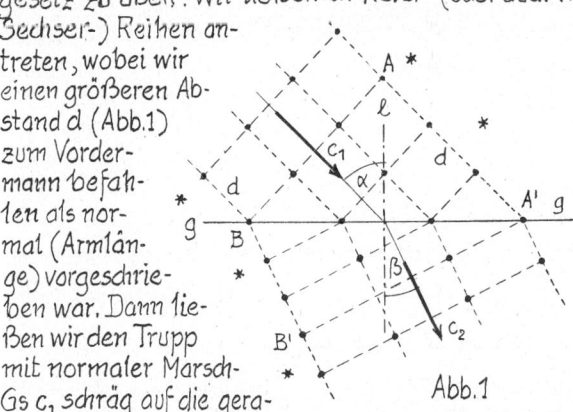

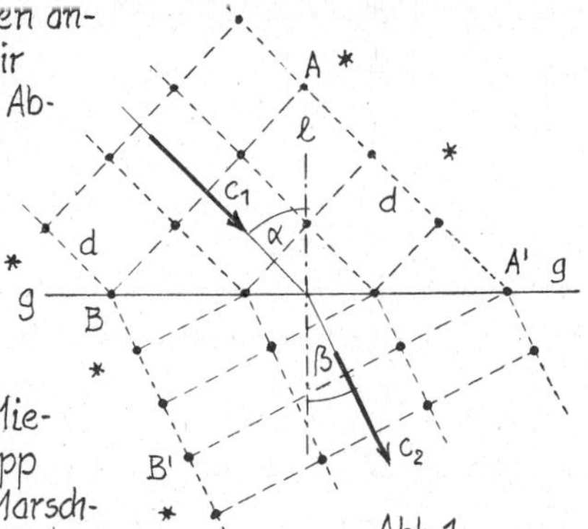

Abb. 1

Einige Uff'e (in der Abb. mit * gekennzeichnet) mußten höllisch aufpassen, daß die ‚Seitenrichtung' (lang strichliert) immer stimmte. Im Sumpf verminderte sich die Gs auf c_2 ($< c_1$). Dadurch mußte sich zwangsläufig die Marschrichtung (zum Lot ℓ gemessen) ändern (nämlich ‚brechen'), falls auch im Sumpf die Seitenrichtung peinlichst eingehalten wurde. Als die Kolonne halb im Sumpf war, ließen wir halten. Die Abb. zeigt in Draufsicht einen Teil des ‚gebrochenen' Marschtrupps.
a) Wir führen folgende Bezeichnungen ein: α = Einfalls-

winkel (Winkel zwischen $\vec{c}_1$ und ℓ); β = Brechungswinkel (zwischen $\vec{c}_2$ und ℓ). Beweise das ‚Brechungsgesetz':

$$\frac{\sin\alpha}{\sin\beta} = \frac{c_1}{c_2} \quad (1).$$

Es handelt sich hier um eine Brechung ‚zum Lot'. (Hinweis: Du findest α und β auch in den Dreiecken ABA' und BB'A'. Beachte ferner, daß der Mann A dieselbe Zeit braucht, um nach A' zu gelangen, wie der Mann B nach B').

Kehrt man die Marschrichtung um, so gilt (1) unverändert weiter, wobei es logischer ist, die Kehrwerte gleichzusetzen; man spricht dann von einer Brechung ‚vom Lot'.

Ich habe als Ausbilder an der erwähnten Offiziersschule (vertretungsweise) ‚physikalische Grundlagen der Ballistik' unterrichtet. Ich konnte den Aspiranten klarmachen, daß die Herleitung des Brechungsgesetzes mit dem Huygensschen Prinzip (Aufg. 104) auf demselben Grundgedanken fußt wie diejenige mit dem Marschtrupp. Insbesondere fürs Licht kann noch ein andeses Prinzip zur Herleitung herangezogen werden, nämlich das ‚Fermatsche Prinzip des kürzesten Lichtwegs' (Prinzip der schnellsten Ankunft), das kurz so ausgesprochen werden kann: Das Licht wählt zwischen 2 Punkten immer denjenigen Weg, zu dem es die kürzeste Zeit braucht. Das Prinzip trägt den Namen des französischen Mathematikers Pierre de Fermat (1601-1665). Für die Reflexion des Lichts, für welche dieses Prinzip auch gilt, war es bereits dem griechischen Mathematiker und ‚Mechaniker' Heron von Alexandria (2. Hälfte des 1. Jahrhunderts n. Chr.) bekannt.

Die Herleitung von (1) mit dem Fermatschen Prinzip erfordert einige Kenntnisse der Differentialrechnung. Wir begnügen uns daher mit einem einfachen Zahlenbeispiel, das wir wieder auf unseren Truppenübungsplatz verlegen.

b) Oberhalb der x-Achse (Abb. 2) sei fester Boden, unterhalb Sumpf. Vom Punkt A sollen 2 Infanteristen I_1 und I_2 in kürzester Zeit zum Punkt B marschieren. Auf festem Boden entwikkeln sie die Gs $c_1 = 2\,ms^{-1}$,

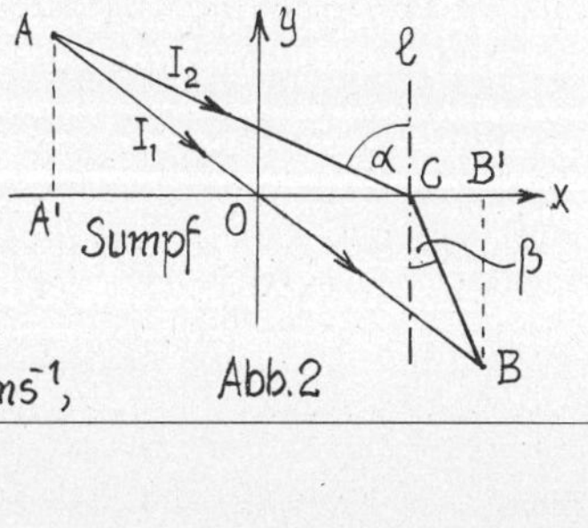

Abb. 2

im Sumpf nur $c_2 = 1\,ms^{-1}$; I_1 geht auf der Verbindungsstrecke $\overline{AB}$, I_2 marschiert über C nach B. Was haben sich die beiden wohl vorher überlegt?

Berechne die Zeitdauern T_1 und T_2, die I_1 und I_2 zur Zurücklegung ihrer Wege benötigten. Die Koordinaten der Punkte sind: A(-8|6); B(8|6); C(5|0).

Zeige, daß für den Punkt C (als Einfallspunkt eines Lichtstrahls) ziemlich genau das Brechungsgesetz erfüllt ist.

106. Die Totalreflexion *

Wie bereits erwähnt, kann das Brechungsgesetz für alle Wellenarten mit dem Huygensschen Prinzip der Elementarwellen (Aufg. 104) hergeleitet werden. Dabei ergibt sich von selbst, daß an der Trennungsfläche zweier Medien außer Brechung auch noch Reflexion (nach dem Reflexionsgesetz) stattfindet.

Die größte Rolle spielen Brechung und Reflexion wohl beim Licht. In Abb. 1 fällt ein Lichtstrahl e (ein sehr dünnes Lichtbündel) auf die Trennungsfläche zwischen Luft und Glas; g ist der gebrochene, r der reflektierte Strahl. Die Licht-Gs'n seien c (≈ 300 Mms^{-1} in Luft) und c_G (in Glas).

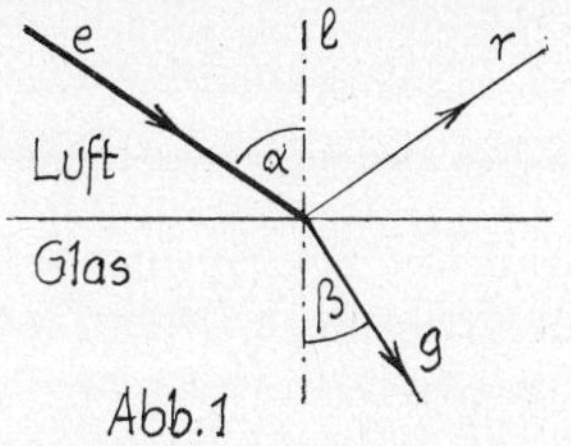

Abb. 1

Das Brechungsgesetz lautet also:

$$\frac{\sin\alpha}{\sin\beta} = \frac{c}{c_G} = n;$$

n nennt man die ‚Brechungszahl' von Glas, genauer von Luft → Glas.

Auch hier gilt (wie beim Reflexionsgesetz): e, ℓ, g und r liegen in einer einzigen Ebene, die normal auf der Trennungsfläche steht.

Das Brechungsgesetz fand 1621 der niederländische Mathematiker und Physiker Willebrordus Snellius (Willebrord van Snel van Royen) (1580-1626) experimentell beim Licht.

Ist n > 1, so findet eine Brechung zum Lot statt (α > β). Für normales Glas ist n = 1,5; daher ist $c_G = c/n = 2/3\,c \approx 200\,Mms^{-1}$; n für Wasser ist 1,33. Die höchsten n haben Diamant (2,42) und das durchscheinende Mineral Rutil (2,62).

In Abb.1 entsprechen die Strichstärken der Strahlen e, g und r etwa den Intensitäten. Fällt Licht senkrecht auf ($\alpha = 0°$), so tritt praktisch die ganze Intensität ungebrochen ins Glas ein. Je größer aber α wird, desto stärker wird r, während die Intensität des g abnimmt (jedoch nicht bis 0). $\alpha = 90°$ ist nicht realisierbar; man spricht, falls α fast 90° beträgt, von ‚streifendem' Einfall.

Weil $c > c_G$ ist, nennt man Luft (Vakuum) das ‚optisch dünnere', Glas das ‚optisch dichtere' Medium. Für den Übergang aus einem optisch dünneren in ein optisch dichteres Medium ist immer $n > 1$.

Beim umgekehrten Übertritt des Lichts ($n < 1$) findet eine Brechung vom Lot statt. Als Beispiel wählen wir wieder: Glas → Luft. Das Brechungsgesetz lautet dann:

$$\frac{\sin\alpha}{\sin\beta} = \frac{c_G}{c} = \frac{1}{n} \; (<1);$$

in diesem Fall ist $\beta > \alpha$ (Abb.2). Dreht man e_1 um den Einfallspunkt E so, daß α wächst, dann nimmt auch β zu. Das geht bis zur Grenzlage e_2 (Einfallswinkel γ), bei der g_2 streifend austritt (β fast 90°); r_1 und r_2 sind die jeweils reflektierten Strahlen.

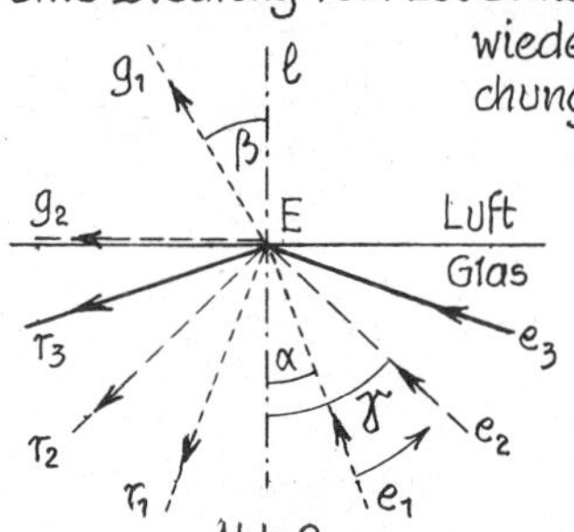

Abb.2

Wird nun der Einfallswinkel größer als γ (Strahl e_3), so tritt etwas Eigenartiges ein: Es kann kein Licht mehr das Glas verlassen, alles (!) Licht wird ins Glas zurückgeworfen (Strahl r_3). Diese Zurückwerfung heißt ‚Totalreflexion' (TR); γ ist der ‚Grenzwinkel der TR'.

a) Berechne γ für Glas → Luft. (n für Luft → Glas ist 1,5). Zeichne den weiteren Verlauf des einfallenden Strahls e durch das rechtwinklig gleichschenklige Glasprisma der Abb. 3a) und den Wiederaustritt (Begründung). Tue dasselbe, wenn e nach 3b) auf das gleiche Prisma fällt.

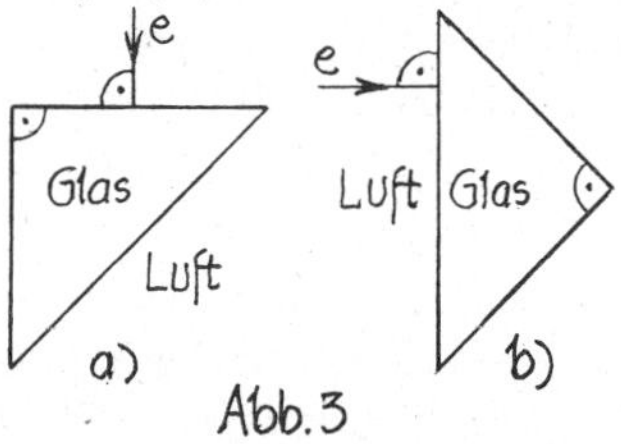

Abb.3

Man nennt ein Glasprisma der Abb.3 ein totalreflektierendes Prisma, u.zw. beim Strahlengang von a) ein Umlenkprisma, bei b) ein Umkehrprisma. Diese Prismen werden bei vielen optischen Instrumenten (z.B. in allen Ferngläsern) sehr häufig als Spiegel verwendet, weil bei ihnen der Spiegelbelag entfällt, und weil die spiegelnde Fläche (die innere Glasfläche nicht verstauben oder matt werden kann.

Für den Physiker oder Optiker mag die TR nichts Besonderes sein, für den Laien ist sie dennoch rätselhaft, kann doch eine sonst durchsichtige Glasfläche genausogut reflektieren wie der beste Metallspiegel!

b) Um bei großen Dampfkesseln den Wasserstand im Kessel auf einige m Entfernung noch gut ablesen zu können, bedient man sich eines besonderen Wasserstandsanzeigers, der in Abb. 4a) im horizontalen Querschnitt dargestellt ist. Ein starkes Metallgehäuse M ist innen mit schwarzem, hitzebeständigem Mattlack S ausgekleidet. Die Vorderseite bildet eine dicke Glasplatte G, an deren Innenseite lotrechte Rillen eingeschliffen sind, deren Kantenwinkel je 90° betragen. Der Hohlraum H ist mit dem Kessel durch 2 Rohre R (Abb.4b)) verbunden. Die Wasserhöhe im Anzeiger ~ in Abb.4b die gestrichelte Linie ~ und die Wasseroberfläche im Kessel liegen immer in derselben waagrechten Ebene (Gesetz über verbundene Gefäße).

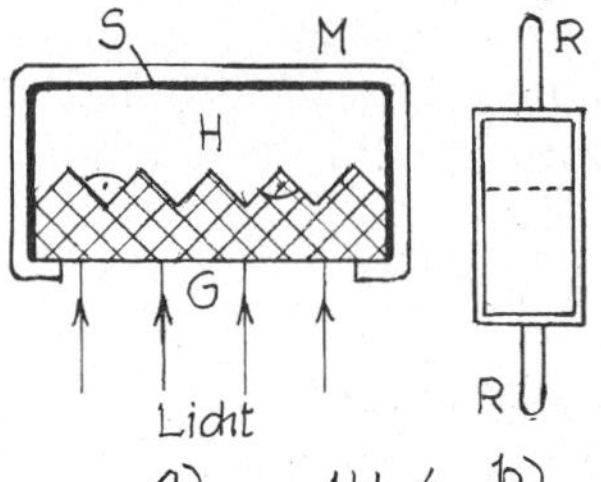

Abb.4

Wenn Licht etwa senkrecht auf G fällt, wie sieht dann ein Beobachter, der auf die Vorderfront (Abb. 4b)) blickt, das Wasser im Anzeiger?

Die Brechungszahlen sind: Luft → Glas $n_1 = 3/2$; Luft → Wasser $n_2 = 4/3$; Wasserdampf und Luft sind optisch etwa gleichdicht. (Berechne zunächst n_3 für Glas → Wasser).

Ich hatte lange Jahre einen derartigen Wasserstandsanzeiger in meiner physikalischen Sammlung. Wenn ich ihn halb mit Wasser gefüllt zeigte, kam den meisten Schülern ein Oh über die Lippen, so verblüffend war der Effekt. Und jedem anderen, der die physikalischen Grundlagen nicht kannte, schien dies so lange ein Zauberkunststück, bis ich ihm selbst kristallklares Wasser hineingießen ließ; (ein Rätsel blieb es ihm trotzdem).

In zunehmendem Maße werden heute in einigen Staaten in Telefon- und Fernsehnetzen Kupfer-Stromleiter durch ‚Lichtleiter' ersetzt. Diese sind dünne zylindrische Glasfasern (GF) (Durchmesser 5 μm bis 500 μm), die aus dem Faserkern K (Brechungszahl n_1) und dem Fasermantel M (n_2) bestehen (Abb. 5). Es ist immer $n_1 > n_2$. Die GF kann Licht, vor allem Laserlicht (Aufg. 104) viele km weit leiten, ohne daß dieses – infolge der Totalreflexion an M – den K verlassen kann, auch wenn die GF gebogen wird.
So wie dem elektrischen Strom Informationen (z.B. Sprache) in Form von Impulsen aufmoduliert (aufgeprägt) werden können, so kann dies auch beim Licht geschehen. In einer GF können jedoch ungleich mehr Gespräche (Programme) gleichzeitig geleitet werden als in einem Draht. Wie Drähte können auch GF'n zu Kabeln verdrillt werden.

c) In Abb. 5 sei α_g der Grenzwinkel (zur optischen Achse der GF), der nicht überschritten werden darf wenn das Licht aus dem K nicht austreten soll. Stelle die Buchstabenformel für die sogen. ‚numerische Apertur' $A = \sin\alpha_g$ auf. Setze dann die Werte ein: $n_1 = 1{,}75$ und $n_2 = 1{,}5$. Wie groß sind A und α_g.

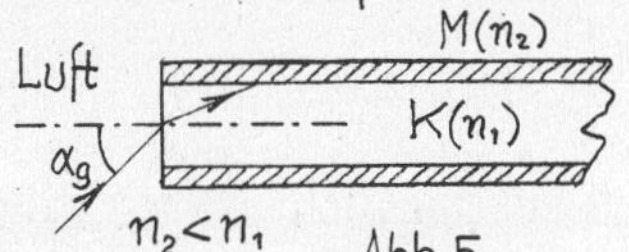

Abb. 5

Warum ist man an einem großen A interessiert? Mathematisch gesehen dürfte A nicht größer als 1 sein. Und doch gibt es solche Werte! Wähle ein Beispiel. Ist da wieder ein Rätsel verborgen?

Jeder hat schon einmal über die Fata Morgana (arabisch: Fee Morgana) in Reiseberichten oder orientalischen Märchen gelesen? Wissenschaftlich meint man damit einen Komplex mehr oder weniger komplizierter Luftspiegelungen, die meist in Wüstengebieten, jedoch auch über der See auftreten und dem Beobachter flimmernde Bilder von Wasser, Oasen, Ansiedlungen (oder eben der Glaspaläste der arabischen Zauberin Morgana) vorgaukeln. In praktisch allen Fällen spielt die TR an der Grenzfläche verschieden warmer Luftschichten die Hauptrolle. Zur Erklärung muß man wissen, daß mit der (mechanischen) Dichte der Luft auch ihre optische Dichte abnimmt. (Das optisch dünnste Medium ist also das Vakuum).

d) Eine einfache Luftspiegelung kann jeder Autofahrer (oder sonstige Straßenbenutzer) im Sommer auf einer durch die Sonne erhitzten Asphaltstraße beobachten, wenn er etwa 100 m oder mehr nach vorne blickt. Die Straße erscheint dann dort hell, glänzend, aber auch mit dunklen Stellen, so als würde Wasser auf ihr liegen.
Erkläre (nur qualitativ) diese Erscheinung.
Sieht ein Mann, der neben dem Auto steht, auch die ‚nasse Straße' und in derselben Entfernung wie der Autofahrer?

ELEKTRIZITÄT

107. Wo sind die Pole?

Magnetische Erscheinungen sind mit elektrischen eng verknüpft; so sei denn hier auch eine leichte Aufg. aus der ‚Magnetostatik' an die Spitze gestellt.
Bei physikalischen Schülerübungen (der 10. Klassenstufe) war eine Gruppe von 3 Schülerinnen arbeitslos geworden und spielte mit Magneten und Magnetnadeln herum. „Na, ihr Spielkätzen", sagte der Lehrer, „ihr könnt gleich weiterspielen"; er nahm ihnen alle Magnete und Magnetnadeln weg und gab ihnen 3 Metallstäbe gleicher Ausmaße, einen rot-, einen grün- und einen blaulackierten, ferner einen Faden, ein Holzstativ (in Form eines Galgens) und eine weiße Feltkreide.

a) Die erste Aufg. bestand darin herauszufinden, welche Stäbe magnetisch sind, wo ihre Pole liegen und welcher Art diese sind. Mit der Kreide sollten sie dann die Nordpole mit N, die Südpole mit S markieren.
2 Versuche der Mädchen seien hier angeführt: Sie fuhren mit dem einen Ende des grünen Stabs (G) an der Längsseite des blauen Stabs (B) entlang; dabei wurde G nur an den Enden von B angezogen. Zum selben Ergebnis kamen sie mit dem anderen Ende von G.
Dann wiederholten sie den Versuch, indem sie das eine Ende von G (später das andere) am roten Stab (R) entlangführten; jetzt wurde G sowohl an den Enden als auch in der Mitte von R angezogen.
Wie lösten die Mädchen die gestellte Aufg. zu Ende?

b) Der Lehrer war mit den Ergebnissen zufrieden und

und beschäftigte das Trio noch mit folgendem Puzzlespiel: Die Mädchen sollten aus den 3 Stäben

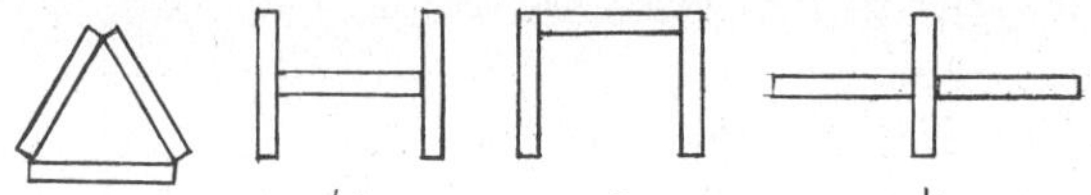

a) b) c) d)

nacheinander die abgebildeten Figuren a) bis d) auf dem waagrechten Tisch so zusammensetzen, daß sie stabil sind. „Vielleicht gibt es mehrere Möglichkeiten, von symmetrischen Lagen abgesehen", ergänzte noch der Lehrer.

108. Winzlinge Elektronen

Heute ist das Wort Elektronik in aller Munde (sogar Kleinkinder sprechen schon von elektronischem Spielzeug); und es scheint, alsob selbst Nichtphysikern das ‚Elektron' (ein kleines, negativ geladenes Teilchen) das bekannteste Ding der Elektrizität ist. Während aber die moderne Elektronik noch recht jung ist ~ ihr Geburtsjahr kann mit 1947, dem Jahr der Erfindung des Transistors, angegeben werden ~ ist das Wort Elektron über 2½ Jahrtausende alt, denn es ist der griechische Name für Bernstein. An diesem fossilen Harz soll der erste der ‚Sieben Weisen', der griechische Philosoph und Mathematiker Thales von Milet (um 625 - um 547) bereits reibungselektrische Phänomene beobachtet haben. Heute wissen wir, daß sich dieser Körper (und viele andere, vor allem Kunststoffe) beim Reiben negativ elektrisch aufladen, indem sie sich mit einer Vielzahl von Elektronen (e^-) überziehen.

Von Thales angefangen bis zur Entdeckung des e^- war es noch ein sehr, sehr langer Weg. Über 2 Jahrtausende hinweg tat sich praktisch nichts auf dem Gebiet der Elektrizität. Erst im 18. Jahrhundert setzte eine systematische Erforschung elektrischer Erscheinungen ein, u.zw. fast ausnahmslos solcher der ‚ruhenden Elektrizität' (Elektrostatik). So hatte man außer der ‚Harzelektrizität' noch die ‚Glaselektrizität' entdeckt (1734); beide nannte man später (1778) ‚negative' und ‚positive' Elektrizität, aus Gründen der (algebraischen) Addition: Gleiche Mengen ~ wir sagen heute (elektrische) Ladungen ~ mit verschiedenem Vorzeichen heben sich auf (neutralisieren sich).

Unsere ganze heutige Elektrotechnik, von der Glühlampe angefangen über die vielen elektrischen Haushaltsgeräte, die Dynamomaschinen und Elektromotoren bis hin zum Radio, Fernsehen und Computer wäre undenkbar ohne die Entdeckung des elektrischen ‚Stroms'. Ausgangspunkt waren die ‚Froschschenkelversuche' (1780) des italienischen Arztes und Naturforschers Luigi Galvani (1737-1798), die er jedoch erst 1791 veröffentlichte, aber falsch deutete.

A. Volta

Erst sein Zeitgenosse, der italienische Physiker Allesandro Graf Volta (1745-1827) konnte Galvanis Versuche als Wirkung eines elektrischen Stroms exakt erklären; er schuf auch 1800 in der ‚Voltaschen Säule' die 1. brauchbare ‚Spannungsquelle'. (Es ist unnütz, darauf hinzuweisen, daß nach Volta die SI-Einheit 1 V benannt ist).

In Voltas Arbeiten spielte der elektrische Strom eine große Rolle. Bevor man aber erkannte, daß in Leitern vor allem bewegte e^- den Strom bilden, mußten abermals 100 Jahre vergehen. Zuerst wurde 1833 durch die vom englischen Physiker und Chemiker Michael Faraday (1791-1867) aufgestellten Gesetze der Elektrolyse die Existenz kleinster positiver und negativer Ladungen festgestellt. Als dann 1859 der deutsche Physiker und Mathematiker Julius Plücker (1801-1868) die Kathodenstrahlen (erst 1876 so benannt) entdeckt hatte, wurde allmählich klar, daß diese aus e^- bestehen müßten. Vor allem aber war es der berühmte englische Physiker Sir Joseph John Thomson (1856-1940, NPP 1906), der durch genaue Messungen (1897-1899) den Nachweis erbrachte, daß die ‚spezifische Ladung' e/m_e von photoelektrisch und thermisch ausgelösten e^- übereinstimmt (e_m = Masse des e^-). So wird heute allg. 1899 als das Jahr angegeben, in welchem J. J. Thomson das e^- aus der Taufe hob.

R. A. Millikan

Nachdem der amerikanische Physiker Robert Andrews Millikan (1868-1953, NPP 1923) mit der ‚Öltröpfchenmethode' sehr genaue Werte für die absolut kleinste elektrische Ladung, die sogen. ‚Elementarladung' $|e|$ erhalten hatte, standen für das e^- die beiden wichtigsten Konstanten fest: Die

Masse $m_e \approx 9\cdot10^{-31}$ kg und die Ladung $-e \approx -1{,}6\cdot10^{-19}$ C; (1C = SI-Einheit der elektrischen Ladung ~ s. Einleitung). Man war auch sehr neugierig auf die Größe des e^-; aus einem Energiegleichgewicht errechnete man den ‚klassischen' e^--Radius $r_e \approx 2{,}8\cdot10^{-15}$ m = 2,8 fm. Er hat sich noch bis heute behauptet, doch stellt man sich das e^- (als Korpuskel!) heute womöglich noch kleiner vor, praktisch als Massenpunkt, weil man mit sehr schnellen e^- ziemlich tief in andere Elementarteilchen (Protonen, ...) ‚hineinschießen' kann.

Mit den (klassischen) Gleichungen für Ladungen in elektrischen und magnetischen Feldern war es möglich, bis in die 20-er Jahre unseres Jahrhunderts hinein alle (makroskopischen) elektronischen Vorgänge, aber auch die Grundzüge des atomaren Hüllenbaus theoretisch in recht guter Übereinstimmung mit dem Experiment zu beherrschen. Jedoch die Quantentheorie zeigte, daß die klassische e^--Vorstellung nicht der Weisheit letzter Schluß sein konnte. Wie es dann weiterging, s. Aufg. 116 ff.

Die verhältnismäßig lange Geschichte, die wir hier dem e^- gewidmet haben, läßt seine Bedeutung erkennen: Es zählt zu den stabilsten, längstlebigen und häufigsten Elementarteilchen, die das ganze Weltall bevölkern: Die e^- gibt es überall, als ‚gebundene' in der Hülle jedes Atoms, als bewegliche in jedem Leiter und als ‚freie' in der Erdatmosphäre, in den Sternen sowie im interstellaren Raum.

Wie schon eingangs erwähnt, laden sich viele Körper bei innigem Kontakt (Reiben) mit anderen negativ auf; diese Ladung besteht aus freien e^-, die nur an der Oberfläche des Körpers sitzen. Andere Körper laden sich durch Kontakt positiv auf: Ihnen werden durch das Reibzeug e^- entzogen; es bleiben ~ ebenfalls nur an der Oberfläche ~ ‚Löcher' zurück, in denen die e^- fehlen, weshalb dort die positive Ladung gewisser Atome in Erscheinung tritt.

Coulomb (Aufg. 44) fand 1785 das nach ihm benannte Gesetz, das die Kraft F zwischen 2 Ladungen Q_1 und Q_2 in Abhängigkeit des Abstandes r ihrer ‚Ladungsschwerpunkte' (-Mittelpunkte) im Vakuum bzw. in Luft angibt:

$$F = k\,\frac{Q_1\cdot Q_2}{r^2}\,;\quad k = 9\cdot10^{9}\ \mathrm{Nm^2C^{-2}} \qquad (1).$$

$\vec{F}$ fällt in die Verbindungsgerade der Ladungsmittelpunkte (die bei Kugelladungen die geometrischen Mittelpunkte sind). Bei gleichnamigen Ladungen ist F positiv (Abstoßungskraft), bei ungleichnamigen Ladungen negativ (Anziehungskraft).

Und nun einige Aufg. zu diesen winzigen Teilchen:

a) 2 gleichgroße metallisierte Kunststoffkügelchen (Masse je m = 200 mg) hängen an 2 isolierenden Fäden der Länge je ℓ = 3,3 cm (Abb.); ℓ reicht bis zum Mittelpunkt von m. Die Kügelchen wurden, während sie sich berührten, mit der gleichen Ladung je Q aufgeladen und spreizten sich dann zum Abstand 2r = 3 cm.

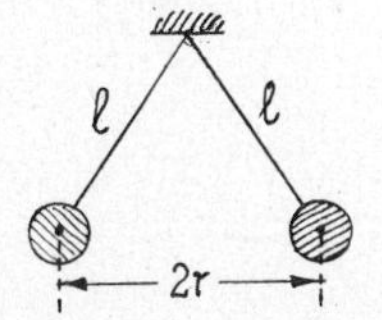

Berechne die Abstoßungskraft F und mit (1) die Ladung Q. ($g = 9{,}81\ \mathrm{ms^{-2}}$). Wie könnte man dieses Ergebnis zur Definition von 1C (bzw. einer kleineren Einheit) benutzen?

Q sei negativ. Wieviele e^- sitzen auf der Oberfläche jedes Kügelchens? ($e = 1{,}6\cdot10^{-19}$ C).

Wenn m den Durchmesser 7 mm hat, wieviele e^- müssen sich auf 1 mm² der Oberfläche ‚drängen'? (Siehe auch b)).

b) Auf eine isoliert aufgehängte Metallkugel (Radius r = 5 cm) wurde die Ladung Q = −160 nC gebracht. Da in einem Metall die freien e^- auch praktisch frei beweglich sind, stoßen sich die auf die Kugel gebrachten ‚Überschuß'-e^- gegenseitig ab und besetzen nur die Oberfläche, wo sie (aus Symmetriegründen) eine konstante ‚Flächenladungsdichte' haben.

Wieviele (n = ...) e^- sind auf der Oberfläche? Welche Fläche (als Quadratchen der Seite a gedacht) belegt jedes e^-? (Berechne a).

Denke Dir die Kugeloberfläche ins Riesenhafte vergrößert, so daß ein e^- den Durchmesser 1 mm erhält. Wie weit (d = ...) ist das benachbarte e^- entfernt? (Jedes e^- befinde sich im Mittelpunkt eines Quadratchens der Seite a). (e^- Radius r_e = = 2,8 fm).

(Wenn Du, lieber Leser, errechnest, daß sich die e^- ~ mit Menschen verglichen ~ auf die Entfernung d kaum erkennen können, so hast Du wahrscheinlich keinen Rechenfehler gemacht).

c) Man denke sich das e^- homogen mit Masse erfüllt. Wie groß ist dann die Dichte ϱ_e in $\mathrm{gcm^{-3}}$? (m_e = = $9\cdot10^{-31}$ kg). Welcher Faktor p ergibt sich beim Vergleich mit der Dichte von Gold 19,3 $\mathrm{gcm^{-3}}$?

109. Die Tücken des Objekts

Ich war als neuer Physiklehrer an das Gymnasium einer Kleinstadt gekommen. Trotzdem mußte in der Mittelstufe ein jüngerer Kollege (Chemiker) „fachfremd" einige Physikstunden unterrichten. Da die Schule noch im Aufbau (zur Vollanstalt) begriffen war, quollen die Sammlungsschränke an Apparaten nicht gerade über, so daß wir einige kleinere Geräte selbst anfertigten oder improvisierten.

Die verschrumpelten Holundermarkkügelchen für das elektrostatische Pendel (Abb. 1) ärgerten meinen Kollegen schon lange, und deshalb bepinselte er 2 Tischtennisbälle mit Aluminiumbronze. Als sie trocken waren, hatten sie einen schönen metallischen Mattglanz, und mein Kollege freute sich über das neue Pendel, das auch bis in die letzte Bank gut sichtbar war. Aber die Freude schlug in Verwunderung um, als es ihm nicht gelingen wollte, die Kugeln durch Berühren mit einem geriebenen Stab zu laden. (Gott sei Dank hatte er dies lange vor der Unterrichtsstunde ausprobiert).

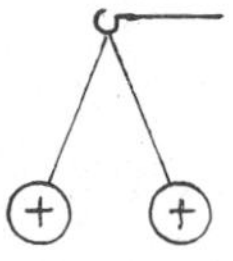
Abb. 1

a) Mein Kollege rief mich, und wir standen wirklich vor einem Rätsel. Als er mir jedoch sagte, daß er die Bronze selbst aus Aluminiumstaub und farblosem Lack (Zaponlack) angerührt hatte, dämmerte mir etwas. Ich nahm einen Haarpinsel und eine bestimmte Flüssigkeit, und binnen weniger Minuten war das Vaterland gerettet: Die Kugeln leiteten vorzüglich.

Warum leiteten die metallisierten Bälle nicht vorher? Wie machte ich sie funktionsfähig?

Nach der Unterrichtsstunde kam der Kollege auf eine Zigarettenlänge in den Vorbereitungsraum neben dem Physiksaal. Er hatte alle Geräte auf dem Experimentiertisch im Saal stehen lassen, weil er in der nächsten Stunde eine Parallelklasse hatte. Ich selbst blieb im Vorbereitungsraum, um eine Hohlstunde für Korrekturen auszunutzen.

b) Es verging keine halbe Stunde, als mein Kollege mit einem Elektrometer (Abb. 2) fuchsteufelswild aus dem Physiksaal gestürzt kam und zu mir sagte: „Verflixt nochmal" (in Wirklichkeit war der Fluch noch prägnanter), „in der 1. Stunde hat es noch tadellos funktioniert, und nun rührt sich das Blättchen B überhaupt nicht mehr!"

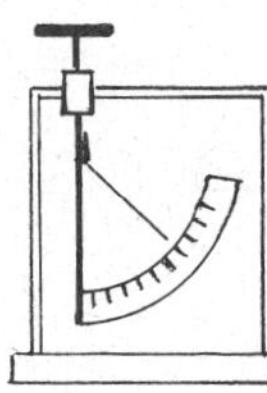
Abb. 2

Ich zog die vordere Glasplatte des Elektrometers hoch und sah, daß an der Aufhängung des B manipuliert worden war. In Begleitung meines Kollegen ging ich in den Physiksaal und stellte der Klasse (in der ich Mathematik unterrichtete) eine eindringliche Frage. Nachdem die Sache dann doch noch friedlich geklärt war, läutete auch schon die Glocke das Ende der Stunde.

In der Pause zeigte ich meinem Kollegen, wie man mit einem neuen B am schnellsten das Elektrometer repariert. (Er mußte darüber ziemlich lachen, und ich nehme an, daß er bis heute ~ fast 3 Jahrzehnte darnach ~ diese Episode nicht vergessen hat).

Welche Frage stellte ich wohl der Klasse? Was war mit dem Elektrometer geschehen, und weshalb funktionierte es nicht? Wie reparierte ich den Schaden?

(Beide Tücken ereigneten sich am Freitag, dem 13. Juni 19.., was jedoch mit Aberglauben nichts zu tun hat!)

110. Die nützlichen Elektronen

So winzig die Elektronen (e^-) auch sein mögen, so nützlich, ja unentbehrlich sind sie heute einem Großteil der Menschheit geworden. Jeder Zivilisierte kennt ~ von Kindheit an ~ den elektrischen Strom (el. Strom), der in einem riesengroßen Netz von Kupferdrähten fließt, wenn auch nur relativ wenige Nutznießer des Stroms wissen, daß es die e^- sind, die ihn bilden.

Der el. Strom stellt die günstigste Energie-Form (E-Form) dar, denn er transportiert el. E (E_{el}) vom Großerzeuger, einem el. Kraftwerk, in großen Mengen zu den Verbrauchern, wo die E_{el} in jede andere E-Form (Wärme, Licht, kinetische Energie der Maschinen,...) umgewandelt werden kann. Es erübrigt sich hier, die zahlreichen wohlbekannten Anwendungen des Stroms in der Elektrotechnik aufzuzählen. Aber die e^- können dank der rasanten Entwicklung der Elektronik (Aufg. 108) noch mehr! Wenn wir es leger ausdrücken: Sie zeichnen bewegte farbige Bilder auf den Fernsehschirm; sie schreiben Buchstaben und Zahlen auf die Bildschirme der modernen Betriebe; sie steuern alle möglichen Fabrikationsprozesse, Automaten und Roboter; sie rechnen, denken, entscheiden und speichern (Daten und Informationen) in Computern; ja man glaubt, daß sie demnächst eine ‚eigene' Intelligenz entwickeln werden. Und diese Taten vollbringen nur sehr schwache Ströme in sog. Halbleitern in fast mikroskopisch kleinen Ausmaßen.

Wir können einen el. Strom gut mit einem Wasserstrom (Bach, Fluß), besser noch mit dem strömenden Wasser in einer Wasserleitung vergleichen. Hier bedarf es eines (gefüllten) Hochbehälters sowie eines ‚Gefälles', d.h. die Rohrleitung muß zu einem tieferen Niveau der Lage-E führen. Für einen el. Strom braucht man eine ‚Spannungsquelle' (SQ) ~ oft Stromquelle genannt ~ wie ein (Trocken-)Element, einen Akkumulator oder einen (Gleichstrom-)Dynamo. Jede SQ hat 2 metallische Pole: Den ‚Minuspol' mit einer Überschußladung an e^- (der dem Hochbehälter entspricht) und den ‚Pluspol', der ein Manko an e^- hat und mit einem tieferen Niveau der Wasserleitung vergleichbar ist. Zwischen beiden Polen besteht eine ‚el. Spannung' U, deren SI-Einheit 1V (1Volt) so definiert ist:

$$1V = 1J \cdot C^{-1} \quad (1);$$

daraus folgt: $1V \cdot 1C = 1J$; d.h. wenn wir die Pole einer SQ von 1V mit einem Leiter (Draht) verbinden, und 1C an Ladung der e^- (in einer beliebigen Zeit) hindurchfließt, so wurde die el. Arbeit 1J vollbracht. (Beim Wassermodell: Wir verbinden den Hochbehälter und das 1m tiefer gelegene Niveau durch einen mit Wasser und Sand gefüllten Schlauch; wenn durch ihn 102g Wasser strömen, so wurde die mechanische Arbeit $0{,}102 \cdot 9{,}81[N] \cdot 1[m] = 1J$ geleistet).

So wie man beim Wasserstrom die Stromstärke als sekundliche Durchflußmenge (z.B. $15\,\ell s^{-1}$) definiert, so geschieht dies auch beim el. Strom: Die ‚el. Stromstärke' I ist der Quotient: Durchfließende Ladung (der e^-) durch Zeitspanne (z.B. 1s). Die SI-Einheit ist:

$$1A = 1Cs^{-1} \quad (2).$$

Sie ist nach dem französischen Physiker und Mathematiker André Marie Ampère (1775-1836) benannt.

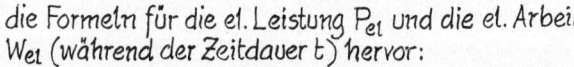

A.M. Ampère

Aus (1) und (2) gehen (durch einen doppelten Zweisatz) die Formeln für die el. Leistung P_{el} und die el. Arbeit W_{el} (während der Zeitdauer t) hervor:

$$P_{el} = U \cdot I \quad (3)$$

$$W_{el} = P_{el} \cdot t = UIt \quad (4)$$

Neben 1J = 1Ws verwendet man in der Praxis die größeren Einheiten 1kWh, 1MWh, ... Es ist:

$$1kWh = 10^3[W] \cdot 3600[s] = 3{,}6 \cdot 10^6\,Ws = 3{,}6\,MJ.$$

a) In einer dunklen Flurecke des Erdgeschosses eines Hochhauses brennt von 7^h bis 19^h täglich eine 40-W-Leuchtstoffröhre. Auf einer Sitzung des Verwaltungsbeirates beanstandet eine ältere Dame diese ‚Stromverschwendung'. Ein anwesender Ingenieur rechnet ihr die täglichen Kosten aus und vergleicht sie mit denjenigen für den Lift ($P_2 = 16\,kW$), die entstehen, wenn ihn die Dame täglich nur 6-mal à 30s lang benützt. Was hat der Ingenieur ausgerechnet?
Die Netzspannung bei der Leuchtstoffröhre beträgt $U_1 = 220V$, beim Liftmotor $U_2 = 380V$. (Daß es sich um eine Wechselspannung handelt, ändert an den Formeln nichts). Der Stromtarif ist 12 Pf pro kWh.
Welche Stromstärken I_1 bzw. I_2 fließen durch die Leuchtstoffröhre bzw. den Liftmotor?

Wenn die Pole einer SQ durch einen Leiter verbunden sind, spricht man von einem ‚geschlossenen Stromkreis'. Bleibt U konstant, so werden in der SQ durch einen ‚inneren Mechanismus' während Δt soviele e^- in den Minuspol gepumpt wie durch den äußeren Leiter in Δt abfließen; (die am Pluspol ankommenden e^- werden nach innen ‚abgesaugt'). Die SQ fungiert also als ‚e^--Pumpe': ‚Äußere' und ‚innere' Stromstärke sind gleich.
Aber auch wenn der äußere Leiter verschiedene Querschnitte hat und (oder) aus verschiedenen Materialien besteht, muß an allen Stellen dasselbe I fließen, denn die e^- können sich nirgends stauen (sonst entstünde eine negative Aufladung) noch kann der e^--Strom zerreißen (weil dann ein positives Loch da wäre). Diese Eigenschaft der ‚Stationarität' hat der el. mit dem Wasser-Strom gemeinsam; (bei letzterem beruht sie auf der Inkompressibilität). In einem dünneren Draht ein und desselben Stromkreises muß also die ‚Stromdichte' (Quotient aus Stromstärke I durch Querschnittsfläche) größer sein als im dik-

keren Draht).

b) Wenn in einem Draht $I = 1\,A$ fließt, wieviele e^- ($N = \ldots$) strömen pro [s] durch (irgendeinen) Querschnitt? ($e = 1{,}6 \cdot 10^{-19} C$).

N ist eine stattliche Anzahl (mit 19 ganzen Stellen). Dazu ein Größenvergleich: Denken wir uns jedes e^- als kugeliges Wasserteilchen von 2mm Durchmesser, so sind N Tröpfchen nicht weniger als die gesamte Wassermenge des Bodensees (538 km² Oberfläche). Diese Wassermasse müßte also ~ bei ‚1 Wasser-Ampere' ~ jede [s] durch den Querschnitt eines Riesenrohres strömen!

Wir sprachen beim Wassermodell von einem mit Sand und Wasser gefüllten Schlauch. Das ist ein gewisses Analogon zu einem Metalldraht. In diesem sind die Atome räumlich regelmäßig ~ in einem (Kristall-) Gitter ~ angeordnet. Etwa von jedem Atom ist das äußerste ‚Hüllen-e^-' losgelöst (freies e^-). Das Atom selbst bleibt dann mit $+1e$ geladen als 1-wertiges (positives) ‚Ion' zurück. Die freien e^- befinden sich über das ganze Leiterinnere in den Zwischenräumen des Ionengitters verteilt und führen (zufolge der Temperatur) eine ungeordnete Wärmebewegung (Zickzackbewegung) aus, etwa wie die Gasmoleküle; (sie stoßen hierbei aber kaum untereinander zusammen, sondern mit den Gitterionen). Man spricht deshalb oft die freien e^- eines Leiters als ‚Elektronengas' an. Trotz dieser Bewegung können aber bei normalen Temperaturen auch einzelne e^- die Leiteroberfläche nicht verlassen.

(Das einfachste Gitter ist das ‚kubische': Die Atome sitzen in den Eckpunkten aneinanderstoßender Würfelchen; 1 Atom gehört also gleichzeitig 8 Würfeln an. Kupfer (Cu), der meistgebrauchte Leiter, hat ein kubisch-flächenzentrisches Gitter, d.h. in der Mitte jeder Würfelfläche befindet sich noch 1 Atom).

Wird an einen Draht eine Spannung angelegt, so schiebt sich das e^--Gas mit einer gewissen Gs hindurch. Daß diese kleiner als das Schneckentempo ist, soll die nächste Teilaufg. lehren.

c) Cu hat die Dichte $8{,}93\,g cm^{-3}$, jedes Cu-Atom besitzt die Masse $1{,}06 \cdot 10^{-22} g$. Berechne die Anzahl n der Atome in 1mm³.

Es liegt ein Cu-Draht der Querschnittsfläche $q = 1 mm^2$ vor; wie lang ($\ell = \ldots$) ist ein Scheibchen des Drahts, welches N Elektronen (die also die Ladung |1C| tragen) beherbergt? (Pro Cu-Atom sei $1e^-$ frei). Durch diesen Draht soll 1 A fließen; wie groß ist die Strömungs-Gs v (in $mm \cdot min^{-1}$) der e^-?

Es darf an dieser Stelle kein Fehlschluß aufkommen: Trotz des verhältnismäßig trägen Fließens der e^- beginnt beim Schließen eines Stromkreises (meist mit einem Schalter) das e^--Gas praktisch überall gleichzeitig zu strömen, auch wenn der Draht viele km lang ist; der Anstoß zum Strömen erfolgt nämlich mit der Fortpflanzungs-Gs des elektrischen Felds im Leiter, die nahezu c (Licht-Gs) ist.

Bisher haben wir eigentlich nur vom ‚Gleichstrom' gesprochen: Das e^--Gas schiebt sich nur in einer Richtung vorwärts. Es ist aber allg. bekannt, daß in unserem Leitungsnetz ‚Wechselstrom' fließt; bei ihm schwingt das e^--Gas mit der Netzfrequenz 50 Hz hin und her. An den bisherigen Definitionen und Formeln ändert sich nichts (nur U und I sind als gewisse Mittelwerte festgesetzt).

Den Rest dieser Aufg. widmen wir dem heute so nützlichen e^--Schreibstrahl in den Bildschirmgeräten. Der Grundtypus ist die ‚Braunsche Röhre' die bereits 1897 von dem deutschen Physiker Karl Ferdinand Braun (1850-1918, NPP 1909) erfunden wurde. In einem evakuierten Glasgefäß (Abb.) befinden sich die Glühkathode K und die Lochanode A; K ist ein dünner Wolframdraht, der durch einen Heizstrom zum Glühen gebracht wird; bei dieser Temperatur können freie e^- den Draht verlassen. K ist mit dem Minuspol, A mit dem Pluspol einer SQ verbunden; (beachte das technische Zeichen). Ferner sind A und der Bildschirm S ‚geerdet', d.h. sie haben ‚Null-Potential'.

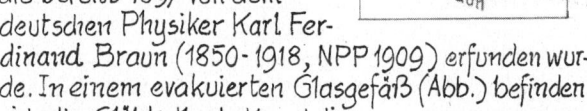

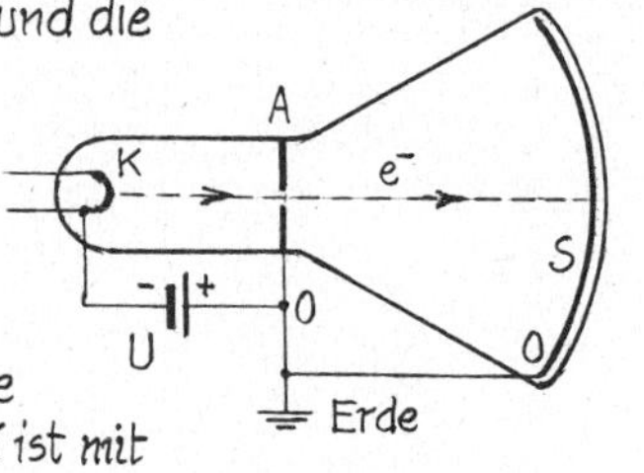

d) Die aus K austretenden e^- werden durch die Spannung $U = 4{,}5 kV$ der SQ (zwischen K und A) beschleunigt. Hierbei setzt sich die ganze W_{el} in kinetische Energie E_k der e^- um. Mit welcher Gs v kommen die e^- an A an? (Die Austritts-Gs der e^- aus K soll null sein; m_e und e siehe Aufg. 108).

Zwischen K und A werden die e^- durch den ‚Wehnelt-Zylinder' (nicht gezeichnet) mehr oder weniger stark zu einem Strahl gebündelt, also ‚intensitätsgesteuert'. Diese einfache Vorrichtung wurde 1902 von dem deutschen Physiker Arthur Rudolph Wehnelt (1871-1944) erfunden. Durch das Loch in A tritt der Schreibstrahl in einen ~ nach der Abb. feldfreien Raum ~ in dem er aber bei allen Anwendungen ‚richtungsgesteuert' wird (u.zw. durch elektrische oder magnetische Felder). Beim Auftreffen auf S erzeugt der Strahl Fluoreszenzlicht (Aufg. 103).

e) Für die Atomphysik ist 1 J eine viel zu große Einheit. Deshalb verwendet man hier die ‚atomare' W- bzw. E-Einheit 1eV = 1 Elektronenvolt: 1eV erhält ein e^- als E_K beim Durchlaufen einer Spannung von 1V (im Vakuum). Drücke 1eV in [J] aus. Welche Gs v hat das e^-?
Welche Gs müßten e^- haben, wenn sie durch eine Spannung $\triangleq 253 \cdot 10^3$ eV = 253 keV beschleunigt werden? Du wirst auf ein Rätsel stoßen, das erst in Aufg. 143 geklärt werden kann.

Vor eV kann jeder Vorsatz (als Milli, Kilo, Mega,...) geschrieben werden. Ferner können nicht nur die E'n von e^- in [eV] angegeben werden, sondern auch die von Atomen, Elementarteilchen und Quanten.

111. Widerstände *

Im Jahre 1826 fand der deutsche Physiker Georg Simon Ohm (1789-1854) das nach ihm benannte Gesetz: Bei konstanter Temperatur ist die Stromstärke I in einem metallischen Leiter der Spannung U an seinen Enden proportional: $I = k \cdot U$. Anstelle von k (des ‚el. Leitwerts') verwendet man jedoch praktischerweise den Kehrwert $R = 1/k$, den man ‚el. Widerstand' (Wi) nennt. R wird in Ω (= Ohm) gemessen.

G.S.Ohm

Ohmsches Gesetz: $I = \frac{U}{R}$ (1) $1\Omega = \frac{1V}{1A} = 1 VA^{-1}$.

Heute ist (1) fast plausibel, wird in jedem Physikunterricht experimentell gezeigt und kann auch theoretisch unschwer hergeleitet werden. Damals war aber Ohms Entdeckung ein Meisterstück, wenn man bedenkt, daß Ohm nur (im Vergleich zu den heutigen) grobe Meßinstrumente für U und I zur Verfügung standen, und daß man ja gar nicht wußte, was durch den Draht fließt. Der Strom war eben ein Fluidum, dessen Stärke man durch die magnetische Wirkung maß. U einer Spannungsquelle wurde als ‚elektromotorische Kraft' angesprochen; wie sie zustande kam, war praktisch unbekannt. Aus dieser Zeit stammt auch noch die ‚technische Stromrichtung', die willkürlich vom Plus- zum Minuspol festgesetzt wurde, also gerade entgegengesetzt zur tatsächlichen Fließrichtung der Elektronen (e^-).

Der Wi eines Leiters kommt dadurch zustande, daß das e^--Gas beim Strömen (durch die Spannung) eine zusätzliche E_K bekommt und diese teilweise ~ durch zusätzliche Zusammenstöße ~ auf das Metallgitter überträgt (dessen Temperatur steigt). Man spricht auch von ‚Reibung' des e^--Gases am Gitter. (Beim Wassermodell in Aufg. 110 entspricht dem elektrischen Wi der Reibungswiderstand des Wassers am Sand im Schlauch). Die elektrische (el.) Arbeit W_{el} wird also im Leiter direkt in Ewä umgesetzt.

Jedem Leiter schreibt man einen ‚spezifischen' Wi ϱ zu, nämlich dem eines Drahts von 1m Länge und 1mm² Querschnitt. So ist für Kupfer (Cu) $\varrho_{Cu} = 0{,}017\,\Omega \cdot mm^2 \cdot m^{-1}$, für die Wi-Legierung Konstantan $\varrho_{Ko} = 0{,}5\,\Omega \cdot mm^2 \cdot m^{-1}$; Cu ist nach Silber der zweitbeste Leiter.

In sämtlichen Leitungen des el. Netzes, vom Kraftwerk angefangen bis zu den einzelnen Verbrauchern, ist die ‚ohmsche Wärme' unerwünscht; sie bestehen daher fast ausschließlich aus möglichst starkem Cu-Draht. Für el. Heizgeräte jedoch verwendet man gewendelte Drähte aus Wi-Legierungen, in Glühlampen doppelt gewendelte Wolframdrähte (die sich bis zur ‚Weißglut' erhitzen).

a) Allenthalben in der Elektrotechnik, hauptsächlich aber in elektronischen Geräten, gibt es Schaltungen von Wi'n (oft von Hunderten und mehr). Abb. 1 zeigt die Serien- (Reihen- oder Hintereinander-) Schaltung der Wi'e R_1 und R_2; (beachte die technischen Zeichen).

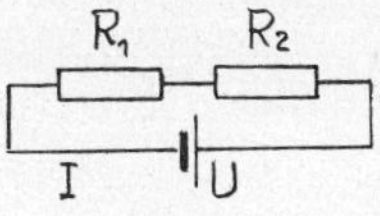

Abb.1

Sie werden also von derselben Stromstärke I durchflossen.
Wie groß ist der Ersatz-Wi R, der I gleich beläßt, wenn er anstelle von R_1 und R_2 an U angeschaltet wird? Erweitere die Formel auf n Wi'e.

(Die Cu-Zuleitungen zählen widerstandsmäßig nicht. Beachte, daß das Ohmsche Gesetz sowohl für den ganzen Stromkreis als auch für jeden Teil gilt).

b) Abb. 2 zeigt die Parallel- (oder Nebeneinander-) Schaltung der Wi'e R_1 und R_2. Man nennt sie auch eine Stromverzweigung. Es heißen: A, B = = Verzweigungspunkte (beachte die ‚Lötstellen'); R_1, R_2 = = Zweig-Wi'e; I_1, I_2 = Zweigstromstärken; I = Hauptstromstärke.

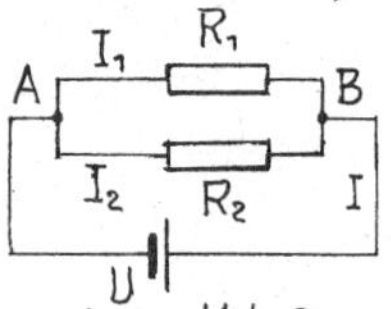

Abb.2

Für diese Schaltung stellte 1845/46 der deutsche Physiker Gustav Robert Kirchhoff (1824-1887) die nach ihm benannten ‚Verzweigungsgesetze' auf:

$I_1 + I_2 = I$ (2) und $I_1 : I_2 = R_2 : R_1$ (3).

Leite diese Gesetze her.

Berechne ferner den Ersatz-Wi R, der I unverändert läßt, wenn er anstelle von R_1 und R_2 zwischen A und B eingeschaltet wird. (Die Formel ist einfacher für den Kehrwert: $1/R = \ldots$). Erweitere die Formel auf n Wi'e.

Vergleiche die Wi-Schaltungen mit denen von Federn (Aufg. 33).

Bei den folgenden Teilaufg. handelt es sich nicht um massive Körper, sondern um Drahtmodelle. Deshalb gibt es in den Abb. keine verdeckten Kanten (die sonst strichliert werden). Schneiden sich jedoch 2 Kanten, dann ist die hintere kurz unterbrochen gezeichnet. Die Modelle bestehen aus Wi-Draht. Alle Kanten sollen gleichlang sein, nicht nur bei ein und demselben Körper, sondern bei allen. Jede Kante hat den Wi R.

c) An die Punkte 1 und 2 des regelmäßigen Draht-Tetraeders (Abb.3) wird eine Spannung angelegt. Welchen Gesamt-Wi R_G hat das Modell? Zeichne (der besseren Übersicht halber) das ebene Ersatzschaltbild mit dem Schaltzeichen für R. Beachte, daß sich eine Kante (also ein Wi R) von vornherein beseitigen läßt, ohne daß sich R_G ändert (Begründung). Welche Wi'e $R_1, R_2, \ldots$ lassen sich durch weiteres Herausschneiden von Kanten (welcher?) erzeugen?

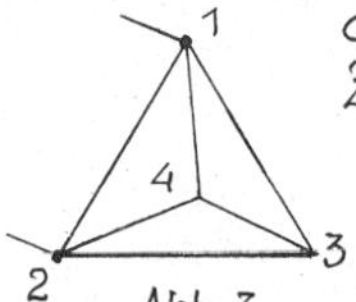

Abb.3

d) Berechne den R_G des regulären Wi-Oktaeders (Abb.4) mit einem Ersatzschaltbild, wenn die Spannung an 1 und 6 angeschlossen wird? (Hier können von vornherein 4 Kanten entfernt werden).

Welche (verschiedene) Wi'e $R_1, \ldots$ lassen sich durch Herausschneiden weiterer Kanten erzielen?

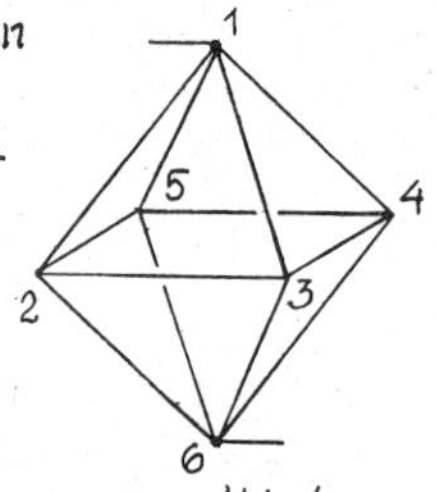

Abb.4

e) Bei dem Würfel (Abb.5) liegt die Spannung an 1 und 8. Berechne R_G. Hier lassen sich keine Wi'e entfernen, ohne daß sich R_G ändert; im Gegenteil, es können gewisse Eckpunkte leitend verbunden werden – ohne Beeinflussung von R_G; das ist eine Hilfe beim Zeichnen des Ersatzschaltbilds.

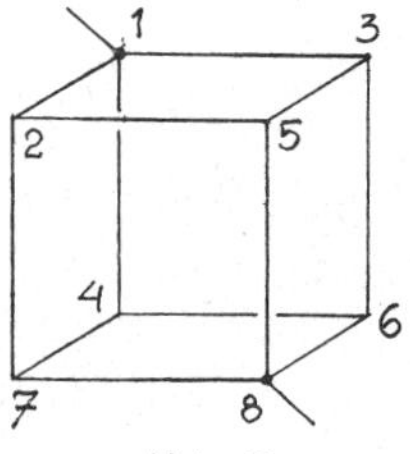

Abb.5

Welche Kanten müssen herausgenommen werden, damit der Wi maximal wird? Wie groß ist R_{max}?

112. Der neue Fahrraddynamo

Endlich durfte der kleine Sohn auf seinem Kinderfahrrad den Vater, der auf einem normalen Herrenrad fuhr, zum Einkaufen in die etwa 7 km entfernte Stadt begleiten.

„Am meisten freue ich mich über den Fahrraddynamo, den du mir kaufen willst", sagte der Sohn zum Vater; „wenn wir heimfahren, wird es wohl schon dunkel sein, dann kann ich ihn gleich ausprobieren. Er muß ja stärker leuchten als deiner, denn mein Rad dreht sich ja schneller als deines, wenn wir mit gleichem Tempo nebeneinanderfahren. Deshalb dreht sich auch mein Dynamo rascher, und das Lämpchen muß heller leuchten; meinst du nicht auch?"

Dem Vater leuchtete diese Logik ein, und er antwortete daher: „Ich glaube schon, daß du recht hast, wir werden ja sehen."

Der Vater kaufte bei seinem Fahrradhändler genau denselben Dynamo, den auch er hatte und der noch kaum gebraucht war. Auch Scheinwerfer und Lämpchen unterschieden sich nicht.

Was stellten nun beide auf der Heimfahrt bei Dunkelheit fest?

QUANTENTHEORIE

113. Energie-Paketchen

Am 14. Dezember 1900 schlug die Geburtsstunde der 'Quantentheorie': Der deutsche Physiker Max Planck (1858-1947, NPP 1918) hielt auf der Sitzung der 'Deutschen Physikalischen Gesellschaft' in Berlin den Vortrag: 'Zur Theorie des Gesetzes der Energievertheilung im Normalspektrum'.

Erhitzt man ein Metall, z.B. Eisen, so strahlt es ein für jede Temperatur charakteristisches stetiges Spektrum (Gemisch vieler lückenlos aufeinanderfolgender Frequenzen) elektromagnetischer Wellen (EMW) aus. Bei einigen 100°C sind es nur Wärmestrahlen (IR), die emittiert werden, bei Rotglut beginnt sich langwelliges sichtbares Licht beizumischen, bei noch höherer Temperatur folgen Gelb- und schließlich Weißglut, in der IR, sichtbares Licht und UV vertreten sind, jede Frequenz f (oder Wellenlänge λ) mit einer ganz bestimmten Intensität E (= Energie), die von der Temperatur T (in [K] = Grad Kelvin) abhängt.

Experimetell war das 'Strahlungsgesetz' $E = E(T, \lambda)$ vor 1900 schon recht gut bekannt, aber es gab keine Theorie, die es – für alle T und λ – in eine Formel aus 'einem Guß' kleiden konnte; (2 theoretisch begründete Gesetze stimmten nur in kleinen Bereichen mit den experimentellen Ergebnissen überein). Nach 5-jähriger Arbeit hatte Planck 1899 das Strahlungsgesetz auf dem Papier (!) gefunden; es gab für alle Bereiche genau den experimentellen Befund wieder. Aber eine Begeisterung in der physikalischen Welt blieb zunächst aus, denn sein Gesetz war nur herleitbar, wenn die kleine Formel

$$\varepsilon = h \cdot f \qquad (1)$$

stimmte. (Planck selbst hatte ja deswegen etwa 1 Jahr mit der Veröffentlichung gezögert). (1) besagt, daß ein 'Oszillator' für EMW'n (das Wort Atom vermied Planck, vielleicht gab es Atome gar nicht!) die Energie (E) nur in ganz bestimmten Quanten ε absorbieren und emittieren kann, daß die E-Änderungen also nur 'sprunghaft' erfolgen. Dies stand in krassem Gegensatz zum Prinzip der klassischen Physik – und Philosophie: Natura non facit saltus (die Natur macht keine Sprünge). Galilei, Newton, Leibniz, Kant und viele andere Denker huldigten dem Stetigkeitsprinzip. So gesehen war also Plancks Schritt revolutionär, aber er wirkte fürs erste nicht befreiend, sondern wurde als bittere Konsequenz empfunden.

Die 'E-Paketchen' hf sind nun nicht gleich groß, ihre Größe ist vielmehr der Frequenz f proportional. Der Proportionalitätsfaktor h, das 'Plancksche Wirkungsquantum' zählt heute zu den wichtigsten Fundamentalkonstanten. Planck selbst konnte h – trotz des kleinen Werts – seinerzeit ziemlich genau bestimmen:

$$h \approx 6{,}63 \cdot 10^{-34}\,\mathrm{Js};$$

1 Js ist die Maßeinheit einer 'Wirkung'. (Den heutigen genauen Wert s. Einleitung).

Von Paketchen ist hier deshalb die Rede, weil selbst die größten unter ihnen (s. Teilaufg. d)) nicht an die Einheit 1 J herankommen (ansonsten wäre h schon früher entdeckt worden). Man mißt sie daher in [eV] (Aufg. 110).

Es genügt, wenn in den folgenden Teilaufg. $h = 6{,}6 \cdot 10^{-34}$ Js gesetzt wird.

a) Die E-Quanten von Radiowellen sind sehr klein, selbst die der UKW (Ultra-Kurz-Wellen), deren Wellenlänge λ von 1m bis 10m reicht.
Ein UKW-Sender strahlt EMW'n mit $\lambda = 3{,}3$ m aus. Berechne seine Quanten ε_R (in eV).

b) Weißes Licht ist ein Gemisch sehr vieler Farben und umfaßt den f-Bereich einer Oktav (Aufg. 97c)); seine Lichtquanten liegen also zwischen ε_{rot} und $\varepsilon_{vio} = 2\varepsilon_{rot}$. Als 'mittleres' Quant kann das von grünem Licht gelten ($\lambda_{gr} = 495$ nm). Wie groß ist ε_{gr}?
Ein Taschenlämpchen verbraucht die elektrische Leistung $2{,}5\,\mathrm{W} = 2{,}5\,\mathrm{Js}^{-1}$. Wenn man annimmt, daß 4% davon als E des sichtbaren Lichts ausgestrahlt werden, wieviele Quanten (n = ...) der Größe ε_{gr} sind dies in 1 s?

c) Welcher Bereich der EMW'n (Aufg. 97) hat Quanten der Größen 100 eV bis 1 MeV?

d) Die energiereichsten Quanten haben γ-Strahlen. Das größte gemessene Quant $\varepsilon_\gamma = 17$ MeV entsteht bei der folgenden 'Kernreaktion':

$${}^{7}Li + p \rightarrow {}^{8}Be + \varepsilon_\gamma;$$

diese Reaktion ist leicht zu verstehen: Beim Beschuß von Lithium mit Protonen (p) verschmilzt 1p mit einem Li-Atomkern, wodurch ein Beryllium-Kern entsteht und 1 γ-Quant frei wird. (Die kleinen Ziffern 7 und 8 sind die 'Massenzahlen' der chemischen Elemente).
Berechne λ_γ der Strahlung und vergleiche diese Wellenlänge mit dem Durchmesser eines Wasserstoffatoms (106 pm) und dem eines Barium-Kerns (14,6 fm).

114. Die Sammelbüchsen-Theorie

Kehren wir zur Jahrhundertwende zurück. Planck sagte einmal selbst, er habe sich bei der Formel $\varepsilon = hf$ eigentlich nicht viel gedacht. Wer aber ihre radikale Bedeutung erkannte, war der deutsche Physiker Albert Einstein (1879-1955, ab 1940 amerikanischer Staatsbürger): 'Das ganze Strahlungsgesetz ist eigentlich nur verständlich, wenn man annimmt, daß sich das Licht in gewissen Fällen so verhält, als ob es aus Korpuskeln bestünde!'

A. Einstein

Dieser 2. revolutionäre Schritt der Quantentheorie wurde von Einstein 1905 durch eine 1. Arbeit zur 'Lichtquanten-Theorie' (LQ-Theorie) vollzogen. Das war ein fruchtbares Jahr, das Jahr 1905, denn im selben Jahr erschienen von ihm auch die 1. Arbeit über die spezielle Relativitätstheorie (Aufg. 139) und eine Arbeit zur Brownschen Molekularbewegung (Aufg. 60), die als Beitrag zu der damals noch umstrittenen Atomtheorie gewertet werden konnte. Diese Leistungen sind schon erstaunlich, wenn man bedenkt, daß sie 'nebenberuflich' zustande kamen, denn Einstein war damals Beamter im eidgenössischen Patentamt in Bern mit der Dienstbezeichnung (dem Titel) 'Experte III. Klasse'!
Es ist nur schwer zu verstehen, daß Einstein erst 1921 den NPP verliehen bekam, u. zw. nicht für seine spezielle und allg. Relativitätstheorie (durch die er eigentlich weltweit ~ auch in der Öffentlichkeit bekanntgeworden war), sondern für seine LQ-Theorie. (Hier sei nur am Rande eine Kuriosität ~ auch wieder ein Rätsel ~ angemerkt: Bei seiner 1919 erfolgten Scheidung von seiner 1. Frau überschrieb er ihr das Geld des Nobelpreises, den er noch gar nicht erhalten hatte).
Planck lehnte Einsteins LQ-Theorie strikt ab, denn er meinte, daß durch sie die Wellentheorie des Lichts um Jahrzehnte oder gar Jahrhunderte zurückgeworfen würde. Aber durch die Annahme von LQ'n (= 'Photonen') gelang Einstein die längst gesuchte Erklärung des (äußeren) 'Photoeffekts' (auch 'lichtelektrischer' oder 'Hallwachs-Effekt' genannt): Durch genügend kurzwelliges Licht werden aus Metalloberflächen Elektronen (e^-) abgelöst. An seiner Entdeckung sind 3 deutsche Physiker beteiligt: Heinrich Hertz (1857-1894), Wilhelm Hallwachs (1859-1922) und Philipp Lenard (1862-1947, NPP 1905). Erste Anzeichen fand Hertz 1887; daß sich eine (isolierte) Metallplatte bei Bestrahlung positiv auflädt, entdeckte Hallwachs 1 Jahr später, und daß diese Aufladung durch Emission von e^- entsteht, wies Lenard 1899 nach.
Damit ein Leitungs-e^- (Aufg. 110) aus einer Metalloberfläche überhaupt austreten kann, muß es eine gewisse Mindest-Energie (-E) W_A haben, damit es beim Verlassen die rückziehende Kraft des 'Lochs' (vom positiven Ionengitter herrührend) überwinden kann. W_A wird 'Austrittsarbeit' genannt; sie liegt bei Metallen zwischen 1,9 eV (Cäsium) und 6,4 eV (Platin). (Bei der Glühemission wird den e^- durch Erhitzen die notwendige kinetische E $E_k > W_A$ gegeben).
Was sagte die klassische Physik zum Photoeffekt? Eine Lichtquelle L_v strahlt kurzwelliges Licht (Violett, UV) auf eine Metallplatte. Die von den Wellen transportierte E versetzt die e^- nahe der Oberfläche in 'Resonanz'-Schwingungen, wobei einige so stark beschleunigt werden, daß sie das Metall mit einem Überschuß an E_k verlassen. Diese E_k kann in einem elektrischen Gegenfeld gemessen werden, indem man die e^- gegen eine (variable) Spannung U laufen läßt und sie völlig abbremst.
Die klassische Erklärung hat nichts Verwunderliches an sich. Rätselhaft wurde es erst, als man L_v von der Platte entfernte. Dabei sinkt ~ klassisch ~ die Strahlungs-E mit dem Quadrat der Entfernung ab. Man konnte sich also leicht ausrechnen, daß von einem bestimmten Abstand an die aufgestrahlte E nicht mehr ausreichen würde, um die e^- auf eine größere E als W_A anzuheben. Was zeigte aber das Experiment? Es traten immer noch e^- aus, allerdings pro [s] weni-

ger als bei naher L_V, und sie hatten dieselbe Überschuß-E wie vorher!

Das war ein absolutes Rätsel; es traten komische Hypothesen auf den Markt, so z. B. die ‚Sammelbüchsentheorie': Gewisse, über die Oberfläche verstreute e^- sollten befähigt sein, Strahlungs-E wie Geld in Büchsen so lange zu sammeln, bis sie die W_A überwinden und ausbrechen können. Aber: Wo stehen diese Sammelbüchsen und ~ vor allem ~ wieso wissen sie, wann sie genügend E beisammen haben, so daß sie die Oberfläche mit einer ganz bestimmten, von der Wellenlänge der L_V abhängigen Gs verlassen können, nicht früher und nicht später!

Die Ersetzung der L_V durch eine rote Lichtquelle L_R gibt das 2. Rätsel des lichtelektrischen Effekts auf: Selbst wenn L_R sehr nahe der Platte ist, so daß die auftreffende Intensität von L_R ein Vielfaches derjenigen von L_V ist, werden keine e^- abgelöst!

Einsteins LQ-Theorie löst beide Rätsel, qualitativ und quantitativ. Er nahm an, daß von einer einfarbigen Lichtquelle gleichgroße Photonen hf mit der Gs c (im Vakuum bzw. in Luft) geradlinig weggeschleudert werden. Ein LQ teilt seine E momentan (!) einem getroffenen e^- (Masse m_e) mit; ist $hf > W_A$, so wird das e^- mit einer bestimmten Gs emittiert; es gilt hiefür die ‚Lenard-Einsteinsche Gleichung':

$$hf = W_A + \frac{1}{2} m_e v^2 \quad (1).$$

Da die E_K durch eine Gegenspannung, die sog. ‚Haltespannung' U_h gemessen wird, schreibt man (1) auch:

$$hf = W_A + eU_h \quad (2).$$

Ist – bei roten Strahlen $hf < W_A$, so können keine e^- emittiert werden; die absorbierten Quanten erwärmen das Metall.

Einstein war, auch später als Hochschullehrer, kein Experimentalphysiker. Und nach 1905 fanden, wie wir bereits wissen, seine Gedanken in der physikalischen Welt noch keinen Widerhall. Er mußte noch 10 Jahre auf die Bestätigung der LQ-Theorie warten, da die Versuche sehr hohe Ansprüche an die damalige Meßtechnik stellten. Erst Millikan (Aufg. 108) fand mit seinen Experimenten volle Übereinstimmung mit der LQ-Theorie.

a) Berechne die ‚langwellige Kante' für Cäsium und Platin für den Photoeffekt. Es sollen also diejenigen längsten Wellenlängen λ_C und λ_P des bestrahlenden Lichts bestimmt werden, für die gerade noch e^--Ablösung erfolgt. Welche Lichtsorten sind dies? (Die W_A für beide Metalle s. o.; $h = 6{,}6 \cdot 10^{-34}$ Js).

b) Eine Bariumoberfläche wird mit den ‚Quecksilberlinien' $\lambda_1 = 404{,}7$ nm (violett) und $\lambda_2 = 435{,}8$ nm (indigo) bestrahlt. Es werden die Haltespannungen $U_1 = 0{,}56$ V und $U_2 = 0{,}34$ V gemessen. Berechne h, W_A sowie die Austritts-Gs'n v_1 und v_2 der e^-. ($e = 1{,}6 \cdot 10^{-19}$ C; $m_e = 9 \cdot 10^{-31}$ kg).

Schon am Beginn der LQ-Theorie stellte sich die Frage: Was ist nun Licht eigentlich, eine Wellen- oder eine Teilchenbewegung? Auch heute noch muß man zunächst antworten, daß diese Frage nach dem Entweder-Oder falsch gestellt ist, weil das Licht eine ‚Doppelnatur' hat, es ist sowohl Welle als auch Korpuskel. Man kann dem Licht keine Falle stellen, also keine Apparatur konstruieren, in der es beide Charaktere gleichzeitig (!) offenbart. Man kann aber z. B. das Licht (als Welle) beugen und dann mit dem gebeugten Licht den Photoeffekt durchführen. Wir kommen darauf in Aufg. 116 nochmals zurück.

115. Billard mit Lichtquanten *

Zwei Schritte der Entwicklung der Quantentheorie haben wir in den vorangehenden Aufg. kennengelernt. Einen dritten tat 1913 der dänische Physiker Niels Bohr (1885-1962, NPP 1922) mit der Aufstellung des 1. quantitativen Atommodells. Es ist ein submikroskopisches Planetensystem: Im Mittelpunkt steht ein positiv geladener winziger Kern (dessen ‚Ladungszahl' an e gleich der Ordnungszahl im Periodensystem der Elemente ist); in ihm ist mehr als 99% der Atommasse vereinigt. Um ihn kreisen auf stationären, relativ großen Bahnen die Elektronen (e^-) der Hülle.

N. Bohr

Der Gleichgewichtsbedingung der Planeten (Aufg. 70) entspricht hier: Elektrische Anziehungskraft des Kerns = Fliehkraft des e^-.

Klassisch wäre ein Bohrsches Atom aber nicht einmal 1 s lang lebensfähig. Machen wir uns das am einfachsten Atom, dem Wasserstoff-Atom, klar. In ihm wird der Kern (1 Proton) nur von einem Hüllen-e^- umkreist. Dieses stellt klassisch einen elektrischen Oszillator (Schwinger) dar, der so lange elektromagnetische Energie (E) abstrahlt, bis das e^- schließlich (in spiraliger Bahn) in den Kern stürzt. Bohr postulierte deshalb, daß das e^- nur auf ganz bestimmten Bahnen kreisen darf, ohne E abzustrahlen; sie sind durch eine gewisse Quantenbedingung festgelegt. Auf jeder 'Quantenbahn' (mit der Hauptquantenzahl 1, 2, ...) hat das e^- eine bestimmte, klassisch berechnete E E_n. Die innerste Bahn ($n=1$) ist die energieärmste (Grundzustand des Atoms).

Auch das 2. Bohrsche Postulat macht eine Anleihe aus der Quantentheorie: Bei jedem spontanen (!) Übergang eines e^- von einem E-Niveau auf ein anderes emittiert oder absorbiert das Atom (die Hülle) ein Strahlungsquant: $h \cdot f_{mn} = |E_m - E_n|$,

je nachdem $m > n$ oder $m < n$ ist. Die Übereinstimmung der berechneten Frequenzen (der Spektrallinien) mit den gemessenen erwies sich (bei Wasserstoff, Helium u.a. Elementen) als recht gut.

Das Bohrsche Modell wurde von 1915–1918 durch den deutschen Physiker Arnold Sommerfeld (1868–1951) weiterentwickelt, vor allem durch Einführung elliptischer Bahnen und der relativistischen Masse des e^- (Aufg. 143), wodurch die 'Feinstruktur' der Spektrallinien aufgeklärt werden konnte.

Damit war man aber damals an eine gewisse Grenze gestoßen, weil – wie es vielen schien – noch zuviel Klassik im Bohr-Sommerfeldschen Modell steckte. Selbst Sommerfeld ahnte dies: 'Ich kann nur die Technik der Quanten fördern, Sie müssen Ihre Philosophie machen', schrieb er an Einstein. Doch die revolutionäre Idee kam diesmal nicht von Einstein, sondern von de Broglie (Aufg. 116).

Doch zuvor stieß 1923 der amerikanische Physiker Arthur Holly Compton (1892–1962, NPP 1927) in dem nach ihm benannten Effekt auf eine besondere Eigenschaft kurzwelliger Photonen (von Röntgen und γ-Strahlen), die deren Korpuskularcharakter deutlichst offenbart.

A.H. Compton

Beim lichtelektrischen Effekt geht die gesamte E eines Quants auf ein e^- über, wobei das Photon völlig verschwindet, weil es nie ruhen kann! Dieser Stoß wird als unelastisch bezeichnet. Beim Compton-Effekt (CE) handelt es sich jedoch um einen vollkommen elastischen Stoß, eben wie den zweier Billardbälle.

In Aufg. 63 haben wir den zentralen elastischen Stoß zweier Massen behandelt. Da beim CE fast immer ein nichtzentraler Stoß stattfindet, wollen wir diesen Stoß hier kurz nachholen, wobei wir den dem CE analogen Fall herausgreifen.

In Abb. 1 prallt die Kugel A mit einer gewissen E_k elastisch, jedoch nichtzentral auf die ruhende Kugel B. (Nichtzentral bedeutet, daß die Bahngerade g des Mittelpunkts von A nicht durch den Mittelpunkt von B geht). A bewegt sich nach dem Stoß (als A') in Richtung a, B (als B') in Richtung b. A ist die einfallende, A' die elastisch gestreute Kugel, B' heißt Rückstoßkugel; ϑ ist der Streu-, φ der Rückstoß-Winkel.

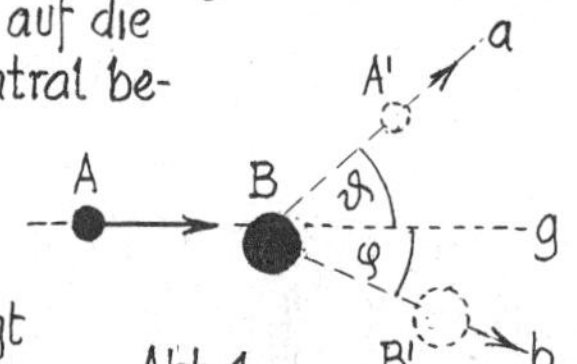

Abb. 1

B soll eine größere Masse als A haben; dann kann ϑ Werte zwischen 0° und 180° annehmen, φ bleibt jedoch spitz. (Bei stumpfem ϑ spricht man meist von 'Rückstreuung'). Auch für den nichtzentralen Stoß gelten E- und Impulssatz wie für den zentralen Stoß (Aufg. 63), doch muß der Impulssatz hier als Vektorgleichung angeschrieben werden, die in 2 (skalare) Komponentengleichungen zerfällt (siehe a)).

Beim CE wird A durch ein 'einfallendes' (Röntgen- oder γ-) Quant ersetzt, B durch ein ruhendes e^-; das Quant hf büßt durch die Streuung etwas an E ein, was dem e^- als E_k zugute kommt. Für das gestreute Quant gilt also

$$hf' < hf \Rightarrow \text{Frequenzänderung } \Delta f = f - f' > 0.$$

Wenn die o.a. Erhaltungssätze auch im Mikrokosmos (und für Quanten) Geltung haben, dann läßt sich unschwer die Abhängigkeit von Δf vom Streuwinkel ϑ ausrechnen. Die experimentellen Ergebnisse Comptons standen in vollem Einklang mit der Theorie.

Selbstverständlich kann man in einer Versuchsanordnung nicht wie mit Billardkugeln umgehen, also mit einem einzelnen Quant auf ein einzelnes e^- zielen. Man schickt vielmehr von einer Strahlenquelle Q (Abb. 2) einen ausgeblendeten Strahl (symbolisch gezeichnet) auf einen Streukörper K; das ist ein Stoff, der viele freie (oder

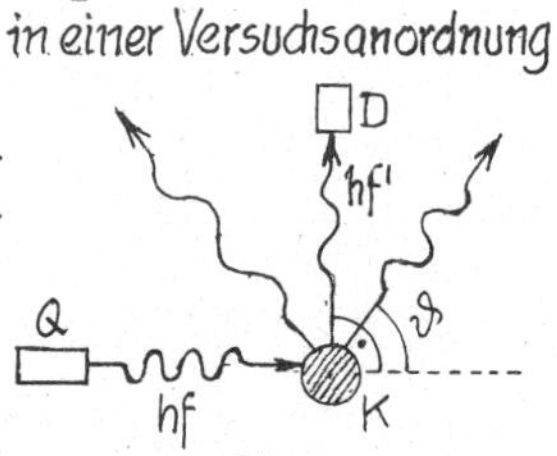

Abb. 2

nur schwach an Atome gebundene) e^- hat (z.B. Graphit, Schwefel, Kupfer). Diese e^- haben eine kleine E_k, die gegen hf vernachlässigbar ist. Die gestreuten Quanten fallen in einen (um K schwenkbaren) Detektor; so lassen sich f' bzw. Δf als Funktion von ϑ messen. Oft begnügt man sich mit einem festeingestellten ϑ. Diesen Sonderfall wollen wir im folgenden zugrunde legen.

a) Ein Quant hf mit bekanntem f fällt in x-Richtung (Abb. 3) auf ein ruhendes e^- (Masse m_e) und wird unter 90° elastisch gestreut. Das Rückstoß-e^- erhält die Gs v unter dem Winkel $-\varphi$ zur x-Achse. Es gilt die E-Bilanz:

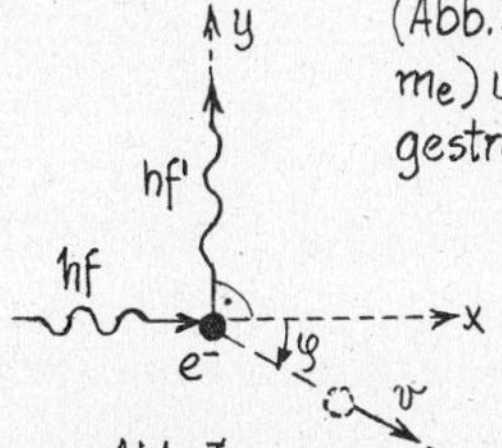

Abb. 3

$$hf = hf' + \frac{1}{2} m_e v^2 \quad (1).$$

Nach Einstein (Aufg. 144) ist jeder E eine bestimmte Masse äquivalent: $E = mc^2$. Für die Masse m_Q eines Quants folgt daraus:

$$m_Q = \frac{hf}{c^2} \Rightarrow \text{Impuls } m_Q \cdot c = \frac{hf}{c};$$

(siehe auch Aufg. 116). Den Impulssatz stellen wir nun in x- und y-Richtung auf:

$$\text{x-Richtung: } \frac{hf}{c} + 0 = 0 + m_e v \cdot \cos\varphi \quad (2)$$

$$\text{y-Richtung: } 0 + 0 = \frac{hf'}{c} - m_e v \cdot \sin\varphi \quad (3).$$

Eliminiere jetzt aus (2) und (3) (durch Quadrieren und Addieren) φ; Du erhältst die Gleichung (4). Aus (1) und (4) läßt sich v herauswerfen. Berechne aus der erhaltenen Gleichung Δf und setze hierin (auf der rechten Seite) $f' = f$, was für Röntgenlicht erlaubt ist (nicht für γ-Strahlen). Es folgt dann die Näherungsformel: $\Delta f = \frac{h}{m_e c^2} f^2 \quad (5)$.

b) Berechne Δf für $f = 3 \cdot 10^{18}$ Hz (Röntgenlicht). ($h = 6{,}6 \cdot 10^{-34}$ Js; $m_e = 9 \cdot 10^{-31}$ kg).
Wie groß ist $p = \Delta f / f$ in %? (Zulässigkeit der obigen Näherung).

c) Rechne Δf in $\Delta\lambda$ um (und setze wieder $\lambda' = \lambda$); Du erhältst: $\Delta\lambda = \frac{c}{f^2} \Delta f$.
Wenn nun (5) in diese Formel eingesetzt wird, so ergibt sich die erstaunliche Tatsache, daß $\Delta\lambda$ nicht mehr von λ, also der Wellenlänge des einfallenden Lichts abhängt.
Wie lautet diese Formel für $\Delta\lambda$, in die nur die universellen Konstanten h, c und m_e eingehen?
$\Delta\lambda$ wird die ‚Compton-Wellenlänge des Elektrons' $\lambda_{C,e}$ genannt. Wie groß ist ihr Wert (in pm)?
(Es gibt noch die Compton-Wellenlängen des Protons und Neutrons ~ Aufg. 134).

116. Gespenster-Wellen *

In den Versuchen bis Ende des 19. Jahrhunderts offenbarte das Licht (u.a. elektromagnetische Wellen) vor allem bei Beugung und Interferenz (IF) seinen Wellencharakter; beim Photo- und Compton-Effekt trat aber nur der Teilchencharakter zutage. Diesen ‚Dualismus Welle-Korpuskel' hatten anfangs der 20-er Jahre fast alle Physiker akzeptiert. Für diese Korpuskeln (Quanten) gilt nach Einstein (Aufg. 144):

$$\text{Energie: } E = hf = mc^2 \Rightarrow$$

$$\text{Impuls: } p = mc = \frac{E}{c^2} c = \frac{hf}{c} = \frac{h}{\lambda};$$

hierin ist m die ‚bewegte Masse' des Lichtquants (Aufg. 143).

1924 stellte der französische Physiker Prinz Louis Viktor de Broglie (* 1892, NPP 1929) in seiner Doktorarbeit (Recherches sur la Théorie des Quanta) in Umkehrung der Einsteinschen Lichtquantentheorie die ziemlich spekulative Behauptung auf: Jedem freien Teilchen mit der (kleinen) Masse m und dem Impuls $p = mv$ ist eine Welle zugeordnet, deren Wellenlänge λ und deren Frequenz f (im kräftefreien Raum) durch die ‚de Broglieschen Beziehungen' (oder Grundgleichungen)

$$E = hf \quad \text{und} \quad p = mv = \frac{h}{\lambda}$$

bestimmt sind. Sie decken sich mit den obigen (Einsteinschen) Gleichungen bis auf die Gs v, die hier die Teilchen-Gs (und nicht die Wellen-Gs) ist!
Die de Brogliesche Idee war 1924 noch als recht kühn zu bezeichnen, denn es gab kaum einen experimentellen Hinweis; de Broglie suchte mit seiner Hypo-

these zunächst eine bessere Erklärung der stationären Bahnen der Elektronen (e^-) im Bohrschen Atommodell des Wasserstoffs. Davon abgesehen war er aber von einem metaphysischen Glauben an eine durchgehende Harmonie (Ästhetik) in der Natur beseelt (Dualismus Welle-Korpuskel).

Welcher Art sind nun diese ‚de Broglie-Wellen', auch ‚Materiewellen' (MW) genannt? Sie sind keine klassischen Wellen, denn bei diesen ist das schwingende Etwas eine reale physikalische Größe (Stoffteilchen, elektromagnetische Feldstärke), die MW sind vielmehr abstrakte (unvorstellbare) Wellen, deren ‚Schwingungsfunktion' Ψ der Schrödinger-Gleichung (Aufg. 117) gehorcht. Aus dem Charakter dieser Gleichung folgt aber zwangsläufig, daß ψ eine ‚komplexe' Orts-Zeitfunktion $\Psi = \Psi(x, y, z, t)$ sein muß, die also die imaginäre Einheit $i = \sqrt{-1}$ enthält. Die Ψ-Werte sind also physikalisch sinnlos, erst die reelle Größe $|\Psi|^2 \geq 0$ wird als ‚Aufenthaltswahrscheinlichkeit' des Teilchens (an einem bestimmten Ort und in einem bestimmten Zeitpunkt) gedeutet. Daher rührt auch der manchmal gebrauchte Name ‚Wahrscheinlichkeitswellen'. Einstein nannte sie ~ vielleicht etwas böswillig ~ Gespensterwellen.

Für den Nachweis einer Welle mit einem IF-Versuch ist es nicht notwendig, genaues über das schwingende Agens zu wissen. So konnten der französische Ingenieur und Physiker Augustin Jean Fresnel (1788-1827) sowie andere Forscher mit der IF den Wellencharakter des (sichtbaren) Lichts nachweisen und die sehr kleine Wellenlänge messen, ohne das schwingende elektromagnetische Feld zu kennen.

Die bekannteste IF-Erscheinung ist die Beugung am Einzel- oder Doppelspalt (Aufg. 104). Ausgeprägtere Ergebnisse erhält man am (optischen) Gitter, einer Vielzahl paralleler Spalte. Für die Beugung von sehr kurzwelligem Licht (UV, Röntgenstrahlen) bedient man sich der natürlichen Gitter, der Kristallgitter, wobei der Strahl meist nicht durch das Material hindurchgeht, sondern von der Kristalloberfläche reflektiert wird, u.zw. infolge der IF nur unter ganz bestimmten Winkeln. Man spricht von der ‚Bragg-Reflexion, die 1913 von den englischen Physikern William Henry Bragg (1862-1942, NPP 1915) und seinem Sohn William Lawrence Bragg (1890-1971, NPP 1915) entdeckt wurde.

Rechnet man für langsame e^- (s.u.) die de Broglie-Wellenlänge aus, so kommt man in das Gebiet der Röntgenstrahlen. Um die Existenz der MW experimentell zu begründen, schlug daher 1925 der deutsch-amerikanische Physiker Walter Elsasser (*1904) Versuche über Elektronen- und Atomstrahlbeugung vor.

Der Nachweis der Beugung langsamer e^- gelang dann im März 1927 den beiden amerikanischen Physikern Clinton Joseph Davisson (1881-1958, NPP 1937) und Lester Halbert Germer (1896-1971) durch Bragg-Reflexion an einer Nickel-Kristalloberfläche. Nur 2 Monate später konnte der britische Physiker George Paget Thomson (1892-1975, NPP 1937) auch für mittelschnelle e^- (s.u.) das λ der zugehörigen MW messen. Er durchstrahlte dünne Schichten (z.B. Glimmer- oder Zellulosefolien mit aufgedampfter Metallschicht) mit den e^-, die dann auf einem Schirm oder einer Fotoplatte das Beugungsbild ergaben.

a) Praktisch werden e^--Strahlen immer so erzeugt, daß man die aus einer Glühkathode emittierten e^- durch eine Spannung U beschleunigt (Aufg. 110). Man kann dann die End-Gs v der e^- ausrechnen und nach der de Broglie-Beziehung auf λ der MW umrechnen.

Da man bei den Beugungsversuchen nicht eigentlich an v interessiert ist, arbeitet man gewöhnlich mit einer Formel, die λ direkt aus der Beschleunigungsspannung U berechnen läßt:

$$\lambda = \frac{k}{\sqrt{U}} [\text{pm}] \;;\; U \text{ in } [\text{V}] \;;\; k = \text{reine Zahl}.$$

Bestätige diese Formel und berechne k. ($e = 1{,}6 \cdot 10^{-19}$ C; $m_e = 9 \cdot 10^{-31}$ kg; $h = 6{,}6 \cdot 10^{-34}$ Js).

b) Als ‚langsame' e^- bezeichnet man solche, deren v durch Spannungen von 30V bis 300V erzeugt wird; ‚mittelschnelle' e^- haben Beschleunigungsspannungen zwischen 300V und 30kV; bei noch größeren Spannungen spricht man von ‚schnellen' (auch relativistischen) e^-. Zu diesen gehören auch die ‚β-Strahlen', die aus den Atomkernen gewisser radioaktiver Elemente herauskommen und deren Gs'n nahe c liegen.

Stelle eine Tabelle für v (in Mms^{-1}) und λ (in pm) für diese 3 Arten von e^- auf.

Die de Broglie-Beziehung gilt auch streng für sehr schnelle e^-, doch muß hier für die (Ruhmasse) m_e die größere ‚relativistische' Masse (Auf. 143) eingesetzt werden.

c) Daß die MW nichts mit der Ladung der (fliegenden) Teilchen zu tun haben, bewies der deutsch-amerikanische Physiker Otto Stern (1888-1969, NPP 1943). Ihm gelang 1929 die Beugung von H_2- und He-Strahlen; (H_2 = Wasserstoffmolekül; He = = Heliumatom). Die Strahlen wurden thermisch erzeugt und mechanisch (mittels zweier rotierender Zahnräder) geschwindigkeitshomogen gemacht, dann wurden sie an NaCl- und LiF-Kristallen gebeugt.

Welche de Broglie-Wellenlängen λ_H und λ_{He} wurden gemessen?

(Masse der H-Atoms $m_H = 1{,}67 \cdot 10^{-27}$ kg; Massenzahl des He ist 4; $v_H = 2\,\mathrm{km\,s^{-1}}$; $v_{He} = 1{,}1\,\mathrm{km\,s^{-1}}$).

d) Das Neutron (siehe auch Aufg. 132) ist ein ungeladenes Teilchen, das fast dieselbe Masse wie ein Proton (H-Atomkern) hat. Das Neutron wurde erst 1932 vom britischen Physiker James Chadwick (* 1891, NPP 1935) in einer bestimmten Kernreaktion entdeckt. Wieder war es Elsasser (s.o.), der 1936 die Beugung der Neutronen vorhersagte. Sie wurde noch im gleichen Jahr experimentell nachgewiesen.

P. Dirac

Welche Gs v_n haben Neutronen, deren de Broglie-Wellenlänge $\lambda_n = 22$ pm beträgt?

(Masse des Neutrons $m_n = 1{,}67 \cdot 10^{-27}$ kg).

Elektronen- und Neutronenbeugung sind heute wichtige Verfahren zur Untersuchung der atomaren Struktur der Materie. (So hilfreich sind also die Gespensterwellen!)

117. Fischfang im Dirac-See *

Erspar Dir bitte, lieber Leser, diesen See auf einer Landkarte (etwa Englands) zu suchen. Du wirst nämlich später erfahren, daß er gar nicht aus Wasser besteht. ~

Die Bohr-Sommerfeldsche Atomtheorie (der 3. Schritt der Entwicklung der Quantentheorie) hatte zwar für das Wasserstoffatom beachtliche Erfolge aufzuweisen, war aber auf Atome mit 2 oder mehr Elektronen (e^-) in der Hülle nur sehr beschränkt erweiterbar. Man kannte natürlich den Pferdefuß: Das nach der klassischen Mechanik berechnete e^-.

Der Ausweg bestand in der Aufstellung völlig neuer quantenmechanischer Gesetze. Den Anfang machte 1924 de Broglie mit dem Dualismus Welle-Korpuskel (Aufg. 116). Und nun folgte Schritt auf Schritt, so daß die folgenden 4 Jahre mit Fug und Recht als die goldenen der Quantentheorie gelten können.

Auf dem Dualismus fußend entwickelte 1925 der damals junge deutsche Physiker Werner Heisenberg (1901-1976, NPP 1932) die sog. Matrizenmechanik; sie stellt eine ziemlich abstrakte mathematische Form der ‚Quantenmechanik' (natürlich wieder mit komplexen Größen) dar.

W. Heisenberg

Nur wenige Monate später (1926) begründete der österreichische Physiker Erwin Schrödinger (1887-1961) die ‚Wellenmechanik', ebenfalls eine mathematische (aber einfachere) Form der Quantenmechanik. Matrizen- und Wellenmechanik sind physikalisch gleichwertig, wie Schrödinger selbst bewies.

E. Schrödinger

Was nun die Newtonsche Grundgleichung der Dynamik für die Bewegung von Massen im Makroskopischen bedeutet, das ist die Schrödinger-Gleichung (SG) für ‚Mikroobjekte' (also nicht nur für e^-) in atomaren Bereichen. Aber in ihren Aussagen sind beide Gleichungen grundverschieden: Bei ausreichenden Voraussetzungen (Anfangsbedingungen) kann man klassisch die Bahn einer Masse m vorausberechnen; es läßt sich also angeben, welchen Ort und welche Gs m in einem bestimmten Zeitpunkt haben wird. Anders bei der SG: Sie gestattet, auch bei ausreichenden Voraussetzungen, für das Mikroobjekt der Masse m eine (abstrakte) komplexe Wellenfunktion Ψ auszurechnen. Mit einem gewissen reellen Term, nämlich $|\Psi|^2$ läßt sich dann für einen bestimmten Moment die mathematische ‚Wahrscheinlichkeit' angeben, daß sich m an einem vorgegebenen Ort befindet (‚Kopenhagener Deutung der ‚Quantenmechanik'). Von ‚Bahnen' kann also in der Wellenmechanik keine Rede sein, sie werden durch das abstrakte

Feld der Wellenfunktion $\Psi(x,y,z,t)$ ersetzt. Wohl läßt sich auch quantenmechanisch die Energie (E) angeben, jedoch nur dann, wenn m längere Zeit in einem bestimmten E-Zustand verweilt.

An dieser Stelle müssen die ‚Unschärferelationen' angeführt werden, die Heisenberg 1925 aufstellte. Sie besagen, daß Ort und Impuls (aber auch E und t) eines Mikroobjekts nie(!) gleichzeitig genau (‚scharf') meßbar bzw. angebbar sind.

Mit der SG beherrscht man zwar die meisten Probleme der Quantenmechanik, dennoch hat sie 2 Mängel: Sie ist nicht relativistisch invariant, d.h. sie bezieht nicht die Gesetze der speziellen Relativitätstheorie (Aufg. 139 ff.) mit ein und sie vernachlässigt den ‚Spin' (d.i. ~ anschaulich ausgedrückt ~ der Eigendrehimpuls und das daraus resultierende magnetische Moment). Der Spin wurde erst 1927 von dem schweizerisch-amerikanischen Physiker Wolfgang Pauli (1900–1958, NPP 1945) in die Quantenmechanik eingeführt.

Der große Coup gelang 1928 dem britischen Mathematiker und Physiker Paul Adrien Maurice Dirac (* 1902) mit der Aufstellung der ‚Diracschen Gleichungen'. Er spaltete sozusagen die SG in 4 lineare (partielle Differential-) Gleichungen auf für eine 4-teilige Wellenfunktion Ψ, einen ‚Spinor'. (Das Verständnis der Dirac-Gleichungen verlangt dem Studierenden ein hohes Maß an mathematischen Kenntnissen ab: Komplexe Funktionen, Differentialoperatoren, Matrizenrechnung, vierdimensionale Transformationstheorie u.a. Davon kann ich selbst ein Liedchen singen ~ s. Aufg. 119).

Die Dirac-Gleichungen waren zunächst auf relativistische Invarianz (Aufg. 141) zugeschneidert worden, doch folgte aus ihnen weitaus mehr, als ihr Autor hineingepackt hatte. Dirac, der noch mit mehr als 80 Jahren an einer Universität Floridas lehrte, sagte einmal über seine Gleichung: „Es erwies sich, daß meine Gleichung klüger als ich selbst gewesen ist." Sie liefert nämlich quantitativ richtig den e^--Spin, sie läßt aber auch ~ was anfänglich erstaunte ~ E-Zustände der e^- mit negativer E zu. Diese ‚Löchertheorie' wollen wir etwas näher beleuchten.

Ch. Huygens

Negative E darf uns nicht verwundern, es kommt nämlich auf ihre Normierung an. So wird bei der Lage-E meist der Erdboden als Nullniveau angenommen; ein Körper oberhalb besitzt dann positive, ein anderer in einer Grube dagegen negative E. Auch den Teilchen im Atomkern (den Nukleonen) schreibt man negative Bindungs-E zu.

Da ein e^- mit negativer E von selbst immer tiefer und tiefer (bis in einen stabilen Zustand) sinken würde, nahm Dirac an, daß alle Zustände negativer E von vornherein mit e^- besetzt seien. Sie erfüllen ~ bildlich gesprochen ~ den ‚Dirac-See', der jedoch nicht beobachtet werden kann, weil die e^- zunächst fiktiv sind. Führt man jedoch einem e^- (Masse m_e) dieses Sees eine genügend große E zu, beispielsweise die eines γ-Quants $E = hf > 2m_ec^2$, so wird es über die E-Schwelle (Abb.) der ‚Höhe' $2m_ec^2$ ($\approx$ 1 MeV) in einen Zustand positiver E gehoben. Gleichzeitig entsteht im See ein ‚Loch', das ein reales Teilchen der Masse m_e und der Ladung +e darstellt; es heißt ‚Positron' (sehr selten positives Elektron), ist das ‚Antiteilchen' des e^- und wurde 1932 ~ erst 4 Jahre nach Diracs Entdeckung auf dem Papier! ~ vom amerikanischen Physiker Carl David Anderson (* 1905, NPP 1936) in einer Nebelkammeraufnahme nachgewiesen.

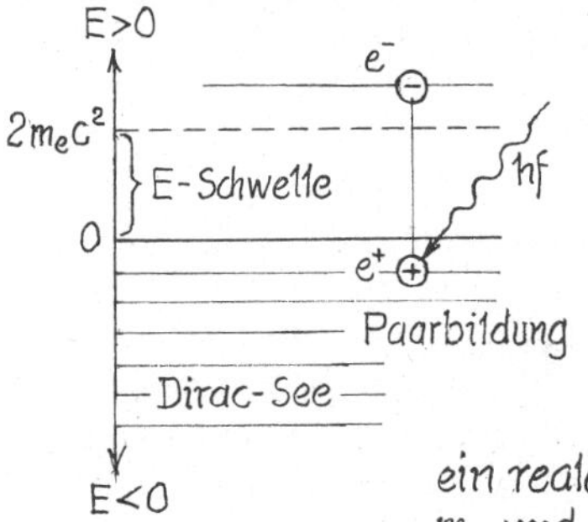

Den geschilderten Vorgang nennt man heute ‚Paarerzeugung' (Paarbildung); sie wurde erstmals 1933 beobachtet. Beim inversen Prozeß, der ‚Paarvernichtung' (Zerstrahlung) ~ erstmals 1934 nachgewiesen ~ entsteht beim Zusammenprall eines e^- mit einem e^+ (Positron) Strahlungs-E, wobei beide Massen ($2m_e$) verschwinden (siehe auch Aufg. 144). Bildlich gesprochen fällt das e^- unter Abgabe positiver E in ein Loch im Dirac-See (und Strahlung wird frei).

Dirac sagte also nicht nur das e^+ mit seinen Eigenschaften voraus, er begründete auch die Theorie der ‚Antimaterie' sowie die Paar-Erzeugung und -Vernichtung. Gemeinsam mit Schrödinger erhielt er 1933 den NPP.

Und nun zu der durch die Überschrift angekündigten Fischfanggeschichte, die man sich (laut Berezinsky) stigen Auge die Fischer ‚negative F'e' fangen, quasi die Antiteilchen der positiven. Er mußte aber auch in der weiteren Denkweise konsequent bleiben: Beim Dritteln der positiven F'e blieb immer einer übrig, der in den See geworfen wurde: -(+1F). Beim Dritteln der negativen F'e mußte die ‚Antireaktion' angewandt werden. Wie lautet diese?

Es sollen nun ~ mit negativen F'n ~ alle Fragen wie in a) beantwortet werden. Als kleinste Anzahl von F'n ist hier die ‚absolut kleinste' zu verstehen, bei der 2. Möglichkeit die ‚absolut nächsthöhere' Anzahl.

(Mathematisch ändert sich nicht viel, man kann sogar einen Teil der Rechnung von a) übernehmen).

118. Gamowberg und Schatzinsel *

George Gamow (1904-1968) war ein bedeutender und ideenreicher amerikanischer Physiker russischer Herkunft. Er verließ 1933 die Sowjetunion zu einem ~ wie er später zu sagen pflegte ~ ‚mehr als 30-jährigen Urlaub von Sowjetrußland'.

G. Gamow

Sein Interesse galt vor allem der Quantentheorie. 1928 deutete er (gleichzeitig mit 2 anderen amerikanischen Physikern, jedoch unabhängig von ihnen) den natürlichen ‚α-Zerfall' radioaktiver Atome mit dem ‚Tunneleffekt'. Im allg. können Nukleonen (Protonen und Neutronen) nicht von selbst aus dem Atomkern heraus, weil ihre Energie (E) niedriger ist als das elektrische Potential an der Kernoberfläche; diese Potentialschwelle wird oft kurz ‚Gamowberg' genannt.

Das mechanische Analogon zum ‚Potentialtopf' des Kerns ist eine Mulde, die von einem Rundberg (Kraterrand) der Höhe h umgeben ist (Abb.1). Hat ein Teilchen der Masse m in dieser Mulde eine $E_k = 0{,}5mv^2 < mgh$ (= potentielle E von m in der Höhe h), so kann m den Potentialwall nicht überwinden. Die Gamowsche Theorie erklärt jedoch, daß ein α-Teilchen (= Heliumkern) mit einer E, die niedriger ist als die potentielle E_p des Gamowbergs, einen Kern (höherer

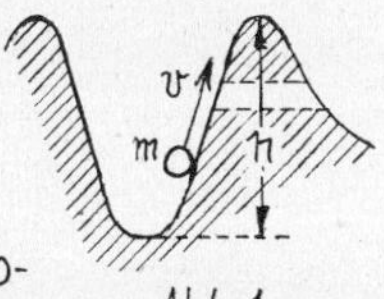

Abb.1

noch heute in Cambridge (England) erzählt, wo Dirac von 1932 bis 1969 Prof. für Mathematik war. Als Student besuchte er einmal einen Mathematikerkongreß, bei dem die folgende Denkaufg. auftauchte:

a) Auf einer Insel in einem See fischten 3 Fischer und sie waren so eifrig bei der Arbeit, daß sie vom Einbruch der Nacht überrascht wurden. Sie waren auch so müde, daß sie nicht einmal die gefangenen Fische zählten. Also kamen sie überein, auf der (unbewohnten) Insel zu übernachten, um am Morgen den Fang redlich zu teilen und zum Festland zurückzufahren. Jeder verkroch sich in sein Boot.

Ein Fischer konnte jedoch nicht einschlafen und beschloß, sofort nach Hause zu fahren. Er zählte die Fische und teilte die Anzahl in 3 gleiche Teile, doch 1 Fisch (F) blieb übrig. Er warf ihn kurzerhand in den See (da ja seine Kumpane die Anzahl der F'e nicht kannten). Mit dem einen Drittel der Beute fuhr er heim.

Der 2. Fischer erwachte nach kurzem Schlaf und sehnte sich nach einem warmen Bett. Er stand auf und bemerkte in der stockdunklen Nacht nicht, daß ein Kollege bereits die Insel verlassen hatte. Daher teilte er die Zahl der F'e, die er vorfand, in 3 gleiche Teile, warf einen übriggebliebenen F ins Wasser und machte sich mit dem einen Drittel auf den Heimweg.

Der 3. Fischer wachte, vor Kälte zitternd, noch vor Morgengrauen auf. Auch er merkte nichts von der Abwesenheit der anderen, teilte die F'e ~ ohne zu überlegen, wie wenige es eigentlich waren ~ gab den überzähligen F dem See zurück und setzte mit einem Drittel zum Land über. (Schade um die restlichen 2 Drittel, die auf der Insel blieben!)

Welche war die kleinste Anzahl von F'n, welche die Fischer gefangen hatten? Wieviele F'e brachte jeder nach Hause, und wieviele blieben zuletzt auf der Insel?

Welche wäre die nächsthöhere (mögliche) Anzahl der gefangenen F'e gewesen?

b) Der junge Dirac schlug eine völlig andere Lösung vor, als andere Kongreßteilnehmer gefunden hatten, die selbstverständlich mit einer ‚natürlichen' Zahl von F'n, also mit ‚positiven F'n' gerechnet hatten. Wahrscheinlich spukte schon damals in Diracs Gehirn ‚sein See' herum, und er sah vor seinem gei-

Kernladungszahl) mit einer gewissen Wahrscheinlichkeit verlassen kann, indem es gleichsam durch einen Tunnel (in der Abb. strichliert) durch den Potentialberg entflieht (‚hindurchtunnelt').

Der Tunneleffekt spielt auch eine Rolle bei der thermischen Emission von Elektronen aus Metallen und bei der Feldelektronen-Emission.

Gamow beschäftigte sich auch mit dem β-Zerfall des Neutrons und der ‚schwachen Wechselwirkung' (wie dieses Gebiet heute genannt wird), mit der Struktur der roten Riesen (-Sterne) sowie mit dem Urknall (Aufg. 149). Überhaupt war er sehr vielseitig und erwarb sich auch große Verdienste durch die Popularisierung der modernen Physik. Allenthalben strahlen diese verständlichen Darstellungen seinen allg. bekannten Humor wider, der ihn zum Schalk unter den Physikern auszeichnete (Aufg. 150).

Es wird dem Leser also nicht verwunderlich erscheinen, wenn er im folgenden eine fein ausgetüftelte Denkaufg. vorfindet, die von Gamow stammt, allerdings keine physikalische, sondern eine geometrische. (Quasi zur Rechtfertigung erinnere ich daran, daß nach der allg. Relativitätstheorie die Geometrie eine physikalische, nämlich materiebedingte Eigenschaft des Raumes ist).

Da mir der Originaltext nicht bekannt ist, erzähle ich die Aufg. mit eigenen Worten und ich bin fast sicher, eine Verbrämung dazugedichtet zu haben.

Die Schatzinsel:

Ein Aussteiger aus der modernen Industriegesellschaft rettete immerhin noch soviel Geld, um sich in der Südsee ein kleines unbewohntes Eiland zu kaufen. Es ist hauptsächlich mit Büschen und Sträuchern bewachsen, über die sich wenige, aber uralte Bäume erheben. Nur sein Motorboot, einige Geräte und Werkzeuge, mit denen er sich in einer stillen Bucht eine Hütte gebaut hat, erinnern noch an die Zivilisation.

Aus der Bibliothek der Hauptstadt des Inselreichs hat er sich einen vergilbten Plan der Insel mitgebracht. Mühselig entziffert er einige portugiesische Sätze, die sich als Anweisung zur Suche eines vergrabenen (Piraten-) Schatzes entpuppt. Sie lautet: Du gehst vom Galgen G (Abb. 2) auf geradem Weg zur Scheinbuche B (Nothofagus) und zählst die Schritte; an B wendest du dich um einen rechten Winkel nach rechts und gehst genausoviele Schritte geradeaus; markiere den Endpunkt B_1. Nun schreitest du abermals von G aus zur Sumpfeiche E (Quercus palustris), zählst wiederum die Schritte, wendest dich bei B um 90° nach links und gelangst mit gleicher Schrittzahl bis E_1. Der Schatz S liegt im Mittelpunkt der Strecke $\overline{B_1E_1}$ vergraben.

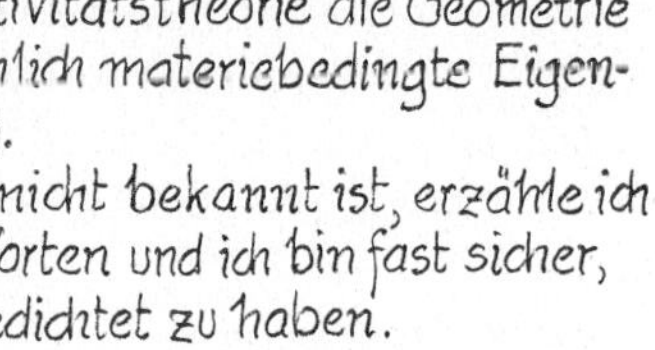

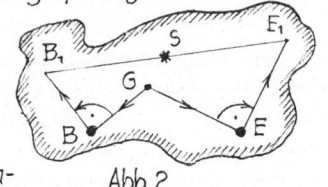

Abb. 2

Die beiden Bäume ~ jahrhundertealte Exemplare ~ fand der Aussteiger auf Anhieb; (es gab auf der Insel noch keinen ‚sauren Regen'!) Aber vom Galgen war keine Spur zu finden. Beim Karbidlicht in seiner Hütte kramte er aus seinen Gehirnwinkeln alle Reste von dem lange zurückliegenden Geometrie-Unterricht hervor und, lang nach Mitternacht, als die Lampe schon im Erlöschen war, hatte er die Lösung gefunden. Gleich bei Morgendämmerung schritt er, fleißig von der Machete Gebrauch machend, die Strecken ab und konnte in den ersten Sonnenstrahlen das Gold funkeln sehen.

a) Ich fand ungefähr 6 etwas unterschiedliche Lösungswege, von denen der elementargeometrische (mit kongruenten Dreiecken) wohl der einfachste ist. (Projiziere hiezu B_1, G und E_1 auf die Gerade BE).

b) Nimm auch noch 2 andere Standorte von G an, einen links von G, den anderen auf $\overline{BE}$, und konstruiere S.

Der mathematische Apparat der Quantentheorie basiert fast ausschließlich auf komplexen Zahlen und Funktionen (Aufg. 117). Ich gehe kaum fehl in der Annahme, daß Gamow das Problem der Schatzinsel mit komplexen Zahlen (‚Zeigern') gelöst hat. Versuche es ~ falls Du mit ihnen umgehen kannst ~ in der Gaußschen Ebene mit BE als reeller Achse; die imaginäre Achse lege durch den Mittelpunkt von $\overline{BE}$.

119. Rätsel der Quantentheorie

Zur klassischen Physik kamen seit 1900 drei große Theorien hinzu: Die Quantentheorie (QT), die spezielle und allgemeine Relativitätstheorie. Die letzten beiden gelten heute als richtig und im wesentlichen abgeschlossen, d.h. es wird mit großer Wahrscheinlichkeit keine prinzipiell neuen Er-

Kenntnisse und Gesetze in diesen Gebieten geben. Anders bei der QT: Die Debatte um sie geht ~ nach 84 Jahren! ~ weiter, wobei aber einschränkend gesagt werden muß, daß kaum die Grundlagen und Grundgesetze der QT in Frage gestellt werden, sondern mehr ihre Vollständigkeit und gewisse erkenntnistheoretische Deutungen. Wir greifen 2 Beispiele heraus:

1. Beispiel: Ein freies (!) Neutron (n) ist ein instabiles Teilchen, das am Ende seines Lebens in 1 Proton und 1 Antineutrino zerfällt, u.zw. nach einer mittleren Lebensdauer von 1000s. Einige n leben länger, andere kürzer, aber immer ist (nach Auffassung der meisten Physiker) der Zerfall ein spontaner, ‚akausaler' Vorgang (ohne erkennbare Ursache). Die Frage, warum ein n früher, ein anderes später zerfällt, sollte nach Ansicht vieler Physiker gar nicht gestellt werden; für die Natur gilt eben das Goethewort: ‚... und was sie dir nicht offenbaren mag, das zwingst du ihr nicht ab mit Hebeln und mit Schrauben'. Aber wer kann denn schon verbieten, diese immerhin sinnvolle Frage zu stellen? Es könnte doch so sein, daß man noch keine Kenntnis besitzt über eine ‚verborgene Variable' (einen verborgenen Parameter), die entweder im n selbst sitzt (‚interne' Variable, dem Zeitzünder einer Bombe vergleichbar) oder im Vakuum der unmittelbaren Umgebung des n (‚externe' Variable, etwa eine Säure, die sich durch den Bombenmantel frißt). ~ Ähnlich sind die Verhältnisse bei ‚radioaktiven Zerfall' von Atomen.

Das 2. Beispiel verbinden wir gleich mit einer Aufg.-Stellung:

a) In der Aufg. 104 wurde die Interferenz (IF) von einfarbigem Licht an einem Doppelspalt besprochen. Für Elektronen-Wellen (e^--Wellen) sind aber die Doppelspalte viel zu grob. Erst 1961 konnte der Tübinger Physiker C. Jönsson mit Präzisionstechnik genügend feine Spalte herstellen.
Ein (geschwindigkeitshomogener) e^--Strahl fällt senkrecht auf einen Doppelspalt; der Abstand der beiden Spalte ist $g = 1\,\mu m$. Auf einer Fotoplatte 20 cm hinter dem Doppelspalt entstehen (nach Entwicklung und Fixierung) genau dieselben ‚Zebrastreifen' wie bei Licht (Aufg. 104, Abb. 5), allerdings so eng, daß nachvergrößert werden muß. Bei 30-facher (linearer) Vergrößerung sind die Mitten benachbarter heller Streifen (größte e^--Dichte) 2 mm voneinander entfernt.
Berechne die Wellenlänge λ der e^-. (Verwende die Formel aus Aufg. 104a) für k = 5).

Man kann nun den e^--Strahl so stark ‚verdünnen', daß z. B. nur jede Zehntel [s] 1 e^- den Doppelspalt passiert; es muß dabei selbstverständlich entweder durch den einen oder durch den anderen Spalt geflogen sein. Belichtet man genügend lange, etwa 1000 s, so haben $10^4 e^-$ den Doppelspalt passiert: Es entsteht dasselbe IF-Bild wie bei einem e^--Strahl, bei dem $10^4 e^-$ beispielsweise in 0,1 s hindurchgegangen sind.

Dies hatte man eigentlich nicht erwartet, denn im ersten Fall muß dann ja jedes e^- mit sich selbst (!) interferieren, wobei auch noch verschiedene Beugungswinkel entstehen! Dies zwingt zu der Annahme, daß jedes e^- von einer Materiewelle begleitet wird, die sich vor dem Doppelspalt in 2 Teile aufspaltet, von denen jeder durch einen Spalt geht; und nur der eine kann das e^- beherbergen.

Diese IF wirft einige Probleme (wir können getrost auch Rätsel sagen) auf: Schließt man einen Spalt und schießt die e^- einzeln durch den offenen, so verschwindet die IF. Wie weiß also ein e^-, das sich dem Doppelspalt nähert, ob der eine Spalt offen oder zu ist, d.h. ob sich die Begleitwelle teilen soll oder nicht? Ist aber die Welle geteilt, so kann der jenige, das e^- nicht enthaltende Teil weder Energie noch Impuls transportieren, und trotzdem hat er ~ durch IF ~ entscheidenden Anteil daran, wo das e^- auf der Fotoplatte landet!

In neuerer Zeit steht man beim ‚Neutronen-Interferometer' vor demselben Problem: Auch hier spaltet die Begleitwelle eines Neutrons in 2 Teile auf, während (nach Einstein u.a. Physikern) das Teilchen selbst nur der einen Teilwelle zugeordnet ist. Enthält sie, die Materiewelle, noch einen verborgenen Parameter?

Eine weitere Merkwürdigkeit der QT stellt die ‚Reduktion des Wellenpakets' (des Wahrscheinlichkeitenpakets, der Wellengruppe) dar, das ein Mikroobjekt begleitet. Wird dieses nämlich von einem Apparat registriert, fällt also beispielshalber ein e^- auf einen Szintillationsschirm oder auf eine Fotoplatte, so muß sich das Wellenpaket fast auf einen Punkt (zumindest aber auf die Größe eines Atoms) zusammenziehen; diese Einschnürung müßte aber mit Überlicht-Gs erfolgen, denn die Welle (Wellenfunktion Ψ) kann vorher durchaus ein makroskopisches Volumen ausgefüllt haben.

b) Tatsächlich gelangt man zu einer Überlicht-Gs u für die Materiewelle eines Teilchens (Masse m; Gs v) mit den de Broglie-Beziehungen (Aufg. 116) und der Einsteinschen Äquivalenzformel $E = mc^2$. Leite die Formel für u her.

Es ist schon eine merkwürdige Tatsache (die man aber in den wenigsten Büchern findet), daß u, die sog. Phasen-Gs, umgekehrt proportional v ist. Dies hat etwas mit den Unschärferelationen (Aufg. 117) zu tun; ($u > c$ steht übrigens nicht in Widerspruch zur Relativitätstheorie, da u keine Transport-Gs für Energie ist.

Es klingt paradox, daß zum harten Kern der Dissidenten der QT, welche also ihre (vorläufige) Endversion nicht akzeptierten und zeitlebens an einen kausalen Ausbau glaubten, gerade ihre großen Baumeister selbst gehören: Planck, Einstein, de Broglie, Schrödinger und Dirac (s.u.) Daß es nach dem bisher Gesagten in der QT unterschiedliche erkenntnistheoretische Deutungen, Probleme und sogar echte Paradoxe gibt, mag nicht mehr wundernehmen. Ich möchte dem Leser nur wenige ganz kurz vorstellen und auf eines etwas näher eingehen.

c) de Broglie, der ja selbst den großen Anstoß zur Wellenmechanik gab, hat 1959 ein Paradoxon aufgestellt, das leicht zu verstehen ist:

Eine Schachtel S (Volumen V) mit vollkommen reflektierenden Innenwänden enthalte ein e^-, dessen Wellenfunktion $\Psi(x, y, z, t)$ in V angegeben ist. Die Wahrscheinlichkeit also, das e^- im Zeitpunkt $\bar{t}$ im Punkt $(\bar{x}, \bar{y}, \bar{z})$ anzutreffen, ist $|\Psi(\bar{x}, \bar{y}, \bar{z}, \bar{t})|^2$. Die Summierung aller $|\Psi|^2$-Werte in irgendeinem Zeitpunkt über V (Volumenintegral) muß 1 ergeben (Wahrscheinlichkeit 1 = Sicherheit), denn irgendwo in V muß sich ja das e^- aufhalten.

S wird nun im Zeitpunkt t_0 durch einen (beiderseits reflektierenden) Doppelschieber in die Teilschachteln S_1 (Volumen V_1) und S_2 (Volumen V_2) geteilt. Die QT beschreibt die Teilung (Separierung) durch die Wellenfunktionen Ψ_1 in V_1 und Ψ_2 in V_2, wobei weder Ψ_1 noch Ψ_2 in ihrem Volumen identisch null sein kann. S_1 bleibt in Paris (dem Wohnort de Broglies), S_2 wird nach Tokio gebracht.

Z. Zt. t_1 wird S_1 geöffnet, und siehe da! das e^- befindet sich in dieser Teilschachtel. Damit präsentiert sich das Paradoxon (das Rätsel).

Es steht Dir nun frei, lieber Leser, Deine Gedanken schweifen zu lassen (es handelt sich ja nicht um eine wissenschaftliche Veröffentlichung); vielleicht gelingt Dir ein Ausweg aus der Patsche?

Einstein gehörte bestimmt zu den ersten Kritikern der QT. Immer wieder ersann er neue Argumente, besonders um den Indeterminismus der Unschärferelationen (Aufg. 117) zu umgehen, denn er schwor auf seinen Ausspruch: 'Gott würfelt nicht'. Bohr, der große Verteidiger der QT, konnte ihn aber in vielen Fällen widerlegen. 1935 formulierten Einstein, Podolsky und Rosen das nach ihnen benannte 'EPR-Paradoxon', das eine jahrzehntelange Diskussion auslöste und schließlich 1965 zur 'Bellschen Ungleichung' führte; bei diesem Problem sollte eine meßbare Größe existieren, die sich aber um 40% von dem Wert unterscheidet, den die QT dafür vorhersagt. Schließlich sei noch die amüsante Form des 'Katzenparadoxons' von Schrödinger (1935) angeführt, bei dem ein einziges Lichtquant (in einer anderen Version ein radioaktives Atom) über Leben und Tod der Katze entscheidet.

Die extremste Haltung gegen die QT nimmt jedoch der Mann ein, dem wir die endgültigen wellenmechanischen Gleichungen verdanken, nämlich Dirac (Aufg. 117). In einem Seminar in Rom sagte er 1974: „Es erscheint mir offensichtlich, daß wir die grundlegenden Gesetze der Quantenmechanik noch nicht kennen. Die heute verwendeten Gesetze müssen alle noch wesentlich (!) modifiziert werden, bevor...". Er spricht weiter von einer 'drastischen Veränderung' der heutigen Theorie zu einer relativistischen QT der Zukunft.

(Mein Doktorvater, der österreichische Physiker und Mathematiker Walter Glaser (1906-1960), der vor allem die QT der Elektronenoptik entwickelte, war ein begeisterter Anhänger Diracs, teilte aber auch dessen Skepsis. Da ich nun schon nach einigen Semestern Studium einen deutlichen Hang zur QT und Relativitätstheorie an den Tag legte, veranlaßte er mich, in meiner Dissertation die Diracschen Gleichungen in den Einsteinschen sphärischen Raum (Aufg. 146) zu transformieren, um dann die Änderung der Wasserstoff-Spektrallinien in diesem gekrümmten Raum zu berechnen. Das kostete viel Schweiß, weil ich dazu viel Fachliteratur über die Diracsche Theorie und die mehrdimensionale 'Riemannsche Geometrie' bewältigen mußte. Als braver Schüler wurde ich also schon frühzeitig auch ein kleiner Dissident der QT).

120. Aristarch und sein Weltsystem

Der griechische Astronom Aristarchos (Aristarch) von Samos (um 310 - um 230 v. Chr.) kam wohl als erster zur Erkenntnis des richtigen Weltbilds, des ‚heliozentrischen Systems': Im Zentrum des Weltalls steht die Sonne (griechisch helios), die von den Planeten (einschließlich der Erde) umkreist wird. Trotz der späteren, genaueren Ausarbeitung durch den chaldäischen Astronomen Seleukos von Seleukeia fand Aristarchs Weltsystem nicht einmal als mathematische Theorie Anerkennung und geriet in Vergessenheit.

Im allg. galt damals die Erde (griechisch geos) als Mittelpunkt des Weltalls; das war also ein ‚geozentrisches System', das unter dem alexandrinischen Astronomen und Mathematiker Claudius Ptolomäus (um 100 - nach 160) seine letzte Ausreifung erlangte. Nach diesem System umkreisen die Erde der Reihe nach: Mond, Merkur, Venus, Sonne, Mars, Jupiter, Saturn und ganz außen die Fixsternsphäre.

Erst fast 1½ Jahrtausende später wurde das heliozentrische System durch den deutsch-polnischen Astronomen Nikolaus Kopernikus (Kopernik) (1473 - 1543), der von der Aristarchischen Theorie wußte, wiedereingeführt und es setzte sich auch, wenngleich nach manchen Widerständen, in der Folge allgemein durch.

N. Kopernikus

Aristarch verdanken wir die (erhalten gebliebene) Schrift ‚Über die Größen und Abstände von Sonne und Mond'. Er hatte sich überlegt, daß z. Zt. des ersten und letzten Mondviertels (Abb.) das Dreieck B (Beobachter), M (Mond), S (Sonne) bei M einen rechten Winkel haben muß. Den fast 90°-igen Winkel α' maß er allerdings mit einem Fehler.

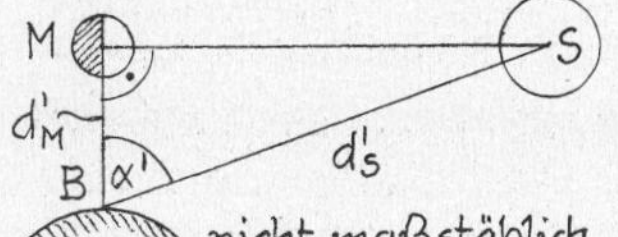

nicht maßstäblich

a) Welches Verhältnis $d'_M : d'_S$ berechnete Aristarch mit $\alpha' = 87°$? ($d'_M = \overline{BM}$; $d'_S = \overline{BS}$).

b) Wie groß sind der richtige Winkel α und das richtige Verhältnis $d_M : d_S$ mit den (heutigen) Werten $d_M = 384$ Mm und $d_S = 149{,}6$ Gm?

Da schon z. Zt. Aristarchs bekannt war, daß Sonne und Mond etwa unter dem gleichen Sehwinkel ($\approx 30'$) erscheinen (direkt beobachtbar bei einer totalen Sonnenfinsternis), war für Aristarch die Sonne ≈ 20-mal größer als der Mond. Wenn da auch noch sehr viel auf die wirkliche Größe (und Masse) der Sonne fehlt, so schloß er dennoch richtig, daß nur die Sonne im Zentrum des Weltalls stehen könne.

c) Aristarch ermittelte auch das Verhältnis der wahren Durchmesser (bzw. Halbmesser r) von Mond, Erde und Sonne: $r'_M : r'_E : r'_S = 0{,}36 : 1 : 6{,}75$. Berechne das richtige Verhältnis und die prozentualen Abweichungen der antiken Werte. ($r_M = 1{,}74$ Mm; $r_E = 6{,}37$ Mm; $r_S = 696$ Mm).

121. Wanderer, kommst du nach Syene...

Zu Beginn der altgriechischen Geschichte wurde die Erde – dem Erfahrungsbereich der damaligen Schiffahrt entsprechend – als Scheibe angesehen, in deren Mittelpunkt sich der ‚Sitz der Götter', der ‚Olympos', befand; an den Rand der Scheibe grenzte der ‚Okeanos', das Weltmeer. Aber im Laufe der Jahrhunderte setzte sich immer mehr die Auffassung von der Kugelgestalt der Erde durch. Nur sie erklärte z.B. das Verschwinden bzw. Auftauchen eines Schiffs an der Kimm (Horizontlinie am Meer), den kreisförmig begrenzten Schlagschatten der Erde auf dem Mond bei einer Finsternis oder die verschiedenen Höhenwinkel eines Gestirns, falls es gleichzeitig von unterschiedlichen Standpunkten anvisiert wird.

Mit einfachsten Mitteln den Erdumfang zu berechnen (und dies noch dazu sehr genau), war eine Glanzleistung von Eratosthenes von Kyrene (um 280 - um 200 v. Chr.) Er war so etwas wie ein Universalgelehrter seiner Zeit: Prinzenerzieher und Leiter der Bibliothek in Alexandria, Philosoph, Lexiko-Grammatiker, Dichter, Mathematiker und vor allem Geograph. Es war nicht überheblich gemeint, wenn er sich selbst erstmals als ‚Philologe', d.h. als ‚Freund aller geistigen Betätigung' bezeichnete.

Die geographischen Erkenntnisse seiner Zeit faßte er in einem dreibändigen Werk zusammen. Er entwarf eine erste Erdkarte mit Hilfe eines Koordinatennetzes aus Parallelkreisen und Meridianen. Das war jedoch nur dann sinnvoll, wenn er den Erdumfang kannte. Er wußte: An einem bestimmten Tag des Jahres (und nur an diesem) stand die Sonne in Syene (S in der Abb.) ~ dem heutigen Assuan am Nil in Ägypten ~ ziemlich genau im Zenit, denn sie spiegelte sich bei ihrer Kulmination (Höchststand zu Mittag) in einem tiefen Brunnen. Am selben Tag betrug die Mittagshöhe der Sonne in Alexandria (A) $\alpha = 82\frac{6}{7}°$. Um die Entfernung (eigentlich den Bogen) $\widehat{AS}$ zu bestimmen, ließ Eratosthenes einen Mann diesen Weg durchwandern; (armer Wanderer im Dienste der Wissenschaft!) Der Weg betrug 5000 Stadien.

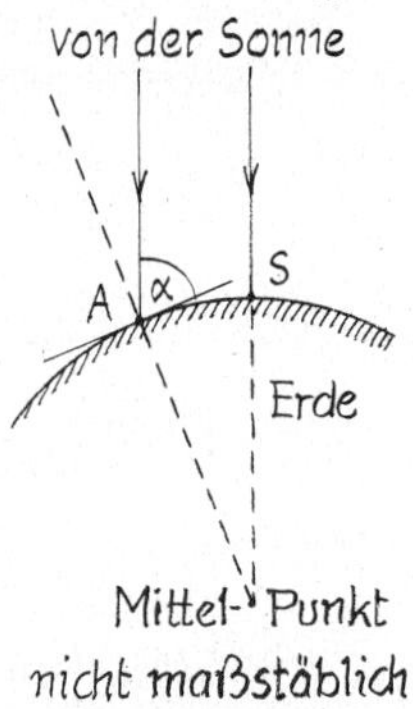

a) Vollziehe nun, nach mehr als 2000 Jahren, die Rechnung des Eratosthenes nach und bestimme den Erdumfang in Stadien und in km. (1 Stadion = = 157,5 m).
Um wieviele % weicht dieser historische Wert vom heutigen (40075 km) ab?

b) Nimm eine Landkarte Ägyptens zur Hand und betrachte die geographischen Koordinaten von A und S. Es gibt vor allem einen Grund, warum der historische Wert des Erdumfangs ein wenig zu klein ausfiel.

122. Der Mondabstand nach Hipparchos *

Zweifellos zählte Hipparchos von Nizäa (heute Iznik in NW-Kleinasien) (um 190 – um 125 v. Chr.) zu den bedeutendsten Astronomen und Geographen der griechischen Antike. Von seinem 30. Lebensjahr an bis zu seinem Tod führte er auf Rhodos vor allem astronomische Beobachtungen durch. U. a. schuf er einen Katalog der Örter von etwa 850 Fixsternen, stellte (aus vielen Beobachtungen von Sonnenfinsternissen und des Sonnenlaufs) die Präzession der Erdachse sowie die ungleichförmige scheinbare Bewegung der Sonne fest, berechnete die Länge des (siderischen und synodischen) Monats auf ≈ 1 s genau und entwickelte eine Methode, durch „gleichzeitige" Beobachtung einer Mondfinsternis von Örtern aus die Differenz ihrer geographischen Breiten zu bestimmen.
Als erster berechnete Hipparchos auch ziemlich richtige Werte für die Sonnen- und Monddistanz. Um die letztere Entfernung in Erdradien auszudrücken, benützte er eine durchaus originelle Methode:
Ihm war bekannt, daß eine bestimmte Sonnenfinsternis am Hellespont H (heutiger Name Dardanellen) total gesehen wurde, während in Alexandria (A in der Abb.) die Mondscheibe maximal $\frac{4}{5}$ des Durchmessers der Sonnenscheibe verdeckte. Da sowohl der Durchmesser der Sonne als auch der des Mondes unter demselben Sehwinkel,

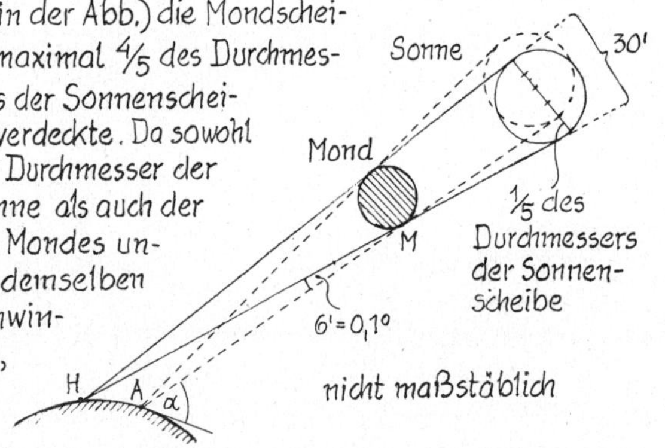

nämlich 30', gesehen werden, folgt aus der teilweisen Bedeckung, daß der Winkel, den die Sonnenstrahlen MH und MA einschließen, gleich 30' : 5 = 6' ist; (die Entfernung der Sonne spielt hierbei keine Rolle).
Z. Zt. der Finsternis betrug die ‚Sonnenhöhe' in A $\alpha = 44°$. Ferner war der Bogen $\widehat{AH} \mathrel{\hat{=}} 9{,}5°$ bekannt.

Wie berechnete Hipparchos die Monddistanz $d = \overline{AM}$, in Erdradien r_E ausgedrückt?
(Drücke zunächst $\widehat{AH}$ durch r_E aus. Zeichne das Dreieck HAM unmaßstäblich heraus und berechne $d = \overline{AM} \approx \overline{HM}$; für dieses schmale Dreieck kann $\widehat{HA}$ als Strecke angesehen werden).
Der heutige Wert des mittleren Mondabstands ist $d_r = 59{,}3\, r_E$, u. zw. von der Erdoberfläche aus gemessen.
Wie groß ist die prozentuale Abweichung des Hipparchischen Werts?

123. Was geschah bei der 1. Weltumseglung? *

Dem portugiesischen Seefahrer Fernão de Magalhães (um 1480–1521) ~ meist spanisch Magellan genannt ~ gelang die 1. Weltumseglung. Am 20.9.1519 stachen seine 5 Segelschiffe mit insgesamt 234 Mann Besatzung aus dem spanischen Hafen Sanlúcar de Barrameda in See. Die Route führte nach Südamerika, durch die (später nach dem Seefahrer benannte) Magellan-Straße (zwischen der Südspitze Südamerikas und den Feuerlandinseln) nach den Philippinen (damals Lazarusinseln). Hier fiel Magellan bei einem Gefecht mit

Eingeborenen am 27.4.1521. Sein Nachfolger wurde Juan Sebastian Elcano (um 1480-1526).

Meuterei, Flucht, Kämpfe und Krankheiten hatten die Mannschaft stark dezimiert. Nach fast 3 Jahren kehrten bloß 18 Mann mit einem einzigen Schiff (es konnte nur ‚Victoria' heißen!) in den Ausgangshafen zurück. Nach dem sehr sorgfältig geführten Logbuch war es der 6.9.1522, in Spanien schrieb man aber bereits den 7.9. Man machte ~ so eigenartig es klingen mag ~ den Heimgekehrten deswegen bittere Vorwürfe, und sie mußten im Dom von Sevilla öffentlich Buße tun ~ wegen eines einzigen Tages!

Erst ein Jesuitenpater brachte Licht in das Geschehnis und konnte die Seeleute entlasten. Eine solche, von der Geistlichkeit vorgetragene Entschuldigung schlug natürlich bei Hofe an, so daß Elcano und seine Männer schließlich von Kaiser Karl V reich beschenkt und geehrt wurden.

Frage an den Leser: Was hatte der Jesuitenpater entdeckt, so daß die Ehre der Mannschaft wiederhergestellt werden konnte? Gib eine geographisch-astronomische Begründung.

Beachte übrigens, daß diese ‚Weltumseglung' den ersten direkten Beweis für die Kugelgestalt der Erde liefert.

(Es ist vielleicht nicht uninteressant zu erwähnen, daß wir dem heimgekehrten Seefahrer Antonio Pigafetta den 1. Bericht über das berüchtigte Pfeilgift ‚Curare' der südamerikanischen Indianer verdanken: 'Ein Matrose war ganz leicht von einem Eingeborenenpfeil verletzt worden; wenige Minuten später war er lautlos ~ an allg. Körperlähmung ~ gestorben).

124. Die Weltreise

Der französische Schriftsteller Jules Verne (1828-1905) veröffentlichte eine Reihe utopisch-wissenschaftlicher Romane, die zu den meistübersetzten Werken der französischen Literatur zählen. Sie sind die Vorläufer der heutigen Science-fiction-Literatur.

J. Verne

In seinem 1875 ins Deutsche übertragenen Werk ‚Reise um die Erde in 80 Tagen' schließt der Globetrotter Philas Fogg die Wette ab, eben in 80 Tagen einmal um die Erde zu reisen. Als er wieder in England ankam, meinte er, nach seinen Aufzeichnungen einen Tag zu lange gefahren zu sein. Aber es stellte sich dann doch heraus, daß er die Wette gewonnen hatte; warum? In welcher Richtung hatte er die Erde umreist?

125. Der einsame Entwicklungshelfer *

Guarulhos (46,5° westl. Länge; 23,5° südl. Breite) ist ein nördl. Vorort der Sechsmillionenstadt São Paolo (Brasilien). In dieser Vorstadt wohnt in einer von Ost nach West verlaufenden Straße der deutsche Entwicklungshelfer Ing. E, der von seiner Stammfirma mit Sitz in Frankfurt (F) (≈ 8,5° östl. Länge; ≈ 50° nördl. Breite) nach Brasilien abkommandiert war.

An einem sonnigen Morgen fährt er mit dem Auto um 7^h (dortiger Zeit) in sein Büro, u.zw. zunächst in östlicher Richtung. Nach 8^h will er mit seinem Chef in F telefonieren (u.a. wegen seines schon überfälligen Europa-Urlaubs), erreicht ihn aber nicht. Erst um 11^h klappt es mit dem Gespräch. E erhält einige dringende Aufträge, kann jedoch nach deren Erledigung (u.U. schon am nächsten Tag) nach Europa fliegen, wo die Vorbereitungen für die nahenden Festtage in vollem Schwange sind.

E fährt nach dem Gespräch wieder nach Hause, wo er Punkt 12^h eintrifft. Er stellt fest, daß die elektrischen Leitungsmasten am Straßenrand keinen Schatten haben; sein geparktes Auto wirft den Schatten genau unter sich, und die Leuchte vor seinem Hauseingang (Abb.) hat einen kreisrunden Schlagschatten, der konzentrisch um den Fußpunkt der Standsäule liegt.

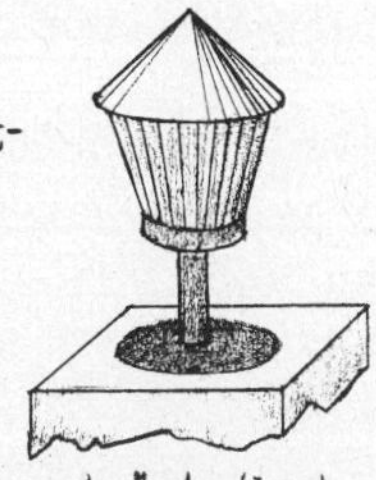

Nach einem erfrischenden Bad und der üblichen Siesta kehrt E nachmittags in sein Büro zurück. Es gelingt ihm, alle Aufträge zu erledigen, so daß er für den nächsten Tag bereits seinen Flug nach F buchen kann. Erst vor Sonnenuntergang kehrt er in sein Haus zurück.

a) Warum erreichte E seinen Chef in F nicht nach 8^h telefonisch, wohl aber um 11^h?

b) Welches Datum (des Jahres 1983) zeigte das Kalenderblatt in E's Büro, als er mit F sprach?

c) Fuhr E, als er sich vor Sonnenuntergang seinem Haus näherte, genau gegen die Sonne (S) oder war sie links oder rechts von seiner Fahrtrichtung?

d) Welche Jahreszeit herrschte in Guarulhos (G) an dem betreffenden Tag? Auf welches Fest bereitete man sich in F (bzw. in Europa) vor? Was wird E wohl im Reisegepäck mitnehmen?

(Es sollten auf alle Fragen ausreichende Begründungen gegeben werden).

126. Die Sonntagskinder *

Beate ist an einem 5. Sonntag im Februar geboren und geht (im Jahre 1984) noch zur Schule. Auch ihr Vater, der Gott sei Dank den 2. Weltkrieg nicht miterlebt hat, feiert seinen Geburtstag am gleichen Februartag. Beide müßten ~ wie man so sagt ~ Glückskinder sein, wenn nur nicht dieser Festtag so selten wäre. Aber das gleichen sie eben aus, indem sie gegebenenfalls ihr Wiegenfest um 1 Tag vorverlegen.

a) Wann ist Beate, wann ist ihr Vater geboren? (Genaues Datum).

b) Welches Alter müßten beide erreichen, um ihren ‚regulären' Geburtstag (nach 1984) wieder an einem Sonntag zu feiern? Wann würde dies sein?

c) Wann fällt (nach 1984) die um einen Tag vorgezogene Geburtstagsfeier zum 1. Mal auf einen Sonntag?

127. Die sonderbare Standuhr

In meinem Heimatstädtchen S-berg hatte Herr Ch, der Vater meines Schulkameraden Kurt, einen Uhrmacherladen. Ch war auch Juwelier sowie Goldschmied und besaß (Anfang der 20-er Jahre) eines der ersten Patente für Bananenstecker aus ‚Galalith' (Kunsthorn, einem der ältesten Kunststoffe auf Kaseingrundlage). S-berg selbst hatte eine Galalithfabrik, in der neben Knöpfen, Kämmen u.a. kleinen Dingen eben diese Stecker hergestellt wurden, welche damals die aufkommende Radioindustrie massenweise benötigte.

Auf dem Heimweg aus dem Gymnasium kam ich fast täglich am Schaufenster des Juweliergeschäfts vorbei, meist allein, denn ein kaum bewußtwerdender sozialer Abstand (mein Vater war nur Dorfschullehrer) ließ Kurt und mich meist getrennte Wege gehen. In diesem Schaufenster stand jahrelang ~ etwas im Hintergrund ~ eine ganz besondere Standuhr (Abb.), die mich immer wieder zum Stehenbleiben zwang, da sie mir ein technisches Rätsel aufgab. Gehäuse und Zeiger waren vergoldet, desgleichen die damals modernen römischen Ziffern; (beachte die IV in der Abb.!) Das Zifferblatt war weiß. Achsen der Zeiger waren nirgends zu sehen, trotzdem ging die Uhr normal und sehr genau. Wie aber wurden die Zeiger bewegt?

Mein Status als Klassenprimus verbot es mir sozusagen, Kurt nach dem Antriebsmechanismus zu fragen, doch verriet er mir von sich aus, daß die Uhr weder netz- noch batteriebetrieben war. (Elektrische Uhren gab es ja in den 20-er Jahren für den allg. Gebrauch noch nicht). Übrigens ~ die Standuhr war unverkäuflich.

Bevor ich ein Herz faßte, mir die Uhr von Herrn Ch erklären zu lassen, glaubte ich, ihre Funktionsweise durch intensives Nachdenken ertüftelt zu haben. Ich wollte also nur meine technischen Überlegungen durch Herrn Ch bestätigt wissen.

Kannst Du, lieber Leser, den Antriebsmechanismus der Zeiger ~ natürlich nur im Prinzip ~ erläutern?

(Die Standuhr war das ‚Meisterstück' des Herrn Ch, auf das er ein wenig stolz war; deshalb war die Uhr auch unverkäuflich. Nie mehr in den vergangenen 60 Jahren habe ich eine derartige Uhrkonstruktion gesehen).

128. Die verrückte Armbanduhr *

Der Lehrer Huber hat heute bereits um $10^{h}40^{min}$ unterrichtsfrei. Auf dem Nachhauseweg holte er sich in dem nahe der Schule gelegenen Uhrengeschäft seine reparierte Armbanduhr ab.

„Sie ist wie versprochen fertig, Herr Huber", sagt der Geschäftsinhaber und ruft in die Werkstatt.

Nach einer geraumen Weile erscheint ein Lehrling, der Herrn Huber freundlich grinsend begrüßt (etwas zu freundlich, wie es Herrn Huber dünkt).

„Die Uhr ist aufgezogen und gestellt", sagt der Uhrmacher. ~

Um 11^h ist Herr Huber zu Hause. Beim Mittagessen hört er im Radio Nachrichten und tut, als der Gongschlag für 12^h ertönt, einen kurzen Blick auf die Armbanduhr. ‚Sie geht haargenau', denkt er, ‚kein Wunder bei diesem stolzen Reparaturpreis!'

Nach dem Essen hält Herr Huber sein gewohntes Mittagsschläfchen, aus dem er immer (ohne Wecker) einige Minuten nach 14^h aufwacht. Heute jedoch zeigt seine Armbanduhr den nebenstehend abgebildeten Zeigerstand. Er springt wie von der Tarantel gestochen auf und sagt zu sich: „Donnerwetten, wie konnte ich denn heute eine ganze Stunde verschlafen, um 15^h hätte ich bereits in der Schule sein müssen!"

Und schon eilt er durchs Wohnzimmer, wirft einen Blick auf die elektrische Standuhr (mit Drehpendel), hält jäh inne, vergleicht die Zeit und starrt dann lange auf die Armbanduhr, wobei seine Stirnrunzeln auf scharfes Denken schließen lassen. ‚Na wartet!' sagte er sich, ‚euch werd' ich den Marsch schon blasen', und hatte dabei den Uhrmacher und seinen Lehrling im Sinne.

Er hatte durchaus noch Zeit, auf dem Schulweg ins Uhrengeschäft zu gehen. Jetzt glaubte er auch, eine Erklärung für das maliziöse Lächeln des Lehrlings zu haben, als dieser ihn vormittag begrüßte; (er war einer seiner ehemaligen Schüler, der über Jahre hinaus mit einer konstanten Leistung in Mathematik aufwarten konnte, nämlich mit 5).

Der Lehrer sagte dem Uhrmacher, der auch sofort sah, warum die Uhr verrückt spielte, auf den Kopf zu, was der Lehrling angestellt hatte. „Dem werde ich natürlich die Ohren langziehen", sagte der Meister und stammelte tausend Entschuldigungen; er erbat sich, die Uhr sofort eigenhändig in Ordnung zu bringen, kostenlos selbstverständlig.

a) Was war wohl in der Werkstatt mit der Uhr geschehen? Wie erkannte dies Herr Huber?

b) Warum zeigte die Uhr am Vormittag beim Stellen die genaue Uhrzeit und dann nochmals um 12^h? Um wieviel Uhr (genau) wurde die Uhr gestellt?

c) Wie spät war es ungefähr, als Herr Huber aus dem Mittagsschlaf erwachte?

129. Vertauschte Uhrzeiten *

Wir haben in Aufg. 128 von dem Mißgeschick des Herrn Huber mit seiner Armbanduhr gehört. Am Abend des gleichen Tags bedauerte er es aber, daß er die Uhr nachmittag ‚normalisieren' ließ, denn ihn faszinierte plötzlich das Problem der vertauschten Zeiger (Z). Er zerlegte daher einen alten Wecker, mußte aber bald feststellen, daß sein handwerkliches Geschick nicht ausreichte, die auf ihren Achsen festsitzenden Z zu vertauschen. Er nahm sich vor, diese Arbeit am nächsten Tag ~ quasi als zusätzliche Wiedergutmachung ~ von seinem Uhrmacher ausführen zu lassen. Vorläufig war er also gezwungen, sich ganz auf seine geistige Vorstellungskraft zu verlassen.

Weil der Gang der beiden Z durch die Zahnräder des Werks gekoppelt ist, bedeutet jede Z-Stellung eine mögliche (reale) Zeit; wir wollen sie im folgenden die ‚wahre' Zeit t_w (bzw. den wahren Zeitpunkt) nennen. Bei vertauschten Z'n wollen wir von ‚vertauschter' Zeit t_v sprechen.

Zwar sind in jedem wahren Zeitpunkt die Z vertauschbar, es ergibt sich aber dann in den wenigsten Fällen auch eine ‚sinnvolle' vertauschte Zeitangabe t_v. Beispiele: $t_w = 6^h 0\,min$ oder $8^h 15\,min$; die ‚zugehörigen' t_v sind sinnlose (falsche) Z-Stellungen!

Als Herr Huber beim langsamen Drehen der Z seiner Armbanduhr auf $7^h 13\,min$ stieß, fiel ihm auf, daß die zugehörige $t_v \approx 2^h 36\,min$ sein könnte. Herr Huber stellte sich nun selbst ~ aus Neugierde ~ folgende Aufg.:

a) Welche sind die Zeitpunkte t_w innerhalb von 12h, deren zugehörige t_v ebenfalls sinnvolle Zeitpunkte ergeben. Er stellte für diese t_w eine leicht überschaubare Folge auf und gab auch eine Formel an. Dasselbe tat er für die zugehörigen t_v. Wieviele solcher Zeitpunkte gibt es? (Es sind weit über 100!)

b) Unter diesen Uhrzeiten gibt es einige, welche die Z-Vertauschung unverändert läßt. Herr Huber stellte Folge und Formel für sie auf.

c) Der Lehrer erinnerte sich, daß er nach dem Mittagsschlaf aufwachte, als seine (verrückte) Armbanduhr $\approx 3^h 11\,min$ anzeigte. Vorausgesetzt, daß diese Z-Stellung eine sinnvolle t_v-Zeit darstellt, wie groß war diese genau, und wann wachte er nach wahrer Zeit auf?

Es ging schon auf Mitternacht zu, als Herr Huber mit seinen Berechnungen fertig war, und auch die nötige Bettschwere erreicht hatte, um sofort einzuschlafen. Schaffst Du, lieber Leser, die Lösungen in kürzerer Zeit?

130. Ein rätselhaftes Planetengesetz

Im 3. Keplerschen Gesetz (Aufg. 70) kommen die großen Halbachsen der Bahnellipsen der Planeten vor. Wir wollen uns im folgenden jedoch mit den mittleren Abständen d (der Planeten von der Sonne) begnügen. Die Tabelle gibt sie für die bis 1781 bekannt gewesenen Planeten an; d ist in AE (= astronomische Einheit ~ Aufg. 71) angegeben.

Name	Merkur	Venus	Erde	Mars	Jupit.	Saturn
d	0,4	0,7	1,0	1,5	5,2	9,5

a) Der deutsche Naturwissenschaftler Johann Daniel Titius (1729-1796) fand 1766 rein rechnerisch ein Gesetz, mit dem sich die d ziemlich genau berechnen lassen. Es hat die Form:

$$d_r = a + b \cdot 2^n \; ; \quad d_r \text{ in [AE]} \qquad (1);$$

(der Index r heißt ‚rechnerisch'); a und b sind konstante Zahlen je < 1. Anstelle der n sind ~ bis auf 2 Ausnahmen ~ die aufeinanderfolgenden natürlichen Zahlen einzusetzen.

Für die Venus ist n = 0, für die Erde ist n = 1. Berechne a sowie b und schreibe (1) nochmals numerisch an.

Trage in einer Tabelle die den o.a. Planeten zugeordneten n und die d_r (bis n = 6) ein, ferner die prozentualen Abweichungen A von den gemessenen d. Es ergeben sich 2 Namenslücken für n = 3 und n = 6.

Der deutsche Astronom Johann Elert Bode (1747-1826) hat die Titiussche Regel allg. bekanntgemacht. 1772 sagte er für n = 6 einen neuen Planeten vorher, der 1781 vom britischen Astronomen (deutscher Herkunft) Wilhelm Herschel (1738-1822) entdeckt wurde; er erhielt den Namen Uranus. Seit den Babyloniern war dies die 1. Planetenentdeckung! Das gemessene d = 19,2 AE stimmte mit d_r recht gut überein. Durch diese Entdeckung erhielt auch die schon lange gehegte Vermutung Nahrung, in der Lücke zwischen Mars und Jupiter (d_r = 2,8 AE) könnte sich noch ein (großer) Planet befinden. Zunächst war die Suche vergeblich; aber 1801 fand der italienische Astronom Giuseppe Piazzi (1746-1826) den ‚kleinen' Planeten Ceres; er ist mit 1003 km Durchmeser der größte der heute ≈ 2000 bekannten Planetoiden. 1802, 1804 und 1807 wurden 3 weitere kleine Planeten entdeckt. Die gemessenen d dieser 4 Planetoiden sind (in der Reihenfolge der Jahreszahlen 2,8; 2,8; 2,7 und 2,4 AE. Die d der überwiegenden Mehrzahl der Asteroiden (gelegentlicher Name der kleinen Planeten) haben Werte zwischen 2,2 und 3,2 AE. Man glaubt daher, daß sie Bruchstücke eines ‚großen' Planeten sind, der d = 2,8 AE hatte. (Groß steht hier deshalb unter Anführungszeichen, weil die Gesamtmasse aller Planetoiden nur ≈ 1/10 der Mondmasse ist).

Man könnte meinen, daß auch die äußersten Planeten Neptun und Pluto mit Hilfe des Gesetzes (1) entdeckt wurden. Dem ist nicht so. Den Neptun fand der deutsche Astronom Johann Gottfried Galle (1812-1910) im Jahre 1846 an der Stelle des Himmels, die ihm der französische Mathematiker und Astronom Urbain Le Verrier (Leverrier) (1811-1877) brieflich mitgeteilt hatte; Le Verrier berechnete die Neptunbahn aus Störungen der Uranusbahn. Für Neptun ist d ≈ 30,1 AE.

Dieser Vorgang der Auffindung wiederholte sich fast 1 Jahrhundert später beim äußersten Planeten Pluto: Er wurde 1930 vom amerikanischen Astronomen Clyde William Tombaugh (* 1906) entdeckt, nachdem seine damalige Position aus Störungen der Uranus- und Neptunbahn vorausberechnet worden war. Sein d beträgt ≈ 39,5 AE.

b) Stelle in einer neuen Tabelle für Uranus, Neptun und Pluto die gemessenen und berechneten d für n = 6, 7 und 8 sowie die prozentualen Abweichungen zusammen.

Das Gesetz (1) ist in der Überschrift als rätselhaft bezeichnet; das hat mehrere Gründe:

1) Die Lösung von b) zeigt, daß Neptun und Pluto völlig aus dem Rahmen des Gesetzes fallen. Warum jedoch stimmen die anderen Werte relativ gut?

2) Man kann an (1) noch eine Ehrenrettung vornehmen, indem man Pluto n = 7 zuordnet; dann ist die Abweichung nur ≈ −1,8%. Neptun muß aber ganz unter den Tisch fallen oder man ordnet ihm n = 6,63 zu.

3) Man hat bis heute keinerlei physikalische Begründung für das Gesetz gefunden.

Die meisten Physiker vermeiden daher die Bezeichnung ‚Gesetz' und sprechen von der Titius-Bodeschen Regel (Folge, Reihe). Andererseits ist aber nicht wegzuleugnen, daß mit dieser einfachen Gesetzmäßigkeit 1 großer und 1 kleiner Planet (Uranus und Ceres) aufgefunden wurden. Sollte das alles purer Zufall sein?

Der deutsche Physiker und Philosoph Carl Friedrich Freiherr von Weizsäcker (* 1912) geht da den goldenen Mittelweg und spricht (in seiner kosmogonischen Theorie) die Regel (1) als ‚halbgesetzliches Bestimmungsstück' an.

131. Der Stern von Bethlehem? *

Kometen (auch Schweifsterne genannt) waren zu allen Zeiten imposante Himmelserscheinungen. Sie haben durch ihren oft sehr langen leuchtenden Schweif (s.u.) schon früh das Interesse der Menschen geweckt. Da die meisten Kometen die Sonne in langgestreckten elliptischen Bahnen umlaufen und außerdem – verglichen mit den Planeten – sehr klein und lichtschwach sind, können nur wenige mit unbewaffnetem Auge beobachtet werden und auch nur dann, wenn sie der Sonne bzw. der Erde sehr nahekommen. Die Beobachtungsdauer erstreckt sich dann auf einige bis mehrere Monate.

E. Halley

Zu den hellsten Schweifsternen gehört der ‚Halleysche Komet' (HK), benannt nach dem englischen Astronomen, Mathematiker und Physiker Edmond Halley (1656-1742). Den der Sonne nächstgelegenen Punkt seiner Bahn, das ‚Perihel' P (Abb.) durchlief der HK das letzte Mal im April 1910; er konnte jedoch schon Monate vorher und auch nachher mit freiem Auge gesehen werden; (größte Sonnennähe bedeutet ja nicht gleichzeitig größte Erdnähe). Die Zeichnung stellt die Bahnverhältnisse nicht maßstäblich dar; in Wirklichkeit fallen die Bahnebenen der Erde und des HK nicht zusammen.

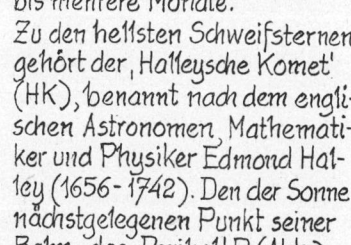

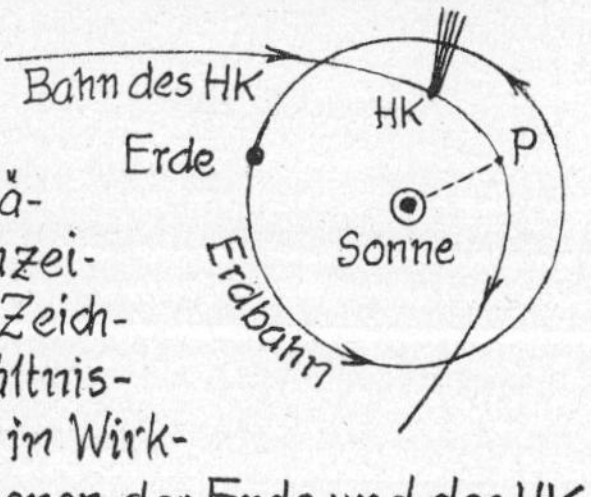

Ein Komet besteht aus einem festen Kern (Durchmesser 1 bis 100 km; Material: Stein und Nickeleisen, eingefroren in Eis u.a. Substanzen). Um den Kern liegt eine Gaswolke, die Koma (Durchmesser 10^4 bis 10^5 km!) In der Nähe der Sonne wird durch den Strahlungsdruck und den ‚solaren Wind' der Kometenschweif ‚weggeblasen' (Abb.); er kann eine Länge von 10^6 bis 10^8 km erreichen.

Die Umlaufsdauer des HK wird mit $T \approx 76$ a angegeben. Es ist nicht so, daß man sie nicht mindestens auf Monate genau berechnen könnte, aber sie schwankt von Umlauf zu Umlauf ziemlich stark infolge von Störungen durch große und kleine Planeten sowie durch den eigenen Massenverlust. Man hat auch nur unter den 30 in ununterbrochener Reihenfolge stattgefundenen Beobachtungen wenige Angaben des genauen Periheldurchgangs.

a) Wenn man die letzte Umlaufsdauer $T_1 = 76{,}08$ a voraussetzt, wann wird der HK den nächsten Periheldurchgang (vor dem Jahr 2000) haben? Rechne mit Monaten, indem Du die Mitte eines Monats zugrundelegst. (Beispiel: April des Jahres ... heißt, zu den vollen Jahren $^{3{,}5}/_{12}\,a \approx$ $\approx 0{,}29$ a dazuzählen).

b) Wann – auf Monate genau – erfolgte der Periheldurchgang des HK zu Lebzeiten Halleys? (Rechne mit T_1).

c) Die erste überlieferte Beobachtung des HK erfolgte im Jahre 466 v. Chr. Wenn Du von der Mitte dieses Jahres bis Mitte 1910 rechnest, kommst Du auf eine durchschnittliche Umlaufszeit $T_2 > T_1$. Berechne T_2 (auf 1 Dezimalstelle).

d) Kann es sein, daß der HK der ‚Stern von Bethlehem' (Stern der Weisen, Dreikönigsstern) war? (Berechne hierzu nur den Christi Geburt zeitlich am nächsten liegenden Periheldurchgang des HK. Beachte ferner, daß nach der Jesusforschung Jesus im Jahre 4 v.d. Zeitrechnung geboren sein soll).

132. Ein Pfennig wiegt Millionen Tonnen!

Den größten Teil seines langen Lebens verbringt ein Stern (St) als leuchtender Gasball in einem ‚Normalzustand', wie wir ihn vom Anblick des nächtlichen Himmels kennen; (auch die Sonne ist ein durchaus normaler St). Seine gewaltigen Strahlungsmengen deckt ein Stern durch Atomkernprozesse, hauptsächlich durch Verschmelzung (Fusion) von Wasserstoff-(H-)Kernen zu Helium (He). In dieser Phase, in der sich der durch die hohe Temperatur (einige 10^7K) bedingte, nach außen gerichte Gasdruck und die nach innen wirkende Gravitation das Gleichgewicht halten, kann der St viele Milliarden Jahre leuchten.

Wenn jedoch ein Stern seinen H-Vorrat ziemlich verbraucht hat, beginnt sein Greisenalter mit verschiedenen komplizierten Übergangsphasen (z.B. rote Riesen, Überriesen, pulsierende St'e). Schließlich überwiegt aber ~ bei genügender Abkühlung ~ der Gravitationsdruck: Der St beginnt in sich zusammenzustürzen, er ‚kollabiert' (wie sich der Astronom ausdrückt). Welchen gleichgewichtigen Endzustand er dann erreicht, hängt von seiner Masse ab. Die wichtige Grenzmasse ist hier die ‚Chandrasekhar-Grenze' $M_C = 1{,}4\,m_\odot$ ($m_\odot$ = Sonnenmasse = $2\cdot10^{30}$kg ~ Aufg. 71). Sie ist benannt nach dem amerikanischen Astrophysiker (indischer Herkunft) Subrahmanyan Chandrasekhar (*1910, NPP1983).

Gilt für eine St-Masse M_S die Beziehung $M_C > M_S > 0{,}001\,m_\odot$, so ist der Endzustand ein ‚weißer Zwerg'; sein Radius hat die Größenordnung 10^4 km, seine Oberflächentemperatur ist einige 10^4K. Der riesigen Gravitation wird durch den Druck des ‚entarteten Elektronengases' das Gleichgewicht gehalten. (Unterhalb von $0{,}001\,m_\odot$ sind die Planeten und Monde angesiedelt).

Ist aber $M_S > M_C$, so beginnen sich beim Kollabieren zunehmend Protonen (p) in Neutronen (n) zu verwandeln, u.zw. durch den ‚inversen β-Zerfall':

$$p + e + 780\,\text{eV} \rightarrow n + \nu_e$$ (e = Elektron; ν_e = Elektronen-Neutrino).

Die Folge des Energieverbrauchs hiebei ist ein beschleunigter Kollaps, der wiederum zu einer hohen Erwärmung führt. Bei $M_S \leq 10\,m_\odot$ wird wahrscheinlich durch diesen schockartigen Temperaturanstieg ein großer Teil der äußeren Schicht durch eine gewaltige Explosion radial abgestoßen: Man spricht von einem Supernova-Ausbruch; zurück bleibt als Zentral-St ein stabiler ‚Neutronenstern' der Masse M_n: $1{,}4\,m_\odot \leq M_n < 3\,m_\odot$. (Der Crab-Nebel ist das Standardbeispiel für die abgestoßene Hülle einer Supernova, welche die Chinesen im Jahre 1054 aufleuchten sahen; s. auch Aufg. 135).

Wenn jedoch beim Kollabieren $M_S > 10\,m_\odot$ ist, so entsteht im Endzustand ein ‚schwarzes Loch'.

a) Die Dichte ϱ eines Neutronen-St's beträgt 10^{17} bis $10^{18}\,\text{kg}\,\text{m}^{-3}$. Zeige, daß dies die Dichte eines Atomkerns ist.
Die Kerne können als kugelförmig angenommen werden mit dem Radius:

$$r = r_0 \sqrt[3]{A} = 1{,}42 \sqrt[3]{A}\ \text{fm};$$

A = Massenzahl (= Anzahl der Nukleonen). Die Masse eines Nukleons ist $m_p \approx m_n \approx 1{,}67\cdot10^{-27}$ kg. Welche Besonderheit weist die Buchstabenformel für ϱ auf?

b) Die durchschnittliche Dichte einen Neutronen-St's sei $\varrho = 5{,}7\cdot10^{17}\,\text{kg}\cdot\text{m}^{-3}$, seine Masse $M_n = 1{,}2\,m_\odot = 1{,}2\cdot2\cdot10^{30}$kg. Berechne den Radius R_n.

c) Ein Pfennigstück hat das Volumen $V \approx 263\,\text{mm}^3$. Wenn es aus Neutronen-St-Materie mit der Dichte $\varrho_n = 3{,}8\cdot10^{17}\,\text{kg}\cdot\text{m}^{-3}$ bestünde, welche Masse M hätte es?

133. Packungsdichte der Nukleonen

In Aufg. 132 wurde die Dichte in Neutronensternen mit 10^{17} bis $10^{18}\,\text{kg}\,\text{m}^{-3}$ angegeben; in diesen Bereich fällt auch die Dichte von Atomkernen. Man kann sich nur sehr schwer eine Vorstellung von dieser immensen Packungsdichte machen. Versuchen wir es trotzdem und denken uns hierbei die Mittelpunkte der Neutronen in den Gitterpunkten eines kubischen Gitters (Aufg. 110). Der Abstand zwischen 2 benachbarten Gitterpunkten sei d (Gitterkonstante).

a) Stelle die Buchstabenformel für d auf, u.zw. aus ϱ (in $\text{kg}\,\text{m}^{-3}$) und der Neutronenmasse m_n (in kg).

b) Berechne d_0 für die Werte $\varrho_0 = 4{,}1\cdot10^{17}\,\text{kg}\,\text{m}^{-3}$ und $m_n = 1{,}67\cdot10^{-27}$ kg.
Was ist über die Neutronen zu sagen, wenn ihr Radius $r_n \approx 0{,}8$ fm beträgt?

c) Wie groß sind d_1, d_K und d_2 für $\varrho_1 = 10^{17}\,\text{kg}\,\text{m}^{-3}$, $\varrho_K = 1{,}4\cdot10^{17}\,\text{kg}\,\text{m}^{-3}$ (Atomkerndichte), $\varrho_2 = 10^{18}\,\text{kg}\,\text{m}^{-3}$? Wie liegen in den 3 Fällen 2 benachbarte Neutronen?

d) 1 cm^3 Neutronensternmaterie (mit der Dichte ϱ_0 von b)) werde so riesenhaft vergrößert, daß 1 Neutron Stecknadelkopfgröße (Durchmesser 1 mm) habe. Wie lang ist die Kante a des vergrößerten cm^3? Drücke a in Mondentfernungen (390000 km) aus.

Zum Schluß sei daran erinnert, daß das kubische Gitter nicht die dichteste Kugelpackung ist.

134. Nackte und angezogene Teilchen

In Aufg. 133 stellten wir fest, daß sich in einem Neutronenstern mit $\varrho_0 = 4{,}1 \cdot 10^{17}\ kgm^{-3}$ die Neutronen gerade berühren, für $\varrho > \varrho_0$ teilweise durchdringen. Aber auch in diesen Fällen müssen die Neutronen einen linearen Bewegungsspielraum Δx haben, der mit der Impulsänderung Δp durch die Heisenbergsche Unschärferelation (Aufg. 117) zusammenhängt:

$$\Delta x \cdot \Delta p \approx \frac{h}{2\pi} = \hbar\ ;$$

Δp ist bei ‚relativistischen' Neutronen ($v \approx c$) höchstens $m_n c$ (m_n = Neutronenmasse), so daß sich Δx wie folgt berechnet:

$$\Delta x \approx \frac{\hbar}{m_n c} = \frac{1}{2\pi}\,\frac{h}{m_n c} = \frac{1}{2\pi}\,\lambda_{C,n} = \lambdabar_{C,n}\ ;$$

(bezüglich λ_C s. Aufg. 115).

a) Berechne die Compton-Wellenlänge $\lambda_{C,n}$ und die ‚Compton-Länge' $\lambdabar_{C,n}$ eines Nukleons auf zehntel fm.
$h = 6{,}6 \cdot 10^{-34}$ Js; Protonenmasse $m_p \approx m_n \approx$
$\approx 1{,}67 \cdot 10^{-27}$ kg.

Wie löst sich nun das Rätsel, daß für Dichten $\varrho \geqq \varrho_0$ (s.o.) die Neutronen Bewegungsspielraum haben, obwohl sie sich berühren oder teilweise durchdringen?

Wir wissen, daß sich praktisch die ganze Masse eines Atoms im Kern befindet, und daß die Elektronenhülle teilweise oder ganz abgestreift werden kann, z.B. durch heftige Zusammenstöße bei sehr hohen Temperaturen. (So sind α-Teilchen nackte Heliumkerne). Obwohl sich ziemlich genaue Atomradien angeben lassen, hinkt also der Vergleich mit einer starren Stahl- oder Billardkugel.

Ähnlich strukturiert sind Proton und Neutron, die heute als 2 verschiedene Zustände eines Teilchens, eben des Nukleons, angesehen werden. ‚Streuexperimente' an Nukleonen (d.h. Beschießen mit hochenergetischen gleichartigen oder auch anderen Teilchen, z.B mit Elektronen) haben gezeigt, daß auch die Nukleonen einen ‚harten Kern' vom Radius $r_C = 0{,}4$ fm haben, der ‚Hard-Core' (HC) genannt wird (Abb.) Bei Proton und Neutron ist der HC positiv geladen; er ist umgeben von einer Wolke aus ‚virtuellen Mesonen', vor allem ‚Pionen'; diese Wolke ist beim Neutron negativ geladen. Die Mesonen sind die ‚Feldquanten' der ‚starken Wechselwirkung' (Kraftwirkung) zwischen den Nukleonen; (sie bilden sozusagen den Leim zwischen ihnen).

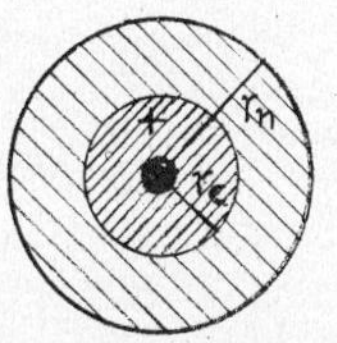

Analoges gilt für das Elektron, bei dem der negative Kern punktförmig angenommen wird. Es ist von einer Wolke aus virtuellen Quanten des elektromagnetischen Felds umgeben, die wir in Aufg. 113 als Lichtquanten (Photonen) kennengelernt haben.

Wird ein Nukleon mit hochenergetischen Elektronen ($v_e \approx c$) beschossen, so kommt es zu der (schwächeren) ‚elektromagnetischen Wechselwirkung', so daß die Elektronen tiefer in das Nukleon eindringen können. Der HC schrumpft auf einen Durchmesser von 0,2 fm zusammen (in der Abb. schwarz).

Die virtuellen Teilchen (Quanten) gehören zu den geheimnisvollsten Dingen der Physik, weil sie ~ wie durch Zauberhand ~ entstehen und vergehen können. Sie können durchaus reelle, beobachtbare, mit Masse u.a. Eigenschaften ausgestattete Teilchen werden, wenn sie aus der virtuellen Wolke durch eine genügend hohe Energie materialisiert werden (vgl. den Dirac-See ~ Aufg. 117).

Der japanische Physiker Hideki Yukawa (Jukawa) (*1907, NPP 1949) sagte bereits 1935 ~ auf dem Papier (indem er die Schrödinger-Gleichung mit einem Zusatzglied ergänzte) ~ die Existenz des Pions voraus und gab auch seine Masse an. 1947 wurde es dann entdeckt.

H. Yukawa

Meint man nur den Kern eines Teilchens, so spricht man vom ‚nackten' Teilchen; für dieses gilt dann bei relativistischer Behandlung exakt die Dirac-Gleichung (Aufg. 117); es steht in Wechselwirkung mit einer umgebenden Wolke von virtuellen

Feldquanten. Nacktes Teilchen plus Wolke wird ‚angezogenes' Teilchen genannt, doch ist heute dieser Name etwas aus der Mode gekommen.

b) In Aufg. 133 wurden für 4 verschiedene Dichten eines Neutronensterns die Abstände der Mittelpunkte benachbarter Neutronen (unter vereinfachter Voraussetzung) berechnet: d_1; d_K (für den Atomkern), d_0 und d_2.
Gib für diese 4 Fälle die Ortsunschärfe Δr des nackten Nukleons an, d.h. wie weit der HC ($r_c = 0{,}4\,\mathrm{fm}$) in 2 entgegengesetzten Richtungen ausschwingen kann. Drücke Δr jeweils auch in $\bar{\lambda}_{C,n}$ aus.

Es soll hier am Schluß dieser Aufg. nicht verschwiegen werden, daß die geschilderte Struktur der Nukleonen keineswegs der letzte Schrei ist. Mit diesem Stand der Entwicklung betrat man sozusagen erst das Eingangstor zum modernen Elementarteilchen-Zoo: Unter dem Vorwand der Vereinfachung wurden, insbesondere seit 1964, von den Theoretikern immer mehr neue (kurzlebige) Teilchen angenommen, die dann fast alle experimentell nachgewiesen werden konnten. So glaubt man heute sicher zu wissen, daß ein Nukleon aus 3 ‚Quarks' aufgebaut ist; Quark ist ein Kunstwort, einem Roman von James Joyce (1882-1941) entnommen. Aber die Quarks (und die Antiquarks) konnten bis heute nicht isoliert (!) nachgewiesen werden, weil sie durch ungeheuer starke Kräfte (sog. ‚Farbkräfte') zusammengehalten werden; die Kräfte wiederum werden durch virtuelle Quanten, die ‚Gluonen' (= Klebstoffteilchen) bewirkt. Eine neue Quantendynamik entstand, die zugehörigen Experimente werden immer ‚höherenergetisch' (und damit teurer), und noch ist man nicht aus des Teufels Küche heraus: Schon erscheinen am Horizont neue Teilchen, die X-Teilchen, welche die X-Wechselwirkung vermitteln, die erst in dem unvorstellbar kleinen Abstand von 10^{-31} m wirksam werden soll! Ein Ende dieser Grundlagenforschung ist noch nicht in Sicht, obwohl einige Optimisten behaupten, mit den X-Teilchen wären wir am Urbaustein der Welt angelangt.

135. Die kleinen grünen Männer

Im Sommer 1967 war das Radioteleskop (also eine parabolische Empfangsantenne für Radiowellen aus dem Weltraum) der Universität Cambridge fertiggestellt. Noch im selben Jahr empfingen die Astronomen A. Hewish und J. Bell aus einer bestimmten Himmelsrichtung ein völlig regelmäßiges Signal, dessen Dauer $\Delta t \approx 20\,\mathrm{ms}$ war und das alle $T = 1{,}3372795\,\mathrm{s}$ wiederkehrte. Das Himmelsobjekt, das diese ‚Pulse' aussandte, ohne daß es (optisch) gesehen wurde, nannten sie LGM 1. Kurz daraus wurden 3 weitere Objekte mit ähnlichen Pulsdauern Δt und Pulsfrequenzen $\nu = 1/T$ entdeckt: LGM 2, 3 und 4. Man gab ihnen den Namen ‚Pulsar' (P).

Zur Erklärung des Kürzels LGM: Die Abstrahlung von Pulsen mit so kurzer, völlig konstant bleibender Pulsperiode T kann nur von sehr kleinen rotierenden Objekten (Radius wenige km bis wenige Mm) erfolgen (Teilaufg. a)). Daher dachte man zunächst an Planeten mit unbekannten Zivilisationen, die (endlich!) mit uns Menschen Kontakt aufnahmen. Rotes (und blaues) Blut gibt es schon auf der Erde, was lag also näher, als diesen intelligenten Wesen grünes Blut und daher auch grünliche Hautfarbe zuzuschreiben? LGM bedeutet nämlich ‚Little Green Men' (kleine grüne Männer).

Wegen der enormen Strahlungsintensitäten der Signale fielen aber die LGM bald in Ungnade. Man sah sich nach natürlichen Quellen um, als welche nur Neutronensterne in Betracht kamen. 1969 bereits identifizierte man als einen P den Neutronenstern im Zentrum des Crab-Nebels (Aufg. 132). Da dieser P Pulse nicht nur im Radio-, sondern auch im Infrarot-, im sichtbaren, Röntgen- und γ-Strahl-Bereich aussendet, kann er auch optisch (als wenig heller Stern) gesehen werden.

Bis heute dürften etwa 300 P'e entdeckt sein. Die Pulsdauern Δt betragen zwischen 10 ms und 100 ms, die Perioden T liegen meist zwischen 0,03 s und einigen s.

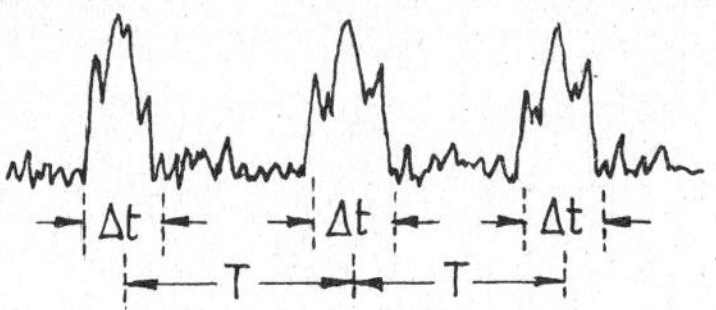

Die Abb. zeigt eine typische Pulsfolge. Da bei jeder Umdrehung des P's genau 1 Puls die Erde trifft, ist die Pulsperiode T gleich der Umdrehungsdauer des P's. (Man hat daher gelegentlich die P'e ‚Leuchtfeuer des Weltalls' genannt).

a) Der Pulsar NP0532 im Crab-Nebel hat eine der kürzesten Umlaufsdauern: $T = 0{,}033\ldots\,\mathrm{s}$. Er kann höchstens einen so großen Radius R besitzen, daß die Umfangs-Gs (einer Masse) am Äquator kleiner als die Licht-Gs c ist. Berechne R.

In jüngster Zeit entdeckten Wissenschaftler der ‚University of California' (Berkeley) den mit Abstand weitaus schnellsten P (Stern 4C 21.51) mit der Drehfrequenz $\nu_0 = 640\,s^{-1}$; d.h. er braucht für 1 Umdrehung $T_0 = \nu_0^{-1} \approx 1{,}6\,ms$.

b) Man stelle sich diese ungeheure Drehfrequenz für einen Stern vor! Sie ist fast 40-mal so groß wie die einer Waschmaschine im Schleudergang (Aufg. 7). Hält der P überhaupt noch zusammen oder zerbirst er in Teile? Das eben sollst Du, lieber Leser, herausfinden.

Stelle zu diesem Zweck die Gleichgewichtsbedingung für eine Masse m am Äquator eines P's der Dichte ϱ auf und berechne aus ihr die Grenzfrequenz ν_g (die unabhängig vom Radius R wird). (Die Formeln für die Fliehkraft und die Gravitationskraft entnimm den Aufg. 68 und 70).

Könnte ν_g nicht doch noch etwas überschritten werden?

c) Berechne für die beiden extremalen Dichten $\varrho_1 = 10^{17}\,kg\,m^{-3}$ und $\varrho_2 = 10^{18}\,kg\,m^{-3}$ eines Neutronensterns die Grenzfrequenzen ν_1 und ν_2; vergleiche sie mit ν_0 des Sterns 4C 21.51.

Wie groß kann der Radius R_0 dieses P's höchstens sein?

136. Außerirdische genaueste Uhren

Daß unsere (grobe) Zeitmessung auf dem scheinbaren Gang der Sonne basiert, weiß jedes Kind. Die Unterteilung des Tags in Stunden mag dem Steinzeitmenschen noch genügt haben, die weitere in Minuten und Sekunden war wohl bis ins Mittelalter für die menschlichen Bedürfnisse ausreichend, jedoch die aufkommenden Naturwissenschaften, insonderheit die Physik, benötigten sehr bald Uhren, die noch Bruchteile von Sekunden genau zu messen gestatteten.

Bei der Zeitmessung geht es immer um zweierlei: Erstens sehr kurze Zeitdauern möglichst genau messen zu können, zweitens den Gang einer Uhr möglichst lang konstant zu halten.

Als 1933/34 die erste ‚Quarzuhr' von den deutschen Physikern Adolf Scheibe (1895–1958) und U. Adelsberger konstruiert wurde, glaubte man das Nonplusultra der Zeitmessung gefunden zu haben. Doch der Vergleich mit den nach dem 2. Weltkrieg geschaffenen ‚Atomuhren' zeigte, daß der Schwingquarz einer Quarzuhr im Laufe der Zeit ‚ermüdet'.

Die Dauer einer [s] ist heute im SI durch die ‚Cäsium-Atomuhr' festgelegt. Wer garantiert aber, daß diese Uhr genau geht? Nun, eine Garantie gibt es eigentlich nicht, man kann sie nur mit verschiedenen anderen Atomuhren (Rubidium-, Thalliumuhr) vergleichen.

Jetzt scheint man aber in den Pulsaren (P'n) außerirdische genaueste Vergleichsuhren mit ganz anderem (einfachen) Mechanismus gefunden zu haben.

In Aufg. 135 wurden die P'e als rasch rotierende Neutronensterne beschrieben, von denen wir gepulste elektromagnetische Strahlung empfangen. Der Abstrahlungsmechanismus ist heute weitgehend geklärt: Ein Neutronenstern bildet sich aus einem ‚normalen' Stern durch Schrumpfen (Aufg. 132); dabei nimmt die Rotations-Gs rasch zu; (vgl. einen Eisläufer, der eine Pirouette dreht; will er die Dreh-Gs steigern, so zieht er die Arme an den Körper bzw. hält sie in Verlängerung der Drehachse über dem Kopf). Das Magnetfeld des Stern wird beim Kollabieren mitkomprimiert und erreicht an den Magnetpolen riesige Feldstärken. Wie bei der Erde fallen Dreh- und Magnetachse im allg. nicht zusammen. An den Magnetpolen werden elektrisch geladene Teilchen stark beschleunigt, wobei eine scharfgebündelte elektromagnetische Strahlung (verschiedener Wellenlängen) den P verläßt. Liegen beide Achsen günstig in bezug auf die Erde, so ‚wischt' bei jeder Umdrehung des P ein Strahl mit der Pulsdauer Δt über die Erde hinweg; P blinkt also wie ein Leuchtfeuer (eines Leuchtturms).

Durch die gewaltige Abstrahlung elektromagnetischer Energie muß sich aber die Rotations-Gs verlangsamen, d.h. die Pulsperiode T jedes P's nimmt im Laufe der Zeit stetig zu. Da man über sehr viele T messen kann, lassen sich T und die zeitliche Zunahme ΔT sehr genau bestimmen!

a) Die Pulsperiode des Crab-P's (Aufg. 135) betrug im Jahre 1982 $T_C = 0{,}033\,095\,563\,926\,8\,s$; die Zunahme ist $\Delta T_C = 4{,}2 \cdot 10^{-13}\,s \cdot s^{-1}$ (... Sekunden pro Sekunde). Wie groß war T_C' z. Zt. der Entstehung des P's im Jahre 1054 n. Chr.?

Wie groß war 1054 die Drehfrequenz ν_C' (pro [s]), welchen Wert hat sie heute? (ν ganzzahlig).

Wir haben in Aufg. 135 den schnellsten P (4C 21.51) kennengelernt ($\nu_0 = 640\,s^{-1}$; $T_0 \approx 1{,}6\,ms$). Im Normalfall ist der P ~ zufolge der Zunahme von T ~ umso jünger je kleiner T ist; dieser ‚Millisekunden-P' müßte daher sehr jung sein; da sich aber in seiner Nähe keine Spur einer abgetrennten, rasch expandierenden Gaswolke findet, nehmen die Astrophysiker im Gegenteil ein hohes Alter an und erklären das große ν folgendermaßen: Der P gehörte wahrscheinlich zu einem Doppelstern; von seinem Partner, einem roten Riesen, ging ein erheblicher Massenfluß auf P über; damit wurde aber auch Drehimpuls übertragen, der P in immer raschere Rotation versetzte.

b) Jetzt aber nimmt T_0 dieses P's ständig ab, jedoch ‚nur' um $10^{-19}\,s \cdot s^{-1}$. Deshalb geht dieser Millisekunden-P genauer als jede Atomuhr, z. B. eine Rubidium-Uhr, deren ‚Zeitinstabilität' ganze $10^{-14}\,s \cdot s^{-1}$ ist.

Die Antworten auf die 3 folgenden Fragen geben dem Leser wahrscheinlich einen Einblick in die Genauigkeit der heutigen Zeitmessung.

In wievielen Jahren ($t_C \approx \ldots$) haben sich die einzelnen Zunahmen ΔT_C des Crab-P (Teilaufg. a)) zu 1 s aufsummiert?

Wann ($t_R \approx \ldots$) ist die Instabilität einer Rubidium-Uhr auf 1 s angewachsen?

Wielange ($t_0 \approx \ldots$) würde das Aufschaukeln zu 1 s von ΔT_0 beim P 4C 21.51 dauern? t_0 ist aber wegen des Weltalters (Aufg. 149) unrealistisch. Berechne daher die Zunahme ΔT^* nur während der Zeitdauer von $9{,}5 \cdot 10^9\,a$.

137. Sammelsurium von a) bis z)

a) Der freudige Jagdhund:

Ein Jäger kehrt mit seinem Hund von der Jagd heim. 300 m vor seinem Haus läuft der Hund (vor Freude auf die zu erwartende Mahlzeit) bis zum Haus voraus, kehrt unverzüglich um, läuft bis zum Herrn zurück, macht bellend einen Sprung (um ihn gleichsam zu schnellerem Gang anzufeuern) und läuft sofort wieder zum Haus zurück. Dieses Spiel wiederholt sich ohne Verzögerung, bis beide gleichzeitig an der Haustür ankommen (der Hund mit weit heraushängender Zunge hechelnd).

Welchen Weg hat der Hund insgesamt zurückgelegt, während sein Herr die 300 m (mit der Gs $6\,km \cdot h^{-1}$) gegangen ist? Die Gs des Hundes ist 3-mal so groß.

b) Geschwindigkeitsrausch:

Herr Mächlich (M) mit seiner Frau und Herr Rasch (R) samt Gattin kommen auf einer Schnellstraße mit ihren Autos einander entgegen. M fährt gemächliche $70\,km\,h^{-1}$ (um die Luft nicht zu verpesten), R jedoch $130\,km\,h^{-1}$. M zu seiner Frau: „Der R hat's wieder einmal eilig, der fährt bestimmt seine 180 Sachen!" Frau R zu ihrem Gemahl: „Sieh mal, wer da entgegengekrochen kommt; die M fahren ihr gemütliches Stadttempo."

Stimmen die Behauptungen?

c) Das leichte Boot:

Ein Boot trägt höchstens 100 kg. Wie kann mit ihm ein Mann mit 80 kg mit seinen beiden Söhnen einen Teich überqueren? Der eine Sohn wiegt 40 kg, der andere 60 kg.

d) Die beiden Bergsteiger:

Mit meinem Enkel habe ich dutzendemal den ‚Melibocus', auch Malchen genannt (die höchste Erhebung des westlichen Odenwalds) erstiegen, u. zw. von dem 317 m (über NN) gelegenen Parkplatz. Einmal ging mein Enkel den steilsten Weg, ich die etwas längere asphaltierte Straße. Er bewältigte pro min 4 m Höhenunterschied, ich 1 m mehr. Mein Enkel bat sich 10 min Vorsprung aus. Er hatte gut kalkuliert, denn wir kamen gleichzeitig auf dem Gipfel an.

Wie hoch ist der Melibocus?

e) Die Silvesterwette:

Jemand schloß bei der Silvesterfeier 1979 aus Jux eine Wette und ließ sich kurz nach Mitternacht (Neujahrsbeginn 1980) eine spiegelnde Glatze rasieren. Er wettete, zu Silvester 1980 wieder eine Mähne von 15 cm Länge zu haben. Er mußte wohl die Wuchs-Gs seiner Haare ($4{,}75\,nm \cdot s^{-1}$) sehr genau bestimmt haben, denn er wettete hoch (Sekt für eine ganze Tischrunde). Vielleicht hatte er – als Chemiker – auch ein gutes Haarwuchsmittel erfunden.

Hatte er die Wette gewonnen? (Rechne genau, denn es geht um Haaresbreite!)

f) Transport-LKW:

Der LKW einer Zubringer-Firma fährt fast täglich die 42 km lange Strecke zwischen seinem

Standort A und dem Ort B (Sitz der Anliefer-Firma). Ist er auf Hin- und Rückweg nur halb beladen, so fährt er auf beiden Wegen mit je 60 kmh⁻¹ Gs. Berechne die reine Fahrtdauer t_1 für beide Wege. Manchmal fährt aber der LKW hin vollbeladen mit 50 kmh⁻¹, zurück leer mit 70 kmh⁻¹. Da 60 das Mittel aus 50 und 70 ist, müßte in diesem Falle die reine Fahrtdauer auch t_1 sein. Oder?

g) Die Behelfsbrücke:

Eine jahrhundertealte, steinerne Brücke über ein Flüßchen war dem modernen Verkehr nicht mehr gewachsen und sollte abgerissen werden. Neben ihr war eine hölzerne Behelfsbrücke gebaut worden, deren Belastbarkeit ~ laut Schild ~ 3,5 t (Tonnen) betrug.

Nun kommt ein LKW (Lastkraftwagen) mit Anhänger angefahren und will über die Brücke. Vor dem Schild stutzen Fahrer und Beifahrer, denn der LKW und der Anhänger wiegen nämlich je 3,5 t. Jedes Fahrzeug ist 5 m lang, die Zugstange hält sie in 1 m Abstand. Der Beifahrer steigt aus und schreitet die Holzbrücke ab; sie ist ≈ 8 m lang. Der Fahrer selbst sucht nach einem Umweg auf der Straßenkarte.

Nach Beratung und wenigen Handgriffen gelingt es ihnen dennoch ~ ohne teilweises Abladen ~ LKW und Anhänger über die Brücke zu bringen. Was taten sie? (Begründung).

h) Tauziehen:

4 Jungen A, B, C und D, unter ihnen 1 Zwillingspaar, messen ihre Kräfte beim Tauziehen. Es geht ihnen darum, eine Rangordnung bezüglich ihrer Muskelkräfte aufzustellen.

Die beiden Zwillinge treten einzeln gegeneinander an und erweisen sich als gleich stark. Auch wenn A und C auf der einen, B und D auf der anderen Seite ziehen, bleibt das Fähnchen in der Mitte (Abb. oben). A und B sind jedoch schwächer als C und D, während sich aber A und D stärker erweisen als B und C.

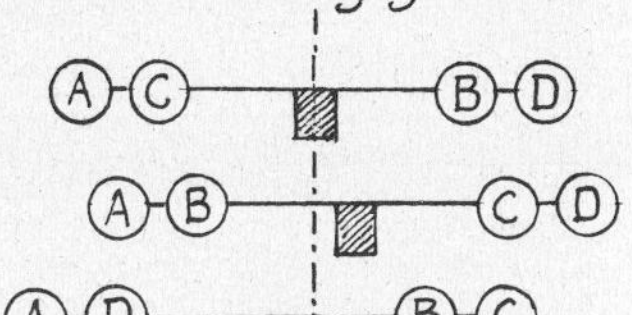

Welche sind die Zwillinge? Wie stark sind die anderen Jungen ~ vergleichsweise?

i) Not an Gewichten:

Ein Maismüller eines Entwicklungslandes verkauft Maismehl nach Gewicht, wobei er sich einer großen gleicharmigen Balkenwaage bedient. Für kleinere Mengen hat sein Sohn (der eine Schule besucht) Papiertüten verschiedener Größe geklebt. Ein Kunde verlangt nun 30 Pfund (Pf) Mehl, das in einen mitgebrachten Sack geschüttet werden soll. Leider hat der Müller z. Zt. nur ein einziges Pf-Gewicht; (die anderen Gewichte wurden vom Ortspolizisten zwecks Überprüfung beschlagnahmt). Als sich der Müller anschicken will, 30-mal 1 Pf abzuwiegen, fällt seinem Sohn eine bessere Lösung ein: Nur nach 5 Schritten (Wägungen) hat er mit Hilfe einiger Tüten auf jeder Waagschale 15 Pf liegen. Wie hat er das gemacht?

(Am einfachsten ist es, ein Schema mit folgenden Spalten anzulegen: Schritte; linke Waagschale; rechte Waagschale).

j) Affe und Seil:

Über einer an einer Decke befestigten (fixen) Rolle (Aufg. 51) hängt ein Seil mit beiden Enden bis auf den Boden. An einem Ende ist ein Gewicht von 150 N angebunden, am andern Ende sitzt ein Affe, der ebenfalls 150 N wiegt. Dieser klettert nun am Seil empor und hebt seinen Schwerpunkt dabei in 9 s um 3 m. Berechne (ohne Reibung) die Arbeit W und die Leistung P. (Begründung).

k) Die rätselhaften Schwalbenschwänze:

„Schau her, Pumuckl, ich habe dir ein nettes Spielzeug gebastelt, während du dein Räuschchen von dem Fingerhut voll Eierlikör ausgeschlafen hast", sagte der Tischlermeister Eder und gab seinem rotschopfigen Hauskobold einen Holzwürfel, dessen beide Teile mit ‚Schwalbenschwänzen' verzinkt waren. In der Abb. sind nur 2 Schwalbenschwänze zu sehen, es gibt aber noch je einen in der Mitte der linken und hinteren Seitenfläche.

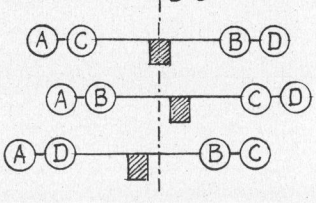

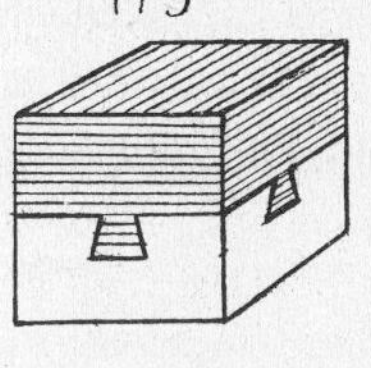

Der Meister fährt fort: „Du sollst ohne Gewaltanwendung den Würfel in seine beiden Teile zerlegen, sie sind nämlich nicht verleimt".

Pumuckl besieht sich das Ding von allen Seiten und krächzt sofort los: „Da sind ja 4 Schwalbenschwänze! Dann geht doch das gar nicht! Du willst mich wieder mal verkohlen!"

Meister Eder: „Doch, es geht! Streng halt dein Köpferl ein wenig an, du kriegst auch dafür deinen geliebten Schokoladepudding und noch ein Likörchen."

Kannst Du dem kleinen Pumuckl helfen, lieber Leser?

l) Zwei Federn:

Man hat 2 gleiche Stahlwendelfedern. Die eine gibt man entspannt in ein Kalorimeter (eine Thermosflasche) A. Die andere staucht man, hält sie etwa mit einem Faden zusammengedrückt und gibt sie in ein zweites gleiches Kalorimeter B. Beide Federn werden nun mit je der gleichen Menge Salzsäure übergossen.

Besteht, kurz nach dem Auflösen der Federn, ein physikalischer Unterschied zwischen beiden Flüssigkeitsmengen? (Begründung).

m) Das störrische Thermometer:

Seppl, der in einem hochgelegenen Ort Bayerns wohnt, hat in der Schule gelernt, daß der Siedepunkt des Wassers (je nach Höhenlage) meist unterhalb 100°C liegt. Er möchte das gern zu Hause nachprüfen. Da aber die Zimmer- und Badethermometer meist nur bis 50°C geeicht sind, hat er sich von seinem Lehrer ein ‚chemisches Thermometer' geliehen.

Als er dieses Thermometer (das 24°C anzeigt) in siedendes Wasser steckt, bemerkt er, daß der Quecksilberfaden zunächst ein wenig sinkt, um dann rasch anzusteigen. Welche Erklärung findet Seppl für das anfängliche ‚störrische' Verhalten?

n) Die steinige Eisfläche:

Wenn unser Dorfteich die erste glatte, aber noch nicht ‚tragende' Eisdecke bekam, kramten wir Buben die Schlittschuhe aus der Kommode hervor und ölten die Backenschrauben (damit sie gut an die hohen Schuhe angeschnallt werden konnten). Wir waren dann fuchsteufelswild, wenn über Nacht einige Neider aus der anderssprachigen Dorfecke Steine auf die Eisfläche geworfen hatten, die teils durchgebrochen, teils liegengeblieben waren. Oft schmolzen sie halb ein, und mancher von uns fiel über sie auf die Nase.

Umso größer war unsere Freude, wenn nach einigen sonnigen Frosttagen alle Steine unter der Eisfläche verschwunden waren und kaum Dellen hinterlassen hatten. Wie erklärt sich dieser Vorgang? (Die Lufttemperatur erreichte auch in den Mittagsstunden nicht 0°!)

o) Das Leidenfrost-Phänomen:

Als Junge schaute ich gerne zu, wenn Wassertropfen auf die fast rotglühende Eisenplatte fielen, die in Mutters Küche den kohlebeheizten Kochherd abdeckte. Obwohl doch Wasser bei ≈100°C verdampft, tänzelten die Tropfen ~ praktisch auf der Platte schwebend ~ oft viele Sekunden lang umher, wurden aber plötzlich kleiner und verpufften dann explosionsartig.

Diese Erscheinung führt den obigen Namen nach dem deutschen Mediziner Johann Gottlieb Leidenfrost (1715-1794). Das Phänomen ist heute fast aus allen Lehrbüchern verschwunden. Wenn mir Zeit blieb, habe ich es im Unterricht vorgeführt (mit Fernsehkamera und Monitor), da es auf den elektrischen Kochplatten kaum mehr beobachtet wird.

Wie ist die verhältnismäßig einfache Erklärung?

p) Das Schiffsleck:

Ein Schiff fuhr, von der Nordsee kommend, elbaufwärts. Es näherte sich bereits Hamburg, als der Schiffsjunge, der schon sehr lange an der Reling gelehnt hatte, ganz aufgeregt zum Kapitän gelaufen kam: „Käp'ten, ich glaube, unser Schiff hat ein Leck! Ich beobachte schon die ganze Zeit, daß wir immer tiefer einsinken".

Der Kapitän lächelte nur und belehrte ihn eines Besseren. Was sagte er etwa?

q) Die luftdurchlässige Vase:

Hänschen wettete gern mit seiner Mutter, weil er sich dabei fast immer ein paar Kreuzer verdiente. So brachte er einmal, nachdem er in der Schule einen neuen Trick erfahren hatte, eine zylindrische Keramikvase (Durchmesser ≈ 12cm) in die Küche und sagte zu seiner Mutter: „Ich wette mit dir um 50 Pf, daß ich durch die Vase durchpusten kann. Wenn du hinter der Vase ein brennendes Streichholz hältst, so blase ich es durch die Vase hindurch aus. Ja oder nein?"

Die Mutter war zunächst ein wenig verwirrt, sagte aber dann gefühlsmäßig nein. Schaffte es Hänschen? Und wie ist die Erklärung?

r) Im Friseursalon:

In der halbgeöffneten gläsernen Eingangstür eines Friseursalons, die den Namen des Inhabers trägt, prallt ein rasch eintretender Kunde mit einem anderen zusammen. Er entschuldigt sich und wird gleich vom Inhaber (der vom Lehrling mit ‚Chef' tituliert wird) empfangen, während der andere Kunde die Tür von außen schließt. Es entspinnt sich das anscheinend unvermeidliche Zwiegespräch zwischen dem neugierigen kleinstädtischen Meister und dem durchreisenden, eher zugeknöpften Großstädter. Dieser spricht – obwohl keine Vorstellung erfolgt war – den Haarkünstler mit seinem Namen an; (den Namen auf der Glastür konnte der Kunde infolge des Zusammenpralls auch nicht gelesen haben).

Es gibt für den Kunden im Barbierstuhl 2 Möglichkeiten, woher er den Namen wissen konnte. Welche?

s) Graue Katzen:

Stimmt das Sprichwort ‚In der Nacht sind alle Katzen grau' physikalisch für ein normales menschliches Auge? Wie könnte es evt. präzisiert werden?

t) Das Ohmsche Gesetz:

Der Vater meines Mitschülers Walter K war Elektromeister. Als wir in die 2. Klasse des Gymnasiums (heute 6. Schuljahr) gingen, ließ er uns ab und zu in seiner Werkstatt ‚Schwachstrom'-Versuche machen. Er hatte uns auch schon das Ohmsche Gesetz erklärt; (er sagte eigenartigerweise immer ‚Omisches Gesetz'). Ich erinnere mich heute noch an folgendes Experiment:

Die Spannung einer Trockenbatterie hatten wir zu $U_0 = 4{,}5\,V$ gemessen. Als wir (zusätzlich zum Voltmeter) an die Pole ein niederohmiges Amperemeter anschalteten, zeigte es zu unserer Verwunderung bloß $I = 1{,}5\,A$ an; die Voltmeteranzeige sank auf $U_1 = 1{,}5\,V$. Der Meister meinte, wir hätten die Batterie zu stark belastet; mehr konnte er aber nicht sagen.

Erst mein Schwager (Aufg. 140) klärte den Sachverhalt; wie? Er errechnete aus unseren Angaben auch 2 Größen (Eigenschaft der Batterie und des Stromstärkemessers); welche?

u) Widersprüchliche Äquatormessungen:

Schwester (S) und Bruder (B) gingen in dieselbe Schulklasse. Als Mathe-Hausübung sollten die Schüler den Äquatorumfang eines Globusses abmessen und daraus den Radius und sein Verhältnis zum Erdradius berechnen. (Den Nichtbesitzern eines Globusses gab der Lehrer eigene Zahlen).

S holte zu Hause gleich aus Mutters Nähkästchen das Rollmeßband und maß den Umfang zu 100 cm. B brachte von Vaters Schreibtisch ein ‚Meßrädchen' (MR) und bestimmte den Globusumfang mit 103 cm. Sie fingen an zu streiten, aber schließlich mußte B die richtige Messung seiner Schwester anerkennen. Beide wußten nicht, warum das MR eine falsche Länge anzeigte. Erst am Abend erklärte ihnen ihr Vater den Meßfehler.

Lieber Leser, Du weißt höchstwahrscheinlich schon, wo hier der Hase im Pfeffer liegt. Kannst Du auch noch sagen, welchen Umfang und welchen Durchmesser das MR hatte?

(Mit dem MR, das an einem Stiel gehalten wird, fährt man z. B. eine Kurve ab; ihre Länge kann dann auf einer Skala mit Drehzeiger abgelesen werden).

v) Wo landet das Flugzeug?

Ein für Landung auf Schnee ausgerüstetes Flugzeug startet auf Spitzbergen (15° östl. Länge, 78° nördl. Breite) und fliegt konstanten Kurs NO (Nordost). Wo muß es landen? (Nicht wegen einer Panne oder aus Treibstoffmangel).

w) Eine eigenartige Frage:

Der 4. Oktober 1582 war ein Donnerstag. In Rom herrschte schönes Wetter. Was für ein Wochentag war der 15. Oktober 1582? Ist anzunehmen, daß es auch an diesem Tag noch dort schön war?

x) Newtons Geburtstag:

In manchen Büchern, z. B. im ‚Physikalischen Wörterbuch' von W. H. Westphal, steht bei den Lebensdaten von Physikern:

Newton, Isaac, 1642 (bzw. 43) – 1727.

Ist es möglich, daß bei einem so bedeutenden und zu seinen Lebzeiten wohlbekannten Naturforscher der genaue Geburtstag nicht feststeht, daß er also am Jahresende 1642 oder am Jahresbeginn 1643 geboren wurde? Hat diese Unsicherheit vielleicht damit etwas zu tun, weil er in einem kleinen Dorf (Aufg. 70) das Licht der Welt erblickte?

y) Wie groß erscheint der Mond?

Der Vollmond kann in Gegenden zwischen ≈ 28° nördlicher und ≈ 28° südlicher Breite im Zenit gesehen werden. Erscheint er dann dem Auge eines Betrachters unter größerem oder kleineren Sehwinkel, als wenn er (bei Auf- oder Untergang) nahe am Horizont steht? (Begründung).
Gilt dieselbe Antwort auch für unsere Breiten, wenn man ‚Zenit' durch ‚Höchststand' ersetzt?

z) Drei Planeten:

Um ein Zentralgestirn (eine ‚Sonne' S) kreisen 3 Planeten im selben Sinn. P_1 hat eine Umlaufsdauer von 6a, P_2 eine solche von 4a, und P_3 vollführt einen Umlauf in 1a. Nach welcher Zeitdauer T – von dem Stand in der Abb. aus gerechnet – stehen sie zum 1. Mal in Konjunktion, d.h. alle 3 Planeten liegen auf demselben Radius (von S). Wo tritt dies ein?

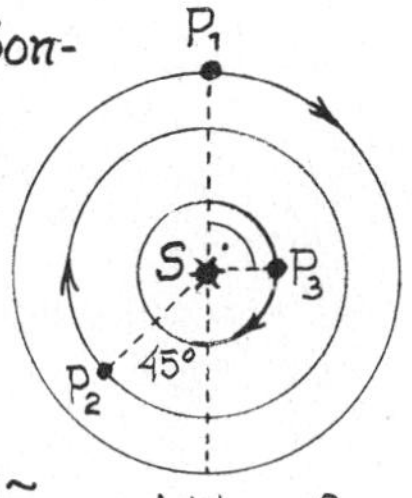

nicht maßstäblich

RELATIVITÄTSTHEORIE

138. Lichtgeschwindigkeitsmessung daheim *

Diese Aufg. steht deshalb an der Spitze des letzten Kapitels, weil die Licht-Gs c für die Relativitätstheorie von hervorragender Bedeutung ist.
Es gibt 4 historische Methoden der c-Messung: 2 astronomische und 2 terrestrische. Mindestens 2 von ihnen werden in den meisten Schulbüchern besprochen. Heute stehen wahrscheinlich etwa 2 Dutzend unterschiedliche Methoden der c-Messung zur Verfügung; Beispiel: Comptonwellenlänge (Aufg. 115); c gehört deshalb zu den am genauesten bekannten Fundamentalkonstanten der Physik (s. Einleitung).
Wenn man aus der Bundesrepublik Deutschland eine Telefon-Nr. in den USA, beispielsweise in New York (N) anruft, so spricht man oft über ein atlantisches Kabel oder aber – wenn man Glück hat – über einen geostationären Satelliten (Aufg. 72), meistens über ‚Intersat 5' (in der Abb. mit S bezeichnet). Er steht ständig im Zenit eines Punktes Q des Äquators Ä. Q hat die westl. Länge 24,5° (24,5° w) und den in Aufg. 72 errechneten Abstand H = 35,77 M von S

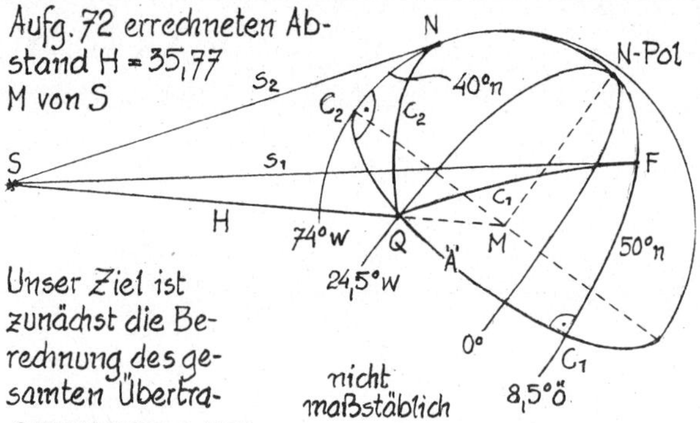

Unser Ziel ist zunächst die Berechnung des gesamten Übertragungsweges s von N (≈ 74° w; 40° n) bis S und von S bis Frankfurt/M. (≈ 8,5° ö; 50° n): $s = \overline{NS} + \overline{SF} = s_1 + s_2$.

a) Um s_1 zu bestimmen, müssen wir zuerst den Bogen $\widehat{QF} = \widehat{c}_1$ (eines größten Kugelkreises) aus dem rechtwinkligen sphärischen Dreieck QC_1F berechnen. Da sphärische Trigonometrie kaum mehr an höheren Schulen gelehrt wird, sei das Ergebnis hier angeführt:

$$\cos c_1 = \cos 33° \cdot \cos 50 \Rightarrow \underline{c_1 \approx 57{,}4°};$$

c_1 ist der Zentriwinkel (im Erdmittelpunkt M) zum Bogen $\widehat{c}_1$.
QS und FS spannen eine Ebene auf; zeichne (nicht maßstäblich) das in dieser Ebene liegende ΔMSF und c_1; berechne s_1; (Erdradius $r_E = 6{,}37$ Mm).

b) Berechne auf gleiche Weise s_2; ($\sphericalangle c_2 \approx 60{,}2°$).
Wie lang ist $s = s_1 + s_2$? (Da in der Bundesrepublik und in den USA u.U. noch einige 100 km Kabelweg oder Richtfunkstrecken hinzukommen, runde s auf ganze Mm = 10^3 km auf).

Wählen wir von irgendeinem Ort der Bundesrepublik N telefonisch an, so läuft das Gespräch zunächst über Kabel oder Richtfunk zur Sammelstelle für Auslandsgespräche in Frankfurt/M. und von hier – wieder über Kabel oder Richtfunk – entweder zur ‚Erdefunkstelle' Raisting (Oberbayern) oder zur Erdefunkstelle Usingen (Taunus) oder zu einem Atlantik-Kabel. Von den Erdefunkstellen (der Deutschen Bundespost) gehen die Gespräche auf einem Mikrowellenstrahl (im cm-Wellenlängenbereich) zum S und zurück zur Bodenstation von N (und selbstverständlich auch den umgekehrten Weg beim Gegensprechverkehr).

c) Es wird nun vielleicht dem Leser bereits klar sein, wie wir mittels einer Stoppuhr (die aber mindestens Hundertstelsekunden anzeigt) und des Telefons

die Licht-Gs c (hier als Fortpflanzungs-Gs der Mikrowellen) bestimmen können.
Wir wählen die örtliche Zeitansage (0119) und starten die Stoppuhr mit dem Ende des Tons, der die volle Sekunde angibt. Dann rufen wir die Zeitansage in N an, nämlich 001/212/976 1616, und stoppen die Uhr ebenfalls mit dem Ende des Zeitsignals. Ging das Gespräch via Satellit, so zeigt die Uhr $\Delta t = 0{,}27$s über eine volle [s]. Berechne c.

(Je nach dem individuellen Fehler stoppt man auch 0,26s. Viel genauere Werte lassen sich mit einem elektronischen Kurzzeitmesser erzielen).

Macht die Zeitdifferenz aber nur ≈ 0,02s aus, so haben wir über Kabel (Länge ≈ 7000km) gesprochen und müßten noch ein oder mehrere Male unser Glück versuchen. (Die Wahl des Übertragungsweges geschieht automatisch).

139. Der Ätherwind *

Als man Anfang des 19. Jahrhunderts das Licht als Wellenbewegung eindeutig erkannt hatte, konnte man sich seine Ausbreitung ~ so wie beim Schall ~ nicht anders als in einem Wellenträger vorstellen. Man dachte sich diesen als unendlich feines Medium in dem von Newton postulierten ‚absoluten Raum' ruhend und nannte ihn ‚Äther'. Man fahndete nach einem Beweis seiner Existenz, indem man Versuche anstellte, die Bewegung der Erde auf ihrer Bahn um die Sonne durch den Äther hindurch festzustellen, also möglicherweise einen ‚Ätherwind' zu messen.

Der bedeutendste dieser Versuche war das ‚Michelson-Experiment', erstmals 1881 von dem amerikanischen Physiker Albert Abraham Michelson (1852-1931, NPP 1907) in Berlin durchgeführt. Die Abb. zeigt die (vereinfachte) waagrechte Versuchsanordnung in der Draufsicht. Das durch einen lotrechten Spalt ausgeblendete Parallel-Strahlenbündel einer gelben Lichtquelle L wird von dem halbdurchlässigen Spiegel H in die Strahlen(-Bündel) 1 und 2 geteilt;

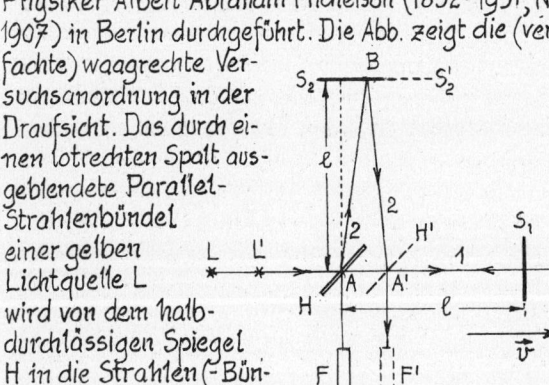

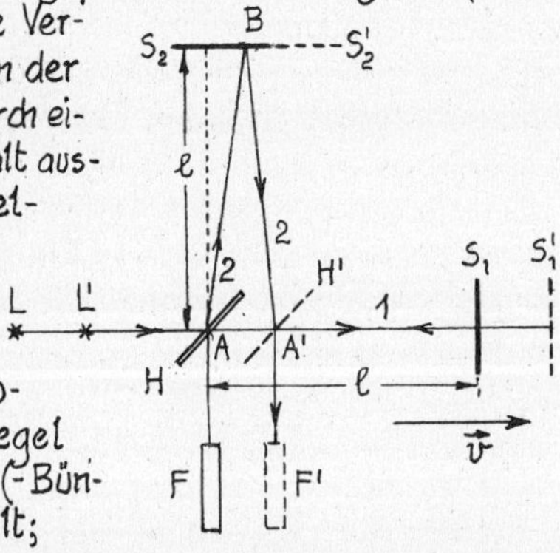

1 fällt senkrecht auf den Spiegel S_1 und wird in sich selbst reflektiert. Dieser Strahl soll in Richtung der Erd-Gs $\vec{v}$ liegen. Während des Hin- und Rückgangs haben sich H in die Stellung H' und S_1 nach S_1' verschoben. Die Darstellung erfolgt also von einem im Äther ruhenden Beobachter aus; (die verschobenen Stellungen sind strichliert gezeichnet). Der Strahl 2 soll nach Reflexion im Punkt B des Spiegels S_2 in A' mit dem reflektierten Strahl 1 zusammentreffen. Für den Ätherbeobachter decken sich die Wege $\overline{AB}$ und $\overline{BA'}$ nicht (wohl aber für den Laborbeobachter, der neben der Apparatur steht).

L, H, S_1, S_2 und F (= Fernrohr) sind auf einer starren Platte montiert, die aber um eine durch A gehende lotrechte Achse drehbar ist. $\overline{AS_1}$ und $\overline{AS_2}$ heißen kurz ‚Arme'; sie stehen aufeinander senkrecht und haben je die Länge ℓ.

1 und 2 treffen nun in A' mit einer gewissen Zeitdifferenz Δt ein (obwohl die Arme gleich lang sind). Berechne die Zeitdauern t_1 und t_2, die 1 und 2 vom gleichzeitigen Abgang in A bis zum Wiedereintreffen in A' brauchen, u.zw. nach der ‚klassischen' Gs-Addition. Zeige, daß für Δt gilt:

$$\Delta t = t_1 - t_2 = \frac{2\ell}{c}\,\frac{1}{1-\beta^2} - \frac{2\ell}{c}\,\frac{1}{\sqrt{1-\beta^2}} \quad \text{mit } \beta = \frac{v}{c};$$

(c = Licht-Gs). Mit $v = 30\,\text{kms}^{-1}$ berechnet sich β^2:

$$\beta^2 = \left(\frac{v}{c}\right)^2 = \left(\frac{30}{3\cdot 10^5}\right)^2 = 10^{-8};$$

deshalb läßt sich Δt (unter Vernachlässigung von β^4) wie folgt umformen:

$$\Delta t \approx \frac{2\ell}{c}\left(\frac{1+\beta^2}{1-\beta^4} - \frac{1}{\sqrt{1-\beta^2+\frac{1}{4}\beta^4}}\right) \approx \frac{2\ell}{c}\left(1+\beta^2 - \frac{1}{1-\frac{1}{2}\beta^2}\right) =$$

$$= \frac{2\ell}{c}\left(1+\beta^2 - \frac{1+\frac{1}{2}\beta^4}{1-\frac{1}{4}\beta^4}\right) \approx \frac{2\ell}{c}\left(1+\beta^2-1-\frac{1}{2}\beta^2\right) = \underline{\frac{\ell}{c}\beta^2}.$$

Beide Strahlen treffen also mit dem weglichen Gangunterschied (Aufg. 104) $c\cdot\Delta = \ell\beta^2$ in A' ein. Mit $\ell = 30$m (= ungefährer Wert beim Versuch) wird

$$c\cdot\Delta t = 30\cdot 10^{-8}\,\text{m} = 300\,\text{nm},$$

d.i. gerade die halbe Wellenlänge $\lambda/2$ des verwendeten gelben Lichts.

Der Laborbeobachter, der durch das kleine Fernrohr F auf A (bzw. A') blickt, sieht dort parallele Interferenzstreifen. Dreht er nun die ganze Apparatur um 90°, so daß beide Arme ihre Rolle vertauschen, so kehrt $c\Delta t$

das Vorzeichen um; dabei müßte sich das Interferenzmuster deutlich, nämlich um 1 Streifenbreite, verschoben haben!
Diese erwartete Verschiebung blieb jedoch aus. Da das negative Ergebnis möglicherweise durch Konstruktionsungenauigkeiten bedingt war, wiederholten Michelson und sein Kollege Edward Morley (1838-1923) im Jahre 1886 in Cleveland (USA) den Versuch mit einer verbesserten Apparatur; (um geringste Erschütterungen zu vermeiden, stand während der Versuchsdauer der gesamte Stadtverkehr still!) Jedoch das neue Experiment erwies sich – wie sich Michelson ausdrückte – als Fehlschlag.

Es folgten in den nächsten Jahrzehnten weitere gleichartige Versuche, immer mit gesteigerter Meßgenauigkeit, u.zw. auch auf hohen Bergen, in der Gondel eines Luftballons und mit UV-Licht. Nie wurde eine Streifenverschiebung beobachtet.

Dem Rätselraten und den Erklärungsversuchen setzte 1905 Einstein mit seiner Veröffentlichung ‚Zur Elektrodynamik bewegter Körper' ein Ende (mit Schrekken). Er meinte, daß man die Bewegung im ‚Äthermeer' deshalb nicht messen könne, weil es den Äther überhaupt nicht gibt, und er postulierte deshalb das ‚Prinzip der Konstanz der Licht-Gs':

In allen gleichförmig und geradlinig zueinander bewegten Bezugsystemen (sog. Inertialsystemen) hat das Licht in allen Richtungen dieselbe Vakuum-Gs c; (den genauen Wert s. Einleitung).

c ist damit auch die höchste Gs der Physik! (Ein Rätsel oder ein Wunder?) Breitet sich aber das Licht in einem bewegten durchsichtigen Körper aus, so wird es jedoch z.T. ‚mitgeführt'.

Übrigens wurden auch noch nach 1905 viele Versuche mit dem ‚Michelson-Interferometer' durchgeführt, so von dem deutschen Physiker Georg Joos (1894-1959) in den Jahren 1926-1930 mit einer sehr präzisen Apparatur der Firma Zeiss (Jena); es hätte sich noch $\frac{1}{1000}$ des erwarteten Effekts messen lassen, d.h. ein ‚Ätherwind' von $30\,\mathrm{ms^{-1}}$. Mit heutigen Geräten (und Laserlicht) ließe sich eine Erd-Gs von nur $3\,\mathrm{cms^{-1}}$ nachweisen!

Das Prinzip der Konstanz von c steht am Beginn der ‚speziellen Relativitätstheorie', welche die Physik in allen Bereichen, in denen hohe Gs'n vorkommen, revolutioniert hat; und dies in einem Sinne, daß schon bei den ersten Folgerungen intelligente Nichtphysiker den Kopf schüttelten. Oder wem geht schon ohne weiteres ein, daß ein lichtemittierendes Himmelsobjekt, das sich mit 0,8c von uns entfernt, uns Licht mit der Gs c zusendet?

140. $c + c = c$!

Mein Schwager hatte mitten im 1. Weltkrieg das Notabitur an einer österreichischen Militärakademie abgelegt. Physik war in der Schule sein Lieblingsfach, sie blieb auch sein Hobby in seinem späteren Beruf (als Versicherungsbeamter). Sein besonderes Interesse galt der Relativitätstheorie (RT), von der er in der Schule nur den Namen und aus der Presse hie und da etwas Reißerisches erfuhr. Was wußten schon in den 20-er Jahren die Zeitungsschreiber über diese hochwissenschaftliche Theorie, die noch keinen Eingang in die Lehrpläne der Gymnasien gefunden hatte? Und populärwissenschaftliche Bücher über dieses Gebiet gab es damals kaum.

Es war also sozusagen ein Glück für meinen Schwager daß er mich als angehenden Physiklehrer als Verwandten bekam, dessen Faible später ebenfalls die RT wurde. Mein Schwager war ein aufmerksamer und geduldiger Zuhörer, wenn ich mit ihm bei vielen Spaziergängen, aber auch bei der Gartenarbeit und den Mahlzeiten diskutierte, was jedoch nicht ausschloß, daß ihn manchmal etwas ganz schön auf die Palme brachte, wenn es sich gegen seinen (durchaus gesunden) Menschenverstand sträubte; dann war es am besten, wenn das Thema RT für einige Tage tabu blieb.

Einmal bat er mich, ihm das ‚Additionstheorem der Gs'n (ATG) der RT möglichst' verständlich herzuleiten. Das klassische ATG war ihm bekannt, auch hatte er sich mit der Konstanz der Licht-Gs und ihrer Rolle als Höchst-Gs schon angefreundet.

Das ATG der RT wird meist durch Differenzieren der Lorentztransformationen (Aufg. 141) gewonnen. Dies konnte ich aber meinem Schwager nicht zumuten, und so mußte ich mir etwas anderes einfallen lassen. Ich ging von folgendem Gedankenversuch aus:

Das Ruhsystem Σ sei ein Bahndamm mit waagrechtem Gleis, das bewegte System Σ' ein darauf fahrender Zug, dessen ‚System-Gs' v bis c gesteigert werden kann. Im Zug steht ein Schütze und feuert ein Geschoß in Fahrtrichtung mit der Gs u (bezogen auf Σ') ab; auch u soll bis c variierbar sein. Ein Beobachter in Σ konstatiert die Gs:

$$w = u + v \qquad (1).$$

Dieses klassische ATG beinhaltet das Unabhängigkeitsprinzip (Aufg. 17) und ist nur für ‚alltägliche' Gs'n richtig. Ist jedoch u oder v (oder beide) mit c vergleichbar, so können sich nicht mehr die vollen Werte addieren, da sich dann Überlicht-Gs ergäbe. Es muß also u und v durch eine Zahl, die größer als 1 ist, dividiert werden; sie muß für u und v dieselbe sein, da diese Gs'n in (1) symmetrisch (vertauschbar) eingehen. Diese Überlegung ergibt:

$$w = \frac{u+v}{k} \qquad (2).$$

k muß eine Funktion sowohl von u und v als auch von c sein: $k = k(u, v, c) > 1$; k muß folgende Eigenschaften haben:

1) Geht $u \to c$ (d.h. ersetzt der Schütze in Σ' das Gewehr durch eine in Fahrtrichtung strahlende Taschenlampe), so muß $w \to c$ gehen:

$$\lim_{u \to c} \frac{u+v}{k} = c \Rightarrow \frac{c+v}{\lim\limits_{u \to c} k} = c \Rightarrow c + v = c \cdot \lim_{u \to c} k \Rightarrow$$

$$\lim_{u \to c} k = 1 + \frac{v}{c} \qquad (3).$$

2) Wenn $v \to c$ geht, muß w ebenfalls $\to c$ gehen; das führt wie oben zu:

$$\lim_{v \to c} k = 1 + \frac{u}{c} \qquad (4).$$

In (3) ist beim Grenzübergang u herausgefallen, in (4) v. Das kann nur so geschehen sein, daß sich in (3) u durch c, in (4) v durch c gekürzt hat. Die Formel für k muß also lauten:

$$k = 1 + \frac{u \cdot v}{c^2} \qquad (5);$$

(im übrigen müssen ja u und v vertauschbar sein). Ersetzt man in der obigen Herleitung v durch $-v$ (oder u durch $-u$), so bleibt (5) richtig; (vgl. auch die Teilaufg. c)).

(5) in (2) eingesetzt ergibt das ATG der RT:

$$w = \frac{u+v}{1 + uv/c^2} \qquad (6).$$

Und nun einige Aufg.:

a) Viele Formeln der RT gehen in die entsprechenden der klassischen Physik über, wenn $c \to \infty$ geht. Zeige dies für (6). (In diesem Fall bleiben selbstverständlich u und v endlich).

b) Deute die Überschrift dieser Aufg.: $c + c = c$!

c) Klassisch müßte $w = c - c = 0$ geben. Was ergibt sich aber relativistisch? (Du darfst in (6) nicht direkt einsetzen, Du mußt vielmehr die eine Gs $\to c$ gehen lassen).

d) In einem Beschleuniger werden Ionen des radioaktiven Kohlenstoff-Isotops ^{14}C auf $v = 0{,}1c$ beschleunigt. Ihre Kerne senden Elektronen aus (β-Zerfall). Ein Elektron, das genau in Flugrichtung der Ionen ‚abgestrahlt' wurde, hatte die Gs $w = 0{,}82c$ im Laborsystem (Σ). Berechne die Elektronen-Gs u, die von in Σ ruhenden C-Atomen emittiert werden. (Lasse u durch c ausgedrückt).

Hier noch ein Beispiel dafür, daß selbst bei hohen Gs'n des Alltags das relativistische ATG keine Rolle spielt:

e) Ein Düsenjäger fliegt waagrecht mit doppelter Schall-Gs $v = 2 \cdot 340\,\mathrm{ms^{-1}}$ über dem Boden (Σ). Eine Bordkanone feuert in Flugrichtung; die Mündungs-Gs der Geschosse ist $u = 820\,\mathrm{ms^{-1}}$ (in Σ'). Klassisch ist dann die Geschoß-Gs bezüglich Σ: $w = v + u = 1500\,\mathrm{ms^{-1}}$. Wieviel subtrahiert sich von w, wenn man relativistisch rechnet?

141. Galilei- und Lorentztransformationen *

Die relativistische Addition der Gs'n und die in Aufg. 116 bereits zitierte Einsteinsche Äquivalenzgleichung $E = mc^2$ sind nicht die ältesten Folgerungen aus der Konstanz der Licht-Gs c. Die grundlegenden Gleichungen der speziellen Relativitätstheorie (RT) sind vielmehr die Lorentztransformationen, die anstelle der klassischen Galileitransformationen treten.

Bewegt sich ein System Σ' mit konstanter System-Gs $\vec{v}$ bezüglich eines Ruhsystems Σ, so lassen sich die (zueinander senkrechten) Koordinatenachsen beider Systeme immer so legen, daß die x'-Achse mit v auf der x-Achse gleitet (Abb.); die anderen Achsen bleiben zueinander parallel. An den Ursprün-

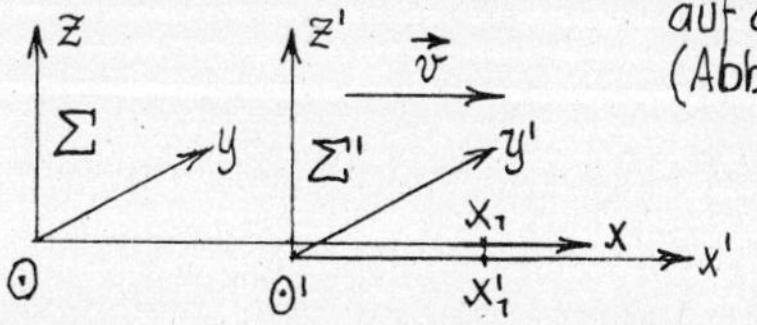

gen O und O' befindet sich je eine Uhr U und U'; beide gehen ~ nebeneinander ruhend ~ absolut synchron. Jede soll nun $t=0$ in demjenigen Moment anzeigen, in welchem O' an O vorbeigleitet; (man sagt auch, wenn O' und O ‚koinzidieren').

Für irgendein ‚Ereignis' (beispielsweise ein Lichtblitz), das in Σ' im Zeitpunkt t' und im Raumpunkt $(x'; y'; z')$ stattfindet, gelten dann ~ von Σ aus gesehen ~ die ‚Galileitransformationen':

$$x = x' + vt'; \quad y = y'; \quad z = z'; \quad t = t'.$$

Insbesondere die letzte Gleichung wurde bis zum Ende des 19. Jahrhunderts als selbstverständlich (und daher überflüssig) angesehen. Warum sollten auch von 2 völlig gleich konstruierten Uhren (die wochenlang synchron gingen) die eine anders gehen, falls sie ~ gegen die andere ~ bewegt wird?

Doch nun zu den relativistischen Transformationen, die aus der Konstanz von c hergeleitet werden. Die Uhren U und U' sollen in dem Moment $t=0$ anzeigen, in welchem O' mit O koinzidiert. In demselben Augenblick soll sich von O (bzw. O') ein Lichtblitz allseitig ausbreiten. Dann gilt in Σ für die positive bzw. negative x-Achse: $x = ct$ bzw. $x = -ct$; beide Gleichungen fassen wir zusammen:

$$x^2 = c^2t^2 \qquad (1).$$

Aber auch in Σ' muß die Licht-Gs in allen Richtungen (mit U' gemessen) c sein. Das ist aber nur dann (mathematisch) verständlich, wenn man (mit Einstein) annimmt, daß U' eine andere Zeit als U anzeigt, und daß sich ‚bewegte' Längen ändern. Längs der positiven bzw. negativen x'-Achse muß wieder gelten:

$$x'^2 = c^2t'^2 \qquad (2).$$

Ganz allg. werden nun x und t Funktionen von x' und t' sein. Die folgende Herleitung zeigt, daß man mit ‚linearen' Funktionen (1) und (2) erfüllen kann:

$$x = mx' + nt' \qquad (3)$$

$$t = px' + qt' \qquad (4).$$

Es ist nun gar nicht so schwer, die Konstanten m, n, p und q (in denen v und c stecken) auszurechnen, obwohl selbst einige Hochschulbücher darauf verzichten.

Da für $x'=0$ $x = vt$ ist, muß nach (3) und (4) gelten:

$$\left.\begin{matrix} vt = nt' \\ t = qt' \end{matrix}\right\} \Rightarrow vqt' = nt' \Rightarrow n = vq \qquad (5).$$

Wir setzen (3), (4), (5) in (1) ein und erhalten:

$$m^2x'^2 + 2mvqx't' + v^2q^2t'^2 = c^2p^2x'^2 + 2c^2pqx't' + c^2q^2t'^2;$$

davon subtrahieren wir (2):

$$(m^2-1)\cdot x'^2 + 2mvq\cdot x't' + v^2q^2\cdot t'^2 = c^2p^2\cdot x'^2 + 2c^2pq\cdot x't' + (c^2q^2 - c^2)\cdot t'^2.$$

a) Die letzterhaltene Gleichung muß für jedes x' und t' (identisch) erfüllt sein. Das ist nur dann der Fall, wenn die Koeffizienten von x'^2, $x't'$ und t'^2 auf beiden Seiten gleich sind. Diese Gleichsetzung liefert 3 Bestimmungsgleichungen für m, p und q. Berechne diese Konstanten und verwende dabei die Abkürzung $\beta = v/c$.

Setze die erhaltenen Werte sowie (5) in die Gleichungen (3) und (4) ein; das ergibt ~ mit den ‚trivialen Gleichungen $y=y'$ und $z=z'$ ~ die berühmten ‚Lorentztransformationen' (LT):

$$x = \frac{x'+vt'}{\sqrt{1-\beta^2}}; \quad y = y'; \quad z = z'; \quad t = \frac{t' + \frac{v}{c^2}x'}{\sqrt{1-\beta^2}} \qquad (6).$$

Will man die ‚inversen' Transformationen haben ($x' = \ldots$), so vertauscht man gestrichene und ungestrichene Größen und ersetzt $+v$ durch $-v$ (Vorzeichenwechsel der System-Gs, wenn Σ' Ruhsystem wird).

Die Gleichungen (6) wurden bereits 1899 von dem niederländischen Physiker Hendrik Antoon Lorentz (1853-1928, NPP 1902) aufgestellt, jedoch in ganz anderem Zusammenhang, nämlich aufgrund der von ihm 1892 begründeten ‚klassischen Elektronentheorie'.

H. A. Lorentz

Man sieht auf den ersten Blick, daß für $v \ll c$ (oder für $c \to \infty$) aus den LT die Galileitransformationen hervorgehen.

Und nun zur 1. Folgerung aus den LT, zum Längenvergleich.

b) Auf der x'-Achse sei eine bestimmte Länge $\ell = x_2' - x_1'$ abgesteckt. Zeige mit den LT die sog. ‚Längenkontraktion':

$$\ell' = \ell\sqrt{1-\beta^2} \qquad (\ell = x_2 - x_1) \qquad (7).$$

Die Gleichung (7) bedeutet, daß die mit v bewegte Länge ℓ' (z.B. die eines Stabes) kürzer ist als die ‚Ruhlänge'l. Schon Einstein legt in seinen Schriften Wert darauf, von einem starren (!) Stab zu sprechen, denn die Kontraktion (Zusammenziehung) ist keine elastische Deformation! Wählt man nämlich Σ' als Ruhsystem, so wird ~ durchaus im Sinne der Relativität ~ derselbe Stab in Σ verkürzt erscheinen.

Man nennt (7) auch ‚Einstein-Verkürzung', zum Unterschied von der ‚Fitzgerald-Lorentz-Kontraktion'. Der irische Physiker George Francis Fitzgerald (1851-1901) interpretierte bereits 1885 den 1. Michelson-Versuch durch die Annahme (!), daß sich bewegte Maßstäbe gemäß (7) kontrahieren. Formal sind beide Verkürzungen gleich, doch ist die Deutung durch Fitzgerald und Lorentz eine andere als die Einsteinsche Interpretation. (Übrigens war es Einstein selbst, der die Bezeichnungen LT vorschlug).

Nun einige Fragen zur Einstein-Verkürzung.

c) Wie ‚dick' ist ein Lichtquant in Flugrichtung?
   Wenn ein ruhendes α-Teilchen (= Helium-Atomkern) kugelförmig angenommen wird, um wieviele % verkürzt sich sein Durchmesser in Bewegungsrichtung (vom Laborsystem gesehen), wenn seine Flug-Gs 0,3c beträgt?
   Wie groß ist die Kontraktion des Erddurchmessers (2·6370 km) in Bewegungsrichtung um die Sonne ($v = 30\,\mathrm{km s^{-1}}$). Könnte man von einem mit den Fixsternen verankerten System aus mit freiem Auge die veränderte Form beobachten?

142. Reisen erhält jung

Es sollen dieselben Systeme Σ und Σ' mit den Uhren U und U' (in O und O') wie in Aufg. 141 vorliegen. Für U vergehe die Zeitspanne $\Delta t = t_2 - t_1$. Nach den Lorentztransformationen (LT) (Gleichungen (6) in Aufg. 141) gilt dann für U' (für die $x' = 0$ ist):

$$\Delta t = t_2 - t_1 = \frac{t_2' - t_1'}{\sqrt{1-\beta^2}} = \frac{\Delta t'}{\sqrt{1-\beta^2}} \Rightarrow \Delta t' = \Delta t \cdot \sqrt{1-\beta^2} \qquad (1).$$

Es ist also $\Delta t' < \Delta t$, d.h. die ‚bewegte' Uhr U' geht (verglichen mit U) nach! Für Σ' gilt daher eine besondere Zeit, die man ‚Eigenzeit' nennt.

Hierzu ein Beispiel: Es sei $v = 0{,}8c$; dann ist:

$$\sqrt{1-\beta^2} = \sqrt{1-0{,}8^2} = \sqrt{0{,}36} = 0{,}6 = \frac{3}{5}.$$

Wenn also in Σ $\Delta t = 5\,\mathrm{s}$ verflossen sind, ist in Σ' nach (1) nur die Zeitspanne $\Delta t' = 3\,\mathrm{s}$ verstrichen; allerdings werden diese 3 s von Σ aus an der vorbeifliegenden Uhr U' abgelesen, wozu mehrere auf der x-Achse mit Abständen postierte synchrone Uhren notwendig sind. Dieser Sachverhalt wird oft kurz so formuliert: ‚Bewegte Uhren gehen langsamer' (‚vom Ruhsystem aus gesehen', müßte hinzugefügt werden).

Man nennt dieses relativistische Phänomen gewöhnlich die ‚Zeitdilatation' (Zeitdehnung). In obigem Beispiel ist der Dehnungsfaktor 5/3. Allg. gilt:

$$\text{‚Dilatationsfaktor'}\quad k = \frac{1}{\sqrt{1-\beta^2}} > 1.$$

Die Zeitdilatation ist wohl die spektakulärste Folgerung aus den LT und sie hat nach 1905 besonders in Form des Zwillingsparadoxons (s.u.) in der breiten Öffentlichkeit (aber auch bei vielen Wissenschaftlern) Aufsehen und Widerspruch erregt ~ und tut dies ab und zu auch noch heute.

Das Nachgehen der bewegten Uhr liegt nicht an ihrer Konstruktion, sondern beruht auf dem besonderen Raum-Zeit-Gefüge unseres Weltalls, letzten Endes auf der Konstanz der Licht-Gs als Grenz-Gs. Kehrt man die Rolle der Systeme um, so muß ~ aufgrund des Relativitätsprinzips ~ für einen Beobachter in Σ' (jetzt Ruhsystem) die Uhr U in Σ nachgehen. Dies scheint ein Paradoxon zu sein, ist es aber nicht; es führt in der Anwendung zu keinerlei Widersprüchen (z.B. zur Umkehrung der Kausalität), und es ist heute sehr präzise nachprüfbar. Die Natur ist oft nicht unserer Anschauung und Vorstellung sehr entgegenkommend, wir müssen hier schon mit den tiefeingewurzelten Newtonschen Begriffen des ‚absoluten Raumes' und der ‚absoluten Zeit' energisch brechen. Über sie schreibt Newton selbst: ‚Der absolute Raum bleibt vermöge seiner Natur und ohne Beziehung zu irgend etwas außerhalb seiner stets gleich und unbeweglich'. Und weiter: ‚Die absolute, wahre und mathematische Zeit verfließt aus sich selbst heraus und vermöge ihrer Natur gleichförmig und ohne Beziehung auf irgend etwas außerhalb ihrer selbst'. Das Überbordwerfen dieser Begriffe ist nicht leicht und erfordert oft viele Jahre (wie ich aus eigener Erfahrung weiß).

Und nun einige Beispiele und Aufg.

Myonen sind Elementarteilchen, die in großen Höhen der Atmosphäre (16 km bis 20 km) durch kosmische Strahlung entstehen; (sie können heute auch im Labor erzeugt werden). Sie haben etwa 207-fache Elektronenmasse und zerfallen bald nach ihrer Entstehung. Ihre mittlere Lebensdauer (beachte das gleiche Wort wie bei Lebewesen) wurde an langsamen Myonen im Labor zu $\tau = 2{,}2\,\mu s$ gemessen. In der kosmischen Höhenstrahlung haben sie fast Licht-Gs, d.h. sie könnten während ihres ‚kurzen Lebens' nur eine Strecke von knapp $2{,}2 \cdot 10^{-6} \cdot 3 \cdot 10^8\,m = 660\,m$ durchfliegen. De facto gelangt jedoch ein beträchtlicher Prozentsatz von ihnen bis auf die Erde, ja man hat sie noch in 1000 m Wassertiefe (!) nachgewiesen.

Dieses Rätsel konnte 1941 (4 Jahre nach der Entdekkung der Myonen) mit der Zeitdilatation gelöst werden: Für diese schnellen Teilchen vergeht die Zeit eben langsamer, d.h. sie leben länger.

a) Ein Myon soll vom Entstehungs- bis zum Zerfallsort die Strecke $s = 6{,}6\,km$ zurückgelegt haben. Wieviele % von c betrug seine Gs v? Wie lange lebte es?

(Beachte, daß s/v die verlängerte Lebensdauer in Σ' ist. Die mittlere Lebensdauer τ in Σ s.o.)

b) 1956 begann bei CERN (Corporation Européenne de Recherche Nucléaire) in Meyrin bei Genf ein Experiment, das die Eigenzeit bewegter Myonen ausnutzte, um sie in einem ‚Speicherring' länger am Leben zu erhalten: Man ließ sie mittels eines Magnetfeldes in einem Ringkanal von 14 m Durchmesser kreisen. Ihre Gs betrug $v = 0{,}99942\,c$. Berechne ihre Lebensdauer (τ wie in a)). Wieviele Male umkreist ein Myon den Ringkanal?

Diese Annäherung an die Licht-Gs wurde aber seither bereits weit übertroffen. In dem 1976 bei CERN eröffneten Super-Protonen-Synchrotron (SPS) kreisen die Elementarteilchen so rasch, daß die Zeitdilatation den Faktor 400 hat! Die zugehörige Bahn-Gs ist $\approx 0{,}9999969\,c$. (Man stelle sich vor, einige Menschentypen der ausgehenden Altsteinzeit, die man aber schon zum ‚Homo sapiens' rechnet, wären 20 000 v. Chr. in ein Riesensynchroton eingestiegen und auf obige Gs gebracht worden: Sie hätten die ganze Menschheitsentwicklung bis heute überlebt!)

In einem Buch über Physik-Rätsel darf wohl das ‚Zwillingsparadoxon' nicht fehlen: Von 2 Zwillingsbrüdern auf der Erde möge sich der eine (R) in einem Raumschiff auf eine Weltreise begeben. Er erreiche nach anfänglicher Beschleunigung (Bs) die Gs 0,8c, mit der er geradlinig bis zum nächsten Fixstern (α-Centauri) reist; er braucht dazu 5a (mit Erduhr gemessen). Dann kehrt er um und fliegt mit derselben Gs zur Erde zurück, wo er landet. Sei Erdenbruder (E) ist um 10a gealtert, für R sind aber nur

$$10\,[a] \cdot \sqrt{1-\beta^2} = 10 \cdot \frac{3}{5}\,a = 6a$$

vergangen; er ist also 4a jünger als E; (der Faktor $3/5$ wurde bereits zu Beginn der Aufg. ausgerechnet).

Bisher ist diese Science-fiction-Geschichte, die bereits 1905 von Einstein selbst als ‚Uhrenparadoxon' erfunden wurde, noch kein Paradoxon; paradox wird sie erst dann, wenn wir die Rolle der Systeme vertauschen: Das Raumschiff mit R sei das Ruhsystem Σ, die Erde Σ'. ‚Das ist nur eine konsequente Anwendung des von Einstein selbst ausgesprochenen Relativitätsprinzips', sagten seine Gegner, ‚und nun müßte E jünger geblieben sein!'

Mit diesem 1. Einwand wollte man seit ihrem Bestehen die Relativitätstheorie (RT) ‚aus sich selbst heraus' ad absurdum führen. Er kann aber rasch entkräftet werden: Während im 1. Fall E dauernd in einem Inertialsystem in Ruhe bleibt, wechselt im 2. Fall R sein System; wenn sein Raumschiff 5a lang Ruhsystem ist, muß er beim Umkehren in ein System umsteigen, das nach dem relativistischen Additionstheorem die Relativ-Gs $\approx 0{,}98c$ hat, und in diesem altert er nur $\approx 1a$. Die Rolle der Systeme darf also nicht ohne weiteres vertauscht werden.

Der 2. Einwand der Kritiker betrifft die 3 Bs-Zeiten: Anfahren bei der Abreise, Wenden und Bremsen bei der Landung. Darüber schreibt bereits 1912 der deutsche Physiker Max von Laue (1879–1960, NPP 1914): ‚Wie diese Bs-Perioden den Gang der (bewegten) Uhr auch beeinflussen mögen, wir denken uns die Zeiten ihrer konstanten Gs'n so groß, daß die Bs-Zeiten relativ beliebig wenig ausmachen.' (1912 existierte noch nicht die allg. RT; heute hat man die Zeitverschiebung durch Bs'n mathematisch im Griff. Der Reisende bleibt auf jeden Fall jünger).

Der 3. Einwand besagt: Für die (tote) physikalische Uhr mag die Zeitdilatation richtig sein, nicht aber für die ‚biologische Uhr' eines Lebewesens. Dazu ist zu bemerken, daß alle physikalisch-chemisch-biologischen Prozesse mit derselben (!) Zeit ablaufen, die auch mit Uhren gemessen wird. Es muß sich auch der Herzschlag von R gegenüber dem von E verlangsamen (jedoch wird der Puls von R in einer ‚R-Minute' ebenso groß sein wie der von E in einer E-Minute). R ist zwar 4a jünger als E geblieben, aber sein Erlebnisinhalt, seine Gedankenwelt, sein geistiges und körperliches Schaffen mögen in dieser Zeit denselben Umfang haben wie bei seinem Erdenbruder.

Die heutigen Physiker glauben aber nicht, daß Touristikunternehmen ‚Verjüngsreisen' jemals anbieten werden. Das Haupthindernis ist die erforderliche Energie; (nur Science-fiction-Schriftsteller können sie heranschaffen). Wie steht aber mit dem Altern von Insassen schneller Fahrzeuge, die es heute schon gibt? Hierzu 2 Aufg., bei denen vom Einfluß der Bs'n abzusehen ist. Da hier β sehr klein ist, kann bei der Lösung mit der Näherung für $\sqrt{1-\beta^2}$ gerechnet werden (s. Aufg. 139).

c) Die Mondfahrer brauchten seinerzeit 4d reine Flugzeit für Hin- und Rückflug. Um wieviel ($\Delta t = \ldots$) sind sie während dieser Zeit jünger als wir Erdenbrüder geblieben? (Nimm für den einen Weg 394 Mm an, also etwas mehr als die durchschnittliche Entfernung Erde-Mond).

d) Ein Flugzeug fliegt 8h lang mit konstanter Gs $v = 900\,\mathrm{km\,h^{-1}}$. Wäre das Zurückbleiben einer Borduhr gegenüber einer irdischen Uhr feststellbar, wenn beide während einer [h] um höchstens 1ns voneinander (auf der Erde) abwichen?

Tatsächlich wurde das Uhrenparadoxon 1971 mit Atomuhren an Bord eines normalen Verkehrsflugzeugs zum 1. Mal experimentell bestätigt (Aufg. 145).

143. Sie werden träger und träger

Wieder einmal war ich in eine heiße, aber für beide Seiten fruchtbringende Diskussion über die Relativitätstheorie mit meinem Schwager verstrickt. Es ging wieder um c als Grenz-Gs (Aufg. 140). Da hatte mein Schwager einen Geistesblitz.

Er: „Wenn Elektronen aus einem zerfallenden Radiumkern fast mit Licht-Gs austreten, so könnten sie doch dann durch eine Spannung von einigen 100V auf Überlicht-Gs beschleunigt werden. Da muß doch die dynamische Grundgleichung falsch sein. Wo liegt da wieder der Hund begraben?"

(Mein Schwager wußte über Beschleunigung von Elektronen, vor allem in der Radioröhre, genau Bescheid; er gehörte nämlich zu den allerersten Radiobastlern meiner Heimatstadt. Bereits Mitte der 20-er Jahre hörten wir Abend für Abend Radio Wien und Breslau).

Ich: „Du hast völlig recht. Aber die Newtonsche Grundgleichung $F = m \cdot a$ wurde von Einstein keineswegs entthront, sondern nur modifiziert. Was meinst du wohl, was bei hohen Gs'n geschehen muß, daß trotz Krafteinwirkung keine Überlicht-Gs eintritt?"

Er: „Nun dann müßte ja die Masse m größer werden, aber das ist absurd, wie sollte denn m eines Elektrons wachsen oder wieso könnte ~ bei einem makroskopischen Körper ~ die Anzahl der Atome zunehmen?"

Ich: „Du darfst dir die Masse eines Körpers nicht als Materiemenge denken, sondern (wie es schon Newton ausdrückte) als Trägheitswiderstand dieser Materie gegen eine Krafteinwirkung (Aufg. 31); dieser Widerstand nimmt dann mit wachsender Gs v zu."

Er: „Und wie lautet die Formel dafür?"

Ich: „Schon Newton führte den Begriff der Bewegungsgröße mv ein, zu der wir heute Impuls sagen, und bewies den Erhaltungssatz von mv bei der Wechselwirkung von Körpern. Es wäre nun unlogisch, wenn der Impulssatz nicht in allen gleichförmig geradlinig zueinander bewegten Systemen erhalten bliebe; genau das geschieht aber, wenn m eine ganz bestimmte Funktion von v ist. (Übrigens nennt man diese Eigenschaft ‚lorentzinvariant')."

Nun machten wir folgendes Gedanken-Experiment:

Die x'-Achse von Σ' gleite mit v auf der x-Achse des Ruhsystems Σ (Abb.) In Σ wird eine Kugel K (Masse m_0) mit der Gs u ($u \ll c$) in y-Richtung gegen eine Zimmerdecke geschossen, in der K stecken bleibt. Auf die Decke wird also der Impuls $p = m_0 u$ übertragen.

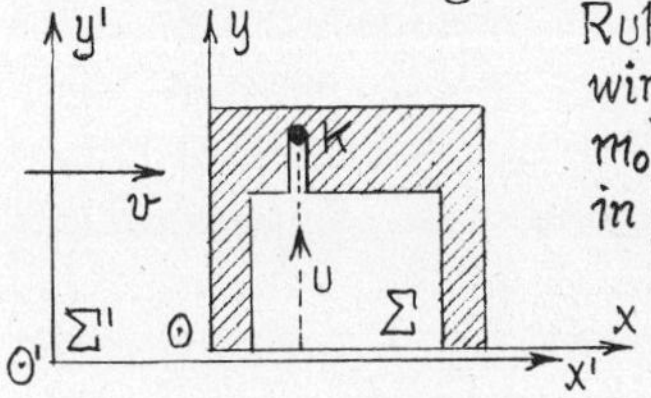

Wie sieht nun ein Beobachter in Σ' (jetzt Ruhsystem) diesen Vorgang. K darf nun nicht mehr die Masse m_0 haben, sondern eine von $|v|$ abhängige Masse $m = m(|v|)$. Ferner sieht dieser Beobachter alle Vorgänge in Σ mit dem Faktor $\sqrt{1-\beta^2}$ verlangsamt. Also ist für ihn die Gs-Komponente in y'-Richtung

$$u' = u\sqrt{1-\beta^2} \Rightarrow p' = m\,u'.$$

Die Länge des Einschußkanals ist (wegen $y'=y$) in beiden Systemen gleich lang; daher ist:

$$p' = p \Rightarrow m\,u' = m_0 u \Rightarrow m\,u\sqrt{1-\beta^2} = m_0 u \Rightarrow$$

$$m = \frac{m_0}{\sqrt{1-v^2/c^2}}\,.$$

Man nennt $m = m(v)$ die ‚relativistische Masse'. Für $v = 0$ ist $m(0) = m_0$; daher heißt m_0 die ‚Ruhmasse'. Man sieht auch sofort, daß für $v \to c$ $m \to \infty$ geht, d.h. es wäre eine unendlich große Kraft erforderlich, um m auf die Gs c zu bringen.

Diese Herleitung stellt nur einen Grenzfall des Gedanken-Experiments dar, mit dem der amerikanische Physiker Richard Chace Tolman (1881-1948) seinerzeit die ‚bewegte' Masse berechnete.

Es ist interessant, daß der deutsche Physiker Walther Kaufmann (1871-1947) bereits 1901 (also 4 Jahre vor Einsteins 1. Veröffentlichung) durch Präzisionsmessungen die Zunahme der Elektronenmasse mit wachsender Gs bestimmte.

a) Der größte Linearbeschleuniger der Welt steht in Stanford (USA). In einem evakuierten Stahlrohr von 10 cm Durchmesser und 3,2 km Länge können Elektronen so hoch beschleunigt werden, daß am Rohrende ihre relativistische Masse das 40000-fache der Ruhmasse m_e ist. Um wieviel ist die End-Gs kleiner als c? Was fällt auf, wenn Du den genauen c-Wert in der Einleitung nachschlägst?

b) Ein Atomkern der Ruhmasse m_0 stößt mit $u = 0{,}8c$ auf einen gleichartigen ruhenden und verschmilzt mit ihm. Mit welcher Gs v (in c ausgedrückt) bewegt sich der neue Kern weiter? (Es handelt sich hier also um einen unelastischen Stoß).
Welche v_K würde sich klassisch ergeben?
Anleitung: Von der Bindungsenergie bei der Verschmelzung soll abgesehen werden. Stelle den Erhaltungssatz des relativistischen Impulses in der gleichen Form wie in der klassischen Physik auf (Aufg. 63).

144. Masse = Energie

In dieser Aufg. denken wir vor allem an die Massen kleinster Teilchen (Atome, Elementarteilchen), die sich auf eine mit c vergleichbare Gs bringen lassen. Die entwickelten Gesetze gelten aber auch für makroskopische Massen, doch wirken sie sich bei ihnen meist nicht aus.

m_0 sei die Ruhmasse eines ruhenden kleinen Teilchens. Führt man ihm ~ etwa durch Beschleunigungsarbeit ~ Energie zu, so erhält es eine Gs v, und m_0 erhöht sich auf die relativistische Masse m. Wir vermuten also einen Zusammenhang zwischen der Massenzunahme $\Delta m = m - m_0$ und der zugeführten kinetischen Energie E_K. Nach Aufg. 143 wird:

$$\Delta m = m - m_0 = m_0\left(\frac{1}{\sqrt{1-\beta^2}} - 1\right);$$

für kleine Werte von v können wir die schon bekannte Näherung einführen:

$$\Delta m \approx m - m_0 \approx m_0\left(1 + \frac{1}{2}\beta^2 - 1\right) = \frac{1}{c^2}\frac{m_0}{2}v^2 \qquad (1)$$

oder

$$\Delta m = \frac{E_K}{c^2} \qquad (2);$$

wir deuten (2) so, daß der Massenzuwachs, also die ‚reine, bewegte Masse' gleich der zugeführten Energie dividiert durch c^2 ist. Einstein hat dies 1905 in seiner berühmten Arbeit ‚Hängt die Trägheit eines Körpers von seinem Energieinhalt ab?' verallgemeinert: (2) soll auch für große v gelten (also ohne obige Näherung), ferner für jede Energieart (nicht nur für E_K) und auch für eine Energieabnahme. Dies wird gewöhnlich als

Äquivalenzgesetz: $E = mc^2$ (3)

ausgesprochen. (3) kann in beiden Richtungen gelesen werden: Wird einem System die Energie E (in irgendeiner Form) zu- bzw. abgeführt, so erhöht bzw. erniedrigt sich die (träge) Masse um E/c^2. Umgekehrt: Wenn die Masse eines Systems um m zu- bzw. abnimmt, so wurde die Energie mc^2 zugeführt bzw. frei.

Es ist schon rätselhaft, daß es auch Prozesse gibt, bei denen die gesamte Ruhmasse von Teilchen verschwindet (Zerstrahlung) oder wo Masse aus Strahlungsenergie entsteht (Materialisation) (Aufg. 117).

Multipliziert man (1) mit c^2, so wird:

$$mc^2 - m_0c^2 = \frac{m_0}{2}v^2 \Rightarrow mc^2 = m_0c^2 + E_K \qquad (4);$$

m_0c^2 heißt ‚Ruhenergie', mc^2 ‚relativistische Energie'; letztere stellt immer den Gesamtenergie-Inhalt dar.
(4) wurde aus der Näherung (1) hergeleitet; (4) gilt jedoch auch (wie gezeigt werden kann) für den genauen Ausdruck der relativistischen Masse:

Relativistische Energie: $E_r = mc^2 = \frac{m_0c^2}{\sqrt{1-\beta^2}}$;

daraus folgt dann die genaue Formel für die E_k:

$$E_k = m_0c^2\left(\frac{1}{\sqrt{1-\beta^2}} - 1\right).$$

Es sei hier darauf hingewiesen, daß Lichtquanten nur eine bewegte Masse hf/c^2 (im Vakuum) besitzen; werden sie in Materie auf 0 abgebremst, so geht ihre Energie hf in eine andere Form über.
Auch für E_r gilt der Erhaltungssatz; er schließt ~ infolge von (3) ~ den Massenerhaltungssatz mit ein.
Es dürfte nun nicht schwerfallen, mit den obigen Formeln einige interessante Aufg. zu lösen:

a) Wie groß sind die Äquivalenz-Ruhenergien der folgenden Teilchen in eV? Elektron ($m_e = 9{,}1\cdot10^{-31}$ kg); Myon ($m_\mu = 207 m_e$); Proton ($m_p = 1836 m_e$).

b) Das Positron (e^+) hat die gleiche Masse wie das Elektron (e^-), jedoch die Ladung +e. Beim Zusammenstoß beider gehen ihre Massen ganz in Strahlungsenergie über. Berechne diese Energie E. (Die E_k beider Teilchen vor dem Stoß soll vernachlässigbar sein).
Es entstehen meist 2 gleiche Strahlungsquanten 2hf. Berechne f und die Wellenlänge λ der Strahlung. Um welche Strahlen handelt es sich wohl? ($h = 6{,}6\cdot10^{-34}$ Js).
Es gibt mindestens 3 Erhaltungssätze bei diesem Vorgang. Welche?

c) Die elektrische Energie wird meistens in kWh gemessen. Ein moderner Haushalt verbraucht im Mittel pro [a] 5 MWh. Wievielen mg (Milligramm) entspricht der Haushaltsverbrauch in 10 a? (Rechne zunächst 1 kWh in Ws = J um).
Was kostet ‚1 g elektrische Energie', wenn die kWh zu 12 Pf verrechnet wird?

Ein α-Teilchen (= Heliumkern) besteht aus 2 Protonen und 2 Neutronen; es hat die Masse $m_\alpha = 6{,}645\cdot10^{-27}$ kg. Die Summe der Ruhmassen der 4 Nukleonen ist jedoch größer als m_α. Die Differenz

$$\Delta m = 2m_p + 2m_n - m_\alpha$$

nennt man den ‚Massendefekt'; er wird bei Bildung (Fusion) des Kerns als E_B frei. Umgekehrt muß E_B aufgewandt werden, um das α-Teilchen in die 4 Bestandteile zu zerlegen; daher heißt E_B die ‚Bindungsenergie'. Sie ist relativ groß, so daß das α-Teilchen sehr stabil ist und oft bei Kernprozessen frei wird: ‚α-Strahler'.

d) Berechne E_B des α-Teilchens in eV.
($m_p = 1{,}6725\cdot10^{-27}$ kg; $m_n = 1{,}675\cdot10^{-27}$ kg; m_α s.o.)
Wie groß ist die Energie E, die bei Bildung von 1 g Helium frei wird? Wenn E verlustlos in elektrische Energie umgesetzt würde, wievielen Haushalten könnte sie 1 a lang dienen? (Verbrauch s. c)).

e) In der Beschleunigungsanlage DESY (Deutsches Elektronen-Synchrotron) in Hamburg können e^- (und e^+) auf die Energie $E_r = 7{,}5$ GeV beschleunigt werden. Um wieviel ist ihre Gs v kleiner als c? (Rechne näherungsweise. Den Wert der Ruhenergie E_0 für ein e^- entnimm a)).

Science-fiction-Schriftsteller müssen oft mit Überlicht-Gs'n operieren, um in den Weiten des Alls ihre Astronauten überhaupt zum Ziel zu bringen. Aber auch ernsthafte Forscher haben sich mit hypothetischen Teilchen, die eine Gs $v > c$ besitzen sollen, beschäftigt; G. Feinberg nannte sie ‚Tachyonen'. Da für sie in der Formel

$$E_r = \frac{m_0c^2}{\sqrt{1-\beta^2}} \qquad \left(\beta^2 = \frac{v^2}{c^2} > 1\right)$$

der Radikand negativ wird, ist der Nenner imaginär. Da aber E_r reell sein soll, müssen die Tachyonen eine imaginäre Ruhmasse haben: $m_0 = \mu_0\sqrt{-1} = \mu_0\cdot i$. Für diese Teilchen müßte gelten:

$$E_r = \mu c^2 = \frac{\mu_0 c^2}{\sqrt{\beta^2-1}} \quad \text{und} \quad \mu = \frac{\mu_0}{\sqrt{\beta^2-1}}.$$

Damit haben die Tachyonen einige seltsame Eigenschaften.

f) Wenn die Gs v eines Tachyons ‚von oben' → c gehen soll, muß Energie zu- oder abgeführt werden? (Begründung). Was geschieht für $v = c$? Können Tachyonen auf Unterlicht-Gs gebracht werden?

Bisher hat man noch keinen Hinweis auf die Existenz von Tachyonen, obwohl sie mit den Gesetzen der speziellen Relativitätstheorie durchaus in Einklang zu bringen wären.

145. Licht, Uhren und Schwerkraft

Die spezielle Relativitätstheorie (RT) beschränkt sich auf Bezugssysteme, die sich gleichförmig geradlinig gegeneinander bewegen und Inertialsysteme (IS) sind; (in ihnen dürfen keine ‚Trägheitskräfte' auftreten ~ Aufg. 92). Ab 1907 weitete Einstein seine Theorie auch auf beschleunigte Systeme aus und bezog damit ~ wie wir noch sehen werden ~ die Gravitation mit ein. 1915 erschien dann seine Arbeit ‚Grundlagen der allg. RT', die auch eine neue Gravitationstheorie in sich birgt.

Am Beginn der Überlegungen Einsteins steht das ‚Aufzugs-Gedankenexperiment': ‚Ein großer Aufzugskasten befindet sich im Dachgeschoß eines überdimensionalen Wolkenkratzers. Plötzlich reißt das Seil, und der Aufzug saust frei in die Tiefe' (Zitat). Ich möchte diesen Gedankenversuch, vor allem für die jungen Leser, etwas ausschmücken, ohne aber seine sachliche Aussage zu verändern. In dem Lift soll sich ein Physiker A befinden, der über Nacht in dem ruhenden Fahrstuhl eingeschlafen ist. Ein Dämon treibt nun mit ihm einen grausamen Schabernack, indem er das Seil des Lifts durchtrennt: Der fensterlose Kasten fällt nun frei und geräuschlos in die Tiefe. Durch den Ruck zu Beginn wacht A auf und wundert sich, daß er schwerelos ist. Er glaubt also, noch zu träumen, und läßt seinen Füller fallen; aber er bleibt in der Luft dort stehen, wo er losgelassen wurde. Schnippt ihn A mit dem Daumen an, so bewegt er sich nach dem Trägheitsgesetz (geradlinig und gleichförmig). Nach allem dem glaubt also A, daß er sich in einem IS und in einem gravitationsfreien Raum befindet, während es der Dämon besser weiß, nämlich daß A im Schwerefeld der Erde frei fällt. (Hoffentlich hat A wirklich nur geträumt, denn im Keller gäbe es ein böses Erwachen!)

Wir wechseln nun die Szene: In einem Raumschiff, weitab von allen Himmelskörpern (also in einem gravitationslosen Raum), befindet sich ein quaderförmiges, fensterloses Zimmer mit einem Physiker B. Zunächst ruhe das Schiff in einem Ruhsystem Σ_0, das man sich mit den Sternen verankert denke. B hat alle Mühe, seine Geräte aufzustellen, die ~ wie auch er selbst ~ schwerelos sind, er muß sie sogar am Boden und an den Wänden festschrauben. Dann schlummert er ein. Nun spielt ihm auch wieder ein Dämon einen Streich, indem er von Σ_0 aus die Antriebsraketen des Raumschiffs mit Fernsteuerung zündet; die konstante Schubkraft erteilt dem Schiff mit dem Zimmer die Beschleunigung $a = 9{,}8\,ms^{-2}$ in Richtung vom Boden zur Zimmerdecke (von Σ_0 aus gesehen). (Bei Einstein ist es ‚ein Wesen von uns gleichgültiger Art, das den Kasten an einem Seil mit konstanter Kraft zieht'). A wacht auf und spürt nun, daß er mit seinem alten (Erden-) Gewicht gegen den Fußboden gedrückt wird, er kann normal gehen, und die Pendeluhr an der Wand tickt auch wieder. Mit Metermaß und Stoppuhr berechnet er, daß alle Körper mit 9,8 ms^{-2} zu Boden fallen, was ihn zu dem verzückten Ausruf veranlaßt: „Ich bin ja wieder auf der alten Mutter Erde!" (Das kann jedoch dem Dämon nur ein breites Lächeln abgewinnen).

Diese Sachverhalte sind wirklich eigenartig. Rekapitulieren wir: A schwört, in einem schwerelosen IS zu sein, für ‚seinen' Dämon fällt er aber in einem ruhenden Gravitationsfeld (dem Erdfeld). B wiederum glaubt, im Schwerefeld der Erde zu sein, sein Dämon sieht ihn jedoch in einem schwerelosen Raum beschleunigt fliegen.

Aus diesen Überlegungen heraus postulierte Einstein durch Verallgemeinerung das ‚Äquivalenzprinzip der allg. RT' (allg. Relativitätsprinzip): Die Wirkungen eines Gravitationsfeldes auf alle physikalischen Vorgänge in einem IS sind die gleichen wie die einer entsprechenden Beschleunigung in einem schwerkraftfreien Bezugssystem.

Wenn sich also im fallenden Lift die (vorhandene) Gravitation durch ein beschleunigtes System ‚wegtransformieren' läßt, im Raumschiff aber eine (nicht vorhandene) Schwerkraft durch eine Beschleunigung vorgetäuscht wird, so darf die Schwerkraft ~ so sagte Einstein ~ als Kraft nicht in Erscheinung treten. Er ersetzte daher das Gravitationsfeld durch ein ‚geometrisches Führungsfeld', in dem allerdings eine ‚nichteuklidische' Geometrie gilt; (sie hat andere und kompliziertere Gesetze als diejenigen, die in der Grundschule und in den weiterbildenden Schulen gelehrt werden). Der Raum um eine große Masse (z.B. die Sonne) ist sozusagen ‚verbogen' ~ gekrümmt, wie es wissenschaftlich heißt. Er ist etwa das 3-dimensionale Analogon zu einer gekrümmten Fläche. Massen, auf die nur Gravitationskräfte wirken (keine anderen, etwa elektrische Kräfte),

bewegen sich in diesem Führungsfeld auf ‚geodätischen Linien' (den kürzesten Linien zwischen 2 Punkten), die den Geraden im euklidischen Raum entsprechen.
Die nichteuklidische Geometrie, die schon vor Einstein von einigen Mathematikern entwickelt wurde, erfordert hohe mathematische Kenntnisse. Deshalb sind auch die ‚Feldgleichungen' (der allg. RT), die Einstein in etwa 10-jähriger Arbeit aufstellte, alles andere als einfach zu behandeln und zu verstehen; (böse Zungen behaupteten seinerzeit, daß Einstein der einzige wäre, der seine Gleichungen verstünde). Sie gestatten es, aus der raum-zeitlichen Verteilung der Massen die ‚Metrik' (= Maßbestimmung) des betreffenden Raumgebiets zu berechnen. Im großen und ganzen wird die Newtonsche Gravitationstheorie bestätigt, doch konnte Einstein bereits 1916 drei an der Erfahrung überprüfbare Voraussagen machen, für die es nach der Newtonschen Theorie keine Erklärung gibt: 1) Die Periheldrehung des Merkur; 2) die Lichtablenkung im Schwerefeld; 3) die Rotverschiebung der Spektrallinien.

1) Bereits im vorigen Jahrhundert war bekannt, daß die Merkurbahn keine geschlossene Ellipse ist, weil sich das Perihel (= sonnennächster Bahnpunkt) sehr langsam um die Sonne dreht; der gemessene Drehwinkel ist bloß 43,11" (Winkelsekunden) pro Jahrhundert! Der aus der allg. RT berechnete Wert ist 43,03".
Heute sind auch die (noch kleineren) Drehwinkel für Venus, Erde und Icarus (ein Kleinplanet) gemessen. Die theoretischen Werte stimmen mit den gemessenen sehr gut überein.

2) Während man die Periheldrehung nur schwer mit einfachen Mitteln verständlich machen kann, sind die anderen Effekte leichter zu erklären. Kehren wir zum Physiker B im Raumschiff-Zimmer zurück, das sich mit einer riesengroßen Beschleunigung $\vec{a}$ bezüglich eines Ruhsystems bewegt.
In einer Seitenwand ist das winzige Loch L (Abb.1), durch das ein Lichtstrahl (senkrecht zur Wand) einfällt. Bei ruhendem Schiff würde er in P auftreffen, im beschleunigten Zimmer sieht ihn jedoch B parabolisch gekrümmt in Q auffallen. B, der sich in einem Schwerefeld wähnt, macht dieses für die Lichtablenkung verantwortlich; das Licht verhält sich also wie eine waagrecht geworfene Masse.

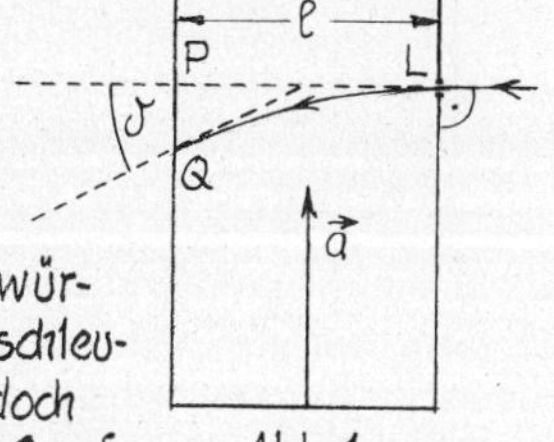

Abb.1

a) Es sei δ (Abb.1) der Ablenkungswinkel des Lichtstrahls. Stelle die Buchstabenformel für $\tan\delta$ auf. (Benütze das Gs-Parallelogramm in Q).
Berechne δ (in Winkelsekunden) für $\ell = 9$m und $a = 10\,\text{ms}^{-2}$.
Der sehr kleine Wert von δ im Erdfeld ist nicht nachweisbar. Anders bei der Sonne: Setze die Werte $\ell = 2r_\odot = 1{,}4\cdot10^9$m und $a_\odot = 270\,\text{ms}^{-2}$ ein. Gib δ in Winkelsekunden an.

Aus der allg. RT ergibt sich etwa der doppelte Wert: $\delta_\odot = 1{,}75"$. Gemessen wird $\delta_\odot$, indem bei einer totalen Sonnenfinsternis eine Aufnahme der sonnennahen Sterne gemacht wird.

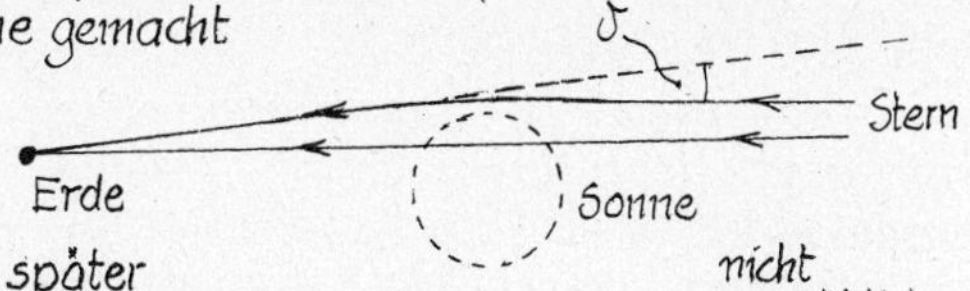

Abb.2

Etwa ein halbes Jahr später wird dieselbe Sternkonstellation bei Nacht fotografiert; beide Aufnahmen werden verglichen. Auf der ersten müssen die Sterne etwas weiter radial vom Sonnenmittelpunkt entfernt sein als auf der nächtlichen Aufnahme (Abb. 2). Die 1. Überprüfung fand 1919 bei einer Finsternis in äquatorialem Gebiet statt. Gemessen wurden die Ablenkungswinkel 1,64" und 1,90" (von 2 verschiedenen Expeditionen).

3) Wenn das Licht ‚Schwere' besitzt, dann muß ein auf der Erde lotrecht nach oben laufender Lichtstrahl (den wir uns aus Quanten bestehend denken) wie ein geworfener Stein an Energie verlieren. Jedes Lichtquant hat die Energie hf und daher die Äquivalenzmasse hf/c^2. Nach dem Energiesatz folgt daher für die (kleinere) Energie hf' in der Höhe H:

$$hf' = hf - \frac{hf}{c^2}gH \Rightarrow \Delta f = f - f' = \frac{gH}{c^2}f \qquad (1).$$

Wir rechnen auf die relative Wellenlängenverschiebung um:

$$\frac{\Delta f}{f} = \left(\frac{c}{\lambda} - \frac{c}{\lambda'}\right) : \frac{c}{\lambda} = \frac{\lambda' - \lambda}{\lambda\lambda'}\cdot\lambda \approx \frac{\Delta\lambda}{\lambda} = \frac{gH}{c^2} \qquad (2).$$

Für irdische Verhältnisse lag seinerzeit dieser Effekt unterhalb jeglicher Meßgenauigkeit. Für die Sonne muß aus theoretischen Gründen in (2) für H der Sonnenradius $r_\odot$ gesetzt werden:

$$\frac{\Delta\lambda}{\lambda} = \frac{g_\odot r_\odot}{c^2} = \frac{270 \cdot 0{,}7 \cdot 10^9}{9 \cdot 10^{16}} = 2{,}1 \cdot 10^{-6}.$$

Diese ‚Rotverschiebung' der Spektrallinien durch das Schwerefeld der Sonne wurde erst 1964 an der gelben Natriumlinie ($\lambda = 589{,}6\,nm$) mit ±5% Genauigkeit nachgewiesen. Aber bereits 1 Jahr später gelang es den Physikern Pound und Snider, die Rotverschiebung im irdischen Schwerefeld an γ-Strahlen von radioaktiven Eisenkernen mit ±1% Genauigkeit zu messen. Das war nur möglich auf Grund des 1957 von dem deutschen Physiker Rudolf Mößbauer (* 1929, NPP 1961) entdeckten ‚Mößbauer-Effekts', mit dem sich sehr scharfe γ-Linien erzeugen und messen lassen.

R. Mößbauer

b) Berechne $\Delta\lambda/\lambda$ für $g = 9{,}81\,ms^{-2}$ und $H = 22{,}6\,m$.
(H war die Meßhöhe des o. beschriebenen Versuchs in einem Turm der Harvard-Universität).
Der errechnete Wert ist nur etwas größer als die sogenannte ‚natürliche Linienbreite' $\Delta\lambda/\lambda = 10^{-16}$.

Auf der Erdoberfläche und in der Höhe H seien 2 identische Atomuhren U_E und U_H aufgestellt. Sie werden also mit einer Frequenz f derselben Atome gesteuert. Licht der gleichen Frequenz f, das lotrecht nach oben läuft, kommt bei einem Beobachter in der Höhe H mit $f' < f$ an. Für ihn macht also nach (1) die Uhr U_E in 1s $\Delta f = gH/c^2$ weniger ‚Schläge' als ‚seine' Uhr U_H, d.h. U_E geht langsamer als U_H. Wenn wir uns U_H sehr weit entfernt von U_E vorstellen, kommen wir zu dem Schluß: In Gravitationsfeldern gehen Uhren langsamer als in schwerelosen Räumen.

c) Will man die Uhr U_E auf der Erdoberfläche mit einer Uhr U_0 in einem gravitationsfreien IS vergleichen, müßte in (1) $H \to \infty$ gehen; dabei ist jedoch zu beachten, daß $g \to 0$ geht. Mit Hilfe der ‚Gravitationspotentiale' errechnet man dann:

$$\Delta t = t_0 - t_E = \frac{g_n \cdot r_E}{c^2} t_0 \qquad (3).$$

Um welche Zeitspanne geht also die irdische Uhr U_E gegenüber der Weltraumuhr U_0 in 1a nach?
($g_n = 9{,}8\,ms^{-1}$; $r_E = 6370\,km$).

Wir kennen jetzt also 2 Effekte, die den Gang einer Uhr verlangsamen, den Gs-Effekt der speziellen und den Gravitationseffekt der allg. RT. Beide wurden in einem Experiment der amerikanischen Physiker J. Hafele und R. Keating 1971 nachgewiesen. Sie flogen mit einem gewöhnlichen Verkehrsflugzeug, das 4 Cäsium-Atomuhren an Bord hatte, einmal in östlicher und einmal in westlicher Richtung um die Erde; (Flughöhe ≈ 10 km, Flugdauer ≈ 50 h). Der Vergleich mit gleichen Uhren, die auf der Erde zurückgeblieben waren, ergab eine sehr gute Übereinstimmung mit den berechneten Zeitdifferenzen der beiden Effekte.

146. Wie groß ist das Weltall?

So wie nach der allg. Relativitätstheorie das Gravitationsfeld einer großen Masse die euklidische Geometrie (Metrik) in ihrer Umgebung verändert, so geschieht dies auch im ganzen Weltall (WA) durch alle Massen des Universums. Die Einsteinschen Feldgleichungen lassen allerdings für den Weltraum verschiedene Lösungen zu. Die erste, bereits von Einstein selbst gefundene Lösung war das ‚statische sphärische WA', ein geschlossener, jedoch unbegrenzter (!) Raum konstanter Krümmung. (Auch dieses Ergebnis hat seinerzeit in der Presse Schlagzeilen gemacht).

Jeder, der zum 1. Mal mit dem Begriff ‚sphärisches WA' in Berührung kommt, stellt sich sofort einen kugelförmigen Raum vor; dieser ist aber (durch die Kugeloberfläche) begrenzt, d.h. die Welt könnte dort ‚mit Brettern verschlagen' sein. Nun, diese Frage darf beim sphärischen Raum gar nicht aufkommen; sie ist unsinnig, da dieser Raum keine ‚Begrenzung' besitzt, und damit auch die Folgefrage, ‚was hinter den Brettern ist?' (Ich erinnere mich an einen längst vergilbten Zeitungsbericht, der die Einsteinsche Lösung als Beweis ansah, daß ‚hinter' dem sphärischen WA der ‚Himmel' zu finden sei).

Obwohl das sphärische WA keine Grenze hat, besitzt es trotzdem ein endliches Volumen! Um diese Paradoxie zu enträtseln, denken wir an das 2-dimensionale Analogon zum sphärischen Raum, an die sphärische Fläche, also an eine Kugeloberfläche (etwa die Oberfläche eines Luftballons). Sie hat einen endlichen Flächeninhalt, nämlich $4\pi R^2$, wenn R ihr ‚Krümmungsradius' ist; sie ist aber unbegrenzt. Wenn ,Flächenlebewesen', die selbst nur 2-dimensional gebaut sind und daher eine 3. Dimension nicht wahrnehmen können, in ,ihrer' Welt immer in einer Richtung fortschreiten, so kommen sie nie an eine Grenze, sondern zum Ausgangspunkt zurück. Hierbei haben sie sich auf einer geodätischen (,geradesten') Linie bewegt, einem größten Kugelkreis (Großkreis) mit Radius R. Für diese Flächenmenschen gibt es keine reale 3. Dimension, rein mathematisch können sie sich aber ihre Flächenwelt in einem 3-dimensionalen euklidischen Raum eingebettet denken. Daß sie jedoch in einer gekrümmten Fläche leben, können die Mathematiker unter ihnen durch die Metrik (,innere' Geometrie) erfahren. (Sie werden z.B. finden, daß die Winkelsumme eines Dreiecks größer als 180° ist, woraus sie den Krümmungsradius R errechnen können).

Auch im 3-dimensionalen sphärischen Raum (manchmal 3-Kugel genannt) sind die geodätischen Linien Großkreise, doch erfüllen sie hier den ganzen Raum (und nicht bloß eine Fläche). Auf ihnen bewegen sich kräftefreie Massen und das Licht; (beachte: Die Gravitation ,steckt' in der Metrik). Der Raum ist unbegrenzt, aber geschlossen und hat ein endliches Volumen (s.u.)

Der britische Astrophysiker Arthur Stanley Eddington (1882-1944) bewies, daß das Einsteinsche statische WA (also mit konstantem R) völlig instabil ist. Den Ausweg wies 1922 der russische Mathematiker Friedmann, indem er die Einsteinschen Feldgleichungen mit $R=R(t)$ löste (,Friedmannsche Differentialgleichung'). Aus ihr lassen sich hauptsächlich 2 Lösungen gewinnen: Ein sich ausdehnendes und ein sich zusammenziehendes WA. 7 Jahre nach Friedmanns Lösung wurde die Expansion nachgewiesen (Aufg. 149).

Die allermeisten Astrophysiker sind heute überzeugt, daß unser WA ein sich ausdehnender, sphärischer Raum ist. Der heutige Krümmungsradius wird mit $R=1{,}6\cdot 10^{26}$ m angegeben (Gondolatsch 1981). Das scheint ein ziemlich sicherer Wert zu sein; bereits bei Eddington findet sich 1935 der Wert $6{,}6\cdot 10^{24}$ m und M. v. Laue (Aufg. 150) gibt 1936 den Wert $5\cdot 10^{25}$ m an. (Man bedenke, daß seither viele Hunderte von Galaxien in sehr großen Entfernungen entdeckt wurden, und damit das Wissen um R gestiegen ist).

Haben wir es bisher oft mit sehr kleinen Zahlenwerten physikalischer Größen zu tun gehabt (Plancksches Wirkungsquantum, Lichtwellenlängen, Massen und Radien von Elementarteilchen usf.), so verfallen wir in den noch folgenden Aufg. ins Gegenteil: Riesenzahlen.

a) Rechne den Krümmungsradius $R=1{,}6\cdot 10^{26}$ m in LJ (Lichtjahre) um. (1 LJ = 9,46 Pm = $9{,}46\cdot 10^{15}$ m).
Wie groß ist der Umfang u des WA's (= Umfang eines Großkreises) in [m] und [LJ]? Welche ist also die größte geodätische Entfernung D zweier Punkte des WA's (in m und LJ)?
Die entferntesten (leuchtenden) Himmelsobjekte, die man heute mit den besten Fernrohren sehen kann, sind die ,Quasare' (von **Quasi**stell**are** Objekte) ~ wahrscheinlich sehr hell leuchtende Zentren von Galaxien; sie haben die enorme Entfernung von $\approx 1{,}5\cdot 10^{10}$ LJ = 15 GLJ. Der wievielte Teil von D ist dies?

b) Berechne das Volumen V des heutigen WA (in m^3 und LJ^3). Das Volumen V eines sphärischen Raums muß selbstverständlich eine andere Formel haben als das einer gewöhnlichen Kugel. Mit einem (dreifachen) Integral berechnet man: $V=2\pi^2R^3$ (R = Krümmungsradius).

Das Werk Einsteins hat uns bisher durch viele Aufg. begleitet; auch durch die letzten Aufg. dieses Buchs zieht sich die Relativitätstheorie wie ein roter Faden, doch möchten wir uns an dieser Stelle von ihrem Schöpfer, einem wirklichen Genie unter den Physikern (der aber auch das nicht einfache mathematische Rüstzeug virtuos beherrschte) quasi verabschieden.

Noch in den letzten Lebenstagen hatte er versucht, unter Einbeziehung des elektromagnetischen Felds eine ,einheitliche Feldtheorie' zu schaffen, und die ,Weltformel' durchgeisterte noch die Manuskriptblätter auf seinem Nachttisch im Spital von Princeton (80 km südwestlich von New York), in das er 3 Tage vor seinem Tode gebracht **worden war**. Hier hatte er, trotz Schmerzen, noch Mut, geistig zu arbeiten, aber in der 2. Stunde des Montags, des 18.4.1955 glitt er aus einem kurzen Schlaf in den Tod.

Ich wurde vor allem von Schülern, die sein Geburtshaus in Ulm kennen, oft gefragt, wo Einstein begraben liegt. Die Antwort ist einfach: Nirgends. Er selbst wünschte sich keine öffentliche Abdankungsfeier, keine rühmenden Reden, kein Denkmal und kein Grab. So fand sich am Nachmittag des Todestags nur ein Dutzend der nächsten Angehörigen und Freunde in der Leichenhalle von Ewing bei Trenton (New Jersey) ein. Das Schweigen wurde unterbrochen durch den Testamentsvollstrecker Dr. O. Nathan, der an den Sarg trat, um die Zeilen zu sprechen, die Goethe im ‚Epilog zu Schillers Glocke' für eine Gedenkfeier zu Schillers Tod geschrieben hatte:

Wir haben alle segenreich erfahren,
die Welt verdank' ihm, was er sie gelehrt;
schon längst verbreitet sich's in ganze Scharen,
das Eigenste, was ihm allein gehört.
Er glänzt uns vor, wie ein Komet entschwindend,
unendlich Licht mit seinem Licht verbindend.

(Letzte 6 Zeilen des Gedichts).

Die Asche dieses großen Mannes wurde von Freundeshand in alle Winde verstreut.

Wie ganz anders war doch der Abgang Newtons von dieser Welt! (Aufg. 31).

147. Weißt du, wieviel' Sternlein stehen?

Die Grobstruktur des Weltalls (WA's) bilden ‚Galaxien' (Gx'n), auch Milchstraßensysteme genannt, die im WA etwa gleichmäßig (gleich dicht) verteilt sind. Sie sind Anhäufungen von Milliarden von Sternen. Weit mehr als die Hälfte der Gx'n haben (wie unsere eigene ‚Galaxis') spiralige Form (alter Name ‚Spiralnebel'), die anderen sind elliptisch oder irregulär.

Unsere Gx hat – vom WA aus gesehen – etwa Diskusform. Ihr Durchmesser beträgt 30 kp, ihre Dicke (in der Mitte) 5 kpc. Der Abstand unseres Sonnensystems von Zentrum ist 10 kpc.

Wir lernen hier die eigentliche wissenschaftliche Einheit für Entfernungen im WA kennen:

$$1\,\text{Parsec} = 1\,\text{pc} = 3{,}26\,\text{LJ} = 3{,}087 \cdot 10^{16}\,\text{m}.$$

(Nichtsdestoweniger wollen wir bei der ‚eingewurzelten' Einheit 1 LJ – oder bei Metern – bleiben).

a) Aus vielen Tausenden Beobachtungen weiß man, daß der mittlere Abstand zweier Gx'n $d = 4{,}5\,\text{MLJ}$ ($= 4{,}5 \cdot 10^6\,\text{LJ}$) beträgt. Wenn man als das WA-Volumen $9{,}5 \cdot 10^{31}\,\text{LJ}^3$ (Aufg. 146) zugrundelegt, wieviele Gx'n enhält dann das Universum? (Rechne so, als bildeten die Gx'n ein kubisches Gitter).

b) Wenn jede Gx im Mittel 10 Milliarden Sterne enthält, kannst Du, lieber Leser, leicht die Frage der Überschrift beantworten: Wieviele ‚Sternlein' zählt Gott in seinem ganzen WA?

c) Die Sterne der Gx'n haben unterschiedliche Größe, Leuchtkraft und Masse. Was letztere anbelangt, so ist unsere Sonne ein durchaus mittlerer Stern; ihre Masse ist $m_\odot = 2 \cdot 10^{30}\,\text{kg}$. (Die Extrema der Sternmassen sind $0{,}01\,m_\odot$ und $50\,m_\odot$).
   Wenn $m_\odot$ als mittlere Sternmasse (im ganzen WA) angenommen wird, wie groß sind dann die ‚sichtbare' Masse M'_G einer Gx und die Masse M'_W des WA's?
   Gib die Dichte ϱ des WA's (in $\text{kg} \cdot \text{m}^{-3}$) an.
   Mehr als 90% der Sternmaterie besteht aus Wasserstoff (H). Man denke sich nun alle Massen in H-Atome zerlegt (auch die Atome mit Ordnungszahlen >1) und über den Weltraum gleichmäßig verteilt; ϱ wird nun oft (anschaulich) so ausgedrückt, daß man die Anzahl der m^3 angibt, die 1 H-Atom enthält; Du wirst erstaunt sein, wie leer das WA ist! ($m_H = 1{,}67 \cdot 10^{-27}\,\text{kg}$).

Der Laie wundert sich auch, wenn er hört, daß M'_W nur ein Bruchteil der tatsächlichen Masse M_W des WA's ist. Da gibt es nämlich noch die ‚dunkle' Materie: Neutronensterne und Schwarze Löcher; interstellare Materie (Wolken aus Staub oder Gas); die Planetenmassen (nicht nur die unseres Sonnensystems) und die interplanetarische Materie; schließlich noch die intergalaktische Materie (wahrscheinlich 1 bis 10 Atome pro m^3).

d) Es gibt fundierte Schätzungen, denen zufolge die dunkle Masse des WA's das 1- bis mehrfache der sichtbaren Masse ausmacht. Legen wir den Faktor 2 zugrunde, so ist $M_W = M'_W + 2M'_W$.
   Berechne M_W, ferner die reale Dichte ϱ_r, auch die Zahl der m^3 mit 1 H-Atom.

In Aufg. 146 wurden die beiden Lösungen der Friedmannschen Gleichung angeführt: Ein sich ausdehnendes und ein sich (später) kontrahierendes WA; die Entscheidung hierüber liefert die ‚kritische Dichte', die sich aus den Gravitationsgleichungen zu $\varrho_K = 6{,}5 \cdot 10^{-27}\,\text{kg} \cdot \text{m}^{-3}$ ergibt.

Ist $\varrho_r < \varrho_K$, so kommt es zu einer Expansion in alle Ewigkeit; ist aber $\varrho > \varrho_K$, so kehrt sich die heutige Ausdehnung schließlich in eine Kontraktion um, und es kommt wahrscheinlich zu einem 2. Urknall (Aufg. 149).

In letzter Zeit ist das Interesse am Urknall und an der weiteren Entwicklung des WA's enorm entflammt, u. zw. nicht nur bei Astrophysikern, sondern auch bei Elementarteilchen-Physikern. Seit dem Urknall sind nämlich soviele Photonen sowie Neutrinos (ν) und Antineutrinos ($\bar{\nu}$) entstanden, daß das WA – außer der Kernmaterie – aus einem einzigen Photonen- und ν-See zu bestehen scheint.

ν und $\bar{\nu}$ entstehen bei vielen Elementarteilchen-Prozessen (z. B. beim Zerfall von Protonen, Neutronen, Pionen und Myonen). Die ν reagieren kaum mit Materie, sie können beispielsweise die Erde oder gar die Sonne ungehindert durchdringen. Man nahm also bisher an, daß sie keine Masse besitzen. Neueste Forschungen deuten darauf hin, daß ein ν bzw. ein $\bar{\nu}$ die (Äquivalenz-) Masse von 1eV bis 30eV besitzen könnte.

e) Um welchen Faktor ist ϱ_r (Teilaufg. d)) kleiner als ϱ_k?
   Berechne mit der Äquivalenzgleichung (Aufg. 144) die Masse m_ν eines ‚5eV-Neutrinos'.
   Im Mittel gibt es nach dem deutschen Physiker Harald Fritzsch (* 1943) im WA ≈ 400 ν und $\bar{\nu}$ pro cm^3! Falls jedes die Masse 5eV hat, wie groß ist die Gesamtdichte ϱ_r' (einschl. Kernmaterie)? Berechne ferner ϱ_r'', wenn jedes ν (bzw. $\bar{\nu}$) die Masse 10eV besitzt.
   Vergleiche ϱ_r' und ϱ_r'' mit ϱ_K.

Besonders in dieser Aufg. wird ersichtlich, daß viele kosmologischen Daten mit einem Unsicherheitsfaktor behaftet sind. Er rührt vor allem von den Dichteschätzungen und von der Schwierigkeit der Messung großer Entfernungen im WA her (Aufg. 149).

148. Radarfalle für Autos und Sterne

Für den akustischen Doppler-Effekt (DE) bei bewegter Schallquelle (Gs u) haben wir in Aufg. 99 die Formel

$$f_{1,2} = f_0 \frac{1}{1 \mp u/v} \qquad (v = \text{Schall-Gs})$$

hergeleitet. Nun gilt der DE für jede Art von Wellen, also auch für elektromagnetische. Für diese heißt er meist optischer DE, weil er zuerst für sichtbares Licht nachgewiesen wurde. Für diesen Effekt wechseln wir in obiger Formel die Buchstaben:

$$f = f_0 \frac{1}{1 \mp v/c} \qquad (1)$$

v = Gs der Lichtquelle; c = Licht-Gs; das Minuszeichen gilt für Annäherung an den Beobachter, das Pluszeichen für Flucht (vom Beobachter weg). Wegen des im allg. kleinen Verhältnisses $\beta = v/c$ war ein Nachweis beim Licht erst möglich, als man bei Sternen verhältnismäßig hohe Radial-Gs vorfand (s. u.)

Den DE im ‚Funkmeßverfahren' anzuwenden gelang erst nach dem 2. Weltkrieg, als man genügend intensive Mikrowellen (Aufg. 97) erzeugen und sehr kleine f-Änderungen messen konnte. Beim ‚Radar' verwendet man meist Wellenlängen λ von ≈ 1cm bis ≈ 3m. Radar ist ein Kunstwort, gebildet aus ‚**Ra**dio **d**etection **a**nd **r**anging' (Radio-Auffindung und -Messung).

a) Bei der von der Verkehrspolizei eingesetzten ‚Radarfalle' sendet ein feststehendes Gerät gebündelte Radarimpulse der Frequenz f_0 auf ein mit v entgegenkommendes Auto. Wenn man sich für einen Moment die Mikrowellen als Schallwellen vorstellt, so sieht man unmittelbar ein, daß die Wellenlängen der am bewegten Auto reflektierten Wellen ‚zusammenrücken' müssen. Sie werden vom Gerät empfangen, und die Frequenzänderung $\Delta f = f - f_0$ wird gemessen und in $km h^{-1}$ umgerechnet. Ferner werden Wagen-Nr., evt. der Fahrer, Uhrzeit und v auf einem Film festgehalten.
   Wir wollen aber hier den Computer durch unser Gehirn ersetzen und ausrechnen, ob mit $\Delta f = 500 Hz$ der Fahrer die Höchst-Gs in einer geschlossenen Ortschaft ($50 km h^{-1}$) überschritten hat; $f_0 = 10 GHz$ ($\lambda = 3m$). (Δf kann an geeigneter Stelle gegen f_0 vernachlässigt werden).

(Hätte sich wohl Doppler, der seine Laufbahn als Realschullehrer in Prag begann und zu dessen Lebzeiten noch kein einziges Auto fuhr, je träumen lassen, daß sein Effekt dereinst dazu benutzt werden wird, Verkehrssündern einige Moneten aus der Tasche zu ziehen?)

Die 1. Anwendung des DE auf das Licht von Sternen geschah 1862 durch den britischen Astrophysiker William Huggins (1824–1910). Seither sind Abertausende Radial-Gs'n an Fixsternen, Sternhaufen und außergalaktischen Systemen gemessen worden.

Ferner können Rotations-Gs'n von Planeten, der Sonne, von Doppelsternen und Sternhaufen mit dem DE bestimmt werden. Aber auch mit Radar führt man heute DE-Messungen an Objekten unseres Planetensystems durch.

1905 entdeckte der deutsche Physiker Johannes Stark (1874-1957, NPP 1919) den optischen DE im Labor, u.zw. an schnellen, leuchtenden Ionen (Kanalstrahlen).

Durch die thermische Bewegung lichtemittierender Atome bzw. Moleküle entsteht die ‚Doppler-Verbreiterung' der Spektrallinien.

Von allen Elementen ist in der Sternmaterie der Wasserstoff (H) am stärksten vertreten. Man zieht daher eine oder mehrere H-Linien im sichtbaren Sternspektrum zur DE-Messung der Radial-Gs'n heran, z.B. die Linie H_α mit $\lambda = 656{,}3$ nm (orange), indem man ihre Verschiebung $\Delta\lambda$ durch Vergleich mit einem ‚Laborspektrum' des H bestimmt. Ist $\Delta\lambda = \lambda - \lambda_0 > 0$, so spricht man von einer ‚Rotverschiebung', aus der ein positives v (Flucht-Gs) folgt. Umgekehrt gibt eine Annäherungs-Gs ($-v$) eine ‚Violettverschiebung' ($\Delta\lambda < 0$).

b) Um 1930 wurde die Flucht-Gs der Galaxie NGC 4473 mit $v = +2300\,\mathrm{kms^{-1}}$ gemessen. Berechne $\Delta\lambda$ für die H_α-Linie.
(Forme zunächst (1) auf $\Delta\lambda = \lambda \cdot \ldots$ um).

Ist $v \ll c$ nicht erfüllt, so muß die relativistische Formel des DE, u.zw. die des ‚longitudinalen' angewandt werden. (In der Relativitätstheorie gibt es nämlich ~ infolge der Zeitdilatation ~ auch einen ‚transversalen' DE). Da die Herleitung nicht gerade einfach ist, sei die λ-Verschiebung des longitudinalen Effekt hier direkt angegeben:

$$\frac{\Delta\lambda}{\lambda_0} = \sqrt{\frac{1+\beta}{1-\beta}} - 1 \quad \text{mit } \beta = \frac{v}{c} \qquad (2).$$

Die Zuordnungen $\Delta\lambda > 0 \Rightarrow$ Rotververschiebung usw. bleiben wie oben.

Bereits für $v = c/50 = 6\,\mathrm{Mms^{-1}}$ differieren die klassisch und die relativistisch berechnete Verschiebung um 1%.

c) 1960 wurde als größte Rotverschiebung die der ‚Radiogalaxie 3C 295 (ihre Radiostrahlung ist viel intensiver als die Lichtemission) gemessen:

$$\Delta\lambda/\lambda_0 = 0{,}463.$$

Berechne (relativistisch) die Flucht-Gs v. Zeige, daß sich klassisch eine andere Gs ergibt. Wieviele % beträgt die Abweichung?

149. Am Anfang war der Urknall *

Die 1. Messung der Radial-Gs eines außergalaktischen Systems nahm 1912 der amerikanische Astronom Vesto Malvin Slipher (1875-1969) vor.

E.P. Hubble

In den folgenden Jahren maßen er und sein Landsmann Edwin Powell Hubble (1898-1953) über 60 Radial-Gs'n von Galaxien (Gx'n), die sich ausnahmslos als Flucht-Gs'n erwiesen. Hubble verbesserte auch die Entfernungsbestimmung im Weltall (WA) mit den oft als ‚Normalkerzen des WA's' bezeichneten ‚Delta-Cephei-Sternen'. Er formulierte dann 1929 das nach ihm benannte Gesetz:

$$v_r = H_0 \cdot r \qquad (H_0 = \text{Hubble-Konstante}) \qquad (1);$$

es besagt, daß die Flucht-Gs v_r einer Gx proportional ihrer (geodätischen) Entfernung r (von uns aus gemessen) ist. (Das Gesetz heißt auch Hubble-Effekt). Die Proportionalität wurde in der Folgezeit gut bestätigt, vor allem auch durch den unermüdlichen Mitarbeiter Hubbles, Milton L. Humason (* 1891) (der als Maultiertreiber begann!) In der 1956 von ihm (u.a. Autoren) veröffentlichten Arbeit sind gemessene Rotverschiebungen von nicht weniger als 800 Gx'n enthalten!

Das Hubble-Gesetz wäre Wasser auf die Mühlen der Geozentriker des Altertums und Mittelalters gewesen, erweckt es doch den Eindruck, als stünde die Erde im Mittelpunkt des WA's. Man kann jedoch unschwer zeigen (Teilaufg. a)), daß sich die Gx-Flucht von jedem beliebigen Standpunkt (im WA) aus als die gleiche darstellt. Das ist eine der Forderungen des ‚kosmologischen Prinzips'; die andere haben wir bereits in Aufg. 147 kennengelernt, nämlich die Homogenität (gleiche Massendichte).

a) Wenn das WA als sphärisch gekrümmter, sich ausdehnender (3-dimensionaler) Raum angesehen wird (Aufg. 146), so ist der Hubble-Effekt eine Trivialität. Zeige dies an dem 2-dimensionalen Analogon, an einem kugelförmigen Luftballon, der von einem 3-dimensionalen Wesen aufgeblasen wird.

Anleitung: Zeichne einen Schnitt (ein Viertel-Großkreis genügt) mit Radius R_0 und markiere auf ihm 3 Gx'n mit dem geodätischen Abstand je r_0 (= Kreisbogen!) Eine äußere Gx nimm als Gx des Beobachters. Lasse dann R_0 auf $R' = R_0 + V \cdot t$ anwachsen.

Die Bestimmung von H_0 ist verhältnismäßig schwierig. Während nämlich v_r mit der Rotverschiebung sehr genau bestimmt werden kann, ist die Messung von r – besonders bei großen Entfernungen – mit Unsicherheiten behaftet. Mit den o.a. ‚Normalkerzen' kommt man nur bis ≈ 60 MLJ. Es wurden aber weitere Entfernungsindikatoren gefunden, so daß heute der (Mittel-)Wert von H_0 ziemlich sicher feststeht:

$$H_0 = \frac{18\,\mathrm{kms^{-1}}}{1\,\mathrm{MLJ}} \quad (1\,\mathrm{MLJ} = 10^6\,\mathrm{LJ}) \quad (2).$$

b) Das Hubble-Gesetz wirft sofort die Frage auf: In welcher Entfernung r_H erreicht die Flucht-Gs der Gx'n fast c? r_H heißt ‚Welthorizont'. Zeige mit (1) und (2), daß r_H gleich dem Krümmungsradius R des WA's ist. (Den Wert entnimm Aufg. 146).
Aus diesem Ergebnis folgt, daß R mit Licht-Gs c wächst.

c) Gx'n außerhalb des Welthorizonts sind für uns unsichtbar. Dies gibt wieder ein Rätsel auf, denn nach der relativistischen Gs-Addition (Aufg. 140) muß das Licht von Objekten am Horizont auch mit c zu uns gelangen! Suche den wahren Grund.

Gx'n außerhalb des Welthorizonts, z. B. in der größten geodätischen Entfernung D (Aufg. 146) müßten Überlicht-Gs haben. Da uns von dort kein Licht erreicht, ist eine physikalische Aussage über das Geschehen außerhalb r_H sinnlos. Es ist eine ähnliche Situation wie bei einem Schwarzen Loch, das ebenfalls von einem Horizont umgeben ist: Hier kann Licht über den Horizont jedoch deshalb nicht entweichen, weil die Lichtquanten durch die ungeheuren Gravitationskräfte ins Schwarze Loch ‚zurückfallen'. Trotzdem müssen aber die Massen der Schwarzen Löcher (Aufg. 132) und diejenigen der Gx'n außerhalb r_H zur Masse des WA's mitgezählt werden.

Der Quasar (Aufg. 146) mit dem Namen OQ 172 hat die ansehnliche Flucht-Gs von ≈ 0,9 c und die Entfernung ≈ 15 GLJ, d.h. sein Licht, das heute in unsere Fernrohre gelangt, ist bereits vor 15 Milliarden Jahren ausgesandt worden. Das WA war damals etwa 1/4 so groß wie heute. Wir sehen also bis weit in die Vergangenheit des Universums zurück, und dieser Quasar stellt also das Jungfrauenalter einer Gx dar; so mag also vor so vielen Jahren unser eigenes Milchstraßensystem ausgesehen haben.

Die Ausdehnung des WA's begann also vor mindestens $15 \cdot 10^9$ Jahren, u. zw. durch Explosion aus einem Zustand, in dem die gesamte Materie – in Form gewisser Elementarteilchen (Quarks und X-Teilchen?) – auf sehr kleinem Raum komprimiert war. Diese Explosion wird ‚Urknall' (Big Bang) genannt.

d) Berechne aus H_0 das ‚Weltalter' T_0 (in [a]), also die Zeit, die seit dem Urknall bis heute vergangen ist; H_0 wird als konstant angenommen.
(Denke Dir einfach eine Gx, die sich vor T_0 eng an unserer eigenen befand, und deren Abstand mit konstantem v_r bis heute von 0 auf r angewachsen ist).

Die berechnete ‚Hubble-Zeit' T_0 paßt gut zum Alter von Kugelsternhaufen, das mit 10 bis 12 Milliarden Jahren angegeben wird, und zu obigem Alter der Quasare. Trotzdem ist T_0 zu groß, weil sich nach dem Friedmannschen Weltmodell (Aufg. 146) das Wachstum von R seit dem Urknall stetig verlangsamt hat. Daher ist H_0 eine mit t abnehmende Größe, weswegen man sie heute als ‚Hubble-Parameter' $H_0(t)$ anspricht. Mit der Friedmannschen Formel errechnet sich die ‚Friedmann-Zeit' zu knapp $15 \cdot 10^9$ a.

150. Das Echo des Urknalls

Am 21.5.1965 erschien in der bekannten Tageszeitung ‚New York Times' ein Artikel, der so begann: ‚Wissenschaftler der Bell Telephone Laboratories haben ... das Echo jener Explosion beobachtet, durch die das Universum geboren wurde.' Selbstverständlich handelte es sich nicht um einen Knall oder ein entferntes Donnergrollen, sondern um ein ‚Radiorauschen'. Doch davon später.

Die eigentliche Geschichte begann fast 20 Jahre früher. Einer der Schüler Friedmanns (Aufg. 146) in Leningrad war Gamow, den wir bereits als humorvollen Physiker kennengelernt haben (Aufg. 118). Er äußerte als erster die Idee eines ‚heißen' Urknalls (UK's) des Weltalls (WA's). Seine diesbezügliche Veröffentlichung bietet Anlaß zum Schmunzeln. War es Zufall oder Absicht, daß sie genau am 1. April 1948 in der wissenschaftlichen Zeitschrift ‚Physical Review' (USA) erschien?

(Beachte, daß es in wissenschaftlichen Zeitschriften kaum ‚Zeitungsenten' gibt. Wenn ja, dann sind sie so plump, daß sie selbst der intelligente Laie erkennt. Er wäre aber kein Gamow gewesen, wenn er sich nicht eine geleistet hätte. Sie erschien in einer deutschen physikalischen Zeitschrift. Gamow suchte ~ mit der Sammellinsenwirkung der Raumkrümmung des WA's ~ zu beweisen, warum in früheren Jahrhunderten mehr ‚Gespenster' gesehen wurden als heute. Der Verlag druckte den Artikel in Gamows ulkigem Deutsch ab, weil dadurch die Abhandlung noch witziger wirkte).

Zurück zu Gamows Veröffentlichung von 1948. Sie war zwar keine Ente, aber er meinte, daß ein so wichtiger Artikel über den Anbeginn des Universums mit den ersten 3 Buchstaben des griechischen Alphabets bezeichnet werden müßte und nannte ihn also ‚α-β-γ-Theorie'. Mitverfasser war sein Mitarbeiter Ralph Alpher. Da Alpha und Gamma auch die verballhornten Familiennamen Alpher und Gamow sein könnten, brauchte er noch einen Namen, der wie Beta klingt. Er setzte also kurzerhand den deutschstämmigen amerikanischen Physiker Hans Albrecht Bethe (* 1906, NPP 1967) als weiteren Mitautor ein. Bethe hatte aber mit dieser Arbeit gar nichts zu tun. Gamow war um eine Ausrede nicht verlegen. Er erklärte, hinter Bethes Namen (in absentia) geschrieben zu haben, was dann aber offenbar nicht abgedruckt wurde. (Vor derlei Scherzen waren sich Gamows Kollegen nie sicher).

Nach der α-β-γ-Theorie war das winzige WA beim UK sehr heiß und daher ~ neben anderen Teilchen ~ auch mit sehr kurzwelligen Lichtquanten erfüllt. Gamow behauptete nun, daß diese Photonen heute noch als ‚Nachhall' der Urexplosion vorhanden sein müssen, u. zw. homogen über das WA verteilt und ‚abgekühlt', d. h. viel langwelliger, entsprechend der heutigen Temperatur von ≈ 10 K.

Diese mit der Abkühlung des WA's einhergehende ‚Alterung des Lichts' wurde bereits 1931 von dem deutschen Physiker Max von Laue (1879 - 1960, NPP 1914) als direkte Folge der Ausdehnung berechnet. Er gewann die Formel:

$$f(t) \cdot R(t) = \text{konst.} \qquad (1).$$

Mit zunehmendem Krümmungradius des WA's wird also die Frequenz f der Photonen kleiner (bzw. λ größer).

M.v. Laue

Die Lauesche Beziehung läßt sich leicht herleiten: Wächst R in einer bestimmten Zeitspanne auf das n-fache, so ver-n-facht sich auch λ eines Lichtwellenzuges in derselben Zeit; es besteht also die Proportionalität:

$$\lambda = k \cdot R \Rightarrow \frac{c}{f} = k \cdot R \Rightarrow f \cdot R = \frac{c}{k} = \text{konstant}.$$

Die strenge Herleitung muß allerdings relativistisch erfolgen, das Ergebnis bleibt aber dasselbe.

Für sehr ferne Objekte wirken Lauesche Beziehung und Rotverschiebung durch Doppler-Effekt zusammen, was die Entfernungsbestimmung erschwert.

Die Abnahme von f bedeutet, daß auch die Energie der Photonen kleiner wird; dafür nimmt aber die Gravitationsenergie des WA's entsprechend zu.

Seit 1948 wurde zwar nach dem ‚Echo' des UK's, also nach den von Gamow vorausgesagten Mikrowellen gesucht, jedoch nicht besonders eifrig. Erst 1964 entdeckten die amerikanischen Physiker Robert Wilson (* 1936) und Arno Penzias (der Bell Telephone Laboratories) durch Zufall eine schwache Radiostrahlung (cm-Wellen), die aus allen Richtungen des Himmels kam. Sie deuteten sie als ‚Hintergrundstrahlung' im Gamowschen Sinn. Später konnten noch intensivere Mikrowellen (λ bis hinunter zu 0,6 mm) von Ballons und Raketen aus gemessen werden. Sie alle entsprechen einer Strahlung eines (sog. schwarzen) Körpers von ≈ 3 K. Genau diese Temperatur wurde von einer (verbesserten) Theorie vorausgesagt.

Wilson und Penzias erhielten 1978 den NPP; Gamow, dem gewiß ein Teil gebührt hätte, starb bereits 10 Jahre vorher.

Für die allerletzten Aufg. dieses Buchs benötigen wir noch eine Formel aus der Strahlungstheorie. Ein ‚schwarzer Körper' (der das höchste Emissionsvermögen hat) strahlt ein kontinuierliches Spektrum elektromagnetischer Wellen ab. Die intensivste Strahlung innerhalb dieses Spektrums hat eine Wellenlänge λ_m, die der absoluten Temperatur T des Strahlers umgekehrt proportional ist. Es gilt das ‚Wiensche Verschiebungsgesetz':

$$\lambda_m \cdot T = 3\cdot 10^{-3}\,\text{mK} \qquad (2);$$

(die Konstante ist geringfügig aufgerundet). Der deutsche Physiker Wilhelm Wien (1864-1928, NPP 1911) fand dieses Gesetz 1893.

a) Berechne mit (2) λ_m und die zugehörige Frequenz f_m der intensivsten Radiostrahlung innerhalb der heutigen Hintergrundstrahlung (3K-Strahlung).

b) Die Zeitdauer seit dem Urknall (Aufg. 149d)) teilt man in 8 Epochen ein, deren Längen sich enorm unterscheiden. Die ersten dauerten nur Bruchteile einer [s], die 5. Epoche ging 100s nach dem UK zu Ende, die 6. Epoche nach 30 min. In der 7. Epoche (30 min bis 10^6a) bildeten sich die ersten neutralen Atome (mit H und He beginnend). Da Photonen nur mit geladenen Teilchen wechselwirken können, entkoppelte sich von da ab die Strahlung von der Materie, begann ein Eigenleben zu führen und sich abzukühlen. Das WA war damals immerhin schon 300 000 a alt.

Berechne mit (1) und dem Ergebnis von a) f_1 und λ_1 zum damaligen Zeitpunkt des WA's; (beachte, daß nach Aufg. 149b) R mit c wächst). Wie groß war die Temperatur dieses kleinen Universums, wenn λ_1 die Wellenlänge der intensivsten Strahlung war?

Mit Beginn der 8. Epoche, in der wir heute noch leben, bildete sich aus anfänglichen örtlichen Materieverdichtungen die heutige Struktur des WA's heraus. Für seine Zukunft ist die kritische Dichte ϱ_K (Aufg. 147) entscheidend. Gleichgültig, ob die heutige Dichte $\varrho \gtreqless \varrho_K$ ist, für die nächsten Milliarden Jahre werden wir weiter in der 8. Epoche der Sterne und Galaxien leben. Und wenn sich dann das WA kosmologisch zu ändern beginnt, wird das Menschengeschlecht wahrscheinlich längst (durch Selbstzerstörung?) ausgestorben sein.

LÖSUNGEN

1

Es sei F_1 die Stelle, an der M zum 1. Mal fragte. Nach Vaters Antwort ist $\overline{KF_1} = \overline{F_1B}$, und daher benötigte die Familie von K nach B 0,5 h. Da jedoch die gesamte reine Fahrzeit 1 h war (die Pause in B muß abgezogen werden), folgt:

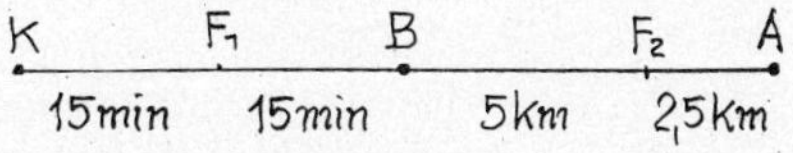

‖ B liegt in der Mitte von $\overline{KA}$.

F_2 sei der Ort, wo M seine 2. Frage stellte; nach Mutters Aussage ist $\overline{F_2A} = 2{,}5$ km, $\overline{BA}$ also gleich 7,5 km. Daraus ergeben sich die Antworten:

‖ Die gesamte Fahrstrecke ist $\overline{KA} = 15$ km.
‖ Die Fahr-Gs betrug 15 $\text{km}\cdot\text{h}^{-1}$.

2

Im Punkt A (= Mitte von $\overline{PQ}$) passierte die Panne; da war es gerade 7^{30} Uhr. R geht mit der Fußgänger-Gs (v_F) 1 km weiter bis zum Überholpunkt Ü in der Zeitdauer t*. Da die Moped-Gs $v_M = 2v_R = 4v_F$ ist, muß M während t* den 4-fachen Weg (wie R) zurückgelegt haben; also ist $\overline{PÜ} = 4$ km, woraus $\overline{PA} = 3$ km folgt. Damit haben wir das 1. Ergebnis:

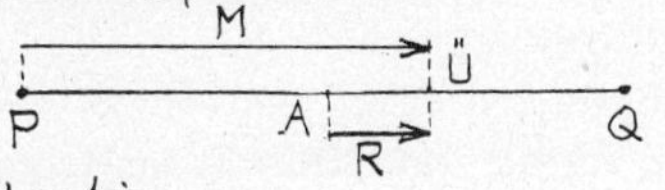

‖ Der Schulweg PQ ist 6 km lang.

Zu $\overline{PA}$ benötigt R 15 min (von 7^{15} bis 7^{30} Uhr), demnach zur ganzen Strecke 30 min. M braucht die Hälfte dieser Zeit. Daraus folgt:

‖ R und M treffen normalerweise um 7^{45} Uhr an der
‖ Schule ein. Der Unterricht beginnt um 7^{50} Uhr.

Durch Kopfrechnung findet man:

‖ $v_R = 12\,\text{km}\cdot\text{h}^{-1}$; $v_M = 24\,\text{km}\cdot\text{h}^{-1}$; $v_F = 6\,\text{km}\cdot\text{h}^{-1}$.

Zum Zurücklegen des einen km braucht R $\frac{1}{6}$ h = 10 min; 2 km hat er noch von Ü bis zur Schule. Also sind die restlichen Antworten:

‖ M überholt R um 7^{40} Uhr. R kommt 10 min zu spät.

3

a) Mit 1,5 h täglicher Brenndauer reicht die dicke Kerze $12:1,5 = 8$ Tage. Da die dünne doppelt so schnell abbrennt, darf sie täglich nur $1,5\,h : 2 = 0,75\,h$ brennen:

‖ Mit beiden Kerzen kommt die kleine Familie 8 Tage lang aus, wenn die dicke täglich 1,5 h, die dünne 45 min brennt.

b) ‖ Nach 4 h Brenndauer ist die dünne Kerze bis auf ⅓ ihrer (ursprünglichen) Länge, die dicke auf ⅔ der Länge abgebrannt.

Will man mit Gleichungen arbeiten, so stellt man zunächst die Abbrenn-Gs'n fest:

Dünne Kerze: $v_1 = \frac{\ell}{6}$ pro $h = \frac{\ell}{6} h^{-1}$;

dicke Kerze: $v_2 = \frac{\ell}{12} h^{-1}$;

(ℓ ist die Kerzenlänge). Nach der Zeitdauer t (vom Anzünden an gerechnet) haben sie also die Höhen:

Dünne: $\ell - \frac{\ell}{6} t [h^{-1}]$; dicke: $\ell - \frac{\ell}{12} t [h^{-1}]$;

die Fragestellung gibt die Bestimmungsgleichung für t:

$$2\left(\ell - \frac{\ell}{6} t [h^{-1}]\right) = \ell - \frac{\ell}{12} t [h^{-1}] \Rightarrow$$

$$2 - \frac{1}{3} t [h^{-1}] = 1 - \frac{1}{12} t [h^{-1}] \Rightarrow \frac{3}{12} t [h^{-1}] = 1 \Rightarrow$$

$$\frac{1}{4} t = 1\,h \Rightarrow \underline{\underline{t = 4\,h}}.$$

4

a) Der Schall braucht bis zum Zuschauer:

$$t_1 = \frac{s_1}{v} = \frac{60\,m}{340\,ms^{-1}} \approx 0,176\,s = \underline{\underline{176\,ms}}.$$

Die Laufzeit für das elektrische Signal wird:

$$t_2 = \frac{s_2}{c} = \frac{600\,km}{3 \cdot 10^5\,km\,s^{-1}} = 2 \cdot 10^{-3}\,s = \underline{\underline{2\,ms}}.$$

‖ Der Radiohörer hört den Schuß früher (um ≈ 174 ms) als der Zuschauer im Stadion.

‖ Das Pulverwölkchen muß der Besucher im Stadion selbstverständlich etwas früher sehen als der Fernsehzuschauer.

Da 60 m der 10^4-te Teil von 600 km ist, beträgt die Laufzeit des Lichts im Stadion:

$$t_3 = t_2 \cdot 10^{-4} = 2 \cdot 10^{-3} \cdot 10^{-4}\,s = 200 \cdot 10^{-9}\,s = \underline{\underline{200\,ns}}.$$

b) Nach der Formel $h = v \cdot t$ berechnet sich die Fülldauer:

$$t = \frac{h}{v} = \frac{1500\,mm}{3\,mm \cdot min^{-1}} = 500\,min = \underline{\underline{8\tfrac{1}{3}\,h}}.$$

Das Durchflußvolumen V (pro s) ist der Quotient Beckeninhalt durch t:

$$V = \frac{10 \cdot 4 \cdot 1,5 \cdot 10^3\,\ell}{500 \cdot 60\,s} = \frac{6 \cdot 10^4}{3 \cdot 10^4}\,\ell \cdot s^{-1} = \underline{\underline{2\,\ell \cdot s^{-1}}}.$$

Für v_S gilt:

$$\pi r^2 \cdot v_S = 2\,\ell s^{-1} \Rightarrow v_S = \frac{2 \cdot 10^3\,cm^3 \cdot s^{-1}}{\pi \cdot 1^2 \cdot cm^2}$$

$$v_S = \frac{20}{\pi} 10^2\,cm \cdot s^{-1} \approx \underline{\underline{6,37\,ms^{-1}}}.$$

5

Nach dem Weg-Zeit-Gesetz der gleichförmigen Bewegung gilt:

$$v = \frac{s_1}{t_1} \approx \frac{2100\,sm}{35\,h} = \underline{\underline{60\,kn \approx 111\,km\,h^{-1} \approx 30,8\,ms^{-1}}}.$$

Mit der gleichen Formel wird:

$$t_2 = \frac{s_2}{v} \approx \frac{1900\,sm}{60\,sm \cdot h^{-1}} \approx \underline{\underline{31,7\,h}}.$$

6

Vom 3.3. bis 31.3. (je einschl.) sind es 29 d; dazu kommen bis 31.12.1972 4 Monate zu je 30 d und 5 Monate zu je 31 d. Insges. flog P im Jahre 1972

$$(29 + 4 \cdot 30 + 5 \cdot 31)\,d = 304\,d.$$

Im Jahre 1973 waren es $(365 - 28)\,d = 337\,d$; (der 3.12. gilt noch als Flugtag). Der Weg s wird damit:

$$s = v t_1 = 18 [km\,s^{-1}] \cdot (304 + 337)\,d =$$
$$= 18 \cdot 10^3 \cdot 641 \cdot 24 \cdot 3600\,m = 18 \cdot 6,41 \cdot 2,4 \cdot 3,6 \cdot 10^9\,m \approx$$
$$\approx 996,88\,Gm \approx \underline{\underline{997\,Gm}}.$$

s' berechnet sich zu:

$$s' = c t_2 = 3 \cdot 10^8 [ms^{-1}] \cdot 55\,min = 3 \cdot 10^8 \cdot 55 \cdot 60\,m =$$
$$= 165 \cdot 6 \cdot 10^9\,m = \underline{\underline{990\,Gm}}.$$

‖ s' ist deshalb < s, weil P auf einer gekrümmten Bahn flog, während die Mikrowellen geradlinig zur Erde gelangten.

Im Jahre 1973 war P noch 28 d unterwegs. Dann folgten bis zum 31.12.1982 7 Jahre zu je 365 d und 2 Schaltjahre. Im Jahre 1983 flog P $(3 \cdot 31 + 30 + 28 + 13)\,d = 164\,d$. Vom Jupiter bis zur Neptunbahn dauerte also die Reise insges.:

$$(28 + 7 \cdot 365 + 2 \cdot 366 + 164)\,d = 3479\,d.$$

Für die Durchschnitts-Gs (von Jupiter an) ergibt sich:

$$v_1 \approx \frac{5700\cdot 10^9\,m - 997\cdot 10^9\,m}{3479\,d} = \frac{4703\cdot 10^6\,km}{3479\cdot 24\cdot 3600\,s} =$$

$$= \frac{4703}{34{,}79\cdot 2{,}4\cdot 3{,}6}\,kms^{-1} \approx \underline{\underline{15{,}65\,kms^{-1}}}.$$

7

a) Da der große Zeiger in 60 min 360° ≙ 2π überstreicht, ist

$$\omega_g = \frac{2\pi}{60\,min} = \frac{\pi}{30}\,min^{-1} \approx \underline{\underline{0{,}105\,min^{-1}}}.$$

Für den kleinen Zeiger gilt:

$$\omega_k = \frac{\omega_g}{12} \approx \frac{105\cdot 10^{-3}}{12}\,min^{-1} \approx \underline{\underline{8{,}75\cdot 10^{-3}\,min^{-1}}}.$$

Die Bahn-Gs'n errechnen sich damit:

$$v_g = \omega_g\cdot r_g \approx 0{,}105[min^{-1}]\cdot 3{,}3\,m = \frac{0{,}105}{60}\,3300\,mms^{-1} =$$

$$= 0{,}105\cdot 55\,mms^{-1} \approx \underline{\underline{5{,}8\,mms^{-1}}}.$$

$$v_k = \omega_k\cdot r_k \approx \frac{8{,}75\cdot 10^{-3}}{60}\,2910\,mms^{-1} \approx 424\cdot 10^{-3}\,mms^{-1}$$

$$\underline{\underline{v_k \approx 424\,\mu ms^{-1}}}.$$

b) In 1h macht ein Rad soviele Umdrehungen wie sein Umfang $2\pi r$ in 16 km enthalten ist:

$$f = \frac{16\,km}{2\pi r}\,h^{-1} = \frac{16\cdot 10^5\,cm}{\pi\cdot 28\cdot 2{,}54\,cm}\cdot\frac{1}{3600}\,s^{-1} =$$

$$= \frac{1000}{\pi\cdot 7\cdot 2{,}54\cdot 9}\,s^{-1} \approx \underline{\underline{2\,s^{-1}}}.$$

c) Die Abspritz-Gs der Wasserteilchen ist gleich der Bahn-Gs v eines Punkts am Trommelmantel:

$$v = \omega\cdot r = \underline{2\pi f r} = 2\pi\,\frac{1000}{1\,min}\,0{,}25\,m = \frac{500\pi}{60}\,ms^{-1}$$

$$\underline{\underline{v \approx 26{,}2\,ms^{-1}}}.$$

8 *

a) 1d ist die Zeitspanne, die zwischen 2 aufeinanderfolgenden Kulminationen (Höchstständen) der Sonne (für ein und denselben Ort der Erde) vergeht. Die Abb. zeigt eine Draufsicht aus dem Weltall (Fixsternsystem) auf die Erdbahn e um die Sonne. Da wir nur näherungsweise rechnen, soll e ein Kreis um die Sonne S sein.

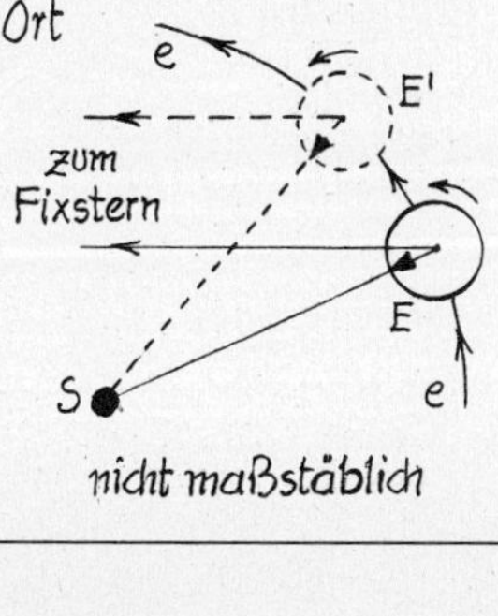

nicht maßstäblich

In 1d hat sich die Erde E bis in die Stellung E' bewegt; hierbei hat sie sich – bezogen auf das Fixsternsystem – offensichtlich etwas mehr als um 360° gedreht (s. Visiergeraden in der Abb.) Der 360° übersteigende Winkel sei α; e wird in ≈ 365 d einmal durchlaufen, und während dieser Zeit vollführt E eine zusätzliche Drehung um ihre Achse. Daraus folgt:

$$365\,\alpha = 360° \Rightarrow \alpha = \frac{360°}{365} \approx 1°.$$

Es entsprechen sich demnach bei E:

$$361° \mathrel{\widehat{=}} 1d = 24h = 1440\,min \Rightarrow$$

$$1° \mathrel{\widehat{=}} \frac{1440}{361}\,min \approx \underline{\underline{4\,min}}.$$

1 Sterntag ($1d_s$) ist ≈ 4 min kürzer als 1d. (Der genaue Wert ist 3 min 56,6 s).

b) Für den Wert der Winkel-Gs folgt:

$$\omega = \frac{2\pi}{\underline{1d_s}} \approx \frac{2\pi}{(24\cdot 60 - 4)\,min} = \frac{2\pi}{1436\cdot 60}\,s^{-1} =$$

$$= \frac{\pi}{1{,}436\cdot 0{,}3}\,10^{-5}\,s^{-1} \approx \underline{\underline{7{,}3\cdot 10^{-5}\,s^{-1}}}.$$

c) Für die Bahn-Gs v_0 errechnen wir:

$$v_0 = \underline{\omega\cdot r_E} \approx 7{,}3\cdot 10^{-5}[s^{-1}]\cdot 6{,}37\cdot 10^3\,km \approx$$

$$\approx 46{,}5\cdot 10^{-2}\,kms^{-1} = \underline{\underline{465\,ms^{-1}}}.$$

Aus der nebenstehenden Abb. geht hervor, daß r_1 der Drehradius für einen Punkt F auf dem 50. Breitenkreis ist. Mit $r_1 = r_E\cdot\cos 50°$ wird

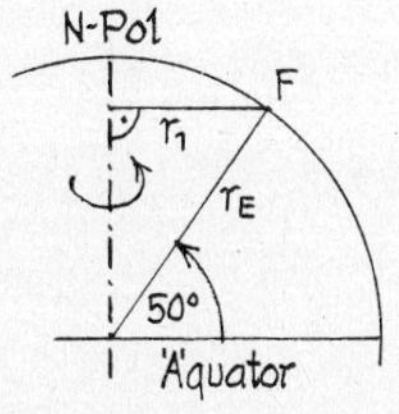

$$v_1 = \omega\cdot r_1 = \omega r_E\cdot\cos 50° =$$

$$= \underline{v_0\cos 50°} \approx \underline{\underline{299\,ms^{-1}}}.$$

9

a) Die Bewegungsgleichung für den 2. Körper ist:

$$\underline{s_{II} = s_1 + u(t - t_1)};$$

(Für $t = t_1$ wird nämlich $s_{II} = s_1$; für $t > t_1$ nimmt s_{II} ab, da u negativ ist).

Für t_2 müssen beide Wegfunktionen denselben Wert annehmen (s_I siehe Text):

$$s_I(t_2) = s_{II}(t_2) \Rightarrow v t_2 = s_1 + u(t_2 - t_1) \Rightarrow$$

$$t_2(v - u) = s_1 - u t_1 \Rightarrow \underline{t_2 = \frac{s_1 - u t_1}{v - u}};$$

mit Werten:

$$t_2 = \frac{(20+6\cdot 1{,}5)\,m}{(3+6)\,ms^{-1}} = \frac{29}{9}\,s = \underline{\underline{3{,}\bar{2}\,s}}.$$

$$s_2 = \underline{v t_2} = 3\cdot 3{,}\bar{2}\,m = \underline{\underline{9{,}\bar{6}\,m}}.$$

(Die 2. Formel $s_2 = s_1 + u(t_2 - t_1)$ führt zum selben Ergebnis).

b) Für $t = t_3$ wird $s_{II} = 0$:

$$s_{II}(t_3) = 0 \Rightarrow s_1 + u(t_3 - t_1) = 0 \Rightarrow ut_3 = ut_1 - s_1 \Rightarrow$$

$$\underline{t_3 = t_1 - \frac{s_1}{u}};$$

Einsetzen der Werte ergibt:

$$t_3 = 1{,}5\,s + \frac{20}{6}\,s = \underline{\underline{4{,}8\bar{3}\,s}}.$$

10 *

a) Die Graphen der 3 Züge haben ~ in den Einheiten des Systems ~ folgende Steigungen m: $m_G = 0{,}5$; $m_D = 2$; $m_P = -1$. Den Graphen des DZ zeichnen wir zunächst strichliert von A aus und verschieben ihn dann parallel durch den Punkt F.

Abb.1

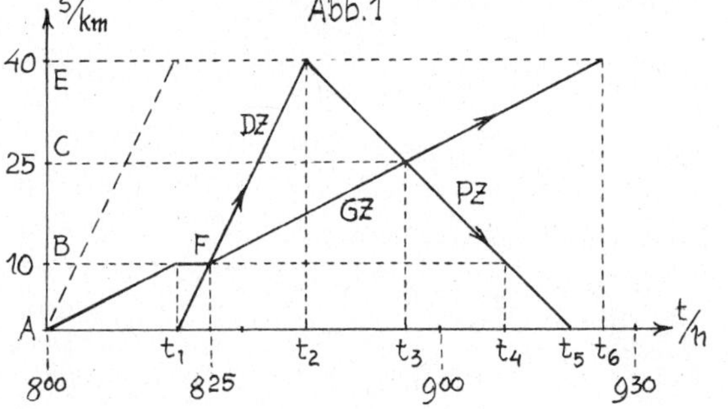

Wir lesen ab:

GZ: Ab A 8^{00}; Aufenthalt in B von 8^{20} bis 8^{25}; an C 8^{55}; an E 9^{25}.
DZ: Ab A 8^{20}; an E 8^{40}.
PZ: Ab E 8^{40}; an C 8^{55}; an B 9^{10}; an A 9^{20}.
Derjenige der beiden Züge (PZ und GZ), der früher in C ankommt, muß warten.

In einigen der folgenden Rechnungen sind die zusammengehörigen Benennungen km, h, km h^{-1} zunächst weggelassen; $t_1, t_2, \ldots$ (s. Abb. 1) sind Zeitspannen (von 8^{00} an), werden aber im Ergebnis in Uhrzeiten ‚übersetzt'.

Die Ankunft des GZ in B läßt sich im Kopf ausrechnen: Er braucht für 10 km $\frac{1}{3}$h = 20 min; also kommt er 8^{20} an; 8^{25} fährt er weiter.

Die Bewegungsgleichung des GZ (von F an) lautet: $s_G - 10 = 30(t - \frac{5}{12})$; daraus folgt für $s_3 = 25$ km:

$$25 - 10 = 30\left(t - \frac{5}{12}\right) \Rightarrow t_3 = \left(\frac{1}{2} + \frac{5}{12}\right)h = \frac{11}{12}h \mathrel{\hat=} \underline{\underline{8^{55}}};$$

für $s_6 = 40$ km wird:

$$40 - 10 = 30\left(t_6 - \frac{5}{12}\right) \Rightarrow t_6 = \left(1 + \frac{5}{12}\right)h \mathrel{\hat=} \underline{\underline{9^{25}}}.$$

Der DZ benötigt für 10 km die Zeitdauer $\frac{1}{12}$h; also fährt er in A um 8^{20} ab; er kommt nach $\frac{1}{3}$h, um 8^{40} ($\hat{=}\, t_3$) in E an.

Für den PZ gilt die Gleichung $s_P = 40 - 60(t - \frac{2}{3})$; für $s_3 = 25$ km wird:

$$25 = 40 - 60\left(t_3 - \frac{2}{3}\right) \Rightarrow t_3 = \left(\frac{1}{4} + \frac{2}{3}\right)h \mathrel{\hat=} \underline{\underline{8^{55}}};$$

für $s_4 = 10$ km gilt:

$$10 = 40 - 60\left(t_4 - \frac{2}{3}\right) \Rightarrow t_4 = \left(\frac{1}{2} + \frac{2}{3}\right)h \mathrel{\hat=} \underline{\underline{9^{10}}};$$

schließlich wird für $s_5 = 0$ km:

$$0 = 40 - 60\left(t_5 - \frac{2}{3}\right) \Rightarrow t_5 = \left(\frac{2}{3} + \frac{2}{3}\right)h \mathrel{\hat=} \underline{\underline{9^{20}}}.$$

Es gibt völlige Übereinstimmung mit den abgelesenen Zeiten.

b) Man zeichnet die Graphen der Züge in der Reihenfolge: GZ, DZ, PZ.

Abb.2

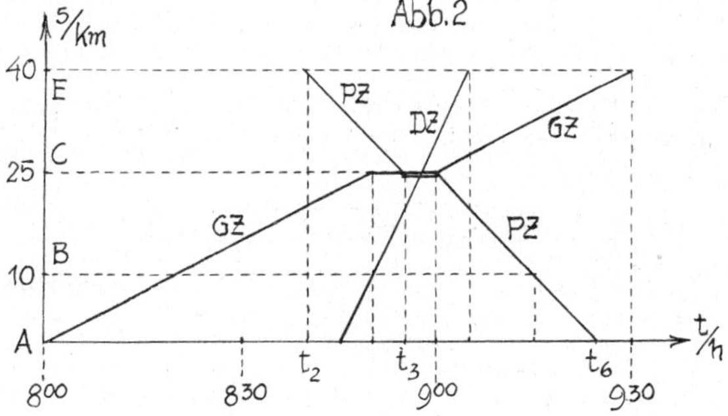

Wir lesen aus Abb. 2 ab:

GZ: Ab A 8^{00}; an C 8^{50}; ab C 9^{00}; an E 9^{30}.
DZ: Ab A 8^{45}; an E 9^{05}.
PZ: Ab E 8^{40}; an C 8^{55}; ab C 9^{00}; an B 9^{15}; an A 9^{25}.

Während GZ und PZ in C warten, rast der DZ durch (um $\approx 8^{57}$). Die Verspätung des DZ zieht eine 5-minütige des GZ (in E) und eine ebenso große des PZ (in B und A) nach sich.

Im Kopf: Der GZ durchfährt die 25 km bis C in $\frac{5}{6}$ h, kommt also um 8^{50} an. Wenn er um 9^{00} weiterfährt, braucht er bis E $\frac{1}{2}$ h, die Ankunft ist 9^{30}.

Der DZ benötigt von A bis E 20 min; daher ist: Abfahrt in A 8^{45}, Ankunft in E 9^{05}.

Der PZ braucht von E (ab 8^{40}) bis C $\frac{1}{4}$ h, also Ankunft in C 8^{55}; er hält bis 9^{00} und fährt bis B ebenfalls $\frac{1}{4}$ h (an B 9^{15}). Für die 10 km bis A ist die Fahrzeit $\frac{1}{6}$ h, also kommt er um 9^{25} an.

11 *

Die bei den einzelnen Schritten notwendigen Weichenumstellungen sind trivial und werden deshalb nicht gesondert angeführt. Die Schritte sind:

1. L fährt über W_2 nach A, fährt rückwärts über W_2 und drückt 2 über W_3 auf das Gleisstück W_3P.
2. L fährt (allein) über W_2 nach A, zaucht über W_2 und W_1 zurück nach B; L fährt vorwärts über W_1 auf das GD und drückt 1 an 2 heran; 2 wird an 1, und 1 an L angekoppelt.
3. L fährt (mit 1 und 2) rückwärts über W_1 nach B, kehrt um und schiebt 1 und 2 geradeaus über W_1 und W_2 nach A; 2 wird abgekoppelt und bleibt stehen.
4. L dampft mit 1 geradeaus über W_2 und W_1 nach B, kehrt um und schiebt 1 über W_1 auf das Endstück W_3P; 1 wird abgehängt und bleibt am Ort.
5. L fährt über W_1 nach B, macht kehrt und fährt geradeaus (über W_1 und W_2) nach A, wo 2 angekoppelt wird.
6. L zaucht mit 2 über W_2 und W_1 zurück bis B, kehrt um und drückt 2 über W_1 auf das Gleisstück W_1W_3; hier wird 2 abgehängt und bleibt endgültig stehen.
7. L stößt über W_1 nach B zurück und koppelt den dort stehenden Zug an.
8. L fährt mit dem ganzen Zug über W_1 und W_2 (genügend weit) nach A hinaus und drückt dann den Zug zurück über W_2 nach W_3; 1 wird an den letzten Waggon angekoppelt.
9. Nun kann der Zug seine Fahrt nach A fortsetzen.

12

a) In Abb. 1 stellt der ausgezogene Graph den (normalen) Weg des Fahrrads, der langgestrichelte den des Autos dar – beide vom Büro aus. Frau F fährt also mit der Durchschnitts-Gs $v = 16\ \text{kmh}^{-1}$, Herr F mit $u = 48\ \text{kmh}^{-1}$; es ist demnach $u = 3v$. Fahren beide zur gleichen Zeit ab, so treffen sie sich in $\frac{1}{4}$ der Strecke (vom Büro aus). Das zeigt auch der kurzgestrichelte Graph; B ist der Begegnungspunkt, im Punkt C sind sie daheim.

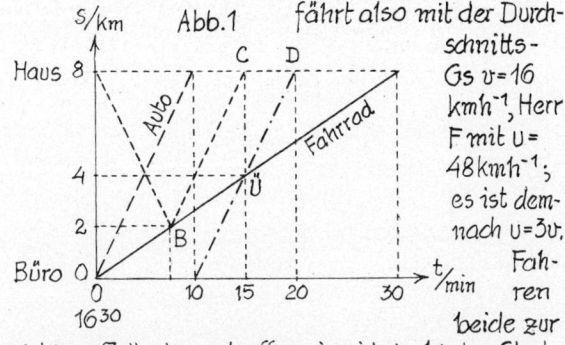

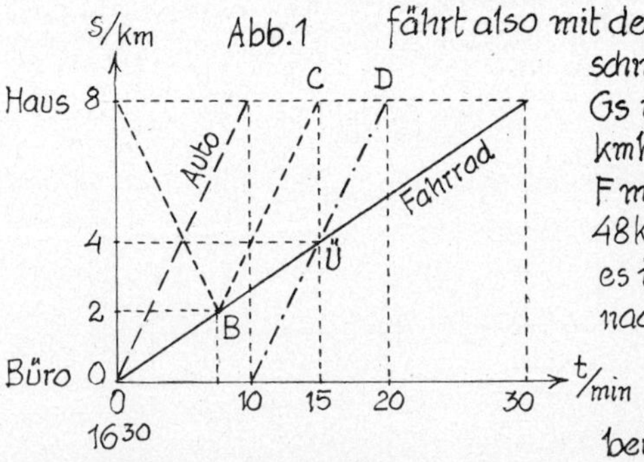

Abb. 1

‖ Das Ehepaar begegnet sich bei km 2 (vom Büro aus) um $16^{37,5}$ und ist um 16^{45} zu Hause.

b) Als Herr F um 16^{40} (vom Büro) wegfuhr, war seine Frau bereits die Strecke $\frac{8}{3}$ km ‚geradelt'. Bis zum Überholpunkt Ü (Abb. 1) fuhr sie dann noch die Strecke x, ihr Mann die Strecke $3x$ (strichpunktierter Graph); es muß also gelten:

$$\frac{8}{3}\text{km} + x = 3x \Rightarrow x = \frac{4}{3}\text{km} \Rightarrow 3x = 4\ \text{km}.$$

‖ Herr F holt seine Gattin bei km 4 (Hälfte des Wegs) um 16^{45} ein. Beide sind dann um 16^{50} daheim.

c) Frau F geht die 2 km bis zur Gaststätte G (Abb. 2) in 20 min (ausgezogener Graph). Herr F, der sofort nach dem Telefonat um 16^{50} von zu Hause wegfährt, benötigt für die 6 km 7,5 min (gestrichelter Graph). Dann fährt er nochmals 7,5 min nach Hause.

Abb. 2

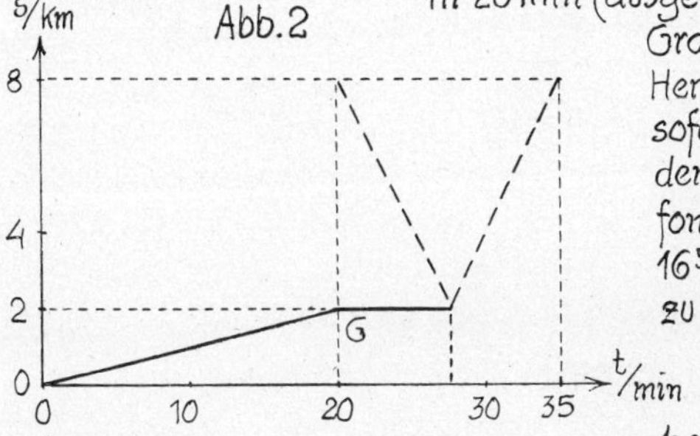

‖ Herr F traf um $16^{57,5}$ an G ein, und um 17^{05} war das Ehepaar diesmal daheim.

13 *

a) Mit Kopfrechnen: Der Treffpunkt von Mutter und

Tochter sei T. Wenn die Mutter nun am T sagt: „Ich fahre noch zum B einen Brief aufgeben und komme zurück, warte du so lange hier und ruhe dich aus", so würden sie zur normalen Zeit zu Hause sein (s. den strichlierten Graphen in der Abb.) Wenn jedoch die Mutter am T sofort umkehrt, dann kommen sie $\frac{1}{3}$h früher daheim an; also hätte Brigitte $\frac{1}{3}$h am T warten müssen, d.h. die Mutter hätte vom T zum B und zurück diese Zeit benötigt. Sie fährt also vom T zum B $\frac{1}{6}$h und kommt dort normalerweise um 14^{00} an. Da Brigitte $1\frac{1}{6}$h vor 14^{00} am B wegging, ist ihre Gehzeit:

$$t_G = (1\tfrac{1}{6} - \tfrac{1}{6})\,h = \underline{1\,h}.$$

Mit Diagramm: Es sei t_A die Fahrzeit des Autos vom Wohnhaus bis T, t_B die Fahrdauer von T bis B. Dann liest man aus der Zeichnung folgende Gleichungen ab:

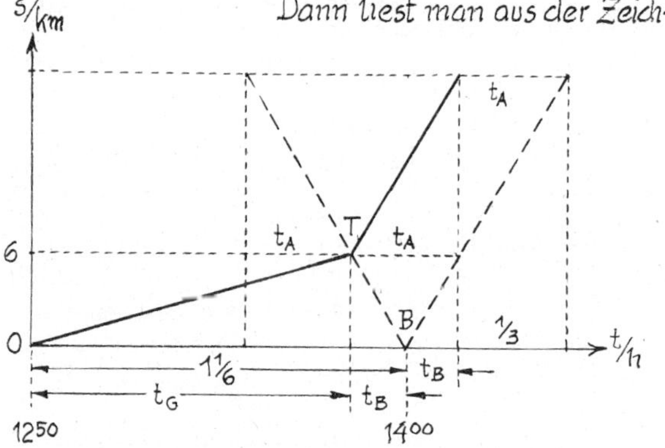

$$t_G + t_A + \frac{1}{3}h = 1\frac{1}{6}h + t_B + t_A \Rightarrow t_G - t_B = \frac{5}{6}h$$

$$t_G + t_B = 1\frac{1}{6}h;$$

aus beiden Gleichungen folgt durch Addition:

$$2t_G = 2h \Rightarrow \underline{t_G = 1\,h}.$$

b) Mit diesem Ergebnis lösen sich die weiteren Fragen in der gegebenen Reihenfolge mit Leichtigkeit:

‖ Brigittes durchschnittliche Geh-Gs war $6\,kmh^{-1}$.

Für die 6 km von T nach B braucht die Mutter $t_B = \frac{1}{6}h$; daraus folgt.

‖ Die Mutter fährt im Durchschnitt mit $36\,kmh^{-1}$.

Da $t_A = 2t_B = \frac{1}{3}h$ ist, wird $t_G + t_A = 1\frac{1}{3}h$; diese Zeitspanne muß zu 12^{50} dazugezählt werden:

‖ Mutter und Tochter kamen diesmal schon um 14^{10} daheim an.

In $t_A = \frac{1}{3}h$ fährt das Auto 12 km; also folgt:

‖ Vom B bis zum Forsthaus sind es 18 km.
Brigitte hätte zu Fuß 3h bis nach Hause gebraucht.
Normalerweise kamen Mutter und Tochter um 14^{30} zu Hause an.

14 *

Der Graph des Güterzugs (Abb.1) beginnt mit der Steigung (m) 0 und endet mit m = 0. Theoretisch könnte m hohe Werte erreichen, praktisch wird m den Wert 2 (≙ $80\,kmh^{-1}$) kaum übersteigen.

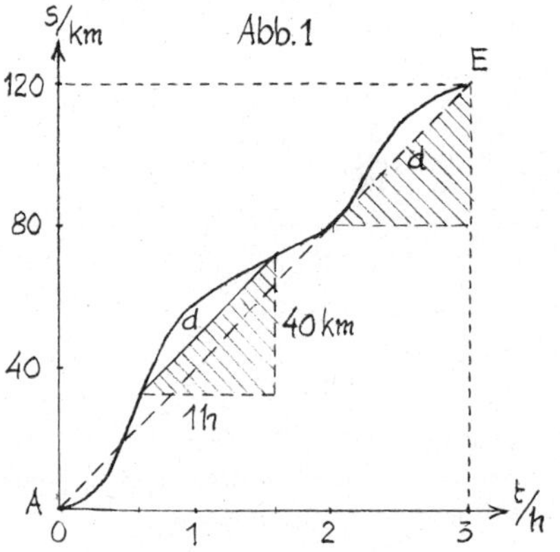

Das Steigungsdreieck (in Abb.1 schraffiert) hat die Hypotenuse $d = \frac{1}{3}\overline{AE}$. Wenn es gelingt, dieses Dreieck parallel so zu verschieben, daß die Endpunkte von d auf 2 Punkte des Graphen fallen, ist die Aufg. gelöst. (In Abb.1 gibt es sogar 2 Lösungen).

In Abb. 2 liegt AE waagrecht, und der Graph muß jetzt mit m = −1 beginnen und enden.

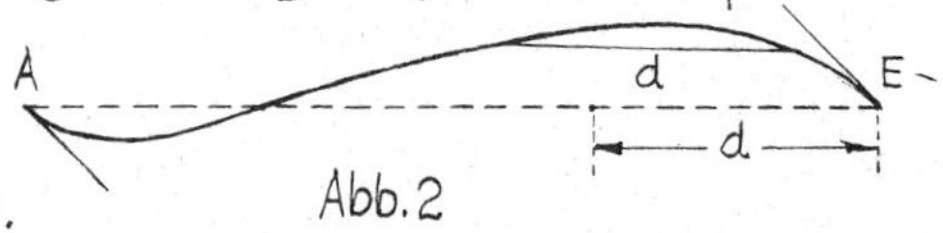

Abb. 2

Ansonsten muß gelten: $-1 \leq m \leq 0{,}33$; (der letzte Wert entspricht der Gs ≈ $80\,kmh^{-1}$). AE muß mindestens 1-mal vom Graphen geschnitten werden; d läßt sich dann immer in einen der 2 Bogen parallel zu AE hineinschieben. (U.U. gibt es mehr als 1 Lösung).

Der Graph kann (wegen der Steigungen in A und E) nur eine ungerade Zahl von Schnittpunkten mit AE haben; (für Berührungs-Punkte gibt es keine Einschränkung). Bei 3 Schnittpunkten sind u.U. auch mehr als 1 Einschiebung von d in einen Kurvenbogen möglich. (Bei einer geeigneten Sinuslinie kann es ∞ viele Lösungen geben).

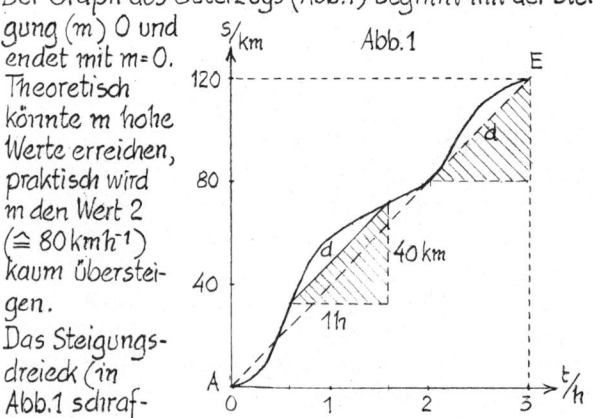

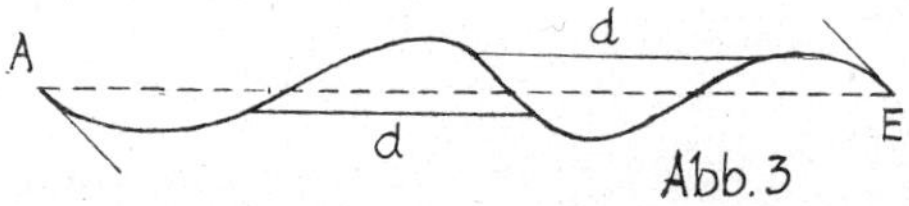

Abb. 3

15

a) t_B und t_H seien die Zeitspannen, welche die Freundinnen zur Zurücklegung von d brauchen. Nach der Formel $s = v \cdot t$ gilt dann:

$$\left.\begin{aligned} t_B &= \frac{d}{2v_F} + \frac{d}{2v_R} = \frac{d}{2}\left(\frac{1}{v_F} + \frac{1}{v_R}\right) \\ t_H &= \frac{d}{2v_R} + \frac{d}{2v_F} = \frac{d}{2}\left(\frac{1}{v_R} + \frac{1}{v_F}\right) \end{aligned}\right\} \Rightarrow \underline{\underline{t_B = t_H}}.$$

Beide Freundinnen treffen gleichzeitig in der Stadt ein.

Für $\bar{v}$ folgt:

$$\bar{v} = \frac{d}{t_B} = d : \frac{d}{2}\left(\frac{1}{v_F} + \frac{1}{v_R}\right) = 1 : \frac{v_R + v_F}{2v_R v_F} = \frac{2v_R v_F}{v_R + v_F} \Rightarrow$$

$$\underline{\underline{\frac{1}{\bar{v}} = \frac{1}{2}\left(\frac{1}{v_F} + \frac{1}{v_R}\right)}}.$$

Bei der kombinierten Fortbewegung ist die Durchschnitts-Gs nicht – wie man raten würde – das (arithmetische) Mittel aus den beiden Gs'n v_F und v_R. Es gilt vielmehr:

Der Kehrwert von $\bar{v}$ ist gleich dem Mittel der Reziprokwerte von v_F und v_R.

Setzt man von vornherein die Werte ein, so wird:

$$\left.\begin{aligned} t_B &= \frac{3\,\text{km}}{4\,\text{kmh}^{-1}} + \frac{3\,\text{km}}{12\,\text{kmh}^{-1}} = \left(\frac{3}{4} + \frac{1}{4}\right)\text{h} = \underline{1\,\text{h}} \\ t_H &= \frac{3\,\text{km}}{12\,\text{kmh}^{-1}} + \frac{3\,\text{km}}{4\,\text{kmh}^{-1}} = \underline{1\,\text{h}} \end{aligned}\right\} \Rightarrow \underline{\underline{t_B = t_H}}.$$

$$\bar{v} = \frac{6\,\text{km}}{1\,\text{h}} = \underline{\underline{6\,\text{kmh}^{-1}}}.$$

b) **Bei Unterteilung von d in 4 oder eine andere Anzahl von gleichen Teilen ändert sich an $t_B = t_H$ sowie an $\bar{v}$ nichts.**

Für jedes Mädchen ist nämlich jeweils die Summe der zu Fuß gegangenen und die Summe der durchradelten Teilstrecken gleich $d/2$.

Bei Einteilung in 3 gleichlange Strecken errechnen sich folgende Zeiten:

$$\left.\begin{aligned} t'_B &= \frac{d}{3v_F} + \frac{d}{3v_R} + \frac{d}{3v_F} = \frac{d}{3}\left(\frac{1}{v_F} + \frac{1}{v_F} + \frac{1}{v_R}\right) \\ t'_H &= \frac{d}{3v_R} + \frac{d}{3v_F} + \frac{d}{3v_R} = \frac{d}{3}\left(\frac{1}{v_F} + \frac{1}{v_R} + \frac{1}{v_R}\right) \end{aligned}\right\} \Rightarrow$$

$$\underline{\underline{t'_B > t'_H}},$$

denn aus $v_F < v_R$ folgt $1/v_F > 1/v_R$.

(Es ist auch ohne Rechnung klar, daß H früher in der Stadt ist, denn H legt ja $2/3$ des Wegs mit dem Fahrrad zurück).

Ähnliches gilt für 5, 7, ... Teilstrecken:

Bei Unterteilung in eine ungerade Zahl gleicher Strecken kommt dasjenige Mädchen früher an, das mehr Teilstrecken mit dem Rad fährt (als das andere zu Fuß geht).

16 *

a) Alle 4 Fahrzeuge (Abb.1) fahren gemeinsam 300 km weit; dann werden die leeren Tanks der LKW von T_1 und T_2 aufgefüllt; jedem selbst bleibt V zur Rückkehr nach H. Die LKW fahren weiter bis R.

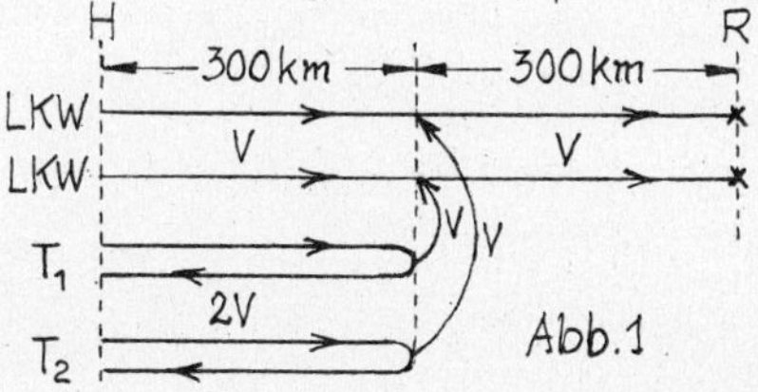

Abb.1

Etwa gleichzeitig fahren T_3, T_4 und T_5 (mit 3,6V) von S ab (Abb.2) und verbrauchen für die 135 km lange Strecke bis P je

$$\frac{135}{300}V = 0{,}45V.$$

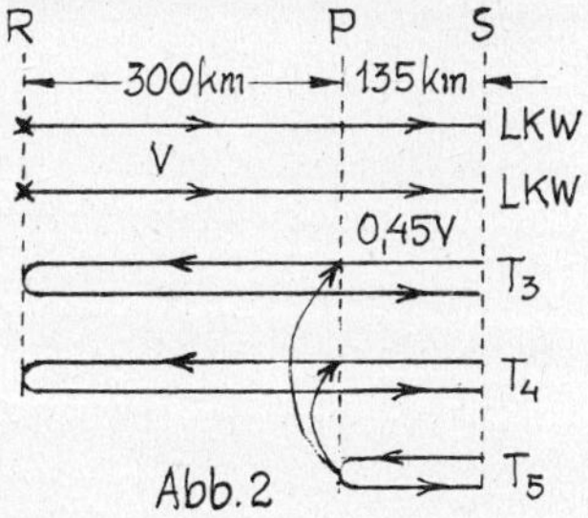

Abb.2

T_5 füllt nun mit je 0,45V die Tanks von T_3 und T_4 voll; diese fahren bis R weiter.

T_5 wartet in P mit $(3{,}6 - 3 \cdot 0{,}45V) = 2{,}25V$ Sprit.

In R geben T_3 und T_4 je V an die 2 LKW ab. Alle 4 Fahrzeuge kommen dann in P mit leeren Tanks an. Für die Reststrecke bis S hat dann T_5 noch genau $5 \cdot 0{,}45V = 2{,}25V$ für 5 Fahrzeuge zur Verfügung.

b) Auf der Strecke HA (s. Abb.1 des Textes) soll jedes Fahrzeug die Treibstoffmenge X verbrauchen. Dann gilt für T_2 in A nach dem Betanken:

$$3V - X - 3X = X \Rightarrow X = \frac{3V}{5} \mathrel{\hat{=}} \frac{900}{5}\,\text{km} = 180\,\text{km}.$$

Die 2 LKW und T_1 sollen auf dem Weg AB je Y an Sprit verbrauchen; nach dem Betanken muß daher für T_1 die Gleichung gelten:

$$3V - y - 2y = y + \frac{3V}{5} \Rightarrow 4y = \frac{12V}{5} \Rightarrow y = \frac{3V}{5}.$$

AB ist also auch 180 km. Mit den vollen Tanks kommen nun die 2 LKW bis R', insgesamt also (2·180 + 300) km = 660 km weit.

‖ Die Strecken HA und AB betragen je 180 km.

In C (s. Abb. 2 des Textes) tankt T_4 den T_3 voll und wartet dann. T_3 fährt mit 3V weiter bis R', um dort die 2 wartenden LKW zu betanken. Die Menge 3V muß also gerade für den 4-fachen Weg R'C reichen, d.h. jeder LKW erhält $^{3V}/_{4}$ Treibstoff. Die Strecke R'C beträgt also $\frac{900}{4}$ km = 225 km; da R'S = (1035 − 660) km = 375 km ist, folgt:

‖ C ist 150 km von S entfernt.

Probe: Der Verbrauch eines Fahrzeugs auf dem Weg CS sei Z. Die 3 Fahrzeuge (2 LKW und T_3) kommen in C mit leeren Tanks an, wo sie von T_4 aufgetankt werden. Daher gilt für T_4 in C die Gleichung:

$$3V - Z - Z - 3Z = Z \Rightarrow Z = \frac{3V}{6} = \frac{V}{2} \mathrel{\hat{=}} 150\,\text{km}.$$

c) Nach dem Plan von A werden an Sprit insgesamt verbraucht: Von H aus: V + V + 3V + 3V = 8V; von S aus: 3V + 3V + 3,6V = 9,6V; insgesamt 17,6V.

Der Betankungsplan b) erfordert folgende Mengen: Von H aus: 8V (wie in a)); von S aus: 3V + 3V = 6V; insgesamt 14V.

Es werden demnach 3,6 V eingespart (d.i. gerade die Ladung von T_5). Prozentuell:

$$\frac{3{,}6V}{17{,}6V}\,100\% \approx 20{,}5\%.$$

‖ Der neue Betankungsplan erspart ≈ 20,5% Treibstoffkosten.

17

a) Nach dem UP muß das MP den ruhend (!) gedachten Fluß mit v in derselben Zeit t_1 auf der Strecke $\overline{AB}$ überqueren wie auf $\overline{AC}$ mit w_1; also folgt:

$$b = v \cdot t_1 = 2 \cdot 40\,\text{m} = \underline{80\,\text{m}}.$$

Wäre nun das MB in B und ließe sich nur von der Strömung treiben, so brauchte es ebenfalls t_1 für $\overline{BC}$; daher wird:

$$u = \frac{\overline{BC}}{t_1} = \frac{20\,\text{m}}{40\,\text{s}} = \underline{\underline{0{,}5\,\text{ms}^{-1}}}.$$

Der wahre Weg $\overline{AC}$ berechnet sich nach Pythagoras:

$$\overline{AC} = \sqrt{b^2 + \overline{BC}^2} = \sqrt{6400 + 400}\,\text{m} \approx \underline{\underline{82{,}5\,\text{m}}}.$$

Daraus folgt die wahre Gs:

$$w_1 = \frac{\overline{AC}}{t_1} \approx \frac{82{,}5\,\text{m}}{40\,\text{s}} \approx \underline{\underline{2{,}06\,\text{ms}^{-1}}}.$$

Schließlich errechnet sich α zu:

$$\tan\alpha = \frac{b}{\overline{BC}} = \frac{80}{20} = 4 \Rightarrow \underline{\underline{\alpha \approx 76^\circ}}.$$

b) Aus dem halben Gs-Parallelogramm CDE folgt nach dem Kosinussatz (wenn wir zunächst die Benennungen weglassen):

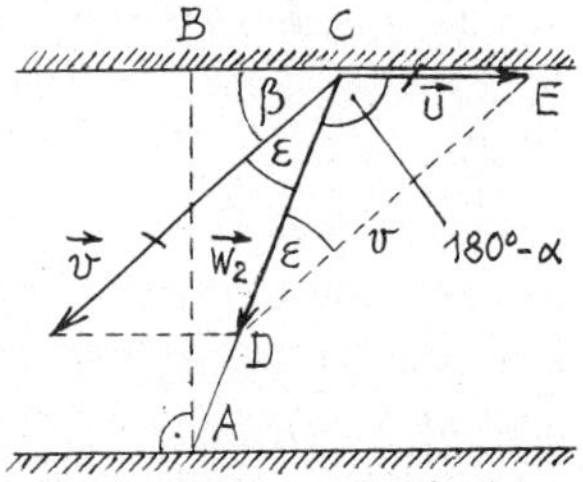

nicht maßstäblich

$$v^2 = u^2 + w_2^2 - 2uw_2 \cdot \cos(180^\circ - \alpha) \Rightarrow$$

$$4 = 0{,}25 + w_2^2 + 2 \cdot 0{,}5\,w_2 \cos 76^\circ \Rightarrow$$

$$w_2^2 + 0{,}24\,w_2 - 3{,}75 = 0 \Rightarrow$$

$$w_2 = \frac{1}{2}\left(-0{,}24 \pm \sqrt{0{,}0576 + 15}\right) \approx \frac{1}{2}(-0{,}24 \pm 3{,}88)$$

$$\underline{\underline{w_2 \approx 1{,}82\,\text{ms}^{-1}}}.$$

$w_2 < w_1$, weil das MB auf dem Weg $\overrightarrow{CA}$ teilweise „gegen den Strom" fahren muß.

Mit w_2 berechnet sich die Überquerungszeit:

$$t_2 = \frac{\overline{CA}}{w_2} \approx \frac{82{,}5}{1{,}82}\,\text{s} \approx \underline{\underline{45{,}3\,\text{s}}}.$$

Um β zu bestimmen, muß erst (mit dem Sinussatz) ε aus $\triangle$CDE errechnet werden:

$$\frac{\sin\varepsilon}{\sin(180^\circ - \alpha)} = \frac{u}{v} \Rightarrow \sin\varepsilon = \frac{u}{v}\sin\alpha \approx \frac{1}{4}\sin 76^\circ$$

$$\sin\varepsilon \approx 0{,}24 \Rightarrow \underline{\varepsilon \approx 14^\circ};$$

$$\beta = \underline{\alpha - \varepsilon} \approx 76^\circ - 14^\circ = \underline{\underline{62^\circ}}.$$

18

a) Die von K fotografierte Situation ist durchaus real. In Abb. 1 sind Wind-Gs w und Fahr-Gs'n v_1 und v_2 mit Werten eingezeichnet, wobei die Benennung

ms^{-1} weggelassen wurde. Diese Gs'n sind auf den ruhenden Erdboden bezogen. Für das Aufsteigen des Rauches sind jedoch die Relativ-Gs'n u_1 und u_2 bezogen auf die

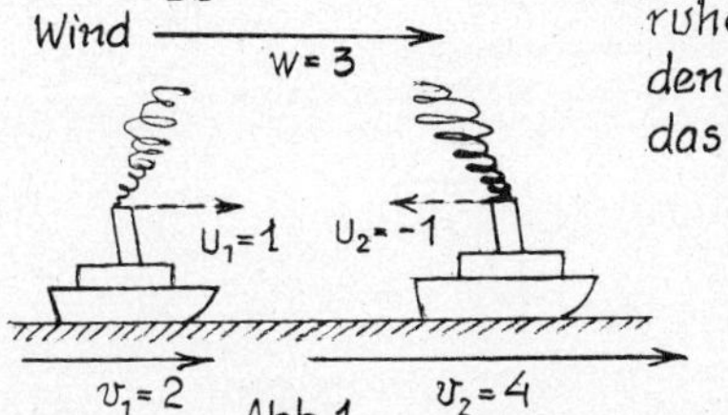

Abb.1

Luft als ruhend(!) maßgebend. Es gilt ~ wie man leicht einsieht ~ in halbvektorieller Schreibweise:

$u_1 = w - v_1 = (3-2)\,ms^{-1} = \underline{+1\,ms^{-1}}$;

$u_2 = w - v_2 = (3-4)\,ms^{-1} = \underline{-1\,ms^{-1}}$.

u_1 bzw. u_2 setzt sich nun mit der Aufsteig-Gs des Rauches zu der tatsächlichen, schrägen Gs zusammen.

‖ K hatte also die Wette gewonnen.

b) ‖ Bei gleicher Fahrtrichtung können die Rauchfahnen auch auseinander wehen.

Beispiel: Die beiden Dampfer in a) brauchen ~ bei gleicher Wind-Gs ~ bloß ihre Gs'n auszutauschen.

c) ‖ Fahren die Dampfer bei Windstille aufeinander zu, so zeigen die Rauchfahnen auseinander, und umgekehrt.
‖ Dies läßt sich aber auch bei Wind erreichen (Abb. 2 und 3).

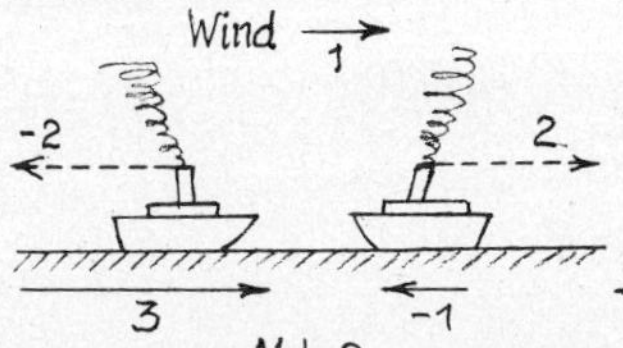

Abb.2

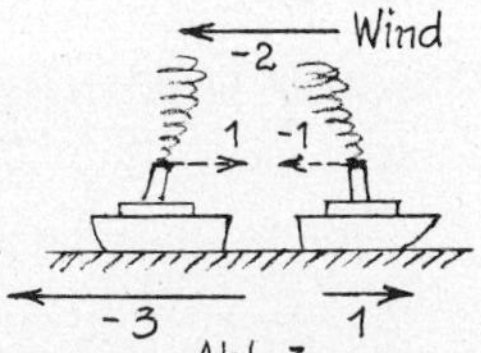

Abb.3

d) ‖ Bei der Aufnahme wehte der Wind genau vom Süden und trieb also die Rauchfahnen parallel (!) auf den Fotografen zu. Ihr Auseinanderstreben ist nur eine perspektivische Wirkung.

Ähnliche Perspektiven: Man steht in der Mitte einer schnurgerade verlaufenden (Pappel-) Allee. ~ Das Auge befindet sich in geringer Höhe über dem Boden zwischen geraden Schienen.

19

a) In der unten stehenden Zeichnung bedeuten: B = Boot; A = Absprungstelle; U = Umkehrpunkt und E = Einholpunkt des S. Die Bahn des S ist strichliert gezeichnet.

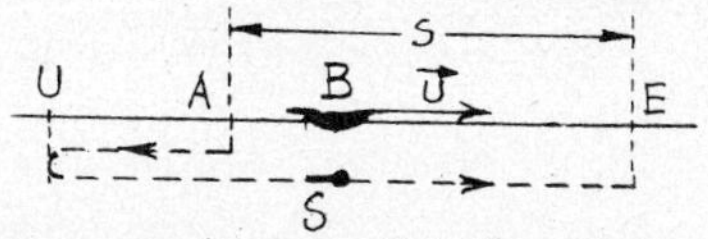

Seine tatsächliche Gs gegen den Strom ist $v-u$, mit dem Strom $v+u$. Aus der Abb. liest man leicht die Ansatzgleichung ab:

$\overline{AU} + s = \overline{UE} \Rightarrow$

$(v-u)t_1 + u(t_1+t_2) = (v+u)t_2 \quad (1) \Rightarrow$

$vt_1 - ut_1 + ut_1 + ut_2 = vt_2 + ut_2 \Rightarrow vt_1 = vt_2 \Rightarrow$

$t_1 = t_2$ (weil $v \neq 0$).

Weil $t_1 + t_2 = 2\,min$ ist, folgt:

‖ S schwimmt 1 min gegen und 1 min mit dem Strom.

b) Nach der Formel der gleichförmigen Bewegung ist:

$$u = \frac{s}{t_1+t_2} = \frac{60\,m}{2\cdot 60\,s} = \underline{\underline{0{,}5\,ms^{-1}}}.$$

c) Einsetzen der bekannten Werte in (1) ergibt:

$(v - 0{,}5\,ms^{-1})\,60\,s + 60\,m = (v + 0{,}5\,ms^{-1})\,60\,s \Rightarrow$

$v - 0{,}5\,ms^{-1} + 1\,ms^{-1} = v + 0{,}5\,ms^{-1} \Rightarrow 0{,}5\,ms^{-1} = 0{,}5\,ms^{-1}$.

‖ Weil sich hier v heraushebt, ist jedes $v \geq 0$ möglich.

Wenn also v gegeben wird, lassen sich die beiden Strecken $\overline{AU}$ und $\overline{UE}$ berechnen. Gibt man umgekehrt eine Teilstrecke vor, lassen sich v und die andere Teilstrecke bestimmen.

‖ Ist $v = u$, so schwimmt S 1 min ‚auf der Stelle' und nach der Umkehr 1 min mit $2v$ bis zum Boot.
‖ Ist $v < u$, so ist $v - u < 0$, d.h. S schwimmt ~ mit dem Gesicht flußaufwärts ~ im ‚Krebsgang' 1 min lang in Strömungsrichtung (Gs $u-v$); dann kehrt er das Gesicht flußabwärts und schwimmt mit $u+v$ 1 min lang bis zum Boot.

Beispiel: Es sei $v = 0{,}3\,ms^{-1}$; dann ist die Summe beider Teilstrecken:

$(u-v)t_1 + (u+v)t_2 = 0{,}2\cdot 60\,m + 0{,}8\cdot 60\,m = \underline{60\,m}$.

‖ Für $v = 0$ sind die 2 Teilstrecken nur ‚künstlich' zu schaffen, denn S läßt sich mit u neben dem Boot treiben.

20

a) Die Zweifel an der Gleichheit $t_S = t_W$ sind berechtigt: Nicht die gleiche Strecke ist bei beiden Wirkungen entscheidend, sondern die Zeitdauern:

Weil sich die bremsende Wirkung des Gegenwinds infolge der herabgesetzten Gs länger auswirkt als die beschleunigende Wirkung des Rükkenwinds, überwiegt erstere; daraus folgt $t_w > t_s$.

b) Mit dem Weg-Zeit-Gesetz der gleichförmigen Bewegung errechnet man:

$$t_s = \frac{2\ell}{c};$$

$$t_w = \frac{\ell}{c-v} + \frac{\ell}{c+v} = \frac{2c\ell}{c^2-v^2} \quad \text{oder} \quad t_w = \frac{2\ell}{c - v^2/c};$$

aus der letzten Gleichung ersieht man sofort, daß $t_w > t_s$ ist.

$$\Delta t = t_w - t_s = \frac{2c\ell}{c^2-v^2} - \frac{2c\ell}{c^2} = \frac{2\ell v^2}{c(c^2-v^2)};$$

$$p = \frac{\Delta t}{t_s} = \frac{2\ell v^2}{c(c^2-v^2)}\cdot\frac{c}{2\ell} = \frac{v^2}{c^2-v^2} = \frac{1}{(c/v)^2-1}.$$

Mit Werten:

$$t_s = \frac{10}{15}\,h = \frac{2}{3}\,h = 40\,min;$$

$$t_w = \frac{2\cdot15\cdot5}{225-25}\,h = \frac{15}{20}\,h = 45\,min; \quad \Delta t = 5\,min;$$

$$p = \frac{1}{(3)^2-1} = \frac{1}{8} \mathrel{\hat=} 12{,}5\,\%.$$

c) Der Ansatz muß lauten:

$$t_s = \frac{2\ell}{c} = \frac{\ell}{c-v} + \frac{\ell}{c+v_1} \Rightarrow$$

$$2(c-v)(c+v_1) = c(c+v_1) + c(c-v) \Rightarrow$$

$$2c^2 - 2cv + 2cv_1 - 2vv_1 = c^2 + cv_1 + c^2 - cv \Rightarrow$$

$$cv_1 - 2vv_1 = cv \Rightarrow v_1 = \frac{cv}{c-2v};$$

hieraus folgt $2v < c$. Setzt man $v = c/2$, so ergibt sich für die Dauer des Hinwegs:

$$\frac{\ell}{c-v} = \frac{\ell}{c-c/2} = \frac{2\ell}{c} = t_s,$$

d.h. die Fahr-Gs (und damit auch v_1) müßte ∞ groß sein!

Sinnvollerweise muß $v < c/2$ sein, sonst könnte auch bei größter Rückenwindstärke die Forderung Gesamtfahrdauer = t_s nicht erfüllt werden.

$$v_1 = \frac{15\cdot5}{15-10}\,kmh^{-1} = 15\,kmh^{-1}.$$

$$t_w = \left(\frac{5}{15-5} + \frac{5}{15+15}\right)h = \left(\frac{1}{2} + \frac{1}{6}\right)h = 40\,min = t_s.$$

21 *

Die Reit-Gs u berechnet sich aus dem Gs-Parallelogramm (Abb.1) zu $u = v\sqrt{2}$.

T ist die Summe von 5 Zeitdauern, die sich wie folgt berechnen:

t_1 braucht A*, um die Strecke $\overline{AF}$ zurückzulegen:

$$t_1 = \frac{\overline{AF}}{u} = \frac{(0{,}5b+d)\sqrt{2}}{v\sqrt{2}} = \frac{0{,}5b+d}{v}.$$

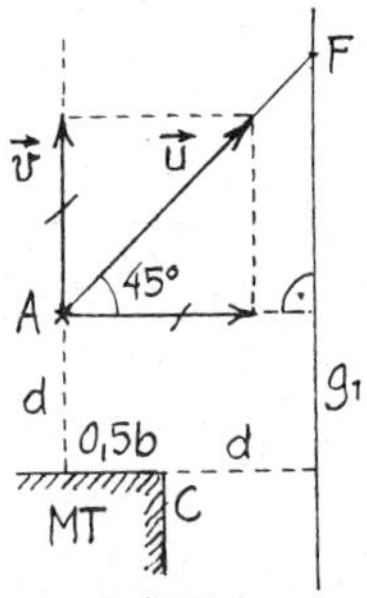

Abb.1

Ist A* in F angekommen, so ist die Front $\overline{BC}$ des MT auf der Höhe C' (Abb.2). A* muß nun die Zeitdauer t_2 warten, bis die Rückfront $\overline{DE}$ auf der Höhe D' angelangt ist, wobei aus Symmetriegründen F in der Mitte von $\overline{CD'}$ liegt. Es gilt also:

$$vt_2 = \ell + 2d \Rightarrow t_2 = \frac{\ell+2d}{v}.$$

Die Zeitspanne t_3, in der A* von F nach G reitet, ist offenbar doppelt so groß wie t_1:

$$t_3 = 2t_1.$$

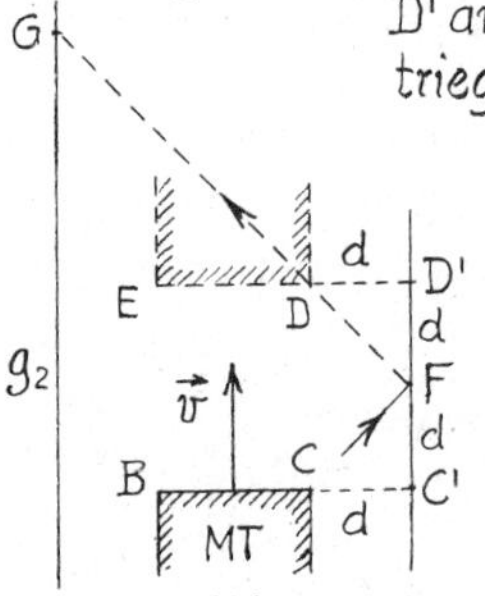

Abb.2

Ist A* in G angekommen, so ist die Rückfront des MT auf der Höhe E' (Abb.3). A* reitet dann die Zeitdauer t_4 entlang g_2 bis H; wenn er in H eingetroffen ist, hat sich die Vorderfront bis zur Höhe B' vorgeschoben. t_4 berechnet sich daher:

$$ut_4 = d + \ell + vt_4 + d \Rightarrow$$

$$t_4(u-v) = \ell + 2d \Rightarrow t_4 = \frac{\ell+2d}{u-v}.$$

Schließlich ist die Zeitdauer t_5 (der Zurücklegung von $\overline{HA'}$) gleich t_1:

$$t_5 = t_1.$$

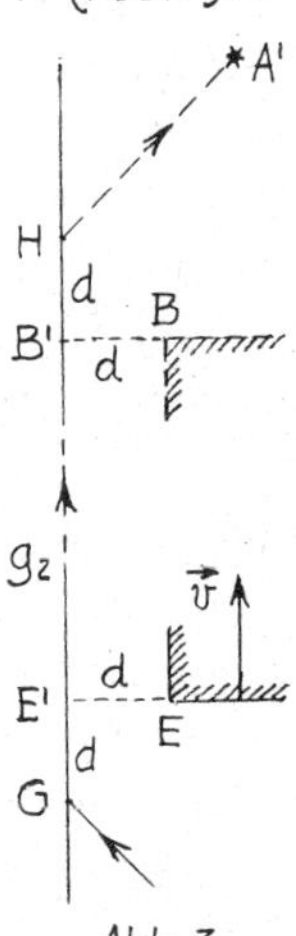

Abb.3

T berechnet sich somit:

$$T = t_1 + t_2 + 2t_1 + t_4 + t_1 =$$

$$= 4t_1 + \frac{\ell+2d}{v} + \frac{\ell+2d}{u-v} =$$

$$= 4t_1 + (\ell+2d)\left(\frac{1}{v} + \frac{1}{u-v}\right) = 4t_1 + (\ell+2d)\frac{v\sqrt{2}}{v(u-v)} =$$

$$= 2\frac{b+2d}{v} + \frac{(\ell+2d)\sqrt{2}}{v(\sqrt{2}-1)} = 2\frac{b+2d}{v} + (2+\sqrt{2})\frac{\ell+2d}{v}.$$

Mit Werten:

$$T = 2\,\frac{6+10}{1{,}6}\,s + (2+\sqrt{2})\,\frac{22+10}{1{,}6}\,s \approx (20 + 68{,}3)\,s$$

$$T \approx 88{,}3\,s \approx 1\,min\ 28\,s.$$

Die Zeit, die A* zum Gruß usw. zur Verfügung stand, war t_2:

$$t_2 = \frac{\ell + 2d}{v} = 20\,s.$$

Ferner berechnen sich:

$$s = vT \approx 1{,}6 \cdot 88{,}3\,m \approx 141{,}3\,m.$$

$$s_R = v\sqrt{2} \cdot T = s\sqrt{2} \approx 199{,}8\,m \approx 200\,m.$$

22

Indirekter Beweis:

Wenn man beide Massen M und m gleichzeitig fallen läßt, eilt M – nach Aristoteles – voraus. Koppelt man beide durch einen kurzen, reißfesten Faden und wiederholt den Versuch, so muß m die Masse M verzögern (wobei sich der Faden spannt), umgekehrt beschleunigt M die Masse m. Auf jeden Fall fällt die gekoppelte Masse jetzt langsamer als M, was einen Widerspruch zu obiger Behauptung darstellt, denn es ist M+m > M! Bei G (in seinen ‚Unterredungen…') hört sich das so an: „Aber wenn dieses richtig ist, und wenn es wahr wäre, daß ein großer Stein sich z. B. mit 8 Maß Gs bewegt und ein kleinerer Stein mit 4 Maß, so würden beide vereinigt eine Gs von weniger als 8 Maß haben müssen; aber die beiden Steine zusammen sind doch größer, als jener größere Stein war, der 8 Maß Gs hatte; mithin würde sich nun der größere langsamer bewegen als der kleinere; was gegen Eure Voraussetzung wäre. Ihr seht also, wie aus der Annahme, ein größerer Körper habe eine größere Gs, ich Euch weiter folgern lassen konnte, daß ein größerer Körper langsamer sich bewege als ein kleinerer."

Direkter Beweis:

2 identische Massen (m und m), z. B. 2 gleichgroße Eisenwürfel, werden gleichzeitig – nebeneinander befindlich – in einer evakuierten Röhre fallen gelassen. Da für die 2. Masse kein anderes Fallgesetz gelten kann wie für die 1., fallen beide gleichschnell, d. h. sie sind in jedem Zeitpunkt in gleicher Höhe nebeneinander. Es läuft daher aufs gleiche hinaus, wenn das Experiment wiederholt wird, und beide Massen von vornherein zusammengeklebt werden; die Masse 2m fällt jetzt genauso schnell wie die einfache Masse m.

Da kein Luftwiderstand vorliegt, brauchen beide Massen nicht dieselbe Form haben.

Derselbe Schluß gilt auch für mehr als 2 Massen, demnach für eine x-beliebige Masse aus demselben Stoff. Eine Erfahrungstatsache bleibt aber bestehen, daß nämlich die Erdanziehungskraft, die ja die Ursache der Fallbewegung ist, nicht von der Stoffart (vom Material) abhängt; dies ist längst durch sehr feine Messungen erwiesen worden.

Fast jeder Schüler kennt heute den Versuch, bei dem eine Bleikugel und eine Flaumfeder in einer evakuierten Fallröhre gleich schnell nebeneinander fallen.

23 *

a) Wir setzen in die Formel (1) des Textes aus (4) ein:

$$\bar{v} = \frac{s_2 - s_1}{t_2 - t_1} = \frac{0{,}5gt_2^2 - 0{,}5gt_1^2}{t_2 - t_1} = \frac{1}{2}g\,\frac{t_2^2 - t_1^2}{t_2 - t_1} = \frac{1}{2}g(t_2 + t_1);$$

wenn wir nun hierin $t_2 \to t_1$ gehen lassen, wird die Momentan-Gs v_1 im Zeitpunkt t_1:

$$v_1 = \lim_{t_2 \to t_1} \frac{1}{2}g\,(t_2 + t_1) = \frac{1}{2}g \cdot 2t_1 = gt_1;$$

bei Weglassen der Indizes ergibt sich die Formel (3) des Textes:

$$v = gt.$$

b) Wir gehen nun von der Formel $v = gt$ aus. Der Graph dieser zeitlichen Funktion $v = v(t)$ ist die Strecke $\overline{OB}$ im nebenstehenden Diagramm. Wir ersetzen sie durch die Stufenkurve. Der während Δt gleichförmig (!) zurückgelegte Weg ist der Flächeninhalt eines lotrechten Streifens, z. B. des schraffierten. Der gesamte in t_1 zurückgelegte Weg bei der ‚hoppelnden' (unstetigen) Bewegung ist die Summe aller lotrechten Streifen. Wollen wir den Weg des Körpers berechnen, wenn er sich gleichmäßig beschleunigt (also stetig) bewegt, muß $\Delta t \to 0$ gehen. Der Flächeninhalt der Streifen-

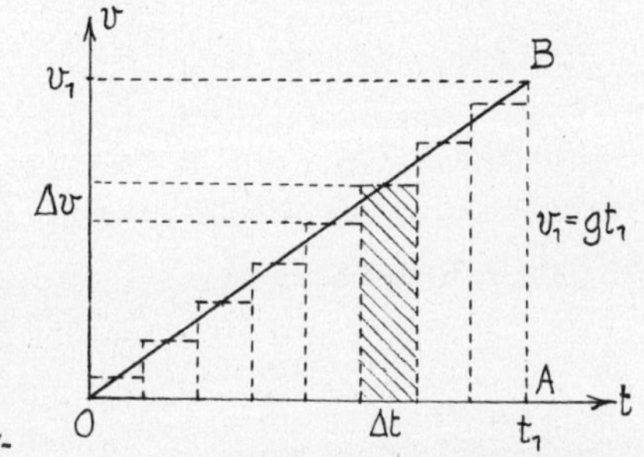

summe geht dann über in den Inhalt des ΔOAB.
Es wird also:

$$s_1 = \frac{1}{2}t_1 \cdot v_1 = \frac{1}{2}t_1 \cdot g t_1 = \frac{1}{2}g t_1^2,$$

und Weglassen der Indizes ergibt das Weg-Zeit-Gesetz:

$$s = \frac{1}{2}gt^2.$$

24 *

a) Nach dem Weg-Zeit-Gesetz des freien Falls berechnet sich allg. die Falldauer:

$$h = \frac{1}{2}gt^2 \Rightarrow t = \sqrt{\frac{2h}{g}}.$$

Daher lautet hier der Ansatz:

$$\Delta t + \sqrt{\frac{2h}{g}} = \sqrt{\frac{2H}{g}} \quad (1) \Rightarrow \Delta t \cdot \sqrt{g} = \sqrt{2}\left(\sqrt{H} - \sqrt{h}\right) \Rightarrow$$

$$g = \frac{2}{\Delta t^2}\left(\sqrt{H} - \sqrt{h}\right)^2.$$

b) Setzen wir $H = md$ und $h = nd$ in (1) ein, so wird:

$$\Delta t\sqrt{g} = \sqrt{2d}\left(\sqrt{m} - \sqrt{n}\right) \Rightarrow \sqrt{m} - \sqrt{n} = \Delta t\sqrt{\frac{g}{2d}} \Rightarrow$$

$$\sqrt{m} = 1[s]\sqrt{\frac{9{,}8\,ms^{-2}}{2 \cdot 2{,}7\,m}} + \sqrt{n} \Rightarrow \sqrt{m} \approx 1{,}35 + \sqrt{n}.$$

Hieraus berechnet sich die Tabelle:

n	$\sqrt{m}$	m
1	2,35	5,52
2	2,76	7,62
3	3,08	9,49
4	3,35	11,22
5	3,59	12,89
6	3,80	14,44
7	4,00	16,00 ← Lösung
8	4,18	17,47

Unter Berücksichtigung der Erdgeschoßhöhe folgt:

Die Zwillinge wohnen im 6. Stock, ihre Großeltern im 15. Stockwerk.
Das Hochhaus hat die Höhe $16d + 2m = 45{,}2\,m$.

c) K's Kugel brauche zum Durchfallen der Höhe $H-h$ die Zeitspanne t_1, für die ganze Höhe H die Zeit t_2; t_3 sei die Fallzeit von M's Kugel.

Da K's Kugel nach t_1 bereits mit einer gewissen Gs an M's Kugel (die gerade startet) vorbeifliegt, kommt K's Kugel früher am Boden als die andere.

Daraus folgt:

$$\Delta t_1 = t_1 + t_3 - t_2 = \sqrt{\frac{2(H-h)}{g}} + \sqrt{\frac{2h}{g}} - \sqrt{\frac{2H}{g}}$$

$$\Delta t_1 = \sqrt{\frac{2(H-h)}{g}} - \left(\sqrt{\frac{2H}{g}} - \sqrt{\frac{2h}{g}}\right);$$

ein Vergleich mit (1) zeigt:

$$\Delta t_1 = \sqrt{\frac{2(H-h)}{g}} - \Delta t \quad (2)$$

Starten beide Kugeln gleichzeitig, so ist:

$$\Delta t_2 = t_2 - t_3 = \sqrt{\frac{2H}{g}} - \sqrt{\frac{2h}{g}} = \Delta t = 1s.$$

K hat mit seiner Behauptung recht.

Wir setzen in (2) ein:

$$\Delta t_1 = \sqrt{\frac{2(md-nd)}{g}} - \Delta t = \sqrt{\frac{2 \cdot 2{,}7(16-7)}{9{,}8}}\,s - 1s =$$

$$= \left(\sqrt{\frac{3 \cdot 9 \cdot 9}{49}} - 1\right)s = \left(\frac{9}{7}\sqrt{3} - 1\right)s \approx 1{,}23\,s.$$

Aus dem 1. Fallgesetz $v = gt$ folgt:

$$v_M = gt_3 = g\sqrt{\frac{2h}{g}} = \sqrt{2gh} = \sqrt{2gnd} =$$

$$= \sqrt{2 \cdot 9{,}8 \cdot 7 \cdot 2{,}7}\,ms^{-1} \approx 19{,}3\,ms^{-1};$$

$$v_K = \sqrt{2gH} = \sqrt{2gmd} = \sqrt{2 \cdot 9{,}8 \cdot 16 \cdot 2{,}7}\,ms^{-1} \approx 29{,}1\,ms^{-1}.$$

25

a) Am Ende der Bremsdauer t_B ist die Gs null:

$$v_0 - a_B t_B = 0 \Rightarrow t_B = \frac{v_0}{a_B} \quad (1);$$

der Bremsweg ist:

$$s_B = v_0 t_B - \frac{1}{2}a_B t_B^2;$$

hierin setzen wir (1) ein:

$$s_B = v_0\frac{v_0}{a_B} - \frac{1}{2}a_B\frac{v_0^2}{a_B^2} = \frac{v_0^2}{a_B} - \frac{v_0^2}{2a_B} = \frac{v_0^2}{2a_B} \Rightarrow$$

$$v_0 = \sqrt{2a_B s_B} \quad (2).$$

Mit Werten:

$$v_0 = \sqrt{2 \cdot 5 \cdot 22{,}5}\,ms^{-1} = 15\,ms^{-1} = 54\,kmh^{-1}.$$

Die Gs des Autos war bei Beginn des Bremsens größer als $50\,kmh^{-1}$.

Aus (1) folgt:

$$t_B = \frac{15}{5}s = 3s.$$

b) Wir wählen $v_0 = 36\,kmh^{-1} = 10\,ms^{-1}$. Nach der Faustformel ist dann:

$$s_B = \left(\frac{36}{10}\right)^2 m = 3{,}6^2 m = \underline{12{,}96\,m};$$

aus (2) errechnet sich:

$$2a_B s_B = v_0^2 \Rightarrow a_B = \frac{v_0^2}{2s_B} = \frac{10^2}{2\cdot 12{,}96}\,ms^{-2}$$

$$\underline{\underline{a_B \approx 3{,}86\,ms^{-2}}}.$$

26 *

a) Die rechnerische Lösung der Verbrecherjagd gelingt mit der Formel $s = vt$ (gleichförmige Bewegung) und den Formeln (1) und (2) des Textes von Aufg. 25 (gleichmäßig beschleunigte Bewegung). Aus (1) folgt für den SW die Beschleunigungsdauer $t_1 = \frac{v_1}{a_1}$; t_2 sei die Zeitdauer der gleichförmigen Bewegung. Bis zum Überholpunkt sind die Wege des SW und des Fluchtautos gleich:

$$\frac{a_1}{2}t_1^2 + v_1 t_2 = s_0 + v_0(t_1 + t_2) \quad (1) \Rightarrow$$

$$\frac{a_1}{2}\frac{v_1^2}{a_1^2} + v_1 t_2 = s_0 + v_0\left(\frac{v_1}{a_1} + t_2\right);$$

wir lösen nach den Unbekannten t_2 auf:

$$v_1 t_2 - v_0 t_2 = s_0 + v_0 \frac{v_1}{a_1} - \frac{v_1^2}{2a_1} \Rightarrow$$

$$t_2(v_1 - v_0) = s_0 + \frac{v_1}{2a_1}(2v_0 - v_1) \Rightarrow$$

$$t_2 = \frac{s_0}{v_1 - v_0} + \frac{v_1}{2a_1}\frac{2v_0 - v_1}{v_1 - v_0};$$

daher wird:

$$t^* = t_1 + t_2 = \underline{\underline{\frac{v_1}{a_1} + \frac{s_0}{v_1 - v_0} + \frac{v_1}{2a_1}\frac{2v_0 - v_1}{v_1 - v_0}}}.$$

Einsetzen der Werte ergibt:

$$t^* = \left(\frac{30}{2{,}5} + \frac{100}{30-25} + \frac{30}{2\cdot 2{,}5}\frac{2\cdot 25 - 30}{30-25}\right)s =$$

$$= (12 + 20 + 24)s = \underline{\underline{56\,s}}.$$

Zur Berechnung von s^* bietet sich die rechte Seite von (1) an:

$$s^* = \underline{s_0 + v_0 t^*} = (100 + 25\cdot 56)m = 1500\,m = \underline{\underline{1{,}5\,km}}.$$

b) Die Bremsverzögerung des SW ist $a_2 = v_1/t_4$; daher ist sein Weg vom Überholpunkt bis zum Stand:

$$v_1 t_3 + \frac{v_1}{2t_4}t_4^2 = v_1 t_3 + \frac{v_1}{2}t_4;$$

s_1 stellt sich als Wegdifferenz dar:

$$s_1 = \frac{v_1}{2}(2t_3 + t_4) - v_0(t_3 + t_4) = \frac{30}{2}60\,m - 25\cdot 35\,m =$$

$$= (900 - 875)m = \underline{\underline{25\,m}}.$$

Nach der letzten Gleichung fuhr des SW vom Überholpunkt an 900 m. Daraus folgt:

‖ Die Jagd war nach $(1{,}5 + 0{,}9)km = 2{,}4\,km$ zu Ende.

27 *

a) ‖ Man konnte nur einen einzigen Aufprall hören.
Begründung: Die 2. Kugel vollführte unabhängig von ihrer Waagrechtbewegung den freien Fall gleichzeitig mit Kugel 1 (Unabhängigkeitsprinzip).

b) Mit den Formeln des freien Falls berechneten die Schüler:

$$h = \frac{1}{2}gt_1^2 \Rightarrow t_1 = \sqrt{\frac{2h}{g}} = \sqrt{\frac{2\cdot 0{,}784}{9{,}8}}\,s = \sqrt{0{,}16}\,s = \underline{\underline{0{,}4\,s}}.$$

Nach a) gilt:

$$w = v_0 t_1 \Rightarrow v_0 = \frac{w}{t_1} = \frac{1{,}4}{0{,}4}ms^{-1} = \underline{\underline{3{,}5\,ms^{-1}}}.$$

Aus dem Gs-Parallelogramm im Auftreffpunkt folgt:

$$\tan\alpha = \frac{gt_1}{v_0} = \frac{9{,}8\cdot 0{,}4}{3{,}5} \Rightarrow \underline{\underline{\alpha \approx 48°}}$$

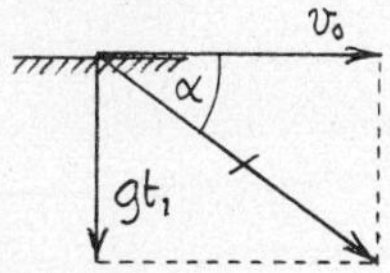

c) Ebenfalls aus a) folgt für die beiden Wege:

$$\left.\begin{array}{l} x = v_0 t \Rightarrow t = \frac{x}{v_0} \\ y = \frac{1}{2}gt^2 \end{array}\right\} \Rightarrow y = \frac{1}{2}g\frac{x^2}{v_0^2} = \frac{g}{2v_0^2}x^2;$$

$$y = \frac{9{,}8}{2\cdot 3{,}5^2}\left[\frac{ms^{-2}}{m^2 s^{-2}}\right]x^2 = \frac{490}{35^2}[m^{-1}]\,x^2 = 0{,}4[m^{-1}]\,x^2$$

‖ Wurfparabel: $y = \frac{g}{2v_0^2}x^2$ bzw. $y = 0{,}4[m^{-1}]\,x^2$.

Wertetafel:

x	0,3	0,7	1,0	1,4
y	0,036	0,196	0,400	0,784

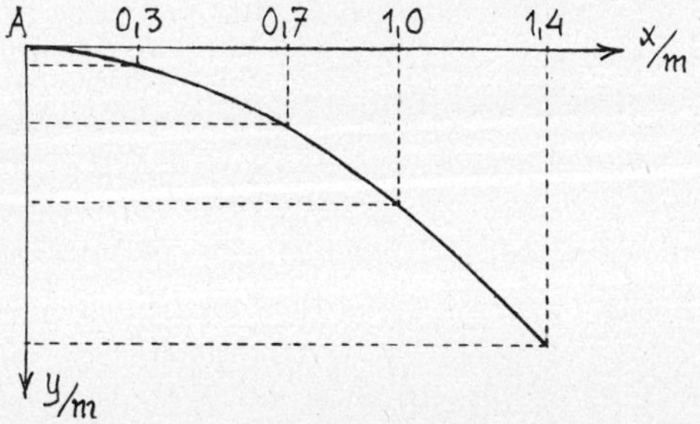

28

a) Die fallende Kugel A legt in der Zeit t^* den Weg $\frac{1}{2}gt^{*2}$ zurück. Bei B überlagert sich der geradlinig gleichförmigen Bewegung nach oben der freie Fall; daher ist ihr Weg in derselben Zeit $v_0 t^* - \frac{1}{2}gt^{*2}$. Die Ansatzgleichung lautet also:

$$v_0 t^* - \frac{1}{2}gt^{*2} + \frac{1}{2}gt^{*2} = H \Rightarrow \underline{t^* = \frac{H}{v_0}} \quad (1);$$

für die Falldauer T gilt: $v_0 = gT$ und $H = \frac{1}{2}gT^2$; es folgt also aus (1):

$$t^* = \frac{gT^2}{2 \cdot gT} = \underline{\underline{\frac{1}{2}T}}$$

und, da von A in $T/2$ die Strecke $H/4$ durchfallen wird:

$$h^* = H - \frac{H}{4} = \underline{\underline{\frac{3}{4}H}}.$$

Mit Werten:

$$T = \sqrt{\frac{2 \cdot 20}{10}}\,s = \underline{2s}; \quad v_0 = 10 \cdot 2\,ms^{-1} = \underline{20\,ms^{-1}}.$$

A legt in $t^* = 1s$ den Weg $5 \cdot 1^2\,m = 5m$ zurück, und B den Weg:

$$20\,[ms^{-1}] \cdot 1s - 5m = (20-5)m = 15m,$$

d.h. beide begegnen sich in der Höhe $h^* = 15m$.

b) P zeichnete mit dem Kurvenlineal in einem s-t-System den Graphen des freien Falls von A, eine nach unten geöffnete Halbparabel (s. Abb.)

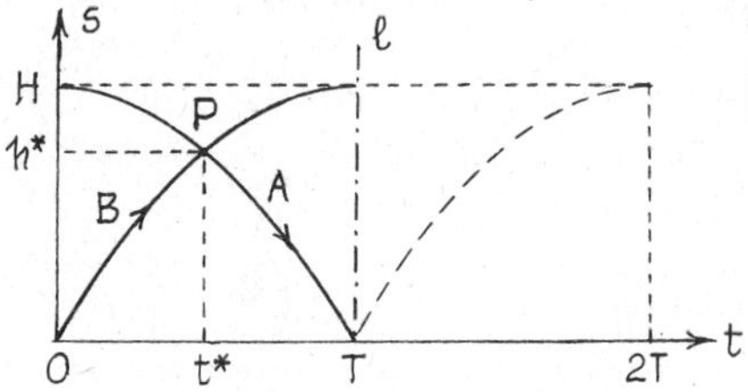

Würde A ideal-elastisch am horizontalen Boden abprallen, so entstünde der lotrechte Wurf aufwärts von B, dessen einzelne Phasen ‚zeitlich symmetrisch' zum freien Fall liegen; (man spricht auch von ‚Zeitumkehr' wie bei einem Film, den man umgekehrt ablaufen läßt). Das bedeutet, daß der Graph (strichliert) zur Geraden ℓ symmetrisch liegt. Diesen Graphen muß man nun nach t=0 zurückverschieben.

Aus Symmetriegründen ist die t-Koordinate des Schnittpunkts P $t^* = T/2$.
Ferner muß $h^* = 3/4\,H$ sein.

c) P maß an einer Zimmerwand eine lotrechte Strecke von 1,2m über dem Boden ab und brachte in der Höhe 0,9m eine Markierung an. Auf den Boden legte er eine harte Platte (z.B. eine Glasplatte). Er läßt nun mit der linken Hand aus der Höhe 1,2m die (hochelastische) Kugel B fallen und startet aus der gleichen Höhe (mit der anderen Hand) die Kugel A in dem Moment, in welchem B von der Platte elastisch reflektiert wird. R beobachtet aus einiger Entfernung mit der Augenhöhe 0,9m die Begegnung (die infolge des Luftwiderstands etwas unterhalb der Marke liegen wird).

29 *

a) Mit den Fallgesetzen errechnet man:

$$h = \frac{1}{2}gT^2 \Rightarrow T = \sqrt{\frac{2h}{g}} = \sqrt{\frac{2 \cdot 20}{10}}\,s = \underline{\underline{2s}}.$$

$$v_A = gT = 10 \cdot 2\,ms^{-1} = \underline{\underline{20\,ms^{-1}}}.$$

b) Nach dem Unabhängigkeitsprinzip gilt:

$$h = v_0 T^* + \frac{1}{2}gT^{*2};$$

durch Einsetzen der Werte folgt daraus (mit Weglassen der Benennungen):

$$\frac{1}{2}10T^{*2} + 15T^* - 20 = 0 \Rightarrow T^{*2} + 3T^* - 4 = 0 \Rightarrow$$

$$T^* = \frac{1}{2}(-3 \pm \sqrt{9+16}) = \frac{1}{2}(-3 \pm 5) \Rightarrow \underline{\underline{T^* = 1s}};$$

(das Minuszeichen vor der Wurzel ist unbrauchbar).
Ebenfalls nach dem Unabhängigkeitsprinzip gilt:

$$v_A^* = v_0 + gT^* = (15 + 10 \cdot 1)\,ms^{-1} = \underline{\underline{25\,ms^{-1}}}.$$

v_A^* ist deshalb nicht gleich $v_0 + v_A = 35\,ms^{-1}$, weil die Wurfdauer T^* kleiner als die Falldauer T ist. Beim Wurf addiert sich also zu v_0 die kleinere Gs $gT^* = 10\,ms^{-1}$ (und nicht $gT = 20\,ms^{-1}$)!

30

a) Die folgenden Wertetafeln berechnen sich nach der Formel $s = \frac{1}{2}at^2$.

Waagrecht:

t/s	s/cm
0,1	4
0,2	16
0,3	36
0,4	64

Lotrecht:

t/s	s/cm
0,1	5
0,2	20
0,3	45
0,4	80

Aus der Ähnlichkeit der Dreiecke in Abb. 1 folgt:

Die resultierende Bewegung ist wieder eine geradlinige, gleichmäßig beschleunigte.

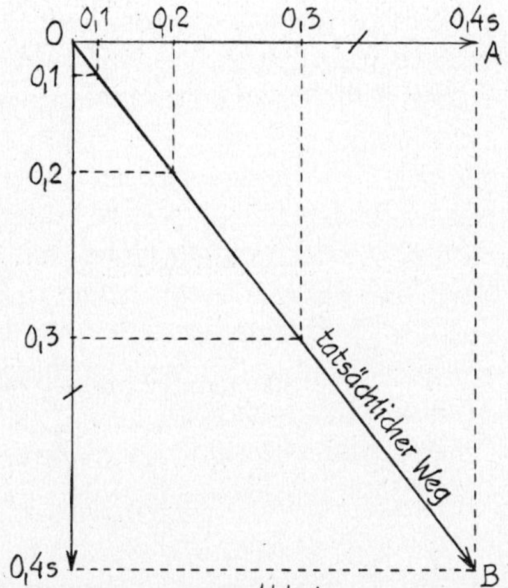

Abb.1

Ferner folgt:

Die resultierende Bs $\vec{a}_r$ ist die Hauptdiagonale des ,Bs-Parallelogramms' (Abb. 2). Bs'n können also vektoriell zusammengesetzt (,addiert') werden.

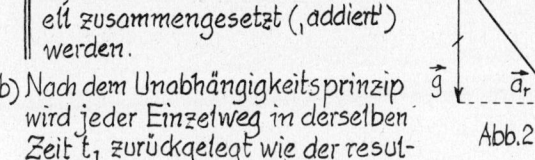

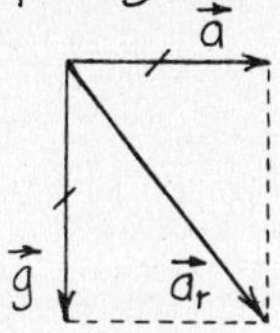

Abb.2

b) Nach dem Unabhängigkeitsprinzip wird jeder Einzelweg in derselben Zeit t_1 zurückgelegt wie der resultierende Weg. Es ist also:

$$d = \frac{1}{2}at_1^2 \Rightarrow t_1 = \sqrt{\frac{2d}{a}} = \sqrt{\frac{2 \cdot 0{,}49}{8}}\,s = \underline{\underline{0{,}35\,s}}$$

und

$$\overline{AB} = \frac{1}{2}gt_1^2 = 5\,\frac{0{,}49}{4}\,m = \frac{245}{4}\,cm = \underline{\underline{61{,}25\,cm}}.$$

B liegt 61,25 cm unterhalb A; K fliegt 350 ms.

c) Für die waagrechte Bewegung gilt:

$$s = \frac{a_1}{2}t_1^2 = \frac{1}{2a_1}(a_1t_1)^2 = \frac{v_1^2}{2a_1} \Rightarrow a_1 = \frac{v_1^2}{2s}$$

$$a_1 = \frac{(2 \cdot 10^6)^2}{2 \cdot 5}\,ms^{-2} = 4 \cdot 10^{11}\,ms^{-2} = \underline{\underline{400\,Gms^{-2}}}.$$

Für die Flugzeit t_1 folgt:

$$s = \frac{a_1}{2}t_1^2 \Rightarrow t_1^2 = \frac{2s}{a_1};$$

damit berechnet sich h:

$$h = \frac{1}{2}gt_1^2 = \frac{1}{2}g\,\frac{2s}{a_1} = \frac{g}{a_1}\,s = \frac{10}{4 \cdot 10^{11}}\,5\,m =$$

$$= 12{,}5 \cdot 10^{-11}\,m = \underline{125\,pm}.$$

Die lotrechte Abweichung h beträgt $1\frac{1}{4}$ des Durchmessers des Wasserstoffatoms.

31

a) Wirkt auf einen Körper der Masse m keine Kraft, so muß in die dynamische Grundgleichung anstelle von $\vec{F}$ der ,Nullvektor' (Betrag 0) eingesetzt werden:

$$\vec{0} = m \cdot \vec{a} \Rightarrow \vec{a} = \vec{0}, \text{ da } m \neq 0 \text{ ist;}$$

die letztere Vektorgleichung besagt, daß keine zeitliche Änderung des Gs-Vektors erfolgt. Daraus geht hervor:

Wenn auf m keine Kraft wirkt, dann ist $\vec{v}$ ein konstanter Vektor, d.h. die Gs ändert weder ihren Betrag noch ihre Richtung; m bewegt sich also geradlinig gleichförmig oder verharrt in Ruhe ($v = 0$).

Man kann auch etwas mehr mathematisch vorgehen:

$$\vec{a} = \vec{0} \Rightarrow \frac{\Delta\vec{v}}{\Delta t} = \vec{0} \Rightarrow \Delta\vec{v} = \vec{v}_2 - \vec{v}_1 = \vec{0} \Rightarrow$$

$$\vec{v}_2 = \vec{v}_1 \Rightarrow \vec{v} = \overrightarrow{konst};$$

dies gilt für jedes Δt, auch für $\Delta t \to 0$.

b) Man beschleunigt die Feder in ihrer Achsenrichtung und stoppt plötzlich vor dem Papier. Die Tinte ist mit der Feder nur durch eine relativ kleine ,Adhäsionskraft' verbunden, so daß ein mehr oder weniger großer Tropfen nach dem Trägheitsgesetz fast mit der Gs vor dem Stoppen weiterfliegt und aufs Papier kleckst.

Wildes Herumfuchteln mit dem Fieberthermometer führt kaum zum Erfolg. Man muß wie mit der Schreibfeder verfahren, wobei der Quecksilberbehälter (das ,Ausdehnungsgefäß') nach unten zeigt. Nach dem Stoppen wird sich der ,abgerissene' Quecksilberfaden infolge seiner Trägheit in den Behälter zurückschieben.

Der Autofahrer F (bzw. sein Beifahrer) ist durch die Haftreibung (Aufg. 44) mit dem Sitz verbunden. Ist F nicht angeschnallt und bremst stark oder fährt gar gegen ein festes Hindernis, so fliegt er zufolge der Trägheit nach vorn, mit dem Brustkorb gegen das Lenkrad und mit dem Kopf gegen die Windschutzscheibe; (schwere bis tödliche Verletzungen sind oft die Folge). Ist F jedoch angeschnallt, so ,zieht' der Gurt sofort bei Einsetzen der Verzögerung des Wagens ,an' und hält so den F am Sitz fest.

32

a) Da G und m proportionale Größen sind, kann man sowohl mit einer Hebelwaage Gewichtskräfte als auch mit einer Federwaage Massen messen.

Im 1. Falle braucht man bloß den angezeigten Massenwert (in kg) mit der Fall-Bs g (am Wägeort) zu multiplizieren und man erhält die Gewichtskraft (in N). Man kann aber auch einen geeichten Gewichtssatz (1N, 2N, 2N, 5N, ...) verwenden bzw. ~ bei Skalenwaagen ~ die Skala umzueichen.

Hängt man eine Masse an eine Federwaage und dividiert den in [N] angezeigten Wert der Gewichtskraft durch g, so erhält man den Wert der Masse in kg. Man kann jedoch auch die Skala in Masseneinheiten eichen.

b) Beide Waagenarten lassen sich auf dem Mond benützen.

Bei der Balkenwaage (mit irdischem Massensatz) stellt sich ebenfalls Gleichgewicht ein, obwohl die Schwerkraft auf dem Mond kleiner als auf der Erde ist.

Da man mit der Federwaage (im Prinzip) jede Art von Kraft messen kann, zeigt sie auch auf dem Mond die dort herrschende Schwerkraft an.

c) In einem schwerelosen Raum können Massen (im Prinzip) über die dynamische Grundgleichung gemessen werden: $m = F : a$.

Man läßt also eine konstante Kraft F auf eine Masse wirken und bestimmt F und a. F wird entweder direkt gemessen (s.u.) oder berechnet (z.B. bei elektrischen oder magnetischen Kräften). a kann beispielsweise durch Messung der End-Gs an der Bs-Strecke bestimmt werden.

Hängt man eine Masse an eine Federwaage und läßt diese rotieren, so kann man die Fliehkraft direkt ablesen, die Bs aus r (Drehradius) und ω (Winkel-Gs) berechnen (Aufg. 68).

Eine 2. Möglichkeit besteht darin, das Volumen V der homogenen Masse zu bestimmen und es mit dem (Tabellen-)Wert der Dichte ϱ (Aufg. 35) zu multiplizieren: $m = \varrho V$.

33

a) Man hält den Punkt A (Abb. 3 des Textes), in welchem die Federn miteinander verbunden sind, fest und belastet die untere Feder mit dem Gewicht G; wenn sie sich um s_1 ausdehnt, gilt:

$$s_1 = \frac{G}{D_1} \quad (1).$$

Nun läßt man A los; an der oberen Feder bewirkt jetzt G die Dehnung s_2:

$$s_2 = \frac{G}{D_2} \quad (2).$$

Insgesamt wurde die zusammengesetzte Feder um $(s_1 + s_2)$ verlängert. Um dasselbe Stück muß sich auch die Ersatzfeder bei Anhängen von G ausdehnen:

$$s_1 + s_2 = \frac{G}{D};$$

Einsetzen von (1) und (2) ergibt:

$$\frac{G}{D_1} + \frac{G}{D_2} = \frac{G}{D} \Rightarrow \underline{\underline{\frac{1}{D} = \frac{1}{D_1} + \frac{1}{D_2}}} \quad (3).$$

Die Reihenfolge der Federn ist unmaßgeblich.

Aus (3) folgt:

$$\frac{1}{D} > \frac{1}{D_1} \text{ und } \frac{1}{D} > \frac{1}{D_2} \Rightarrow$$

D der Serienschaltung ist kleiner als die kleinere der Konstanten D_1 und D_2.

Verallgemeinerung auf n Federn:

Bei Serienschaltung addieren sich die Kehrwerte der Federkonstanten:

$$\frac{1}{D} = \frac{1}{D_1} + \frac{1}{D_2} + \ldots + \frac{1}{D_n}.$$

Für n gleichstarke Federn $(D_1 = D_2 = \ldots)$ gilt $D = D_1/n$.

b) Da beide Federn ungleich stark sind, sich jedoch bei Wirken von F um dasselbe Stück s dehnen, muß F in 2 (parallele) Teilkräfte zerfallen: $F = F_1 + F_2$; für letztere gilt:

$$\left.\begin{array}{l} F_1 = D_1 s \\ F_2 = D_2 s \end{array}\right\} \Rightarrow F_1 + F_2 = F = (D_1 + D_2)s \Rightarrow$$

Die Ersatzfeder hat die Federkonstante $D = D_1 + D_2$. Diese Schaltung ergibt eine stärkere Feder.

Für n Federn gilt: Bei Parallelschaltung addieren sich die Federkonstanten:

$$D = D_1 + D_2 + \ldots + D_n.$$

Für n gleiche Federn $(D_1 = D_2 = \ldots)$ ist $D = nD_1$.

‖ Das Trainingsgerät ist der Expander.

c) An A greife die Zugkraft $F = F_1 + F_2$ an; F_1 soll die linke Feder um s stauchen und die rechte Feder um (dasselbe) s dehnen:

$F_1 = D_1 s$ und $F_2 = D_2 s$.

Das sind aber dieselben Ansatzgleichungen wie in b); daher ist:

$\underline{\underline{D = D_1 + D_2}}$.

d) Setzt man – nach dem Zerteilen – beide halbe Federn wieder zusammen, so hat man eine Serienschaltung vor sich. Daher ist nach (3):

$$\frac{1}{D} = \frac{1}{D'} + \frac{1}{D'} \Rightarrow \frac{D'}{2} = D \Rightarrow \underline{D' = 2D}.$$

e) Man zerteilt die Feder in 5 gleichlange Stücke; jede Teilfeder hat die Konstante 5D. Nun schaltet man die 5 Federn parallel, indem man am besten ihre Enden an je einer Platte festlötet; (in der Abb. ist nur 1 Platte dargestellt).

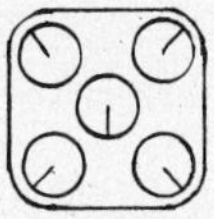

Draufsicht

‖ Diese Kombination hat dann nach b) die Federkonstante 25D.

f) Es handelt sich um eine Art Spiralfeder, ‚Kegelfeder' oder auch Spiralwendelfeder genannt.

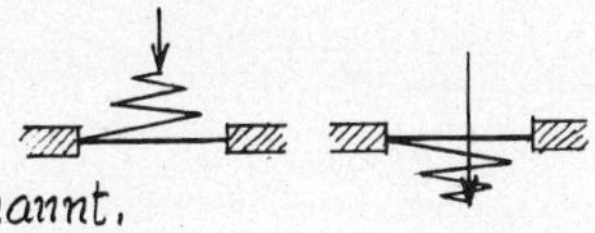

34

a) ‖ Da es sich bei der Briefwaage um eine Hebelwaage handelt, zeigt sie die Masse (in g) unabhängig vom Ort auf der Erde an.

b) Die Personenwaage gibt aber – als Federwaage – die jeweils auf eine Masse wirkende Schwerkraft an. Berechnen wir daher zunächst mit der angegebenen Formel g_1 (in Hammerfest) und g_2 (in Nairobi):

$$g_1 = (9{,}8063 - 0{,}0264 \cdot \cos 142° - 0)\,\mathrm{ms^{-2}} \approx$$
$$\approx (9{,}8063 + 0{,}0208)\,\mathrm{ms^{-2}} = \underline{9{,}8271\,\mathrm{ms^{-2}}};$$

$$g_2 = (9{,}8063 - 0{,}0264 \cdot 1 - 3 \cdot 10^{-6} \cdot 1{,}67 \cdot 10^3)\,\mathrm{ms^{-2}} \approx$$
$$\approx (9{,}7799 - 0{,}0050)\,\mathrm{ms^{-2}} = \underline{9{,}7749\,\mathrm{ms^{-2}}}.$$

Wäre die Personenwaage in Hammerfest auch für Gewichtskräfte (in N) geeicht worden, so würde – zufolge $G = mg_1$ – folgende Entsprechung gelten:

$$69\,\mathrm{kg} \mathrel{\hat{=}} 69 \cdot 9{,}8271\,\mathrm{N} \approx 678{,}07\,\mathrm{N}.$$

Wenn nun bei Frau H die Waage in Nairobi 69 kg anzeigt, so entspricht dies der gleichen Schwerkraft von 678,07 N; daraus folgt die Masse, indem wir durch g_2 dividieren:

$$\frac{678{,}07\,\mathrm{N}}{9{,}7749\,\mathrm{ms^{-2}}} \approx 69{,}37\,\mathrm{kg};$$

da Frau H in Hammerfest wirklich 70 kg auf die Waage brachte, folgt also:

‖ Frau H wog in Nairobi de facto ≈ 69,37 kg, hatte also nur 0,63 kg abgenommen (immerhin!)

35

a) ‖ Der Laie schätzt die Luft leichter als die Person.

Grund: Das Gewicht der Luft können wir nicht empfinden.

Die Rechnung ergibt:

$$G_L = \gamma_L V = 1{,}2\,[\mathrm{cN}] \cdot 10^3\,[\mathrm{m^{-3}}] \cdot 4 \cdot 2{,}5 \cdot 6{,}5\,\mathrm{m}^3 =$$
$$= 12\,[\mathrm{N}] \cdot 65 = \underline{\underline{780\,\mathrm{N}}}.$$

‖ Die Luft hat also ein größeres Gewicht als die Person.

b) Der Goldschmied legiert x [g] reines Au dazu; dann besteht für die reinen Au-Mengen die Gleichung:

$$\frac{2{,}5}{1000} 585\,\mathrm{g} + x = \frac{2{,}5\,\mathrm{g} + x}{1000} 750 \Rightarrow$$
$$2{,}5 \cdot 585\,\mathrm{g} + 1000x = 2{,}5 \cdot 750\,\mathrm{g} + 750x \Rightarrow$$
$$250x = 2{,}5(750 - 585)\,\mathrm{g} \Rightarrow 100x = 165\,\mathrm{g} \Rightarrow$$
$$\underline{\underline{x = 1{,}65\,\mathrm{g}}}.$$

Der Anhänger hat also die Gesamtmasse 4,15 g; die reine Au-Masse beträgt ¾ davon, die Cu-Masse ¼. Daher sind die (getrennt gedachten) Volumina:

$$V_{Au} = \frac{m_{Au}}{\varrho_{Au}} = \frac{3 \cdot 4{,}15\,\mathrm{g}}{4 \cdot 19{,}3\,\mathrm{gcm^{-3}}} = \frac{3 \cdot 4{,}15}{4 \cdot 19{,}3}\,\mathrm{cm}^3;$$

$$V_{Cu} = \frac{4{,}15}{4 \cdot 8{,}96}\,\mathrm{cm}^3.$$

Daraus folgt das Volumen des Anhängers:

$$V = V_{Au} + V_{Cu} = \frac{415}{4}\left(\frac{30}{19{,}3} + \frac{10}{8{,}96}\right)\mathrm{mm}^3 \approx$$
$$\approx 103{,}75\,(1{,}55 + 1{,}12)\,\mathrm{mm}^3 \approx \underline{277\,\mathrm{mm}^3}.$$

Für seine Dichte ϱ ergibt sich daher:

$$\varrho = \frac{4{,}15\,g}{V} \approx \frac{4{,}15}{0{,}277}\,g\,cm^{-3} \approx \underline{\underline{14{,}98\,g\,cm^{-3}}}.$$

Der Goldschmied mußte 1,65 g reines Au zulegieren. Der Anhänger hat $V \approx 277\,mm^3$ und $\varrho \approx 15\,g\,cm^{-3}$.

c) Da dem FG 1000 24 Karat entsprechen, müssen wir bei der Umrechnung die Maßzahl des FG mit $^{24}/_{1000} = 0{,}024$ multiplizieren:

FG 750 ≙ 18 Karat; FG 585 ≙ 14 Karat.

Bei der inversen Umrechnung ist der Faktor $^{1000}/_{24}$:

21,6 Karat ≙ FG 900; 12 Karat ≙ FG 500; 8 Karat ≙ FG 333.

36

Als sich die Freude des Mädchens fürs erste gelegt hatte und es weitereilen wollte, konnte es den Korb mit dem goldenen Huhn nur mit äußerster Anstrengung hochheben. Auch das Goldei wog jetzt soviel, daß es die Rocktasche zu zerreißen drohte, weshalb es das Mädchen in den Korb legte.

(Begründung: Da ein Huhn auf dem Wasser schwimmt, hat es ein spezifisches Gewicht γ_H etwas kleiner als $1\,cN \cdot cm^{-3}$; dasjenige von ‚purem' Gold γ_G ist fast 20 $cN \cdot cm^{-3}$ ~ s. Aufg. 35. Das Verhältnis ist also $\gamma_G : \gamma_H \approx 20$; damit multipliziert sich ~ bei gleichgebliebenem Volumen ~ das ursprüngliche Gewicht, aber auch die Masse, so daß das Goldhuhn ≈ 30 kg wog. Das spezifische Gewicht des Eies ist nur minimal größer als $1\,cN \cdot cm^{-3}$; trotzdem wog das goldene Ei mehr als 1 kg, wenn man für das rohe Ei 60 g veranschlagt).

Das Mädchen überlegte. Erst wollte es den Korb im Gebüsch verstecken und nur mit dem Ei nach Hause laufen, doch dann sah es ~ noch weit entfernt ~ gemächlich einen Eselskarren nahen. Es schmierte Huhn und Ei rundum mit Lehm an, damit das Gold nicht zu erkennen sei, und zog den Stoffverschluß oben am Korb zu. Als das Bäuerlein, das ebenfalls mit dem kaum beladenen Karren zur Stadt wollte, herangekommen war, bat das Mädchen artig, wenigstens den schweren Korb aufladen zu dürfen. Der Bauer war sehr freundlich, wunderte sich aber selbstverständlich beim Hochheben des Korbes über sein Gewicht. Das Mädchen, das ebenfalls aufsitzen durfte, erklärte ihm, daß in dem Korb ein Huhn aus Bronze ist, das es am Markt verkaufen wolle; dann mußte es noch dem einfältigen Bäuerlein erklären, daß Bronze ein schweres Metall ist, aus dem auch das Reiterstandbild des Königs in der Stadt gegossen wurde.

Das Mädchen ließ sich beim Goldschmied absetzen und bekam von ihm soviele Goldtaler, daß es sie kaum tragen konnte. Deshalb ließ es das Geld zunächst noch im verschlossenen Korb bei dem biederen Handwerksmeister, nachdem es nur wenige Taler herausgenommen hatte. Mit einem Leiterwägelchen (zum Ziehen) kehrte es zurück, lud den Korb auf und kaufte dann Salz und Zucker, das Kopftuch und die Pfeife, zum Schluß eine Milchziege und soviel Heu, daß das Wägelchen hoch beladen war. Es spannte die satte, folgsame Ziege an die Deichsel, half selbst mit ziehen und machte sich frohen Mutes auf den Heimweg.

37

a) Die lineare Verkleinerung (also die nur in 1 Dimension) ist:

$$\frac{3\,dm}{3000\,dm} = 10^{-3};$$

wenn jede der 3 Dimensionen im selben Verhältnis verkleinert wird, dann gilt für ein Volumen das Verhältnis $(10^{-3})^3 = 10^{-9}$.

Da die Dichte gleich bleibt, multipliziert sich (nach der Formel $m = \varrho V$) die Masse m des Originalturms bei Verkleinerung ebenfalls mit 10^{-9}:

$$m' = m \cdot 10^{-9} = 7 \cdot 10^9\,[g] \cdot 10^{-9} = \underline{7\,g}.$$

Der kleine Eiffelturm wiegt bloß 7 g.
Im allg. schätzt man viel mehr.

b) Das Volumen des Modells ist $V' = {}^{m'}/_{\varrho}$; daher errechnet sich mit der Volumenformel des Kegels:

$$\frac{\pi}{3} r'^2 h' = \frac{m'}{\varrho} \Rightarrow r'^2 = \frac{3m'}{\pi \varrho h'} \Rightarrow \underline{2r' = 2\sqrt{\frac{3m'}{\pi \varrho h'}}};$$

mit Werten:

$$2r' = 2\sqrt{\frac{3 \cdot 7\,cm^2}{\pi \cdot 7{,}8 \cdot 30}} = 2\sqrt{\frac{700\,mm^2}{78\pi}} \approx \underline{3{,}38\,mm}.$$

Für den Originalturm muß dieser Wert mit 10^3 multipliziert werden.

Der Durchmesser des Grundkreises des Kegels beträgt für das Modell ≈ 3,38 mm, für den großen Turm ≈ 3,38 m.
In beiden Fällen schätzt man den Durchmesser im allg. zu groß.

38

1. Methode:

Man legt auf jede WS 3 Kugeln; ist die Waage im Gleichgewicht, so legt man diese 6 Kugeln beiseite; S muß sich unter den restlichen 3 Kugeln befinden. Kommt aber die Waage nicht ins Gleichgewicht, so ist S unter den 3 Kugeln der herabgesunkenen WS.

Man macht beide WS frei; auf jede legt man je eine Kugel von demjenigen Tripel, das S enthält. Tritt Gleichgewicht ein, so ist die liegengebliebene Kugel (des Tripels) die gesuchte. Sinkt aber eine WS herab, so liegt S auf ihr.

Man braucht also in jedem Fall höchstens 2 Wägungen, um S zu finden.

2. Methode:

Man legt bei der 1. Wägung je 4 Kugeln auf jede WS. Hat man Glück, und herrscht Gleichgewicht, so ist die abseits liegende Kugel S.

Sinkt aber eine WS herunter, so läßt man eine Kugel auf ihr liegen, legt eine zweite auf die andere freigemachte WS und gibt die restlichen 2 beiseite. Ist eine WS schwerer, so hat man (mit dieser 2. Wägung) S gefunden. Ist dies nicht der Fall, dann findet man erst mit einer 3. Wägung S unter den beiden abseits gelegten.

Nach der 2. Methode braucht man günstigenfalls eine, ungünstigenfalls 3 Wägungen.

39 *

a) Wir lassen die Benennung [g] zunächst weg.

Als erstes brauchen wir das St 1; um 2 abzuwiegen, nehmen wir ein neues: 2; 3 läßt dann darstellen: $3=1+2$. Für 4 wählen wir ein neues St: $4=2^2$.

Mit dem bisherigen MS lassen sich abwiegen: $5=4+1$; $6=4+2$; $7=4+2+1$. Es liegt auf der Hand, als neues Stück $8=2^3$ zu wählen. Mit diesem kommen wir bis einschl. 15: $9=8+1$; $10=8+2$; $11=8+2+1$; $12=8+4$; $13=8+4+1$; $14=8+4+2$; $15=8+4+2+1$.

Das neue St wird $16=2^4$ sein. Durch Verallgemeinerung folgt:

Wir benötigen einen MS, der aus den Potenzen 2^n besteht ($n=0,1,2,\dots 8$):

1; 2; 4; 8; 16; 32; 64; 128; 256 (alle in g).

Es sind insges. 9 St.

Man kann mit ihnen bis 511 g wiegen (1 g weniger als $512\,g=2^9\,g$).

b) Beim Zurückwiegen sind die ersten beiden St'e 1 und 3; 2 wird durch Zurückwiegen hergestellt: $2=3-1$, 4 durch Zuwiegen: $4=3+1$.

Um 5 abwiegen zu können, nehmen wir jedoch nicht 5 als neues St, sondern $9=3^2$; dann gelangen wir zunächst bis 13: $5=9-3-1$; $6=9-3$; $7=9-3+1$; $8=9-1$; $9=9$; $10=9+1$; $11=9+3-1$; $12=9+3$; $13=9+3+1$.

Nun verfahren wir wie vorhin bei 5 und erzeugen 14 durch Zurückwiegen von $27=3^3$: $14=27-13=27-(9+3+1)$; $15=27-12=27-(9+3)$; usw.

Durch analoges Weiterschließen folgt:

Um bis mindestens 499 g mit Zurückwiegen zu kommen, brauchen wir als St'e die Potenzen 3^n ($n=0,1,\dots 6$):

1; 3; 9; 27; 81; 243; 729 (alle in g).

Das sind insges. 7 St.

Die abwiegbare Höchstmasse ist die durch das Zurückwiegen allein erreichbare

$(1+3+\dots+729)\,g=1093\,g$.

c) Zuwiegen: Wir müssen mit der höchsten Potenz 2^n beginnen, die kleiner als 200 ist:

$200\,g=(128+64+8)\,g$.

Zurückwiegen: Wir fangen mit der niedrigsten Potenz 3^n an, die größer als 200 ist:

$200\,g=(243-81+27+9+3-1)\,g$.

Beim dekadischen MS benötigen wir nur 2 St.

d) Zuwiegen:

Wir setzen voraus, daß der MS $1; 2; \dots 2^n$ $(n\geq 1)$ bereits vorliegt; durch Summation gelangen wir bis:

$$1+2+2^2+\dots+2^n=1\cdot\frac{2^{n+1}-1}{2-1}=\underline{2^{n+1}-1};$$

(hier wurde die Summenformel für eine geometrische Reihe benützt: Anfangsglied 1; Quotient 2; Gliederzahl $n+1$).

Das nächste St muß also 2^{n+1} sein, wenn die St'e bis 2^n vorliegen. Da $1=2^0$ den kleinsten MS darstellt, ist der Beweis allg. geführt.

Zurückwiegen:

Die St'e $1; 3; \dots 3^n$ ($n \geq 1$) liegen vor. Durch Zuwiegen gelangen wir bis zur Masse m:

$$m = 1 + 3 + \dots + 3^n = 1 \cdot \frac{3^{n+1} - 1}{3 - 1} = 0{,}5 \cdot 3^{n+1} - 0{,}5;$$

die nächste darzustellende Masse ist um 1 größer, also $m+1 = 0{,}5 \cdot 3^{n+1} + 0{,}5$; wir erhalten sie gerade dann, wenn wir als nächstes St 3^{n+1} nehmen und m subtrahieren:

$$3^{n+1} - m = 3^{n+1} - (0{,}5 \cdot 3^{n+1} - 0{,}5) = 0{,}5 \cdot 3^{n+1} + 0{,}5 = m + 1.$$

Die nächste zu wiegende Masse ist:

$$m + 2 = 3^{n+1} - (m - 1) \quad \text{usw.}$$

Damit ist durch vollständige Induktion gezeigt:

‖ Beim Zurückwiegen ist der Mindest-MS: $1g; 3g; 9g; \dots 3^n g$.

40 *

a) F_1 und F_2 werden in den Schnittpunkt S ihrer Wirkungsgeraden verschoben (Abb. 1) und hier zu R' zusammengesetzt. Da S dem starren Körper nicht angehört, wird R' nach A_3 verschoben.

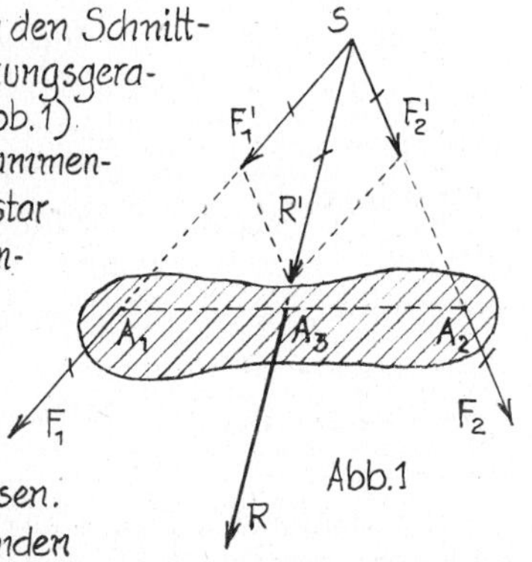

Abb. 1

b) Der Körper ist in Abb. 2 weggelassen. Mit den Resultierenden R_1 und R_2 geschieht dasselbe wie in a) mit den K'n F_1 und F_2. Das Dreieck I ist nach S verschoben (I') und findet sich nochmals an D verdreht (I''). Dasselbe gilt für das Dreieck II. Daraus ersieht man, daß $\vec{R'}$ (und daher auch $\vec{R}$) parallel zu $\vec{F_1}$ bzw. $\vec{F_2}$ ist.

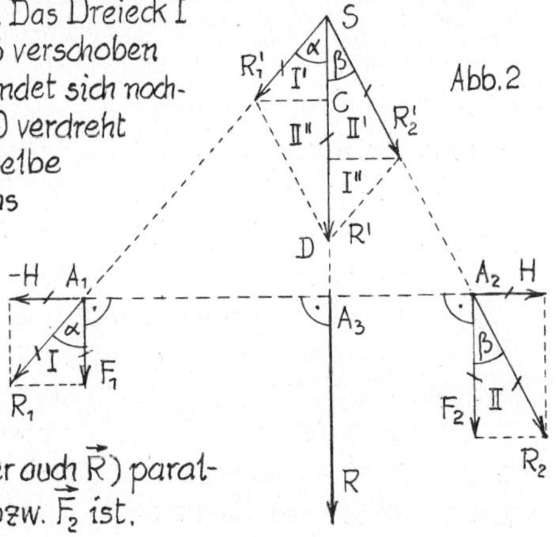

Abb. 2

Ferner gilt:

$$R = R' = \overline{SC} + \overline{CD} = F_1 + F_2.$$

Aus den Dreiecken A_1A_3S und A_2A_3S folgt:

$$\left.\begin{array}{l} \overline{A_1A_3} = \overline{SA_3} \cdot \tan\alpha \\ \overline{A_2A_3} = \overline{SA_3} \cdot \tan\beta \end{array}\right\} \Rightarrow \overline{A_1A_3} : \overline{A_2A_3} = \tan\alpha : \tan\beta;$$

nun wird aber dieses Verhältnis aus I und II

$$\tan\alpha : \tan\beta = \frac{H}{F_1} : \frac{H}{F_2} = F_2 : F_1.$$

Zusammenfassung:

‖ $\vec{R}$ ist mit $\vec{F_1}$ und $\vec{F_2}$ gleichgerichtet; $R = F_1 + F_2$;
‖ $A_1A_3 : A_2A_3 = F_2 : F_1$.

c) Der Versuch, wie in b) Gegenkräfte anzubringen, ist zum Scheitern verurteilt, denn wie man auch H und −H anbringt (in Abb. 3 z. B. nach innen), die Resultierenden sind wieder antiparallel.

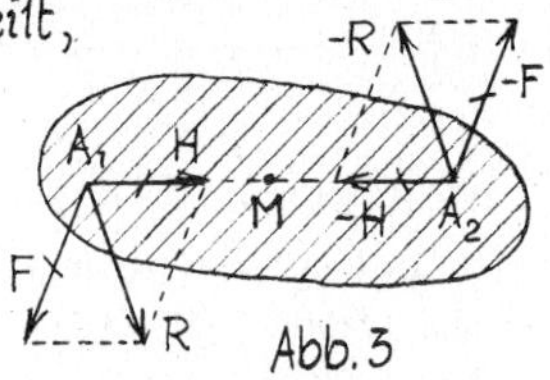

Abb. 3

Dennoch hat das K'e-Paar (bei freibeweglichem Körper) eine Wirkung:

‖ Ein K'e-Paar (auch ‚Drehzwilling' genannt) hat zunächst keine Resultierende; es dreht vielmehr den Körper um den Mittelpunkt M von $\overline{A_1A_2}$ so lange, bis die Wirkungsgeraden beider K'e zusammenfallen. Dann heben sich die Kräfte auf.

41 *

a) Die Windkraft F (Abb. 1) wird zerlegt in die Komponenten F_t und F_n. F_t läßt die Luftströmung an S abgleiten. Aus dem halben K'e-Parallelogramm folgt:

$$F_n = F \sin(\alpha - \beta).$$

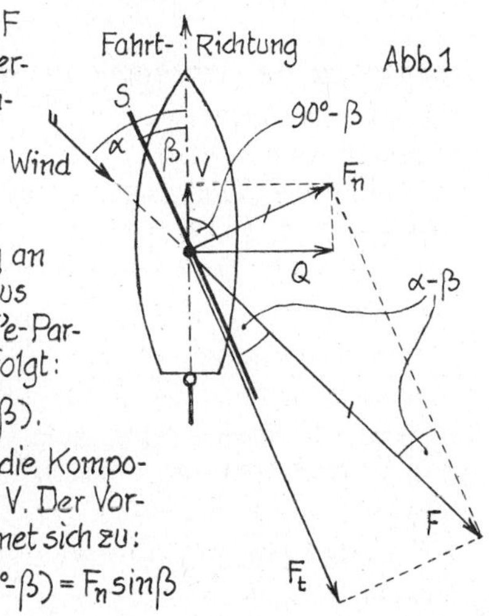

Abb. 1

F_n zerfällt in die Komponenten Q und V. Der Vortrieb V berechnet sich zu:

$$V = F_n \cos(90° - \beta) = F_n \sin\beta$$

und mit dem obigen Wert von F_n:

$V = F \cdot \sin(\alpha - \beta) \cdot \sin\beta$.

b) Mit den entsprechenden Summenformeln formt man V wie folgt um:

$$V = F(\sin\alpha\cos\beta\sin\beta - \cos\alpha\sin^2\beta) =$$
$$= F\left(\frac{1}{2}\sin\alpha \cdot 2\sin\beta\cos\beta - \frac{1}{2}\cos\alpha \cdot 2\sin^2\beta\right) =$$
$$= \frac{1}{2}F[\sin\alpha\sin 2\beta - \cos\alpha(1-\cos 2\beta)] =$$
$$= \frac{1}{2}F(\sin\alpha\sin 2\beta + \cos\alpha\cos 2\beta - \cos\alpha)$$
$$V = \frac{1}{2}F[\cos(\alpha - 2\beta) - \cos\alpha].$$

V wird dann einen maximalen Wert haben, wenn der Minuend in der Klammer am größten wird:

$$\cos(\alpha - 2\beta_1) = 1 \Rightarrow \alpha - 2\beta_1 = 0 \Rightarrow \beta_1 = \frac{1}{2}\alpha.$$

Die günstigste S-Stellung wird für $\beta_1 = 0{,}5\alpha$ erzielt.

c) Für den größten Vortrieb gilt:

$$V = F \cdot \sin\left(\alpha - \frac{\alpha}{2}\right) \cdot \sin\frac{\alpha}{2} = F \cdot \sin^2\frac{\alpha}{2};$$

also wird für α_1 und α_2:

$$V_1 = F \cdot \sin^2 22{,}5° \approx 0{,}15F;$$
$$V_2 = F \cdot \sin^2 20° \approx 0{,}12F.$$

Bei 45° beträgt der Vortrieb bestenfalls ≈ 15%, bei 40° bestenfalls ≈ 12% der Windkraft.
Für $0 \leq \alpha < 40°$ muß man gegen den Wind ‚kreuzen', d.h. das Boot fährt einen Zickzack-Kurs (Abb.2).

In den Knickstellen muß ‚gewendet' werden, d.h. das Boot muß durch

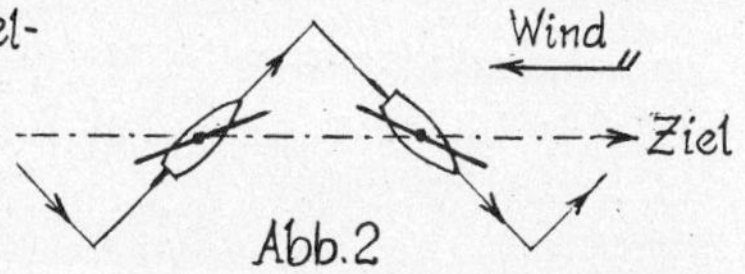

Abb.2

entsprechendes ‚Ruderlegen' mit dem Bug ‚durch den Wind' gedreht werden, wobei gleichzeitig das S auf die andere Seite genommen wird.

42

a) Da gleiche Kräfte während derselben Zeitdauer auf gleiche Massen wirken, muß jedes Boot die gleiche Beschleunigung erhalten, deshalb auch in gleichen Zeiten gleiche Wege zurücklegen.

Die Boote werden in der Mitte von d zusammenstoßen.

b) Diese Vorgänge sind anscheinend, was die Kraft anbelangt, asymmetrisch. Ein Kind (ohne Erfahrung) oder ein blutiger Laie wird schließen, daß das Boot mit dem ziehenden Mann stehen bleibt, das andere aber von ihm herangezogen wird. Dem ist aber nicht so; die Erklärung findest Du in Aufg. 43.

Auch hier ist der Treffpunkt der Boote in der Mitte von d.

43

a) Von den Medizinstudenten wolle der Prof. folgende Antwort hören:

Das Gewicht der Fliege erzeugt durch eine winzige Delle im Amboß eine elastische Gegenkraft. Beide Kräfte heben sich auf, und die Fliege bleibt in Ruhe sitzen.

Die Antwort der Physikstudenten stellte sich der Prof. so vor:

Die Gewichtskraft der Fliege zerfällt in 6 etwa gleichgroße, lotrechte Teilkräfte; jede Komponente greift an der Stelle der Stahloberfläche an, wo das Beinchen aufsteht, und erzeugt eine elastische Reaktionskraft, die am Fuß angreift. Beide Kräfte können in einen gemeinsamen AP verschoben werden und heben sich auf.

(Kandidaten, die von 4 oder gar 8 Teilkräften sprachen, schickte der Prof. nach der Prüfung 1 Stockwerk höher, wo sich ein Teil des Biologischen Instituts befand).

b) Die Muskelkraft F_{12} des Läufers wirkt beim Start über die Schuhsohle des Startbeins auf die hintere Böschung des Startlochs; sie wird (teilweise elastisch) deformiert. Die Reaktionskraft $-F_{12}$, die am Schuh angreift, erteilt dem Läufer eine nach vorn gerichtete Beschleunigung.

Man sagt gewöhnlich, der Läufer stößt sich vom Boden ab. Die WW-Kräfte wirken nur während der Berührung des Schuhs mit dem Boden.

Analog sind die Verhältnisse beim Gehen und Laufen:

Jeweils das rückwärtige Bein stößt sich etwas vom Boden ab, wobei es hier größtenteils die Reibungskraft ist, die dem Körper die Beschleunigung nach vorn erteilt.

c) Man zerlegt das Gewicht $m\vec{g}$ des Kügelchens in 2 Komponenten: $\vec{F_1}$ waagrecht, $\vec{F_2}$ in Richtung des

Fadens. $\vec{F}_1$ muß die elektrische Abstoßungskraft $\vec{F}_{12}$ aufheben (Abb.)

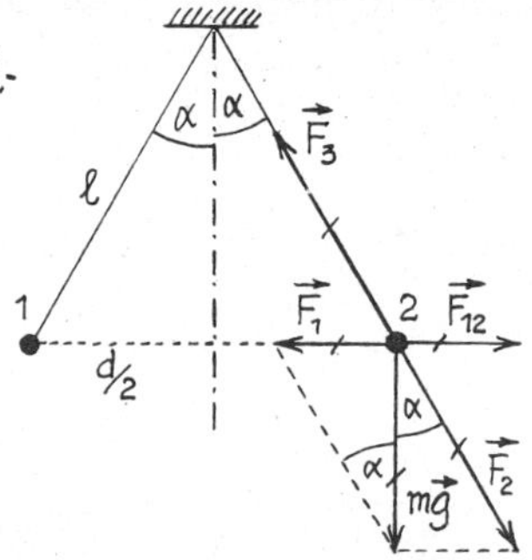

Aus bestimmten Dreiecken folgt:

$$F_{12} = F_1 = mg\cdot\tan\alpha = mg\frac{d}{2\sqrt{\ell^2 - d^2/4}}$$

$$F_{12} = \frac{d}{\sqrt{4\ell^2-d^2}}\,mg\,.$$

Mit Werten:

$$F_{12} = \frac{6}{\sqrt{4\cdot 25-36}}\,2\cdot10^{-3}\cdot10\,\mathrm{kgms^{-2}} = \frac{120}{8}\,\mathrm{mN}$$

$$F_{12} = 15\,\mathrm{mN}\,.$$

Die Komponente $\vec{F}_2$ und ihre Reaktionskraft, die (elastische) Fadenspannung $\vec{F}_3$ sind WW-Kräfte, die sich aufheben. Das gleiche Paar gibt es bei 1.

Aus dem halben Kräfteparallelogramm folgt:

$$F_2 = \sqrt{(mg)^2 + F_{12}^2} = \sqrt{(20\,\mathrm{mN})^2+(15\,\mathrm{mN})^2} = 25\,\mathrm{mN}.$$

44 *

a) Selbstverständlich kann man sagen, auf K wirkt die Gewichtskraft $\vec{G}$, die im Schwerpunkt angreift und lotrecht nach unten zeigt.

Allerdings ist die Wirkung von G – bei harter U – nicht offensichtlich, weil eben G durch die Reaktionskraft der U (elastische Kraft) aufgehoben wird.

Anders bei der Haftreibungskraft $\vec{R}_H$:

Man kann erst dann von $\vec{R}_H$ sprechen, wenn an K eine Zugkraft (parallel zu U) wirkt. R_H ist eine Reaktionskraft, ihre Richtung ist entgegengesetzt zu der der Zugkraft.

b) Durch die ‚Verzahnung' der Unebenheiten (Höcker und Mulden von K und U) bzw. durch Adhäsion an einigen Stellen kann K nicht sofort der anfänglichen Zugkraft $\vec{Z}$ folgen. Erst wenn Z eine bestimmte Stärke erreicht hat, beginnt K zu gleiten, weil Höcker abgeschliffen und Adhäsionsstellen beseitigt werden. Gleitet K dann weiter, so gibt es weniger Verzahnungen und Adhäsionsstellen als in der Ruhe. Deshalb ist, bei gleichem K und U, $R_G < R_H$.

c) Da sich beim Gleiten K und U nur an sehr wenigen Stellen berühren – neuere Bücher sprechen nur von 3 Stellen! – ist R_G praktisch geschwindigkeitsunabhängig.

Bei relativ großen G's nimmt R_G ab, da durch die Trägheit von K eine Verzahnung bzw. Adhäsion nicht mehr stattfindet; außerdem schiebt sich ein ‚Luftpolster' zwischen K und U.

d) Infolge der ‚Dreipunktauflage' spielt die Größe der Berührungsfläche keine Rolle.

In älteren Büchern findet man folgende Erklärung: Die Größe der Berührungsfläche sei A; auf ihr seien n Verzahnungen, auf jede drückt K im Mittel mit G/n (G = Gewicht von K). Wird nun K auf die Seitenfläche des Inhalts $A/2$ gelegt, so hat diese zwar nur $n/2$ Verzahnungen, jede wird aber jetzt mit

$$G : \frac{n}{2} = \frac{2G}{n}$$

belastet, also doppelt so stark wie vorher. Deshalb bleibt R_* im wesentlichen gleich.

e) Da die Normalkraft N (bzw. das Gewicht G) maßgeblich an der Reibung beteiligt ist, muß sie von vornherein mit der Zugkraft Z zu einer Resultierenden F zusammengesetzt werden; dies geschieht durch Rückverschiebung in den gemeinsamen Angriffspunkt S (Abb.1). Da hier F die Berührungsfläche nicht trifft, kommt es überhaupt zu keiner Reibung, sondern K kippt (bei wachsendem Z) um die Kante k.

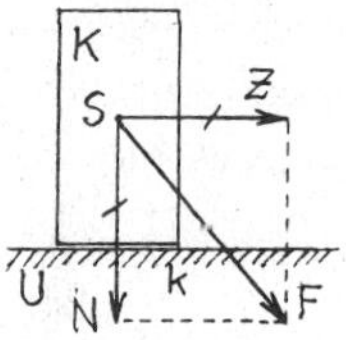

Abb.1

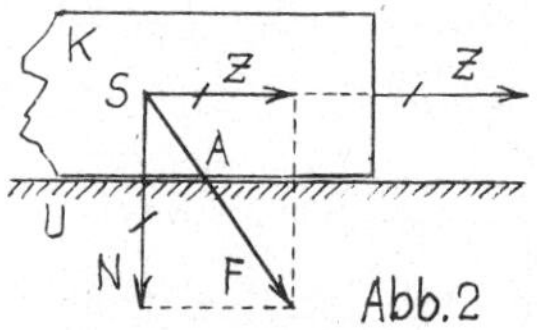

Abb.2

Durchstößt aber $\vec{F}$ die Berührungsfläche im Punkt A (Abb.2), so tritt Haft- bzw. Gleitreibung ein. In diesem Fall verschiebt man F nach A und zerlegt F wieder in die ursprünglichen Komponenten (Abb.3). Z ruft nun die Reaktionskraft R_* hervor, N die elastische Gegenkraft E.

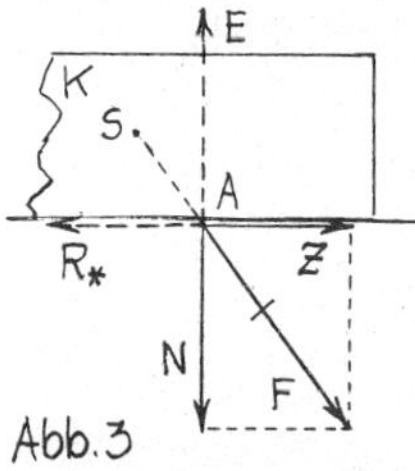

Abb.3

Damit wäre zwar das Kräfte-Paradoxon gelöst, unbefriedigend ist aber, daß Z aus ihrer ursprünglichen Lage verschwunden ist. Man kann nun aber mit den Kräften den Krebsgang gehen: Man setzt R_* und E zur Resultierenden F' zusammen (Abb.4) und verschiebt F' nach S, wo F' wieder in die Teilkräfte R_* und E zerlegt wird. R_* kann nun auf der Wirkungsgeraden nach B verschoben werden. Auf gleiche Weise wird das Kräfteparallelogramm NFZ in den Punkt S zurückgenommen (nicht gezeichnet). N und E heben sich in S auf, Z wird nach C verschoben.

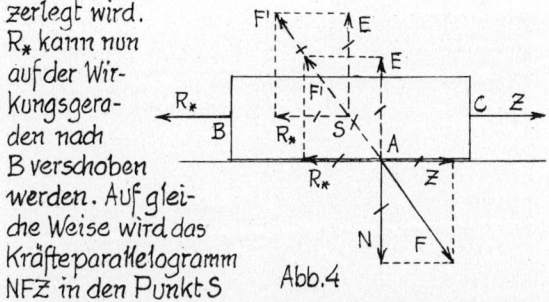

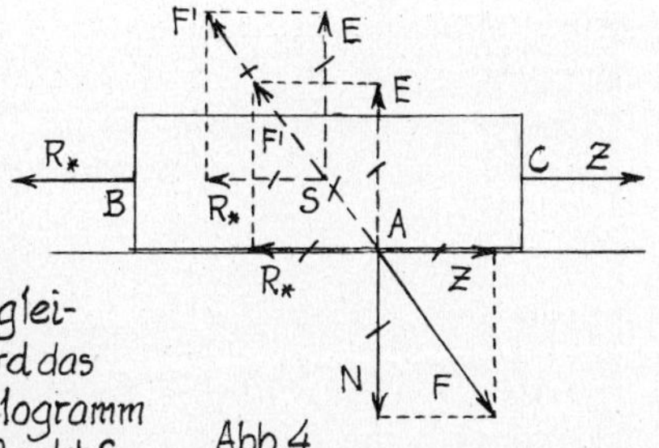

Abb.4

45

In der Ausgangslage müssen die Finger F_1 und F_2 sowohl beim (homogenen) Stab als auch beim Besen zu beiden Seiten des Schwerpunkts (S) unterstützen (sonst würde er ja herunterkippen).

Beim Stab liegt S in der Mitte, beim Besen nahe der Bürste. Die folgenden Überlegungen gelten für beide Gegenstände und auch für die Bewegung beider Finger oder nur des einen.

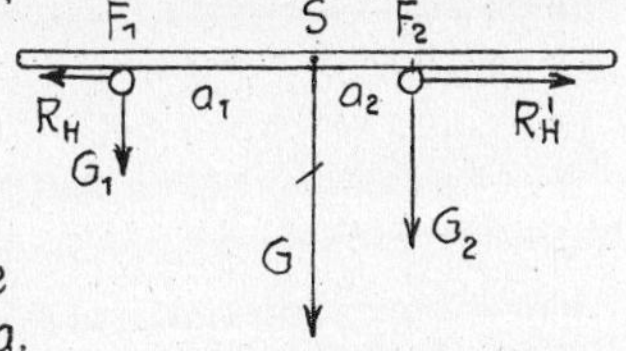

G teilt sich in 2 Komponenten G_1 und G_2 auf, die im umgekehrten Verhältnis stehen wie die Abstände a_1 und a_2 (Aufg. 40). Die ursprüngliche Haftreibungskraft R_H an F_1 ist somit kleiner als R'_H an F_2, wodurch also der Stab an F_1 zu gleiten beginnt, während er relativ zu F_2 ruht! Er gleitet so lange, bis $a_1 = a_2$ geworden ist, wodurch auch $G_1 = G_2$ wird. Da jedoch der Stab auf F_1 noch gleitet, ist trotz gleicher Normalkraft $R_G < R'_H$, so daß $a_1 < a_2$ und $G_1 > G_2$ werden. Deshalb beginnt nun der Stab auf F_2 zu gleiten, bis wieder beide Abstände zu S gleich geworden sind.

Dieses Spiel wiederholt sich so lange, bis beide Finger in S zusammenkommen, und der Stab (oder der Besenstiel) waagrecht liegen bleibt.

46

a) Die P-Kante K legt die Strecke s gleichförmig mit der Gs v in der Zeitspanne Δt zurück. Nun ist $s = b/2 + R$. Also berechnet sich:

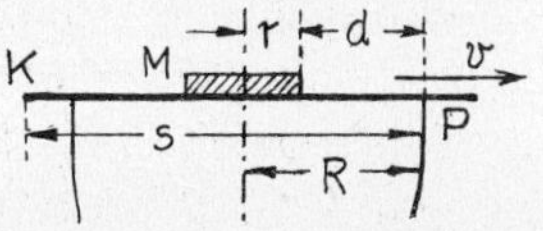

$$\Delta t = \frac{s}{v} = \frac{1}{v}\left(\frac{b}{2} + R\right).$$

Während Δt darf M höchstens die Strecke $d = R - r$ gleichmäßig beschleunigt (Beschleunigung a) zurückgelegt haben:

$$R - r = \frac{a}{2}\Delta t^2 = \frac{a}{2v^2}\left(\frac{b}{2} + R\right)^2 \quad (1)$$

M erhält a durch die (geschwindigkeitsunabhängige) Gleitreibungskraft $R_G = \mu_G \cdot mg$ (m = Masse von M). Es wird also:

$$\mu \cdot mg = ma \Rightarrow a = \mu g;$$

a wird in (1) eingesetzt:

$$R - r = \frac{\mu g}{2v^2}\left(\frac{b}{2} + R\right)^2 \Rightarrow v = \left(\frac{b}{2} + R\right)\sqrt{\frac{\mu g}{2(R - r)}}.$$

v ist von der Masse m der Münze unabhängig.

b) Einsetzen der Werte gibt:

$$v = (5{,}5 + 3{,}5)\sqrt{\frac{0{,}24 \cdot 10}{2 \cdot 3 \cdot 10^{-2}}}\,\text{cm s}^{-1} = 9\sqrt{40}\,\text{cm s}^{-1} \approx 57\,\text{cm s}^{-1}.$$

47

Der Ölfilm haftet mit seiner untersten Schicht an U (Abb. 1), mit der obersten an K; die untere Haftschicht hat also die Gs 0, die obere v. Innerhalb des Öls ergibt sich (bei den 4 gezeichneten Schichten) ein ‚Gs-Profil': Eine schnellere Schicht beschleunigt die benachbarte langsamere, diese wiederum hemmt die schnellere. Jedenfalls berühren sich K und U nirgends direkt, und so wird also die ‚trockene' Reibung zwischen den Festkörpern durch die viel kleinere innere Reibung im Öl ersetzt.

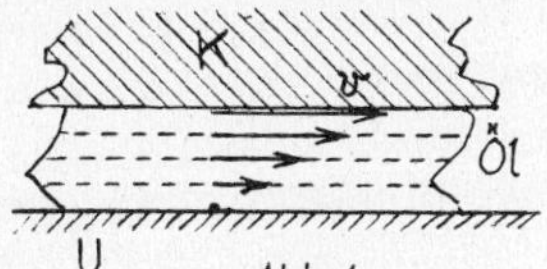

Abb. 1

Auch bei einem geschmierten Gleitlager (Abb. 2) berühren sich Achse A und Lagerschale S nicht direkt, sondern A ‚schwimmt' auf einem Ölfilm, der meist unten infolge des Achsdrucks etwas dünner ist als oben. Die innere Haftschicht rotiert mit A, die äußere ruht mit S. Bei großen Achsdrucken muß das Lager abgedichtet sein, weil sonst das Öl herausgequetscht würde.

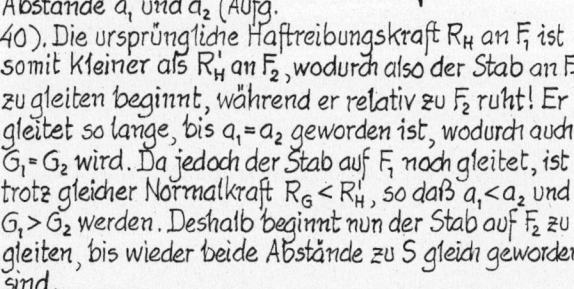

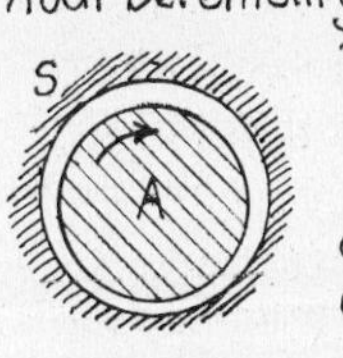

Abb. 2

Für feste und gasförmige Schmiermittel gelten dieselben Überlegungen. Bei Luft als Schmiermittel muß diese die Achse ständig umspülen; da jedoch das Lager nicht abgedichtet werden kann, muß ständig Druckluft durchgepreßt werden, die auch zur Kühlung dient.

48

Das Eis schmilzt unter dem Druck der Schlittschuhe, und das Wasser bildet (infolge seiner geringen Viskosität) ein ideales Schmiermittel (Aufg. 47).

Da sich ein Eisvolumen beim Schmelzen unter normalem Luftdruck (≈ 1 bar) ziemlich stark verkleinert (um ≈ 10%!), begünstigt erhöhter Druck das Schmelzen, d. h. es erfolgt bereits bei niedrigeren Temperaturen als bei 0°C.

(In Aufg. 73 wird der Druck p als Quotient aus Normalkraft durch gedrückte Fläche definiert; Druckeinheit ist 1 bar = 10 Ncm^{-2}. Eine Person vom Gewicht 700 N drückt also mit 70 bar auf das Eis, wenn die Auflagefläche beider hohlgeschliffener Kufen 1 cm^2 beträgt. Dieser Druck ist also das 70-fache des Luftdrucks oder das 30-fache des Drucks in einem Autoreifen. Setzt man diesen Druck in die ‚Clausius-Clapeyronsche Gleichung' ein, so erhält man quantitativ die Schmelzpunkterniedrigung).

Der Physiklehrer legte die Eisstange mit den Enden auf 2 Stützen und schlang um die Mitte eine mit einem Gewicht beschwerte Drahtschlaufe. Nun schmolz das Eis unter dem Druck des aufliegenden dünnen Drahtstücks, das Wasser gefror aber oberhalb des einsinkenden Drahts wieder (‚Regelation' des Wassers). Langsam sank so die Drahtschlinge durch den Querschnitt, und die Stange blieb ganz.

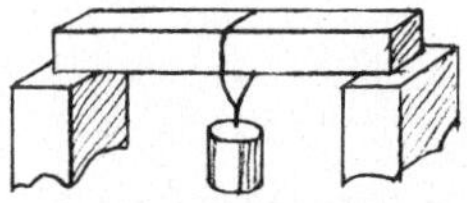

Das Schmelzen des Eises mit Druck geht jedoch nur bis -21°C; um Eis bei dieser Temperatur zu schmelzen, sind ≈ 2400 bar erforderlich! Daß man bei Temperaturen < -21°C trotzdem noch eislaufen kann, ist auf das Schmelzen durch Reibungswärme zurückzuführen. Bei noch tieferen Temperaturen reicht aber die Reibungswärme nicht mehr aus, um genügend Wasser zu bilden; die Eisfläche wird immer ‚stumpfer' und verhält sich schließlich an den Kältepolen höchstwahrscheinlich wie eine Glasfläche.

Der Druck der gewaltigen Eismassen eines Gletschers bedingt das Schmelzen seiner ‚Sohle' und damit sein ‚Fließen' auf schrägem Untergrund. (Bei Alpengletschern beträgt der Vorschub ≈ 25 cm pro Tag).

49

a) Das klebrige Harz wirkt hier hauptsächlich durch Adhäsion. Beim Streichen mit dem Bogen nehmen die mit Kolophonium eingeriebenen Haare durch Haftreibung die Saite etwas mit (im allg. nur Bruchteile eines mm). Dadurch entsteht, wie beim Zupfen, in der Saite eine mit ihrer Auslenkung wachsende elastische Gegenkraft, die bei einer bestimmten Stärke bewirkt, daß die (maximale) Haftreibungskraft überwunden wird, die Saite sich vom Bogen löst (‚abreißt') und zurückschnellt. Wenn sie dann wieder die Schwingungsrichtung umkehrt, wird sie vom Bogen erneut mitgenommen. Das Spiel wiederholt sich mehrere hunderte bis tausende Male pro [s]. Die Schwingungen werden auf die Luft übertragen; so entsteht der Ton.
Der Druck der Haare auf die Saite muß genau bemessen sein, so daß sie sowohl mitgenommen wird als auch zurückgleiten kann. Nur der Anfänger ‚kratzt' manchmal mit dem Bogen, weil er durch zu starken Druck das Zurückgleiten behindert.

b) Die Fiedelbogen der Damen, die nicht spielen können, und der Playback-Virtuosen werden mit Fett eingeschmiert; sie gleiten dann nur über die Saite, ohne sie mitzunehmen. (Immerhin bleibt es noch eine Kunst, die richtigen Streich- und Griffbewegungen auszuführen).

c) Der Vorgang ist praktisch derselbe wie bei der Saite: Beim Ziehen mit dem kolophonierten Lappen wird der Stab mitgenommen und ein wenig (vielleicht nur wenige μm) verlängert, wodurch in ihm eine elastische Gegenkraft entsteht, die ihn dann wieder zurückschnellen läßt. Beim nächsten Vorschwingen in Zugrichtung wird der Stab vom Reibzeug wieder mitgenommen; usw. Auch hier sind Andruck und Gs des Wegziehens relevant.
Nimmt man einen stark mit Wasser durchtränkten Lappen, so wird kein Quietschton zu hören sein; der Lappen gleitet einfach über den Stab. Das Wasser wirkt hier nämlich als Schmiermittel, weil sich zwischen den beiden Haftschichten (Aufg. 47) noch Gleitschichten mit innerer Reibung befinden. Bei einem nur wenig befeuchteten Lappen und relativ

starkem Andruck wird man aber Erfolg haben, weil jetzt das Wasser zwischen Lappen und Stab als Adhäsionsmittel fungiert.

d) Die Quietschtöne entstehen, wenn der etwas befeuchtete Daumen mit einem bestimmten Druck auf die Platte (in Richtung des Nagels) bewegt wird. Andruck und Feuchtigkeit müssen aufeinander abgestimmt sein. Der Finger nimmt durch Adhäsion die Oberfläche der Platte etwas mit, diese schwingt dann durch die elastische Gegenkraft zurück, wobei der Daumen etwas angehoben wird (er ‚hüpft'), um gleich wieder ‚griffig' zu werden. Die Vibrationen des Fingers sind deutlich spürbar. Es schwingt bei diesem Vorgang nicht nur die ‚bestrichene' Stelle, sonders die ganze Platte ~ als ‚Resonanzboden'.
(Nimmt man anstelle des Daumens eine Kreide, so kann man auf einer Schultafel leicht punktierte Linien zeichnen, deren Punkte-Abstand sich durch die Fahr-Gs regulieren läßt. Manche Lehrer entwickeln dabei geradezu eine Virtuosität).
Sehr schrille Töne entstehen oft beim Feilen. Aber auch die Hausfrau (der ‚Hausmann') erzeugt manchmal Quietschtöne, z. B. beim Fensterputzen (insbesondere beim Trockenreiben der Scheiben).

e) Magnesia ist ein Haftmittel, und der Reckturner benützt es, damit seine Hände beispielsweise bei der Riesenwelle u.a. Übungen mit viel ‚Schwung' nicht von der Stange ‚abreißen'. Das Befeuchten der Hände mit Wasser ist schwer zu dosieren; im allg. wirkt ~ wie bei schwitzigen Händen ~ das Wasser mehr als Gleitmittel und birgt also die Gefahr des Abreißens in sich.
(Auch bei anderen Sportarten wird Magnesia verwendet. Der Billardspieler reibt sehr oft die Spitze des Billardstocks, des ‚Queues', mit Kreide ein, um ein Abrutschen auf der glatten Kugel zu vermeiden).
Das In-die-Hände-Spucken eines Arbeiters soll eine gute Haftreibung gewährleisten. Da die Hand selbst, aber auch der Stiel des Werkzeugs, immer mehr oder weniger schmutzig und staubig ist, bildet sich mit dem Speichel eine klebrige Flüssigkeit mit größerer Adhäsion, als sie reines Wasser aufweist. Ferner ist der Stiel eines Arbeitsgerätes an sich rauher als eine Reckstange.
Es mag sein, daß das In-die-Hände-Spucken z.T. tradiert ist und zur Aufmunterung anderer dient in dem Sinn: ‚Packen wir's an!'

50

a) Nach Aufg. 40b) ist $a_1 : a_2 = F_2 : F_1$; bilden wir die Produktgleichung, so folgt das Hebelgesetz:

$$F_1 a_1 = F_2 a_2 .$$

b) Wir zeichnen die Wirkungsgerade von $\vec{F}$ und fällen von der Achse O das Lot a auf sie: Fußpunkt ist A_1 (Abb. 1). Dann verschieben wir F von A nach A_1. Aus dem ΔAOA_1 folgt $a = d \cdot \sin(180° - \alpha)$. Damit wird:

$$M = Fa = Fd \cdot \sin\alpha .$$

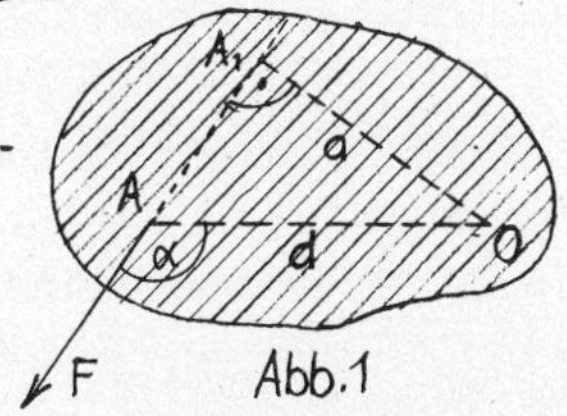

Abb. 1

Wir können auch F in die Komponenten K_1 und K_2 zerlegen (Abb. 2). K_2 kann nach O verschoben werden und wird dort von der Reaktionskraft im Lager aufgehoben. Nun berechnet sich M:

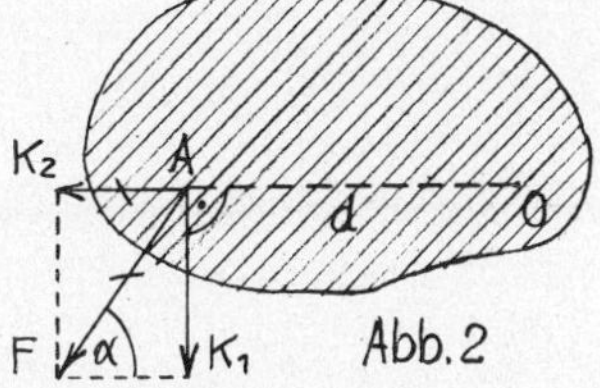

Abb. 2

$$M = K_1 d = (F \sin\alpha) d = Fd \sin\alpha .$$

c) Wir ersetzen die Kräfte F_1 und F_2 durch ihre Resultierende R (Abb. 3).
Nach Aufg. 40b gilt:

$$F_1 d_1 = F_2 d_2 \quad (1)$$

R hat nun in Bezug auf O das Moment:

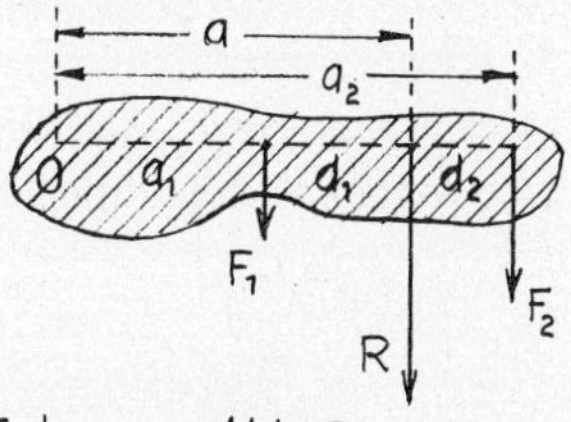

Abb. 3

$$Ra = (F_1 + F_2)(a_1 + d_1) =$$
$$= F_1 a_1 + F_2 a_1 + F_1 d_1 + F_2 d_1 ;$$

mit (1) wird daraus:

$$Ra = F_1 a_1 + F_2 a_1 + F_2 d_2 + F_2 d_1 = F_1 a_1 + F_2 (a_1 + d_2 + d_1) =$$
$$= F_1 a_1 + F_2 a_2 .$$

Daraus folgt:

Das ‚resultierende' Moment Ra besteht aus den Faktoren:
$R = F_1 + F_2$ und $a = \dfrac{F_1 a_1 + F_2 a_2}{F_1 + F_2}$.

51 *

a) Die Zugkraft mg, die durch die Rolle umgelenkt wird, beschleunigt nicht nur M, sondern auch die eigene Masse m. Also gilt der Ansatz:

$$mg = (M+m)a \Rightarrow m(g-a) = Ma \Rightarrow \underline{\underline{m = \frac{a}{g-a}M}};$$

mit Werten:

$$m = \frac{1}{98-1}\,485\,\text{g} = \underline{\underline{5\,\text{g}}}.$$

b) Nun lautet der Ansatz:

$$m_1 g = (2M + 2m_1 + m_1)a_1 \Rightarrow \underline{\underline{a_1 = \frac{m_1}{2M+3m_1}g}};$$

$$a_1 = \frac{10}{2\cdot 485+30}\,9{,}8\,\text{ms}^{-2} = 10^{-2}\cdot 9{,}8\,\text{ms}^{-2} = \underline{\underline{9{,}8\,\text{cm}\,\text{s}^{-2}}}.$$

Ebenfalls mit der dynamischen Grundgleichung berechnen sich:

$$F_1 = \underline{(M+m_1)a_1} = (485+10)\cdot 10^{-3}\,[\text{kg}]\cdot 9{,}8\cdot 10^{-2}\,[\text{ms}^{-2}] =$$
$$= 4{,}95\cdot 9{,}8\cdot 10^{-3}\,\text{N} \approx \underline{\underline{48{,}5\,\text{mN}}};$$

$$\left.\begin{aligned} F_2 &= (2M+2m_1)a_1 = \underline{2F_1} \approx \underline{\underline{97\,\text{mN}}} \\ G &= m_1 g = 10^{-2}\cdot 9{,}8\,\text{N} = \underline{\underline{98\,\text{mN}}} \end{aligned}\right\} \Rightarrow \underline{F_2 \approx G - 1\,\text{mN}}.$$

‖ F_2 muß nicht die Zugmasse beschleunigen.

52 *

Beim 2. Schritt hat C die 4 Goldsäcke angehängt, die nun die 3 Getreidesäcke hochziehen; D blieb am Deck. C verstaut die 3 Säcke wieder im Speicher. Die nächsten Schritte verstehen sich aus den Abb.

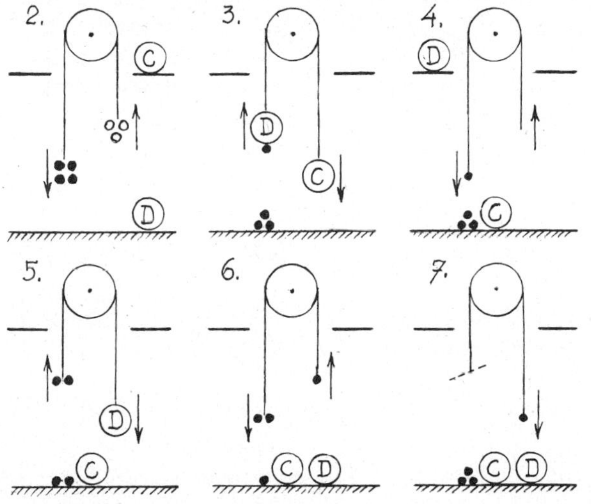

Vor dem 7. Schritt wurde die linke Seilschlaufe gekappt (- - -), so daß nun das ganze Seil aufs Deck gezogen werden konnte.

53

a) Wir zerlegen $\vec{R}$ in 2 parallele Komponenten der Beträge je $R/2$, die am Umfang der Rolle angreifen (Abb. 1). Die obere Kraft wird durch das gespannte Seil nach P verschoben, wo sie durch die Reaktionskraft der Befestigung kompensiert wird. Die untere Kraft wird in den Angriffspunkt von F (Seilende) verlegt. Es gilt also:

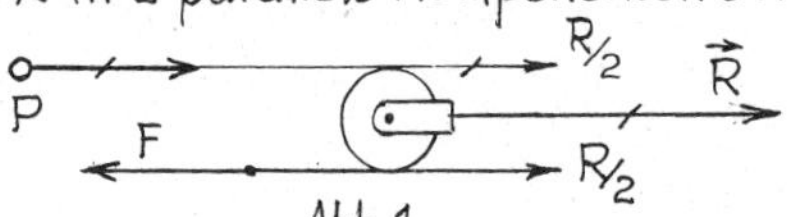

Abb. 1

‖ F muß mindestens gleich $\frac{1}{2}R = 400\,\text{N}$ sein.

Wird nicht parallel gezogen, so verschiebt sich die Rolle aus Symmetriegründen so, daß die Wirkungsgerade von R den Winkel der beiden Seilteile halbiert (Abb. 2a)). Verschiebt man die neue Zugkraft F' und die Reaktionskraft (in P) F_1' durch die Seilteile bis zum Schnittpunkt A, so müssen sie die Resultierende −R haben (Abb. 2b)). Aus dem Kräfteparallelogramm, das hier eine Raute ist, folgt:

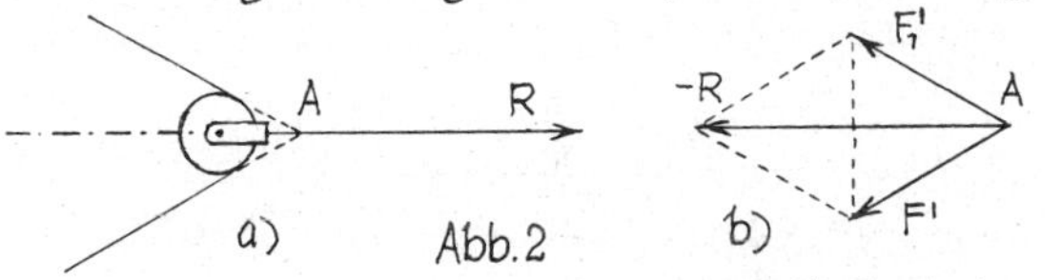

a) Abb. 2 b)

$$\underline{\underline{F' > \frac{R}{2}}}.$$

b) Die Zugkraft F = 400 N erzeugt an W (Radius r) das Drehmoment Fr. Ihm muß mindestens durch das Moment der Kraft F_1 an K, also $F_1 a$, das Gleichgewicht gehalten werden:

$$Fr = F_1 a \Rightarrow \underline{F_1 = \frac{r}{a}F} = \frac{5}{40}\,400\,\text{N} = \underline{\underline{50\,\text{N}}}.$$

‖ Es ist anzunehmen, daß ein Kind die Kraft von etwas mehr als 50 N aufbringt.
‖ F_1 sollte an K immer tangential zum Kurbelrad (also senkrecht zu a) angreifen.

Wenn die Rolle beim Ziehen um s weiterrückt, wickelt sich auf ihr das Seilstück der Länge s ab; dieses s addiert sich zum freien Seilteil, dessen Ende (mit der Rolle) selbst um s weitergelangt ist. Also wird:

$l = 2s = 2 \cdot 10\,m = \underline{20\,m}$.

Die Windungen der ersten (inneren) Lage haben den Durchmesser $\approx (10+1{,}5)\,cm = 11{,}5\,cm$, die der 2. Lage $\approx (11{,}5+1{,}5)\,cm = 13\,cm$. Jede Lage soll x Windungen haben. Dann ist:

$$(11{,}5\pi \cdot x + 13\pi \cdot x)\,cm = 20 \cdot 100\,cm \Rightarrow$$

$$\pi x \cdot 24{,}5 = 2000 \Rightarrow x = \frac{2000}{24{,}5\pi} \approx 26;$$

daraus folgt:

$$b \approx 26 \cdot 1{,}5\,cm = \underline{\underline{39\,cm}}.$$

54 *

a) Man zerlegt $\vec{G}$ in die Komponenten $Z = G\sin\alpha$ und $N = G\cos\alpha$; ($\alpha < \varrho$ ist in der Zeichnung stark übertrieben). N erzeugt die Haftreibungskraft $\mu_H N$. Wird α auf ϱ vergrößert, dann wird Z gleich der maximalen Haftreibungskraft:

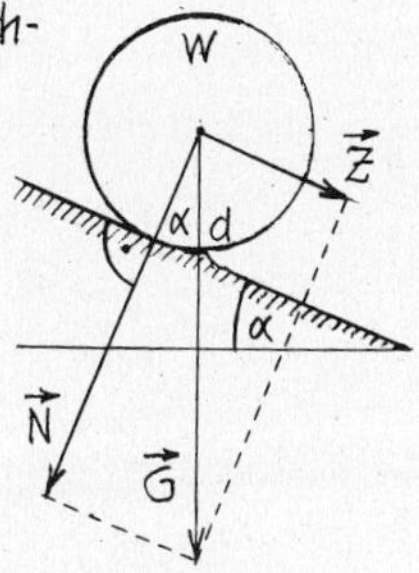

$$R_R = Z \Rightarrow \mu_H N = Z \Rightarrow$$

$$\mu_H G\cos\varrho = G\sin\varrho \Rightarrow$$

$\mu_H = \tan\varrho$ und durch Rückeinsetzung in die oberen Gleichungen:

$$\underline{\underline{R_R = \tan\varrho \cdot N = \mu_R \cdot N}}.$$

(Man gelangt zum selben Ergebnis, wenn man die Drehmomente von Z und N bezüglich der Kippkante d gleichsetzt).

b) Nach a) ist $\tan\varrho = \mu_R = 0{,}025$ ($\Rightarrow \varrho \approx 1{,}4°$). Ist h (in m) der Abfall der Straße auf 100 m, so wird:

$$h = 100\,[m] \cdot \sin\varrho;$$

für $\varrho \approx 1{,}4°$ sin aber $\sin\varrho$ und $\tan\varrho$ auf 4 Dezimalen gleich; daher folgt:

$$h \approx 100\,[m] \cdot \tan\varrho = 100 \cdot 0{,}025\,m = \underline{2{,}5\,m}.$$

55

Zieht der Kraftfahrer die Bremse an, so wird von den Bremsbacken auf die Räder ein Drehmoment ausgeübt, das die Winkel-Gs der Räder und dadurch auch die Fahr-Gs herabsetzt. Solange sich die Räder jedoch noch drehen, haben sie am Boden Rollreibung, die nach Aufg. 54 eine permanente Haftreibung ist. Blockiert der Fahrer aber die Räder durch zu starkes Bremsen, so beginnen sie zu gleiten, da sich ja das Fahrzeug infolge der Trägheit weiterbewegt. Meist ist nun die Gleitreibung geringer als die Haft-(bzw. Roll-)Reibung, so daß also der Bremsweg länger wird. Das gilt selbst für trockenen Asphalt, da beim Rutschen der Räder Gummi und Asphalt schmelzen und dadurch eine flüssige Schmierschicht entsteht. Das gilt ferner beim Rutschen auf einer Sandstraße, wo die obere (lockere) Sand- bzw. Staubschicht wegradiert wird.

Ein konzentriertes Bremsen erfordert jede nasse Straßendecke, weil die Wasserschicht meist zur Gleitschicht wird. Noch schwieriger ist es, auf einer mit Erde oder Lehm verschmierten, nassen Fahrbahn zu bremsen. Bei verschneiter Straße schmilzt unter dem Druck der Räder der Schnee, und das entstandene Wasser bildet eine Gleitschicht. zudem werden hier ~ wie auch bei lehmverschmierter Bahn ~ die Vertiefungen im Reifenprofil ausgefüllt, wodurch die Haftreibung empfindlich sinkt.

Die vom Autofahrer gefürchtetsten Straßenverhältnisse sind Glatteis und Aquaplaning.

Durch den Raddruck bildet sich bei Glatteis mehr Wasser als bei Schnee (denn dieser muß ja zunächst ‚zusammengebacken' werden) und deshalb eine dickere Wasserschmierschicht. Auch beim Aquaplaning ‚schwimmen' die blockierten Räder auf einer dicken Wasserschicht.

Bei blockierten, bereits ‚eingeschlagenen' Vorderrädern (eines Autos) gleitet der Wagen infolge seiner Trägheit geradeaus. Aber auch wenn die eingeschlagenen Vorderräder (oder eines von ihnen) rollen, können sie bei herabgesetzter Reibung ins Rutschen geraten, denn nur in der ‚Spur' eines Rades gibt es Roll- bzw. Haftreibung, in jeder anderen, seitlichen Richtung jedoch Gleitreibung! D.h. ein Rad kann rollen und gleichzeitig in seitlicher Richtung rutschen.

Eine gute Lenkfähigkeit eines Fahrzeugs besteht nur, wenn alle Räder rollen. Je mehr Räder rutschen (blockiert sind), desto unregierbarer wird das Fahrzeug.

Vergrößert werden Roll- und Gleitreibung bei glatten Fahrbahnen durch Aufbringen von Unebenheiten auf Rad und Straßen: Gutes Reifenprofil (Winterreifen), Schneeketten, Spikes; Streusand auf vereister Decke, Auftauen von Glatteis durch Streusalz.

Leider führt Salz zu Schäden an Auto und Boden.

56

a) Beim rasanten Anfahren ist das Drehmoment der ‚angetriebenen' Räder größer als das rückdrehende Moment der Bodenhaftreibung; daraus folgt:

Der Sand spritzt von den angetriebenen Rädern, die sich auf der Stelle drehen, nach hinten weg.

Ob der ‚Kavalier' mit seinem Start wirklich rascher anfährt als ein gleicher (und gleichbelasteter) Wagen, der normal startet, kann bezweifelt werden; denn während bei dem einen Auto die Räder noch durchdrehen, ist das andere bereits eine Strecke vorangekommen und kann weiter beschleunigen.

Das Quietschen der Reifen entsteht vorallem überall dort, wo Gummireifen auf Asphalt rutschen, also beim rasanten Anfahren, beim Bremsen mit blockierten Rädern und beim seitlichen Rutschen in Kurven. Der Quietschton kommt dabei genauso zustande wie der der geriebenen Schulbank oder Fensterscheibe (Aufg. 49).

Nach dem Coulombschen Reibungsgesetz (Aufg. 54) ist die Reibungskraft proportional der Normalkraft bzw. dem Gewicht; daher sind die Belastungsverhältnisse beim Start entscheidend. Hat also z. B. der Wagen Frontmotor und -antrieb, und ist er zusätzlich nur vorn durch Fahrer und Beifahrer belastet, so wird das Durchdrehen der Räder erschwert; es wird auch kürzer andauern als bei einem Wagen gleicher Belastung, bei dem jedoch die Hinterräder über die Kardanwelle angetrieben werden.

b) Der Fahrer darf ~ bei eingelegtem 1. Gang ~ durch vorsichtiges Spiel mit Gas- und Kupplungspedal nur ein kleines Drehmoment auf die (angetriebenen) Räder ausüben, da ja die Bodenreibung gering ist. Evt. versucht er, mit dem 2. Gang anzufahren. Er kann auch einen Versuch mit dem Rückwärtsgang machen; gelingt es ihm dabei, nur ein kurzes Stück von der glatten Stelle weg-, oder aus dem gescharrten Loch herauszukommen, so ist das Spiel meist schon gewonnen, denn bei der Vorwärtsbewegung kommt der Wagen durch die Trägheit sehr oft über die ursprüngliche Startstelle hinweg.

Ein kluger Fahrer hat vor den Vordersitzen 2 Fußmatten (aus genopptem Gummi oder aus Jute) liegen. Er wird sie bestimmt schon nach wenigen Fehlstarts möglichst weit unter die angetriebenen Räder schieben, um so die Reibung wesentlich zu vergrößern. Es gibt auch oft noch andere hiezu dienliche Dinge wie alte Lappen oder Decken, Pappe oder Brettchen, Äste, Sand u.a. (Auch Taschentücher wurden gelegentlich schon geopfert).

Sind noch andere Personen anwesend, so können sie einen ‚gewichtigen' Beitrag zu einem guten Start leisten, indem sie durch ihr Gewicht die Normalkraft über den angetriebenen Rädern ~ und damit die Reibung ~ erhöhen. Sie können sich gegebenenfalls auf die Kotflügel setzen, auf die Stoßstange stellen, zumindest aber kräftig (und periodisch) über den betreffenden Rädern nach unten drücken.

57

a) Wir denken uns K mit Muskelkraft gehoben. Zu Beginn müssen wir die Kraft $G+\ddot{u}$ lotrecht nach oben ausüben. Nur durch $\ddot{u}$ erhält K eine Beschleunigung, mit der K in Δt den Weg Δs zurücklegen und die End-Gs v erhalten soll. Nunmehr heben wir bloß mit G, wobei v konstant bleibt. Auf dem letzten Stück Δs vor Erreichen des Endpunkts von h heben wir nur mit $G-\ddot{u}$, wodurch K bis zum Stillstand verzögert wird. K muß aber weiterhin mit G gehalten oder irgendwie arretiert werden.
Insgesamt wurde also die Arbeit geleistet:

$$(G+\ddot{u})\Delta s + G(h-2\cdot\Delta s) + (G-\ddot{u})\Delta s = \underline{Gh = W_h}.$$

b) Die Zerlegung von $\vec{G}$ liefert die ‚treibende Komponente' $T = G\sin\alpha$ und die ‚Druckkomponente' $D = G\cos\alpha$; letztere wird durch die (elastische) Reaktionskraft der Gleitebene aufgehoben. Die Zugkraft muß also auf der Länge ℓ $F = G\sin\alpha$ sein. (Bezüglich der Beschleunigungsphasen zu Beginn und am Ende s. a)). Es wird also die Arbeit geleistet:

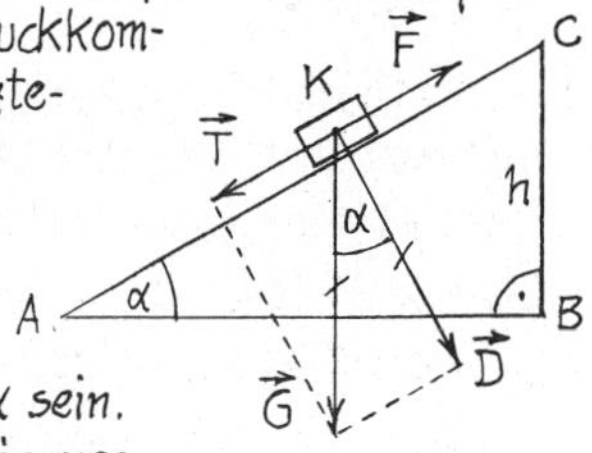

$$W' = F\cdot\ell = G\sin\alpha\cdot\ell = G\frac{h}{\ell}\ell = \underline{Gh = W_h}.$$

($\sin\alpha = h/\ell$ folgt aus dem Querschnittsdreieck ABC).

c) Mit der Definitionsformel von P errechnen wir:

$$P = \frac{F\cdot s}{t} = F\cdot v \Rightarrow \underline{F = \frac{P}{v}};$$

mit dem Wert $v = 126\,kmh^{-1} = 35\,ms^{-1}$ wird:

$$F = \frac{4{,}2 \cdot 10^6\,Nms^{-1}}{35\,ms^{-1}} = \frac{4200}{35} 10^3\,N = \underline{\underline{120\,kN}}.$$

58 *

a) Der kleine Franzl benützt wohl instinktiv die richtige Formel für die Hubarbeit, begeht aber einen Fehler bezüglich der Hubhöhe h; daß diese nicht gleich der Lattenhöhe ist, kann er wahrscheinlich noch nicht wissen.

Ändert ein Körper während des Hebens weder seine Form noch sein Volumen, und dreht er sich auch nicht, so kann man h an irgendeinem Punkt des Körpers messen. Wenn er aber eins, zwei oder alle drei der genannten Dinge tut, so fungiert als h nur diejenige lotrechte Höhe, um die der Schwerpunkt S gehoben wurde, denn in S läßt sich die Gesamtmasse des Körpers konzentriert vorstellen. Dies muß beim Hochsprung berücksichtigt werden.

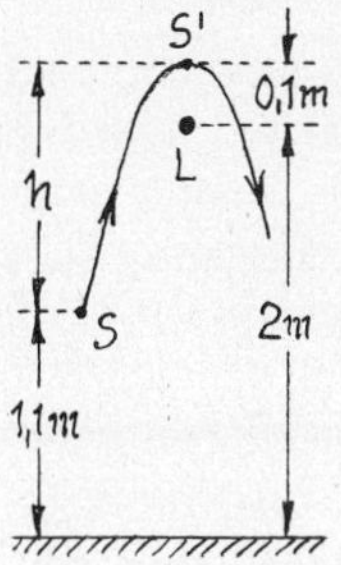

Beim Absprung ist S etwa 1,1m über dem Boden (Abb.), beim Überspringen der Latte L liegt S nur etwa 0,1m über L; daher ist bei der Lattenhöhe 2m die Hubhöhe $h = (2 + 0{,}1 - 1{,}1)\,m = 1\,m$. Ist auf dem Mond die Hubhöhe h', so gilt bei gleicher Hubarbeit:

$$G \cdot 1\,m = \frac{G}{6} h' \Rightarrow h' = 6\,m;$$

(G = irdisches Gewicht des Springers). Für die Lattenhöhe muß dann noch 1m addiert werden.

‖ Der Hochspringer würde auf dem Mond die 7m-Latte überspringen.

b) Für den Mars gilt analog $h'' = 2{,}6\,m$.

‖ Unter gleichen Voraussetzungen könnte der Springer auf dem Mars die Lattenhöhe 3,6m bewältigen.

c) Um die Hubhöhe möglichst klein zu halten, sollte S beim Absprung hoch liegen, beim Überspringen von L aber nur wenig darüber. Daraus folgt:

‖ Für einen Hochspringer sind günstig: Große Körpergröße (lange Beine), Schlankheit (besonders in der Körpermitte), geringes Gewicht und kräftige Sprungmuskulatur.

59 *

a) Wenn M's Arm mit ≈ 800N seinen Zopf nach oben zieht, so wird diese Kraft durch eine gleichgroße Reaktionskraft (Spannkraft der Haare und Muskeln) aufgehoben. Das Gewicht von M bleibt davon unbeschadet weiter bestehen und hätte den Baron unfehlbar in die Tiefe gezogen. (Bei noch größerer Zugkraft hätte sich aber M ein Büschel Haare ausgerissen).

‖ M konnte sich nicht am eigenen Zopf aus dem Morast ziehen, da sich dabei 2 innere Kräfte (als Reaktionskräfte) innerhalb desselben Körpers (Systems) kompensieren, die äußere Kraft (das Gewicht) aber weiterwirkt.

b) Das Herausziehen ist aber durch eine äußere Kraft möglich, auch wenn sie als Reaktionskraft auftritt. Indem sich M mit beiden Händen an das Seil hängt, die Arme beugt und sich ein Stück emporzieht, übt er eine Kraft größer als 800N auf das Seil (bzw. den Galgen) aus. Durch die Reaktionskraft des Seils wird nun sein Gewicht gehoben. Das Spiel wiederholt sich, und M kommt sukzessive immer um eine Hangellänge voran.

‖ M konnte sich selbst am Seil emporhangeln, weil dieses eine äußere Kraft (nämlich die Reaktionskraft der Muskelkraft) auf M ausübte.
Hierbei mußte M mindestens die Arbeit $800 \cdot 2{,}5\,Nm = 2\,kJ$ leisten.

c) M hätte – mit einiger Geschicklichkeit und technischer Erfahrung – seine Rettung folgendermaßen bewerkstelligt: Er bindet, allerdings sehr rasch, seinen Unterleib an das eine Seilende, um dann mit beiden Händen am anderen Ende zu ziehen. Hält er sich bloß im Gleichgewicht, so ist jeder Seilteil mit fast 400N gespannt. Nun kann sich M durch Umgreifen der Hände kontinuierlich mit ≈400N 2,5m hochziehen; dabei müssen $2 \cdot 2{,}5\,m = 5\,m$ Seil durch seine Hände gleiten (Aufg. 53a)). Das gibt wiederum eine Arbeit von mindestens $400 \cdot 5\,Nm = 2\,kJ$.

‖ M bindet das eine Seilende um seinen Leib und hangelt sich am anderen Seilteil mit mindestens 400N 2,5m hoch; die verrichtete Arbeit bleibt zwar dieselbe wie in b) (≈ 2kJ), doch besteht jetzt eine Erleichterung darin, daß er nur mit halber Kraft ziehen muß. (Daß er jedoch dabei über 5m Seil hangeln muß, nimmt er gern in Kauf).

60

a) Aus der dynamischen Grundgleichung und den Gesetzen der gleichmäßig beschleunigten Bewegung geht hervor:

$$E_k = F\cdot s = ma\cdot\frac{a}{2}t^2 = \frac{m}{2}(at)^2 = \underline{\underline{\frac{m}{2}v^2}}.$$

b) Mit der Formel von a) wird:

$${}_1E_k = \frac{1}{2}32\cdot10^{-3}\cdot7{,}5^2\cdot10^4\,J = 900\cdot10\,J = \underline{\underline{9\,kJ}};$$

$${}_2E_k = \frac{1}{2}80\cdot15^2\,J = 40\cdot225\,J = \underline{\underline{9\,kJ}};$$

$$\underline{\underline{{}_1E_k = {}_2E_k}}.$$

$${}_2E_k = 8\cdot10^{18}\cdot\frac{1}{2}m_e v^2 \Rightarrow v = \sqrt{\frac{{}_2E_k}{4\cdot10^{18}m_e}}$$

$$v = \sqrt{\frac{9\cdot10^3}{4\cdot10^{18}\cdot9\cdot10^{-31}}}\,ms^{-1} = \frac{1}{2}\sqrt{10^{16}}\,ms^{-1} = 5\cdot10^7\,ms^{-1}$$

$$\underline{\underline{v = 50\,Mms^{-1}}}.$$

c) Zufolge des Hookeschen Gesetzes ist das Schaubild von F in einem F-s-System die Strecke $\overline{OB}$ (Abb.) Um die Spannarbeit E_{sp} zu berechnen, denken wir uns die ganze Dehnung s_e in n gleichlange Stücke Δs geteilt; auf jedem Δs soll die Zugkraft F_i konstant bleiben. Auf dem (in der Abb. herausgezeichneten) Stück Δs ist dann die Teilarbeit $F_i\cdot\Delta s$; geometrisch ist dies der schraffierte Flächeninhalt. E_{sp} wird dann die Summe aller Teilarbeiten, jedoch für $\Delta s\to 0$ (oder $n\to\infty$):

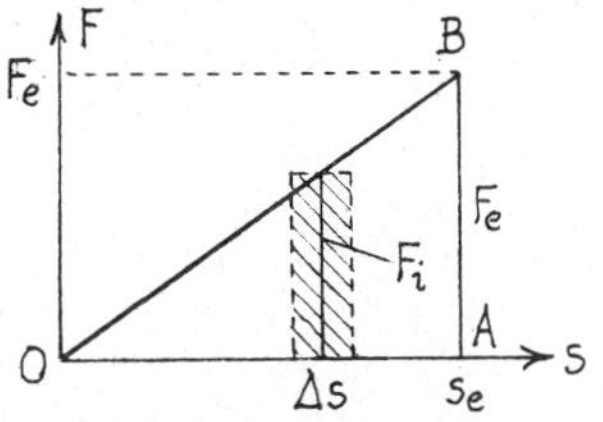

$$E_{sp} = \lim_{\Delta s\to 0,\, i=1}\sum^{n} F_i\cdot\Delta s\,;$$

(vgl. auch Aufg. 23 samt Lösung). Geometrisch bedeutet dies den Inhalt des ΔOAB:

$$\underline{\underline{E_{sp} = \frac{1}{2}F_e s_e}}.$$

Mit $F_e = Ds_e$ gewinnt man die anderen Terme:

$$\underline{\underline{E_{sp} = \frac{1}{2}Ds_e^2 = \frac{1}{2D}F_e^2}}.$$

d) Nach Aufg. 33b ist die maximale Spannkraft:

$$F_e = 3Ds_e = 3\cdot6{,}25\cdot8\,N = \underline{\underline{150\,N}}.$$

Ferner wird:

$$W = n\cdot E_{sp} = \frac{n}{2}F_e s_e = \frac{30}{2}\cdot150\cdot0{,}8\,J = \underline{\underline{1{,}8\,kJ}}.$$

$$P = \frac{W}{t} = \frac{1800}{1{,}5\cdot60}\,Js^{-1} = \underline{\underline{20\,[W]}}.$$

Es gilt die Proportion:

$$1\,kg : 36\cdot10^3\,kJ = m : 1{,}8\,kJ \Rightarrow m = \frac{1{,}8}{36\cdot10^3}\,kg$$

$$m = \frac{1800}{36}10^{-3}\,g = \underline{\underline{50\,mg}}.$$

e) Die gesamte Zugkraft F ist nun die Summe aus treibender Komponente T (s. Lösung von Aufg. 57b)) und Reibungskraft F_{rei}:

$$F = T + F_{rei} = G\sin\alpha + \mu G\cos\alpha \Rightarrow$$

$$W_h = Gl\sin\alpha + \mu Gl\cos\alpha = Gh + \mu G\frac{h}{\sin\alpha}\cos\alpha =$$

$$\underline{\underline{= mgh + \mu mg\frac{h}{\tan\alpha}}};$$

mit Werten:

$$W_h = 5\cdot9{,}8\cdot0{,}5\,J + 0{,}14\cdot5\cdot9{,}8\,\frac{0{,}5}{\tan 35^\circ}\,J \approx$$

$$\approx 24{,}5\,J + 4{,}9\,J = \underline{\underline{29{,}4\,J}}.$$

$$\underline{W_{rei} = \mu mg\frac{h}{\tan\alpha} \approx \underline{\underline{4{,}9\,J}}}.$$

61 *

a) Nach dem E-Satz gilt die folgende E-Bilanz: m besitzt ~ bezüglich des Bodens als NN E_{la} und erhält beim Abschuß noch die E_{sp} der Feder; beide wandeln sich in E_k um:

$$E_{la} + E_{sp} = E_k \Rightarrow mgh + \frac{1}{2}Ds_e^2 = \frac{1}{2}mv_A^2 \quad (1)$$

(Der Einfluß der E_{la} oberhalb der Waagrechten durch die Pistolenmündung hebt sich heraus). Aus (1) folgt mit $D = 100\,Nm^{-1}$:

$$\underline{v_A = \sqrt{\frac{Ds_e^2}{m} + 2gh}} = \sqrt{\frac{10^2\cdot16\cdot10^{-4}}{10^{-2}} + 2\cdot10\cdot1}\;ms^{-1} =$$

$$= \sqrt{16+20}\;ms^{-1} = \underline{\underline{6\,ms^{-1}}}.$$

b) Die E-Bilanz lautet hier einfach:

$$E_k = W_{rei} \Rightarrow \frac{m}{2}v_0^2 = \mu\cdot mg\cdot s \Rightarrow \underline{\mu = \frac{v_0^2}{2gs}};$$

mit $s = 41{,}8\,m$ wird:

$$\mu = \frac{4{,}1^2}{2 \cdot 9{,}8 \cdot 41{,}8} \approx \underline{\underline{0{,}02}}.$$

Die Verzögerung a wird durch die Reibungskraft $F_{rei} = \mu \cdot mg$ verursacht; also ist nach der dynamischen Grundgleichung:

$$\mu \cdot mg = ma \Rightarrow a = \underline{\mu g} \approx 0{,}02 \cdot 9{,}8\,ms^{-2} \approx \underline{\underline{2\,dms^{-2}}}.$$

$$s = \frac{a}{2} t_1^2 \Rightarrow t_1 = \sqrt{\frac{2s}{a}} \approx \sqrt{\frac{2 \cdot 41{,}8}{0{,}2}}\,s \approx \underline{\underline{20{,}5\,s}}.$$

Man kann jedoch auch mit den Formeln der gleichmäßig beschleunigten Bewegung rechnen, indem man den Vorgang mit 'Zeitumkehr' ablaufen läßt, d.h. F_{rei} beschleunigt m mit a von 0 auf v_0; (verkehrt ablaufender Film).

$$\left.\begin{array}{l} v_0 = at_1 \Rightarrow t_1 = \frac{v_0}{a} \\ s = \frac{a}{2} t_1^2 \end{array}\right\} \Rightarrow s = \frac{a}{2} \frac{v_0^2}{a^2} = \frac{v_0^2}{2a} \Rightarrow$$

$$a = \frac{v_0^2}{\underline{2s}} = \frac{4{,}1^2}{2 \cdot 41{,}8}\,ms^{-2} \approx 0{,}2\,ms^{-2} = \underline{\underline{2\,dms^{-2}}}.$$

$$t_1 = \frac{v_0}{\underline{a}} \approx \frac{4{,}1}{0{,}2}\,s = \underline{\underline{20{,}5\,s}}.$$

c) Wir berechnen zunächst die Masse m des als Regen niedergegangenen Wassers:

$$m = 1\,[km^2] \cdot 4\,[mm] \cdot 1\,[kg \cdot dm^{-3}] =$$
$$= 10^8 \cdot 4 \cdot 10^{-2}\,[dm^3] \cdot 1\,[kg \cdot dm^{-3}] = \underline{4 \cdot 10^6\,kg};$$

damit wird die Lage-E:

$$E_{la} = \underline{mgh} = 4 \cdot 10^6 \cdot 9{,}8 \cdot 5 \cdot 10^2\,J = 196 \cdot 10^8\,J$$

$$\underline{\underline{E_{la} = 19{,}6\,GJ}}.$$

Die E_k sämtlicher Tropfen beim Auftreffen ist:

$$E_k = \frac{1}{2} m v_A^2 = \frac{1}{2} 4 \cdot 10^6 \cdot 1^2\,J = 2 \cdot 10^6\,J = \underline{2\,MJ};$$

daher ist die $E_{wä}$:

$$E_{wä} = \underline{E_{la} - E_k} = (19{,}6 - 0{,}002)\,GJ = \underline{19{,}598\,GJ};$$

die E_k macht also $\approx 0{,}01\%$ der E_{la} aus und kann daher vernachlässigt werden:

$$\underline{E_{wä} \approx E_{la}}.$$

Das Raten von $\Delta\vartheta$ muß ich dem Leser überlassen, da ich das Ergebnis seit mehr als 50 Jahren kenne.

Für $\Delta\vartheta$ gilt der Ansatz:

$$E_{wä} \cdot 0{,}85 = m \cdot 4{,}19\,[kJ \cdot kg^{-1} \cdot K^{-1}] \cdot \Delta\vartheta \Rightarrow$$

$$\Delta\vartheta \approx \frac{0{,}85\,E_{wä}}{m \cdot 4{,}19\,kJ}\,kg \cdot K = \frac{0{,}85 \cdot 19{,}6 \cdot 10^6}{4 \cdot 10^6 \cdot 4{,}19}\,K \approx \underline{\underline{1°C}}.$$

d) Bei maximaler Stauchung ist die Fallhöhe der Kugel $(h + s_e)$. Also lautet die E-Bilanz:

$$E_{sp} = E_{la} \Rightarrow \frac{1}{2} D s_e^2 = mg(h + s_e) \Rightarrow$$
$$\frac{1}{2} D s_e^2 - mg s_e - mgh = 0;$$

wir setzen $D = 40 \cdot 10^2\,Nm^{-1}$ ein und lassen die Einheiten weg:

$$\frac{1}{2} 4 \cdot 10^3 s_e^2 - 0{,}4 \cdot 10\,s_e - 0{,}4 \cdot 10 \cdot 1{,}2 = 0 \Rightarrow$$
$$2 \cdot 10^3 s_e^2 - 4 s_e - 4{,}8 = 0 \Rightarrow 10^3 s_e^2 - 2 s_e - 2{,}4 = 0 \Rightarrow$$
$$s_e = \frac{1}{2 \cdot 10^3}\left(2 \pm \sqrt{4 + 9600}\right) = \frac{1}{2 \cdot 10^3}(2 \pm 98);$$

(das Minuszeichen ist unbrauchbar);

$$s_e = \frac{100}{2 \cdot 10^3}\,m = 50 \cdot 10^{-3}\,m = \underline{\underline{5\,cm}}.$$

62

a) Die Schüler ließen die Kugeln aus gleicher Höhe und zur selben Zeit eine schiefe Ebene hinabrollen. Diejenige Kugel, die der anderen vorauseilte, war die massive.

Beim Start haben beide Kugeln dieselbe E_{la}; diese setzt sich in E_k um, u.zw. bei jeder Kugel teils in translatorische E_{tra}, teils in rotatorische E_{rot}. E_{tra} ist der Masse m proportional, E_{rot} jedoch dem Trägheitsmoment J. Nun hat die Hohlkugel ein größeres J als die Vollkugel (bezüglich einer durch den Mittelpunkt gehenden Achse A), weil bei ersterer die Teilmassen weiter von A entfernt sind als bei der Vollkugel (Aufg. 60). Diese verbraucht also weniger E_{rot}, weshalb sie voreilt.

b) Die Dichte ϱ_V der Vollkugel berechneten die Schüler zu:

$$\varrho_V = \frac{m}{V} = \frac{3m}{\underline{4\pi R^3}} = \frac{3 \cdot 11{,}3}{4\pi \cdot 1^3}\,g \cdot cm^{-3} \approx \underline{\underline{2{,}7\,g \cdot cm^{-3}}};$$

dann sahen sie in einer Tabelle nach.

Die Vollkugel besteht aus Aluminium.

c) Die Hohlkugel mußte wohl aus Eisen bestehen. Die Schüler verwendeten den Dichtewert (für reines Eisen) $\varrho_{Fe} = 7{,}86\,g \cdot cm^{-3}$ und rechneten:

$$\frac{4\pi}{3}(R^3 - r^3)\varrho_{Fe} = m \Rightarrow R^3 - r^3 = \frac{3m}{4\pi\varrho_{Fe}} \Rightarrow$$

$$r = \sqrt[3]{R^3 - \frac{3m}{4\pi\varrho_{Fe}}} \approx \sqrt[3]{1 - \frac{3 \cdot 11{,}3}{4\pi 7{,}86}}\,cm \approx \sqrt[3]{1 - 0{,}34}\,cm$$

$$r \approx \sqrt[3]{0{,}66}\,cm \approx 0{,}87\,cm = \underline{\underline{8{,}7\,mm}}.$$

63 *

a) Wir zerlegen $\vec{v}_1$ im Auftreffpunkt A in eine Normal- und eine Tangentialkomponente v_n und v_t (Abb. 1); erstere wird beim Stoß elastisch reflektiert: v_n'. Da Reibung ausgeschlossen ist, bleibt v_t durch den Stoß ungeändert und setzt sich nach dem Stoß mit v_n' zu $\vec{v}_2$ zusammen. Aus den kongruenten Dreiecken ABC und AB'C' folgt $v_2 = v_1$ und $\beta = \alpha$.

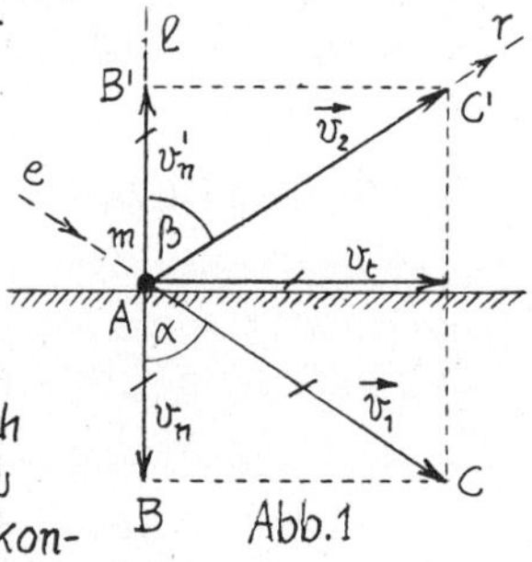

Abb.1

Die Vektorzerlegung und -Zusammensetzung erfolgen in derselben Ebene (Normalebene zur Wand durch e, ℓ und r). Daraus folgt:

Reflexionsgesetz:
1) Reflexionswinkel β = Einfallswinkel α.
2) Einfallender Strahl e, Einfallslot ℓ und reflektierter Strahl r liegen in derselben Ebene.

Das Reflexionsgesetz gilt auch für alle Wellenbewegungen: Schall, Licht u.a. elektromagnetische Wellen.

b) Es handelt sich um einen unelastischen Stoß. Mit dem p-Satz läßt sich die Anfangs-Gs u des Sandsacks nach dem Stoß berechnen:

$$m v_0 + 0 = (m+M)u \Rightarrow u = \frac{m}{m+M} v_0 \quad (1);$$

nun wird die E_k des Sacks (mit dem Geschoß) in E_{1a} umgewandelt:

$$\frac{m+M}{2} u^2 = (m+M)gh \Rightarrow u = \sqrt{2gh} \quad (2);$$

aus (1) und (2) folgt:

$$\frac{m}{m+M} v_0 = \sqrt{2gh} \Rightarrow \underline{v_0 = \frac{m+M}{m}\sqrt{2gh}}.$$

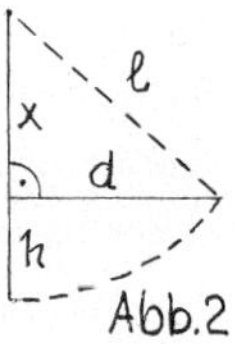

Abb.2

h berechnen wir aus Abb.2 gesondert:

$$h = \ell - x = \ell - \sqrt{\ell^2 - d^2} =$$
$$= (15 - \sqrt{225 - 14{,}44})\,dm \approx (15 - 14{,}5)\,dm = \underline{5\,cm}.$$

Nun setzen wir die Werte in die Formel für v_0 ein:

$$v_0 \approx \frac{2+200}{2}\sqrt{2 \cdot 9{,}81 \cdot 5 \cdot 10^{-2}}\,ms^{-1} \approx 101 \cdot 10^{-1} \cdot 9{,}9\,ms^{-1}$$

$$\underline{\underline{v_0 \approx 100\,ms^{-1}}}.$$

E_V errechnet sich als Differenz mit Hilfe von (1):

$$E_V = \frac{m}{2}v_0^2 - \frac{m+M}{2}u^2 = \frac{m}{2}v_0^2 - \frac{m+M}{2}\frac{m^2}{(m+M)^2}v_0^2 =$$
$$= \underline{\frac{m}{2}v_0^2\left(1 - \frac{m}{m+M}\right)};$$

mit Werten:

$$E_V \approx \frac{1}{2} 2 \cdot 10^{-3} \cdot 10^4 \left(1 - \frac{2}{2+200}\right) J = 10\,\frac{101-1}{101}\,J \approx \underline{\underline{9{,}9\,J}}.$$

Da m vor dem Stoß die $E_k \approx 10\,J$ hatte, folgt $x \approx 99\%$.
‖ 99% der anfänglichen E_k gingen verloren.
Man schätzt gewöhnlich viel weniger!

64 *

a) C und J gingen von der Lösung aus: In Abb.1 ist $\overline{MC}$ das Einfallslot, α der Einfallswinkel, der auch gleich dem Reflexionswinkel und dem ∢MLC ist. Als Außenwinkel des gleichschenkligen ΔLMC ist ∢SMC = 2α; daraus folgt ∢MSC = $= 180° - 3\alpha$.

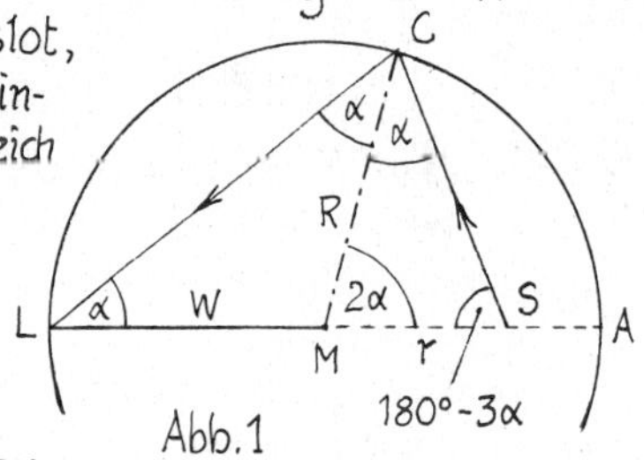

Abb.1

Aus dem ΔMSC folgt nach dem Sinussatz:

$$r : R = \sin\alpha : \sin 3\alpha \Rightarrow R \cdot \sin\alpha = r \cdot \sin 3\alpha;$$

mit der Formel für $\sin 3\alpha$ wird daraus:

$$R\sin\alpha = 3r\sin\alpha - 4r\sin^3\alpha \Rightarrow$$
$$\sin\alpha\,(R - 3r + 4r\sin^2\alpha) = 0 \quad (1);$$

$\sin\alpha = 0$ ist zwar theoretisch möglich, praktisch jedoch nicht (siehe b)); wir schließen also $\sin\alpha = 0$ aus; dann folgt aus (1):

$$4r\sin^2\alpha = 3r - R \Rightarrow \sin^2\alpha = \frac{1}{4}\left(3 - \frac{R}{r}\right) \Rightarrow$$

$$\underline{\underline{\sin\alpha = \frac{1}{2}\sqrt{3 - \frac{R}{r}}}} \quad \text{mit } \frac{R}{3} < r \le R.$$

b) Aus dieser Formel ist sofort zu ersehen, daß $\sin\alpha$ imaginär wird, wenn $r < R/3$ wird. Daraus folgt:

‖ Es ist $r_m = R/3$ der (theoretisch) minimale Wert. Da zu ihm aber $\alpha = 0$ gehört, müßte der B in A reflektiert werden und könnte nicht ins L gelangen. Deshalb muß r_m etwas überschritten werden.

‖ Wenn der B in A liegt, ist $\alpha = 45°$; die Bande muß in einem Punkt angespielt werden, der senkrecht über M liegt.

c) C und J beginnen mit der Formel $\cos 2\alpha = \cos^2\alpha - \sin^2\alpha$ und formen um, indem sie die Formel für $\sin\alpha$ aus a) einsetzen:

$$\sin^2\alpha = \frac{1}{4}\,\frac{3r-R}{r} \Rightarrow \cos^2\alpha = 1 - \frac{3r-R}{4r} = \frac{r+R}{4r};$$

$$\cos 2\alpha = \frac{r+R}{4r} - \frac{3r-R}{4r} = \frac{2R-2r}{4r} = \underline{\underline{\frac{R-r}{2r}}}.$$

Die Konstruktion dieses letzten Terms verläuft nun folgendermaßen (Abb. 2): Trage $R-r = \overline{SA}$ vom M aus auf $\overline{MA}$ ab → D; in D Senkrechte zu $\overline{MA}$; schneide diese mit Strecke $2r$ von M aus → E; der Radius $\overline{MEC}$ ist das Einfallslot.

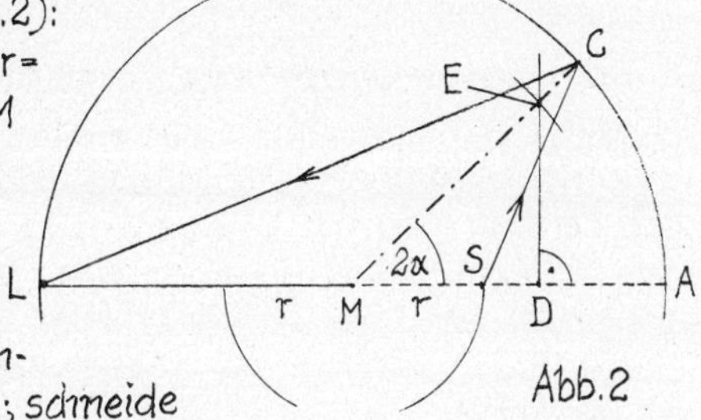

Abb. 2

d) Als C und J versuchten, bei der Startlage des B in S_1 (Abb. 1 des Textes) mit mehreren Bandenreflexionen zum Ziel zu kommen, gaben sie es bald auf.

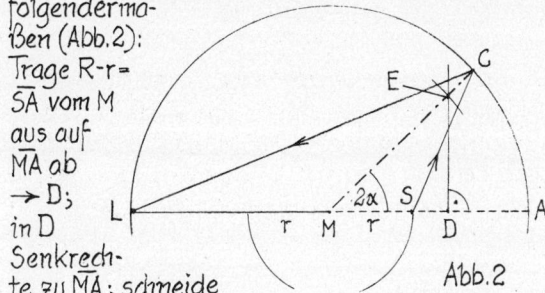

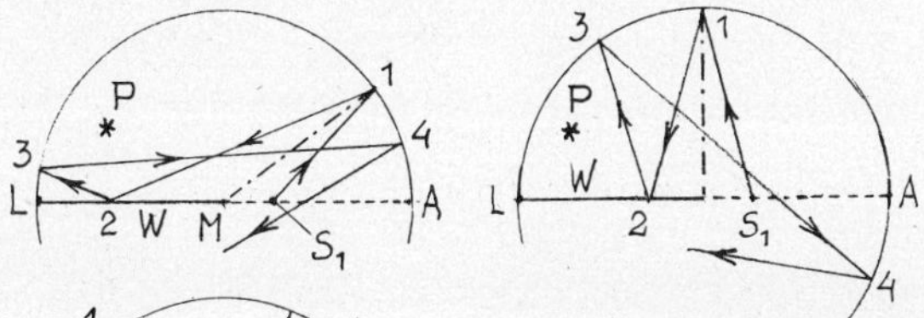

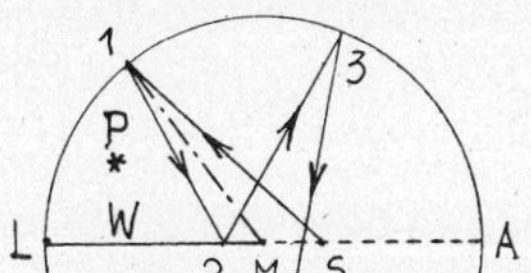

Abb. 3

Die 3 Konstruktionen der Abb. 3 bestätigten ihnen zur Genüge die Sinnlosigkeit ihres Versuchs, denn nach 3 bzw. 4 Reflexionen war der Ball in der unteren Spielfeldhälfte und damit praktisch abgebremst.

‖ Ist der Ball in S_1, so muß man einen zusätzlichen (leichten) Schlag opfern, um den B in eine Position nahe L zu bringen (z.B. P in Abb. 3), aus der er direkt (und risikolos) ins Ziel gebracht werden kann.

65 *

a) Impuls- und E-Satz lauten in diesem Fall:

$$\left.\begin{aligned} m v_1 - m v_1 &= m V_2 + m v_2 \Rightarrow v_2 = -V_2 \\ \frac{m}{2}v_1^2 + \frac{m}{2}v_1^2 &= \frac{m}{2}V_2^2 + \frac{m}{2}v_2^2 \Rightarrow V_2^2 + v_2^2 = 2v_1^2 \end{aligned}\right\} \Rightarrow$$

$$2V_2^2 = 2v_1^2 \Rightarrow$$

$$\underline{\underline{V_2 = -v_1}};\ (V_2 = v_1) \text{ und } \underline{\underline{v_2 = v_1}}\ (v_2 = -v_1).$$

‖ Die eingeklammerten Lösungen sind physikalisch sinnlos, da sich die Massen ohne Wechselwirkung durchdringen müßten; (Gespensterlösung).

Für den 2. Stoß lauten die Erhaltungssätze:

$$\left.\begin{aligned} m v_1 + 0 &= m V_2 + m v_2 \Rightarrow v_2 = v_1 - V_2 \\ \frac{m}{2}v_1^2 + 0 &= \frac{m}{2}V_2^2 + \frac{m}{2}v_2^2 \Rightarrow V_2^2 + v_2^2 = v_1^2 \end{aligned}\right\} \Rightarrow$$

$$V_2^2 + v_1^2 - 2v_1V_2 + V_2^2 = v_1^2 \Rightarrow 2V_2(V_2 - v_1) = 0 \Rightarrow$$

$$\underline{\underline{V_2 = 0}};\ (V_2 = v_1) \text{ und } \underline{\underline{v_2 = v_1}};\ (v_2 = 0).$$

Für die eingeklammerten Lösungen gilt das oben Gesagte.

Die Ergebnisse beider Stöße lauten:

‖ Durch den Stoß tauschen beide Massen ihre Gs'n (und auch ihre E_k) aus.

b) Die beiden Sätze lauten allg.:

$$\left.\begin{aligned} MV_1 + mv_1 &= MV_2 + mv_2 \quad (1) \\ \frac{M}{2}V_1^2 + \frac{m}{2}v_1^2 &= \frac{M}{2}V_2^2 + \frac{m}{2}v_2^2 \quad (2) \end{aligned}\right\} \Rightarrow$$

$$\left.\begin{aligned} M(V_1 - V_2) &= m(v_2 - v_1) \\ M(V_1^2 - V_2^2) &= m(v_2^2 - v_1^2) \end{aligned}\right\} \Rightarrow \underline{\underline{V_1 + V_2 = v_1 + v_2}} \quad (3)$$

In Worten:

‖ Beim zentralen, vollkommen elastischen Stoß zweier Massen ist die Summe der Gs'n vor und nach dem Stoß der einen Masse gleich der entsprechenden Gs-Summe der anderen Masse.

Man dürfte oben nicht dividieren, wenn die Klammern der linearen Gleichung null wären:

$$V_2 = V_1 \text{ und } v_2 = v_1;$$

das ist aber das sogen. triviale Lösungspaar der Gleichungen (1) und (2), das aber als ‚Gespensterlösung' ausscheiden muß.

c) Nach dem Satz über die Gs-Summe muß $v_2 = 2v_1$ sein. Also ist die E_k von m nach dem Stoß gleich der 4-fachen E_k von m vor dem Stoß. Durch den Stoß muß daher das 3-fache dieser letzteren E_k auf m übertragen worden sein. Da M nach dem Stoß ruht, vorher aber die Gs v_1 hatte, ist:

$\underline{M = 3m}$.

Die formale Rechnung erfordert geringere Kopfanstrengung. Aus (3) folgt:

$v_1 + 0 = -v_1 + v_2 \implies v_2 = 2v_1$;

dies setzen wir in (1) ein:

$Mv_1 - mv_1 = 0 + mv_2 \implies (M-m)v_1 = 2mv_1 \implies$
$M - m = 2m \implies \underline{M = 3m}$.

$$\boxed{66} \; *$$

a) Zunächst berechnen wir (aus dem Impulssatz) v_2 :

$$MV_1 + mv_1 = (M+m)v_2 \implies \underline{v_2 = \frac{MV_1 + mv_1}{M+m}} \; ;$$

dies setzen wir nun in die E_v ein:

$$E_v = \Delta E_k = \frac{M}{2}V_1^2 + \frac{m}{2}v_1^2 - \frac{M+m}{2} \frac{(MV_1 + mv_1)^2}{(M+m)^2} =$$

$$= \frac{1}{2}\left(MV_1^2 + mv_1^2 - \frac{M^2V_1^2 + 2MmV_1v_1 + m^2v_1^2}{M+m}\right) =$$

$$= \frac{1}{2(M+m)}\left(Mmv_1^2 + MmV_1^2 - 2MmV_1v_1\right) =$$

$$= \frac{1}{2}\frac{Mm}{M+m}(V_1 - v_1)^2 = \underline{\frac{1}{2}\mu v_r^2} \; ;$$

$$\mu = \frac{Mm}{M+m} \implies \frac{1}{\mu} = \frac{1}{M} + \frac{1}{m} \; .$$

‖ In der Carnotschen Verlust-E $E_v = \frac{1}{2}\mu v_r^2$ ist die
‖ reduzierte Masse $\mu = \frac{Mm}{M+m}$ (oder $\frac{1}{\mu} = \frac{1}{M} + \frac{1}{m}$) und
‖ $v_r = V_1 - v_1$; v_r ist also die ,Relativ-Gs'.

Es wird:

$$\frac{1}{\mu} = \frac{1}{M} + \frac{1}{m} \implies \frac{1}{\mu} > \frac{1}{m} \implies \underline{\mu < m} \; .$$

b) Für M = m wird $\mu = \frac{m}{2}$. Damit berechnen wir:

$$E_v = \frac{1}{2}\frac{m}{2}(V_1 - v_1)^2 = \frac{1}{2}\left(\frac{m}{2}V_1^2 + \frac{m}{2}v_1^2\right) \implies$$

$$V_1^2 - 2V_1v_1 + v_1^2 = V_1^2 + v_1^2 \implies \underline{V_1v_1 = 0} \implies$$

‖ E_v wird dann gleich der halben E_k, wenn die eine
‖ der gleichen Massen vor dem Stoß ruht.

c) E_v wird dann ein Maximum, wenn sie gleich der gesamten E_k vor dem Stoß ist; das bedeutet aber, daß $v_2 = 0$ ist. Mit der Formel für v_2 aus a) folgt:

$$v_2 = \frac{MV_1 + mv_1}{M+m} = 0 \implies MV_1 = -mv_1$$

‖ E_v wird ein Maximum für $|V_1 : v_1| = m : M$. Nach
‖ dem Stoß ruhen beide Massen.

$$\boxed{67} \; *$$

Daß dem sichtbaren Licht der Sonne oder einer Glühlampe auch Wärmestrahlen beigemischt sind, ist allg. bekannt, ebenso die Tatsache, daß dunkle und rauhe Flächen mehr Licht- und Wärmestrahlen verschlucken' als helle und glatte; erstere erwärmen sich daher stärker als letztere. So absorbieren z.B. berußte Flächen oder schwarzer Samt praktisch alle auftreffende Strahlung, während diese von verspiegelten Flächen fast 100%-ig reflektiert wird.

Wenn die Lichtmühle verdunkelt steht, so haben geschwärzte und verspiegelte Fläche jedes Flügels dieselbe Temperatur. Auf beide Seiten treffen also im zeitlichen Mittel gleichviele kleinste Teilchen (kT) mit derselben Gs auf, so daß sich die übertragenen Impulse (Aufg. 63) aufheben: Das Rädchen dreht sich nicht.

Fällt jedoch (Sonnen-)Licht auf die Flügel, so erwärmt sich eine schwarze Fläche stärker als eine verspiegelte; dadurch ,erwärmt' sich sozusagen auch jedes auf eine schwarze Fläche aufprallende kT (während der Stoßdauer) und prallt daher mit größerer Gs zurück. Es hat aber auch eine größere Rückprall-Gs als ein kT, das von einer (nicht erwärmten) spiegelnden Fläche reflektiert wird. Deshalb ist auch der Rückstoß, den eine schwarze Fläche von einem kT erfährt, größer als der auf eine verspiegelte Seite wirkende.

Was für 1 kT gilt, trifft für alle in einer gewissen Zeitspanne aufprallenden kT des Gases zu. Daraus folgt:

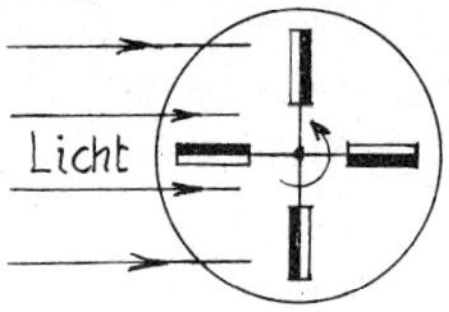

‖ Das Rädchen dreht sich aufgrund des erhöhten Rück-
‖ stoßes der stärker erwärmten schwarzen Flächen
‖ so, daß diese in Strahlungsrichtung fliehen, die blan-
‖ ken Flächen aber der Strahlung entgegenkommen.

Der niedrige Gasdruck ist übrigens für das Funktionieren notwendig, damit nämlich die von den (schwarzen) Flächen rückprallenden kT genügend große freie Weglängen (Aufg. 60) haben, um sich verhältnismäßig weit entfernen zu können. Ist der Druck zu groß (d.h. sind die freien Weglängen im Verhältnis zur Flügelgröße zu klein), so stoßen die von einer schwarzen Fläche reflektierten kT sofort wieder mit anderen zusammen und prallen mit erhöhter Gs abermals auf die Platte; (sie haben sozusagen keine Zeit sich abzukühlen). Es kommt ferner zu einer Wärmeströmung des Gases an der Plattenoberfläche, wobei vor der schwarzen Fläche ein Sog entsteht, welcher der Rückstoßkraft entgegenwirkt.

68

a) Im mitrotierenden System ist F_F eine primäre Kraft. Solange ω klein ist, wird F_F durch die Haftreibungskraft aufgehoben. Wird jedoch ω_1 erreicht, dann ist F_F gerade der maximalen Haftreibungskraft gleich geworden:

$$mr\omega_1^2 = \mu_H mg \Rightarrow \omega_1 = \sqrt{\frac{\mu_H g}{r}} = \sqrt{\frac{0{,}2\cdot 9{,}8}{0{,}25}}\,s^{-1}$$

$$\omega_1 = \sqrt{\frac{2\cdot 2\cdot 49}{25}}\,s^{-1} = \frac{2\cdot 7}{5}\,s^{-1} = \underline{\underline{2{,}8\,s^{-1}}};$$

$$v_1 = \omega_1 r = 2{,}8\cdot 0{,}25\,ms^{-1} = \underline{\underline{0{,}7\,ms^{-1}}}.$$

Wird ω_1 auch nur minimal überschritten, wird auch die Haftreibung überwunden: m unterliegt der Trägheit und fliegt mit v_1 ~ vom Laborsystem aus gesehen ~ tangential weg.

b) Die Gleichgewichtsbedingung von a), nämlich $mr\omega_1^2 = \mu_H mg$ im Moment des Herausschleuderns, gilt sowohl für den Vater als auch für den Sohn, denn m kürzt sich heraus. Da beide gleiches μ_H haben sollen, gilt:

‖ Vater und Sohn werden gleichzeitig herausgeschleudert.

Der Sohn des Budenbesitzers (wir wollen ihn kurz B nennen) macht dasselbe wie ein Rad- oder Motorradfahrer in einer Kurve: Er beugt sich möglichst nach innen in die Kurve (Abb.) Jetzt ist für F_F (im Schwerpunkt S angreifend) ein kleinerer Drehradius maßgebend als für den Fußpunkt P.

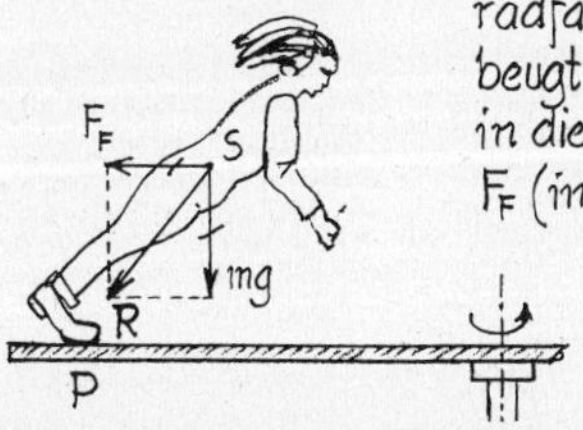

B ‚spürt', wie stark er sich neigen muß: So viel, daß die Resultierende R von F_F und mg durch P geht; in diesen Punkt denkt man sich R verschoben und wieder in F_F und mg zerlegt. Das Gewicht wird durch die elastische Gegenkraft der Scheibe kompensiert, F_F durch die Haftreibungskraft; diese wäre dieselbe, wenn B lotrecht stünde, die Fliehkraft in P wäre jedoch größer als F_F.

(Ich habe es in einer niederbayrischen Stadt selbst gesehen, daß B fast waagrecht auf dem Rad lag, allerdings hatte er Schuhe mit Spikes).

69

a) Aus dem halben ΔCMB (Abb.1) folgt:

$$r = \frac{\overline{BC}}{2\cdot\cos\varphi/2} = \frac{6m}{\cos 78{,}5°} \approx$$

$$\approx \frac{6}{0{,}2}\,m = \underline{\underline{30\,m}}.$$

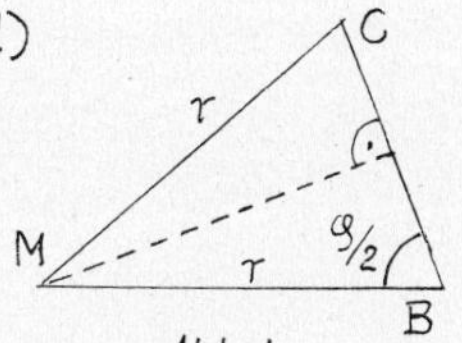

Abb.1

b) 1) Außenstehendes System:
Die Zentripetalkraft F_Z liegt waagrecht und muß eine Komponente des Gewichts mg des Fahrzeugs sein (Abb.2); die andere Komponente muß senkrecht zur Bahn stehen, wenn das Fahrzeug nicht seitlich abrutschen soll; (wir wissen, daß sie kompensiert wird). Mit der Formel $F_Z = mv^2/r$ wird:

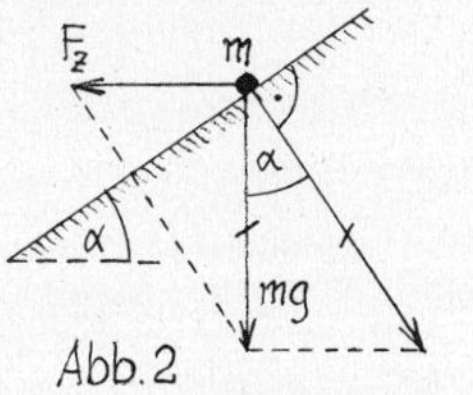

Abb.2

$$\tan\alpha = \frac{F_Z}{mg} = \frac{mv^2}{r\cdot mg} = \underline{\frac{v^2}{rg}}.$$

2) Mitrotierendes System: Hier ist die Fliehkraft F_F eine reale Kraft und waagrecht radial nach außen gerichtet. F_F muß mit mg eine Resultierende R ergeben, die normal zur Bahn steht (Abb.3):

$$\tan\alpha = \frac{F_F}{mg} = \underline{\frac{v^2}{rg}}.$$

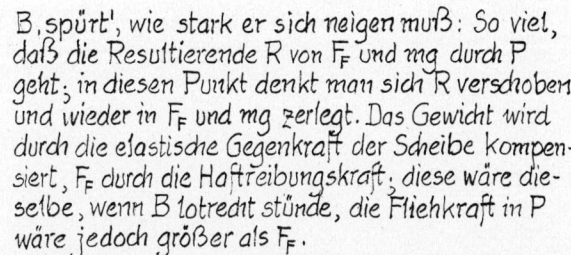

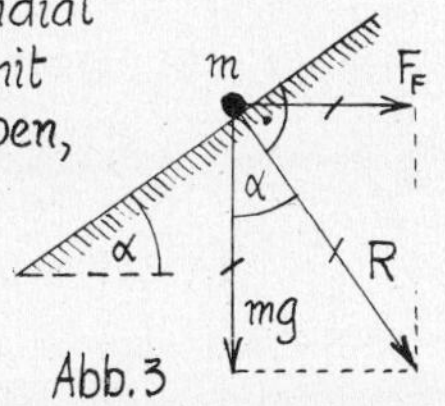

Abb.3

α hängt also nicht von der Masse m des Fahrzeugs ab. Mit den Werten ($v = 45\,kmh^{-1} = 12{,}5\,ms^{-1}$) wird:

$$\tan\alpha \approx \frac{12{,}5^2}{30\cdot 9{,}8} \approx 0{,}53 \Rightarrow \underline{\underline{\alpha \approx 28°}}.$$

c) Wird $v > v_0$, so wächst F_F, und $\vec{R}$ (Abb.3) steht dann nicht mehr senkrecht zur Fahrbahn (Abb.4). $\vec{R}$ besitzt jetzt eine Teilkraft K quer zur Spur nach außen. Ist nun die Haftreibung der Räder quer(!) zur Spur (z.B. bei Nässe) nicht genügend groß, so gerät das Fahrzeug nach außen aus der Bahn.

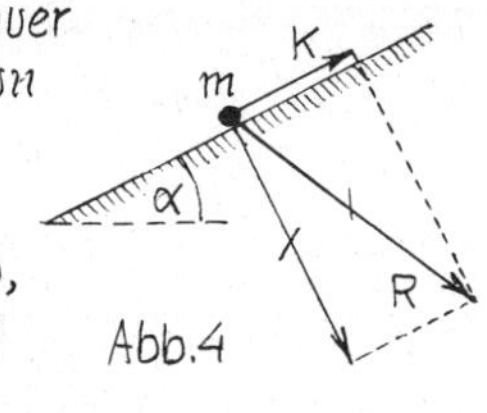

Abb.4

Ist $v < v_0$, so besteht die Gefahr, daß das Fahrzeug radial nach innen rutscht.

Soll eine Kurve für einen gewissen Gs-Bereich überhöht werden, so muß α variabel sein. Abb.5 zeigt einen Querschnitt durch so eine Kurve. Langsame Fahrzeuge müssen sich innen halten, schnelle außen. Von (Rad-)Rennstrecken und Bobbahnen ist dieser Kurvenausbau allg. bekannt. Für Straßen mit Gegenverkehr birgt er eine gewisse Problematik in sich: z.B. müßte ein langsames Fahrzeug eine Linkskurve auf der Gegenspur durchfahren. (Solche Kurven sind deshalb extrem breit gebaut).

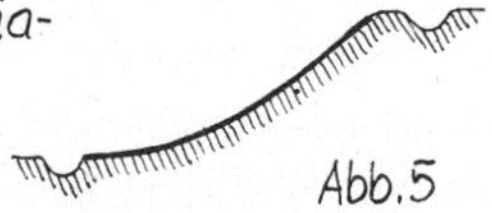
Abb.5

d) In den Abb.6 und 7 stellt die gestrichelte Linie diejenige Spur dar, die das Fahrzeug auf einer 2-spurigen Straße verkehrsrichtig fahren sollte; die aus-

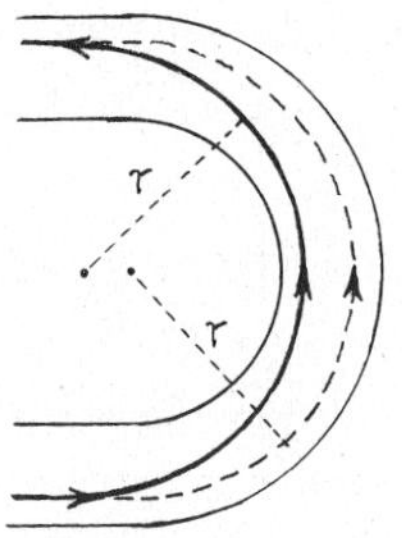

Abb.6

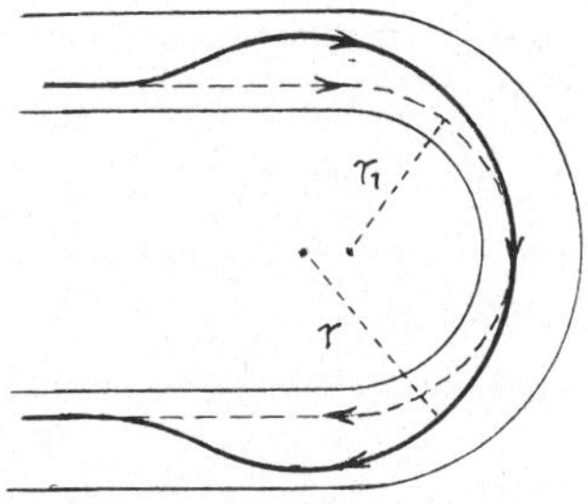

Abb.7

gezogene Linie stellt die Bahn des ‚Kurvenschneiders' dar. Bei der Linkskurve (Abb.6) bleibt der Bahnradius beim Schneiden derselbe, nämlich $r = 22{,}5\,m$. Das Schneiden bringt also nichts ein, höchstens einen Zusammenstoß. Bei der Rechtskurve (Abb.7) vergrößert sich zwar der Radius von $r_1 = 17{,}5\,m$ auf $r = 22{,}5\,m$, allerdings muß der Fahrer 2-mal auf die falsche Spur wechseln, was selbstverständlich immer risikovoll ist.

Und die Moral von der Geschicht':
Kurvenschneiden tue nicht!

70

a) Zunächst rechnen wir T in [s] um:

$$T = (27 \cdot 24 \cdot 3600 + 7 \cdot 3600 + 43 \cdot 60)\,s = (2\,332\,800 + 25\,200 + 2580)\,s = 2\,360\,580\,s \approx 2{,}36 \cdot 10^6\,s.$$

Mit der Formel für die Zentripetalbeschleunigung wird:

$$a_Z = 60 r_E \omega^2 = 60 r_E \frac{4\pi^2}{T^2} \approx \frac{240\pi^2 \cdot 6{,}37 \cdot 10^6}{2{,}36^2 \cdot 10^{12}}\,ms^{-2} = \frac{2{,}4 \cdot 6{,}37\pi^2}{2{,}36^2}\,10^{-4}\,ms^{-2} \approx 27{,}1 \cdot 10^{-4}\,ms^{-2};$$

damit wird das Verhältnis:

$$\frac{g}{a_Z} \approx \frac{9{,}78}{27{,}1 \cdot 10^{-4}} \approx \frac{97800}{27{,}1} \approx 3609 \approx 60^2;$$

dies läßt sich auch so schreiben:

$$g : a_Z = 60^2 : 1^2 = (60 r_E)^2 : (1 r_E)^2 = \frac{1}{(1 r_E)^2} : \frac{1}{(60 r_E)^2}.$$

Daraus zog N den Schluß:

> Die Gravitationsbeschleunigung ist umgekehrt proportional dem Quadrat von r (für $r > r_E$).

b) Für jeden Planeten gilt im mitrotierenden System: Fliehkraft = Gravitationskraft; daraus folgt:

$$m_n r_n \omega_n^2 = G \frac{m_\odot m_n}{r_n^2} \Rightarrow \frac{4\pi^2}{T_n^2} = \frac{G m_\odot}{r_n^3} \Rightarrow$$

$$T_n^2 = \frac{4\pi^2}{G m_\odot} r_n^3 \Rightarrow \underline{\underline{T_1^2 : T_2^2 : \ldots = r_1^3 : r_2^3 : \ldots}}$$

Für elliptische Bahnen lautet das 3. Keplersche Gesetz:

> Die Quadrate der Umlaufszeiten der Planeten um die Sonne verhalten sich wie die Kuben der großen Halbachsen.

c) Wir wenden dieses Gesetz auf Mars und Erde an:

$$T_M^2 : (1a)^2 = (1{,}52\,AE)^3 : (1\,AE)^3 \Rightarrow T_M = \sqrt{1{,}52^3}\,a$$

$$\underline{\underline{T_M \approx 1{,}87\,a}}.$$

d) Nach dem Gravitationsgesetz gilt für eine Masse m auf der Erdoberfläche:

$$m g_n = G \frac{m_E \cdot m}{r_E^2} \Rightarrow g_n = G \frac{m_E}{r_E^2};$$

hierin setzen wir $m_E = \frac{4\pi}{3} r_E^3 \varrho$ und erhalten:

$$g_n = G \frac{4\pi r_E^3 \varrho}{3 r_E^2} = \frac{4\pi G \varrho}{3} r_E \Rightarrow$$

$g_n = k \cdot r_E$; $k = \frac{4\pi}{3} G\varrho$.

71 *

a) Die Gleichsetzung von Gewicht und Erdanziehung ergibt:

$$m g_n = G \frac{m_E \cdot m}{r_E^2} \Rightarrow m_E = \frac{g_n \cdot r_E^2}{G}$$

$$m_E = \frac{9{,}81 \cdot (6{,}37 \cdot 10^6)^2}{6{,}67 \cdot 10^{-11}} \text{kg} = \frac{9{,}81 \cdot 6{,}37^2}{66{,}7} 10^{24} \text{kg}$$

$$m_E \approx 5{,}97 \cdot 10^{24} \text{kg}.$$

b) Mit diesem Ergebnis wird:

$$\bar{\varrho} = \frac{m_E}{V_E} = \frac{3 m_E}{4\pi r_E^3} \approx \frac{3 \cdot 5{,}97 \cdot 10^{24}}{4\pi (6{,}37 \cdot 10^6)^3} \text{kg} \cdot \text{m}^{-3} \approx$$

$$\approx \frac{17{,}91 \cdot 10^6}{3{,}248 \cdot 10^3} \text{kg m}^{-3} \approx \frac{5{,}51 \cdot 10^6}{10^6} \text{g} \cdot \text{cm}^{-3} = 5{,}51 \text{gcm}^{-3}.$$

Die Erdmasse läßt sich darstellen:

$$m_E = V_E \bar{\varrho} = V_M \varrho_M + V_K \varrho_K = (V_E - V_K)\varrho_M + V_K \varrho_K \Rightarrow$$

$$V_K \varrho_K = V_E \bar{\varrho} - (V_E - V_K)\varrho_M = V_E(\bar{\varrho} - \varrho_M) + V_K \varrho_M \Rightarrow$$

$$\varrho_K = \frac{V_E}{V_K}(\bar{\varrho} - \varrho_M) + \varrho_M = \left(\frac{r_E}{r_K}\right)^3 (\bar{\varrho} - \varrho_M) + \varrho_M ;$$

$$\varrho_K = \left[\left(\frac{6{,}37}{3{,}47}\right)^3 (5{,}51 - 4{,}3) + 4{,}3\right] \text{gcm}^{-3} \approx$$

$$\approx (1{,}21 \cdot 6{,}19 + 4{,}3) \text{gcm}^{-3} \approx 11{,}8 \text{gcm}^{-3}.$$

Diese große Dichte ist vor allem auf den hohen Druck im Kern (≈ 350 GPa = 3,5 Millionen bar) zurückzuführen; er besteht wohl aus Eisen und Nickel, möglicherweise aber aus anderen Stoffen (z.B. Wasserstoff).

c) Die im Text angeführte Gleichgewichtsbedingung ist:

$$m_E r \left(\frac{2\pi}{T_E}\right)^2 = G \frac{m_\odot m_E}{r^2} \Rightarrow m_\odot = \frac{4\pi^2 r^3}{G T_E^2}.$$

Wir drücken T_E in [s] aus:

$$T_E = 365{,}25 \cdot 24 \cdot 3{,}6 \cdot 10^3 \text{s} \approx 31560 \cdot 10^3 \text{s} = 3{,}156 \cdot 10^7 \text{s}.$$

Damit wird:

$$m_\odot \approx \frac{39{,}48 (14{,}96 \cdot 10^{10})^3}{6{,}67 \cdot 10^{-11} (3{,}156 \cdot 10^7)^2} \text{kg} \approx \frac{132{,}18 \cdot 10^{33}}{66{,}44 \cdot 10^3} \text{kg}$$

$$m_\odot \approx 1{,}99 \cdot 10^{30} \text{kg}.$$

Wir bilden das Verhältnis:

$$\frac{m_\odot}{m_E} \approx \frac{19{,}9 \cdot 10^{29}}{5{,}97 \cdot 10^{24}} \approx 3{,}33 \cdot 10^5 \Rightarrow$$

$$m_\odot \approx 333\,000\, m_E.$$

72 *

a) Für einen Satelliten lautet das Kräftegleichgewicht im mitrotierenden System: Fliehkraft = Gravitationskraft; in Buchstaben:

$$m r \omega^2 = G \frac{m_E m}{r^2} ;$$

m kann hierin die Gesamtmasse des Satelliten, aber auch jede beliebige Teilmasse sein.

Da sich m aus obiger Gleichung durchkürzt, sind alle Massen im Raumschiff schwerelos.

Weil eine Flüssigkeit bei Schwerelosigkeit nicht aus einem geneigten Glas ausfließt, muß sie durch ein Röhrchen in den Mund gesogen werden; (das geht, weil in der Kabine der Luftdruck aufrechterhalten wird). Dasselbe muß auch mit der Suppe geschehen; sie läßt sich kaum im Teller halten, noch weniger auf dem Löffel.

b) Die Zentripetalbeschleunigung a_Z muß in der Höhe h_1 – im Fall einer stationären Bahn – gleich der Schwerebeschleunigung in dieser Höhe sein. Aus dem Ergebnis der Aufg. 70a) folgt:

$$a_Z = g_n \frac{r_E^2}{(r_E + h_1)^2} \Rightarrow (r_E + h_1)\left(\frac{2\pi}{T_1}\right)^2 = g_n \frac{r_E^2}{(r_E + h_1)^2} \Rightarrow$$

$$(r_E + h_1)^3 = g_n \left(\frac{r_E T_1}{2\pi}\right)^2 \Rightarrow h_1 = \sqrt[3]{g_n \left(\frac{r_E T_1}{2\pi}\right)^2} - r_E \quad (1).$$

Mit den gegebenen Werten ($T_1 = 2\,\text{h}$) wird:

$$h_1 = \sqrt[3]{9{,}81 \left(\frac{6{,}37 \cdot 10^6 \cdot 2 \cdot 3{,}6 \cdot 10^3}{2\pi}\right)^2} \text{m} - r_E =$$

$$= \sqrt[3]{9{,}81 \left(\frac{6{,}37 \cdot 3{,}6}{\pi}\right)^2} \cdot 10^6 \text{m} - r_E \approx \sqrt[3]{522{,}7} \cdot 10^3 \text{km} - r_E \approx$$

$$\approx 8055 \text{km} - 6370 \text{km} = 1685 \text{km}.$$

$$v_1 = (r_E + h_1)\frac{2\pi}{T_1} \approx \frac{8055 \cdot 2\pi}{2 \cdot 3{,}6 \cdot 10^3} \text{kms}^{-1} = \frac{8{,}055\pi}{3{,}6} \text{kms}^{-1}$$

$$v_1 \approx 7 \text{kms}^{-1}.$$

c) Mit dem 3. Keplerschen Gesetz $T_1^2 : T_2^2 = r_1^3 : r_2^3$ wird:

$$(r_E+h_2)^3=(r_E+h_1)^3\left(\frac{T_2}{T_1}\right)^2 \Rightarrow h_2=(r_E+h_1)\sqrt[3]{\left(\frac{T_2}{T_1}\right)^2}-r_E$$

$$h_2\approx 8055\sqrt[3]{\left(\frac{1{,}6}{2}\right)^2}\,km-r_E\approx(6940-6370)\,km$$

$$h_2\approx 570\,km.$$

Wegen des niedrigeren Orbits muß die Bahn-Gs v_1 gedrosselt werden; dadurch wird die Fliehkraft kleiner, und es überwiegt die Erdanziehung.

Das Abbremsen geschieht durch Düsentriebwerke, deren Gasstrahlen nach vorn (in Richtung von $\vec{v}_1$) gerichtet sind.

v_2 berechnet sich mit derselben Formel wie v_1:

$$v_2=(r_E+h_2)\frac{2\pi}{T_2}\approx\frac{6940\cdot 2\pi}{1{,}6\cdot 3{,}6\cdot 10^3}\,kms^{-1}\approx 7{,}6\,kms^{-1}.$$

Satellitenparadoxon: Obwohl v_1 abgebremst wurde, ist dennoch $v_2>v_1$. Das erklärt sich so, daß durch das ‚Fallen' im Gravitationsfeld der Erde das Raumschiff an kinetischer Energie (zu Lasten der Lage-Energie) gewonnen hat.

d) Nach Formel (1) von b) wird:

$$H=\sqrt[3]{g_n\left(\frac{r_E T_S}{2\pi}\right)^2}-r_E=$$

$$=\sqrt[3]{9{,}81\left(\frac{6{,}37\cdot 10^6\cdot 23{,}93\cdot 3{,}6\cdot 10^3}{2\pi}\right)^2}\,m-r_E\approx$$

$$\approx\sqrt[3]{9{,}81\cdot 7628}\cdot 10^3\,km-r_E\approx(42140-6370)\,km$$

$H\approx 35770\,km$. (Zum Merken: $H\approx 36000\,km$).

Die (nicht maßstäbliche) Abb. zeigt einen Schnitt durch den Satelliten S und den Nullmeridian M_0. Aus dem eingezeichneten Dreieck folgt die extremale geographische Breite φ:

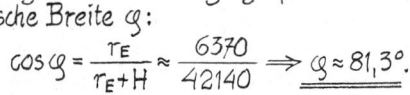

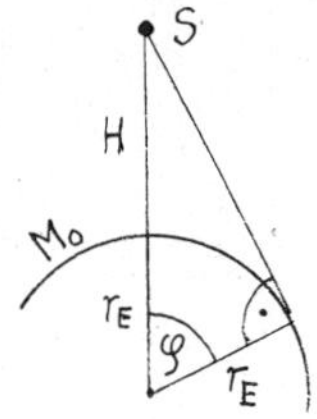

$$\cos\varphi=\frac{r_E}{r_E+H}\approx\frac{6370}{42140}\Rightarrow\varphi\approx 81{,}3°.$$

Die extremalen Punkte liegen:
Auf dem Nullmeridian: 81,3° nördl. Breite (nordweslich von Spitzbergen); 81,3° südl. Breite (auf der Antarktis).
Auf dem Äquator: 81,3° östl. Länge (südl. von Ceylon); 81,3° westl. Länge (Westküste Ecuadors).

73

a) Die größte Wirkung (der größte ‚Ein-Druck' im Schnee) stellt sich beim Mann ein, die kleinste beim Kind.
Beim Brett mit der Fläche A_3 ist die Wirkung am größten, bei dem mit A_1 am kleinsten.

b) Nach Formel (1) wird:

$$p_M=\frac{G_M}{A}=\frac{800\,N}{4\cdot 10^{-2}\,m^2}=2\cdot 10^4\,Pa=20\,kPa=200\,mbar;$$

$$p_F=\frac{G_F}{A}=\frac{480}{4\cdot 10^{-2}}\,Pa=12\,kPa=120\,mbar;$$

$$p_K=\frac{G_K}{A}=\frac{240}{4\cdot 10^{-2}}\,Pa=6\,kPa=60\,mbar.$$

Mit derselben Formel errechnen sich:

$$p_{max}=\frac{G_M}{A_3}=\frac{800}{4\cdot 10^{-2}}\,Pa=20\,kPa;$$

$$p_{min}=\frac{G_K}{A_1}=\frac{240}{8\cdot 10^{-2}}\,Pa=3\,kPa;$$

$$p=\frac{G_F}{A_1}=\frac{G_K}{A_3}=\frac{480}{8\cdot 10^{-2}}\,Pa=\frac{240}{4\cdot 10^{-2}}\,Pa=6\,kPa.$$

c) Mit der Druckformel (2) wird:

$$p=1\,[m]\,\frac{1\,kg}{1\,dm^3}\,9{,}81\,ms^{-2}=\frac{1\,m}{10^{-3}\,m^3}\,9{,}81\,kgms^{-2}=$$

$$=9{,}81\cdot 10^3\,Nm^{-2}=9{,}81\,kPa.$$

Für 1 dm Wasserhöhe ist $p\approx 1\,kPa=10\,mbar$.

d) Auf den gedachten Kolben K wird der Druck $p_1=h_1\varrho g$ ausgeübt; er pflanzt sich bis zur Bodenfläche unverändert fort und addiert sich dort zum Druck $p_2=(h-h_1)\varrho g$; also ist die Bodenkraft

$$F=A(p_1+p_2)=A[h_1\varrho g+(h-h_1)\varrho g]=Ah\varrho g.$$

Mit Werten:

$$F=1\,[dm^2]\cdot 10\,[dm]\,\frac{1\,kg}{1\,dm^3}\,10\,[ms^{-2}]=100\,N.$$

Das Gewicht G berechnet sich:

$$G=(99\cdot 1\,cm^3+1\cdot 100\,cm^3)\cdot 1\,[gcm^{-3}]\cdot 10\,[ms^{-2}]=$$

$$199\cdot 10^{-3}\cdot 10\,kgms^{-2}=1{,}99\,N.$$

$$G:F=1{,}99:100\Rightarrow F=(100:1{,}99)\,G\approx 50{,}25\,G.$$

74

a) Zu jedem Flächenelement ΔA auf den Seitenflächen

bzw. auf dem Zylindermantel von K läßt sich ein paralleles, gegenüberliegendes, gleichgroßes ΔA finden. Die Druckkräfte auf diese ΔA haben dieselbe Wirkungsgerade und heben sich auf. Das gilt dann für alle Seitenkräfte.

Der Druck auf die Grundfläche von K ist $h_2 \varrho g$, daher ist die lotrecht nach oben gerichtete Kraft $Ah_2\varrho g$. Die lotrecht nach unten auf die Deckfläche wirkende Kraft beträgt $Ah_1\varrho g$. Weil die Wirkungsgerade beider Kräfte in die lotrechte Achse von K fällt, die auch durch den Schwerpunkt geht, wird der Auftrieb:

$$F_A = Ah_2\varrho g - Ah_1\varrho g = A(h_2 - h_1)\varrho g = Ah \cdot \varrho g;$$

nun ist Ah das Volumen von K und damit auch der verdrängten Fl. Da $Ah\varrho g$ das Gewicht der verdrängten Fl ist, gilt für diesen Fall das AG als bewiesen.

Ist K nur eingetaucht, so gilt das AG unverändert weiter.

In der Herleitung ist $h_1 = 0$ und $h_2 = h$ zu setzen, wobei aber h nur die benetzte Höhe von K bedeutet.

Ist K massiv und von konstanter Dichte, so fallen die Schwerpunkte von K und der verdrängten Fl zusammen; dieser ist dann der gemeinsame Angriffspunkt von F_A und G.

b) Die folgenden 3 Fälle sind möglich:

1) $\varrho_K = \varrho \Rightarrow F_A = G$; K bleibt im Gleichgewicht, er schwebt in der Fl.

2) $\varrho_K > \varrho \Rightarrow F_A < G$; K fällt auf den Boden und bleibt dort (im Gleichgewicht) liegen.

3) $\varrho_K < \varrho \Rightarrow F_A > G$; K steigt in der Fl und taucht teilweise auf, wobei F_A kleiner wird. Wenn $F_A = G$ geworden ist, ‚schwimmt' K (im Gleichgewicht).

c) A legte die Krone auf die eine Waagschale und auf die andere soviel reines Gold, daß die Waage in Luft im Gleichgewicht war. Dann tauchte er sie in den Bottich, so daß Krone und Goldklumpen unter Wasser waren.

1) Blieb das Gleichgewicht erhalten, so war der Auftrieb auf beiden Seiten derselbe, Krone und Klumpen hätten dasselbe Volumen gehabt; die Krone wäre aus purem Gold gewesen.

2) Hob sich jedoch die Krone unter Wasser, so erfuhr sie einen größeren Auftrieb als der Klumpen, hatte also ein größeres Volumen als dieser, was sich A nur so erklären konnte, daß die Krone mit Kupfer legiert war.

War die Krone jedoch trotz ihres größeren Volumens aus reinem Gold, so müßte sie Hohlräume, sogen. Lunker, gehabt haben, die meistens beim Guß entstehen. Heute hätte man die Krone einer ‚zerstörungsfreien Werkstoffprüfung' unterzogen, wie dies bei Röhren, Kesseln u.a. Werkstücken vor allem an den Schweißnähten geschieht.

Hierbei wird das Werkstück mit Röntgen- oder γ-Strahlen, noch besser jedoch mit Ultraschall durchstrahlt.

75

Die Mädchen erblickten den Wasserhahn und riefen fast gleichzeitig ‚heureka'! (Aufg. 74). Dann holten sie ihre Eimerchen, füllten sie und gossen so lange Wasser in die Röhre, bis sie den aufschwimmenden Ball mit der Hand erreichen konnten.

76 *

a) Auf der Küchenwaage steht das Litergefäß mit Wasser (≈ 600 ml); die Waage zeigt 7N an. Bernds Mutter erläutert:

„Wenn ich nun die halbvolle Dose neben das Gefäß auf die Waagschale stelle, dann ist wohl klar, daß die Waage $G + G_K = 7N + 2N = 9N$ anzeigt. Die Dose stellt ja eine zusätzliche Masse dar, die auch eine zusätzliche Anziehungskraft von der Erde erfährt. Dasselbe trifft nun zu, wenn ich diese Dose schwimmen lasse. (Tatsächlich wird auch jetzt 9N angezeigt).

In beiden Fällen bilden Waagschale, Gefäß mit Wasser und Dose ein System von Massen, das – sobald sich seine Teile nicht mehr gegeneinander bewegen – im ‚inneren' Gleichgewicht steht. An der Gesamtmasse des Systems (= Summe aller Teilmassen) greift als ‚äußere' Kraft die Schwerkraft an, die gleich der Summe der Einzelgewichte ist. Ob nun G_K durch die elastische Gegenkraft der Waagschale aufgehoben wird (Dose neben dem Gefäß) oder durch den Auftrieb (Dose schwimmt), ist für die äußere Kraft belanglos.

Und nun zu deiner Meinung, Martin. Ich nehme die schwimmende Dose weg und stelle die volle zunächst neben das Gefäß; die Waage zeigt $G + G_K' =$

$= 7N + 4N = 11N$ an. Das bleibt auch so, wenn ich die Dose auf den Boden des Gefäßes sinken lasse. ‚Intern' wird jetzt G_K durch den Auftrieb plus einer zusätzlichen elastischen Kraft des Gefäßbodens kompensiert."

„Da hat also dieses ganze Problem herzlich wenig mit dem Archimedischen Gesetz zu tun?" fragt Martin.

„So ist es", antwortet Bernds Mutter. „Du kannst ebensogut eine Schaumstoffunterlage auf die Waagschale geben, die volle Dose daraufstellen und ~ sobald sie eingesunken ist ~ behaupten, sie habe ihr Gewicht verloren, so daß es die Waage nicht anzeigen wird."

b) Bernds Mutter zeigt den Jungen eine Abb. eines Schiffshebewerks und erläutert: „Wenn das Schiff aus dem unteren Kanal, dem ‚Unterwasser', bei entsprechend geöffneten Toren in den wassergefüllten Hebetrog fährt, fließt das verdrängte Wasser in den Kanal zurück. Da dieses verdrängte Volumen genausoviel wiegt wie das Schiff (nach ‚Archimedes'), bleibt also das Gewicht des Trogs mit oder ohne Schiff dasselbe. Ich glaube, daß dies dein Vater gemeint hat".

Martin: „Ja, das habe ich verstanden. Es ist also doch anders als bei dem Versuch mit der schwimmenden Milchdose; dort stieg ja das Wasser im Gefäß."

„Der gehobene Trog", fährt die Oberstudienrätin fort, „wird dann mit dem ‚Oberwasser' verbunden, das Schiff fährt heraus, und der Behälter füllt sich wieder."

Die Lehrerin zeigt ihnen noch die Abb. eines ‚Gegengewichtshebewerks'. Hier hängt der Trog an Stahlseilen, die über Umlenkrollen führen und an deren Enden schwere Gewichte angebracht sind, die den gefüllten Trog im Gleichgewicht halten. Deshalb muß der Antrieb beim Heben nur die Reibung in Lagern und Führungen sowie die Trägheit beim Anfahren überwinden. Ähnlich ist es bei einem ‚Schwimmerhebewerk', bei dem der Gewichtsausgleich des Trogs durch riesige Schwimmer erfolgt.

77

Der Brückenbauingenieur erklärt seiner Tochter das aufgeworfene Problem wie folgt:

Der Vergleich mit deinem Schulversuch hinkt. Beim Darauflegen des schwimmenden Körpers bleibt nämlich das Wasser im Gefäß, wobei der Wasserspiegel steigt; die Waage zeigt dann um das Gewicht des schwimmenden Körpers mehr an.

Fährt jedoch ein Schiff auf die Kanalbrücke, so steigt die Wasseroberfläche des Kanals überhaupt nicht, denn das verdrängte Wasser fließt von vornherein allseitig ab; (übrigens schwimmt ja das Schiff schon vorher und verdrängt Wasser). Da genausoviel Wasser verdrängt wird wie das Schiff wiegt, wird die Brücke zusätzlich nicht belastet.

Den Versuch, der diese Verhältnisse genau widerspiegelt, werdet ihr vielleicht schon im Physikunterricht gemacht haben: Auf einer Waage steht ein ‚Überlaufgefäß' (Abb.), das bis zum Überlaufrohr mit Wasser gefüllt ist. Gibt man jetzt langsam einen (schwimmenden) Körper aufs Wasser, so läuft das von ihm verdrängte Wasser in ein 2. Gefäß aus, wobei der Zeiger der Waage stehen bleibt. Übrigens läßt sich dann zeigen, daß die verdrängte Flüssigkeit soviel wiegt wie der Körper (Archimedisches Gesetz; Aufg. 74).

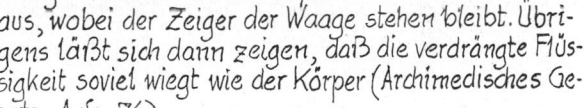

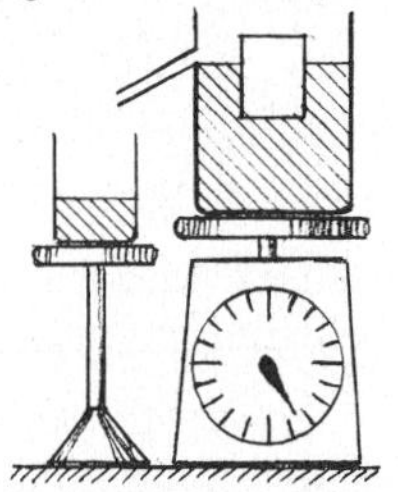

78

Das dunkelhaarige Mädchen fragte: „Habt ihr schon in Physik das Archimedische Gesetz durchgenommen? ~ Nicht? Dann will ich es dir kurz erklären: Wenn ein Körper (ohne Bewegung) auf einer Flüssigkeit schwimmt, dann halten sich sein Gewicht (d.i. eine Kraft lotrecht nach unten) und der Auftrieb der Flüssigkeit (= Kraft lotrecht nach oben) das Gleichgewicht, d.h. beide Kräfte heben sich auf. Dieser Auftrieb ist gleich dem Gewicht der verdrängten Flüssigkeit. In unserem Falle ist also das Gewicht des verdrängten Wassers gleich dem Gewicht des schwimmenden Eisstücks. Wenn dieses ganz schmilzt, muß es also gerade soviel Wasser ergeben wie es vorher verdrängt hat. Also kann das Glas nicht überlaufen. Hast du das verstanden?'

Darauf die Blonde: „Ich weiß nicht recht. Aber da ich Durst habe, trinke ich, bevor das Eis geschmolzen ist."

Für Pedanten: Es könnten noch 2 Vorgänge mitspielen:

1) Die vom Eis verdrängte Limonade hat ein größeres spezifisches Gewicht als reines Wasser; dann könnte das Gefäß etwas überlaufen.

2) Weil aber die Limonade eine höhere Temperatur als das schmelzende Eis (0°C) hat, hebt dieser Effekt den ersten wahrscheinlich auf.

79

a) Der leere Holzbottich habe das Gewicht G. Wenn er (leer) schwimmt, verdrängt er ein Wasservolumen mit dem Gewicht G. Dasselbe Volumen muß er jedoch auch verdrängen, wenn er mit Wasser gefüllt ist, denn er schwimmt weiterhin (wenn auch mit größerer Eintauchtiefe), weil Holz spezifisch leichter als Wasser ist. Daraus folgt:

‖ Der Wasserspiegel ist gleichhoch geblieben.

b) Schwimmend verdrängt die Eisenbadewanne das Wasservolumen V_1 mit dem Gewicht G_1 (= Gewicht der Wanne). Ist aber die Wanne auf den Grund abgesoffen, so verdrängt sie $\approx V_1/7$ an Wasser, da das spezifische Gewicht von Wasser $\approx 1/7$ desjenigen von Eisen ist. Die Folge:

‖ Die Wasseroberfläche ist gesunken.

80 *

a) ‖ Der Wasserspiegel sinkt.

Begründung: Die Betonsteine auf dem LK sollen das Volumen V und das Gewicht G haben. Da das spezifische Gewicht von Beton etwa doppelt so groß wie das des Wassers ist, hat das ihnen entsprechend verdrängte Wasser das Gewicht G, jedoch das Volumen $\approx 2V$; (das ist also nicht die gesamte Verdrängung des beladenen LK's!) Beim Entladen hebt sich nun der LK im Wasser, d.h. seine Eintauchtiefe wird geringer. Ist er vollständig entladen, verdrängt er um $\approx 2V$ weniger Wasser, der Spiegel ist also insgesamt gesunken.

b) ‖ Der Wasserstand sinkt ebenfalls, jedoch weniger als in a).

Begründung: Bei beladenem LK ist das ‚Äquivalent' der Steinladung an verdrängtem Wasser $\approx 2V$ (wie in a)). Werden die Steine ins Wasser geworfen, verdrängen sie dort V. Ist der LK entladen, verdrängt er insgesamt um $\approx V$ weniger als ursprünglich. Der Spiegel muß also gesunken sein.

Man kommt vielleicht in beiden Fällen mit der Begründung besser zurecht, wenn man sich den Entladevorgang beim Spielzeugschiffchen der beiden Brüder vorstellt, wobei dieses praktisch kein Gewicht haben soll, d.h. nach dem Entladen (etwa nur eines einzigen Steins) nicht mehr eintaucht.

81

Das Archimedische Gesetz kann in diesem Fall nicht angewandt werden, da es sich nicht um einen untergetauchten, d.h. vollständig benetzten Körper handelt. Der halbe Zylinder – auch wenn er sich dreht – bildet vielmehr einen Teil der Wandfläche (eine Ausbuchtung nach innen).

Selbstverständlich kann man auch hier nach der Resultierenden aller Druckkräfte fragen, welche das

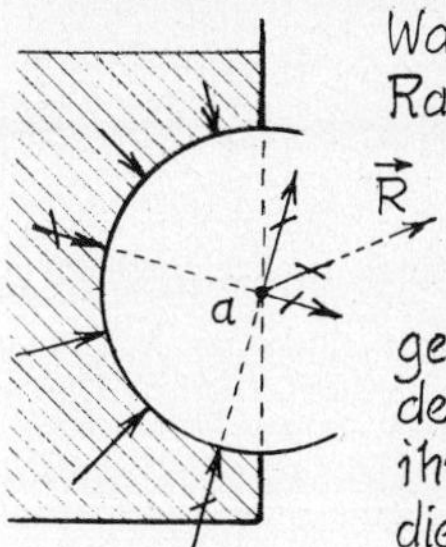

Wasser auf die benetzte Fläche des Rads ausübt. Diejenigen Druckkräfte, die auf die benetzten halbkreisförmigen Teile wirken, heben sich paarweise als Gegenkräfte auf. Die Druckkräfte auf den Zylindermantel kann man auf ihren radialen Wirkungsgeraden in die Achse a verschieben, wo sie durch die Festigkeit der Lagerung aufgehoben werden; (in der Abb. nur für 2 Kräfte durchgeführt). Man könnte sie auch vorher zur Resultierenden $\vec{R}$ zusammensetzen.

In der Patentschrift des Herrn P ist also der Auftrieb A falsch.

‖ Das zylindrische Rad kann sich auf keinen Fall drehen, weil die Resultierende aller hydrostatischen Druckkräfte in der Radachse angreift und daher kein Drehmoment erzeugt.

82 *

a) 1) Energetische Herleitung:

Strömt die kleine Masse Δm aus R mit v_0 aus, so ist ihre kinetische Energie $E_k = \frac{1}{2}\Delta m v_0^2$; die Lage-Energie ($E_{1a}$) von Δm sei hier null (Nullniveau).

Nach dem Energiesatz muß E_k gleich sein der Abnahme ΔE_{la} der Fl:

$$\frac{1}{2}\Delta m \cdot v^2 = \Delta E_{la} \quad (1).$$

Diese Abnahme findet an der Oberfläche der Fl statt; dort findet sich auch sozusagen das ausgeströmte Δm wieder (weshalb der Fl-Spiegel um $\Delta h \ll h$ sinkt). Δm hat dort die Lage-E $\Delta m \cdot gh$; gerade um diesen Betrag hat die E_{la} der gesamten Fl abgenommen; also wird aus (1):

$$\frac{1}{2}\Delta m \cdot v^2 = \Delta m \cdot gh \Rightarrow \underline{\underline{v = \sqrt{2gh}}}.$$

2) Herleitung mit dem hydrostatischen Druck:
Der hydrostatische Druck p am Ausflußrohr R ist ϱgh (Aufg. 73); ϱ ist die Dichte der Fl. Auf ein Masseteilchen Δm (Länge Δx, Querschnitt q) in R (Abb. 1) wirkt daher die Kraft $F = q \cdot \varrho gh$. Wird von ihr Δm aus dem Rohrende herausgedrückt, so ist die E_k gleich der von F auf dem Weg Δx geleisteten Arbeit:

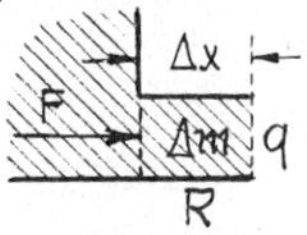

Abb. 1

$$\frac{1}{2}\Delta m v^2 = F \cdot \Delta x \Rightarrow q\Delta x \cdot \varrho v^2 = 2q\varrho gh \cdot \Delta x \Rightarrow$$

$$\underline{\underline{v = \sqrt{2gh}}}.$$

Das Torricellische Ausflußgesetz lautet $v = \sqrt{2gh}$.
v ist auch jene Gs, die ein Fl-Teilchen durch den freien Fall aus der Höhe h erhält (Aufg. 24).
v hängt nicht ab von der Form des Gefäßes, vom Querschnitt und der Richtung des Ausflußrohrs sowie der Dichte der Fl.

b) Einsetzen der Zahlenwerte ergibt:

$$v = \sqrt{2gh} = \sqrt{2 \cdot 9{,}8 \cdot 0{,}4}\ \mathrm{ms^{-1}} = \sqrt{2 \cdot 2 \cdot 49 \cdot 4 \cdot 10^{-2}}\ \mathrm{ms^{-1}} =$$
$$= 2 \cdot 7 \cdot 2 \cdot 10^{-1}\ \mathrm{ms^{-1}} = \underline{\underline{2{,}8\ \mathrm{ms^{-1}}}}.$$

c) Nach Beendigung des Einpendelungsvorgangs (s.u.) ist die für die Ausfluß-Gs v_1 maßgebliche Höhe h_1 (Abb. 2); es gilt also:

$$v_1 = \sqrt{2gh_1}.$$

v_1 bleibt so lange konstant, bis der Fl-Spiegel auf h_1 abgesunken ist.

Einpendelungsvorgang:
Zu Beginn des Ausströmens steht die Fl in der Flasche und in R' zur Höhe h. Der äußere Luftdruck sei b; er herrscht zu Beginn auch in der Flasche oberhalb der Fl (Abb. 2).

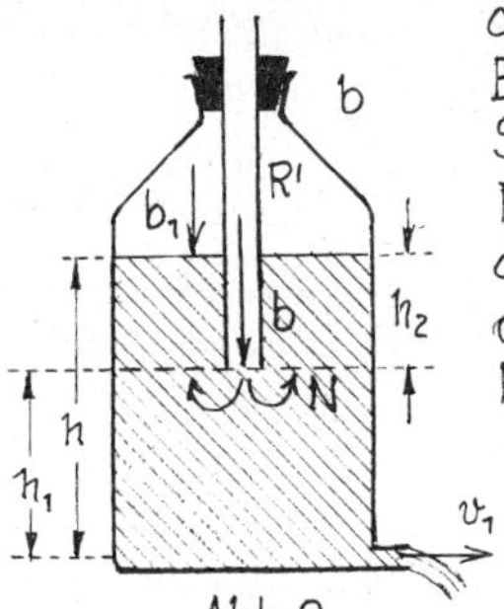

Abb. 2

Beim Ausfließen sinken die Spiegel in der Flasche und in R'. Dadurch verkleinert sich der Luftdruck in der Flasche auf b_1, und die Oberfläche in R' sinkt schneller, bis sie das untere Ende von R' (waagrechtes Niveau N) erreicht hat. Damit ist der Einpendelungsvorgang beendet, denn jetzt wird die Fl-Schicht der Höhe h_2 „getragen". Zum besseren Verständnis: Man denke sich die Flasche in N durchgeschnitten, die Ränder geschliffen und N durch eine gewichtslose Platte P ersetzt (Abb. 3). Es gilt die Gleichgewichtsbedingung für die Drucke:

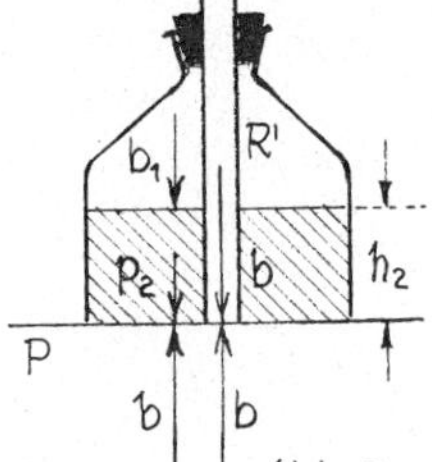

Abb. 3

$$b = b_1 + p_2 \quad \text{mit} \quad p_2 = \varrho g h_2.$$

Zur Ausfluß-Gs v_1 trägt also nur noch die Höhe h_1 (Abb. 2) bei.

Weiterer Vorgang:
Bei weiterem Ausströmen von Fl sinkt die Oberfläche in der Flasche, und p_2 nimmt auf p_2' ab. Dadurch ist das obige Gleichgewicht gestört, weil ja b konstant bleibt. Um es wieder herzustellen, muß b_1 auf b_1' zunehmen, was durch Einströmen von Luft durch R' geschieht (s. gebogene Pfeile in Abb. 2). Dann gilt: $b = b_1' + p_2'$.

Vom Ende des Einpendelungsvorgangs an perlen Luftblasen aus R' durch die Fl oberhalb N so lange, bis der Fl-Spiegel N erreicht. Von da an nimmt die Ausfluß-Gs ab.

83 *

a) Als Student tippte ich auf Zeichnung a), zumal sich in einem vom Prof. mitgebrachten Lehrbuch diese Darstellung vorfand. Es steckt ja eine Logik darin, daß der unterste Strahl mit der größten Ausström-Gs auch die maximale Wurfweite erzielt, der oben austretende Strahl aber die kleinste. Auch von meinen Schülern stimmten immer mehr als 50% für a), für c) die wenigsten. Jedoch bei dieser Logik hat man die Rechnung ohne den Wirt ~ sprich ohne die Wurfhöhe gemacht.

Jedes Wasserteilchen vollführt einem waagrechten Wurf mit der Anfangs-Gs v_0. Die Gleichung der Bahn in dem angegebenen x-y-System ist die einer nach unten geöffneten Halbparabel mit dem Scheitel in der Ausflußöffnung. Die Gleichung wurde in den Lösungen zu Aufg. 27 hergeleitet:

$$y = \frac{g}{2v_0^2}x^2.$$

Nach Aufg. 82 ist $v_0 = \sqrt{2gh_0}$; daher wird:

$$y = \frac{g}{2 \cdot 2gh_0}x^2 \Rightarrow \underline{\underline{y = \frac{1}{4h_0}x^2}};$$

daraus folgt $x = 2\sqrt{h_0 \cdot y}$ und weiter durch Einsetzen der Werte für die einzelnen Öffnungen:

$$x_1 = 2\sqrt{h \cdot 3h} = 2h\sqrt{3} \approx \underline{\underline{3{,}46h}};$$
$$x_2 = 2\sqrt{2h \cdot 2h} = 2h\sqrt{4} = \underline{\underline{4h}};$$
$$x_3 = 2\sqrt{3h \cdot h} = 2h\sqrt{3} = \underline{\underline{x_1}};$$

daraus folgt:

‖ Abb. 1c) stellt den Sachverhalt richtig dar.

b) Aus der Formel $x = 2\sqrt{h_0 \cdot y}$ von a) folgen:

$$x_1 = 2\sqrt{h(2h+kh)} = 2h\sqrt{2+k};$$
$$x_2 = 2\sqrt{2h(h+kh)} = 2h\sqrt{2(1+k)};$$
$$x_3 = 2\sqrt{3h \cdot kh} = 2h\sqrt{3k};$$

In der Proportion kürzt man auf der rechten Seite durch $2h\sqrt{k}$ und geht zum $\lim\limits_{k\to\infty}$ über:

$$x_1^* : x_2^* : x_3^* = \lim_{k\to\infty}\sqrt{\frac{2}{k}+1} : \lim_{k\to\infty}\sqrt{2\left(\frac{1}{k}+1\right)} : \lim_{k\to\infty}\sqrt{3}$$

$$\underline{\underline{x_1^* : x_2^* : x_3^* = \sqrt{1} : \sqrt{2} : \sqrt{3}.}}$$

84

a) Nach der Formel für den freien Fall $h = \frac{1}{2}gt^2$ benötigt jede Säule, um die eigene Höhe h zu durchfallen, die Zeitdauer $t = \sqrt{\frac{2h}{g}}$. Nun gibt es $\frac{A}{q}$ Säulen:

$$T = \frac{A}{q}t = \underline{\underline{\frac{A}{q}\sqrt{\frac{2h}{g}}}} \quad (1).$$

b) Wir rechnen aus (1) die zu einem bestimmten T zugehörige Höhe h aus:

$$T^2 = \left(\frac{A}{q}\right)^2 \frac{2h}{g} \Rightarrow h = \frac{g}{2}\left(\frac{q}{A}\right)^2 \cdot T^2;$$

hieraus ergibt sich h im [m], wenn T in [s] eingesetzt wird. Setzen wir $T = 60\tau$, dann ist τ in [min] einzusetzen. Multiplizieren wir ferner die rechte Gleichungsseite mit 100, so erhalten wir h in cm:

$$h = 100 \cdot \frac{9{,}8}{2}\left(\frac{1^2\pi}{60^2\pi}\right)^2 60^2\tau^2 = \frac{980}{2}\,\frac{1}{3600}\tau^2$$

$$\underline{\underline{h \approx 0{,}1361\tau = k \cdot \tau^2.}}$$

Damit errechnen wir:

$h_2 \approx 4 \cdot 0{,}1361\,\text{cm} \approx \underline{\underline{0{,}5\,\text{cm}}}$; $h_4 = 16k \approx \underline{\underline{2{,}2\,\text{cm}}}$;

$h_6 = 36k \approx \underline{\underline{4{,}9\,\text{cm}}}$; $h_8 = 64k \approx \underline{\underline{8{,}7\,\text{cm}}}$;

$h_{10} = 100k \approx \underline{\underline{13{,}6\,\text{cm}}}$; $h_{12} = 144k \approx \underline{\underline{19{,}6\,\text{cm}}}$.

85

1. Garn: Der Golf von Saint-Malo ist auch bei Ebbe ≈ 30 m tief, also konnte das Schiff wohl kaum ‚fast auf dem Trockenen sitzen'.
2. Garn: Die Linie, bis zu welcher ein schwimmendes Schiff eintaucht, heißt ‚Wasserlinie' (nicht Wasserkante).
3. Garn (ein starkes): Bei Ebbe und Flut taucht ein Schiff gleichtief (!) ein (falls sich seine Ladung nicht ändert).
4. Garn: Aus diesem Grund konnten die Matrosen nicht unterhalb der Wasserlinie mit dem Streichen beginnen.
5. Garn: Mit der Farbe, die fast unter dem Pinsel trocknete, hat der Seebär wohl auch ‚etwas dick aufgetragen'.
6. Garn: Wenn die Seeleute bei niedrigster Ebbe mit dem Streichen begannen, brauchten sie sich überhaupt nicht beeilen: 1) mußten sie sowieso oberhalb der Wasserlinie anfangen; 2) beeinträchtigte die Flut sie überhaupt nicht; 3) kam die nächste Flut nicht nach 3, sondern erst nach 6 Stunden. (Die Gezeiten wechseln 4-mal innerhalb 24 h).

Nicht gesponnen ist die Höhe der Flut, sie ist noch um rund 1,5 m untertrieben. Die (innere) Bucht von Saint-Malo hat den größten ‚Tidenhub' (= Unterschied der

Wasserhöhen bei Flut und Ebbe) aller Küsten Europas, nämlich 13,5 m.

86

Alle Flüssigkeiten zeigen die Eigenschaft der ‚Kapillarität' (Haarröhrchenwirkung). In Kapillaren (dünnen Röhrchen mit Innendurchmesser < ≈ 1 mm) steigt eine ‚benetzende' Flüssigkeit bis zu einer gewissen Höhe h empor (Abb.). Je ‚feiner' das Röhrchen ist, desto größer ist h. Der Grund dieses Verhaltens ist in den Adhäsionskräften (Aufg. 44) zu suchen.

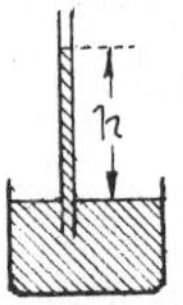

Wasser verhält sich gegenüber den meisten fettfreien Materialoberflächen benetzend, d.h. es haftet an einer lotrechten Fläche des Stoffs in Form von Tropfen oder eines dünnen ‚Films'. Deshalb steigt es in den mikroskopisch feinen Poren eines Löschblatts empor.

(‚Nichtbenetzende' Flüssigkeiten, z.B. Quecksilber, werden in Kapillaren ‚niedergezogen').

Auch im Erdboden befinden sich viele feine Risse und Poren. In ihnen kann Wasser aus dem Grundwasser oft zu beträchtlichen Höhen aufsteigen und selbst in Trockenzeiten an die Wurzeln (vor allem an die Pfahlwurzeln) der Pflanzen, Sträucher und Bäume gelangen. Auch das nach Niederschlägen und dem Gießen je nach Ergiebigkeit mehr oder weniger tief in den Boden eingedrungene Wasser bleibt als ‚Haftwasser' in den Poren und kann von den Wurzeln aufgenommen werden. Allerdings spült das Wasser beim Einsickern feine Rinnsale (= vielfach gekrümmte Kapillaren) aus, durch die das Haftwasser wieder nach oben steigen und an der Oberfläche des Erdreichs – besonders bei Sonne und Wind – rasch verdunsten kann.

Will man also die Bodenfeuchtigkeit möglichst lang erhalten, muß man die Kapillaren nur wenig tief unter der Oberfläche zerstören. Dies eben geschieht durch ‚flaches' Hacken.

Das Gärtner-Sprichwort will also ausdrücken, daß die durch Grundwasser, Niederschlag und Gießen erzeugte Bodenfeuchtigkeit durch Zerhacken der Kapillaren nahe der Oberfläche den Wurzeln als Reservoir mehr zunutze ist als Gießen ohne Zerstörung der Poren.

(Selbstverständlich erzielt man durch das Hacken auch eine Auflockerung des Bodens zum Eindringen von Luft sowie eine Vernichtung von Unkraut).

87

a) Auf die Deckfläche von K wirkt der Luftdruck mit der Kraft F lotrecht nach unten (Abb.), er wirkt aber auch durch den ‚Schnorchel' mit der Gegenkraft −F auf die Grundfläche lotrecht nach oben; beide Kräfte heben sich auf. Ferner kompensieren sich alle Luftdruckkräfte auf den nichtbenetzten Teil des Mantels von K.

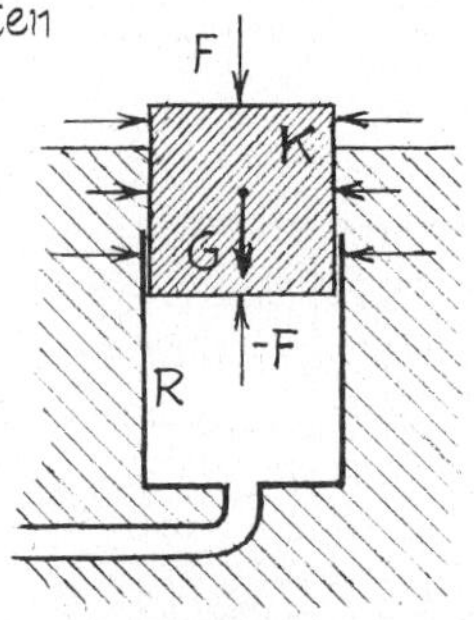

Kräfte nicht maßstäblich

Der gleiche Schluß gilt bezüglich der hydrostatischen Druckkräfte auf die benetzte Mantelfläche (s. Lösung von Aufg. 74). Die auf R wirkenden Druckkräfte werden durch elastische Gegenkräfte aufgehoben.

Einzige nichtkompensierte Kraft ist das Gewicht G von K; daher beginnt K zu sinken. Sobald die Deckfläche von K unter die Oberfläche taucht, addiert sich zu G die (ständig zunehmende) hydrostatische Druckkraft auf die Deckfläche. Wenn K auf dem Boden von R aufsitzt, ist die stabile Gleichgewichtslage erreicht.

b) Ist K bereits untergetaucht, so kompensieren sich – wie in a) – alle Kräfte bis auf G und die hydrostatische Druckkraft auf die Deckfläche von K.

Die Gleichgewichtslage von K ist dieselbe wie bei a).

88

a) Wenn die Waage im Gleichgewicht ist (Abb.), gibt es keinen Zweifel daran, daß auf beiden Seiten die lotrecht nach unten gerichteten Kräfte, die in den Schwerpunkten beider Körper angreifen, gleich sind. (Die Gewichtskräfte der WS'n können außer Betracht bleiben). Diese Kräfte sind nun die Differenzkräfte aus den Gravitationskräften G_E und G_F und den Auftrieben A_E und A_F. Es besteht also die Gleichung:

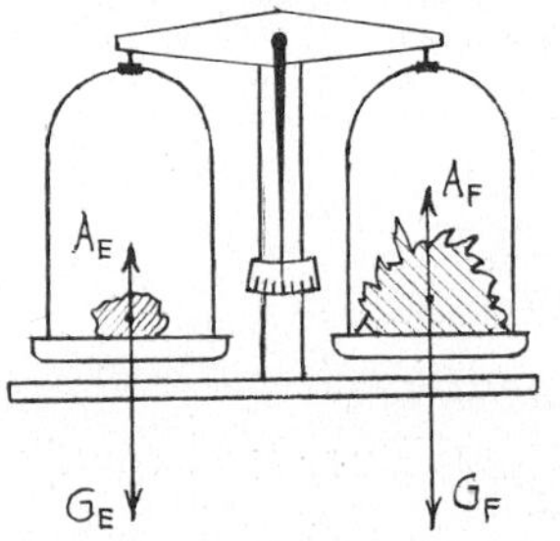

$G_F - A_F = G_E - A_E \Rightarrow G_F = G_E + (A_F - A_E)$;

da nun A_F bedeutend größer ist als A_E (infolge des Dichte- und Volumenunterschieds), ist:

$A_F - A_E > 0 \Rightarrow G_F > G_E \Rightarrow m_F > m_E$;

(m_F = Masse der Federn; m_E = Eisenmasse).

Sind die Massenstücke aus Eisen, so erfahren die Nägel denselben Auftrieb wie das 10g-Stück.

Diese Schlußfolgerungen gelten auch für andere Waagenkonstruktionen, denn auch bei ihnen wird (in Luft) die obige Differenzkraft gemessen.

|| Werden 1kg Eisen und 1kg Federn in Luft mit irgendeiner Waage gemessen, so ist die (genaue) Federmasse größer als die Eisenmasse.
Wird bei einer gleicharmigen Balkenwaage mit einem Massensatz aus Eisen gewogen, dann hat die Eisenmasse genau 1kg. (Bei einer anderen Waage läßt sich keine allg. Aussage machen).

Die ‚reine' Gravitation eines Körpers (also ohne den Auftrieb) nennt man sein ‚absolutes' Gewicht.

b) Es seien G_B, G_T, $G_L = m_L g$ die absoluten Gewichte des Ballons, der Tara (z.B. ‚Tarierschrot'), der Luft (im Ballon); A_B, A_T, A_1 seien die Auftriebe des Ballons, der Tara, des 1g-Stücks. Wie in a) gelten für die beiden Wägungen:

$G_B - A_B = G_T - A_T$;

$G_B + G_L - A_B = G_T - A_T + 1[g]\cdot g - A_1$;

Subtraktion der oberen von der unteren Gleichung ergibt:

$G_L = m_L \cdot g = 1[g]\cdot g - A_1 \Rightarrow m_L = 1[g] - \frac{A_1}{g} \Rightarrow$

$\underline{m_L > 1g}$.

89

Das Archimedische Gesetz gilt auch für Gase (Aufg. 74). Daher berechnet sich der Auftrieb eines Ballons als Gewicht der verdrängten Luft:

$\frac{4\pi}{3} r^3 \varrho_L \cdot g$ (g = Schwerebeschleunigung).

Um die wirksame Kraft nach oben zu erhalten, müssen wir davon das Gewicht der Wasserstoffüllung und das der Hülle abziehen:

$\frac{4\pi}{3} r^3 \varrho_L g - \frac{4\pi}{3} r^3 \varrho_H g - mg = \left[\frac{4\pi}{3} r^3(\varrho_L - \varrho_H) - m\right] g =$

$= \left[\frac{4\pi}{3} \cdot 1^3 (1{,}206 - 0{,}084) - 1{,}7\right][g]\cdot g =$

$= \left(\frac{4\pi}{3} \cdot 1{,}122 - 1{,}7\right)[g]\cdot g \approx (4{,}7 - 1{,}7)[g]\cdot g = \underline{3[g]\cdot g}$.

1 Ballon kann also ≈ 3g ‚tragen', 1000 Ballone ≈ 3kg. Um 60kg zu tragen, brauchte man ≈ 20 000 Ballone. Am Bügel war also ein Seil ~ durch die Ballone verdeckt ~ angebunden, das zur Decke hochgezogen und wieder herabgelassen wurde.

90 *

a) Auf jedes kleine Masseteilchen des Fluids (Masse Δm, Drehradius r) wirkt im mitrotierenden System die Zentrifugalkraft $\Delta m \cdot r\omega^2$ (Aufg. 68) und damit auch ein Druck auf eine dort befindliche Fläche. Dieser Druck p_z entsteht aber nicht nur durch die genannte Kraft, sondern er summiert sich ~ nach dem Druckausbreitungsgesetz ~ aus Drucken aus ‚darüberliegenden' Volumenelementen (die kleinere r haben).

|| p_z nimmt in radialer Richtung (mit wachsendem r) zu.
Flächen gleichen Drucks sind konzentrische Zylindermäntel um die Drehachse. Eine Nullfläche gibt es nicht (sie müßte ja den Drehradius null haben.

Δm befindet sich im mitrotierenden System im Gleichgewicht. Die Fliehkraft F_F wird durch den ‚Mittelpunktstrieb' F_M aufgehoben. F_M ist die Differenzkraft: Druckkraft auf Grundfläche minus Druckkraft auf Deckfläche des Fastquaders. F_M ist daher immer radial auf die Drehachse hin gerichtet und entspricht dem Auftrieb beim Schweredruck.

Denkt man sich Δm aus dem Fluid herausgeschnitten und durch eine größere Masse Δm_1 (aber mit gleichem Volumen) ersetzt, so ändert sich an F_M nichts, während jedoch F_F größer wird, d.h. Δm_1 wird radial nach außen getrieben. Wird aber anstelle von Δm die kleinere Masse Δm_2 gesetzt, so überwiegt F_M und Δm_2 bewegt sich radial nach innen. (Für welches r das Schnittprinzip angewandt wird, ist hierbei gleichgültig).

|| Δm_1 wandert radial nach außen, Δm_2 nach innen.

Diese Vorgänge spielen sich in einer Zentrifuge ab. Zentrifugiert werden zwei- oder mehrphasige Systeme. Ein 2-phasiges System besteht aus dem Dispersionsmittel (meist ein Fluid) und der dispersen Phase; d.s. kleinste Teilchen (sichtbare, mikroskopische, submikroskopische und Riesenmoleküle), die im Fluid gleichmäßig fein verteilt sind. Beispiele: Emulsion (Flüssigkeitströpfen in Flüssigkeit), Nebel (Flüssigkeitströpfchen in Gas), Rauch (feste Teilchen in Gas). Hat die disperse Phase eine größere Dichte als das Fluid, so wird sie beim Zentrifugieren nach außen geschleudert und so vom Fluid getrennt; bei kleinerer Dichte ist es umgekehrt.

> Zentrifugen dienen zum Trennen (zur Separation) eines mehrphasigen Systems (Gemisches) in seine Bestandteile.
>
> Beispiel: Milchzentrifuge. Beim Zentrifugieren sammeln sich die Fetteilchen innen (an der Achse) an und fließen als Sahne ab, die Magermilch wird außen abgeleitet.

b) Die Antwort für die im Auto baumelnden Dinge ist nun leicht zu geben:

> In jeder Kurve baumelt der Stofftiger radial (also quer zur Längsachse des Autos) nach außen, der Luftballon nach innen.

Oder: Der Tiger bewegt sich in einer Rechtskurve ~ in Fahrtrichtung gesehen ~ nach links, der Ballon nach rechts; in einer Linkskurve sind die Bewegungen gerade umgekehrt.

91

a) Die Bahn-Gs von K kann auch geschrieben werden $v_K = \omega s_0$. Projizieren wir sie (Abb.), so erhalten wir:

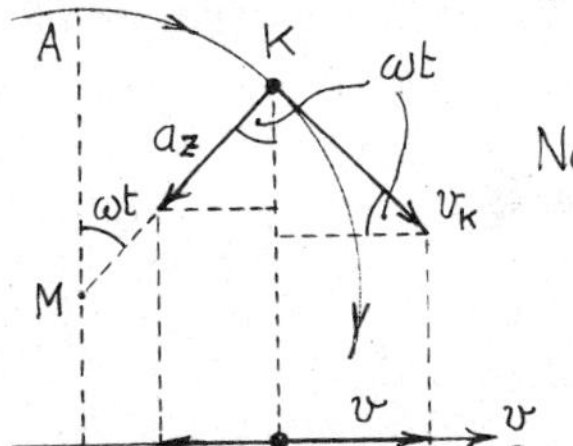

$$\underline{\underline{v = \omega s_0 \cdot \cos\omega t}}.$$

Nach Aufg. 68 ist $a_z = \omega^2 s_0$; durch Projektion folgt:

$$\underline{\underline{a = -\omega^2 s_0 \cdot \sin\omega t}};$$

(beachte das Vorzeichen).

Nach der dynamischen Grundgleichung wird:

$$F = -m\omega^2 s_0 \cdot \sin\omega t;$$

ein Vergleich mit (1) des Textes ergibt:

$$F = -m\omega^2 s = \underline{\underline{-C\cdot s}} \quad \text{mit} \quad \underline{\underline{C = m\omega^2 = m\frac{4\pi^2}{T^2}}}.$$

Da $C>0$ ist, sagt das Kraftgesetz aus, daß F immer die entgegengesetzte Richung von s hat; F ist ständig auf 0 hin gerichtet (‚Rückstellkraft').

Aus dem Ausdruck für C folgt:

$$C = m\frac{4\pi^2}{T^2} \Rightarrow \underline{\underline{T = 2\pi\sqrt{\frac{m}{C}}}}.$$

b) Wir berechnen zunächst die Federkonstante D:

$$D = \frac{0{,}1\cdot 9{,}8}{0{,}062}\,\mathrm{Nm^{-1}} \approx 15{,}806\,\mathrm{Nm^{-1}}.$$

Aus der Textformel (3) folgt für T = 1s:

$$T = 2\pi\sqrt{\frac{m}{D}} \Rightarrow T^2 D = 4\pi^2 m \Rightarrow \underline{m = \frac{T^2 D}{4\pi^2}}$$

$$m = \frac{1^2 \cdot 15{,}806}{4\pi^2}\,\mathrm{kg} \approx 0{,}400\,\mathrm{kg} = \underline{\underline{400\,\mathrm{g}}}.$$

m passiert die Nullage in den Zeitpunkten $T/2$, T, $3T/2$, …; daher ist nach der Formel von a):

$$v_0 = \frac{2\pi}{T}s_0\left|\cos\frac{2\pi}{T}\frac{T}{2}\right| = \underline{\frac{2\pi}{T}s_0} = 2\pi\cdot 0{,}159\,\mathrm{ms^{-1}}$$

$$\underline{\underline{v_0 \approx 1\,\mathrm{ms^{-1}}}}.$$

E_K in der Nullage wird:

$$E_K = \underline{\frac{1}{2}mv_0^2} \approx \frac{1}{2}0{,}4\cdot 1^2\,\mathrm{J} = \underline{\underline{200\,\mathrm{mJ}}}.$$

> Das schwingende System besitzt in der Nullage außer E_K noch Spannungsenergie und Lageenergie (bezüglich eines festzusetzenden Nullniveaus).

> Da noch ein Teil der Feder-(Masse) mitschwingt, ist die zu korrigierende Größe m.

Wir berechnen die Masse m_1, die zur Sch-Dauer $T_1 = 41/40\,\mathrm{s} = 1{,}025\,\mathrm{s}$ gehört:

$$m_1 = \underline{\frac{T_1^2 D}{4\pi^2}} \approx \frac{1{,}025^2\cdot 15{,}806}{4\pi^2}\,\mathrm{kg} \approx \underline{\underline{0{,}421\,\mathrm{kg}}}.$$

> Die Korrektur von m durch die mitschwingende (oder ‚reduzierte') Federmasse beträgt $\Delta m = 21\,\mathrm{g}$ (≙ 5,3% der Pendelmasse).

92

a) Die Zerlegung von $m\vec{g}$ ist in der Abb. der Deutlichkeit halber für einen großen Winkel β (β > Amplitudenwinkel α) gezeichnet. Die Teilkraft F spannt den Faden und wird durch die elastische Gegenkraft (nicht gezeichnet) aufgehoben. Für die 2. Teilkraft R gilt:

$$R = mg \cdot \sin\beta = mg \cdot \frac{s}{\ell} \Rightarrow \underline{\underline{R = C \cdot s}};$$

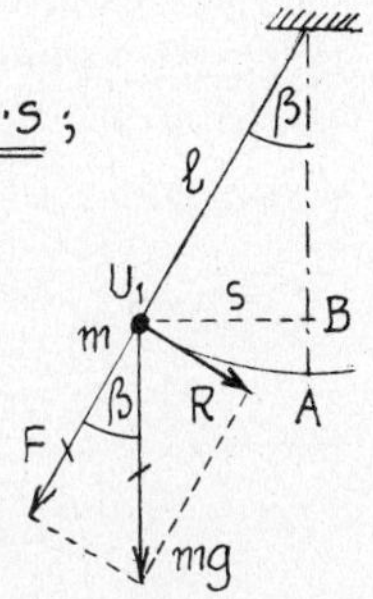

darin ist $C = \frac{mg}{\ell}$:

Das Kraftgesetz der harmonischen Bewegung (Aufg. 91) ist also erfüllt, wenn man sich auf kleine Amplitudenwinkel beschränkt; dann kann die tatsächliche Elongation (der Bogen $\widehat{U_1A}$) durch die Strecke $\overline{U_1B}$ näherungsweise ersetzt werden. Daher wird (mit obigem Wert von C):

$$\underline{\underline{T = 2\pi\sqrt{\frac{m}{C}} = 2\pi\sqrt{\frac{\ell}{g}}}}.$$

‖ Beim Fadenpendel enthält die Richtgröße C die Masse m als Faktor; beim Einsetzen in die Formel für T kürzt sich m heraus.
Beim Federpendel ist die Richtgröße die Federkonstante; sie hat nichts mit m zu tun.

Außerdem: Ein Fadenpendel kann nur in einem Schwerefeld um die Lotrechte schwingen, ein Federpendel auch im schwerelosen Raum in beliebiger Richtung.

b) Mit den Angaben des Textes errechnen wir:

$$\omega = \underline{\omega_E \cdot \sin\varphi} = (15° h^{-1}) \sin 49° \approx \underline{\underline{11{,}32° h^{-1}}};$$

$$T_1 \approx \frac{360}{11{,}32} h \approx \underline{\underline{31{,}8\,h}}.$$

$$\underline{T = 2\pi\sqrt{\frac{\ell}{g}}} = 2\pi\sqrt{\frac{67}{9{,}8}}\,s \approx \underline{\underline{16{,}43\,s}}.$$

$$\alpha = \underline{25T \cdot \omega} \approx 25 \cdot 16{,}43[s] \frac{11{,}32°}{3600[s]} \approx 1{,}29°$$

$$b = \underline{\frac{2\pi r}{360°}}\alpha \approx \frac{\pi \cdot 400}{180} 1{,}29\,cm \approx \underline{\underline{9\,cm}}.$$

c) Denke Dir die Anordnung am Nordpol. Da sich die Erde von Westen nach Osten dreht, rotiert die SE in der Draufsicht im Uhrzeigersinn; dieser bleibt auf der nördlichen Halbkugel erhalten. Daraus ergibt sich.

‖ Der Faden nähert sich der (linken) Kante K_1.

Der Bogenlänge 5 mm entspricht auf einem Kreis mit r = 0,9 m der Winkel:

$$\beta = \frac{360° \cdot 5\,mm}{2\pi \cdot 900\,mm} = \frac{180 \cdot 60'}{\pi \cdot 180} \approx \underline{19{,}1'};$$

Die Winkel-Gs ist nach b) ≈ 11,32' pro min; der Winkel β wird also in $\frac{19{,}1}{11{,}32}$ min ≈ 1,69 min zurückgelegt. Die Schwingungsdauer beträgt:

$$T_0 = 2\pi\sqrt{\frac{2{,}5}{9{,}8}}\,s \approx 3{,}17\,s;$$

daher wird:

$$n \approx \frac{1{,}69 \cdot 60\,s}{3{,}17\,s} \approx \underline{\underline{32}}.$$

‖ Nach ≈ 32 Schwingungen berührt der Faden die Kante.

93

Herr B rechnete sich zunächst die Schwingungsdauer T eines Fadenpendels mit 2 m Länge aus (Formel s. Aufg. 92):

$$\underline{T = 2\pi\sqrt{\frac{\ell}{g}}} = 2\pi\sqrt{\frac{2}{9{,}81}}\,s \approx \underline{2{,}84\,s}.$$

Mittlerweile hatte Frau B einen kleinen Stein an einen Zwirnsfaden gebunden. Sie hielt dann, auf einem Hocker stehend, den Faden an dem oberen Teil einer Türzarge fest, während ihr Mann das so entstandene Fadenpendel anstieß und die Zeit für 10 (volle) Schwingungen stoppte. Die Pendellänge wurde nun so lange variiert, bis für 10 Schwingungen ≈ 28,4 s verstrichen.
Bevor Herr B den Faden abschnitt, gab er noch die Hälfte des Steindurchmessers (am Festhaltepunkt) zu; (ℓ reicht nämlich bis zum Schwerpunkt des Pendelkörpers). Der Faden war nun 2 m lang, durch Zusammenlegen der Enden konnte (etwa mit dem Kugelschreiber) die 1 m-Marke bezeichnet werden, durch nochmaliges Halbieren entstanden die Marken für 0,5 m und 1,5 m; weitere Unterteilungen schätzte Herr B ab.

94 *

a) Um die Reibungskräfte an den Zylindern berechnen zu können, benötigen wir die Druckkräfte G_1 und G_2 (Abb.), die das Gewicht G des Bretts in den Auflagepunkten B_1 und B_2 auf die Walzen ausübt; (B_1 und B_2 sind jeweils die Mittelpunkte der Auflagestrecken).

G muß also in 2 lotrechte Komponenten zerlegt

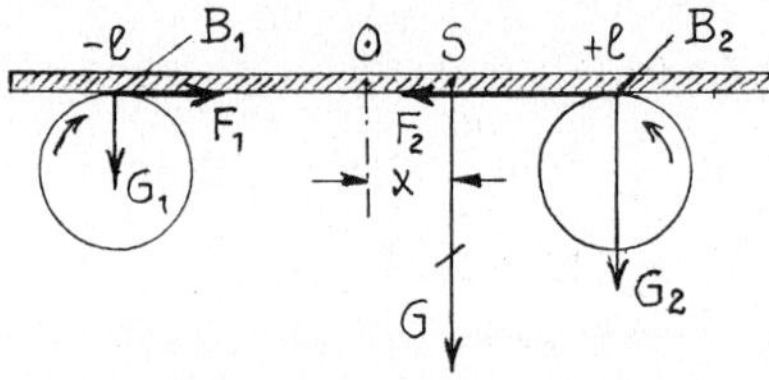

werden, so daß $G = G_1 + G_2$ ist. Die Abstände ihrer Angriffspunkte vom Schwerpunkt S müssen sich nach Aufg. 40 umgekehrt wie die Kräfte verhalten. Da B_1 und B_2 die x-Koordinaten $-\ell$ und $+\ell$ haben, gilt:

$$G_1 : G_2 = (\ell - x) : (\ell + x) \Rightarrow$$

$$(G_1 + G_2) : G_1 = 2\ell : (\ell - x) \Rightarrow G_1 = (G_1 + G_2)\frac{\ell - x}{2\ell} \Rightarrow$$

$$\underline{G_1 = G\frac{\ell - x}{2\ell}} \text{ und } \underline{G_2 = G - G_1 = G\frac{\ell + x}{2\ell}}.$$

Die Reibungskräfte, die in B_1 und B_2 an den Walzen angreifen, wirken ihrer Bewegungsrichtung entgegen, sind also nach außen (von O weg) gerichtet. Die Reaktionskräfte F_1 und F_2, die auf das Brett ausgeübt werden, zeigen deshalb stets nach innen (auf O hin). Ihre Beträge errechnen sich aus dem Coulombschen Reibungsgesetz (Aufg. 44):

$$F_1 = \mu G_1 \quad \text{und} \quad F_2 = \mu G_2.$$

Ihre Resultierende F ist – bei positivem x! – nach links gerichtet:

$$F = F_1 - F_2 = \mu(G_1 - G_2) = \mu G\left(\frac{\ell - x}{2\ell} - \frac{\ell + x}{2\ell}\right) = -\frac{\mu G}{\ell} \cdot x$$

oder

$$\underline{F = -C \cdot x} \text{ mit } C = \frac{\mu G}{\ell}.$$

Das bedeutet, daß das Brett (Masse m) eine Rückstellkraft erfährt, die der Elongation x proportional ist. Die Richtgröße hat den Wert:

$$\underline{C = \frac{\mu m g}{\ell}} \quad (g = \text{Schwerebeschleunigung}).$$

Ergebnis:

Das Brett vollführt eine (ungedämpfte) harmonische Schwingung um die Mittellage zwischen den Walzen. Die Schwingungsdauer T ist nach der bekannten Formel:

$$T = 2\pi\sqrt{\frac{m}{C}} = 2\pi\sqrt{\frac{\ell}{\mu g}} \quad (1)$$

T ist wie beim Fadenpendel von m unabhängig.

Anstelle von T kann als charakteristische Größe der Bewegung auch die Frequenz $f = 1/T$ genommen werden.

Zahlenbeispiel:

$$T = 2\pi\sqrt{\frac{9{,}8 \cdot 10^{-2}}{0{,}25 \cdot 9{,}8}}\,\text{s} = 2\pi \cdot \frac{1}{5}\,\text{s} \approx \underline{\underline{1{,}26\,\text{s}}}.$$

b) Aus (1) folgt:

$$T^2 = 4\pi^2 \frac{\ell}{\mu_1 g} \Rightarrow \underline{\underline{\mu_1 = \left(\frac{2\pi}{T}\right)^2 \frac{\ell}{g}}}.$$

Mit Werten:

$$\mu_1 = \left(\frac{2\pi}{2}\right)^2 \frac{9{,}8 \cdot 10^{-2}}{9{,}8} = \pi^2 10^{-2} \approx \underline{\underline{0{,}1}}.$$

95 *

a) Es sei r die Entfernung des Felsbrockens (Masse m) vom Planetenmittelpunkt. Auf m wirkt dann nach Aufg. 70 nur die Gravitationskraft F der reduzierten Planetenmasse M_r, also die Masse der homogenen Kugel mit Radius r. Es ist daher:

$$F = G\frac{M_r \cdot m}{r^2} = G \cdot \frac{4\pi}{3} r^3 \varrho \cdot \frac{m}{r^2} = \frac{4\pi}{3} G\varrho m \cdot r;$$

(G = Gravitationskonstante).

Da $F \sim r$ ist, vollführt m eine harmonische Schwingung mit der Richtgröße $C = \frac{4\pi}{3} G\varrho m$.

Die Schwingungsdauer dieser Bewegung ist also:

$$\underline{T = 2\pi\sqrt{\frac{m}{C}}} = \sqrt{4\pi^2 \frac{3m}{4\pi G\varrho m}} = \sqrt{\frac{3\pi}{G\varrho}} \quad (1);$$

daraus berechnet sich ϱ:

$$T^2 = \frac{3\pi}{G\varrho} \Rightarrow \underline{\underline{\varrho = \frac{3\pi}{GT^2}}}.$$

Mit Werten:

$$\varrho = \frac{3\pi}{6{,}67 \cdot 10^{-11} \cdot (42 \cdot 60)^2} \frac{\text{kg}}{\text{m}^3} =$$

$$= \frac{3\pi \cdot 10^{11}}{6{,}67 \cdot 1{,}764 \cdot 10^3 \cdot 3{,}6 \cdot 10^3} \frac{\text{kg}}{10^3\,\text{dm}^3} \approx$$

$$\approx \frac{300\pi}{42{,}357}\,\text{kg} \cdot \text{dm}^{-3} \approx \underline{22{,}3\,\text{kg} \cdot \text{dm}^{-3}}.$$

b) Auf der Oberfläche des Planeten wirkt auf eine Masse m die Kraft:

$$F = mg' = CR = \frac{4\pi}{3} G\varrho m \cdot R \Rightarrow \underline{g' = \frac{4\pi}{3} G\varrho R}$$

$$g' \approx \frac{4\pi}{3} 6{,}67\cdot 10^{-11}\cdot 22{,}3\cdot 10^{3}\cdot 6\cdot 10^{4}\,\mathrm{ms^{-2}} =$$
$$= 8\pi\cdot 6{,}67\cdot 2{,}23\cdot 10^{-3}\,\mathrm{ms^{-2}} \approx 374\cdot 10^{-3}\,\mathrm{ms^{-2}}$$
$$\underline{\underline{g' \approx 0{,}37\,\mathrm{ms^{-2}}}}.$$

Ferner wird

$$\frac{g'}{g} \approx \frac{0{,}37}{9{,}81} 100\% \approx \underline{\underline{3{,}8\%}}.$$

c) CF meinte die Metalle Osmium ($\varrho = 22{,}6\,\mathrm{kg\cdot dm^{-3}}$) und Iridium ($\varrho = 22{,}5\,\mathrm{kg\cdot dm^{-3}}$).

d) Wenn im Raumschiff Schwerelosigkeit herrschen soll, muß die Gravitationskraft gleich der Fliehkraft sein:

$$G\frac{Mm_1}{R^2} = m_1 R \frac{4\pi^2}{T_1^2};$$

(M = Planetenmasse; m_1 = Masse des Raumschiffs; T_1 = Umlaufsdauer). Es folgt weiter:

$$G\frac{4\pi}{3}R^3\varrho = R^3\frac{4\pi^2}{T_1^2} \Rightarrow G\varrho = \frac{3\pi}{T_1^2} \Rightarrow \underline{T_1 = \sqrt{\frac{3\pi}{G\varrho}}};$$

ein Vergleich mit (1) zeigt, daß $T_1 = T$ ist; daher ist auch

$$\underline{\underline{\frac{T_1}{2} = \frac{T}{2} = 21\,\mathrm{min}}}.$$

96 *

a) Die Gewichtskraft mg zerfällt in die Komponenten F_1 und F_z (Abb.); F_1 wird durch die Fadenspannkraft (nicht gezeichnet) aufgehoben. Die Zentripetalkraft $F_z = mr\omega^2$ zwingt m auf die Kreisbahn. Aus der Zeichnung liest man ab:

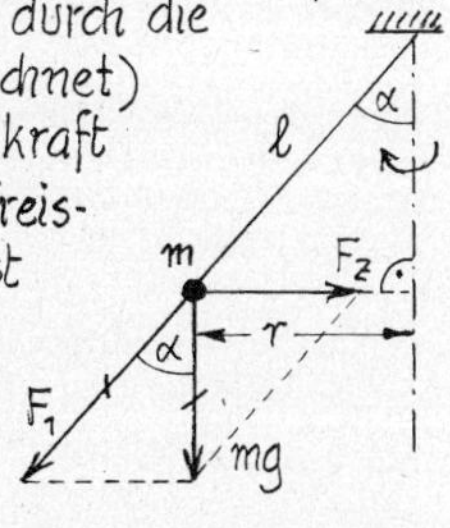

$$mr\omega^2 = mg\cdot\tan\alpha \quad (1);$$

hier ist $\omega = 2\pi f = 2\pi/T_K$ die Winkel-Gs von m. Wir formen um:

$$\ell\sin\alpha\cdot\frac{4\pi^2}{T_K^2} = g\frac{\sin\alpha}{\cos\alpha} \Rightarrow (\alpha \neq 0)\ \underline{\underline{T_K = 2\pi\sqrt{\frac{\ell\cos\alpha}{g}}}}$$

Einsetzen der Werte gibt:

$$T_K = 2\pi\sqrt{\frac{0{,}1\cdot 0{,}5}{2\cdot 4{,}9}}\,\mathrm{s} = 2\pi\sqrt{\frac{1}{4\cdot 49}}\,\mathrm{s} = \frac{\pi}{7}\,\mathrm{s} \approx 0{,}45\,\mathrm{s}.$$
$$\underline{\underline{T_K \approx 450\,\mathrm{ms}}}.$$

b) Falls $\alpha \to 0$ geht, ergeben sich folgende Größen:

$$\underline{\underline{T_0}} = 2\pi\sqrt{\frac{\ell}{g}} = 2\pi\sqrt{\frac{0{,}1}{9{,}8}}\,\mathrm{s} \approx 0{,}63\,\mathrm{s} = \underline{\underline{630\,\mathrm{ms}}}.$$

$$\underline{f_0} = \frac{1}{T} = \frac{1}{2\pi}\sqrt{\frac{g}{\ell}} \approx \underline{1{,}59\,\mathrm{Hz}};\quad \underline{\omega_0} = 2\pi f_0 = \sqrt{\frac{g}{\ell}} \approx \underline{10\,\mathrm{s^{-1}}};$$

$$v_0 = \omega_0\cdot r_0 = \omega_0\cdot 0 = \underline{\underline{0}}.$$

Von den 4 im Text angeführten Größen geht für $\alpha \to 0$ nur $v \to 0$, die anderen bleiben endlich. Das ist so zu verstehen:

Für kleine α (etwa $\alpha < 5°$) nimmt T_K den maximalen Wert T_0 an; Kreis- und Fadenpendel haben die gleiche Schwingungsdauer; deshalb gelingt es der Wahrsagerin leicht, vom Kreis- auf das Fadenpendel (oder umgekehrt) umzuschalten.

(Zu diesem Umschalten braucht man keine übersinnlichen Fähigkeiten. Der Faden wird nämlich durch winzig kleine, unsichtbare Muskelimpulse der Fingerkuppen dirigiert; es erfordert nur einige Konzentration. Probier es mal selbst).

Zur letzten Frage: Aus (1) folgt:

$$\tan\alpha = \frac{r\omega^2}{g} \Rightarrow \lim_{\alpha\to 90°}\tan\alpha = \frac{\ell}{g}\omega^2 \Rightarrow \underline{\underline{\omega \to \infty}}.$$

$\alpha = 90°$ kann theoretisch nicht erreicht werden, weil die Winkel-Gs ω unendlich groß werden müßte.

97

a) Zunächst berechnet M die Fortpflanzungs-Gs v und die Frequenz f:

$$v = \frac{90\,\mathrm{cm}}{6\,\mathrm{s}} = \underline{15\,\mathrm{cm\,s^{-1}}};\quad f = \frac{30}{20}\mathrm{s^{-1}} = \underline{1{,}5\,\mathrm{s^{-1}}} = 1{,}5\,\mathrm{Hz}.$$

Mit Formel (1) des Textes wird dann:

$$\lambda = \frac{v}{f} = \frac{15}{1{,}5}\,\mathrm{cm} = \underline{\underline{10\,\mathrm{cm}}}.$$

b) Mit der Grundformel berechnen sich:

$$\lambda_1 = \frac{c}{f_1} = \frac{300\cdot 10^6}{175{,}25\cdot 10^6}\,\mathrm{m} \approx \underline{\underline{1{,}71\,\mathrm{m}}};$$

$$\lambda_2 = \frac{c}{f_2} = \frac{300}{229{,}75}\,\mathrm{m} \approx \underline{\underline{1{,}31\,\mathrm{m}}}.$$

Ferner wird:

$$\lambda_B = \frac{c}{f_B} = \frac{300}{217{,}25}\,\mathrm{m} \approx \underline{\underline{1{,}38\,\mathrm{m}}};$$

$$\lambda_T = \frac{c}{f_T} = \frac{300}{222{,}75}\,\mathrm{m} \approx \underline{\underline{1{,}35\,\mathrm{m}}};$$

$$\frac{\lambda}{2}=\frac{1}{2}\,\frac{\lambda_B+\lambda_T}{2}\approx\frac{1}{4}\,2{,}73\,\text{m}\approx\underline{\underline{68\,\text{cm}}}.$$

Der Lambda-halbe-Dipol müßte ≈ 68 cm lang sein. (In der Praxis hat er die Länge 64 cm).

c) Für f_v und f_r folgt nach der Grundformel:

$$\left.\begin{aligned} f_v&=\frac{c}{\lambda_v}=\frac{c}{380\,\text{nm}}\\ f_r&=\frac{c}{\lambda_r}=\frac{c}{2\cdot 380\,\text{nm}}\end{aligned}\right\}\Rightarrow \underline{\underline{f_v=2f_r}}.$$

Ebenso berechnen sich f_n und f_0:

$$\left.\begin{aligned} f_n&=\frac{c}{\lambda_n}=\frac{c}{10^{-12}\,\text{m}}=10^{12}\cdot c\,[\text{m}^{-1}]\\ f_0&=\frac{c}{\lambda_0}=\frac{c}{10^{4}\,\text{m}}=10^{-4}\cdot c\,[\text{m}^{-1}]\end{aligned}\right\}\Rightarrow f_n=10^{16}\cdot f_0;$$

um n zu finden, müssen wir f_n als Zweierpotenz von f_0 darstellen: $2^n\cdot f_0=10^{16}\cdot f_0$. Daraus folgt durch Logarithmieren:

$$n\cdot\log 2=16\cdot\log 10\Rightarrow n=16\,\frac{\log 10}{\log 2}\approx 16\,\frac{1{,}00000}{0{,}30103}$$

$\underline{\underline{n\approx 53}}$.

Das gesamte elektromagnetische Spektrum umfaßt ≈ 53 Oktavbereiche.

d) Da die Frequenz f_r beim Übergang von Luft in Glas gleich bleibt ~ sonst müßte ja die Wellenbewegung zerreißen! ~ lauten die Grundformeln in beiden Medien:

$$\left.\begin{aligned} c&=\lambda_r\cdot f_r\\ \frac{c}{n}&=\lambda_w\cdot f_r\end{aligned}\right\}\Rightarrow\frac{\lambda_w}{\lambda_r}=\frac{1}{n}\Rightarrow\underline{\underline{\lambda_w=\frac{\lambda_r}{n}}}$$

$$\lambda_w=\frac{680\cdot 3}{4}\,\text{nm}=\underline{\underline{510\,\text{nm}}}.$$

Charakteristisch für die Farbempfindung im Auge ist nur f (nicht λ). Daher sieht das Auge unter Wasser dasselbe Rot wie in Luft.

Nur in Luft (bzw. im Vakuum) hat ein bestimmtes Grün die Wellenlänge 510 nm.

98 *

Wir stellen zunächst 3 Zeitabstände à 4d zwischen den Briefankunftstagen fest: 4. bis 16. (Die Monatsangabe unterbleibt im folgenden). Dies bedeutet daß Herr Doppler unterwegs ist (s. Schema).
Es folgen 2 Abstände à 3d: Der Vertreter weilt in Ha.
Die nächsten 3 Perioden zu 2d bedeuten, daß Herr Doppler auf dem Heimweg ist.
Alle folgenden Antworten können aus dem Schema abgelesen werden.

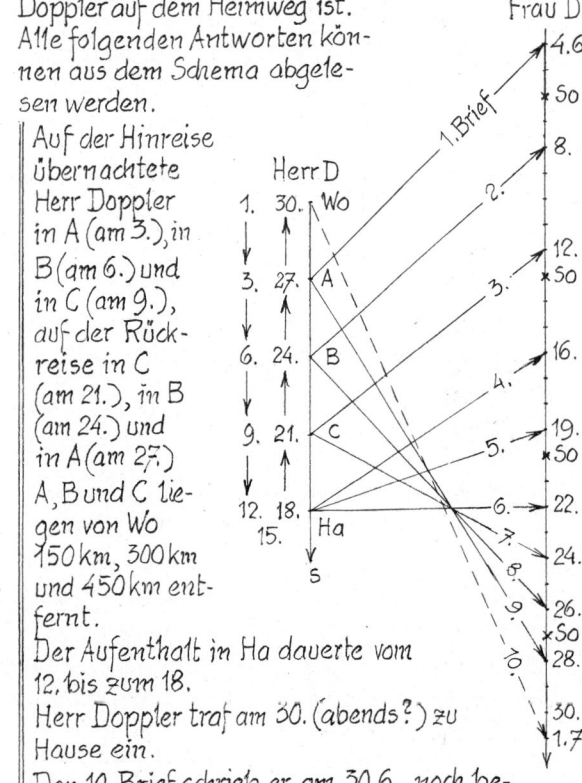

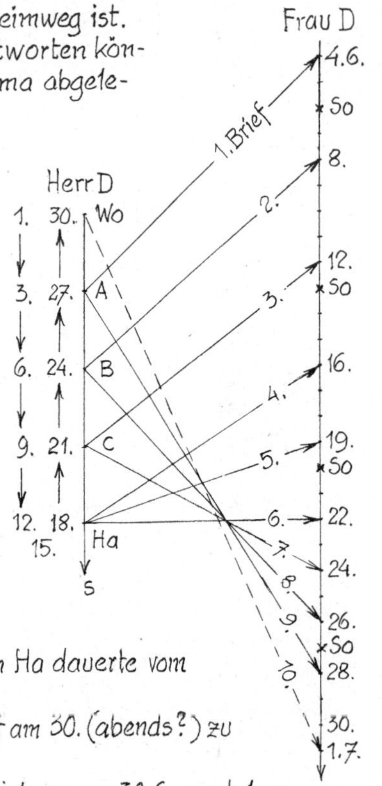

Auf der Hinreise übernachtete Herr Doppler in A (am 3.), in B (am 6.) und in C (am 9.), auf der Rückreise in C (am 21.), in B (am 24.) und in A (am 27.)
A, B und C liegen von Wo 150 km, 300 km und 450 km entfernt.
Der Aufenthalt in Ha dauerte vom 12. bis zum 18.
Herr Doppler traf am 30. (abends?) zu Hause ein.
Den 10. Brief schrieb er am 30.6., noch bevor er in Wo eintraf, um sein Versprechen, jeden 3. Tag ein Brieflein abzusenden, zu erfüllen; (er war eben ein konsequenter Mensch). Dieser Brief kam (im Ortsverkehr) am 1.7. an.
Sonntage sind der 6., 13., 20. und 27.6.
Die Eheleute Doppler haben im Jahre 1982 (vor Juni) geheiratet.

(Wenn Du keinen ‚immerwährenden' Kalender hast, mußt Du die letzte Frage durch mehr oder weniger primitives Zurückrechnen beantworten).

99 *

a) Die Ansatzgleichung lautet:

$$20\cdot 2^n\,\text{Hz}=20\cdot 10^3\,\text{Hz}\Rightarrow 2^n=10^3;$$

durch Logarithmieren folgt:

$$n\cdot\log 2=3\cdot\log 10\Rightarrow n\approx\frac{3\cdot 1{,}00000}{0{,}30103}\approx 9{,}97$$

$\underline{\underline{n\approx 10}}$.

2 Oktavenbereiche gehen verloren: 5 kHz bis 10 kHz und 10 kHz bis 20 kHz.

b) In der Zeitdauer T_0 pflanzt sich eine Vi um λ_0 (in Richtung auf B_1) fort; während dieser Zeit rückt Z um uT_0 in derselben Richtung nach. Also ist die verkleinerte Wellenlänge λ_1 (s. Text-Abb. 2):

$$\lambda_1 = \lambda - uT_0 \Rightarrow \frac{v}{f_1} = \frac{v}{f_0} - u\frac{1}{f_0} = \frac{v-u}{f_0} \Rightarrow$$

$$\frac{f_1}{v} = \frac{f_0}{v-u} \Rightarrow f_1 = f_0\frac{v}{v-u} = f_0\frac{1}{1-u/v} \quad (1).$$

Analog wird (in Richtung auf B_2) $\lambda_2 = \lambda_0 + uT_0$; daraus folgt:

$$f_2 = f_0\frac{1}{1+u/v} \quad (2).$$

Aus (1) folgt $u < v$. Für $u \to v$ würde f_1 unendlich groß werden.

$u = v$ und $u > v$ gibt es dennoch in der Praxis, z. B. bei Geschossen und bei Überschall-Flugzeugen. Es kommt zu ‚Machschen Wellen', benannt nach dem österreichischen Physiker Ernst Mach (1838–1916).

Herr Doppler (Aufg. 98) ist mit der bewegten Tonquelle Z zu vergleichen. Ruht er (in Ha), so kommen seine Briefe im Abstand von 3d ($\hat{=}\lambda_0$) in Wo an. Bewegt er sich von Wo weg, so vergrößert sich dieser Abstand auf 4d ($\hat{=}\lambda_2$), auf der Rückreise verkürzt sich der zeitliche Abstand auf 2d ($\hat{=}\lambda_1$).

Die Assymmetrie beider Arten des DE liegt im folgenden: Zwar ruht der Wellenträger (die Luft) in beiden Fällen, doch liegen bei der 2. Art die Vi'n auf konzentrischen Kugelflächen um das ruhende Z; die f-Änderung ist also nicht durch eine λ-Änderung bedingt.

Der sich nähernde Beobachter hört deshalb eine höhere Frequenz als f_0, weil er sich den ‚laufenden' Vi'n entgegenbewegt, und demnach mehr Vi'n pro [s] an sein Ohr schlagen als f_0. Bei Flucht des Beobachters ist es gerade umgekehrt.

c) Wir setzen (1) und (2) in das Frequenzverhältnis der kleinen Terz ein:

$$\frac{f_1}{f_2} = \frac{6}{5} \Rightarrow \frac{1+u/v}{1-u/v} = \frac{6}{5} \Rightarrow 5(v+u) = 6(v-u) \Rightarrow$$

$$11u = v \Rightarrow u = \frac{v}{11} = \frac{341}{11}\,\mathrm{ms^{-1}} = 31\,\mathrm{ms^{-1}}$$

$$u = 31 \cdot 3{,}6\,\mathrm{kmh^{-1}} \approx 112\,\mathrm{kmh^{-1}}.$$

100 *

Die Studentin hatte genau beobachtet, wie die untergehende Sonne nur durch einen waagrechten Spalt zwischen den dunklen Wolken hindurchschien (Abb. 1). Eine solche Wolkenbildung ist übrigens fast immer am Abendhimmel zu beobachten, denn man sieht dann die einzelnen, wie flache Diskusscheiben übereinanderliegenden Wolken von der Seite (Kante). Es können sich dann leicht waagrechte (aber nie lotrechte!) Sonnenschlitze – für kürzere oder längere Dauer – ausbilden. (Selbstverständlich gibt es auch noch andere Wolkenformen, z. B. Kumulonimbus, welche diese Erscheinung nicht zulassen).

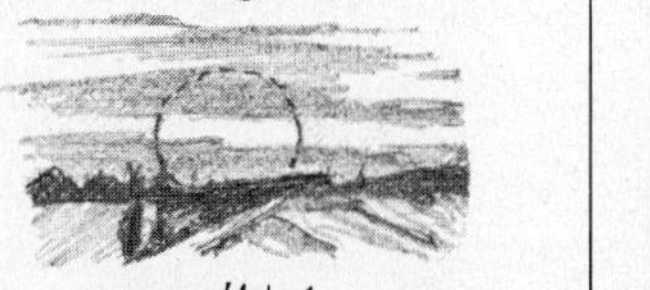

Abb. 1

Abb. 2 zeigt – völlig unmaßstäblich – in der Draufsicht eine vom Sonnenstreifen S beleuchtete Latte L.

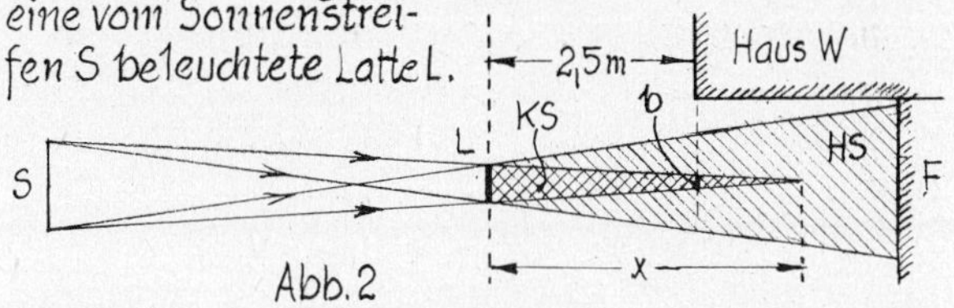

Abb. 2

Hinter ihr entsteht der (doppelt schraffierte) Kernschattenraum KS, in den kein direkter Sonnenstrahl eindringt, und der Halbschattenraum HS, der nur teilweise ausgeleuchtet ist.

Die Studentin berechnet die Länge x des KS mit dem Strahlensatz (der Geometrie):

$$x : 3{,}5\,\mathrm{cm} = 150 \cdot 10^6\,\mathrm{km} : 2\,700 \cdot 10^3\,\mathrm{km} \Rightarrow$$

$$x = \frac{3{,}5 \cdot 150 \cdot 10^3}{2\,700}\,\mathrm{cm} = \frac{3{,}5 \cdot 15}{2 \cdot 7}\,\mathrm{m} = \frac{15}{4}\,\mathrm{m} = 3{,}75\,\mathrm{m}.$$

Für b ergibt sich nach demselben Satz:

$$b : (x - 2{,}5\,\mathrm{m}) = 3{,}5\,\mathrm{cm} : x \Rightarrow$$

$$b : 125\,\mathrm{cm} = 3{,}5 : 375 \Rightarrow b = \frac{125 \cdot 3{,}5}{375}\,\mathrm{cm} \approx 1{,}17\,\mathrm{cm}.$$

Die KS'n der Latten erreichen – bei waagrechtem Sonnenschlitz – F's Hauswand nicht; die HS'n bilden dort eine wenig dunklere Fläche als die voll beschienenen Teile der Wand.
Auf W's Wand haben die Latten aber einen ‚Schlagschatten' (vom KS) der Breite ≈ 1,2 cm je Latte.

Abb. 3 zeigt eine (nicht maßstäb-

Abb. 3

liche) Seitenansicht des KS eines Riegels R; der KS habe die Länge y, der Sonnenstreifen sei ¼ des Sonnendurchmessers breit. Es wird

$$y : 4\,\text{cm} = 150 \cdot 10^6 : \frac{1}{4} 2 \cdot 700 \cdot 10^3 \Rightarrow y = \frac{600 \cdot 10^3}{350}\,\text{cm}$$

$$\underline{y \approx 17{,}1\,\text{m}}.$$

‖ Der KS der Riegel erreicht beide Hauswände.

Ist aber keine Wolke vor der Sonne, so errechnet sich die KS-Länge eines R:

$$y' : 4\,\text{cm} = 150 \cdot 10^6 : 2 \cdot 700 \cdot 10^3 \Rightarrow y' = \frac{y}{4} \approx \underline{4{,}3\,\text{m}}.$$

Daraus folgt:

‖ Bei nicht bewölkter Sonne verschwinden auf F's Wand auch die Riegelschatten, während sie auf W's Hauswand bleiben.

Durch Bekleben einer Milchglas-Glühlampe mit undurchsichtigen Tesastreifen kann man sich eine spaltförmige Lichtquelle herstellen und in einem dunklen Zimmer die Schattenverhältnisse mit einem (einmal lotrecht, dann waagrecht gehaltenen) Bleistift bestätigen.

101 *

a) Der junge Ehemann erklärt seiner Frau anhand der Zeichnung (s. Abb.) folgendes: „Damit du dich ganz im Spiegel sehen kannst, muß ein Lichtstrahl, der von der Spitze deines Hutes S kommt und am oberen Rand des Spiegels reflektiert wird, noch ins Auge A gelangen; dasselbe muß für einen Strahl gelten, der vom tiefsten Punkt T (bzw. vom Bodenpunkt B) ausgeht und am unteren Rand des Spiegels zurückgeworfen wird. Für die Strahlen gilt bekanntlich das Reflexionsgesetz (Aufg. 63). Jetzt liest du leicht aus der Zeichnung ab":

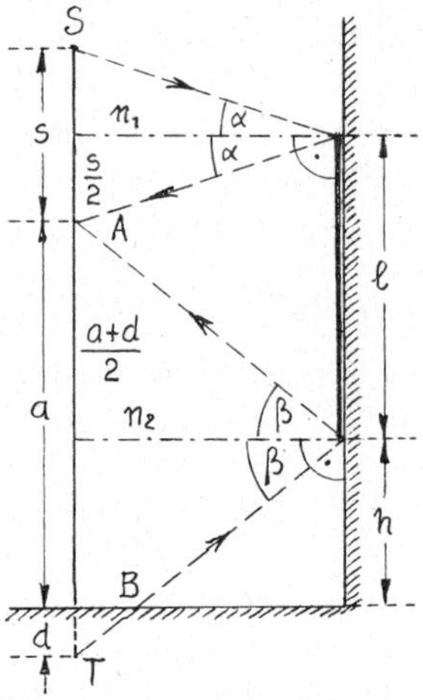

$$\ell = \frac{s}{2} + \frac{a+d}{2} = \underline{\frac{1}{2}(s+a+d)}; \quad h = \frac{a+d}{2} - d = \underline{\frac{1}{2}(a-d)}.$$

Einsetzen der Werte ergibt:

$$\ell = \frac{1}{2}(0{,}3 + 1{,}6 + 0{,}1)\,\text{m} = \underline{1\,\text{m}};$$

$$h = \frac{1}{2}(1{,}6 - 0{,}1)\,\text{m} = \underline{75\,\text{cm}}.$$

b) ‖ Aus den Formeln in a) ist ersichtlich, daß weder ℓ noch h von e abhängen.
Begründung: Entfernt sich die Person vom Spiegel, so bleiben die Einfallslote n_1 und n_2 erhalten, nur die Winkel α und β verkleinern sich; an der Rechnung ändert sich aber nichts.

c) Die Preisersparnis p beträgt genausoviele % wie h von (ℓ+h) (≙ 100%) ausmacht; die Breite des Spiegels spielt keine Rolle:

$$p = \frac{h}{\ell + h} 100\% = \frac{7500}{175}\% = \frac{300}{7}\% \approx \underline{43\%}.$$

102 *

a) Bei 12 Speichen schließen je 2 benachbarte den Winkel 30° ein; am Radumfang entspricht diesem Winkel der Bogen:

$$b = \frac{0{,}8\pi}{12}\,\text{m}.$$

Werden pro [s] 18 Aufnahmen ‚geschossen', und dreht sich das Rad in $\frac{1}{18}$ s genau um 30° weiter, so kommt in jedem folgenden Bild jede Speiche auf die folgende zu liegen, so daß auf allen Filmbildern das Rad unbewegt erscheint. Das trifft dann auch für die Projektion zu. Man nennt dies den ‚stroboskopischen Effekt'.

Daraus läßt sich nun leicht die Gs v des Autos berechnen: In 1s ist das Rad um 18b (auf der Straße) weitergekommen, in 1h um 18b·3600; daher wird:

$$v = 18\,\frac{0{,}8\pi}{12}\,3600\,\text{mh}^{-1} = 1{,}2\pi \cdot 3{,}6\,\text{kmh}^{-1} \approx \underline{13{,}57\,\text{kmh}^{-1}}.$$

Nun tritt der scheinbare Stillstand auch bei 2v, 3v, ... auf, weil dann auf dem jeweils nachfolgenden Bild jede Speiche auf die zweitnächste, drittnächste, ... zu liegen kommt. Daraus folgt:

‖ Das Auto fuhr mit $4v \approx 54{,}3\,\text{kmh}^{-1}$ durchs Ziel.
‖ Auch bei größerer Projektions-Gs (als 18 Bilder pro s) stehen Speichen still, die Gs des Autos scheint aber größer zu sein (‚Zeitraffer').

Der Gs $4v \approx 54{,}3\,\text{kmh}^{-1}$ entspricht der Drehwinkel (einer Speiche) von 4·30° = 120° in $\frac{1}{18}$ s. Nimmt die

Gs bis auf 3,5v ab, so verkleinert sich dieser Winkel bis zu 105°, d.h. auf dem nachfolgenden Bild ist jede Speiche um einen Winkel $\alpha < 15°$ entgegen der Drehrichtung verschoben. Die Speiche 1 (Abb.1) ist also auf der nächsten Aufnahme in der

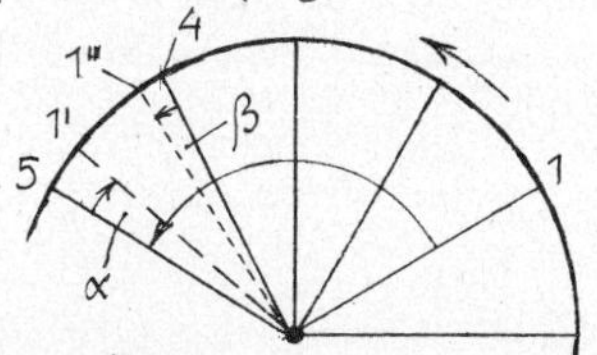

Abb.1

Stellung 1'; bei der Wiedergabe entsteht der Eindruck, als habe sich die Speiche 5 etwas zurückgedreht. Da dieser Schluß für jede Speiche gilt, dreht sich auf der Leinwand das ganze Rad zurück.

Im Gs-Bereich 3,5v bis 3v verschiebt sich jede Speiche pro Bild um einen Winkel $\beta < 15°$ in(!) Drehrichtung, z.B. 4 → 1"; (eigentlich hat sich 1 nach 1" gedreht): Das Rad dreht sich also bei der Wiedergabe vorwärts, i.allg. aber mit anderer Gs als es der tatsächlichen entspricht.

Das Spiel wiederholt sich bei weiter sinkender Gs.

> Beim Auslaufen des Autos bis zum Stand sieht man auf dem Schirm zunächst eine Rückwärtsdrehung der Räder, die in eine Vorwärtsdrehung umschlägt, bis die Speichen wieder stillstehen. Dieses Spiel wiederholt sich noch 4-mal bis zum tatsächlichen Stillstand des Autos.

b) Zur Gs-Berechnung kann die Formel von a) verwendet werden (mit den neuen Werten):

$$v = 24\,\frac{1{,}05\pi}{14}\,3{,}6\,\text{kmh}^{-1} = 12\cdot 0{,}15\pi\cdot 3{,}6\,\text{kmh}^{-1}$$

$$\underline{v \approx 20{,}36\,\text{kmh}^{-1}}.$$

> Der Vater errechnete die Poskutschen-Gs zu $2v \approx \approx 40{,}7\,\text{kmh}^{-1}$.

Der Weg, den bei dieser Gs der Auflagepunkt des Hinterrads in $1/24$ s am Radumfang zurücklegt, ist:

$$\frac{40700\,\text{m}}{3600\cdot 24} \approx 0{,}47\,\text{m};$$

das soll der x-te Teil des Radumfangs sein:

$$0{,}47\,\text{m} \approx \frac{1{,}35\pi}{x}\,\text{m} \Rightarrow \underline{x \approx 9}.$$

Von Aufnahme zu Aufnahme dreht sich jede Speiche um etwa 360°: 9 = 40° weiter (in Abb.2 strichliert). Der Winkel zwischen 2 benachbarten Speichen ist 360°: 16 = 22,5°. Daraus folgt:

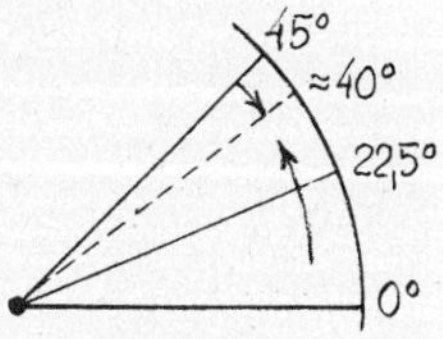

Abb.2

> Auf dem Fernsehschirm schien sich das Hinterrad der Postkutsche rückwärts zu drehen.

103

Da Fluoreszenz, Phosphoreszenz und Chemolumineszenz ausscheiden, kann das Augenleuchten bei den genannten Tiergruppen nur durch Reflexion des ins Auge eingedrungenen Lichts verursacht werden. Da diese Reflexion vornehmlich im diffusen (= zerstreuten) Dämmerungslicht eintritt, müssen die ‚Reflektoren' im Auge über die ganze Netzhaut (= Retina) verbreitet sein. Sie bilden also, physikalisch gesehen, einen Hohlspiegel. Würde aber diese reflektierende Schicht ‚vor' den Sehzellen stehen, so müßte sie (für das Licht) halbdurchlässig sein, und die Augen dieser Tiere würden schlechter sehen als gleichwertige Augen anderer Tiere ohne reflektierende Schicht. Da es sich aber gerade umgekehrt verhält, können wir sagen:

> Im Auge gewisser Katzen und anderer Wirbeltiere sowie bestimmter Nachtinsekten und Tiefseefische befindet sich hinter der Netzhaut eine reflektierende Zellschicht, ‚Tapetum lucidum' genannt. Dadurch werden bei einfallendem (schwachem) Licht die Sehzellen ein 2. Mal (von rückwärts) durchstrahlt, wodurch bei diesen nachtaktiven Tieren ein optimales Dämmerungsehen erreicht wird. Da das reflektierte Licht wieder aus dem Auge austritt, leuchten diese Augen, hauptsächlich in der Farbe der Regenbogenhaut (= Iris).

In das Tapetum bei Wirbeltieren sind reflektierende Kristalle aus Guanin, Riboflavin oder Zinkcystein eingebaut. Die Tapetenschicht im Facettenauge gewisser Insekten enthält entweder reflektierende Pigmente (= Farbkörperchen) oder ein Netzwerk feiner Tracheen (= Luftröhrchen), deren eingeschlossene Luft eine silberglänzende Schicht bildet.

> In der Verkehrstechnik werden die (meist roten) Rückstrahler oft Katzenaugen genannt. Man findet sie praktisch an allen Landfahrzeugen, an Straßenbegrenzungssäulen, Leitplanken, Straßensperren usw.
>
> Leuchtende (strahlende) Kinderaugen haben nichts mit den (tierischen) Katzenaugen zu tun.

Daß manchmal vermehrter Glanz eintritt, läßt sich nicht leugnen. Er hat vor allem zweierlei Ursache:

1) Bei Vorfreude und Freude (als psychisch ausgelöst) überzieht sich die Hornhaut mit einem Film aus Tränenflüssigkeit (Freudentränen!), wodurch die Reflexion der Hornhaut erhöht wird, da nun die Oberfläche des Films als reflektierende Fläche hinzukommt.

2) Rein reflektorisch (also unbewußt) ‚reißt' man die Augen bei Freude (Verwunderung,...) weit ‚auf', wodurch der reflektierende Teil der Hornhaut vergrößert wird.

104 *

a) Der Winkel α_k findet sich im rechtwinkligen ΔAS_1S_2 bei S_2 (s. Abb. 4 des Textes). $\overline{AS_1}$ ist der wGU der beiden Strahlen a und b. Daher gilt für ihre Verstärkung in M_k:

$$\sin\alpha_k = \frac{\overline{AS_1}}{\overline{S_1S_2}} = \frac{k\lambda}{g} \quad (k = 0, 1, 2, \ldots).$$

Entsprechend gilt für β_k:

$$\sin\beta_k = \frac{1}{g} m \frac{\lambda}{2} \quad (m = 1, 3, 5, \ldots);$$

damit aber hier die Ordnungszahl k des k-ten Minimums eingesetzt werden kann, muß $m = 2k-1$ sein.

|| Formeln der Beugungswinkel:

Maximum k-ter Ordnung: $\sin\alpha_k = k\frac{\lambda}{g}$ $(k = 0, 1, 2, \ldots)$;

Minimum k-ter Ordnung: $\sin\beta_k = \frac{2k-1}{2}\frac{\lambda}{g}$ $(k = 1, 2, \ldots)$.

b) Aus der Abb. folgt für β_8:

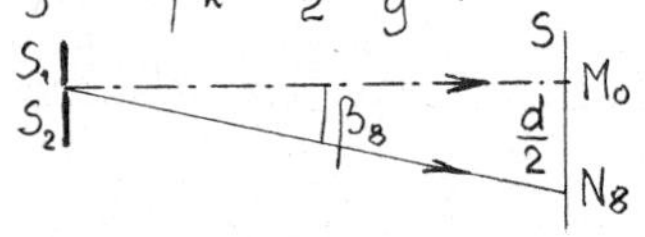

$$\tan\beta_8 = \frac{d}{2\ell} = \frac{3{,}8}{400}$$

$$\tan\beta_8 \approx 0{,}009500;$$

für diesen Winkel β_8 sind tan und sin auf 4 Dezimalstellen gleich; mit der Beugunsformel aus a) wird also:

$$\sin\beta_8 = \frac{15}{2}\frac{\lambda}{g} = \tan\beta_8 = \frac{d}{2\ell} \Rightarrow \frac{15\lambda}{2g} = \frac{d}{2\ell} \Rightarrow$$

$$\lambda = \frac{dg}{15\ell} = \frac{3{,}8 \cdot 10^{-2} \cdot 0{,}5 \cdot 10^{-3}}{15 \cdot 2}\,\mathrm{m} = \frac{1{,}9}{30} 10^{-5}\,\mathrm{m} = \frac{19000}{30} 10^{-9}\,\mathrm{m} \approx \underline{\underline{633\,\mathrm{nm}}}.$$

|| λ des He-Ne-Lasers beträgt ≈ 633 nm.

105

a) In der Abb. sind die Dreiecke ABA' und BB'A' mit den Winkeln α und β gesondert herausgezeichnet.

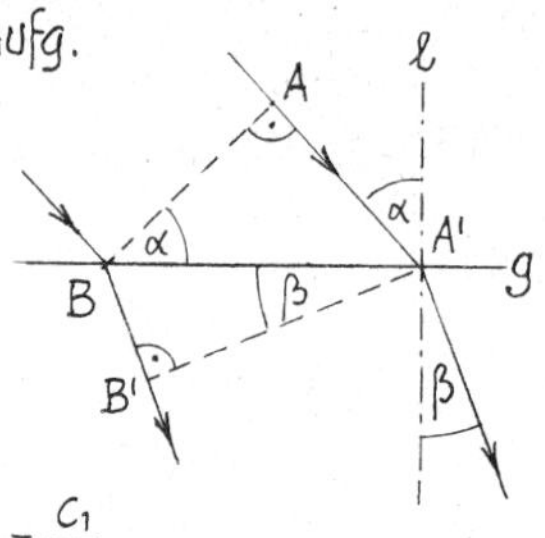

Wie bereits im Text der Aufg. gesagt, wurden die Strecken $\overline{AA'}$ und $\overline{BB'}$ von den Infanteristen in der gleichen Zeitdauer t zurückgelegt: $\overline{AA'} = c_1 t$; $\overline{BB'} = c_2 t$. Daher wird:

$$\frac{\sin\alpha}{\sin\beta} = \frac{\overline{AA'}}{\overline{BA'}} : \frac{\overline{BB'}}{\overline{BA'}} = \frac{\overline{AA'}}{\overline{BB'}} = \underline{\underline{\frac{c_1}{c_2}}}.$$

b) || I_1 denkt sich einfach, daß er die kürzeste Zeit benötigen wird, wenn er auch den kürzesten Weg, also die Strecke $\overline{AB}$ geht.

I_2 überlegt wohl so: ‚Ich gehe lieber etwas mehr als die Hälfte der ganzen Strecke auf dem festen Boden, weil ich da schneller ausschreiten kann, und nur ein kurzes Stück im Schlamm.'

Nach Pythagoras wird (s. Abb. 2 des Textes):

$$\overline{AO} = \overline{OB} = \sqrt{64+36}\,\mathrm{m} = 10\,\mathrm{m};$$

damit berechnet sich:

$$T_1 = \frac{\overline{AO}}{c_1} + \frac{\overline{OB}}{c_2} = \frac{10}{2}\,\mathrm{s} + \frac{10}{1}\,\mathrm{s} = \underline{\underline{15\,\mathrm{s}}}$$

und

$$T_2 = \frac{\overline{AC}}{c_1} + \frac{\overline{CB}}{c_2} = \frac{\sqrt{169+36}}{2}\,\mathrm{s} + \frac{\sqrt{9+36}}{1}\,\mathrm{s} \approx$$

$$\approx 7{,}16\,\mathrm{s} + 6{,}71\,\mathrm{s} \approx \underline{13{,}8\,\mathrm{s}}.$$

In der Abb. 2 des Textes findet sich α auch im $\Delta AA'C$, β im $\Delta CB'B$; also wird:

$$\left.\begin{array}{l} \tan\alpha = \frac{13}{6} \Rightarrow \alpha \approx 65{,}22° \Rightarrow \sin\alpha \approx 0{,}91 \\ \tan\beta = \frac{3}{6} \Rightarrow \beta \approx 26{,}57° \Rightarrow \sin\beta \approx 0{,}45 \end{array}\right\} \Rightarrow$$

$$\frac{\sin\alpha}{\sin\beta} \approx \frac{0{,}91}{0{,}45} \approx \underline{\underline{\frac{2\,\mathrm{ms^{-1}}}{1\,\mathrm{ms^{-1}}}}} = \frac{c_1}{c_2}.$$

106 *

a) Nach dem Brechungsgesetz berechnet sich der Grenzwinkel γ der Totalreflexion:

$$\frac{\sin\gamma}{\sin 90°} = \frac{1}{n} \Rightarrow \sin\gamma = \frac{1}{n} = \frac{1}{1{,}5} = \frac{2}{3} \Rightarrow \underline{\underline{\gamma \approx 41{,}8°}}.$$

In A (Abb. 1a)) tritt e ungebrochen in das Glas ein und trifft unter 45° auf die Hypotenusenfläche des Prismas. Da $45° > \gamma$ ist, wird der Strahl hier totalreflektiert und tritt in B (ungebrochen) waagrecht aus.

Analoges gilt für das Umkehrprisma (Abb.1b)), nur findet hier 2-mal (in C und D) TR statt.

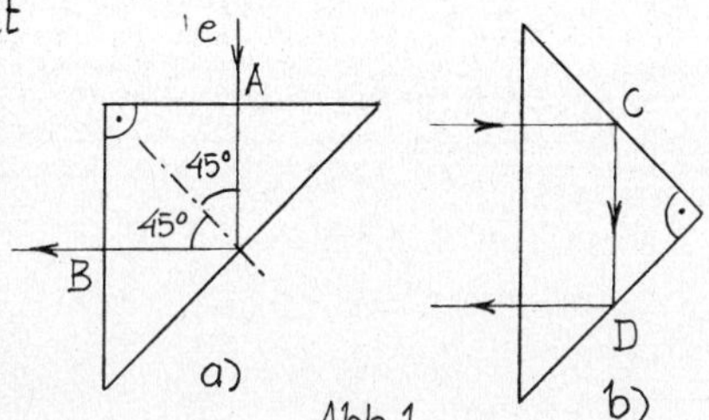

Abb.1

b) Die Brechungszahl n_3 für Glas → Wasser berechnet sich zu:

$$n_3 = \frac{c_G}{c_W} = \frac{c}{c_W}\cdot\frac{c_G}{c} = \frac{c}{c_W} : \frac{c}{c_G} = \frac{n_2}{n_1} = \frac{4}{3} : \frac{3}{2} = \frac{8}{9};$$

d.h. ein Lichtstrahl wird beim Eintritt von Glas in Wasser nur minimal vom Lot gebrochen.

Alle Lichtstrahlen, die auf die Außenfläche von G senkrecht auffallen, gehen ungebrochen durch und treffen unter 45° auf die Rillenflächen. In dem Teil des Hohlraums H, in welchem Wasserdampf steht (Abb.2a)), werden sie totalreflektiert und kehren ihre Richtung um (s. a)). Steht jedoch in H Wasser (Abb.2b)), so geht das Licht ~ wenig gebrochen ~ ins Wasser über und wird vom Mattlack S verschluckt; die reflektierte Intensität kann vernachlässigt werden. Daraus folgt:

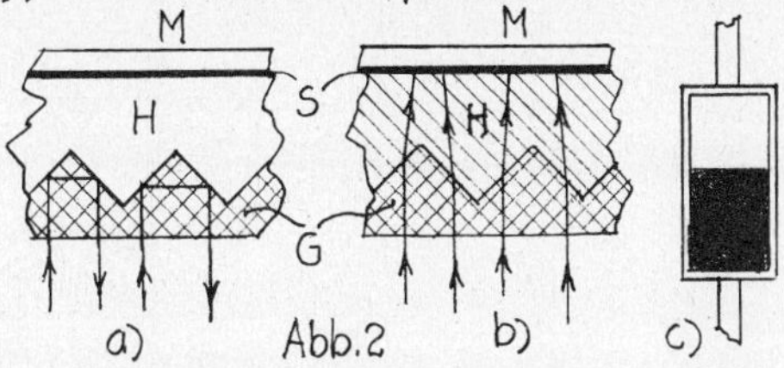

Abb.2

Im Wasserstandsanzeiger sieht das Wasser wie schwarze Tusche aus (Abb.2c)), der darüberliegende Teil ist silbrig glänzend (weiß).

c) Für den Übergang K → M gilt die Brechungszahl:

$$n_{12} = \frac{c_K}{c_M} = \frac{c}{c_M}\cdot\frac{c_K}{c} = \frac{c}{c_M} : \frac{c}{c_K} = \frac{n_2}{n_1} < 1;$$

es findet also eine Brechung vom Lot statt. Nach dem Brechungsgesetz gilt für den Grenzwinkel γ der TR (Abb.3)

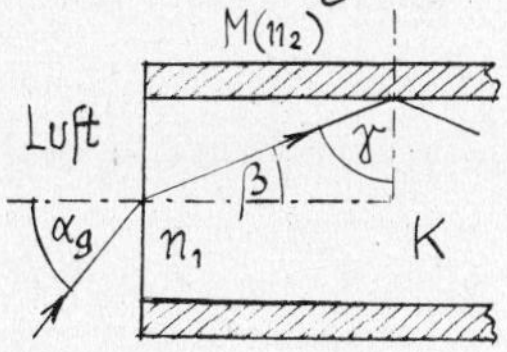

Abb.3

$$\frac{\sin\gamma}{\sin 90°} = n_{12} \Rightarrow \sin\gamma = n_{12} = \frac{n_2}{n_1};$$

daraus folgt für den 1. Brechungswinkel $\beta = 90° - \gamma$ (Abb.3). Für α_g gilt also:

$$\frac{\sin\alpha_g}{\sin\beta} = n_1 \Rightarrow \sin\alpha_g = n_1\cdot\sin(90° - \gamma) = n_1\cdot\cos\gamma \Rightarrow$$

$$A = \sin\alpha_g = n_1\sqrt{1-\sin^2\gamma} = n_1\sqrt{1-\frac{n_2^2}{n_1^2}} = \underline{\underline{\sqrt{n_1^2 - n_2^2}}}.$$

Mit Werten:

$$A = \sqrt{1{,}75^2 - 1{,}5^2} \approx \sqrt{3{,}06 - 2{,}25} \approx \underline{\underline{0{,}9}} \Rightarrow \underline{\underline{\alpha_g \approx 64°}}.$$

Alle Lichtstrahlen, die unter Winkeln $\leq \alpha_g$ aus Luft auf K auffallen, kommen infolge TR nicht aus K heraus.

Auf langen Wegen in der GF macht sich eine gewisse Absorption bemerkbar. Daher ist man bestrebt, eine möglichst große Lichtintensität (konvergent) einzustrahlen, wozu ein großes A dient.

Für $n_2 = 1{,}5$ und $n_1' = 1{,}803$ wird

$$A' = \sqrt{1{,}803^2 - 1{,}5^2} \approx \sqrt{3{,}25 - 2{,}25} = 1,$$

d.h. auch streifend auf K einfallendes Licht wird noch in den K gebrochen und verläßt nicht die GF. Dasselbe gilt für $n_2'' > 1{,}803$; dann wird zwar $A'' > 1$, ist aber bedeutungslos, weil nur $A' = 1$ (als maximale Apertur) ausgenutzt werden kann.

d) Über der sonnenbeheizten Asphaltdecke lagert eine oft nur wenige cm starke, sehr warme Luftschicht (in Abb.4 schraffiert und übertrieben dick),

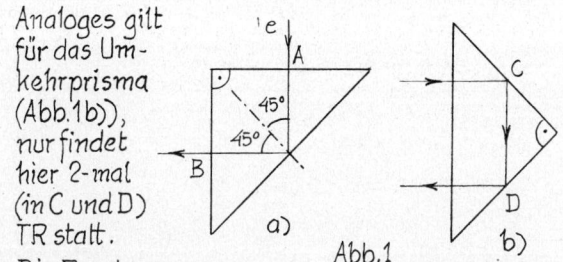

Abb.4

die optisch dünner als die über ihr lagernde Luft ist. Blickt der Autofahrer sehr schräg auf diese Warmschicht (Einfallswinkel fast 90°), so sieht er den Himmel und (oder) Teile der Landschaft am Horizont an dieser Schicht totalreflektiert. (Er verlängert ja unbewußt die in sein Auge fallenden Strahlen geradlinig nach rückwärts ~ in Abb.4 strichliert). Da die Warmschicht ständig in (brodelnder) Bewegung ist, kommt es zu einem Flimmern des Spiegelbilds, das die Illusion von bewegtem Wasser verstärkt.

Der (stehende) Mann neben dem Auto sieht die Luftspiegelung weiter entfernt als der Autofahrer; (er braucht sie überhaupt nicht zu sehen, wenn das Straßenstück z.B. zu kurz ist).

107

a) Aus ihren Versuchen schlossen die Mädchen, daß

B ein Stabmagnet mit endständigen Polen sein muß, R ebenfalls ein Magnet mit 2 Polen an den Enden und einem in der Mitte; G selbst ist ein unmagnetischer Eisenstab.
Um die Art der Pole zu finden, steckten die Schülerinnen B waagrecht in eine Papierschleife und banden sie mit dem Faden am Galgen fest; (B konnte sich also in einer waagrechten Ebene drehen). Sie warteten, bis der Faden entdrillt war; dann stellte sich B in die Nord-Süd-Richtung; das gegen Norden weisende Stabende bezeichneten sie mit N, das andere mit S.
Jetzt näherten die Mädchen R mit je einem Ende den Enden des (noch hängenden) B und konnten (nach dem magnetischen Kraftgesetz) feststellen, daß die Enden von R Südpole waren; die Mitte von R mußte also ein Nordpol sein (was sie durch die Kraftwirkung auch bestätigen konnten).

b) Der Einfachheit halber sind in den folgenden Zeichnungen die Nordpole schwarz, die Südpole schraffiert gezeichnet.
Die Mädchen fanden folgende stabile Figuren:

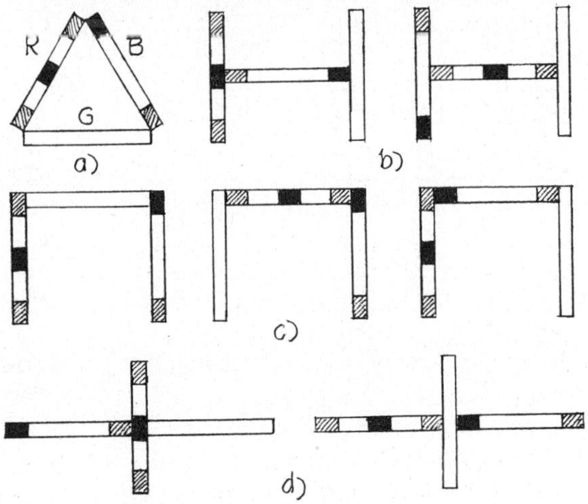

Eine 3. Figur von d), bei der B lotrecht stand, erwies sich nicht als besonders stabil.

108

a) In Aufg. 43 wurde fast die gleiche Problemstellung schon behandelt. Zunächst berechnen wir den Winkel α aus dem ΔABC (Abb.):

$$\sin\alpha = \frac{\overline{AB}}{\ell} = \frac{1{,}5}{3{,}3} \Rightarrow \underline{\alpha \approx 27^\circ}.$$

Die Coulombsche Abstoßungskraft F ist gleich der waagrechten Komponente von mg:

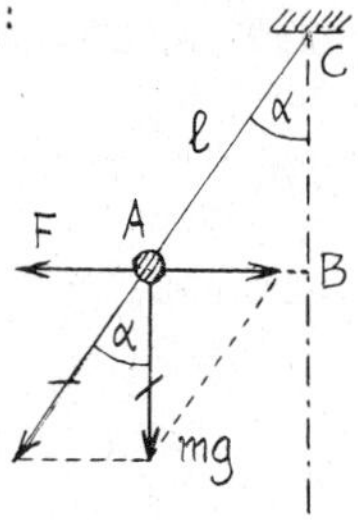

$$F = mg\cdot\tan\alpha \approx$$
$$\approx 200\cdot 10^{-6}\cdot 9{,}81\cdot\tan 27^\circ\,[\mathrm{N}] =$$
$$= 0{,}2\cdot 9{,}81\cdot\tan 27^\circ\,[\mathrm{mN}]$$
$$\underline{\underline{F \approx 1\,\mathrm{mN}}}.$$

Berechnung von Q:

$$F = k\frac{Q^2}{(2r)^2} \Rightarrow Q = 2r\sqrt{\frac{F}{k}}$$

$$Q \approx 3\cdot 10^{-2}\sqrt{\frac{10^{-3}}{9\cdot 10^9}}\,\mathrm{C} = 10^{-2}\cdot 10^{-6}\,\mathrm{C} = \underline{\underline{10\,\mathrm{nC}}}.$$

Man könnte definieren:

| 10 nC ist jene Ladung, die auf eine gleichgroße im Abstand 3 cm die Kraft von 1 mN ausübt.

(1 C wird heute über $1\,\mathrm{A} = 1\,\mathrm{Cs}^{-1}$ definiert, da 1 A äußerst genau gemessen werden kann).

Die Anzahl der e^- ergibt sich zu:

$$\frac{10\cdot 10^{-9}\,\mathrm{C}}{1{,}6\cdot 10^{-19}\,\mathrm{C}} = \frac{10}{1{,}6}10^{10} = \underline{\underline{6{,}25\cdot 10^{10}}}.$$

Pro mm^2 sind es:

$$\frac{6{,}25\cdot 10^{10}}{4\pi\cdot 3{,}5^2\,\mathrm{mm}^2} = \frac{625}{4\pi\cdot 3{,}5^2}10^{8}\,\mathrm{mm}^{-2} \approx \underline{\underline{4\cdot 10^{8}\,\mathrm{mm}^{-2}}}.$$

| Auf dem Kügelchen sitzen $\approx 6{,}25\cdot 10^{10}$ (= 62,5 Milliarden) Elektronen.
| Pro mm^2 sind es $\approx 4\cdot 10^8$ (= 400 Millionen).

b) Berechnung von n:

$$n = \frac{-160\cdot 10^{-9}\,\mathrm{C}}{-1{,}6\cdot 10^{-19}\,\mathrm{C}} = \frac{1{,}6\cdot 10^{-7}}{1{,}6\cdot 10^{-19}} = \underline{\underline{10^{12}}}.$$

Wir erhalten 1 Quadratchen a^2, indem wir die Oberfläche der Kugel durch n teilen:

$$a^2 = \frac{4\pi r^2}{n} = \frac{4\pi\cdot 25}{10^{12}}\,\mathrm{cm}^2 = \pi\cdot 10^{-10}\,\mathrm{cm}^2$$

$$a = \sqrt{\pi}\cdot 10^{-5}\,\mathrm{cm} \approx 1{,}77\cdot 10^{-4}\,\mathrm{mm} = \underline{\underline{177\,\mathrm{nm}}}.$$

Für die Vergrößerung folgt:

$$1\,\mathrm{mm} : 2r_e = d : a \Rightarrow d = \frac{a}{2r_e}\,\mathrm{mm} \approx \frac{177\cdot 10^{-9}}{5{,}6\cdot 10^{-15}}\,\mathrm{mm}$$

$$d \approx 31{,}6\cdot 10^6\,\mathrm{mm} = \underline{\underline{31{,}6\,\mathrm{km}}}.$$

Von einem ‚Drängen' der e^- (wie es in Teilaufg. a) heißt) kann also keine Rede sein.

c) Berechnung der Dichte:

$$\varrho_E = \frac{m_e}{V_e} = \frac{3m_e}{4\pi r_e^3} = \frac{3\cdot 9\cdot 10^{-31}\,\text{kg}}{4\pi\cdot 2{,}8^3\cdot 10^{-45}\,\text{m}^3} \approx$$

$$\approx \frac{2700\cdot 10^{12}}{275{,}86}\cdot\frac{10^3\,\text{g}}{10^6\,\text{cm}^3} \approx 9{,}8\cdot 10^9\,\text{gcm}^{-3} \approx 10^{10}\,\text{gcm}^{-3}.$$

$$p \approx \frac{9{,}8\cdot 10^9}{19{,}3} \approx 5\cdot 10^8.$$

109

a) Zaponlack (eine Lösung von Zellulosenitrat in organischen Lösungsmitteln) ist, wie praktisch jeder Lack, ein guter elektrischer Isolator (Nichtleiter). Offenbar hatte mein Kollege nicht genügend Aluminiumpulver eingerührt, so daß die meisten Metallkörnchen vom eingetrockneten Lack vollständig umgeben waren und deshalb keine durchgehenden Strompfade (oder höchstens nur sehr kurze) bilden konnten.
Ich nahm also Azeton (ein gutes Lösungsmittel für Zaponlack) und bepinselte damit die Bälle. Dadurch wurde viel Lack gelöst und verdunstete rasch mit dem Lösungsmittel. Zurück blieb eine Metallschicht, die noch gut haftete, aber auch gut leitete, weil sich nun viele Aluminiumteilchen berührten.

b) Ich sagte der Klasse auf den Kopf zu, daß in der Pause jemand das Elektrometer so stark geladen hat, daß das B abriß; (ich wußte, daß es schon vorher an der Knickstelle halb eingerissen war). Der Täter meldete sich auch und gab zu, mit Alleskleber (Uhu) das abgerissene B wieder angeklebt zu haben. Eine Strafe sollte ihm erlassen werden, wenn er das Nichtfunktionieren des Geräts erklären könnte. Und er kam auch schließlich darauf, daß Uhu ein Nichtleiter ist.
Beim Anbringen eines neuen B (das alte war viel zu kurz geworden) mußte selbstverständlich darauf geachtet werden, daß es mit dem abgeplatteten Teil der Elektrometerstange metallischen Kontakt hat. Ein Umbördeln des B-Endes um die Stange verbietet sich, da dann das B bei Aufladung nicht abknicken kann. Das B muß vielmehr mit dem Ende direkt auf die Flachstelle gelegt und von außen (!) mit einem Klebstoff (oder mit Tesafilm) befestigt werden. Dies erfordert allerdings viel Fingerspitzengefühl. Einfacher ist ein direktes Ankleben mit einem Tupfen eines leitenden Klebers: Sehr verdünnte Metallbronze (siehe a)) oder Lanolin.
Ich kannte aber seit meiner Zeit als Junglehrer einen sehr einfachen Trick (praktisch ohne jegliches Hilfsmittel durchführbar), den mir mein damaliger Mentor Dr. Eugen Waage (1889–1973) (österreichischer Physiker, Astronom und Mathematiker) verraten hatte: Man klebe das B mit Ohrenschmalz an, das noch nach Jahren gut leitet. (Eben darüber mußte mein Kollege herzlich lachen).

110

a) Die el. Arbeit W_1 der Leuchtstoffröhre ist nach (3) und (4) des Textes:

$$W_1 = P_1\cdot t = 40[\text{W}]\cdot 12[\text{h}] = 480\,\text{Wh} = 0{,}48\,\text{kWh};$$

Kosten: $0{,}48\cdot 12\,\text{Pf} \approx 5{,}8\,\text{Pf}.$

Für den Lift errechnet der Ingenieur:

$$W_2 = P_2 t = 16[\text{kW}]\cdot 3[\text{min}] = \frac{16}{20}\,\text{kWh} = 0{,}8\,\text{kWh};$$

Kosten: $0{,}8\cdot 12\,\text{Pf} = 9{,}6\,\text{Pf}.$

Der tägliche Betrieb der Leuchtstoffröhre kostet $\approx 5{,}8$ Pf, die Liftbenützung 9,6 Pf.

Aus Formel (3) des Textes folgt:

$$I_1 = \frac{P_1}{U_1} = \frac{40}{220}\,\text{A} \approx 0{,}182\,\text{A} = 182\,\text{mA}.$$

$$I_2 = \frac{P_2}{U_2} = \frac{16\cdot 10^3}{380}\,\text{A} \approx 42{,}1\,\text{A}.$$

b) Wir erhalten N als Quotienten:

$$N = \frac{1[\text{A}]}{e} = \frac{1\,\text{Cs}^{-1}}{1{,}6\cdot 10^{-19}\,\text{C}} = \frac{10}{1{,}6}10^{18}\,\text{s}^{-1} = 6{,}25\cdot 10^{18}\,\text{s}^{-1}.$$

In 1 s strömen durch einen Leiterquerschnitt $6{,}25\cdot 10^{18}$ (= 6,25 Trillionen) e^- hindurch.

c) 1 mm³ Cu hat die Masse $8{,}93\cdot 10^{-3}$ g; daher wird:

$$n = \frac{8{,}93\cdot 10^{-3}}{1{,}06\cdot 10^{-22}} \approx 8{,}42\cdot 10^{19} \text{ (pro mm}^3\text{)}.$$

Mit $N = 6{,}25\cdot 10^{18}$ (siehe b)) berechnen wir ℓ:

$$q\ell n = N \Rightarrow \ell = \frac{N}{qn} \approx \frac{6{,}25\cdot 10^{18}}{1[\text{mm}^2]\cdot 84{,}2\cdot 10^{18}[\text{mm}^{-3}]}$$

$$\ell = \frac{6250}{84{,}2}\,\mu\text{m} \approx 74{,}2\,\mu\text{m}.$$

Bei 1A verschiebt sich also das e^--Gas in jeder [s] um ℓ; also ist:

$$v = 74{,}2\cdot 60\,\mu m\cdot min^{-1} = 4452\,\mu m\cdot min^{-1}$$

$$v \approx 4{,}5\,mm\cdot min^{-1}.$$

d) Da 1V die ‚Transportarbeit' für 1C darstellt (1J), leisten U[V] an einem e^- (Ladung |-e|) die Arbeit Ue[J]. Die Energie-Bilanz für jedes beschleunigte e^- lautet also:

$$Ue = \frac{1}{2} m_e v^2 \Rightarrow v = \sqrt{\frac{2Ue}{m_e}};$$

mit Werten:

$$v = \sqrt{\frac{2\cdot 4{,}5\cdot 10^3\cdot 1{,}6\cdot 10^{-19}}{9\cdot 10^{-31}}}\,ms^{-1} = \sqrt{1{,}6\cdot 10^{15}}\,ms^{-1} =$$

$$= 4\cdot 10^7\,ms^{-1} = 40\,Mms^{-1}.$$

e) Laut Definition wird:

$$1eV = 1[V]\cdot 1e = 1[JC^{-1}]\cdot 1{,}6\cdot 10^{-19}[C] = 1{,}6\cdot 10^{-19}J.$$

Berechnung von v:

$$\frac{1}{2} m_e v^2 = 1{,}6\cdot 10^{-19}J \Rightarrow v = \sqrt{\frac{2\cdot 1{,}6\cdot 10^{-19}}{9\cdot 10^{-31}}}\,ms^{-1}$$

$$v = \frac{1}{3}\sqrt{3{,}2\cdot 10^{12}}\,ms^{-1} \approx 0{,}6\cdot 10^6\,ms^{-1} = 600\,km\cdot s^{-1}.$$

Aus der Gs-Formel in d) folgt:

$$v' \geq \sqrt{\frac{2\cdot 253\cdot 10^3\cdot 1{,}6\cdot 10^{-19}}{9\cdot 10^{-31}}}\,ms^{-1} \approx \sqrt{90\cdot 10^{15}}\,ms^{-1} =$$

$$= 3\cdot 10^8\,ms^{-1} = c.$$

‖ Diese e^- müßten Überlicht-Gs haben.

111 *

a) Nach (1) des Textes herrscht an den Enden von R_1 die Spannung $U_1 = IR_1$, an den Enden von R_2 $U_2 = IR_2$. Beide Spannungen (die ja Transportarbeiten sind) müssen addiert U (= Gesamtspannung) ergeben:

$$U = U_1 + U_2 = I(R_1 + R_2).$$

Für den Ersatz-Wi muß gelten: $U = IR$. Ein Vergleich zeigt, daß $R = R_1 + R_2$ ist.
Verallgemeinerung:

‖ Für die Serienschaltung von Wi'n gilt:
‖ $R = R_1 + R_2 + \ldots + R_n$.

b) Das Gesetz (2) des Textes ist eine direkte Folge der Stationarität von I (Aufg. 110). Würden z.B. zum Verzweigungspunkt A (Abb. 2 des Textes) pro [s] mehr e^- zufließen als durch beide Zweige abfließen, so käme es zu einem e^--Stau, im umgekehrten Fall zu einem Zerreißen des e^--Stroms. Der Stau würde eine negative örtliche Aufladung, das Zerreißen ein Loch (= positive Aufladung) bedeuten; beide sind infolge der Coulombkräfte nicht stabil. Für den Punkt B gilt derselbe Schluß.
Zwischen A und B liegt die Spannung U. Das Ohmsche Gesetz gibt für beide Zweige:

$$\left.\begin{array}{l} U = I_1R_1 \\ U = I_2R_2 \end{array}\right\} \Rightarrow I_1R_1 = I_2R_2 \Rightarrow I_1 : I_2 = R_2 : R_1.$$

Wir gehen von (2) des Textes aus:

$$I_1 + I_2 = I \Rightarrow \frac{U}{R_1} + \frac{U}{R_2} = \frac{U}{R} \Rightarrow \frac{1}{R} = \frac{1}{R_1} + \frac{1}{R_2}.$$

‖ Für die Parallelschaltung von n Wi'n gilt:
‖ $\frac{1}{R} = \frac{1}{R_1} + \frac{1}{R_2} + \ldots + \frac{1}{R_n}$
‖ Für die Federkonstanten D von Wendelfedern tauschen die Gesetze für beide Schaltungsarten ihre Rolle.

c) Aus dem Ersatzschaltbild (Abb.1) ersehen wir, daß die Zweige $\overline{132}$ und $\overline{142}$ gleich gebaut sind und den Wi 2R haben.

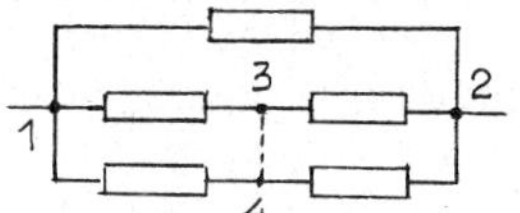

Abb.1

Wenn zwischen 1 und 2 die Spannung U herrscht, so liegt zwischen 1 und 3 sowie zwischen 3 und 2 je U/2; dasselbe gilt für $\overline{142}$. Also ist zwischen 3 und 4 die Spannung null: 3 und 4 haben dasselbe ‚elektrische Potential'. Der Wi $\overline{34}$ (nicht gezeichnet) ist stromlos und kann daher herausgeschnitten werden. Also gilt für die 3 parallelen Zweige:

$$\frac{1}{R_G} = \frac{1}{R} + \frac{1}{2R} + \frac{1}{2R} = \frac{4}{2R} \Rightarrow R_G = \frac{1}{2}R.$$

Wir schneiden nun $\overline{13}$ oder $\overline{32}$ oder beide Kanten heraus; dann erhalten wir:

$$\frac{1}{R_1} = \frac{1}{R} + \frac{1}{2R} = \frac{3}{2R} \Rightarrow R_1 = \frac{2}{3}R;$$

zum gleichen Ergebnis führt das Herausschneiden von $\overline{14}$ oder $\overline{42}$ oder beider Wi'e.
Nun wird $\overline{12}$ entfernt, $\overline{132}$ und $\overline{142}$ bleiben:

$$\frac{1}{R_2} = \frac{1}{2R} + \frac{1}{2R} = \frac{2}{2R} \Rightarrow R_2 = R.$$

das Herausnehmen von $\overline{13}$ und $\overline{14}$ gibt ebenso R.

d) Von 1 gehen 4 identische Zweige ($\overline{126}, \overline{136}, \ldots$) mit den Zweig-Wi'n je 2R aus (Abb.2); daher haben die Punkte 2, 3, 4, 5 gleiches Potential, und es können die stromlosen Kanten 23, 34, 45 und 52 herausgenommen werden. Aus dem Ersatzschaltbild ergibt sich:

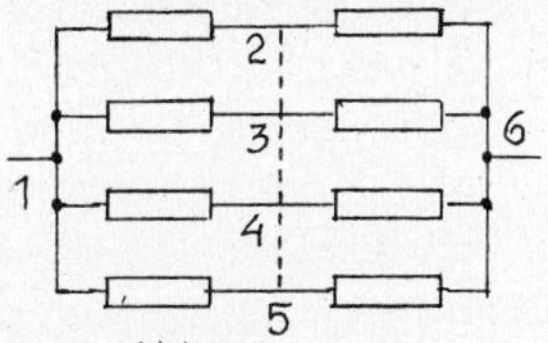

Abb.2

$$\frac{1}{R_G} = \frac{1}{2R} + \frac{1}{2R} + \frac{1}{2R} + \frac{1}{2R} = \frac{4}{2R} \Rightarrow \underline{\underline{R_G = \frac{1}{2}R}}.$$

Werden schrittweise $\overline{12}$, $\overline{13}$ und $\overline{14}$ entfernt, so kommen folgende Wi'e zustande:

$$\frac{1}{R_1} = 3\frac{1}{2R} \Rightarrow \underline{\underline{R_1 = \frac{2}{3}R}}; \quad \frac{1}{R_2} = 2\frac{1}{2R} \Rightarrow \underline{\underline{R_2 = R}};$$

$$\underline{\underline{R_3 = 2R}}.$$

e) Von 1 gehen 3 identisch gebaute Zweige aus; jeder verzweigt sich in den Punkten 2, 3, 4 nochmals in 2 Zweige, die dann in 8 zusammenlaufen. Daher haben aus Symmetriegründen 2, 3, 4 dasselbe Potential und können leitend verbunden werden (Ersatzschaltbild Abb.3); Dieselbe Überlegung gilt, wenn wir von 8 ausgehen, für 5, 6 und 7.

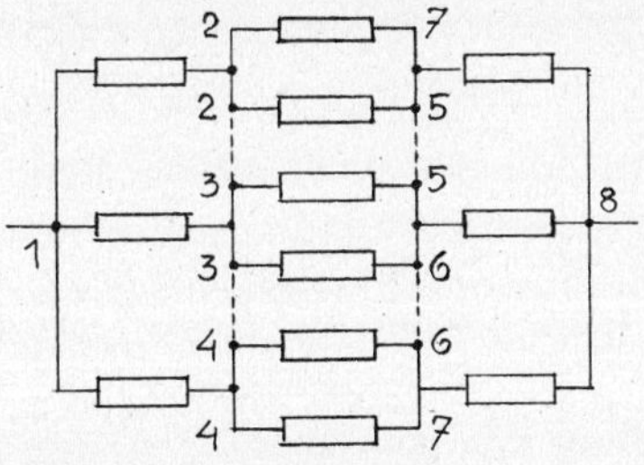

Abb.3

Jeder der 3 Hauptzweige hat den Wi $R + R/2 + R = 2{,}5R$; daher gilt:

$$\frac{1}{R_G} = 3 \cdot \frac{1}{2{,}5R} = \frac{6}{5R} \Rightarrow \underline{\underline{R_G = \frac{5}{6}R}}.$$

Um R_{max} zu erhalten, muß eine Serienschaltung möglichst vieler Einzel-Wi'e aufgebaut werden, z.B. $\overline{12}$-$\overline{25}$-$\overline{53}$-$\overline{36}$-$\overline{64}$-$\overline{47}$-$\overline{78}$; das gibt 7R.

‖ Um $R_{max} = 7R$ zu erhalten, müssen die Kanten $\overline{13}$, $\overline{14}$, $\overline{27}$, $\overline{58}$ und $\overline{68}$ herausgeschnitten werden.

112

Auf der Heimfahrt stellten Vater und Sohn fest, daß beide Scheinwerfer gleich hell waren. Zwar war die Drehfrequenz des kleinen (Vorder-) Rades größer als die des Herrenrades, aber es ist ein Fehlschluß zu glauben, daß dasselbe für die Dynamorädchen zutrifft ~ bei gleicher Fahr-Gs.

Wenn ein Rad auf dem Boden rollt, ohne auch nur stellenweise zu gleiten, so muß die Bahn-Gs eines Punkts des Radumfangs gleich der Linear-Gs sein, mit der sich das Rad auf dem Boden fortbewegt; dies gilt unabhängig von der Größe des Rades. Jedes Rädchen des Dynamos rollt also in 1s auf derselben Bogenlänge ab, hat also die gleiche Drehfrequenz: Beide ‚Lichtmaschinen' erzeugen dieselbe Spannung, und beide Lämpchen brennen gleich hell.

113

a) Nach der Formel (1) des Textes und mit der Beziehung $1\,eV = 1{,}6 \cdot 10^{-19}\,J$ (Aufg. 110) wird:

$$\varepsilon_R = hf = h\frac{c}{\lambda} = 6{,}6 \cdot 10^{-34} \frac{3 \cdot 10^8}{3{,}3} J = \frac{6 \cdot 10^{-26}}{1{,}6 \cdot 10^{-19}} eV =$$

$$= 3{,}75 \cdot 10^{-7} eV = \underline{375\,neV}.$$

b) Mit derselben Formel wie in a) errechnen wir:

$$\varepsilon_{gr} = h\frac{c}{\lambda_{gr}} = 6{,}6 \cdot 10^{-34} \frac{3 \cdot 10^8}{4{,}95 \cdot 10^{-7}} \frac{1}{1{,}6 \cdot 10^{-19}} eV =$$

$$= \frac{6{,}6}{1{,}65 \cdot 1{,}6} eV = \underline{\underline{2{,}5\,eV}};$$

damit wird:

$$n = \frac{2{,}5 \cdot 0{,}04\,Js^{-1}}{2{,}5 \cdot 1{,}6 \cdot 10^{-19}\,J} = \frac{4}{1{,}6} 10^{17} s^{-1} = \underline{\underline{2{,}5 \cdot 10^{17} s^{-1}}}.$$

c) Wir berechnen die Grenzwellenlängen λ_1 und λ_2:

$$\varepsilon_1 = h\frac{c}{\lambda_1} \Rightarrow \lambda_1 = h\frac{c}{\varepsilon_1} = 6{,}6 \cdot 10^{-34} \frac{3 \cdot 10^8}{10^2 \cdot 1{,}6 \cdot 10^{-19}} m$$

$$\lambda_1 = \frac{19{,}8}{1{,}6} 10^{-9} m \approx \underline{12{,}4\,nm}.$$

Da $\varepsilon_2 = 10^4 \varepsilon_1$ ist, folgt:

$$\lambda_2 = \lambda_1 \cdot 10^{-4} \approx \underline{1{,}24\,pm}.$$

‖ Es handelt sich um Röntgenstrahlen.

d) Mit der Formel von c) wird:

$$\lambda_\gamma = h\frac{c}{\varepsilon_\gamma} = 6{,}6 \cdot 10^{-34} \frac{3 \cdot 10^8}{17 \cdot 10^6 \cdot 1{,}6 \cdot 10^{-19}} m =$$

$$= \frac{19{,}8}{1{,}7 \cdot 1{,}6} 10^{-14} m \approx 7{,}28 \cdot 10^{-14} m = \underline{\underline{72{,}8\,fm}}.$$

$$\frac{106\,\mathrm{pm}}{72{,}8\,\mathrm{fm}} = \frac{106000\,\mathrm{fm}}{72{,}8\,\mathrm{fm}} \approx \underline{1456};$$

$$\frac{72{,}8\,\mathrm{fm}}{14{,}6\,\mathrm{fm}} \approx \underline{5}.$$

λ_γ ist etwa $1/1500$ des H-Atomdurchmessers und etwa das 5-fache des Ba-Kerndurchmessers.

114

a) Für die langwellige Kante gilt, da die Austritts-Gs der e^- dann null ist, nach (1) des Textes:

$$h\frac{c}{\lambda_C} = (W_A)_C \Rightarrow \lambda_C = \frac{hc}{(W_A)_C}$$

$$\lambda_C = \frac{6{,}6\cdot 10^{-34}\cdot 3\cdot 10^8}{1{,}8\cdot 1{,}6\cdot 10^{-19}}\,\mathrm{m} \approx 6{,}88\cdot 10^{-7}\,\mathrm{m}$$

$$\underline{\underline{\lambda_C \approx 688\,\mathrm{nm}\ \ (\mathrm{rot})}}.$$

Analog wird:

$$\lambda_P = \frac{hc}{(W_A)_P} = \frac{6{,}6\cdot 10^{-34}\cdot 3\cdot 10^8}{6{,}4\cdot 1{,}6\cdot 10^{-19}}\,\mathrm{m} \approx \underline{\underline{193\,\mathrm{nm}\ \ (\mathrm{UV})}}.$$

b) Wir rechnen zunächst auf Frequenzen um:

$$f_1 = \frac{c}{\lambda_1} = \frac{3\cdot 10^8}{404{,}7\cdot 10^{-9}}\,\mathrm{Hz} \approx \underline{7{,}41\cdot 10^{14}\,\mathrm{Hz}};$$

$$f_2 = \frac{c}{\lambda_2} = \frac{3\cdot 10^8}{435{,}8\cdot 10^{-9}}\,\mathrm{Hz} \approx \underline{6{,}88\cdot 10^{14}\,\mathrm{Hz}}.$$

Nun setzen wir die Gleichung (2) des Textes für f_1 und f_2 an:

$$\left.\begin{array}{l} hf_1 = W_A + eU_1 \\ hf_2 = W_A + eU_2 \end{array}\right\} \Rightarrow h(f_1 - f_2) = e(U_1 - U_2) \Rightarrow$$

$$h = e\frac{U_1 - U_2}{f_1 - f_2} = 1{,}6\cdot 10^{-19}\,\frac{0{,}22}{0{,}53\cdot 10^{14}}\,\mathrm{Js} \approx 0{,}66\cdot 10^{-33}\,\mathrm{Js}$$

$$\underline{\underline{h \approx 6{,}6\cdot 10^{-34}\,\mathrm{Js}}}.$$

Mit dem Wert von h berechnet sich W_A von Barium:

$$W_A = hf_2 - eU_2 \approx$$
$$\approx (6{,}6\cdot 10^{-34}\cdot 6{,}88\cdot 10^{14} - 1{,}6\cdot 10^{-19}\cdot 0{,}34)\,\mathrm{J} \approx$$
$$\approx (4{,}54\cdot 10^{-19} - 0{,}54\cdot 10^{-19})\,\mathrm{J} = \frac{4\cdot 10^{-19}}{1{,}6\cdot 10^{-19}}\,\mathrm{eV}$$

$$\underline{\underline{W_A \approx 2{,}5\,\mathrm{eV}}}.$$

Aus (1) und (2) des Textes folgt für die Emissions-Gs'n der e^-:

$$\frac{m_e}{2}v_1^2 = eU_1 \Rightarrow v_1 = \sqrt{\frac{2eU_1}{m_e}} = \sqrt{\frac{3{,}2\cdot 10^{-19}\cdot 0{,}56}{9\cdot 10^{-31}}}\,\mathrm{ms}^{-1}$$

$$v_1 \approx \sqrt{19{,}91\cdot 10^{10}}\,\mathrm{ms}^{-1} \approx 4{,}46\cdot 10^5\,\mathrm{ms}^{-1} \approx \underline{\underline{446\,\mathrm{kms}^{-1}}};$$

$$v_2 = \sqrt{\frac{2eU_2}{m_e}} = \sqrt{\frac{3{,}2\cdot 34}{9}10^{10}}\,\mathrm{ms}^{-1} \approx \underline{\underline{348\,\mathrm{kms}^{-1}}}.$$

115 *

a) Aus (2) und (3) des Textes folgt:

$$\left.\begin{array}{l} \dfrac{h^2 f^2}{c^2} = m_e^2 v^2 \cos^2\varphi \\ \dfrac{h^2 f'^2}{c^2} = m_e^2 v^2 \sin^2\varphi \end{array}\right\} \Rightarrow \frac{h^2}{c^2}(f^2 + f'^2) = m_e^2 v^2 \quad (4).$$

Die mit $2m_e$ multiplizierte Gleichung (1) des Textes wird mit (4) kombiniert:

$$2m_e h(f - f') = m_e^2 v^2 \Rightarrow 2m_e h\cdot\Delta f = \frac{h^2}{c^2}(f^2 + f'^2) \Rightarrow$$

$$\Delta f = \frac{h}{2m_e c^2}(f^2 + f'^2);$$

daraus folgt für $f' = f$:

$$\underline{\underline{\Delta f = \frac{h}{m_e c^2}f^2}}.$$

b) Einsetzen der Werte ergibt:

$$\Delta f = \frac{6{,}6\cdot 10^{-34}}{9\cdot 10^{-31}\cdot 9\cdot 10^{16}}\,9\cdot 10^{36}\,\mathrm{Hz} = \frac{66}{9}10^{-20}\cdot 10^{36}\,\mathrm{Hz}$$

$$\underline{\Delta f \approx 7{,}3\cdot 10^{16}\,\mathrm{Hz}}.$$

$$p = \frac{\Delta f}{f}100\,\% \approx \frac{7{,}3\cdot 10^{16}}{3\cdot 10^{18}}10^2\,\% \approx \underline{\underline{2{,}4\,\%}}.$$

c) Mit der Grundgleichung der Wellenbewegung wird:

$$\left.\begin{array}{l} f = \dfrac{c}{\lambda} \\ f' = \dfrac{c}{\lambda'} \end{array}\right\} \Rightarrow \Delta f = \frac{c}{\lambda} - \frac{c}{\lambda'} = c\,\frac{\lambda' - \lambda}{\lambda'\lambda} \approx \frac{1}{\lambda^2}c\cdot\Delta\lambda \Rightarrow$$

$$\Delta f \approx \frac{f^2}{c^2}c\cdot\Delta\lambda \Rightarrow \underline{\Delta\lambda \approx \frac{c}{f^2}\Delta f}.$$

Hierin wird für Δf aus a) eingesetzt:

$$\Delta\lambda = \frac{c}{f^2}\,\frac{h}{m_e c^2}f^2 = \underline{\underline{\frac{h}{m_e c}}}.$$

Mit Werten:

$$\Delta\lambda = \lambda_{c,e} = \frac{6{,}6\cdot 10^{-34}}{9\cdot 10^{-31}\cdot 3\cdot 10^8}\,\mathrm{m} = \frac{22}{9}10^{-12}\,\mathrm{m} \approx \underline{\underline{2{,}4\,\mathrm{pm}}}.$$

116 *

a) Die E-Bilanz für das durch U auf die End-Gs v beschleunigte e^- lautet:

$$Ue = \frac{1}{2} m_e v^2 \Rightarrow v = \sqrt{\frac{2Ue}{m_e}};$$

dieser Term wird in die de Broglie-Beziehung

$$\lambda = \frac{h}{m_e v} \quad (1)$$

eingesetzt:

$$\lambda = \frac{h}{m_e \sqrt{\frac{2Ue}{m_e}}} = \frac{h}{\sqrt{2em_e}} \frac{1}{\sqrt{U}} = \frac{k}{\sqrt{U}};$$

um den Zahlenwert von k zu erhalten, müssen wir in SI-Einheiten einsetzen:

$$k' = \frac{6{,}6 \cdot 10^{-34}}{\sqrt{2 \cdot 1{,}6 \cdot 10^{-19} \cdot 9 \cdot 10^{-31}}} \approx \frac{6600 \cdot 10^{-37}}{5{,}367 \cdot 10^{-25}}$$

$$k' = 1230 \cdot 10^{-12};$$

mit diesem k'-Wert käme λ in [m] heraus; also wird:

$$\lambda \approx \frac{1230}{\sqrt{U}} \text{pm}; \quad U \text{ in } [V] \quad (2).$$

b) Mit der Formel für v aus a) wird für U = 30 V:

$$v = \sqrt{\frac{2 \cdot 30 \cdot 1{,}6 \cdot 10^{-19}}{9 \cdot 10^{-31}}} \text{ms}^{-1} \approx \sqrt{10{,}67 \cdot 10^{12}} \text{ ms}^{-1}$$

$$v \approx 3{,}27 \text{ Mms}^{-1}.$$

Für 300 V bzw. 30 000 V muß dieser Wert mit $\sqrt{10}$ bzw. $\sqrt{1000} = 10\sqrt{10}$ multipliziert werden:

$$3{,}27\sqrt{10} \text{ Mms}^{-1} \approx \underline{10{,}34 \text{ Mms}^{-1}} \text{ bzw. } \underline{103{,}4 \text{ Mms}^{-1}}.$$

λ wird für U = 30 V nach (2) in a):

$$\lambda \approx \frac{1230}{\sqrt{30}} \text{pm} \approx \underline{224 \text{ pm}};$$

dieser Wert multipliziert sich für 300 V mit $\frac{1}{\sqrt{10}}$, für 30 kV mit $\frac{1}{10\sqrt{10}}$:

$$\frac{224}{\sqrt{10}} \text{pm} \approx \underline{71 \text{ pm}}; \quad \underline{\approx 7{,}1 \text{ pm}}.$$

Art der e^-	v in Mms^{-1}	λ in pm
langsame	3,3 bis 10,3	224 bis 71
mittelschnelle	10,3 bis 103	71 bis 7,1
schnelle	103 bis nahe 300	< 7,1

c) Mit Formel (1) aus a) errechnen wir:

$$\lambda_H = \frac{h}{m_H \cdot v_H} = \frac{6{,}6 \cdot 10^{-34}}{2 \cdot 1{,}67 \cdot 10^{-27} \cdot 2 \cdot 10^3} \text{m} \approx 0{,}99 \cdot 10^{-10} \text{m}$$

$$\lambda_H \approx 100 \text{ pm}.$$

$$\lambda_{He} = \frac{h}{4 m_H v_{He}} = \frac{6{,}6 \cdot 10^{-34}}{4 \cdot 1{,}67 \cdot 10^{-27} \cdot 1{,}1 \cdot 10^3} \text{m} \approx \underline{90 \text{ pm}}.$$

d) Aus Gleichung (1) folgt:

$$v_n = \frac{h}{m_n \lambda_n} = \frac{6{,}6 \cdot 10^{-34}}{1{,}67 \cdot 10^{-27} \cdot 22 \cdot 10^{-12}} \text{ms}^{-1} =$$

$$= \frac{3}{1{,}67} 10^4 \text{ms}^{-1} \approx \underline{18 \text{ kms}^{-1}}.$$

117 *

a) Die 3 Fischer haben insgesamt x F'e gefangen. Als der 1. Fischer geteilt hatte, wirft er einen F ins Wasser; er fährt also mit $\frac{1}{3}(x-1)$ F'n nach Hause und läßt $\frac{2}{3}(x-1)$ F'e zurück.

Der 2. Fischer zieht davon einen F ab und teilt durch 3:

$$\left(\frac{2x-2}{3} - 1\right) : 3 = \frac{2x-5}{9};$$

damit begibt er sich auf den Heimweg, am Strand bleiben $\frac{4x-10}{9}$ F'e zurück.

Beim 3. Fischer wiederholt sich der Vorgang; er nimmt sich

$$\left(\frac{4x-10}{9} - 1\right) \frac{1}{3} = \frac{4x-19}{27} \quad (1)$$

F'e und läßt $\frac{8x-38}{27}$ F'e auf der Insel zurück.

Für die kleinsten Anzahlen 1; 2 und 3 von F'n, die der 3. Fischer heimnimmt, erhalten wir:

$$\frac{4x-19}{27} = 1 \Rightarrow 4x = 19 + 27 = 46$$
$$\frac{4x-19}{27} = 2 \Rightarrow 4x = 19 + 54 = 73$$

nicht ganzzahlig lösbar;

$$\frac{4x-19}{27} = 3 \Rightarrow 4x = 19 + 81 = 100 \Rightarrow \underline{x = 25}.$$

Die Fischer fingen (als kleinste Anzahl) 25 F'e. Der 1. Fischer fuhr mit 8 F'n heim, der 2. mit 5 F'n, und der 3. mit 3 F'n; 6 F'e blieben auf der Insel liegen.

Wir setzen den Bruch (1) gleich 4; 5; 6 und 7:

$$\frac{4x_1-19}{27} = 4 \Rightarrow 4x_1 = 19 + 108 = 127$$
$$4x_1 = 19 + 135 = 154$$
$$4x_1 = 19 + 162 = 181$$

nicht ganzzahlig lösbar;

$4x_1 = 19 + 189 = 208 \Rightarrow \underline{\underline{x_1 = 52}}.$

Die Fischer hätten (als nächsthöhere Anzahl) 52 F'e fangen müssen. Der 1. Fischer hätte sich 17, der zweite 11, und der dritte 7 F'e genommen; 14 F'e wären übriggeblieben.

b) Die Antireaktion lautet:

Jeder Fischer mußte ~ vor der Teilung ~ noch einen negativen F fangen und ihn zu den vorgefundenen dazugeben: $+(-1F)$.

Da mathematisch $+(-1F) = -(+1F)$ ist, bleibt die Herleitung von a) bis Gleichung (1) unverändert. Setzen wir (1) gleich -1, so wird:

$$\frac{4x_2 - 19}{27} = -1 \Rightarrow 4x_2 = 19 - 27 = -8 \Rightarrow \underline{\underline{x_2 = -2}}.$$

Die Beute an negativen F'n war recht mager: Die Fischer fingen nur -2 F'e. Nachdem der 1. Fischer einen (negativen) F dazugefangen hatte, waren es -3 F'e; er fuhr also mit -1 F heim und ließ -2 F'e zurück. Dieselbe Prozedur wiederholte sich beim 2. und 3. Fischer. Es blieben -2 F'e auf der Insel.

Setzen wir (1) gleich $-2; -3; \ldots -5$, so erhalten wir:

$$\left.\begin{aligned} 4x_3 &= 19 - 2\cdot 27 = -35 \\ 4x_3 &= 19 - 3\cdot 27 = -62 \\ 4x_3 &= 19 - 4\cdot 27 = -89 \end{aligned}\right\} \text{nicht ganzzahlig lösbar;}$$

$$4x_3 = 19 - 5\cdot 27 = -116 \Rightarrow \underline{\underline{x_3 = -29}}.$$

2. Möglichkeit:

Die Fischer hätten -29 F'e fangen müssen. Der 1. hätte -10 F'e davongetragen, der zweite -7, und der dritte -5; -10 F'e wären überzählig gewesen.

118 *

a) Man nimmt G beliebig an. Die Lotpunkte von B_1, G und E_1 auf der Geraden BE sind C, H und D (Abb. 1). Nun sind folgende Dreiecke kongruent (nach dem WSW-Satz):

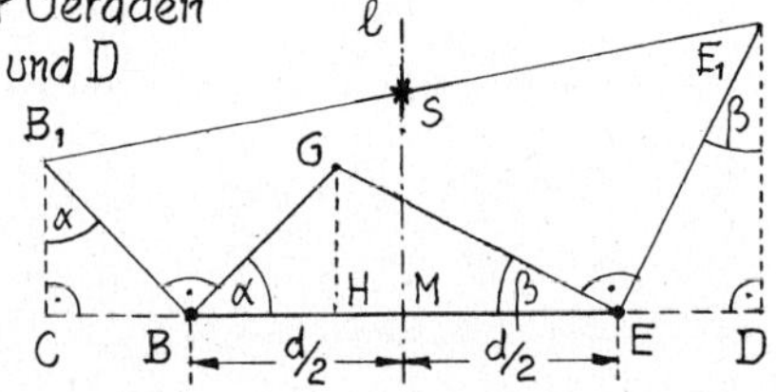

$$\left.\begin{aligned} \Delta BHG &\cong \Delta B_1CB \\ \Delta EHG &\cong \Delta E_1DE \end{aligned}\right\} \Rightarrow \overline{CB} = \overline{HG} = \overline{ED};$$

daraus folgt, daß die Mittelsenkrechte ℓ von $\overline{BE}$ identisch ist mit derjenigen von $\overline{CD}$. Ferner liegt ℓ parallel zu $\overline{CB_1}$ und $\overline{DE_1}$, ℓ schneidet also die Strecke $\overline{B_1E_1}$ in ihrem Mittelpunkt S.

$\overline{MS}$ ist die Mittellinie des Trapezes DE_1B_1C und hat daher die Länge:

$$\overline{MS} = \frac{1}{2}(\overline{DE_1} + \overline{CB_1}) = \frac{1}{2}(\overline{EH} + \overline{BH}) = \frac{1}{2}\overline{BE} = \underline{\underline{\frac{d}{2}}}.$$

Da G beliebig angenommen wurde, folgt:

Der Ort des Schatzes S ist völlig unabhängig von der Lage des Galgens G; S liegt auf dem Mittellot der Strecke $d = \overline{BE}$, u. zw. um $d/2$ vom Mittelpunkt M der Strecke $\overline{BE}$ entfernt. Sieht man von B nach E, so liegt S immer links von BE, auch wenn G unterhalb BE läge; s. b).

b) Für die Lage G_1 gelten die ausgezogenen Linien, für G_2 die lang strichlierten. An der Rechnung von a) ändert sich für G_1 nichts. Bei G_2 stößt man durch die Konstruktion direkt auf das Trapez.

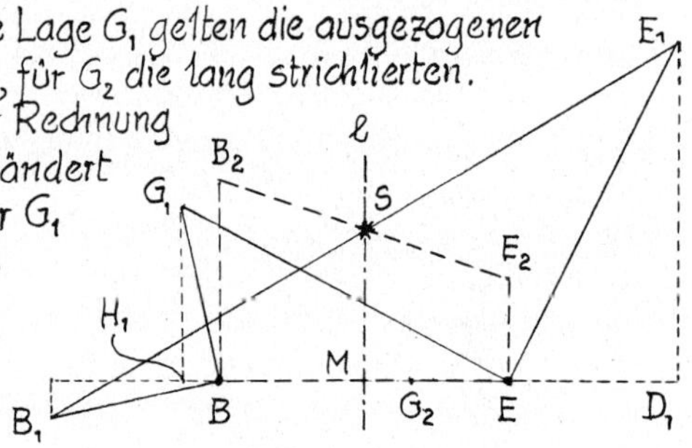

119

a) Die Formel in Aufg. 104a) für den k-ten Beugungswinkel (zum k-ten Intensitätsmaximum) lautet:

$$\sin\alpha_5 = 5\frac{\lambda}{g}.$$

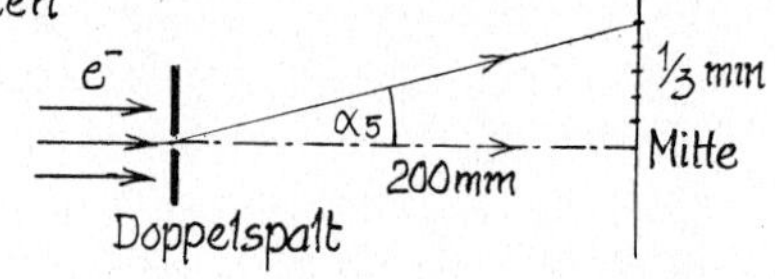

Die Entfernung des 5. hellen Streifens von der Mitte ist 5 · 2 mm = 10 mm. Vor der Vergrößerung war dieser Abstand $10/30$ mm = ⅓ mm. Daher wird nach der Abb.:

$$\tan\alpha_5 \approx \sin\alpha_5 = \frac{1}{3\cdot 200} = 5\frac{\lambda}{10^{-6}\,m} \Rightarrow \lambda = \frac{10^{-6}}{3\cdot 10^{3}}\,m$$

$$\lambda = \frac{10^3}{3}10^{-12}\,m \approx \underline{333\,pm}.$$

b) Führen wir in die Grundgleichung der Wellenbewegung $v = \lambda\cdot f$ die de Broglieschen Beziehungen $\lambda = \frac{h}{mv}$ und $E = hf$ ein, so erhalten wir:

$$u = \lambda f = \frac{h}{mv}\frac{E}{h} = \frac{E}{mv};$$

mit der Einstein-Gleichung $E = mc^2$ wird daraus:

$$u = \frac{mc^2}{mv} = \frac{c^2}{v} > c.$$

c) Für $t < t_0$ bestand die Möglichkeit, das e^- (das ja nirgends absorbiert werden kann) in V_1 oder in V_2 anzutreffen; durch die Teilung von V mußte aber diese Möglichkeit für $t_0 < t < t_1$ weiterbestehen; (ob S_2 nur einige mm von S_1 weitergerückt oder nach Tokio gebracht wurde, hat auf Ψ_2 keinen Einfluß). Für $t \geq t_1$ jedoch muß Ψ_2 im ganzen Volumen V_2 identisch null werden, und dieses Verschwinden mußte durch das Auffinden des e^- in Paris bedingt worden sein! Wie, das ist eben nicht nur für den Laien, sondern auch für viele Physiker rätselhaft.

Man kann folgenden Standpunkt einnehmen: Das e^- war schon vor t_0 (sehr knapp vor t_0) in S_1 gewesen, und es gibt einen Parameter P, der die Lokalisierung beschreibt, etwa so: Für $P = +1$ ist das e^- in S_1, für $P = -1$ ist es in S_2. Wenn P im Laufe der Zeit den Wert +1 behält, bleibt das e^- in S_1. (Damit wäre auch die Kausalität gerettet). Die QT kann aber einen solchen Parameter nicht finden, er könnte also eine (noch) verborgene Variable sein. Die QT ist demnach unvollständig und – zumindest stellenweise akausal; (de Broglie selbst war dieser Auffassung).

Es gibt aber auch Physiker, die kein Paradoxon sehen. Für sie läßt sich nur eine Vorhersage bis t_1 machen. Die Öffnung von S_1 schafft nämlich eine neue Prämisse: Zu Objekt (e^-) und Apparatur (trennbare Schachtel) ist nun noch der Beobachter hinzugekommen. Manche Physiker wollen noch das Bewußtsein mit in die QT einbeziehen (wodurch sie in Psychologie ausarten würde!)

120

a) Aus der Zeichnung des Textes folgt:

$$\frac{d'_M}{d'_S} = \cos\alpha' = \cos 87° \approx 0{,}05 = \frac{1}{20} \Rightarrow$$

$$d'_M : d'_S \approx 1 : 20.$$

b) α errechnet sich:

$$\cos\alpha = d_M : d_S = 384 \cdot 10^6\,\text{m} : 149{,}6 \cdot 10^9\,\text{m}$$

$$\cos\alpha \approx 2{,}57 \cdot 10^{-3} \Rightarrow \alpha \approx 89{,}85°.$$

$$\frac{d_M}{d_S} \approx \frac{2{,}57}{1000} \approx \frac{1}{389{,}1} \quad \text{oder} \quad d_M : d_S \approx 1 : 390.$$

c) Es verhalten sich:

$$r_M : r_E : r_S = 1{,}74\,\text{Mm} : 6{,}37\,\text{Mm} : 696\,\text{Mm} =$$

$$= \frac{1{,}74}{6{,}37} : 1 : \frac{696}{6{,}37} \approx 0{,}27 : 1 : 109.$$

$$\frac{0{,}36 - 0{,}27}{0{,}27} 100\% \approx 33\%; \quad \frac{109 - 6{,}75}{109} 100\% \approx 94\%.$$

Für Aristarch war der Monddurchmesser um ≈ 33% zu groß, der Sonnendurchmesser um ≈ 94% zu klein.

121

a) Aus $\alpha = 82\frac{6}{7}°$ folgt $\beta = 7\frac{1}{7}° \approx 7{,}143°$; β finden wir auch als Zentriwinkel des Bogens $\overset{\frown}{AS}$ im Mittelpunkt M der Erde (Abb.) Daraus berechnen wir den Erdumfang u:

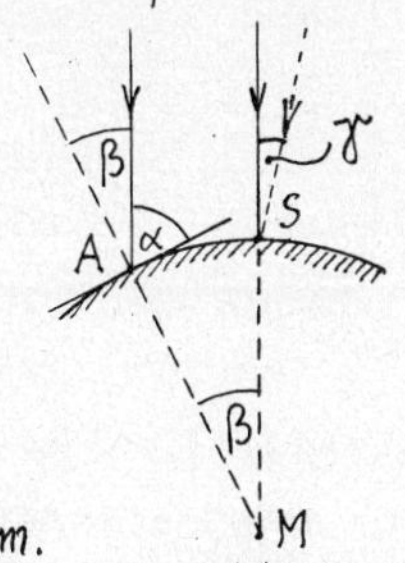

nicht maßstäblich

$$u = \frac{\overset{\frown}{AS}}{\beta} 360° \approx \frac{5 \cdot 10^3 \cdot 360}{7{,}143}\ \text{Stadien}$$

$$u \approx 252000\ \text{Stadien}.$$

$$u \approx 252 \cdot 10^3 \cdot 157{,}5\,\text{m} = 39\,690\,\text{km}.$$

$$\frac{u_r - u}{u_r} 100\% \approx \frac{385}{40075} 100\% \approx 0{,}96\%.$$

Der Erdumfang (und damit auch der Radius) war um knapp 1% zu klein berechnet worden.

b) Die nördlichsten Punkte auf der nördlichen Halbkugel, in denen die Sonne an nur einem Tag des Jahrs im Zenit steht, liegen auf dem ‚nördlichen Wendekreis' (Wendekreis des Krebses); er hat die Breite 23°27'. Nun liegt S ≈ 0,6° nördlich des Wendekreises, so daß bei der Sommersonnenwende die Sonne in S nicht genau im Zenit stehen kann; vielmehr bilden ihre Strahlen mit der Lotrechten den kleinen Winkel γ (s. Abb. in a)). Dies bedingt eine Vergrößerung von $\overset{\frown}{AS}$ und damit auch eine solche von u.

Außerdem: S und A liegen nicht auf demselben Meridian, so daß $\overset{\frown}{AS}$ auf diesen projiziert werden müßte. Mit diesen Korrekturen wird u richtig.

122 *

Denkt man sich durch H und A einen größten Kugelkreis (Radius r_E) gelegt, so berechnet sich der Bogen:

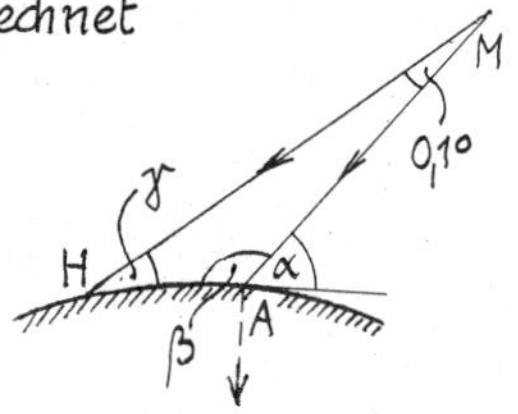

$$\widehat{AH} = \frac{2\pi r_E}{360°} 9{,}5° \approx \underline{0{,}166\, r_E}.$$

Die Winkel im ΔHAM (HA als Seite) bei A und H sind nach der Abb.:

$$\beta = 180° - \alpha = 180° - 44°; \quad \gamma = 180° - \beta - 0{,}1° = 43{,}9°.$$

Daher gilt nach dem Sinussatz:

$$\frac{\overline{AM}}{\overline{AH}} = \frac{\sin\gamma}{\sin 0{,}1°} \Rightarrow \underline{\overline{AM} = \overline{AH}\frac{\sin\gamma}{\sin 0{,}1°}}$$

$$\overline{AM} \approx 0{,}166\, r_E \frac{\sin 43{,}9°}{\sin 0{,}1°} \approx 0{,}166 \frac{0{,}69340}{0{,}00175} r_E \approx \underline{\underline{65{,}7\, r_E}}.$$

Für $\overline{HM}$ erhält man

$$\underline{\overline{HM} = \overline{AH}\frac{\sin\beta}{\sin 0{,}1°}} \approx 0{,}166 \frac{0{,}69466}{0{,}00175} r_E \approx \underline{\underline{65{,}9\, r_E}}.$$

Abweichung:

$$\frac{65{,}9 r_E - 59{,}3 r_E}{59{,}3 r_E} 100\% \approx \frac{660}{59{,}3}\% \approx \underline{11\%}.$$

Hipparchos erhielt für die Monddistanz (von der Erdoberfläche) $d \approx 65{,}9\, r_E$; dieser Wert ist um $\approx 11\%$ relativ zum heutigen zu groß.

123 *

Der Jesuitenpater hatte die damals noch völlig unbekannte 'Datumsgrenze' (Datumslinie) entdeckt. Sie verläuft heute etwa entlang dem 180. Längengrad. Überschreitet man diese Grenze von westlichen (westl.) zu östlichen (östl.) Längen, also z. B. von (Nord-)Amerika nach Japan, so muß 1 Tag (und damit 1 Datum) im Kalender übersprungen werden. Bei Überquerung in umgekehrter Richtung wird 1 Kalendertag doppelt gezählt.
Magellan (bzw. Elcano) hätte also auf der Rückreise im Pazifischen Ozean 1 Tag überspringen müssen, dann wäre er 'zeitgerecht' im Heimathafen eingetroffen.

Für die Datumsänderung gibt es einige Merksprüche, z. B.:

Von Ost nach West ~ halt's Datum fest;
von West nach Ost, laß's Datum los.

(Beachte: Bei diesem Spruch sind nicht Osten und Westen auf der Landkarte des Stillen Ozeans gemeint, sondern östl. und westl. Längen v. Gr.)

Die zum Nullmeridian (von Greenwich) gehörende mittlere Sonnenzeit heißt 'Weltzeit' WZ, englisch UT (Universal Time). Sie gilt in der internationalen Luft- und Seefahrt sowie im Weltfunkverkehr und ist die Basis der 24 'Zonenzeiten' (Aufg. 125), die sich um je 1 h unterscheiden; da nämlich die Sonne in 24 h scheinbar 360 Längengrade überstreicht, entsprechen 15° jeweils einer [h]. So liegt die 'mitteleuropäische Zeit' MEZ 1 h vor der WZ.

Der Notwendigkeit der Einführung der Datumsgrenze diene das folgende Gedankenexperiment: In Greenwich starten an einem Sonntag um 12^h (mittags) 2 Brüder mit je einem Superflugzeug (das fast Licht-Gs erreicht), der eine (A) nach Osten, der andere Bruder (B) nach Westen. Wenn A 15° östl. Länge überfliegt, ist es bereits 13^h (Ortszeit), über dem Aralsee (60°) ist es 16^h, über Kioto in Japan (135°) schon 21^h; A landet dann auf einer westl. Midway-Insel im Pazifik (179° östl. Länge); es ist ≈ 4 min vor 24^h (Mitternacht), aber immer noch Sonntag.

Wenn B Philadelphia (75° westl. Länge) überfliegt, ist es 7^h (morgens), über Los Angeles (120° westl. Länge) 4^h; B landet auch auf einer Midway-Insel (die jedoch 179° west. Länge hat); es soll ≈ 4 min nach 0^h sein, und für ihn beginnt erst der Sonntag!

Lassen wir die 4 min für A vergehen, so beginnt für ihn der Montag, und es bleibt Montag, wenn er sich weiter auf der Insel aufhält. Wäre er aber noch vor Mitternacht über den 180. Längengrad zu seinem Bruder B geflogen, so hätte dort für ihn der Sonntag erst begonnen, d. h. er hätte dort noch 24 h Sonntag feiern können (s. auch Abb.). Dies ist mit dem Vers gemeint: Von Ost nach West halt's Datum fest (nämlich um einen ganzen Tag).

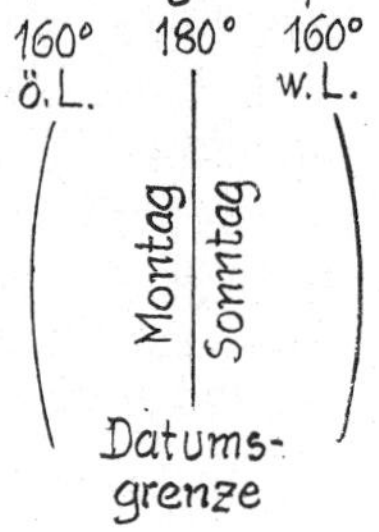

Wäre umgekehrt B um 0^h über den 180. Meridian zu A geflogen, so hätte für ihn nicht der Sonntag begonnen, sondern bereits der Montag. Er hätte also datumsmäßig einen ganzen Tag überspringen müssen; (von West nach Ost laß's Datum los).

124

Der Globetrotter Fogg mußte bei seiner Reise um die Erde auf jeden Fall die Datumsgrenze überschritten haben (Aufg. 123). Sie verläuft im großen und ganzen entlang dem 180. Längenkreis. Überquert man diese Linie von Ost- zu Westlängen (beispielsweise von Japan nach Amerika über den Stillen Ozean), so muß man einen Tag doppelt zählen, bei Überschreitung in umgekehrter Richtung muß 1 Tag übersprungen werden. In der Schule lernten wir hierzu den Merkspruch:

Fährst du von Ost nach West, halt einen Tag fest;
die Fahrt von West nach Osten wird dich aber einen Tag kosten.

Daraus folgt:

Der Weltenbummler hatte nach eigener Rechnung zu seiner ‚Weltreise' 81 Tage gebraucht, jedoch vergessen, bei Überquerung der Datumsgrenze einen Tag doppelt zu zählen. Deshalb war er de facto nur 80 Tage gereist und hatte die Wette gewonnen.
Er war also von England nach Osten aufgebrochen, hatte die Datumsgrenze von östlichen nach westlichen Längen überquert und war über den Atlantik heimgekehrt.

125 *

a) Bezüglich der Uhrzeit teilt man die Erdoberfläche in 24 ‚Zeitzonen' ein, deren jede im allg. das Gebiet zwischen 2 sich um 15° unterscheidenden Meridianen umfaßt, doch sind die Zonengrenzen an vielen Stellen den Staatsgrenzen angepaßt.
(Diese Einteilung geht auf die Initiative des schottisch-kanadischen Ing. Sanford Fleming (1827–1915) zurück. Sie wurde erstmals 1884 zwischen 27 Staaten vereinbart).
Die Meridiane 0°; ±15° (östl. und westlich); ±30°; … sind jeweils die Mittelmeridiane der Zonen (Abb.) F liegt in der Zone der mitteleuropäischen Zeit (MEZ). Die westl. angrenzende Zonenzeit (= Weltzeit WZ) ist um 1h zurück, weil sich die S scheinbar nach Westen (W) bewegt. Da von Zone zu Zone je 1h Differenz ist, gehen die Uhren in G um 4h zu früh gegenüber denjenigen in F.

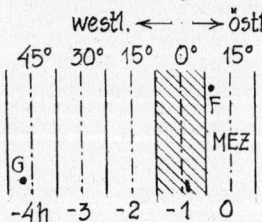

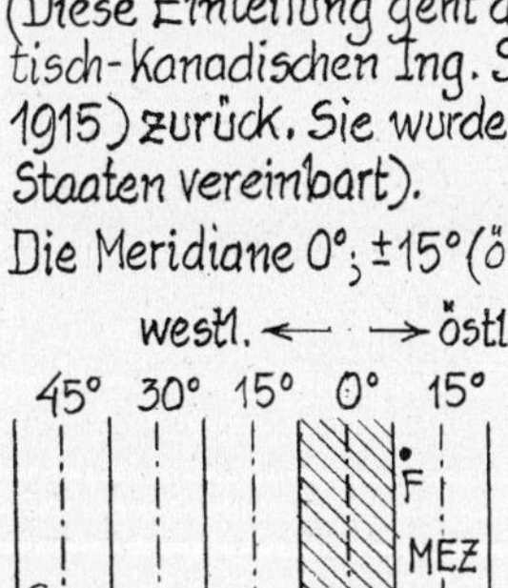

Wenn also E in G nach 8^h anrief, war es in F bereits nach 12^h, und E's Chef saß wahrscheinlich schon beim Mittagessen. Das Gespräch klappte jedoch um 11^h, weil dann in F 15^h war.

b) Es dürfte allg. bekannt sein, daß z. Zt. der ‚Tagundnachtgleiche' (Äquinoktium), d. i. am 21. 3. und am 23. 9., der scheinbare Gang der S auf dem ‚Himmelsäquator' liegt; (das ist jener Kreis, in welchem die allseitig verlängerte Erdäquatorebene eine gedachte Himmelskugel schneidet). An diesen beiden Tagen geht S (in normalen Breiten) genau im Osten (Ostpunkt des Horizonts) auf und im Westen (Westpunkt) unter. Nach dem 23. 9. schraubt sie sich immer südlicher am Himmel, bis ihre Bahn am 21. 12. in die verlängerte Ebene des ‚südlichen Wendekreises' (Wendekreis des Steinbocks) fällt; seine Breite ist $23°27' \approx 23{,}5°$. Für jeden Bewohner dieses Breitenkreises steht also S am 21. 12. um 12^h (Ortszeit) im Zenit (s. auch Aufg. 121).
G liegt nun am südlichen Wendekreis, und aus dem Text geht deutlich hervor, daß an dem betreffenden Tag S um 12^h im Zenit stand. Daraus folgt:

Der Tag, an dem E mit F telefonierte, war der 21. 12. 1983.

c) An diesem Tag geht die S südl. vom Ostpunkt auf und auch südl. vom Westpunkt unter.

Als E in der Straße zu seinem Haus (genau nach Westen) fuhr, war die untergehende S links von seiner Fahrtrichtung.

d) Wenn bei uns die S ihren Höchststand (am 21. 6.) erreicht hat, beginnt der (astronomische) Sommer. Für die südliche Halbkugel gilt das Analoge:

Am 21. 12. 1983 begann in G der Sommer; (auf die genaue Anfangsstunde lassen wir uns nicht ein). In F war aber Winteranfang und es liefen die Vorbereitungen zum Weihnachtsfest. E wird in seinem Gepäck wohl wärmere Kleidung – und wahrscheinlich einige Geschenke mitnehmen.

126 *

a) Beate und ihr Vater müssen in einem Schaltjahr (SJ) am 29. 2. geboren sein, denn nur in einem solchen hat der Februar 29 Tage. Somit kann sich in diesem Monat nur 1 Wochentag 5-mal wiederholen, u. zw. am 1., 8., 15., 22. und 29. (Alle anderen Wochentage wiederholen sich bloß 4-mal).

Wir gehen vom 29. Februar 1984 aus; das war ein Mittwoch. Dividieren wir die 365 d eines Normaljahres (NJ's) durch 7 (= Anzahl der Wochentage), so bleibt Rest 1, bei einem SJ Rest 2. Rechnen wir von 1984 4a (Jahre) zurück, so ergibt sich bei Division durch 7 ein Rest von (1+1+1+2) d = 5 d. Wollen wir wissen, auf welchen Wochentag der 29.2.1980 fiel, so müssen wir also von Mittwoch 5 d zurückrechnen: Der 29.2.1980 war ein Freitag; dann war der 29.2.1976 ein Sonntag und somit Beates Geburtstag.

Um auf den Geburtstag ihres Vaters zu kommen, müssen wir von 1976 soviele 4-Jahresspannen zurückrechnen, bis wir auf einen durch 7 teilbaren Rest stoßen; dieser ist $5 \cdot 7 d = 35 d$, d.h. wir müssen $7 \cdot 4 a = 28 a$ zurückrechnen: $1976 - 28 = 1948$.

> Beate ist am 29.2.1976 geboren, ihr Vater am 29.2.1948.

b) Wir müssen zu 1976 wieder 28 a hinzuzählen.

> Am 29.2.2004 werden Beate und ihr Vater ihr Wiegenfest wieder gemeinsam an einem Sonntag feiern. Beate müßte 28 Jahre, ihr Vater 56 Jahre alt werden.

(Entgegen mancher Meinung ist 2000 ein SJ! Keine SJ jedoch waren 1900, 1800 und 1700).

c) Die Lösung erhalten wir wohl am schnellsten mit einer Tabelle:

28. 2. 1984:	Dienstag (s.o.)
28. 2. 1985:	Donnerstag (2 Resttage plus)
28. 2. 1986:	Freitag
28. 2. 1987:	Samstag
28. 2. 1988:	Sonntag (da 1988 aber ein SJ ist, können sie am 29.2. feiern)
28. 2. 1992:	Freitag (5 d plus; 1992 ist SJ)
28. 2. 1993:	Sonntag.

> Am 28.2.1993 fällt die vorgezogene Geburtstagsfeier auf einen Sonntag.

127

Da die Zeiger der Standuhr keine Achsen hatten, mußten sie also anders gedreht werden, dachte ich mir schon zum wiederholten Male auf dem 5 km langen Nachhauseweg (wenn nicht gerade ein anderes, wichtiges Schulproblem mein Gehirn ausfüllte oder ich an die nächsten Mixturen in meiner chemischen Giftküche dachte, die übrigens immer ein Dorn im Auge meiner Mutter war).

Da ich gewisse Reflexionen vor dem Zifferblatt beobachtet hatte, war ich mir eines Tages sicher, daß die Zeiger auf je einer kreisförmigen Glasscheibe fest angebracht waren. Die Scheiben mußten an ihrem Umfang (durch den Gehäuserand verdeckt) sowohl gelagert als auch angetrieben werden, selbstverständlich jede gesondert. Daß dies etwa mit Gummirädchen geschah, war durchaus möglich, mir schien es aber für ein ‚goldenes' Meisterstück zu primitiv. Also mußten es wohl Zahnräder sein. Da es jedoch praktisch unmöglich war, in den Umfang der Glasscheibe Zähne einzuschleifen, mußte sie wohl in einem metallenen Zahnkranz gefaßt sein (wahrscheinlich aus Hartmessing); Plexiglas oder andere glasklare Kunststoffe gab es in den 20-er Jahren noch nicht.

Es waren nun mindestens 3 Zahnräder erforderlich, die in den Zahnkranz eingreifen mußten, um die Scheibe lotrecht zu lagern. Aus Gründen der Reibung, so dachte ich mir, werden es wohl nur 3 Räder gewesen sein, deren Eingriffspunkte in den Radkranz ein gleichseitiges Dreieck bilden (Abb. 1). Da das Uhrwerk wahrscheinlich in der Standsäule oder im Fuß untergebracht war, diente wohl das untere Zahnrad als Antriebsrad.

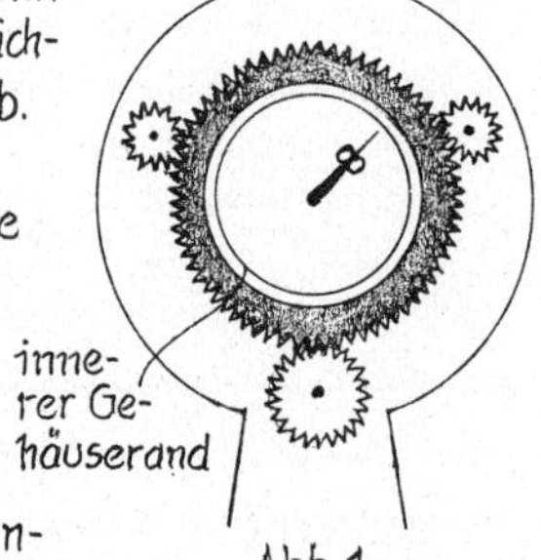

Abb. 1

Wie das Minuten- bzw. Stundenrad gegen seitliches Abrutschen gesichert war, konnte ich mir nicht genau erklären; vielleicht waren im Gehäuse Begrenzungsstifte angebracht, welche die seitliche Bewegung der Scheiben verhinderten. Hinter ihnen mußte sich das (weiße) Zifferblatt befinden. Daß die Uhr vorn durch ein leicht gewölbtes Uhrglas abgeschlossen wurde, war leicht zu sehen. Rückwärts befand sich wohl ein Uhrdeckel.

Als mir Herr Ch die Uhr erklärte, hatte ich mit fast allen Vermutungen ins Schwarze getroffen. Die Zeiger waren aus Goldblech und auf den Glasscheiben aufgeklebt.

Jede Scheibe war in einem Messingzahnkranz eingepaßt, der auf 3 Zahnrädern lief, die sog. ‚Nutenräder' waren (Abb. 2) und eine seitliche Bewegung der beiden Scheiben verhinderten. Auch meine Vermutung über das untere Rad als Antriebsrad erwies sich als richtig. Das Zifferblatt war am Gehäuse angeschraubt und trug die aufgeklebten Goldziffern. Das Gehäuse war rückwärts mit einem Einrastdeckel hermetisch abgeschlossen.

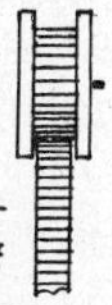

Abb. 2

Herr Ch zeigte mir auch das Uhrwerk, indem er hinten an der Standsäule eine Einrastplatte abhob. Der Gesamtantrieb erfolgte mit einer stärkeren Feder als bei einer normalen Uhr gleicher Größe. Die Unruhhemmung war temperatur-kompensiert; deshalb hatten die großen Temperaturschwankungen im Schaufenster fast keinen Einfluß auf den Gang. Aber einmal ~ in einem sehr strengen Winter ~ war eine Reparatur fällig, weil eine Glasscheibe gesprungen war. Herr Ch paßte eine neue ein, diesmal mit einer Gummidichtung.

128 *

a) In der Werkstatt wurden großer und kleiner Zeiger vertauscht.

Herr Huber hätte schwören können, daß dabei der Lehrling aus Ressentiment seine Hand im Spiel hatte. Bemerkt hatte der Lehrer diesen Defekt beim Vergleich mit der Wohnzimmeruhr, als er sich die Zeiger seiner Armbanduhr genauer besah. Bei jeder ‚normalen' (Zeiger-)Uhr dreht sich nämlich der große Zeiger oberhalb des kleinen; dieser muß daher eine Hohlachse besitzen.

b) Eine Uhr mit vertauschten Zeigern zeigt nur dann die richtige Zeit an, wenn sich beide Zeiger überdecken. Eine solche Überdeckung findet selbstverständlich um 12^h ($\mathrel{\hat=} 0^h$) statt. Das nächste Mal werden sich die Zeiger knapp nach 1^h, dann nach 2^h usw. bedecken, insgesamt also 11-mal während 12^h, wobei die Zeitdauern zwischen je 2 aufeinanderfolgenden Überdeckungen gleich sind. Eine solche Dauer berechnet sich also zu:

$$12 \cdot 60\,\text{min} : 11 = 65\frac{5}{11}\,\text{min} \approx 65\,\text{min}\ 27{,}3\,\text{s};$$

daraus folgt:

Die Uhr wurde um $\approx 10^h\,54{,}5\,\text{min}$ (genau um $10^h\,54\,{}^6\!/_{11}\,\text{min}$) gestellt, als sich die Zeiger überdeckten. Herr Huber sah dann wohl erst um 12^h auf die Armbanduhr, als dies wieder der Fall war.

c) Als Herr Huber erwachte, war es ungefähr $14^h\,16\,\text{min}$. Er kam also noch pünktlich in die Schule.

129 *

a) Herr Huber dreht die Z des Weckers so, daß sie sich bei 0^h ($\mathrel{\hat=} 12^h$) decken; jetzt sind wahre Zeit t_w und vertauschte Zeit t_v einander gleich. Nun dreht er die Z so weit, daß der große Zeiger (G) genau auf I ($=1^h$) steht. G ist um den Winkel $30°$ ($\mathrel{\hat=} 5\,\text{min}$), der kleine Zeiger (K) also um $30° : 12 = 2{,}5°$ weitergerückt. Ausgangsschenkel für die Winkelmessung ist dabei $\overline{MO}$ (Abb.)

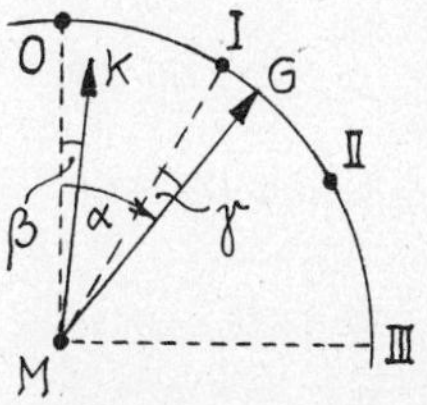

Die von Herrn Huber eingestellte t_w ($0^h\,5\,\text{min}$) gibt bei Z-Vertauschung keine sinnvolle t_v: Denn dann würde K genau auf I stehen (Punkt 1^h); und G müßte exakt auf O zeigen. ‚Wenn ich aber jetzt nur ein wenig weiterdrehe', sagt sich Herr Huber, ‚so ist die t_v knapp nach 1^h, und das müßte eine sinnvolle zugehörige t_w ergeben'. Für diese Z-Stellung (in der Abb. nicht maßstäblich dargestellt) seien $\sphericalangle OMG = \alpha$ und $\sphericalangle OMK = \beta$; dann gilt:

$$\gamma = \sphericalangle GMI = \alpha - 5\,\text{min};$$

(alle Winkel werden in Zeitminuten ausgedrückt: $1\,\text{min} \mathrel{\hat=} 6°$). Bei vertauschten Z'n steht K um den Winkel γ nach 1^h, der nunmehrige G schließt mit $\overline{OM}$ den Winkel β ein. Für eine sinnvolle t_v muß gelten:

$$\beta = 12\gamma = 12(\alpha - 5\,\text{min});$$

nun ist aber ~ auf dem Wecker bzw. in der Abb. ~ $\beta = \alpha/12$; dann folgt durch Einsetzung:

$$\frac{\alpha}{12} = 12(\alpha - 5\,\text{min}) \Rightarrow 144\alpha - 720\,\text{min} = \alpha \Rightarrow$$

$$\alpha = \frac{720}{143}\,\text{min} = 5\frac{5}{143}\,\text{min}$$

oder

$$t_w = 0^h\,5\frac{5}{143}\,\text{min} \approx \underline{0^h\,5{,}035\,\text{min}};$$

die zugehörige t_v ist (wegen $\beta = \alpha/12$):

$$t_v = 1^h\,\frac{60}{143}\,\text{min} \approx \underline{1^h\,0{,}420\,\text{min}}.$$

Herr Huber dreht weiter, um auf dem Wecker die zweite sinnvoll vertauschbare t'_v einzustellen: Sie liegt offenbar knapp nach 2^h. Für die entsprechenden (gestrichenen) Winkel gilt (analog wie oben):

$$\frac{\alpha'}{12} = 12(\alpha' - 2 \cdot 5\,\text{min}) \Rightarrow \alpha' = \frac{720}{143}\, 2\,\text{min}$$

oder

$$t'_w = 0^h\left(5 \cdot 2 + \frac{5 \cdot 2}{143}\right)\text{min} \approx \underline{0^h\, 10{,}070\,\text{min}}$$

und

$$t'_v = 2 \cdot 1^h\, \frac{60 \cdot 2}{143}\,\text{min} \approx \underline{2^h\, 0{,}839\,\text{min}}\,.$$

Dem Lehrer wird klar, wie das weitergeht. Schließlich berechnet er noch die 143. vertauschbare Uhrzeit:

$$\tilde{t}_w = \frac{720}{143}\, 143\,\text{min} = 720\,\text{min} = \underline{12^h\, 0\,\text{min} = 0^h}$$

und

$$\tilde{t}_v = 143^h\, \frac{60}{143}\, 143\,\text{min} = 11^h\, 60\,\text{min} = \underline{0^h\, 0\,\text{min}}.$$

Herr Huber zieht die Quintessenz:

> Es gibt innerhalb von 12h 143 Uhrzeiten t_w, bei denen die Vertauschung der Z eine ebenfalls sinnvolle t_v ergibt:
>
> $$\frac{720}{143}\,\text{min}; \quad \frac{720}{143} \cdot 2\,\text{min}; \ldots \quad \frac{720}{143} \cdot 143\,\text{min} = 12^h;$$
>
> Formel:
>
> $$t_w = \frac{720n}{143}\,\text{min} = 5n\left(1 + \frac{1}{143}\right)\text{min}; \quad n = 1, 2, \ldots 143.$$
>
> Die zugeordneten t_v sind:
>
> $$1^h\, \frac{60}{143}\,\text{min}; \quad 2^h\, \frac{60 \cdot 2}{143}\,\text{min}; \ldots 11^h\, \frac{60 \cdot 143}{143}\,\text{min} = 12^h;$$
>
> Formel:
>
> $$t_v = (n^*)^h\, \frac{60n}{143}\,\text{min}; \quad n = 1, 2, \ldots 143;$$
>
> $$n^* \equiv n \,(\text{mod}\, 12) \text{ und } n^* < 12.$$

n und n^* heißen ‚kongruente Zahlen modulo 12', d.h. sie geben, je durch 12 dividiert, denselben Rest. Beispiele für $n^* < 12$: $n^* = 5 \equiv 89\,(\text{mod}\,12)$; $n^* = 11 \equiv 119\,(\text{mod}\,12)$; $n^* = 0 \equiv 48\,(\text{mod}\,12)$.

b) Aus der Aufg. 128 wissen wir bereits, daß Herr Huber 11 Uhrzeiten (innerhalb 12h) errechnete, bei denen sich die Z überdecken. Sie müssen in den in a) aufgeführten 143 Uhrzeiten enthalten sein, u. zw. sind es jene, für die $t_w = t_v = t'$ ist.

Ein t' ist bereits bekannt: $0^h \equiv 12^h$. Das nächste t' wird nach 1^h liegen. Durch Gleichsetzung ($t_w = t_v$) erhält Herr Huber:

$$\frac{720n_1}{143}\,\text{min} = 1h + \frac{60n_1}{143}\,\text{min} \Rightarrow$$

$$720n_1 = 60 \cdot 143 + 60n_1 \Rightarrow 12n_1 = 143 + n_1 \Rightarrow$$

$$n_1 = \frac{143}{11} = 13;$$

daraus folgt:

$$t'_1 = 1^h\, \frac{60 \cdot 13}{143}\,\text{min} = \underline{1^h\, \frac{60}{11}\,\text{min}};$$

die nächste Z-Überdeckung erfolgt nach 2^h:

$$\frac{720n_2}{143} = 2 \cdot 60 + \frac{60n_2}{143} \Rightarrow n_2 = 2\,\frac{143}{11} = 26 \Rightarrow$$

$$\underline{t'_2 = 2^h\, \frac{60 \cdot 2}{11}\,\text{min}} \quad \text{usw.}$$

> Herr Huber findet die Zeiten t' ($= t_w = t_v$) zu:
>
> $$1^h\, \frac{60}{11}\,\text{min}; \quad 2^h\, \frac{60 \cdot 2}{11}\,\text{min}; \ldots \quad 11^h\, \frac{60 \cdot 11}{11}\,\text{min} = 12^h;$$
>
> mit Formel:
>
> $$t' = (n_1)^h\, \frac{60n_1}{11}\,\text{min}; \quad n_1 = 1, 2, \ldots 11.$$

c) Die vertauschbare t_v muß ≈ 11 min nach 3^h liegen. Der 1. Zeitpunkt nach 3^h ist nach der Formel von a) für $n = 3$ zu errechnen:

$$3^h\, \frac{60 \cdot 3}{143}\,\text{min} \approx 3^h\, 1{,}\ldots\,\text{min}.$$

Den 2. Zeitpunkt erhält Herr Huber für $n = 15$, d.h. $n^* = 3$:

$$3^h\, \frac{60 \cdot 15}{143}\,\text{min} = 3^h\, 6{,}\ldots\,\text{min}.$$

Für $n = 27$ gelangt Herr Huber zum Ziel:

$$3^h\, \frac{60 \cdot 27}{143}\,\text{min} = 3^h\, 11\,\frac{47}{143}\,\text{min} \approx \underline{\underline{3^h\, 11{,}33\,\text{min}}}\,.$$

Für das zugehörige t_w muß in die Formel von a) $n = 27$ eingesetzt werden:

$$\frac{720 \cdot 27}{143}\,\text{min} = \frac{19440}{143}\,\text{min} = 135\,\frac{135}{143}\,\text{min} =$$

$$= 2^h\, 15\,\frac{135}{143}\,\text{min} \approx \underline{\underline{2^h\, 15{,}94\,\text{min}}}\,.$$

> Als Herr Huber erwachte, zeigte die verrückte Armbanduhr $3^h\, 11\,\frac{47}{143}$ min ($\approx 3^h\, 11$ min), tatsächlich war es aber erst $2^h\, 15\,\frac{135}{143}$ min ($\approx 2^h\, 16$ min); beide Zeitangaben beziehen sich auf den Nachmittag.

130'

a) Mit den Abständen für Venus und Erde aus der Tabelle folgt:

$$\left.\begin{array}{l} a+b\cdot 1 = 0{,}7 \\ a+b\cdot 2 = 1{,}0 \end{array}\right\} \Rightarrow \underline{b=0{,}3}\,;\ \underline{a=0{,}4}\,;$$

damit schreibt sich die Reihe:

$$\underline{\underline{d_r = 0{,}4 + 0{,}3\cdot 2^n}} \qquad (1).$$

Durch Einsetzen erhält man folgende Tabelle:

Name	Me	Ve	Er	Ma		Ju	Sa	
n	-∞	0	1	2	3	4	5	6
d_r	0,4	0,7	1,0	1,6	2,8	5,2	10,0	19,6
A[%]	0	0	0	+6,7		0	+5,3	

b) Die neue Tabelle wird:

Name	Uranus	Neptun	Pluto
n	6	7	8
d	19,2	30,1	39,5
d_r	19,6	38,8	77,2
A[%]	+2,1	+28,9	+95,4

131 *

a) Da es das Jahr ‚null' (v. und n. Chr.) nicht gab, waren vom Beginn der Zeitrechnung bis April 1910 1909a + 0,29a verstrichen; daher folgt:

$$1909{,}29a + 76{,}08a = 1985{,}37a\,;$$
$$0{,}37a = 4{,}4 \text{ Monate}.$$

‖ Der nächste Periheldurchgang ist im Mai 1986 zu erwarten.

b) Wir rechnen zunächst grob (seit Halleys Geburt 1656):

$$\frac{1909-1655}{76} = \frac{254}{76} = 3{,}\ldots$$

$$1909{,}29 - 3\cdot 76{,}08 = 1909{,}29 - 228{,}24 = 1681{,}05.$$

‖ Der Periheldurchgang zu Lebzeiten Halleys sollte im Januar 1682 stattgefunden haben.

(Nach M. Gerstenberger war es jedoch der 15.9. 1682).

c) Zunächst grob:

$$(1909{,}5 + 465{,}5) : 76 = 2375 : 76 = 31{,}\ldots$$

$$T_2 = \frac{2375}{31}a \approx \underline{\underline{76{,}6a}}.$$

d) Grob: 1909 : 76 ≈ 25,1; daher wird:

$$1909{,}29 - 25\cdot 76{,}6 = 1909{,}29 - 1915 = \underline{\underline{-5{,}71}}.$$

‖ Der Periheldurchgang des HK erfolgte wahrscheinlich im Jahre 6 v.d. Zeitrechnung; der Komet könnte also durchaus der Stern der Weisen gewesen sein.

Ob die von Kepler berechnete ‚Sternbedeckung' von Jupiter und Saturn im Jahre 7 v. Chr. auf den Dreikönigsstern zutrifft oder das Aufleuchten einer ‚Nova' (Supernova), ist ungeklärt. Für den HK jedoch spricht der auf ungezählten Bildern dargestellte ‚Schweif' des Sterns der 3 Weisen aus dem Morgenland.

132

a) Die Dichte eines Atomkerns berechnet sich:

$$\varrho = \frac{m}{V} = \frac{3m}{4\pi r^3} = \frac{3Am_n}{4\pi r_0^3 A} = \underline{\underline{\frac{3m_n}{4\pi r_0^3}}}.$$

‖ Diese Formel besagt, daß ϱ von A (d.h. von der Art des Kerns) unabhängig ist.

Einsetzen der Werte ergibt:

$$\varrho \approx \frac{3\cdot 1{,}67\cdot 10^{-27}}{4\pi\cdot 1{,}42^3\cdot 10^{-45}}\,\text{kg}\cdot\text{m}^{-3} \approx \frac{3\cdot 16{,}7\cdot 10^{17}}{35{,}98}\,\text{kg}\cdot\text{m}^{-3}$$

$$\underline{\underline{\varrho \approx 1{,}4\cdot 10^{17}\,\text{kg}\cdot\text{m}^{-3}}}.$$

b) Nach der Grundformel $m = V\varrho$ wird:

$$V = \frac{4\pi}{3}R_n^3 = \frac{M_n}{\varrho} \Rightarrow R_n = \sqrt[3]{\frac{3M_n}{4\pi\varrho}} = \sqrt[3]{\frac{3\cdot 1{,}2\,m_\odot}{4\pi\varrho}}$$

$$R_n = \sqrt[3]{\frac{0{,}9\cdot 2\cdot 10^{30}}{\pi\cdot 5{,}7\cdot 10^{17}}}\,\text{m} = \sqrt[3]{\frac{18}{5{,}7\pi}}\cdot 10^4\,\text{m} \approx \underline{\underline{10\,\text{km}}}.$$

c) M des Pfennigstücks berechnet sich zu:

$$M = V\varrho_n = 3{,}8\cdot 10^{17}\,[\text{kg}\cdot\text{m}^{-3}]\cdot 263\cdot 10^{-9}\,[\text{m}^3] \approx$$
$$\approx 1000\cdot 10^8\,\text{kg} = 100\cdot 10^9\,\text{kg} = \underline{\underline{100\cdot 10^6\,\text{Mg}}}.$$

‖ M ≈ 100 Millionen Tonnen.

133

a) Teilen wir ϱ durch m_n, so erhalten wir die Anzahl der Neutronen pro m^3; ziehen wir daraus die 3. Wurzel, so ergibt sich die Neutronenzahl pro [m]:

$$\sqrt[3]{\frac{\varrho}{m_n}}$$ Neutronen pro [m].

Der Kehrwert dieses Terms ist dann d:

$$\underline{\underline{d = \sqrt[3]{\frac{m_n}{\varrho}}}} \quad (\text{in m}).$$

(Die Anzahl der Neutronen pro [m] ist so groß, daß wir uns um eins mehr oder weniger nicht streiten brauchen. Gemeint ist folgendes: Auf 1m sind mit gleichen Abständen a 11 Kugeln verteilt; 2 von ihnen sind endständig. Hier ist $a = 1\text{m} : 10$, und nicht $1\text{m} : 11$).

b) Durch Einsetzen der Werte erhalten wir:

$$d_0 = \sqrt[3]{\frac{1{,}67 \cdot 10^{-27}}{4{,}1 \cdot 10^{17}}}\,\text{m} = \sqrt[3]{\frac{16{,}7}{4{,}1} 10^{-45}}\,\text{m} \approx \underline{\underline{1{,}6\,\text{fm}}}.$$

Da $r_n \approx 0{,}8$ fm ist, berühren sich die Neutronen.

c) $$d_1 = \sqrt[3]{\frac{16{,}7}{1} 10^{-45}}\,\text{m} \approx \underline{\underline{2{,}6\,\text{fm}}}; \quad d_K = \sqrt[3]{\frac{16{,}7}{1{,}4}}\,\text{fm} \approx \underline{\underline{2{,}3\,\text{fm}}};$$

$$d_2 = \sqrt[3]{\frac{16{,}7}{10}}\,\text{fm} \approx \underline{\underline{1{,}2\,\text{fm}}}.$$

|| Bei d_1 und d_K ist zwischen den Neutronen noch Bewegungsspielraum, bei d_2 durchdringen sie sich teilweise.

d) Nach dem Ergebnis von b) liegen auf 1cm

$$\frac{1\,\text{cm}}{1{,}6\,\text{fm}} = \frac{10 \cdot 10^{-3}}{1{,}6 \cdot 10^{-15}} = 6{,}25 \cdot 10^{12}$$

Neutronen. Da sie sich berühren, müssen wir diese Anzahl mit 1mm multiplizieren:

$$a = 6{,}25 \cdot 10^{12}\,\text{mm} = 6{,}25 \cdot 10^{6}\,\text{km} = 6250 \cdot 10^{3}\,\text{km};$$

in Mondentfernungen ist dies:

$$\frac{6250 \cdot 10^3\,\text{km}}{390 \cdot 10^3\,\text{km}} \approx \underline{\underline{16.}}$$

|| $a \approx 16$ Mondentfernungen (von der Erde).

134

a) Einsetzen der Werte in die Textformel ergibt:

$$\lambda_{C,n} = \frac{h}{m_n c} = \frac{6{,}6 \cdot 10^{-34}}{1{,}67 \cdot 10^{-27} \cdot 3 \cdot 10^{8}}\,\text{m} = \frac{2{,}2}{1{,}67} 10^{-15}\,\text{m}$$

$$\underline{\underline{\lambda_{C,n} \approx 1{,}3\,\text{fm}.}}$$

$$\bar{\lambda}_{C,n} = \frac{\lambda_{C,n}}{2\pi} \approx \frac{1{,}3}{2\pi}\,\text{fm} \approx \underline{\underline{0{,}2\,\text{fm}}}.$$

b) Nach der Abb. gilt allg.:

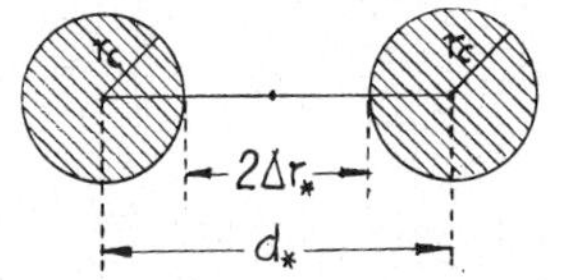

$$\Delta r_* = \frac{d_*}{2} - r_c;$$

(der Stern steht für einen Index).

$$\varrho_1 = 10^{17}\,\text{kgm}^{-3}: \; \Delta r_1 = (1{,}3 - 0{,}4)\,\text{fm} = \underline{\underline{0{,}9\,\text{fm}}} = \underline{\underline{4{,}5\,\bar{\lambda}_{C,n}}};$$

$$\varrho_K = 1{,}4 \cdot 10^{17}\,\text{kgm}^{-3}: \; \Delta r_K = (1{,}15 - 0{,}4)\,\text{fm} = \underline{\underline{0{,}75\,\text{fm}}} \approx \approx \underline{\underline{3{,}8\,\bar{\lambda}_{C,n}}};$$

$$\varrho_0 = 4{,}1 \cdot 10^{17}\,\text{kgm}^{-3}: \; \Delta r_0 = (0{,}8 - 0{,}4)\,\text{fm} = \underline{\underline{0{,}4\,\text{fm}}} = \underline{\underline{2\bar{\lambda}_{C,n}}};$$

$$\varrho_2 = 10^{18}\,\text{kgm}^{-3}: \; \Delta r_2 = (0{,}6 - 0{,}4)\,\text{fm} = \underline{\underline{0{,}2\,\text{fm}}} = \underline{\underline{\bar{\lambda}_{C,n}}}.$$

135

a) Für die Bahn-Gs eines Äquatorpunkts ergibt sich:

$$\frac{2\pi R}{T} < c \Rightarrow R < \frac{cT}{2\pi} \approx \frac{3 \cdot 10^{8} \cdot 33 \cdot 10^{-3}}{2\pi}\,\text{m}$$

$$R < 15{,}76 \cdot 10^{5}\,\text{m} \quad \text{oder} \quad \underline{\underline{R < 1576\,\text{km}}}.$$

b) P habe die Masse M. Für eine Masse m am Äquator gibt die Gleichsetzung von Fliehkraft und Anziehungskraft durch M:

$$mR\omega_g^2 \leq G \frac{Mm}{R^2} \Rightarrow 4\pi^2 \nu_g^2 \leq \frac{G}{R^3} \frac{4\pi}{3} R^3 \varrho \Rightarrow$$

$$\pi \nu_g^2 \leq \frac{G\varrho}{3} \Rightarrow \underline{\underline{\nu_g \leq \sqrt{\frac{G\varrho}{3\pi}}}}.$$

|| Da aber zur Gravitation noch die Kohäsion des Festkörpers kommt, kann ν etwas größer als ν_g sein.

c) Wir setzen in die Formel von ν_g ein:

$$\nu_1 \leq \sqrt{\frac{6{,}67 \cdot 10^{-11} \cdot 10^{17}}{3\pi}}\,\text{s}^{-1} = \sqrt{\frac{667}{3\pi}} 10^{2}\,\text{s}^{-1} \approx \underline{\underline{841\,\text{s}^{-1}}};$$

$$\nu_2 \leq \sqrt{\frac{6{,}67 \cdot 10^{-11} \cdot 10^{18}}{3\pi}}\,\text{s}^{-1} = \nu_1 \cdot \sqrt{10} \approx \underline{\underline{2660\,\text{s}^{-1}}}.$$

|| Der Vergleich mit $\nu_0 = 640\,\text{s}^{-1}$ zeigt, daß der Stern 4C21.51 nicht zerbirst.

Nach der Formel von a) wird:

$$R_0 < \frac{3 \cdot 10^{8} \cdot 1{,}6 \cdot 10^{-3}}{2\pi}\,\text{m} = \frac{3 \cdot 80}{\pi} 10^{3}\,\text{m}$$

$$\underline{\underline{R_0 < 76{,}4\,\text{km}}}.$$

136

a) Von 1054 bis 1982 sind 928a vergangen; 1a hat

$0{,}036\cdot 10^5\cdot 0{,}24\cdot 10^2\cdot 365{,}25\,s =$

$= 3{,}15576\cdot 10^7\,s.$

Die gesamte Zunahme in 928a betrug also:

$t_1 = 928\cdot 3{,}15576\cdot 10^7\cdot 4{,}2\cdot 10^{-13}\,s =$

$= 1{,}229\,989\,018\cdot 10^4\cdot 10^{-6}\,s =$

$= 0{,}012\,299\,890\,18\,s;$

nun berechnet sich T_C':

$T_C' = T_C - t_1$

$$\begin{array}{r} 0{,}033\,095\,563\,926\,8\,s \\ -\,0{,}012\,299\,890\,180\,0\,s \\ \hline 0{,}020\,795\,673\,746\,8\,s \end{array}$$

Im Jahre 1054 war $T_C' = 0{,}020\,795\,673\,746\,8\,s$ und $\nu_C' = 1/T_C' \approx 48\,s^{-1}$; heute ist $\nu_C \approx 30\,s^{-1}$.

b) In 1s nimmt T_C um ΔT_C zu; t_C ergibt sich also als Quotient:

$$t_C = \frac{1s}{\Delta T_C} = \frac{1s}{4{,}2\cdot 10^{-13}\,s\cdot s^{-1}} = \frac{100\cdot 10^{11}}{4{,}2}\,s\ ;$$

in [a] ausgedrückt ist dies:

$$t_c = \frac{100\cdot 10^{11}}{4{,}2\cdot 3{,}15576\cdot 10^7}\,a \approx 7{,}5448\cdot 10^4\,a$$

$\underline{\underline{t_c \approx 75\,448\,a}}.$

Für die Rubidiumuhr gilt:

$$t_R = \frac{1s}{10^{-14}\,s\cdot s^{-1}} = 10^{14}\,s = \frac{10\cdot 10^{13}}{3{,}15576\cdot 10^7}\,a$$

$\underline{\underline{t_R \approx 3{,}17\cdot 10^6\,a}}$ (= 3,17 Millionen a).

Für den Millisekunden-P errechnen wir:

$$t_0 = \frac{1s}{10^{-19}\,s\cdot s^{-1}} = 10^5\,t_R \approx \underline{3{,}17\cdot 10^{11}\,a}\ ;$$

$\Delta T^*: 9{,}5\cdot 10^9\,a = 1\,s : 317\cdot 10^9\,a \Rightarrow$

$$\Delta T^* = \frac{9{,}5}{317}\,s \approx 0{,}030\,s = \underline{\underline{30\,ms}}.$$

137

a) Der Jäger geht die 300m in der Zeitdauer:

$$t = \frac{s}{v} = \frac{300m}{6000\,m\,h^{-1}} = \frac{1}{20}\,h = \underline{3\,min}.$$

Der Hund braucht bis zum Haus auch 3min und legt (da er mit 3v läuft) insgesamt 3·300m = 900m zurück.

b) Die Behauptungen stimmen nicht.

Jeder Autofahrer sieht den entgegenkommenden Wagen mit derselben ‚Relativ-Gs' vorbeisausen, nämlich mit $(70+130)\,km\,h^{-1} = 200\,km\,h^{-1}$. Allerdings mildert die (unbewußt wahrgenommene) vorbeifliegende Landschaft diesen Eindruck.

c) Die Söhne fahren zuerst über den Teich; einer bringt das Boot zurück, dann rudert der Vater allein hinüber und bleibt dort. Nun holt der eine Sohn seinen Bruder ab.

d) Ist t (in min) die Zeit meines Aufstiegs, so gilt:

$5\,[m\cdot min^{-1}]\cdot t = 4\,[m\cdot min^{-1}]\,(t + 10\,min) \Rightarrow$

$5t = 4t + 40\,min \Rightarrow \underline{t = 40\,min}.$

In diesen 40 min bin ich 40·5m = 200 gestiegen; daraus folgt:

Der Melibocus ist 517m ü. NN.

e) Da 1980 ein Schaltjahr war, berechnet sich die Haarlänge:

$\ell = 4{,}75\cdot 10^{-9}\,[m\,s^{-1}]\cdot 366{,}25\,[d] =$

$= 4{,}75\cdot 366{,}25\cdot 24\cdot 3600\cdot 10^{-7}\,cm =$

$= 4{,}75\cdot 3{,}6625\cdot 2{,}4\cdot 0{,}36\,cm \approx \underline{15{,}031\,cm}.$

Der Glatzkopf hatte – zwar knapp – die Wette gewonnen.

f) Mit der Formel $s = v\cdot t$ berechnet sich:

$$t_1 = 2\cdot\frac{42}{60}\,h = \frac{8{,}4}{6}\,h = \underline{1{,}4\,h}.$$

Im 2. Fall wird die Fahrtdauer:

$$t_2 = \left(\frac{42}{50} + \frac{42}{70}\right)h = (0{,}84 + 0{,}60)\,h = \underline{\underline{1{,}44\,h}}.$$

t_2 ist um 0,04h = 2,4 min größer als t_1.

Der Fehlschluß im Text ergibt sich daraus, daß t und v indirekt proportionale Größen sind.

g) Die Fahrer kuppeln noch vor der Brücke den Anhänger ab und verlängern die Zugstange durch eine Kette, so daß beide Fahrzeuge gute 3m Abstand haben.

Ist jetzt der LKW mit den Vorderrädern am jenseitigen Brückenende, so ist der Anhänger noch auf fester Straße. Befindet sich der LKW schon zur Hälfte auf festem Boden, so ist der Anhänger knapp zur Hälfte auf der Brücke. In keiner Phase des Überquerens ist die Belastung größer als 3,5t.

h) Die Zugkräfte der Jungen seien a, b, c und d; die 3 Spiele ergeben:

$a+c=b+d \quad (1)$

$a+b<c+d \quad (2)$

$b+c<a+d \quad (3)$;

subtrahiert man (1) von (2), so ergibt sich:

$b-c<c-b \Rightarrow 2b<2c \Rightarrow \underline{b<c}$.

Setzt man dieses Ergebnis in (1) ein, so wird:

$a+b<b+d \Rightarrow \underline{a<d}$.

Subtraktion (1) von (3) gibt:

$b-a<a-b \Rightarrow 2b<2a \Rightarrow \underline{b<a}$;

dies wird in (1) rückeingesetzt:

$b+c<b+d \Rightarrow \underline{c<d}$.

Somit bestehen folgende Ungleichungen:

$b<a<d$ und $b<c<d$;

da 2 Zugkräfte gleich sind, können dies nur a und c sein.

> Die Zwillinge sind A und C; D ist stärker, B schwächer als ein Zwillingsbruder.

i) In dem folgenden Schema bedeuten: 1G = 1 Pf-Gewicht; 1M = 1 Pf Mehl in Tüte; 2M = 2 Pf Mehl in Tüte; usw.

Nach jedem Schritt wird Gleichgewicht hergestellt. Die Pfeile bedeuten, daß die auf der rechten Waagschale (WS) jeweils abgewogenen Mengen auf die linke gegeben werden.

Schritte	Linke WS	Rechte WS
1	1G	1M
2	1G + 1M	2M
3	1G + 1M + 2M	4M
4	1G + 1M + 2M + 4M	8M
5	1M + 2M + 4M + 8M	15M

j) Das Kräftespiel ist das gleiche wie in Aufg. 42: Dort wie hier handelt es sich um Wechselwirkungskräfte, nur werden sie hier durch Seil und Rolle umgeleitet. So wie sich dort beide Boote gleichmäßig einander nähern, so geschieht dies auch hier mit den beiden Massen; wenn also der Affe 3m hochgeklettert ist, wurde auch das Gewicht um 3m gehoben. Daraus folgt:

$W = 2 \cdot 150 \cdot 3\,\text{Nm} = \underline{\underline{900\,\text{J}}}$; $P = \frac{900}{9}\,\text{Js}^{-1} = \underline{\underline{100\,\text{W}}}$.

k) Als Pumuckl Schokoladepudding hörte, lief ihm schon das Wasser im Mund zusammen, und er spielte schier verrückt. Er zog und zerrte an dem einen Teil, er schob und drückte an dem anderen und fluchte dabei gotteslästerlich auf bayrisch. Und plötzlich war der Würfel in 2 Teile zerfallen:

> Pumuckl hatte die Teile diagonal gegeneinander verschoben. (Die Abb. zeigt den unteren Teil mit den Nuten in Draufsicht).

l) > Beim (chemischen) Lösen der Federn erwärmen sich die Säuremengen, doch ist die Temperatur im Gefäß B etwas höher als die in A.

Begründung: Die Spannungsenergie der gestauchten Feder muß sich nach dem Energiesatz ebenfalls in Wärme umgewandelt haben.

m) Beim Eintauchen des Thermometers erhitzt sich zunächst das Glasrohr (ein schlechter Wärmeleiter); dabei wird seine ‚innere Lichte' größer, und der noch kalte Quecksilberfaden sinkt ein wenig. Erst wenn sich dann das Quecksilber erwärmt, dehnt es sich (stärker als das Glas) aus und steigt. (Das gelingt aber nicht mit jedem Thermometer).

n) Alle Körper absorbieren Wärme- und Lichtstrahlen des Sonnenlichts, wodurch sie sich mehr oder weniger stark erwärmen. Dunkle und rauhe Körper ‚verschlucken' viel, helle und glatte (‚spiegelnde') nur sehr wenig an Strahlung.

So kommt es, daß sich die (dunklen) Steine auf der Eisdecke durch Absorption viel stärker erwärmen als das helle (spiegelnde) Eis; dieses schmilzt dann unter den Steinen, und sie sinken ein. Bei längerer Bestrahlungsdauer kann es auch vorkommen, daß die Steine nicht nur einschmelzen, sondern durch eine (dünne) Eisdecke auch durchschmelzen, wobei das Wasser über ihnen sofort zufriert. (Die Lufttemperatur braucht bei diesen Vorgängen nicht 0°C übersteigen).

o) Wenn ein Wassertropfen auf die heiße Platte fällt, bildet sich bei der Berührung sofort eine Dampfschicht zwischen Platte und Tropfen, auf welcher der Tropfen sozusagen schwimmt. Da Dampf ein schlechter Wärmeleiter ist, verdampft der Tropfen zunächst sehr langsam. Durch den Rückstoß kleiner Dampfblasen tänzelt er hin und her. Bleibt er an einer Stelle etwas länger stehen, so kühlt sich unter ihm die Platte soweit ab, daß kein ausreichender Dampfpolster gebildet werden kann; der (klein gewordene) Tropfen berührt die Platte und verdampft augenblicklich.

Es gibt Fakire, die barfuß über glühende Kohlen gehen, ohne sich zu verbrennen. Es wird auch berichtet, daß man – ohne Schaden zu nehmen – eine schweißnasse Hand kurzfristig in flüssiges Eisen (≈ 1500°C) tauchen kann! (Dies ist nur mit dem Leidenfrost-Phänomen erklärbar).

p) Der Kapitän zum Schiffsjungen: „Wahrscheinlich habt ihr in der Schule gelernt, daß ein schwimmendes Schiff soviel Wasser verdrängen muß, daß das Gewicht des verdrängten Wasservolumens gleich dem Schiffsgewicht ist. Nun sind wir aus dem Salzwasser der Nordsee in das Süßwasser der Elbe gefahren, das spezifisch leichter als das Nordseewasser ist. Deshalb muß jetzt das Schiff mehr verdrängen und deshalb auch tiefer eintauchen."

q) ‖ Hänschen gewann die Wette.

Hinter der Vase V (Abb.) kommen die ‚Stromlinien' des Anblase-Luftstroms wieder zusammen, so daß das brennende Streichholz S dort ausgepustet wird – genau wie im direkten Luftstrom vor V.

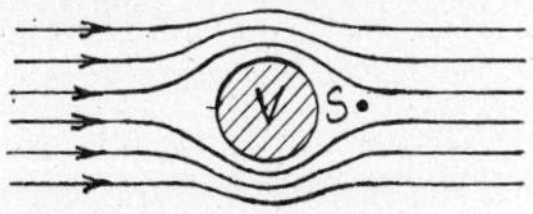

r) Der Kunde sitzt vor einem Spiegel und sieht in ihm (neben seinem eigenen Spiegelbild) das der Eingangstür, auf der – von innen gesehen – der Name in ‚Spiegelschrift' steht. Das Spiegelbild der Spiegelschrift ist nun wieder normale Schrift.

Es ist aber auch möglich, daß der Kunde den Namen auf dem gerahmten Meisterbrief, der über oder neben dem Spiegel hing, lesen konnte.

s) In der Netzhaut des menschlichen Auges gibt es Millionen ‚Lichtsinneszellen' (Photorezeptoren), die in 2 Arten zerfallen, die ‚Zapfen' und die ‚Stäbchen'. Die ersteren vermitteln auf Grund ihrer verschiedenen Empfindlichkeit für 3 Grundfarben (rot, grün, blau) das farbliche Sehen. Hingegen haben die Stäbchen für alle Farben die gleiche Empfindlichkeit, die aber erheblich höher ist als die der Zapfen. Auch gibt es viel mehr Stäbchen als Zapfen.

Aus diesem Grunde sehen wir bei Tageslicht bzw. bei genügend heller künstlicher Beleuchtung mit den Zapfen, also farbig. Bei sehr geringer Beleuchtung (in der Nacht) sprechen aber – trotz größerer Pupille – nur die Stäbchen an; daher werden die Farben als ‚Grautöne' gesehen. Das Nachtsehen entspricht also der Schwarzweißfotografie, allerdings mit verminderten Kontrasten.

Haben wir es also bei Tag mit einer einfarbigen Katze zu tun, so erscheint sie dem nachtsehenden Auge einheitlich grau. Eine 3-gescheckte Katze (z.B. weiß, gelb, schwarz) ist in der Nacht auch 3-gescheckt: Weißgrau, grau, schwarz.

Das Sprichwort könnte genauer lauten:

‖ In der Nacht sind alle Katzen unbunt (grau oder graugescheckt).

t) In Aufg. 111 wurde darauf hingewiesen, daß das Ohmsche Gesetz sowohl für den ganzen Stromkreis (äußeren und inneren) als auch für einen Teil gilt. Mein Schwager setzte also die Gleichung an:

$$U_0 = I(R_a + R_i) = IR_a + IR_i \quad (1);$$

U_0 = Urspannung; R_a = äußerer Widerstand (hier innerer Widerstand des Amperemeters); R_i = innerer Widerstand der Batterie. (Beachte die Stationarität von I).

IR_a muß – wieder nach dem Ohmschen Gesetz – gleich U_1 sein, der sog. ‚Klemmenspannung'. Damit geht (1) über in:

$$U_0 = U_1 + IR_i \Rightarrow R_i = \frac{U_0 - U_1}{I} = \frac{4{,}5 - 1{,}5}{1{,}5}\,\Omega = \underline{\underline{2\,\Omega}}.$$

Damit läßt sich R_a berechnen:

$$R_a = \frac{U_1}{I} = \frac{1{,}5}{1{,}5}\,\Omega = \underline{\underline{1\,\Omega}}.$$

‖ Die Batterie hat den Innenwiderstand 2 Ω, der innere Widerstand des Amperemeters ist 1 Ω.

u) B hatte das MR um den Globus herumgeführt und den Stiel etwa radial gehalten; dabei hatte das Rädchen 1 volle Umdrehung mehr ausgeführt als es der Äquatorlänge entspricht. (Das passiert nicht beim Ausmessen einer geschlossenen Kurve in der Ebene, wenn der Stiel immer senkrecht zur Ebene gehalten wird!) Der Vater machte es abends einfacher: Er hielt den Stiel senkrecht zum Äquator und drehte den Globus unter dem Rädchen einmal herum; er maß 100 cm.

B hatte 103 cm gemessen; daraus folgt:

> Der Umfang des MR beträgt $u = 3$ cm, daher ist der Durchmesser $u/\pi \approx 9{,}6$ mm.

v) Die Abb. zeigt den NP mit einigen Meridianen. Wenn das Flugzeug in Spitzbergen (S) startet, so schließt seine Flugrichtung mit den Meridianen immer den Winkel 45° ein; es gelangt also in nördlichere Breiten; daraus folgt:

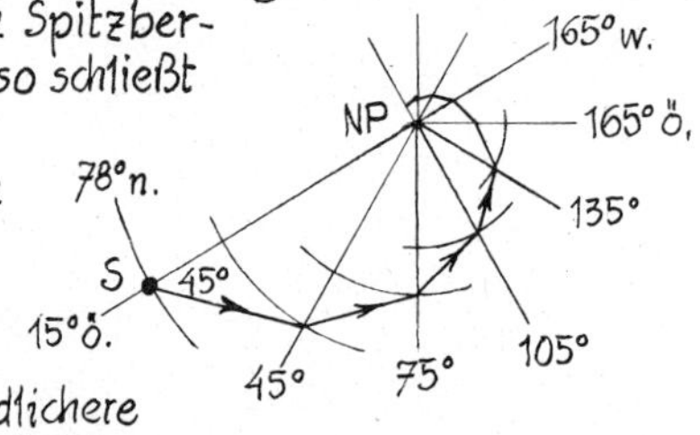

> Das Flugzeug muß am NP landen; hier wird ein weiterer NO-Kurs sinnlos.

Die Flugbahn ist in Wirklichkeit eine Kurve (nicht wie in der Abb. ein gebrochener Streckenzug); sie heißt „Loxodrome".

w) > Der 15. Oktober 1582 war ein Freitag, nämlich der unmittelbar(!) auf den 4. Oktober folgende Tag. Es ist also anzunehmen, daß auch an diesem Tag in Rom schönes Wetter herrschte.

In dieser Zeit erfolgte durch den Papst Gregor XIII (1502–1585, Papst seit 1572) die Reform des „Julianischen Kalenders" (nach Julius Caesar benannt), der den Jahreszeiten, z.B. dem Frühlingsanfang damals um ≈ 10 Tage vorausgeeilt war. Eben diese Zeitspanne wurde zwischen dem 4. und 15.10.1582 ausgelassen, wobei aber die Wochentage ohne Überspringung weitergezählt wurden.

x) > Das genaue Geburtsdatum Newtons ist bekannt: Der 4.1.1643 nach unserer heutigen Zeitrechnung, also dem „Gregorianischen Kalender."

Zu dieser Zeit galt in England noch der Julianische Kalender, der damals um ≈ 11 Tage hinter dem Gregorianischen nachhinkte. Daher ist nach Julianischer Zeitrechnung Newton am 24.12.1642 geboren. Der Gregorianische Kalender wurde in England erst 1752 (also nach Newtons Tod) eingeführt.

y) > Befindet sich der Vollmond im Zenit, so ist wird er unter größerem Sehwinkel gesehen als am Horizont.

Begründung: Wenn der Mond M im Zenit steht (Abb.), ist er der Erde E um 1 Erdradius näher als wenn er über dem Horizont H gesehen wird. Es muß also $\alpha > \beta$ sein.

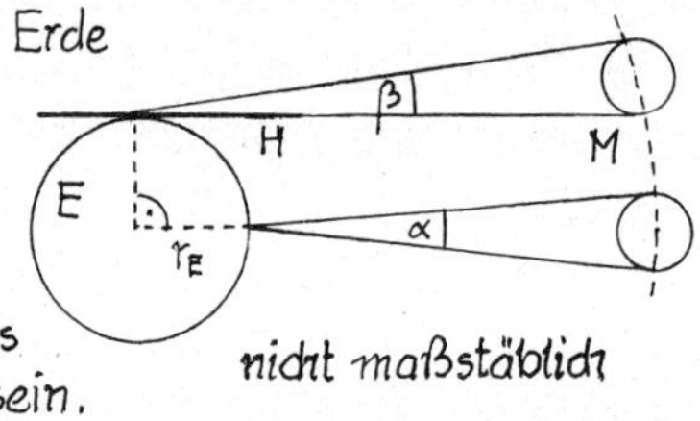

> Die Antwort gilt auch für unsere Breiten, doch ist dann der Unterschied zwischen α und β kleiner.

Bemerkung: Daß der Vollmond dem Auge am Horizont größer erscheint als wenn er hoch am Himmel steht, ist eine „optische Täuschung".

z) Wir setzen SP_1 (Abb. des Textes) als „Ausgangsschenkel" der Winkelmessung (im Uhrzeigersinn) fest; P_1 überstreicht pro [a] einen Winkel von 60°, P_2 einen Winkel von 90°, und P_3 den vollen Winkel (360°). Wir „bringen" zunächst P_1 und P_2 in Konjunktion; dann muß die Gleichung gelten:

$T \cdot 60° = T \cdot 90° - 135°$ (T in [a]) $\Rightarrow$

$30T = 135 \Rightarrow \underline{T = 4{,}5\,a}$

P_1 hat dann den Winkel $4{,}5 \cdot 60° = 270°$ überstrichen (Abb.) Wir sehen ohne Rechnung, daß auch P_3 nach 4,5 a in dieselbe Konjunktion gelangt.

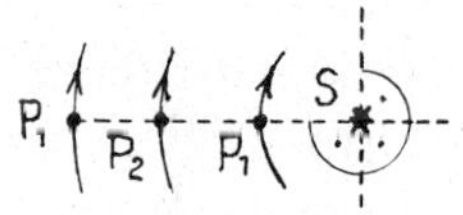

> Nach T = 4,5 a tritt zum 1. Mal Konjunktion ein (in der abgebildeten Stellung).

138 *

a) Aus dem $\Delta MF'F$ (Abb.) folgt:

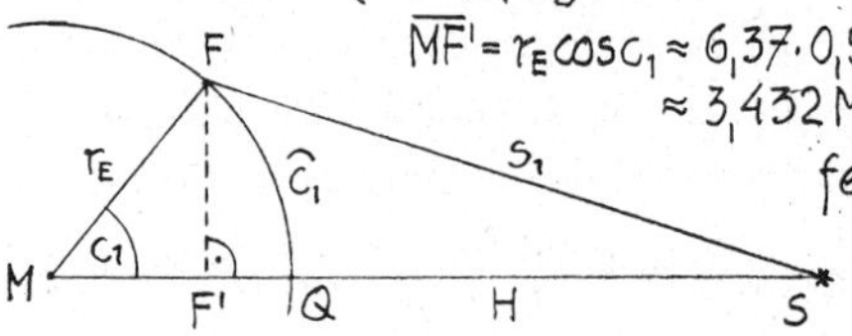

$\overline{MF'} = r_E \cos c_1 \approx 6{,}37 \cdot 0{,}539$ Mm $\approx$
$\approx 3{,}432$ Mm;

ferner folgt aus der Abb.:

$\overline{SF'} = H + r_E - \overline{MF'} \approx (35{,}77 + 6{,}37 - 3{,}432)$ Mm $=$
$= \underline{38{,}708\text{ Mm}}$.

Aus demselben Dreieck wird:

$\overline{FF'} = r_E \sin c_1 \approx 6{,}37 \cdot 0{,}842$ Mm $\approx \underline{5{,}366\text{ Mm}}$;

und schließlich errechnen wir aus dem $\Delta FF'S$:

$$s_1 = \sqrt{\overline{SF'}^2 + \overline{FF'}^2} \approx \sqrt{1527{,}103}\ \text{Mm} \approx \underline{\underline{39{,}078\ \text{Mm}}}.$$

b) Zur Weiterrechnung kann die obige Zeichnung verwendet werden, indem man entsprechende Ersetzungen vornimmt: c_1 durch c_2, s_1 durch s_2, F durch N und F' durch N':

$$\overline{MN'} = r_E \cos c_2 \approx 6{,}37 \cdot 0{,}497\ \text{Mm} \approx 3{,}166\ \text{Mm};$$

$$\overline{SN'} \approx (35{,}77 + 6{,}37 - 3{,}166)\ \text{Mm} \approx \underline{38{,}974\ \text{Mm}};$$

$$\overline{NN'} = r_E \sin c_2 \approx 6{,}37 \cdot 0{,}868\ \text{Mm} \approx \underline{5{,}529\ \text{Mm}};$$

$$s_2 = \sqrt{\overline{SN'}^2 + \overline{NN'}^2} \approx \sqrt{1549{,}543}\ \text{Mm} \approx \underline{\underline{39{,}364\ \text{Mm}}}.$$

Also wird:

$$s \approx (39{,}078 + 39{,}364)\ \text{Mm} = 78{,}442\ \text{Mm}$$

$$\underline{s \approx 79\ \text{Mm}}.$$

Dieser Übertragungsweg wurde vom FTZ (Fernmeldetechnisches Zentralamt der Deutschen Bundespost) in Darmstadt bestätigt.

c) Aus $s = c \cdot \Delta t$ folgt:

$$c = \frac{s}{\Delta t} \approx \frac{79}{0{,}27}\ \text{Mms}^{-1} \approx \underline{\underline{292{,}6\ \text{Mms}^{-1}}}.$$

Mit $\Delta t = 0{,}26\,\text{s}$ ergibt sich der Wert $c \approx 303{,}8\ \text{Mms}^{-1}$.

139 *

Nach dem Unabhängigkeitsprinzip ist die Relativ-Gs des Lichts für den Strahl 1 $(c - v)$ auf dem Hinweg, und $(c + v)$ auf dem Rückweg; daher wird t_1:

$$t_1 = \frac{\ell}{c - v} + \frac{\ell}{c + v} = \ell \frac{2c}{c^2 - v^2} = \frac{2\ell}{c} \frac{1}{1 - v^2/c^2} = \underline{\frac{2\ell}{c} \frac{1}{1 - \beta^2}}.$$

Für den Strahl 2 ist die Relativ-Gs auf dem Hin- und auf dem Rückweg

$$c' = \sqrt{c^2 - v^2}$$

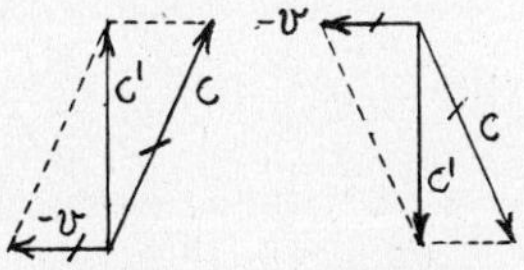

Hinweg Rückweg

(s. Abb.) (Beachte, daß für den Laborbeobachter die Gs des Ätherwinds $-\vec{v}$ ist). Daraus folgt:

$$t_2 = \frac{2\ell}{\sqrt{c^2 - v^2}} = \frac{2\ell}{c} \frac{1}{\sqrt{1 - \beta^2}};$$

$\Delta t = t_2 - t_1$ gibt den im Text angeführten Ausdruck.

140

a) Wir errechnen den lim von w für $c \to \infty$:

$$\lim_{c\to\infty} w = \lim_{c\to\infty} \frac{u + v}{1 + uv/c^2} = \frac{u + v}{1} = \underline{\underline{u + v}}.$$

b) Die Überschrift der Aufg. (die mathematisch natürlich falsch ist) soll heißen, daß c und c nach dem ATG der RT addiert nur wieder c ergibt. In der Tat ist:

$$\frac{c + c}{1 + c^2/c^2} = \frac{2c}{1 + 1} = \underline{\underline{c}}.$$

c) Wir setzen $u = c$ und lassen $v \to -c$ gehen:

$$w = \lim_{v\to -c} \frac{c + v}{1 + vc/c^2} = \lim_{v \to -c} \frac{c + v}{c + v} c = \lim_{v\to -c} 1 \cdot c = \underline{\underline{c}}.$$

d) Klassisch würde $u = w - v$ sein; relativistisch wird:

$$u = \frac{w - v}{1 - vw/c^2}.$$

(Man kann auch Formel (6) des Textes umformen:

$$w + \frac{vw}{c^2} u = u + v \Rightarrow u\left(1 - \frac{vw}{c^2}\right) = w - v;$$

daraus geht obige Formel hervor).

Mit Werten:

$$u = \frac{0{,}82c - 0{,}1c}{1 - 0{,}82 \cdot 0{,}1} = \frac{0{,}72}{0{,}918} c \approx \underline{\underline{0{,}78c}}.$$

e) Nach dem relativistischen ATG wird:

$$w_r = \frac{1500}{1 + \frac{680 \cdot 820}{9 \cdot 10^{16}}}\ \text{ms}^{-1} \approx \frac{1500}{1 + 6{,}2 \cdot 10^{-12}}\ \text{ms}^{-1};$$

zum Weiterrechnen bedient man sich eines hilfreichen Tricks, der bereits im Text der Aufg. 139 angewandt wurde: Man erweitert den Bruch mit $(1 - 6{,}2 \cdot 10^{-12})$ und vernachlässigt das Glied mit 10^{-24}:

$$w_r \approx \frac{1500(1 - 6{,}2 \cdot 10^{-12})}{1 - 6{,}2^2 \cdot 10^{-24}}\ \text{ms}^{-1} \approx w - 1{,}5 \cdot 10^3 \cdot 6{,}2 \cdot 10^{-12}\ \text{ms}^{-1}$$

$$w_r \approx \underline{w - 9{,}3\ \text{nm} \cdot \text{s}^{-1}}.$$

‖ Die relativistische Abnahme ist bloß $\approx 9{,}3\ \text{nm} \cdot \text{s}^{-1}$!

141 *

a) Koeffizienten-Gleichsetzung ergibt:

$$m^2 - 1 = c^2 p^2$$

$$2mvq = 2c^2 pq \Rightarrow p = \frac{mv}{c^2}$$

$$v^2 q^2 = c^2 q^2 - c^2 \Rightarrow q^2(c^2 - v^2) = c^2 \Rightarrow \underline{q = \frac{1}{\sqrt{1 - \beta^2}}}.$$

Aus Gleichung (5) des Textes wird:

$$n = \frac{v}{\sqrt{1-\beta^2}};$$

wir setzen nun $p = \frac{mv}{c^2}$ in die 1. Gleichung ein:

$$m^2 - 1 = \frac{m^2 v^2}{c^2} \Rightarrow m^2\left(1-\frac{v^2}{c^2}\right) = 1 \Rightarrow m = \frac{1}{\sqrt{1-\beta^2}};$$

schließlich wird:

$$p = \frac{mv}{c^2} = \frac{v/c^2}{\sqrt{1-\beta^2}}.$$

Einsetzen dieser 4 Konstanten in (3) und (4) gibt die gesuchten Transformationen:

$$x = \frac{x' + vt'}{\sqrt{1-\beta^2}}; \quad t = \frac{t' + \frac{v}{c^2}x'}{\sqrt{1-\beta^2}}.$$

Daß die Vorzeichen der Wurzeln richtig sind, sieht man, wenn man $v \to 0$ gehen läßt.

b) Aus (6) errechnet man:

$$\ell = x_2 - x_1 = \frac{x_2' + vt'}{\sqrt{1-\beta^2}} - \frac{x_1' + vt'}{\sqrt{1-\beta^2}} = \frac{x_2' - x_1'}{\sqrt{1-\beta^2}} = \frac{\ell'}{\sqrt{1-\beta^2}} \Rightarrow$$

$$\ell' = \ell\sqrt{1-\beta^2}.$$

c) Setzen wir in (7) $v = c$, so wird:

Die Dicke eines Lichtquants in Flugrichtung ist null.

Der ‚Verkürzungsfaktor' für ein α-Teilchen berechnet sich zu:

$$\sqrt{1-\beta^2} = \sqrt{1-\left(\frac{0{,}3c}{c}\right)^2} = \sqrt{1-0{,}09} = \sqrt{0{,}91} \approx 0{,}95.$$

Der Durchmesser des α-Teilchens verkürzt sich um $\approx 5\%$.

Da für $v = 30\,\mathrm{km\,s^{-1}}$ der Verkürzungsfaktor wenig kleiner als 1 ist, formen wir zur leichteren Ausrechnung um:

$$\sqrt{1-\beta^2} \approx \sqrt{1-\beta^2+\frac{1}{4}\beta^4} = \sqrt{\left(1-\frac{1}{2}\beta^2\right)^2} = 1-\frac{1}{2}\beta^2;$$

mit Werten:

$$\ell' \approx \ell\left[1-\frac{1}{2}\left(\frac{30}{3\cdot 10^5}\right)^2\right] = \ell - \ell\cdot\frac{1}{2}10^{-8} =$$

$$= 2\cdot 6370\,\mathrm{km} - 6370\cdot 10^{-8}\,\mathrm{km} =$$

$$= 2\cdot 6370\,\mathrm{km} - 6{,}37\,\mathrm{cm}.$$

Der Durchmesser der Erde verkürzt sich (in Bewegungsrichtung um die Sonne) um $\approx 6{,}4$ cm, was mit freiem Auge absolut nicht feststellbar wäre.

142

a) Laut Text wird die Ansatzgleichung:

$$\frac{s}{v} = \frac{\tau}{\sqrt{1-\beta^2}} \Rightarrow s^2\left(1-\frac{v^2}{c^2}\right) = v^2\tau^2 \Rightarrow$$

$$s^2c^2 - s^2v^2 = v^2\tau^2c^2 \Rightarrow v^2(s^2+\tau^2c^2$$

$$v = \frac{sc}{\sqrt{s^2+\tau^2c^2}} = \frac{1}{\sqrt{1+\left(\frac{\tau c}{s}\right)^2}}c;$$

mit Werten errechnen wir:

$$\left(\frac{\tau c}{s}\right)^2 = \left(\frac{2{,}2\cdot 10^{-6}\cdot 3\cdot 10^5}{6{,}6}\right)^2 = 10^{-2} = 0{,}01;$$

$$v = \frac{1}{\sqrt{1{,}010}}c \approx 0{,}995c.$$

Der Dilatationsfaktor wird:

$$1 : \sqrt{1-\left(\frac{v}{c}\right)^2} \approx 1 : \sqrt{1-\frac{1}{1{,}01}} \approx 1 : 0{,}0099 \approx 101.$$

Die Gs des Myons betrug $\approx 99{,}5\%$ von c; es lebte $\approx 2{,}2\cdot 101\,\mu s \approx 222\,\mu s$.

b) Wir berechnen zunächst den Dilatationsfaktor:

$$k = \frac{1}{\sqrt{1-\beta^2}} = \frac{1}{\sqrt{1-0{,}99942^2}} \approx \frac{1}{\sqrt{0{,}00116}} \approx 29{,}4;$$

damit wächst die (mittlere) Lebensdauer auf:

$$\tau\cdot k \approx 2{,}2\cdot 29{,}4\,\mu s \approx 65\,\mu s.$$

Ein Myon mache n Umläufe; es gilt also:

$$14\pi\cdot n\,[\mathrm{m}] \approx 0{,}99942\cdot 3\cdot 10^8\,[\mathrm{m\,s^{-1}}]\cdot 65\cdot 10^{-6}\,[\mathrm{s}] \Rightarrow$$

$$n \approx \frac{0{,}99942\cdot 195\cdot 10^2}{14\pi} \approx 443.$$

Das Myon lebt $\approx 65\,\mu s$ im Speicherring und durchläuft ihn in dieser Zeit ≈ 443-mal.

c) Wir gehen von Formel (1) des Textes aus und wandeln sie für kleine β um:

$$t' = t\sqrt{1-\beta^2} \approx t\sqrt{1-\beta^2+\frac{1}{4}\beta^4} = t\left(1-\frac{1}{2}\beta^2\right) \Rightarrow$$

$$\Delta t = t' - t = -\frac{1}{2}\beta^2\cdot t.$$

Wir berechnen v und $\frac{1}{2}\beta^2$ gesondert:

$$v = \frac{394\cdot 10^3}{2\cdot 24\cdot 3{,}6\cdot 10^3}\,\mathrm{km\,s^{-1}} \approx 2{,}28\,\mathrm{km\,s^{-1}} \Rightarrow$$

$$\frac{1}{2}\beta^2 = \frac{1}{2}\left(\frac{22{,}8\cdot 10^{-1}}{3\cdot 10^5}\right)^2 = \frac{1}{2}\left(7{,}6\cdot 10^{-6}\right)^2 \approx 2{,}9\cdot 10^{-11};$$

damit und mit t = 4d wird:

$$\Delta t \approx -2{,}9\cdot 10^{-11}\cdot 4\cdot 24\cdot 3{,}6\cdot 10^{3}\,\text{s} \approx -1002\cdot 10^{-8}\,\text{s} \approx$$

$$\approx \underline{\underline{-10\,\mu\text{s}}}.$$

d) Wir gehen genauso vor wie bei c):

$$v = \frac{900}{3{,}6\cdot 10^{3}}\,\text{kms}^{-1} = 2{,}5\cdot 10^{-1}\,\text{kms}^{-1};$$

$$\frac{1}{2}\beta^2 = \frac{1}{2}\left(\frac{25\cdot 10^{-2}}{3\cdot 10^{5}}\right)^2 \approx \frac{1}{2}\left(8{,}33\cdot 10^{-7}\right)^2 \approx \underline{34{,}7\cdot 10^{-14}};$$

damit wird:

$$\Delta t = -\frac{1}{2}\beta^2 t \approx -3{,}47\cdot 10^{-13}\cdot 8\cdot 3{,}6\cdot 10^{3} \approx -100\cdot 10^{-10}\,\text{s} =$$

$$= \underline{\underline{-10\,\text{ns}}}.$$

Das Nachgehen der Borduhr wäre gerade noch meßbar, im ungünstigsten Fall würde es ≈ 2 ns betragen.

143

a) Die Ansatzgleichung lautet:

$$\frac{m_e}{\sqrt{1-\beta^2}} = 40\,000\,m_e \Rightarrow \sqrt{1-\beta^2} = \frac{1}{4\cdot 10^4} = 2{,}5\cdot 10^{-5} \Rightarrow$$

$$1-\beta^2 = 6{,}25\cdot 10^{-10} \Rightarrow \beta = \sqrt{1-6{,}25\cdot 10^{-10}};$$

mit der bekannten Näherung wird daraus:

$$\frac{v}{c} \approx 1 - \frac{1}{2}6{,}25\cdot 10^{-10} \Rightarrow v = c - 3{,}125\cdot 10^{-10}\,c$$

$$v \approx c - 3{,}125\cdot 10^{-10}\cdot 3\cdot 10^{8}\,\text{ms}^{-1} = \underline{c - 9{,}375\cdot 10^{-2}\,\text{ms}^{-1}}.$$

v ist um ≈ 9,4 cms^{-1} kleiner als c. Es fällt auf, daß diese Abweichung bedeutend kleiner ist als die ‚Schwankung' von c selbst (±1,2 ms^{-1}).

b) Der Impulssatz gibt den Ansatz:

$$m(u)\cdot u + m_0\cdot 0 = 2m(v)\cdot v \Rightarrow$$

$$\frac{m_0}{\sqrt{1-0{,}8^2}}\cdot 0{,}8c = \frac{2m_0}{\sqrt{1-\beta^2}}v \Rightarrow \frac{0{,}8}{0{,}6}\sqrt{1-\beta^2} = 2\frac{v}{c} \Rightarrow$$

$$\sqrt{1-\beta^2} = \frac{3}{2}\beta \Rightarrow 1-\beta^2 = \frac{9}{4}\beta^2 \Rightarrow \beta^2 = \frac{4}{13} \Rightarrow$$

$$\frac{v}{c} = \frac{2}{\sqrt{13}} \Rightarrow \underline{\underline{v \approx 0{,}55c}}.$$

Klassisch ergibt sich:

$$m_0\cdot 0{,}8c = 2m_0\cdot v_K \Rightarrow \underline{\underline{v_K = 0{,}4c}}.$$

144

a) Äquivalenz-Ruhenergien:

Elektron:

$$E_e = m_e c^2 = \frac{9{,}1\cdot 10^{-31}\cdot 9\cdot 10^{16}}{1{,}6\cdot 10^{-19}}\,\text{eV} \approx 51{,}2\cdot 10^{4}\,\text{eV} = \underline{\underline{512\,\text{keV}}}.$$

Myon:

$$E_\mu = 207\,E_e \approx 207\cdot 0{,}512\,\text{MeV} \approx \underline{\underline{106\,\text{MeV}}}.$$

Proton:

$$E_p = 1836\cdot 0{,}512\,\text{MeV} = \underline{\underline{940\,\text{MeV}}}.$$

b) Nach derselben Grundformel wird:

$$E = 2m_e c^2 = 2\cdot 9{,}1\cdot 10^{-31}\cdot 9\cdot 10^{16}\,\text{J} \approx 163{,}8\cdot 10^{-15}\,\text{J} =$$

$$= \underline{\underline{163{,}8\,\text{fJ}}}\ \text{(Femto-J)}.$$

$$E = 2hf \Rightarrow f = \frac{E}{2h} \approx \frac{163{,}8\cdot 10^{-15}}{2\cdot 6{,}6\cdot 10^{-34}}\,\text{s}^{-1} \approx 12{,}4\cdot 10^{19}\,\text{Hz}$$

$$\underline{\underline{f \approx 124\,\text{EHz}}}\ \text{(Exa-Hz)}.$$

Zur Berechnung von λ dient die Wellengleichung:

$$\lambda = \frac{c}{f} \approx \frac{3\cdot 10^{8}}{1{,}24\cdot 10^{20}}\,\text{m} \approx 2{,}42\cdot 10^{-12}\,\text{m} = \underline{\underline{2{,}42\,\text{pm}}}.$$

Es handelt sich um harte Röntgen- bzw. γ-Strahlen.
Die 3 Erhaltungssätze sind: Energie-, Impuls- und Ladungs-Erhaltungssatz.

c) Umrechnung von 1 kWh:

$$1\,\text{kWh} = 10^3\cdot 3{,}6\cdot 10^3\,\text{Ws} = 3{,}6\cdot 10^6\,\text{J}.$$

In 10a verbraucht der Haushalt die Äquivalenzmasse:

$$m = \frac{E}{c^2} = \frac{10\cdot 5\cdot 10^3\cdot 3{,}6\cdot 10^6}{9\cdot 10^{16}}\,\text{kg} = 2\cdot 10^{-6}\,\text{kg} = \underline{\underline{2\,\text{mg}}}.$$

In 10a verbraucht der Haushalt 2 mg ‚elektrische Äquivalenzmasse'.

Die Äquivalenzmasse für 1 kWh = $3{,}6\cdot 10^6$ J ist:

$$\frac{3{,}6\cdot 10^6}{9\cdot 10^{16}}\,\text{kg} = 4\cdot 10^{-11}\,\text{kg} = 4\cdot 10^{-8}\,\text{g};$$

$$\frac{0{,}12}{4\cdot 10^{-8}}\,\text{DM} = \frac{12}{4}10^6\,\text{DM} = \underline{3\cdot 10^6\,\text{DM}}.$$

1 g elektrische Energie hat den stolzen Preis von 3 Millionen DM.

d) Berechnung von Δm nach der Formel im Text:

$$\Delta m = (2\cdot 1{,}6725 + 2\cdot 1{,}675 - 6{,}645)\cdot 10^{-27}\,\text{kg} = (6{,}695 - 6{,}645)\cdot 10^{-27}\,\text{kg} = 0{,}05\cdot 10^{-27}\,\text{kg};$$

daher wird E_B in eV:

$$E_B = \Delta m\cdot c^2 = \frac{0{,}5\cdot 10^{-28}\cdot 9\cdot 10^{16}}{1{,}6\cdot 10^{-19}}\,\text{eV} \approx 2{,}8\cdot 10^{7}\,\text{eV}$$

$$\underline{\underline{E_B \approx 28\,\text{MeV}.}}$$

(E_B wird gewöhnlich negativ angegeben).

1g Helium enthält $\frac{1\,\text{g}}{6{,}645\cdot 10^{-24}\,\text{g}} \approx 1{,}5\cdot 10^{23}$ Atome; daher wird:

$$E = 1{,}5\cdot 10^{23}\cdot 28\cdot 10^{6}\cdot 1{,}6\cdot 10^{-19}\,\text{J} = 67{,}2\cdot 10^{10}\,\text{J} = \frac{67{,}2\cdot 10^{10}}{3{,}6\cdot 10^{6}}\,\text{kWh} \approx 18{,}67\cdot 10^{4}\,\text{kWh};$$

die Anzahl der Haushalte wird damit:

$$\frac{18{,}67\cdot 10^{4}}{5\cdot 10^{3}} \approx 37{,}3.$$

Die bei Bildung von 1g Helium freigesetzte Energie könnte ≈ 37 Haushalten 1a lang elektrische Energie liefern.

e) Wir gehen von der Formel für E_r aus:

$$mc^2 = \frac{m_0c^2}{\sqrt{1-\beta^2}} \Rightarrow E_r^2(1-\beta^2) = E_0^2 \Rightarrow 1-\beta^2 = \left(\frac{E_0}{E_r}\right)^2 \Rightarrow$$

$$\beta = \sqrt{1-\left(\frac{E_0}{E_r}\right)^2} \Rightarrow \underline{v \approx c\left[1-\frac{1}{2}\left(\frac{E_0}{E_r}\right)^2\right]}$$

$$v = c\left[1-\frac{1}{2}\left(\frac{512\cdot 10^{3}}{7{,}5\cdot 10^{9}}\right)^2\right] \approx c\,(1-2330\cdot 10^{-12}) =$$

$$= c - 2{,}33\cdot 10^{-9}\cdot 3\cdot 10^{8}\,\text{ms}^{-1} \approx \underline{c - 0{,}7\,\text{ms}^{-1}}.$$

v ist nur um ≈ 7 dm·s^{-1} kleiner als c.

f) Geht $v > c$ gegen c, so wird in der Formel für E_r der Nenner kleiner, E_r also größer; daraus folgt:

Bei Zuführung von Energie wird das Tachyon abgebremst.
Für $v = c$ würde E_r ∞ groß werden, d.h. c ist die untere Grenze der Tachyonen-Gs. Aus diesem Grund können Tachyonen auch nicht auf Unterlicht-Gs gebracht werden.

145

a) Aus dem Gs-Parallelogramm in Q (Abb.) folgt:

$$\tan\vartheta = \frac{a\cdot\Delta t}{c};$$

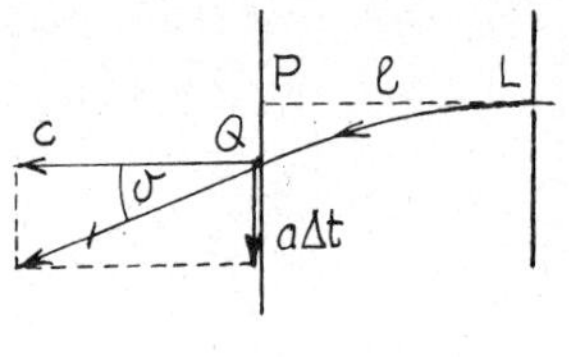

hierin ist Δt die ‚Falldauer' des Lichts (für $\overline{PQ}$); sie ist gleich der Zeit, in welcher die Strecke $\ell = \overline{LP}$ zurückgelegt wurde; also ist:

$$\underline{\underline{\tan\vartheta = \frac{a\ell}{c^2}}}.$$

Mit den gegebenen Werten wird:

$$\tan\vartheta = \frac{10\cdot 9}{9\cdot 10^{16}} = 10^{-15};$$

für diesen kleinen Wert ist aber $\tan\vartheta \approx \vartheta$:

$$\vartheta \approx \frac{180°}{\pi}10^{-15} = \left(\frac{1{,}8\cdot 3{,}6}{\pi}10^{-10}\right)'' \approx \underline{\underline{(2\cdot 10^{-10})''}}.$$

Die Werte für die Sonne ergeben ($\tan\vartheta_\odot \approx \vartheta_\odot$):

$$\vartheta_\odot \approx \frac{270\cdot 1{,}4\cdot 10^{9}}{9\cdot 10^{16}} = 4{,}2\cdot 10^{-6}\ \text{(rad)};$$

$$\vartheta_\odot \approx \left(\frac{1}{\pi}1{,}8\cdot 3{,}6\cdot 10^{5}\cdot 4{,}2\cdot 10^{-6}\right)'' \approx \underline{\underline{0{,}87''}}.$$

b) Nach Gleichung (2) des Textes wird:

$$\frac{\Delta\lambda}{\lambda} = \frac{gH}{c^2} = \frac{9{,}81\cdot 22{,}6}{9\cdot 10^{16}} \approx \underline{\underline{2{,}46\cdot 10^{-15}}}.$$

c) Mit den angegebenen Werten errechnen wir:

$$\Delta t = \frac{g_n r_E}{c^2}t_0 = \frac{9{,}8\cdot 6{,}37\cdot 10^{6}}{9\cdot 10^{16}}\cdot 1\text{a} \approx$$

$$\approx 6{,}94\cdot 10^{-10}\cdot 365{,}25\cdot 24\cdot 3{,}6\cdot 10^{3}\,\text{s} \approx 219\cdot 10^{-4}\,\text{s}$$

$$\underline{\underline{\Delta t \approx 22\,\text{ms}.}}$$

146

a) Umrechnung von R:

$$R = 1{,}6\cdot 10^{26}\,\text{m} = \frac{16\cdot 10^{25}}{9{,}46\cdot 10^{15}}\,\text{LJ} \approx 1{,}69\cdot 10^{10}\,\text{LJ} = \underline{\underline{17\,\text{GLJ}}}.$$

Der Umfang des WA wird

$$u = \underline{\underline{2\pi R}} = 2\pi\cdot 1{,}6\cdot 10^{26}\,\text{m} \approx 10{,}05\cdot 10^{26}\,\text{m} \approx \underline{\underline{10^{27}\,\text{m}}}.$$

$$u \approx \frac{10{,}05\cdot 10^{26}}{9{,}46\cdot 10^{15}}\,\text{LJ} \approx 1{,}06\cdot 10^{11}\,\text{LJ} = \underline{\underline{106\,\text{GLJ}}}.$$

Die größte geodätische Entfernung ist 0,5u:

$$D = 0{,}5u \approx \underline{\underline{5\cdot 10^{26}\,\text{m}}} \approx \underline{\underline{53\,\text{GLJ}}}.$$

$$\frac{5{,}3\cdot 10^{10}}{1{,}5\cdot 10^{10}} \approx 3{,}5.$$

Die größten Fernrohre ‚reichen' $\approx 2/7$ der maximalen geodätischen Entfernung ins WA ‚hinaus'.

b) Berechnung des WA-Volumens:

$$V = 2\pi^2 R^3 = 2\pi^2 \cdot 1{,}6^3 \cdot 10^{78}\,m^3 \approx 8{,}1 \cdot 10^{79}\,m^3;$$

$$V \approx 2\pi^2 \cdot 1{,}69^3 \cdot 10^{30}\,LJ^3 \approx 95{,}3 \cdot 10^{30}\,LJ^3 \approx 9{,}5 \cdot 10^{31}\,LJ^3.$$

147

a) Die Anzahl der Gx'n berechnet sich:

$$\frac{V}{d^3} = \frac{95 \cdot 10^{30}\,LJ^3}{4{,}5^3 \cdot 10^{18}\,LJ^3} \approx 10^{12}.$$

Es gibt $\approx 10^{12}$ (= 1 Billion) Gx'n im WA.

b) Die Anzahl der Sterne des WA's ist $\approx 10^{10} \cdot 10^{12} = 10^{22}$ (= 10 Trilliarden).

c) $M'_G \approx 10^{10} \cdot 2 \cdot 10^{30}\,kg = 2 \cdot 10^{40}\,kg$.

$M'_W \approx 10^{12} \cdot 2 \cdot 10^{40}\,kg = 2 \cdot 10^{52}\,kg$.

Diesen Wert gab es schon am Ende der 20-er Jahre (Eddington).

$$\varrho = \frac{2 \cdot 10^{52}\,kg}{9{,}5 \cdot 10^{31}\,LJ^3} = \frac{20 \cdot 10^{51}\,kg}{8{,}1 \cdot 10^{79}\,m^3} \approx 2{,}5 \cdot 10^{-28}\,kg \cdot m^{-3}.$$

(Sexl 1975: $\varrho \approx 3 \cdot 10^{-28}\,kg \cdot m^{-3}$; Gondolatsch 1981: ϱ von $3 \cdot 10^{-28}$ bis $6 \cdot 10^{-28}\,kg \cdot m^{-3}$).

x sei die Anzahl der m^3, die je 1 H-Atom enthält:

$$x \cdot \varrho = m_H \Rightarrow x = \frac{m_H}{\varrho} \approx \frac{1{,}67 \cdot 10^{-27}\,kg}{2{,}5 \cdot 10^{-28}\,kg \cdot m^{-3}} \approx 6{,}7\,m^3.$$

Im Mittel enthalten $\approx 6{,}7\,m^3$ des WA's je 1 H-Atom.

d) $M_W = 3M'_W = 6 \cdot 10^{52}\,kg$; $\varrho_r = 3\varrho' \approx 7{,}5 \cdot 10^{-28}\,kg \cdot m^{-3}$.

Durchschnittlich enthalten je $2{,}2\,m^3$ des WA's 1 H-Atom.

e) $\left.\begin{array}{l}\varrho_r \approx 7{,}5 \cdot 10^{-28}\,kg \cdot m^{-3}\\ \varrho_k = 6{,}5 \cdot 10^{-27}\,kg \cdot m^{-3}\end{array}\right\} \Rightarrow \varrho_r \approx 0{,}12\,\varrho_k.$

m_ν berechnet sich aus der Gleichung $E = mc^2$:

$$m_\nu = \frac{5\,eV}{c^2} = \frac{5 \cdot 1{,}6 \cdot 10^{-19}\,J}{9 \cdot 10^{16}\,m^2 s^{-2}} = \frac{8}{9} 10^{-35}\,kg.$$

Die ν-Masse in $1\,m^3$ ist also:

$$400 \cdot 10^6 \cdot \frac{8}{9} 10^{-35}\,kg \approx 3{,}56 \cdot 10^{-27}\,kg;$$

damit wird:

$$\varrho'_r \approx (0{,}75 + 3{,}56) \cdot 10^{-27}\,kg \cdot m^{-3} \approx 4{,}3 \cdot 10^{-27}\,kg \cdot m^{-3};$$

$$\varrho''_r \approx (0{,}75 + 2 \cdot 3{,}56) \cdot 10^{-27}\,kg \cdot m^{-3} \approx 7{,}9 \cdot 10^{-27}\,kg \cdot m^{-3}.$$

Für 5eV-Neutrinos ist die WA-Dichte kleiner als die kritische Dichte ϱ_K, für 10eV-Neutrinos jedoch größer als ϱ_K.

148

a) Wir subtrahieren von beiden Seiten der Gleichung (1) f_0 und formen um:

$$f - f_0 = f_0\left(\frac{1}{1 - v/c} - 1\right) \Rightarrow \Delta f = f_0 \frac{v/c}{1 - v/c} \Rightarrow$$

$$\Delta f - \Delta f \cdot \frac{v}{c} = f_0 \frac{v}{c} \Rightarrow \frac{v}{c}(f_0 + \Delta f) = \Delta f;$$

hier kann Δf gegen f_0 vernachlässigt werden:

$$v \approx \frac{\Delta f}{f_0} c = \frac{500}{10 \cdot 10^9} \cdot 3 \cdot 10^8\,ms^{-1} = 15\,ms^{-1}.$$

Das Auto nähert sich mit $v = 15\,ms^{-1} = 54\,kmh^{-1}$, hat also die zulässige Gs knapp überschritten.

b) Aus (1) wird (mit positivem v):

$$\frac{c}{\lambda} = \frac{c}{\lambda_0} : \left(1 + \frac{v}{c}\right) \Rightarrow \lambda = \lambda_0\left(1 + \frac{v}{c}\right) \Rightarrow \Delta\lambda = \frac{v}{c}\lambda_0;$$

wir setzen ein:

$$\Delta\lambda = \frac{2{,}3 \cdot 10^3}{3 \cdot 10^5} \cdot 656{,}3\,nm \approx 503 \cdot 10^{-2}\,nm \approx 5\,nm.$$

Die H_α-Linie ist um $\approx 5\,nm$ rotverschoben.

c) Wir können in (2) direkt einsetzen:

$$\sqrt{\frac{1+\beta}{1-\beta}} - 1 = 0{,}463 \Rightarrow \frac{1+\beta}{1-\beta} = 1{,}463^2 \Rightarrow$$

$$1 + \beta \approx 2{,}14(1 - \beta) \Rightarrow 3{,}14\frac{v}{c} = 1{,}14 \Rightarrow$$

$$v = \frac{1{,}14}{3{,}14} \cdot 3 \cdot 10^5\,kms^{-1} \approx 1{,}09 \cdot 10^5\,kms^{-1} = 109\,Mms^{-1}.$$

Die Radiogalaxie hat eine Flucht-Gs von $\approx 109\,Mms^{-1}$ (mehr als $1/3$ der Licht-Gs).

Setzen wir in die klassische Formel von b) ein, so erhalten wir:

$$\Delta\lambda = \frac{v}{c}\lambda_0 \Rightarrow v = \frac{\Delta\lambda}{\lambda_0} c = 0{,}463 \cdot 3 \cdot 10^5\,kms^{-1}$$

$$v = 1{,}389 \cdot 10^5\,kms^{-1} \approx 139\,Mms^{-1}.$$

Klassisch gerechnet kommt eine um $\approx 28\%$ höhere Gs heraus als die tatsächliche.

149 *

a) Die Beobachter-Gx sei B_0 (Abb.) Die Gx_1 hat von ihr die geodätische Entfernung r_0:

$$r_0 = \frac{\pi\alpha}{180°} R_0$$

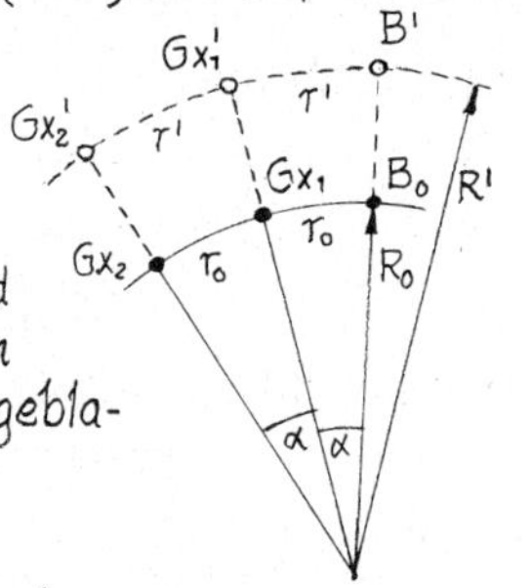

(α = Zentriwinkel). Nun wird der Ballon gleichförmig zum Radius R' mit der Gs V aufgeblasen; dann wird:

$$R' = R_0 + V \cdot t\,;$$

dadurch vergrößert sich r_0 auf r':

$$r' = \frac{\pi\alpha}{180°} R' = \frac{\pi\alpha}{180°} R_0 + \frac{\pi\alpha}{180°} Vt = r_0 + v_0 t\,;$$

Gx_1 eilt also von B_0 mit der Gs $v_0 = \frac{\pi\alpha}{180°} V$ weg.

Ein 2. Sternsystem Gx_2 habe (im Anfangszustand mit R_0) den Abstand $2r_0$ von B_0; dann wird, wie man der Abb. unmittelbar entnehmen kann:

$$2r' = 2r_0 + (2v_0)t\,;$$

die Flucht-Gs von Gx_2 ist also $2v_0$. Für eine Entfernung $r_n = nr_0$ einer Gx wäre ihre Flucht-Gs nv_0, d. h. die Flucht-Gs v_r ist proportional der geodätischen Entfernung r.

Die in der Kugelfläche lebenden Flächenwesen werden den Hubble-Effekt $v_r = H_0 \cdot r$ allein dadurch feststellen können, daß der Krümmungsradius ihrer Flächenwelt gleichförmig wächst. Dieses Gesetz ist unabhängig davon, in welcher Gx sich der Beobachter befindet; für den sphärischen Raum gilt es ohne Änderung.

b) Für $v_r = c$ und $r = r_H$ folgt aus (1) und (2):

$$c = H_0 \cdot r_H \Rightarrow r_H = \frac{c}{H_0} = \frac{3 \cdot 10^5\,\mathrm{km\,s^{-1}}}{18\,\mathrm{km\,s^{-1}}} 10^6\,\mathrm{LJ}$$

$$r_H \approx 1{,}7 \cdot 10^{10}\,\mathrm{LJ} = 17\,\mathrm{GLJ} \approx 1{,}6 \cdot 10^{26}\,\mathrm{m} = \underline{\underline{R}}.$$

c) Durch die Rotverschiebung wird die Frequenz f_0 des Lichts kleiner, d.h. jedes Lichtquant hf_0 verliert Energie. Daher kommt das Licht aus großer Entfernung geschwächt bei uns an. Nach Formel (2) der Aufg. 148 geht für $v \to c$ die Verschiebung $\Delta\lambda \to \infty$, also $1/\Delta\lambda \to 0$.

Nun wird (mit der Grundformel für Wellen):

$$\Delta\lambda = \lambda - \lambda_0 = \frac{c}{f} - \frac{c}{f_0} = c\,\frac{f_0 - f}{f_0 f} \Rightarrow \frac{1}{\Delta\lambda} = \frac{f_0 f}{c(f_0 - f)}$$

Aus $1/\Delta\lambda \to 0$ folgt also $f = 0$.

Das Licht, das von Objekten am Welthorizont ausgestrahlt wird, hat auf seinem Weg bis zu uns die gesamte Energie eingebüßt.

d) Vor T_0 waren alle Entfernungen der Gx'n praktisch null. Für die Gegenwart muß also gelten: $v_r \cdot T_0 = r$; daraus folgt mit (1) und (2):

$$T_0 = \frac{r}{v_r} = \frac{1}{H_0} = \frac{1\,\mathrm{MLJ}}{18\,\mathrm{km\,s^{-1}}} = \frac{10^6 \cdot 9{,}46 \cdot 10^{12}\,\mathrm{km}}{18\,\mathrm{km}}\,\mathrm{s} \approx$$

$$\approx 5{,}256 \cdot 10^{17}\,\mathrm{s}.$$

Die [s] eines [a] berechnen sich:

$$0{,}036 \cdot 10^5 \cdot 0{,}24 \cdot 10^2 \cdot 365{,}25\,\mathrm{s} \approx 3{,}156 \cdot 10^7\,\mathrm{s}\,;$$

damit erhalten wir:

$$T_0 \approx \frac{5{,}256}{3{,}156} 10^{10}\,\mathrm{a} \approx \underline{\underline{16{,}7 \cdot 10^9\,\mathrm{a}}}.$$

Das Hubble-Weltalter ist $\approx$ 16,7 Milliarden Jahre.

150

a) Mit Formel (2) wird:

$$\lambda_m = \frac{3 \cdot 10^{-3}\,\mathrm{mK}}{3\,\mathrm{K}} = 10^{-3}\,\mathrm{m} = \underline{\underline{1\,\mathrm{mm}}}.$$

$$f_m = \frac{c}{\lambda_m} = \frac{3 \cdot 10^8\,\mathrm{m\,s^{-1}}}{10^{-3}\,\mathrm{m}} = 3 \cdot 10^{11}\,\mathrm{Hz} = \underline{\underline{300\,\mathrm{GHz}}}.$$

b) Mit Formel (1) berechnen wir unter Verwendung des Weltalters $16{,}7 \cdot 10^9$ a (Aufg. 149d)):

$$f_1 R_1 = f_m R \Rightarrow f_1 = \frac{R}{R_1} f_m = \frac{16{,}7 \cdot 10^9\,[\mathrm{a}] \cdot c}{3 \cdot 10^5\,[\mathrm{a}] \cdot c} 3 \cdot 10^{11}\,\mathrm{Hz}$$

$$f_1 = 16{,}7 \cdot 10^{15}\,\mathrm{Hz} = \underline{\underline{16{,}7\,\mathrm{PHz}}} \text{ (Peta-Hz).}$$

$$\lambda_1 = \frac{c}{f_1} = \frac{3 \cdot 10^8\,\mathrm{m\,s^{-1}}}{1{,}67 \cdot 10^{16}\,\mathrm{s^{-1}}} \approx 1{,}8 \cdot 10^{-8}\,\mathrm{m} = \underline{\underline{18\,\mathrm{nm}}}\,;$$

(λ_1 ist eine UV-Wellenlänge).

Mit Formel (2) wird:

$$T_1 \approx \frac{3 \cdot 10^{-3}\,\mathrm{mK}}{1{,}8 \cdot 10^{-8}\,\mathrm{m}} \approx 1{,}67 \cdot 10^5\,\mathrm{K} = \underline{\underline{167000\,\mathrm{K}}}.$$

PERSONEN- UND SACHVERZEICHNIS

Die Zahlen sind die Aufg.-Nr. (E = Einleitung). Personen, deren Namen einen • haben, sind abgebildet.